U0120304

后浪

增长

GROWTH

FROM MICROORGANISMS TO MEGACITIES

从 细 菌 到 帝 国

Vaclav Smil

[加] 瓦茨拉夫·斯米尔 —— 著 李竹 —— 译

民主与建设出版社
·北京·

序　言

　　在我们的生活中，增长的现象无处不在，变化万端：它是进化历程的一种标志，意味着我们成年时的身体尺寸和能力的增加；它还标志着为了获得更高的生活质量，我们利用地球资源的能力和组织社会的能力都会提高。在我们这个物种的整个演变过程和短暂的文字记载历史中，无论是对于个人的奋斗还是对于集体的奋斗，增长都是一个不言而喻的、清晰的目标。小到微生物，大到星系，万事万物都受到增长的支配。增长也决定了海洋地壳的延伸范围、所有旨在改善生活的人造物的效用，以及各种异常发育的细胞对我们的身体造成损害的程度。增长既塑造了我们体积超常的大脑的能力，也决定了各种经济体的财富总量。正由于增长现象无处不在，因此关于它的研究范围从观察亚细胞和细胞的生长（以揭示其代谢和调控的条件及过程）延展到追踪复杂系统的长期变化，包括各种地质剧变、国家和全球人口、城市、经济体以及帝国。

　　地球化（terraforming，形成海洋和大陆板块、火山和山脉，以及塑造河谷、平原和海岸线的地质构造力）起作用的过程十分缓慢。它的原动力，即大洋底部山脊中的新生板块的形成，大多以每年55毫米的速度推进，但其中异常快速的海底创造过程也可能达到每年约20厘米（Schwartz et al. 2005）。至于大陆板块的年增量，根据雷梅尔和舒伯特的计算（Reymer and Schubert 1984），1.65 立方千米的增长率减去 0.59 立方千米的下降率（一些旧地壳会重新回到地幔中），净增长率为每年 1.06 立方千米。

考虑到全球大陆板块的面积接近 1.5 亿平方千米，且大部分厚度达到 35—40 千米，这个年增长量是微不足道的，但这种增长在整个显生宙（即过去的 5.7 亿年 [①]）一直在发生。还有一个垂直方向地质构造的例子，其速度同样缓慢：喜马拉雅山是地球上最壮观的山脉，其抬升速度约为每年 10 毫米（Burchfiel and Wang 2008；图 0.1）。这种地质构造的增长过程从根本上限制了地球的气候（因为它会影响全球大气环流和气压单元的分布）和生态系统的生产率（因为它会影响温度和降水），并因此限制了人类居住和经济活动的范围。然而，我们既不能控制它的发生时间、发生位置和发生速度，也无法直接利用它来牟取利益，因此本书不会对其进行更多讨论。

有机体的生长是生命的典型表现，它包括将各种元素和化合物转化

图 0.1　缓慢而持续的地质构造过程。喜马拉雅山脉的形成过程始于 5,000 多万年前印度洋板块和欧亚板块的碰撞，这个延续至今的过程使它的高度以每年 1 厘米的速度持续增长。照片拍摄于 2004 年 1 月的国际空间站（在青藏高原上空向南看）。来自 https://www.nasa.gov/multimedia/imagegallery/image_feature_152.html

---

① 　原文为 5.42 亿年，但根据《辞海》，显生宙是从 5.7 亿年前开始的。——编者注

为新的生命物质（生物质）的时间演化过程。人类的进化在生存层面依赖这种自然增长，最初只是觅食和狩猎，后来是获取燃料和原材料，最后是栽培粮食作物和饲料植物、大规模开发森林以及捕捞海洋物种。人类对生物圈越来越多的干预引发了生态系统的一系列大规模转变，尤其是将森林和湿地变为农田，将草地广泛地用于放牧（Smil 2013a）。

增长也是人类事务当中进步的标志和希望的体现。技术能力的增长使得人们能够利用各种新能源，提高了粮食供应的水平和可靠性，并创造了各类新材料和新产业。经济增长不仅带来了有形的物质收益，使我们可以积累一些私人财产，丰富我们短暂的生命，也创造了名为成就感和满足感的无形价值。但增长也带来了焦虑、担忧和恐惧。人们（无论是孩子们在门框上标记自己不断增长的身高，还是无数首席经济学家对产出和贸易业绩做出种种可疑的预测，抑或是放射科医生查看磁共振图像）正以无数种不同的方式为它担忧。

增长经常会被认为太慢或太过度；它会引发人们对适应性极限的担忧，或对个人后果和重大社会混乱的恐慌。为了应对此类情况，人们会努力地管理那些可控的增长过程，改变增长的节奏（加速、减缓或中止），同时梦想着、尝试着将这类控制能力扩展到其他领域。虽然偶有成功（有些看似永久的掌控最终可能只是暂时的成功），但此类尝试大多会以失败告终，不过人们永远不会停止：在尺度规模的两个极端方向，我们都能看到这些尝试，比如科学家们正试图通过扩展遗传密码或在新生命体中加入合成脱氧核糖核酸的方式创造新的生命形式（Malyshev et al. 2014），也有人提议通过一系列地球工程干预来控制全球气候（Keith 2013）。

有机体的增长是长期进化过程的产物，现代科学已经开始理解其先决条件、发生途径和最终结果，并识别其发展轨迹，这些轨迹或多或少可以套用一些特定函数来描述，其中绝大多数都符合 S 型（sigmoid）曲线。对于自然增长过程，寻找共同特征并对其进行有用的概括是一项很有挑战性的工作，但对其进行量化却相对简单。通过追踪容量、性能、效率或复杂性的提升，我们也能衡量许多人造物（工具、机器、生产系统）的增长过程。在所有这些情况下，我们都只是在处理一些基本的物理单位（长度、质量、时间、电流、温度、物质的量、发光强度）及众多的衍生单位（包括体积、速度、能量和功率）。

　　对有关人类的判断和预期以及人与人之间和平或暴力互动的增长现象加以衡量则更具挑战性。有些复杂的总体过程——如果不首先武断地划定调查范围或引入一些或多或少有疑点的概念——是无法被衡量的：依靠国内生产总值或国民收入等变量来衡量经济体的增长，就是这类难题和不确定性的完美范例。不过，即使许多所谓的社会性增长属性很容易得到衡量（例如每个家庭的平均居住空间和家用电器的保有量，或战备导弹的破坏力和帝国控制的领土总面积），它们的真实发展过程仍然存在各种不同的解释，因为这些量化方法掩盖了一些显著的定性差异。

　　物质财富的积累是一种特别引人注目的增长现象，因为它源于对提高生活质量的可敬追求、广泛的社会背景中的一种可以理解但不太理性的自我定位，以及一种相当返祖化的占有或囤积冲动。也有少数人对增长和需要漠不关心，比如印度的那些仅仅穿戴缠腰布甚至完全赤裸的苦行僧和那些崇尚朴素的教派的僧侣。在另一个极端，患有强迫症的收集癖（无论他们的品味多么高雅）和囤积癖患者则将他们的住所变成了垃圾场。但在这两者之间，任何生活水平不断提高的人群都不会有那么多的常见癖癖，因为大多数人希望看到更多形式的增长，无论是在物质层面，还是在非物质层面（比如那些难以捉摸的生活满意度，或因为积累财富和非凡独特的经历而产生的个人幸福感）。

　　这些追求的速度和规模清楚地表明，这种普遍的体验是多么现代，对增长的日益关注是多么合理。在一个人的一生中，某些事物的平均规格翻倍已成为一种常见的经历：美国房屋的平均面积自 1950 年以来增长了 1.5 倍（USBC 1975; USCB 2013）；英国红酒杯的容量自 1970 年以来翻了一番（Zupan et al. 2017）；从二战后的一些重量不到 600 千克的车型（雪铁龙 2CV、菲亚特"米老鼠"）算起，欧洲汽车的典型质量增加了一倍以上，到 2002 年达到了约 1,200 千克（Smil 2014b）。许多人造物和人工成就在同一时期出现了更大的增长：电视屏幕的面积增长了约 15 倍，画面对角线长度从二战后的 30 厘米增长到 2015 年美国平均尺寸的 120 厘米，同时对角线长度超过 150 厘米的电视的销售份额越来越大。如此令人印象深刻的增长与最富有者个人财富的激增相比，仍然相形见绌：2017年，全球有 2,043 位亿万富翁（Forbes 2017）。其中一些现象产生的相对差异并非毫无前例可循，但现代增长带来的绝对差异值（结合其频率和速度）则是一种全新的景象。

增长率

当然，个人和社会总是被无数的自然增长的表现所包围，那种对物质财富和领土扩张的追求推动着社会从部落变为帝国、从在亚马孙丛林里袭击邻近村庄到欧亚大陆上集权统治力量对大部分地区的征服。但在古代、中世纪和近代早期（通常以 1500—1800 年的 3 个世纪来界定）的大部分时间内，世界各地的大多数人都作为自给自足的农民生存，他们的收成产生了有限且不稳定的剩余财富，仅供（大多数是小型）城市里相对少数的富裕居民（熟练工匠和商人的家庭）以及世俗和宗教统治精英享用。

在那些更简单的前现代和近代早期社会，每年的农作物收成几乎没有任何显著增长的迹象。同样，前现代生活的几乎所有基本变量——无论是人口总数、城镇规模、寿命还是识字率、畜群、家庭财产和常用机器的性能——都以这样缓慢的速度增长，以至于它们的进步只有在很长一段时间内才能显现出来。在一般情况下，它们要么完全停滞不前，要么围绕着令人沮丧的平均值无规律地波动，或不断地经历长期倒退。对于其中的许多现象，有一些遗存文物和幸存描述作为证据，使我们可以通过跨越几个世纪的零碎记录重建其发展轨迹。

例如，在古埃及，1 公顷农田可养活的人口数量增加 1 倍花了将近2,500 年（从大金字塔时代到后罗马时代）（Butzer 1976）。作物产量停滞不前是明显的原因，甚至一直持续到中世纪末期：从 14 世纪开始，英国小麦的平均单产花了 400 多年才增加了 1 倍，而且在最初的 200 年中几乎没有任何增长（Stanhill 1976; Clark 1991）。同样地，许多技术性收益的增长非常缓慢。水车是前工业时期最强大的无生命原动机，但大约经历了

17 个世纪（从公元时代的第 2 个世纪到 18 世纪后期），其典型功率才提高 9 倍，即从 2 千瓦增长到 20 千瓦（Smil 2017a）。作物产量的停滞（或充其量微弱增长）、制造业的缓慢发展以及运输能力的缓慢提高限制了城市的发展：从 1300 年开始，巴黎的人口用了 3 个多世纪才翻了一番，达到 40 万——但在 19 世纪后期，这座城市的人口在短短 30 年内（1856—1886 年）就翻了一番，达到 230 万（Atlas Historique de Paris 2016）。

几千年来，许多现实情况都维持不变：骑马的信使（铁路问世之前陆地上最快的长途通信方式）每天行进的最大距离在古波斯居鲁士时期就被优化到极限，他在公元前 550 年将苏萨地区和萨迪斯地区联系了起来；而在接下来的 2,400 年中，这一数值基本保持不变（Minetti 2003）。接力骑行的平均速度（13—16 千米每小时）和单一坐骑的骑行速度（不超过 18—25 千米每天）几乎维持恒定。其他许多事物也属于这个停滞不前的类别，从贫困家庭拥有的家庭用品量到农村人口的普遍识字率。同样地，这两个变量直到近代早期的后半段才开始发生重大变化。

一旦如此多的技术和社会变革（铁路网的发展、蒸汽船旅行的流行、钢铁产量的增加、内燃机和电力的发明与部署、快速的城市化、卫生条件的改善、预期寿命的提高）开始以前所未有的速度发生在 19 世纪，人们便对进一步持续增长产生了巨大期望（Smil 2005）。这些希望并没有落空（尽管两次世界大战、其他冲突和周期性经济衰退带来了挫折），因为无论是单个机器、复杂的工业流程还是整个经济体的能力，都在 20 世纪持续增长。这种增长转化成了更好的身体素质（更高的身高、更长的预期寿命）、更高的物质安全度和舒适度（通过可支配收入或劳动力辅助设备的拥有量来衡量），以及前所未有的沟通和流动性（Smil 2006b）。

近几十年来，没有什么比硅晶片上集成的晶体管和其他组件的数量的增长更能体现这一现实和希望的了。众所周知，这种增长符合摩尔定律，它使硅晶片上的组件数量大约每 2 年翻一番：因此，2018 年制造的最强大的微芯片包含了超过 230 亿个组件，比 1971 年设计的第一款同类产品（英特尔 4004，一种具有 2,300 个组件的 4 位处理单元）高出 7 个数量级（更准确地说，约 1,020 万倍）（Moore 1965、1975; Intel 2018; Graphcore

2018）。与所有指数增长的情况一样（见第 1 章），当我们将这类增长绘制在线性图上时，它们会呈现为一条急速上升的曲线，而在半对数图上，它们会被转换成一条直线（图 0.2）。

这种进展使人们对未来更大的进步产生了无限的期望。最近，各种电子设备（及其使用的应用程序）的快速普及尤其使那些缺乏批判精神的评论家着迷，他们只注意到无处不在的加速增长现象。在此，我仅举最近的一个令人印象深刻的案例。一份由牛津大学马丁学院撰写、花旗银行发布的报告称，要达到 5,000 万用户，不同的设备或应用所花的时间如下：电话花了 75 年，广播花了 38 年，电视花了 13 年，互联网花了 4 年，手机游戏《愤怒的小鸟》花了 35 天（Frey and Osborne 2015）。这些说法来自花旗数字战略团队——但该团队并没有做好功课，他们忽视了常识。

这些数字指的是全球的情况还是美国国内的情况？报告没有说，但对于电话来说，5,000 万的总数显然是指美国 1953 年（1878 年 +75 年）的电话机数量。但电话机的数量不等于其用户总数。考虑到家庭的平均规模和工作场所电话的普遍性，电话用户的数量肯定要比这个数字高得多。

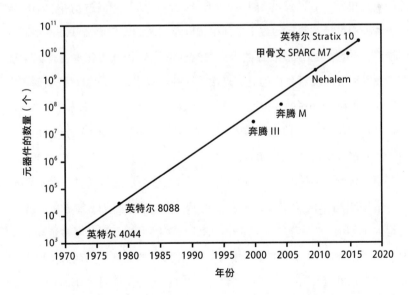

图 0.2 现代增长的典型标志：摩尔定律，1971—2018 年。半对数图显示，每个微芯片上的元器件数量稳定地指数增长，个数从 10^3 增长到 10^{10}。图表根据斯米尔的著作（Smil 2017a）和国际商业机器公司的资料（IBM 2018b）绘制而成

对电视广播而言，起始点不止一个，而是好几个：在美国，电视信号的传输和第一批电视机的销售始于 1928 年，到 13 年后，即 1941 年，电视机的保有量仍然很低，电视机的总数（指的同样是设备，而不是用户）要到 1963 年才达到 5,000 万。同样的错误也出现在了关于互联网的结论中，数百万用户在自己家中上网之前，已经在大学、中小学校和工作场所访问或使用网络多年了。此外，互联网的"第 1 年"是哪一年？

所有的结论都只基于一些草率的数据收集，无知却又急于给人留下印象。但更重要的一点是，将基于新的和广泛的基础设施的复杂系统与有趣的软件进行比较，是一种不可辩驳的分类错误。19 世纪后期的电话是一种开创性系统，实现了个人与个人之间的直接远程通信。要实现电话通信，需要社会的第一次大规模电气化（从燃料中提取热量到发电再到输电。即使在 20 世纪 20 年代，美国农村的大部分地区也没有良好的电网）、广泛的有线基础设施，以及销售（最初是独立的）话筒和扬声器。

相比之下，《愤怒的小鸟》或任何其他愚蠢的应用程序可以实现病毒式传播，是因为人们已经花费了一个多世纪的时间来建立一个组成物理系统的连接单元：它的发展始于 19 世纪 80 年代的发电和输电，在 2000 年后随着人们设计和制造的数十亿部手机以及安装的密集蜂窝基站网络而达到顶峰。同时，操作可靠性的提高使这样的快速普及式壮举变得无足轻重。我可以提供任意数量的类比来说明这种比较谬误。例如，把电话换成微波炉，把应用程序换成微波炉量产爆米花：显然，后者最受欢迎的品牌的普及速度将会快于前者。事实上，在美国，1967 年推出的台面式微波炉的家庭普及率经过大约 30 年才达到 90%。

事实证明，信息的增长同样令人着迷。它的快速增长并非什么新鲜事。活字印刷术的发明（1450 年）开启了图书出版的指数增长，从 16 世纪的每年约 20 万种增加到 18 世纪的每年约 100 万种，而最近全球范围内每年出版的图书（主要由中国、美国和英国贡献）已超过 200 万种（UNESCO 2018）。再比如图片信息，其增长首先是通过平版印刷，然后通过凹版印刷，现在则由移动设备上的电子显示器主导。声音录制品始于爱迪生在 1878 年制造的脆弱的留声机（Smil 2018a；图 0.3），而如今数

图 0.3　托马斯·爱迪生和他的留声机，由马修·布雷迪于 1878 年 4 月拍摄。图片来自美国国会图书馆的布雷迪-汉迪合集（Brady-Handy Collection）

十亿手机用户有大量选择可以轻松访问。但是，所有这些类别的信息流都比不上由间谍卫星、气象卫星和地球观测卫星组成的卫星舰队不间断收集的图像数据。不出意料的是，信息的总体增长轨迹与 1960 年之前的全球人口增长双曲线轨迹类似。

最近，我们或许可以说：世界上现有的 90% 或更多的信息都是在前两年内产生的。希捷①认为，全球创造的总信息量在 2005 年为 0.1 泽字节（ZB，zettabyte，1 泽字节等于 10^{21} 字节），2010 年为 2 泽字节，2016 年为 16.1 泽字节，估计到 2025 年，年增量将达到 163 泽字节（Seagate 2017）。一年后，希捷又提高了预计：到 2025 年，全球数据将达到 175 泽字节，且每年的信息总增量将继续加速增长（Reinsel et al. 2018）。但是，我们如果考虑到这一全新的数据洪流的主要组成部分，就会发现那些加速增长并不令人惊讶。新数据流是高度集中的，电子现金和投资在大型银行和投资公司之间不断流动，政府机构对电话和互联网通信数据进行全面监控。

同时，参与社交媒体的数十亿手机用户自愿放弃他们的隐私，因此数据挖掘者可以在不征询任何人的情况下跟踪他们的消息和网络点击数据，分析他们透露出的个人偏好和弱点，与其他人群进行对比，然后将这些数据打包卖给广告商，以便售出更多无用的垃圾，从而维持经济的持续增长。当然，也有大量数据流是由配备 GPS 的手机不间断地产生的。再加上大量无聊的图像、无数的自拍和猫视频［即使是静态图片也会消耗大量字节信息：智能手机的一张照片通常占用 2—3 兆字节（MB，megabyte，1 兆字节等于 10^6 字节），是本书打字稿的 2—3 倍］。与其说令人赞叹，不如说"信息"的空前增长十分可悲。

信息泛滥最严重的不良后果之一是，2008—2015 年，每位成年用户每天花在数字媒体上的时间翻了一番，达到了 5.5 小时（eMarketer 2017），创造了一种新的生命形式 —— 屏幕僵尸（screen zombies）。但是，电子产品和软件的快速普及终归是一件微不足道的事情，如果我们将其与预期中的终极加速增长现象相比 —— 没有人比雷·库兹韦尔（Ray Kurzweil）更全面地表达过这一现象。他从 2012 年起担任谷歌公司首席工程师，而在此之前，他早就是电荷耦合式平板扫描仪、第一台商用文本-语音合成器和第一种全字体光学字符识别算法的发明者。

2001 年，他提出了加速回报定律：

---

① Seagate，硬盘及存储产品制造商。——译者注

对技术史的分析表明，技术变革是指数级的，与常识所认为的"直观线性"观点相反。所以我们不会在 21 世纪只经历 100 年的进步——它更像是 2 万年的进步（以今天的速度）。芯片速度和成本效益等方面的"回报"也呈指数增长。指数增长的增长率甚至也呈指数增长。在几十年内，机器智能将超越人类智能，导致"奇点"的出现——它代表人类历史结构的断裂，因为技术变革是如此迅速而深刻。其后的影响包括生物和非生物智能的融合、基于软件的不朽人类，以及在宇宙中以光速向外扩展的超高水平智能。（Kurzweil 2001, 1）

2005 年，库兹韦尔出版了《奇点临近》（*The Singularity Is Near*）一书——确切地说，他认为奇点将在 2045 年到来。此后，他开始在自己的主页"库兹韦尔的加速智能"（Kurzweil Accelerating Intelligence）上宣扬这些观点（Kurzweil 2005、2017）。毫无疑问，库兹韦尔的宏大宣言中没有一丝犹豫，也毫无谦逊之词。因为在他看来，生物圈的运作是数十亿年的进化的产物，它对我们的未来将不起任何作用，而是要被机器智能的压倒性支配力所塑造。但是，尽管我们的文明与其任何前辈文明相比可能都有所不同，但都在相同的约束下运作：它只不过是生物圈的一个子集——一个相对来说非常薄、具有高弹性的高度脆弱的外壳——碳基生命只可以生存在其中（Vernadsky 1929; Smil 2002）。理所当然地，文明的增长，以及高等生物的认知和行为进步，从根本上受到生物圈物理条件的限制，并且受限于代谢可能性（通过比较其极端情况，似乎还很宽泛）的范围。

关于增长的研究

即使仅限我们的星球，增长研究的范围（从短暂的细胞到据称正在奔向奇点的人类文明）也太宽泛了，不可能用单卷进行真正全面的讨论。理所当然地，那些已发表的有关增长过程及其结果的综述仅限于一些大学科或大主题。研究增长的经典著作之一，达西·温特沃思·汤普森（D'Arcy Wentworth Thompson）的《生长和形态》（*On Growth and Form*，初版发表于 1917 年，修订版和扩增版于 1942 年出版）几乎只关注细胞和组织以及其他部分（骨骼、壳、角、牙齿、獠牙）（Thompson 1917、1942）。汤普森唯一一次提到非生物材料或人造结构（金属、大梁、桥梁）是为了回顾贝壳和骨骼等强大生物组织的形式和机械特性。

T. B. 罗伯逊（T. B. Robertson）于 1923 年出版了《生长和衰老的化学基础》（*The Chemical Basis of Growth and Senescence*），书名就划定了讨论范围（Robertson 1923）。1945 年，另一篇关于生命体生长的综述——塞缪尔·布罗迪（Samuel Brody）的《生物能量学与生长》（*Bioenergetics and Growth*）——特别关注了家畜的生长效率问题（Brody 1945）。1994 年，罗伯特·班克斯（Robert Banks）发表了一部名为《增长和扩散现象的数字模式和应用》（*Growth and Diffusion Phenomena*）的详细调查，尽管这部出色的著作为自然科学、社会科学以及工程学中的具体应用实例提供了许多增长轨迹和分布模式的描述，但其主要关注点（以一种典型的系统方式）是增长研究中的数学框架和数学应用（Banks 1994）。

另一本向汤普森致敬（与他的著作《生长和形态》同名）的作品的副标题即宣布了研究的局限范围："生物学的时空模式的形成"（*Spatiotemporal Pattern Formation in Biology*）（Chaplain et al. 1999）。虽然那本书的章节内容多种多样（包括蝴蝶的翅膀、癌症、皮肤和头发上的图案形成，以及毛细血管网络和伤口愈合的生长模型），但它的主要关注点仍是生命形式的增长过程。2017 年，杰弗里·韦斯特（Geoffrey West）在一本名为《规模》（*Scale*）的书中总结了他数十年来对规模法则的研究。他的研究对象不仅包括生命体，还包括城市、经济体和公司。这本书在长长的副标题中列出了所有这些主题，其目标是辨别共同的模式，甚至提供可持续发展的统一理论的愿景（West 2017）。

生命体生长的各个部分，无论是功能性的还是分类学上的，都受到了广泛关注，有关于细胞生长（Studzinski 2000; Morgan 2007; Verbelen and Vissenberg 2007; Golitsin and Krylov 2010）、植物生长（Morrison and Morecroft 2006; Vaganov et al. 2006; Burkhart and Tomé 2012; Gregory and Nortcliff 2013）和动物生长（Batt 1980; Campion et al. 1989; Gerrard and Grant 2007; Parks 2011）的全面综述。正如预期的那样，研究工作中同样

存在着大量关于人类成长的知识（Ulijaszek et al. 1998; Bogin 1999; Hoppa and Fitzgerald 1999; Roche and Sun 2003; Hauspie et al. 2004; Tanner 2010; Floud et al. 2011; Fogel 2012）。

　　人们特别关注儿童的健康成长和营养，包括从人体测量学到营养科学以及从儿科和生理学到公共卫生的方方面面（Martorell and Haschke 2001; Hochberg 2011; Hassan 2017）。马尔萨斯（Malthus 1798）和韦吕勒（Verhulst 1845, 1847）发表了对人口增长性质的开创性调查，现代研究还包括珀尔和里德（Pearl and Reed 1920）、卡尔-桑德斯（Carr-Saunders 1936）、梅多斯等人（Meadows et al. 1972）、凯菲茨和弗利格（Keyfitz and Flieger 1991）、哈丁（Hardin 1992）、科恩（Cohen 1995）、斯坦顿（Stanton 2003）、卢茨等人（Lutz et al. 2004）的工作，以及联合国发表的众多评论和预测。

　　现代经济学一直关注产出率、利润率、投资率和消费增长率。因此，不乏将经济增长与收入（Kuznets 1955; Zhang 2006; Piketty 2014）、经济增长与技术创新（Ruttan 2000; Mokyr 2002, 2009, 2017; van Geenhuizen et al. 2009）、经济增长与国际贸易（Rodriguez and Rodrik 2000; Busse and Königer 2012; European Commision 2014）以及经济增长与健康（Bloom and Canning 2008; Barro 2013）组对讨论的研究。最近的许多研究都在集中讨论经济增长与腐败（Mo 2001; Méndez and Sepúlveda 2006; Bai et al. 2014）以及经济增长与国家治理（Kurtz and Schrank 2007; OECD 2016）之间的联系。

　　还有一些公开研究的目的是对如何使所有经济增长可持续（WCED 1987; Schmandt and Ward 2000; Daly and Farley 2010; Enders and Remig 2014）以及如何保证经济增长的公平性（Mehrotra and Delamonica 2007; Lavoie and Stockhammer 2013）提出建议。如前所述，长期有效的摩尔定律一直关注计算能力的增长，但令人费解的是，目前还没有关于现代技术和工程系统增长的长篇全面研究，例如对采掘活动和能源转换能力增长的长期研究。即使相关论文也只有数量有限的作品明确涉及国家、帝国和文明的增长（Taagepera 1978、1979; Turchin 2009; Marchetti and Ausubel 2012）。

本书包含（和不包含）的内容

虽然我们不可能对自然和社会的增长进行真正全面的描述，但我们仍然应该对增长的模式进行更广泛的研究。本书的意图是通过研究许多自然、社会和技术形式的增长来为这一命题添砖加瓦。为了覆盖如此广阔的范围，我必须限制单本书的范围和深度。本书讨论的重点将是地球上的生命和人类社会的成就。这项任务将使讨论的范围从细菌入侵和病毒感染发展到森林和动物的新陈代谢，从能源转换和特大城市的增长延伸到全球经济的基本要素——同时，我将忽略最大和最小尺度上的问题。

我将不会讨论宇宙、星系、超新星或恒星的增长（膨胀）过程。前文已经说过，地球化过程的增长速度本来就很慢，这些过程主要由新的大洋型地壳的形成控制，扩张速度为每年 2—20 厘米。虽然一些短暂且空间有限的灾难性事件（火山喷发、大规模滑坡、海啸、大洪水）可以在短时间内导致质量和能量的快速和大量转移，但持续性的地貌活动（侵蚀与沉积）与地质构造过程一样慢，甚至比后者更慢：喜马拉雅山的侵蚀可以达到每年 1 厘米，但不列颠群岛的剥蚀每 1,000 年仅能达到 2—10 厘米（Smil 2008）。本书不会对这些地质性增长率做更多的研究。

本书的主要关注点是生命体、人造物和复杂系统的增长，因此也不会涉及亚细胞水平的生长。得益于生命科学研究的巨大进步，我们对细胞的一般生长过程（特别是细胞的不当增生过程）的理解取得了重大进展。这些进步的多学科融合性质、不断扩大的研究范围和持续加快的研究节奏意味着，现在绝大多数的新发现都已经以电子出版物的形式被报道了，而在这些领域编写书籍进行摘要或评论几乎都是一种过时的练习行为。尽管如此，在最近的出版物中，马西埃拉-科埃略（Macieira-Coelho 2005）、格维尔茨等人（Gewirtz et al. 2007）、木村（Kimura 2008）和克莱基夫斯基（Kraikivski 2013）还是做了一系列针对正常和异常细胞的生长与死亡的研究。

因此，本书不会对基础遗传学、表观遗传学和生长的生物化学进行系统讨论，只会在描述单细胞生物的生长过程和微生物复合体的生命时讨论细胞层面的增长。在某些生态系统中，它们的存在占据了整个系统的生物量的很大一部分，甚至是大部分。同样，在讨论植物、动物和人类时，我的关注点也不在于亚细胞、细胞和器官水平的生化特异性和生长的复杂性——尽管关于大脑（Brazier 1975; Kretschmann 1986; Schneider 2014; Lagercrantz 2016）或心脏（Rosenthal and Harvey 2010; Bruneau 2012）发育的研究非常有趣。相反，我会讨论整个生命体的生长，包括环境要素和生长的影响。本书还将指出一些经常会限制或破坏生命体生长的关键环境因素（从微量营养素到感染，等等）。

我将详细介绍人类身体的发育，重点关注个体的身高和体重（按照特定性别来区分）的增长轨迹（以及肥胖这种不良增长），还将关注人口的集体增长。本书将展示关于人口增长的长期历史观点，评估当前的增长模式，并研究全球范围内和一些国家未来可能的发展趋势。但是，本书不会讨论关于社会心理成长（发展阶段、个性、抱负、自我实现）或意识成长的内容：心理学和社会学文献对此有大量研究。

在系统地介绍自然和社会的增长之前，我将简要介绍增长轨迹的测量方法和种类。这些轨迹包括没有清晰模式的随机过程（经常出现在股票市场的估值中）、简单的线性增长（沙漏每秒向底部的沙堆添加相同数量的落沙）、暂时呈现的指数增长（通常表现为各种现象，例如处于婴儿期的生命体的生长、技术创新的最密集阶段的发展以及股市泡沫的形成），还有符合各种受限型生长曲线（所有生命体的个体大小均是如此）的增长，它们的形状都可以通过数学函数进行描述。

大多数增长过程——无论是生物体或人造物的增长还是复杂系统的增长——都严格遵循某类 S 型增长曲线，无论是逻辑斯蒂曲线[①]（Verhulst 1838、1845、1847），还是冈珀茨曲线[②]（Gompertz 1825），抑或是它们的某些衍生形式——最常见的是由冯·拜尔陶隆菲（von Bertalanffy 1938、1957）、理查兹（Richards 1959）、布伦贝格（Blumberg 1968）、特纳等人

[①] logistic curve，逻辑斯蒂曲线，又称"逻辑斯蒂方程"，是比利时数学生物学家韦吕勒提出的著名的人口增长模型，为马尔萨斯人口模型的推广。它还被广泛应用于生物学、医学、经济管理学等方面。——编者注

[②] Gompertz curve，冈珀茨曲线，以英国数学家冈珀茨的名字命名的一种市场预测数学模型，适用于商品寿命周期中市场容量或普及率的预测。——编者注

（Turner et al. 1976）制定的那些形式。但自然的多样性以及意外的干扰常常会导致实际的过程与预测轨迹出现重大偏差。这就是为什么我建议，研究增长的学者最好能从实际上或多或少已完结的过程开始展开研究，看看哪个增长函数能以最吻合的方式去描述它。

另一种研究方式 —— 从增长轨迹中取几个早期样本点，并使用它们构建特定选择的增长曲线 —— 只有在人们试图预测那些已经被反复展示、模式已知的增长过程时才有效，例如针叶树或淡水鱼的生长过程。但是，随机选择一条 S 型曲线来预测那些未经充分研究的生物体的生长过程是一种应该被怀疑的行为，因为在生长的最早期阶段，这类特定的函数并不是一种足够灵敏的预测工具。

本书的结构和目标

本书将按照自然的、进化的顺序展开讨论，从自然到社会，从简单的、直接可观察到的增长属性（细胞增殖的数量、树木的直径、动物身体的质量、人类身高的发展过程）到标志着社会和经济进步的更复杂的指标（人口动态、破坏性力量、财富创造等）。但这个序列不完全是线性的，因为它们彼此之间存在着无处不在的联系、相互依赖和反馈过程，因此我经常需要通过一些回顾和插叙，重复强调从其他角度（能源、人口、经济）看到的联系。

我对增长的系统研究将从生物开始，它们的成年体型可以小到微生物（像单个细胞一样小，但在生物圈中数量惊人），大到高耸入云的针叶树和庞大的鲸鱼。我将仔细研究一些致病微生物的增长过程、主要农作物的种植过程以及人类从婴儿期到成年期的成长过程。然后，我将研究能源转换和人造物的增长，它们是食品生产和其他所有经济活动的前提条件。我还将研究这种增长如何影响许多性能、效率和可靠性的发展，因为这些发展过程对于创造我们的文明至关重要。

最后，我将重点关注复杂系统的增长。我将首先讨论人口的增长，继而讨论城市的增长，这是人类的物质进步、社会进步以及经济进步最明显的集中体现。我将通过指出评估帝国和文明的增长轨迹所面临的挑战来结束对这些系统的讨论，将我们的全球多样性作为本章的结尾。这种多样性混合着全球范围的和地区性的风险、富裕和贫困的生活，以及各种确定的和不确定的观点。本书将以回顾增长结束后的影响作为结尾。在讨论生物时，影响的范围包括个体的死亡以及物种在进化的时间跨度上的延续；而在讨论社会和经济时，涉及的范围从衰退（逐渐或迅速）、消亡到有时显著的复兴；等等。而现代文明的发展趋势（由于物质增长和生物圈固有的限制条件）仍然充满不确定性。

本书的目的是从进化和历史的角度阐明增长的多样性，以便我们观察现代文明的成就和增长的局限性。要做到这一点，我们就需要从始至终都进行定量处理。因为只有通过绘制实际的增长轨迹，了解常见的和异常的增长率，将已完成的增长和性能改进过程（通常跨越多个数量级！）融入适当的（历史数据）上下文环境里，我们才能获得真正的理解。生物学家们已经研究了许多生物（从细菌到鸟类、从藻类到主要农作物）的生长过程，我会回顾大量此类结果。同样，关于人类从婴儿期到成熟期的成长细节，也有大量现成的讨论。

与关于生命体增长的研究相比，对人造物（从简单工具到复杂机器）和复杂系统（从城市到文明）长期增长轨迹的量化研究就要松散和少见得多。仅仅回顾已发表的增长模式并不足以描述这类增长。这就是为了揭示多种人为增长的最佳拟合模式，我从最佳的可用资料中收集了尽可能多的记录，并对它们进行定量分析的原因。100多张原始增长图表中的每一张都是以这样的方式准备的，我相信它们描述的范围构成了一个独特的集合。鉴于增长模式的共性，会不可避免地出现重复过程。但为了清楚地了解现实（共性和特性）、限制和未来的可能性，系统地展示每个特定结果是必不可少的。

在研究一种增长时，系统地呈现增长轨迹是必要的先决条件，但不是最终目标。这就是我还要解释图表所反映的增长的条件和限制、提供分析现象的进化或历史背景或对最近的进展及其前景做出批评性评论的原因。我还将提醒读者，即使是对于长期预测的最佳统计拟合，我们也不要过于轻信。本书的目标不是为特定时间的增长预测提供拓展说明。然而，本书展示的分析包含各种结论，可以帮助我们对未来的情况做出现实的评估。

从这个意义上说，本书的某些部分能够提供一些有帮助的预测。如果玉米的产量在一个世纪里仅呈线性增长，那么它在未来几十年呈指数增长的机会就不会太大。如果肉鸡的生长效率在几代人的时间里一直超过其他所有陆生产肉动物，那么我们就很难说猪肉应该成为给数十亿新消费者提供更多蛋白质的最佳选择。如果单位容量、生产（开采或发电）率和每次能源转换革命的扩散过程都呈现为逻辑斯蒂增长曲线，我们就可以非常肯定地得出结论，即将到来的从化石燃料到可再生能源的转变过程不会发生得异常迅速。如果世界人口正在无可避免地城市化，那么其能源（食物、燃料、电力）和物质需求就将受到一些限制性因素的影响，即本地的或附近的资源根本无法满足持续可靠的大规模能量流动的需求。

简而言之，本书讨论的是现实情况，因为一切事物的增长都被纳入了长期的进化和历史观点，并以严格的定量术语进行分析。记录成文本的、成为历史的事实是第一位的，谨慎的结论是第二位的。当然，这与最近的许多无视长期增长轨迹（前所未有的规模化过程的能量和物质需求），同时援引颠覆性创新将加速改变世界的时髦口头禅的非历史性预测和主张形成鲜明对比。这样的例子比比皆是，比如认为到 2025 年全球所有汽车（超过 10 亿辆）将实现电动化，人类将从 2022 年开始对火星进行地球化改造，摒弃生命体的进化而直接设计植物和动物（合成生物学），以及人工智能即将取代我们的文明，等等。

本书不会提出那种激进的主张。事实上，它只会做出有充分理由支持的概括。这是一个深思熟虑的决定，建立在我对复杂的、不守规则的现实（和违规行为）的尊重以及一个经过充分证明的事实（宏伟的预测总会被证明是错误的）的基础之上。关于增长的著名谬论包括全球人口将无节制扩张、20 世纪最后几十年会发生前所未有的饥荒、廉价的核能将迅速统治全球能源供应，以及摩尔定律背后的增长率（每两年翻一番）可以很容易地通过人类在其他领域的创新努力来实现（最后这项预测在根本上就是错误的）。

本书打算在几个层面展开讨论。我的主要目的是对自然和社会的增长轨迹进行全面的分析调查：在生物圈中，不仅进化会导致增长，人类的干预导致的增长也越来越多；在人类社会，增长一直是人口和经济历史以及技术能力进步的关键因素。鉴于本书的讨论范围，读者可以有选择性地阅读特定的章节，从而展开组合式研究，比如重点关注生物（无论是植物、动物、人类还是人口）或人造物（无论是工具、能量转换器还是运输器械）的增长。另外，毫无疑问，一些读者会对增长过程的背景 —— 自然、人口、经济和帝国增长的先决条件、影响因素、进化环境和历史环境 —— 而不是特定的增长轨迹产生更大的兴趣。

另一种阅读方式是关注增长的代价。本书包含大量关于生物个体、工具、机器或基础设施以及最广泛和最复杂系统的增长信息，最终能引发读者对文明成长的思考。本书也是对生命体、人造物和复杂系统增长的统一经验教训的总结，也可以作为对自然界进化结果的一项评估。又或者，我们还可以将它看作技术和社会进步的历史，即对人类文明的进步（"记录"可能是比进步更好的中立名称）的评估。

在本书的写作过程中，我一如既往地试图避免任何死板的规定 —— 但我希望对本书进行仔细的阅读能传达出如下关键结论：在为时已晚之前，在面对现代文明时，我们应该认真地着手于最根本的存在性（也是真正革命性的）问题，使有关未来的任何增长都能与我们拥有的唯一生物圈的长期存续相适应。

目　录

第 1 章

增长的轨迹

共同特征

"增长"总是与形容词一同出现。用来描述增长现象的最常见的形容词（按照英文字母顺序排列）包括"乏力的""算数级的""癌症般的""混乱的""延迟的""令人沮丧的""不稳定的""爆炸式的""指数的""高速的""几何的""健康的""中断的""线性的""对数的""低速的""恶性的""温和的""疲弱的""迅速的""失控的""缓慢的""S 型的""强力的""突然的""不温不火的""出乎意料的""充满活力的"。最近，还多了"可持续的"与"不可持续的"。当然，我们如果仔细考虑所有真正长期的物质性增长（在此，我忽略了在耗尽地球资源以后移民外星球的可能性），就会发现"可持续增长"这一说法本身就是一种语词矛盾（contradictio in adjecto）。另外，我们的"幸福感"或"满足感"这类抽象属性能否得到持续提升，也是极不确定的。大多数用于描述增长的形容词都在定义它的速率：我们通常关注和担心的并不是增长本身，而是增长率，无论它是太快还是太慢。

即便是阅读日常新闻的读者也会发现，各种各样的首席经济学家、预测学者和政府官员都在持续不断地担忧国内生产总值（GDP）能否"充满活力地"或"健康地"增长。这种呼唤高增长率的言论都建立在最简单的、重复过去的经验而得到的预期之上 ——仿佛此间的国内生产总值增长完全不会影响未来的增长率预期。换句话说，经济学家们对于无穷无尽的、完美快速的、指数式的增长有一种隐隐的期待。

不过，经济学家们在比较增长的结果时选择了一个不恰当的指标。比如，在 20 世纪 50 年代的前 5 年，美国的国内生产总值平均每年增长近5%，大致等同于人均国内生产总值（对于约 1.6 亿人口）在那 5 年内增加了 3,500 美元。相比之下，2011—2015 年美国的国内生产总值增长速度虽然很"慢"（平均每年仅增长 2%），但在这 5 年内，人均国内生产总值（对于约 3.17 亿人口）增加了约 4,800 美元，比 60 年前的那次增长多出近 40%（全部数据以等值货币统计，以消除通货膨胀的影响）。结果，从实际的人均收入来看，近些年 2% 的增长率比过去的增长率（是前者的2.5 倍）更好。这是一个简单的算术问题，但总是被美国或欧盟的一些经济学家忽视，他们为千禧年后"缓慢的"增长哀叹不已。

2016 年 6 月 23 日，英国脱欧公投的结果为我们提供了另一个完美的例证，说明了增长率如何比增长结果更重要。一些地区的外国出生人口在2001—2014 年增长了 200% 以上（尽管这些地区的移民比例仍然相对较低，大多不到 20%），94% 的此类地区投票选择脱离欧盟。相比之下，外国出生人口占比超过 30% 的地区大多投票选择留在欧盟。正如《经济学人》（The Economist）所总结的："移民的庞大数量并不会让英国人心烦，他们的快速增长却能起到这样的效果。"（《经济学人》2016）

另一些为增长定性的形容词是一些精确定义的术语，人们用这些术语来描述（有时几乎完美地，通常非常接近地）符合各种数学函数的特定增长轨迹。那些与数学函数十分接近甚至完美符合的轨迹是有可能的，因为大多数增长过程都是非常有规律的，其发展遵循一系列有限的特征模式。当然，对于有机体而言，那些增长轨迹具有许多个体的、种间的和种内的差异，与精心设计的系统、经济体和社会之间存在历史性的、技术性的和经济性的偏差就是它们的标志。基本的增长轨迹分为三种，包括线性增长、指数增长和各种有限增长模式。线性增长十分常见且易于计算。指数增长很容易理解，但它的最佳计算方法是使用自然对数，这一点对许多人来说就像谜一样费解。有限增长模式主要包括逻辑斯蒂增长、冈珀茨增长和有限指数增长，其原理同样易于理解，但对其做出数学描述需要用到微积分知识。

　　但在更仔细地研究每一种增长函数、相应的数学描述以及由此产生的增长曲线之前，我将分两部分简要地讨论增长研究中的时间跨度和度量标准。在那些简要的研究中，无论是作为父母、员工，还是作为纳税人，无论是作为科学家、工程师、经济学家，还是作为历史学家、政治家和规划者，对于我们感兴趣的那些增长，我将同时关注其中常见和不常遇到的各种影响因子。这些因素包括那些普遍被关注的问题，比如婴儿或儿童的体重和身高以及国民经济的增长。同时，也有一些罕见但令人恐惧的担忧，比如因大规模航空旅行而导致的潜在的流行病扩散。

时间跨度

　　增长总会呈现为一种时间函数。现代科学和工程研究的作者们已经用无数的图表追溯了增长的轨迹。这些图表通常以时间为横轴（水平轴或 x 轴），增长的变量则被放在纵轴（垂直轴或 y 轴）上。当然，我们可以追溯（也确实追溯了）各种物理的或非物质现象的增长量与其他此类变量的相关变化 —— 比如将儿童发育过程中的体重变化与身高变化的关系或可支配收入增长量与国内生产总值增长量的关系绘成图表 —— 但大部分增长曲线（在更简单的例子中，它们是一些直线）都是由詹姆斯·C.麦克斯韦（James C. Maxwell）定义的位移示意图和 D. W. 汤普森（D. W. Thompson）的所谓时间图。"每幅示意图都有一个开始时间点和一个结束时间点；同一条曲线既可以反映一个人的生活，也可以表示一个王国的经济史……它描绘了一种工作'机制'，并帮助我们洞察不同领域的类似机制，因为自然界在一些简单的问题上发生了多种变化。"（Thompson 1942, 139）

　　海床或山脉的增长（由地质构造力驱动，其时间尺度超出了本书的研究范围）通常延续数千万年到数亿年。在处理生物体的增长时，我们所考虑的时间跨度是长期进化所确定的特定生长速率的函数。对于被人类驯化的动植物物种，我们常常通过传统育种方法或最近出现的转基因干预技术来加快或加强其增长。当我们考虑到各种设备、机器、建筑或任何其他人造物的增长时，研究的时间跨度既取决于它们的寿命，也取决于它们新的改进版本在变化环境里的适应性。

于是，有些自古以来一直为人们所使用的人造物的增长如今就只剩下历史意义了。帆船就是这种现象的一个很好的例子：帆船的发展和应用（除那些为了快速帆船竞赛而设计和使用的帆船之外）在 19 世纪下半叶相当迅速地结束了，它们的设计不断改进的时间超过五千年，但它们在蒸汽机问世后走向消亡却仅用了几十年。也有一些古老的设计为了满足工业时代的需求，取得了令人瞩目的成就：建筑起重机和船坞起重机也许是这种持续发展的最好例证。在过去的两个世纪中，为了建造更高的建筑结构或处理越来越庞大的船只上运载的货物，这些古代机械的能力有了巨大的增长。

生物圈中的大部分生物是细菌、真菌和昆虫，微生物学和无脊椎动物学关注的常见时间跨度是数分钟、数天和数周。细菌的世代通常少于一小时。在氮元素有限的环境中，颗石藻 —— 在海洋植物量中占据主导地位的单细胞钙化海藻 —— 可以在一周内达到最大的细胞密度（Perrin et al. 2016）。商业培育的双孢蘑菇在培养基（秸秆或其他有机物）中充满菌丝体的 15—25 天后就可以成熟。蝴蝶在卵的状态下停留的时间通常不超过 1 个星期，在 2—5 个星期里是毛毛虫（幼虫期），在 1—2 个星期里是蛹，然后完全蜕变为成虫。

对于一年生植物来说，几天、几周和几个月是应当关注的时间跨度。生长最快的作物（大葱、莴苣、萝卜）在播种后不到 1 个月就能收获。想要收获成熟的主粮作物，最快需要约 90 天（春小麦、大麦和燕麦），但冬小麦需要 200 多天才能成熟。新的葡萄园在建立后的第 3 年才能有所产出。对树木来说，新生木材的沉积体现在年轮（源自两种形成层的侧生分生组织的次生长现象）上，标示出一种易于识别的自然进程：一些速生人造林树种（桉树、杨树、松树）在生长十多年（甚至更短的时间）后便可以收获，但在自然环境中，它们可以持续生长数十年。而大多数树种的生长年限实际上是不确定的。

　　大型脊椎动物的妊娠期可以持续多个月（从人类的 270 天到非洲象的 645 天），但人们关注的只是它们出生后生长最快的那几个月甚至几天。对于作为肉食的家禽、猪和牛来说，情况尤其如此：人们将它们的饲喂饮食安排进行优化，以最大限度地提高每天的增重，并在尽可能短的时间内将其体重提高到预期的屠宰重量。在观察婴儿和儿童的成长时，人们通常会先关注几个月，然后是几年。儿科医生会将包含年龄和特定性别的预期增长图表与个体的实际成长情况加以比较，以确定婴幼儿是否达到了成长过程中的重要阶段，抑或有没有充分发育。

　　尽管某些人造物（无论是帆船还是建筑起重机）的增长必须追溯数千年之久，但其大部分进展都集中在相对短暂的增长爆发点上，在这些爆发点之间漫长的间隔期内，并没有出现任何增长或边际收益。现代工业文明的各种能量转换器（发动机、涡轮机、电动机）、机械和设备的发展史则要短得多。从 18 世纪初到 20 世纪初，蒸汽机的发展持续了 200 年。汽轮机（和电动机）的增长始于 19 世纪 80 年代，燃气轮机则直到 20 世纪 30 年代后期才开始增长。现代固态电子产品的增长始于 20 世纪 50 年代的首次商业应用，但实际上直到 70 年代，基于微处理器设计工艺的电子产品才开始呈现爆炸式增长。

　　研究我们这个物种在整个进化过程中的总体增长，差不多需要追溯至 20 万年前，但我们相对准确地还原全球人口增长情况的能力只可以追溯至近代早期（1500—1800 年），不确定范围较小的人口总数则只能追溯到 20 世纪。在一些有人口普查历史（有数据但不完整，计数通常仅限于成年男性）或其他有效的书面证据（由教区保存的出生证明）的国家，我们重建的人口增长轨迹可以一直回溯至中世纪。

　　在经济事务方面，各种不断细化的增长（国内生产总值、就业率、生产率、特定项目的产出）通常每个季度被追踪一次，但在统计汇编报告里，几乎所有变量的总数或收益都以年为单位。日历年是时间跨度的标准选择，但两个最常见的例外是财年（fiscal year）和用于报告年度收成和产出的作物年（crop year，从不同的月份开始）。一些研究试图重建可以追溯到数个世纪前甚至数千年前的国民经济增长，但是（正如我稍后将强调的那样），它们更适合用来进行定性分析，而不是真正的定量评估。对那些具有充足的统计服务的社会进行可靠的历史性重建，也只能追溯到150—200年前。

增长率反映的是变量在特定时间段内的变化情况，最常见的度量标准是每年变化的百分比。不幸的是，这些经常被引用的数值往往带有误导性。仅当这些速率表示线性增长时，即每个指定时间段的增长量相同时，我们才无须注意。但是，当这些增长率反映的是指数增长时期的情况，只有在了解到它们是暂时的数值时，人们才可以对其做出恰当的评估。因为在自然界和整个文明中，我们遇到的最常见的增长形式（遵循各种S型特征）的增长率是在不断变化的，它们的特征是增长率从非常低的水平上升到峰值水平，然后随着增长过程接近尾声又回落到非常低的水平。

度量标准

在量化增长的度量标准方面，没有哪种分类方式是我们必须遵守的。最常见的基本划分标准将这些度量分为追踪物理变化的变量和非实体但可量化（若不是以直接的方式，就至少通过某种代理）的变量。第一类中最简单的条目是按每小时、每日、每月或每年来计算的研究变量的增量。当统计学家们谈论量化各类种群的增长时，他们使用的术语就超出了其严格意义上的拉丁语含义，以便指代微生物、植物和动物的集合。实际上，对于他们希望研究其增长的任何可量化的实体，情况都是如此。

一些基本量的增长定义了物质世界，国际单位制（Système International d'Unités，简称SI）承认7个基本量。它们是长度（米，m）、质量（千克，kg）、时间（秒，s）、电流（安培，A）、热力学温度（开尔文，K）、物质的量（摩尔，mol）和发光强度（坎德拉，cd）。许多用于量化增长的指标都和从7个基本单位推导出的量有关，它们包括面积（平方米，m^2）、体积（立方米，m^3）、速度（米每秒，m/s）、质量密度（千克每立方米，kg/m^3）和比容（立方米每千克，m^3/kg）。更复杂的数量方程式可以推导出诸如力、压力、能量、功率或光通量之类的常见增长度量。

在本书中，读者会反复遇到这些度量中的大多数。长度和质量这两个基本单位将被用于评估生物（树木、无脊椎动物或婴儿）、建筑和机器的增长。高度一直是线性变量中最受赞赏、欣赏和效仿的物理量。从企业界中身高与权力之间的明确关联（Adams et al. 2016），到建筑师和开发商对建造更高的建筑的痴迷，都反映了这种偏好。没有哪个国际组织会去监测占地面积最大或内部空间最大的建筑物的增长，但世界上却存在着一个世界高层建筑与都市人居学会，专门制定定义和测量高层建筑的具体标准（CTBUH 2018）。

它们的高度纪录上至家庭保险大楼（1884 年在芝加哥完工的世界上第一座摩天大楼）的 42 米，下到 2009 年完工的迪拜哈利法塔的 828 米。根据世界高层建筑与都市人居学会在 2018 年的预计，到 2019 年，吉达塔（其主要建筑承包商是沙特本·拉登集团，这个姓氏将永远与 9·11 事件联系在一起）的高度将达到 1,008 米（CTBUH 2018）。与高度一样，长度（而不是质量）一直是比较人体测量学研究领域的一个常见课题。克利奥因弗拉数据库（Clio Infra 2017）和罗瑟（Roser 2017）提供了便捷的汇总，囊括了从古代骨骼到现代人类的高度测量数据（图 1.1）。欧洲军队的新兵身高数据提供了一些可以反映近代和现代人类身高增长情况的最可靠的证据（Ulijaszek et al. 1998; Floud et al. 2011）。

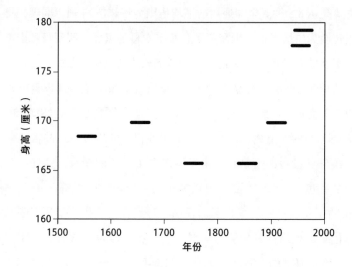

图 1.1 1550—1980 年西欧男性平均身高的演化。数据来自克利奥因弗拉数据库（Clio Infra 2017）

在增长研究中，面积也经常出现，其形式多种多样，反映了农场的平均规模、帝国的扩张、用于太阳能发电的光伏电池板每年的安装量等变量的变化情况。住房开发（房屋或公寓的平均面积）的变化情况以平方米为单位来衡量，但美国除外，那里仍在使用非公制的平方英尺。平方千米（km²，1,000 米 × 1,000 米）被用于追踪国家和帝国的发展。面积更是经常被用作分母，用于量化光合作用产出的生产力，即林业和农业的产量和收成。公顷（ha，100 米 × 100 米或 10,000 平方米）是农业统计数据中最常见的面积单位（美国仍是例外，它仍在使用非公制的英亩）。

在研究含酒精和不含酒精的饮料的生产和饮用量（通常以升为单位）的增长以及木材与其他木制品的年度砍伐量和工业使用量（通常以立方米为单位）时，体积比质量更好用。在开采和运输原油时，体积也是首选的度量指标——此外，这也许是非公制单位之经久不衰的最佳范例。1872年，美国人口调查局采用了一个容量为 42 美制加仑（约 159.997 升）的钢制容器来测量原油产量，而桶仍然是石油行业计算产量的标准单位。但要将体积变量转换成等效质量，还需要知道特定的密度。

仅需 6 桶以上的重质原油（通常在中东开采）就可以生产 1 吨原油，但对于阿尔及利亚和马来西亚生产的最轻质的原油，每生产 1 吨原油总共可能需要高达 8.5 桶。全球通用的平均值则为每吨 7.33 桶。同理，将木材的体积转换为质量当量，也需要了解特定木材的密度。即便只考虑常用的品种，密度的差异也高达 2 倍，从轻质的松木（400 千克每立方米）到重质的白蜡树（800 千克每立方米）。木材密度的极端范围则下至巴沙木的不到 200 千克每立方米，上至乌木的超过 1.2 吨每立方米（USDA 2010）。

无处不在的人造物的历史显示出两种相反的质量发展趋势：一方面是常用组件和设备的小型化（由于固态电子器件的普及，这种趋势达到了空前的程度），另一方面，现代家庭的两项最大的投资——汽车和房屋——的平均质量则有了显著的提高。显然，计算机质量的下降与它们每个单位重量处理信息的能力的增长成反比。1969 年 8 月，用于运输载人太空舱登陆月球的"阿波罗 11 号"飞船的计算机重量只有 32 千克，其随机存取存储器（RAM，运行内存）仅有 2 千字节（kB），相当于 62 字节每千克（Hall，1996）。12 年后，国际商业机器公司（IBM）的第一台个人计算机重 11.3 千克，运行内存为 16 千字节，即 1.416 千字节每千克。2018 年，用于撰写本书的戴尔笔记本电脑重 2.83 千克，其运行内存为 4吉字节（GB），相当于 1.41 吉字节每千克。撇开"阿波罗 11 号"的计算机（它是一种非商业性的设计）不谈，自 1981 年以来，个人计算机的运行内存与质量之比增长了 100 倍！

在电子设备（壁挂式电视机除外）变得越来越小的同时，房屋和汽车却变得越来越大。在房屋方面，人们主要考虑的是可居住面积，但房屋居住面积的大幅增加 —— 在美国，房屋的平均装修面积从 1950 年的 91平方米（总面积 99 平方米）增加到 2015 年的约 240 平方米（Alexander 2000; USCB 2017）—— 导致用于建造和装饰房屋的材料以更快的速度增长。一栋 240 平方米的新房屋将至少需要 35 吨木材，主要用于制作框架木材和其他木制产品（包括胶合板、胶合梁和贴面）（Smil 2014b）。相比之下，建造一栋简单的 90 平方米的房屋只需要不超过 12 吨的木材，两者消耗的木材相差 3 倍。

此外，现代的美国房屋中包含更多的家具，拥有更多更大的大型电器（冰箱、洗碗机、洗衣机、干衣机）。在 1950 年，只有约 20% 的家庭拥有洗衣机，不到 10% 的家庭拥有干衣机，不到 5% 的家庭装有空调。而如今，即使在最北端的州，这些也都已成为家中的标配。此外，更昂贵的装修也使用了更重的材料，包括用于地板和浴室、厨房石制厨台和大型壁炉的瓷砖和石材。这样做的结果是，2015 年建造的新房屋比 1950 年的平均大 1.6 倍，但对于其中许多房屋而言，建造所需的材料量是 1950 年的 4 倍。

美国乘用车重量的增加是各种必要的改进和浪费性的变化共同造成的（图 1.2）。福特汽车公司于 1908 年 10 月发布了世界上第一款量产汽车，即著名的 T 型车，重量仅为 540 千克。在第一次世界大战之后，乘用车重量的增加要归因于全封闭的全金属车身、更重的发动机和更好的座椅：到 1938年，福特 74 型汽车的质量达到了 1,090 千克，几乎是 T 型车的两倍（Smil 2014b）。这些趋势（汽车变得更大，发动机变得更重，配件变得更多）

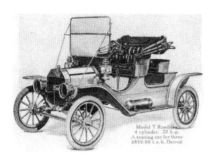

图 1.2　1908 年，美国最畅销的车型是重 540 千克的福特 T 型车。2018 年美国最畅销的车型并不是轿车，而是卡车，即福特 F150，重 2,000 千克。图片来自福特汽车公司 1909 年的产品目录和《卡车趋势》(*Trucktrend*) 杂志

在第二次世界大战之后和 20 世纪 70 年代石油输出国组织（OPEC，简称欧佩克）上调石油价格导致的短暂停顿和退缩之后延续了下来，最终随着20 世纪 80 年代中期运动型多用途汽车（SUV，占 2019 年美国新车销量的一半）的推出以及皮卡车和厢式货车的日益普及而得到了进一步加强。

1981 年，美国轿车和轻型卡车的平均质量为 1,452 千克；到 2000年，平均质量已达到 1,733 千克；到 2008 年，平均质量为 1,852 千克（到2015 年则几乎没有改变），今天的车辆平均质量增长至 100 年前的 3.4 倍（USEPA 2016b）。从绝对值来看，欧洲和亚洲的汽车平均质量增长幅度略小，但增长率与美国的增长率相似。全球汽车年销量在 1908 年不足 10 万辆，到 2017 年则超过了 7,300 万辆，增长了 700 多倍。这意味着如今全球每年售出新车的总重量增长到了一个世纪前的约 2,500 倍。

时间是第 3 个被普遍使用的基本单位，被用来直接量化增长（从已经提高的人类寿命到最长的飞行时间，或者产品发生两次故障之间的时间间隔，时间可以反映设备的耐用性和可靠性）。更重要的是，时间被用作分母，表示速度（长度除以时间，米每秒）、功率（能量除以时间，焦耳每秒）、平均收入（金钱除以时间，美元每小时）或每年的国内生产总值（商品和服务的总价值除以时间，美元每年）等指标。在增长研究中，有关不断上升的温度的讨论相对较少，但它们标志着涡轮发电机的性能仍在持续提升。照明设备总发光强度的增长则反映了光污染问题的普遍存在和逐渐加剧（Falchi et al. 2016）。

现代社会越来越关注非物质变量，这些变量的增长轨迹反映了经济表现、富裕程度和生活质量的变化。经济学家们希望看到的有关增长的共同变量包括工业总产值、国内生产总值、可支配收入、劳动生产率、出口量、贸易顺差、劳动力参与率和总就业。富裕程度（国内生产总值、总收入、可支配收入、累积财富）通常按照人均水平来衡量，生活质量则通过社会经济变量的组合来评估。例如，人类发展指数（HDI，由联合国开发计划署制定并每年重新计算）由量化预期寿命、教育水平和收入 3 个指标构成（UNDP 2016）。

2017 年，世界经济论坛基于一系列关键表现指标，推出了一项新的包容性发展指数（IDI），该指数不仅考虑到了当前的发展水平，还考虑到了最近 5 年的表现水平，从而对生活水平进行多维评估（世界经济论坛 2017）。2016 年的人类发展指数与 2017 年的包容性发展指数之间存在很多重叠之处：有 6 个国家（挪威、瑞士、冰岛、丹麦、荷兰、澳大利亚）在这两项指数的排名中都位列前 10。包容性发展指数这种新的评估方法对人类发展指数最有趣的补充，也许是对幸福感或生活满意度的量化。

喜马拉雅山旁边的小国不丹在 1972 年成为新闻焦点，当时该国的第 4 任国王吉格梅·辛格·旺楚克（Jigme Singye Wangchuck）建议使用国民幸福指数（GNH）来衡量本国的进步（GNH Center 2016）。将这个吸引人的概念变成一项可以定期监测的指标则是另一回事。无论如何，对于二战后的美国，我们都有相当令人信服的证据可以表明，幸福这一变量并没有增长。盖洛普民意测验（Gallup poll）自 1948 年以来就不定期地调查美国人的幸福感有多高（Carroll 2007）。在 1948 年，有 43% 的美国人感到非常幸福。这项指标的峰值出现在 2004 年（55%），最低点出现在 9·11 事件之后（37%）。但到了 2006 年，它达到了 49%，与半个多世纪前（1952 年的 47%）相比，几乎没什么变化！

对生活的满意程度与许多质的提升紧密联系在一起，而这些质的提升很难通过采用简单且最常用的定量方法来描述。营养和住房无疑是关于这一事实的最好的两个例子。尽管这两项指标可能如此重要，但追踪平均每人每天摄入的饮食能量的增长可能会传递一条具有误导性但令人信服的信息。饮食的改善使食物供应远远超出了必要的能量需求：它们可能已经为我们提供了足够数量的碳水化合物和脂质，也可能满足了最低限度的高质量蛋白质的需求，但仍可能缺少必需的微量营养素（维生素和矿物质）。最值得注意的是，水果和蔬菜（微量营养素的主要来源）摄入量偏低已被确认为引发慢性疾病的主要危险因素，但西格尔等人的研究表明，在大多数国家，它们的供应量都低于建议水平（Siegel et al. 2014）。2009年，全球平均水平比建议值低22%，供需比率中位数在低收入国家仅为0.42，在富裕国家则为1.02。

在近代早期，随着科学调查方法的兴起与新的、强大的数学与分析工具（17世纪中叶的微积分、19世纪的理论物理和化学以及现代经济学和人口统计学）的发明和应用，我们最终有可能以纯定量的方式来分析增长，并使用相关的增长公式来预测研究对象的长期发展方向。人口统计学和经济学研究的先驱罗伯特·马尔萨斯（Robert Malthus，1766—1834）的研究结论引发了极大的关注，他将仅仅遵循线性增长的生活资料和成指数增长的人口进行了对比（Malthus, 1798）。

与马尔萨斯不同，比利时数学家皮埃尔-弗朗索瓦·韦吕勒（Pierre-François Verhulst，1804—1849）如今只为科学史家、统计学家、人口统计学家和生物学家所知。但在马尔萨斯的论文发表40年后，韦吕勒发表了首个明确地描述有限（有界）增长过程的数学公式，对我们理解增长的本质做出了根本性的贡献（Verhulst 1838、1845、1847）。这种增长模式不仅支配着所有生物的发展，还支配着新技术的性能提高过程、许多创新的传播过程以及许多消费产品的普及过程。在开始对增长现象及其轨迹进行专题介绍（第2章）之前，我将简要但相当全面地介绍这些增长方式及其产生的增长曲线的性质。

线性增长与指数增长

这是两种常见但形式非常不同的增长，它们的轨迹可以用一些简单的方程式来描述。对前一种增长，最好的定性描述是"相对缓慢而稳定"，对后者最好的定性描述则是"增长越来越快，最终飙升"。任何线性增长的事物在每个相同的时间段内都会增加相同的数量，因此线性增长的方程很简单：

$$N_t = N_0 + kt$$

其中，k 是单位时间内的增长常数，t 时刻的值（N_t）是通过在初始值（N_0）上叠加增长量 kt 计算出来的。

对大量石笋的分析表明，这些锥形的钙盐柱是通过水滴在洞穴地面而形成的，通常会以近乎线性的方式生长几千年（White and Culver 2012）。即使以相对较快的、每年 0.1 毫米的速度增长，1 米高的石笋在 1,000 年里也只会增长 10 厘米（1,000×0.1 毫米）。将这根石笋的线性增长结果绘制出来，会显示为一条单调上升的直线（图 1.3）。这当然意味着，与石笋的总高度相比，增长量的占比将持续下降。对于一根每年增长 0.1 毫米的石笋来说，第 1 年的增量为 0.01%，而到了 1,000 年后，每年的增量仅为 0.009%。

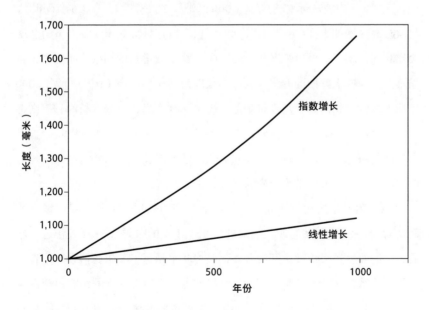

图 1.3　石笋在千年中的增长表明了线性增长与指数增长轨迹的区别

相比之下，在所有指数增长的情况下，在每个相同的时间段内，增长率都是一样的。这种增长的基本函数关系为：

$$N_t = N_0 \, (1+r)^{\,t}$$

其中，r 反映的是增长的速率，表示单位时间内每个单位数量内的增长率，例如，单位时间内增加了 7%，则 $r=0.07$。

在对计时单位进行连续调整后，这种指数增长也可以被表示为：

$$N_t = N_0 e^{rt}$$

其中，e（$e=2.7183$，即自然对数的底数）以 rt 为幂指数增长，这是任何科学计算器均可轻松完成的计算。我们可以想象这样一个洞穴，洞顶滴下的含有相同浓度的盐水量不断增加，导致石笋的高度呈指数增长。

假设石笋的高度每年都以很小的增长率 0.05% 增长，那么它的高度将在 1,000 年内增加近 65 厘米（1,000 毫米 × $2.718^{0.0005 \times 1,000}$=1,648.6 毫米，也就是高度增加 64.86 厘米），1,000 年后，以这种方式增长的石笋的高度会比其线性增长的对应情况高出约 50%。将指数增长的结果绘制出来，会显示为一条向上弯曲的曲线，其弯曲程度由增长率决定（图 1.3）。10,000 年后，线性增长的石笋高度将增加一倍，达到 2 米，指数增长的石笋则将需要一个巨大的洞穴，因为它的高度将达到 148.3 米。由于指数是增长率和时间的乘积，因此，较长时间间隔内的较低增长率，与较短时间间隔内的较高增长率，可以带来同样的增长量。

另一项简单的比较则表明，线性增长和指数增长的轨迹仅在增长的最初阶段——增长率与时间间隔的乘积小于 1 的时候——比较接近。然后，它们的轨迹很快就会开始分离，最终越来越远。戈尔德假设，地壳最外层 5 千米深的所有孔隙空间的 1% 都被生长于地下深处的细菌菌落占据（Gold 1992），惠特曼等人则认为微生物可填充的体积仅占所有孔隙空间的 0.016%（Whitman et al. 1998）。无论真实情况如何，地壳孔隙中的微生物总量都是巨大的，虽然它们的繁殖速度极慢。让我们假设（仅为了做简单的示例），由于物理和化学上的限制，一个只包含 100 个细胞的微小菌落（被地震突然挤压到一个新的岩石空间中）每小时能够净增加 5 个细胞。显然，在第 1 个小时结束时，将有 105 个细胞；在线性增长 10 个小时后，这个菌落将有 150 个细胞；而在 50 个小时和 100 个小时后，这个菌落的细胞总数将分别达到 350 个和 600 个。

在没有抗生素的年代，结核分枝杆菌（Mycobacterium tuberculosis）是导致人类过早死亡的一个非常普遍的原因，由于其传染性和耐药性，它们目前仍是造成人类因传染病而死亡的最主要的单一原因之一（Gillespie 2002）。在大多数情况下，相比于许多常见的细菌，结核分枝杆菌在受感染的人类肺部繁殖得很缓慢。但当在合适的实验室基质上生长时，它们的细胞数量将在 15 个小时内增加一倍，这就意味着每小时的增长率约为 5%。同样地，如果一开始的细胞数量是 100 个，那么到第 1 个小时结束时将有 105 个细胞，这与地下微生物的线性增长相同；指数增长 10 个小时后，结核分枝杆菌的菌落将有 165 个细胞（仅比线性增长的情况多 10%）。但 50 个小时后，指数增长的细胞总数将达到 1,218 个（约为线性增长情况下的 3.5 倍），100 个小时后的细胞总数将增加到 14,841 个，几乎达到了线性增长情况下的 25 倍。比较的结果是显而易见的：在没有任何先验知识的情况下，我们无法在第 1 个小时后分辨两种增长的差异，但在 100 小时之后，指数增长的结果要比线性增长高出 1 个数量级，差距大大增加。

线性（恒定）增长的情况无处不在。恒星发出的光线的传播距离（长度）每秒增加 300,000,000 米（准确地说是 299,792,458 米），在同一段时间内，夜间高速公路上以 100 千米每小时的平均速度行驶的卡车驶过的距离是 27.7 米。根据欧姆定律 —— 电压（伏特，V）等于电流（安培，A）乘导电电路的电阻（欧姆，Ω）—— 当电阻保持恒定时，电流会随着电压的增加而线性增加。在时薪固定（和免税）的情况下，随着工作时间的延长，工资会线性增加。按分钟收费（而非按无限制的套餐收费）的手机，每月的账单将随着通话时间的延长而线性增长。

在自然界中，一些生物（比如仔猪或儿童）在出生后的发育早期，通常会暂时出现线性生长的情况。富裕国家的居民预期寿命一个多世纪以来都在不断地呈线性增长，同时，这些国家的作物（无论是主粮还是水果）单产的长期增长轨迹也是线性的。各种机器的额定值和性能参数的提高通常也是线性的，包括自 1908 年的福特 T 型车以来的美国汽车的平均功率、喷气发动机诞生以来的最大推力和涵道比（bypass ratio）、蒸汽机车的最高速度和锅炉压力（自 1830 年开始提供常规服务以来）以及船舶的最大排水量的增长情况都是如此。

有时，简单的线性增长是各种复杂的相互作用的结果。1945—1978年，美国的汽油消费几乎完全遵循线性增长，在经历了 4 年的短暂低迷后，从 1983 年起又恢复了较慢的线性增长，并一直持续到 2007 年（USEIA 2017b）。这两个阶段的线性轨迹是由各种非线性变化相互影响造成的，比如汽车保有量的飙升（在 1945—2015 年增长了 6 倍多）。相比之下，汽车发动机的平均燃料使用效率在 1977 年以前一直保持不变，然后在 1978—1985 年出现显著提高，在接下来的 25 年中再次保持不变（USEPA 2015）。

某些生物（包括在实验室中培养的细菌和婴幼儿）会经历线性增长期，即在某些特定时间段内，新细胞、高度或质量的增量是相同的。细菌在能获得有限但持续的关键营养素时，其数量就会沿着这种轨迹增长。儿童的体重和身高也都有线性增长的情况。例如，美国的男孩在 21—36 个月大之间有短暂的线性增长时期（Kuczmarski et al. 2002），世界卫生组织（WHO）的儿童成长标准表明，随着年龄的增长，2—5 岁男孩的身高会呈现出完全的线性增长，而同一时期的女孩的身高增长趋势也几乎是线性的（WHO 2006；图 1.4）。

指数增长

指数增长（刚开始缓慢，然后迅速加快）吸引了人们的注意。对这种增长（以前被称为几何式增长或几何级数增长）的性质的阐述已历经数百年甚至上千年，尽管最初的书面记载出现于 1256 年：这一记载提到了国际象棋的发明者，他要求他的君主兼赞助人给他奖励，具体方式是在棋盘的每个正方形格子上放置谷粒（或麦粒），第 1 个格子上放 1 颗，第 2 个格子上放 2 颗……每个格子上放置米粒的数量在前一个格子的基础上

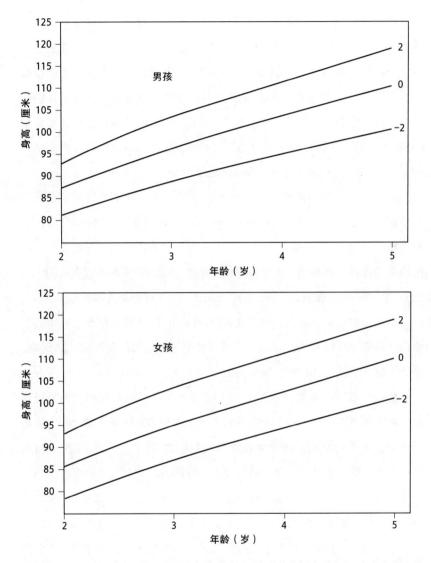

图 1.4 2—5 岁的男孩和女孩的预期身高与年龄（两个标准差之间的平均数和估值）增长的示意图。图表根据世界卫生组织的数据（WHO 2006）加以简化绘制而成

翻倍。棋盘第一行最后一个格子上的谷粒（或麦粒）数量为 128（2^7）颗，这仍然微不足道；然而到了棋盘的中间，即第四行的最后一个格子上，谷粒（或麦粒）的数量将达到大约 21 亿（2^{31}）颗；到最后一格的时候，总数能达到约 920 亿亿（9.2×10^{18}）颗。

指数增长的关键特征是飙升的增量可以完全盖过之前的总和：棋盘最后一行的谷粒数量是从第一行第一格到倒数第二行最后一格累积的谷粒数的 256 倍，占棋盘上谷粒总量的 99.61%。显然，那些不受欢迎的指数增长只能在早期阶段被不同程度的努力所遏止。随着增长的继续，这种努力可能很快就会失效。假设谷粒的平均质量为 25 毫克，那么谷粒总量（显然无法放在任何棋盘上）将达到大约 2,300 亿吨，是该类谷物全球年产量（2015 年的产量不足 5 亿吨）的近 500 倍。

只要时间够长，即使增长率微不足道，也将产生不可思议的增长结果。要说明这一点，我们无须援引任何宇宙时间跨度，只需回溯到古代。罗马帝国在其鼎盛时期（公元 2 世纪）每年需要约 1,200 万吨谷物（其中的大部分在埃及种植，然后运往意大利）以维持约 6,000 万人口的生活（Garnsey 1988; Erdkamp 2005; Smil 2010c）。假设罗马能够存续到今天，且每年的谷物收成只在前一年的基础上增长 0.5%，那么如今它每年的谷物总产量将达到约 1,600 亿吨，是 2015 年全球谷物实际总收成（25 亿吨，养活了超过 70 亿人口）的 60 多倍。

用线性标度来绘制指数增长的轨迹并不是一个好的选择，因为指数增长的完整轨迹通常跨越多个数量级。为了在线性标度的 y 轴上容纳指数增长的整个变化范围，除最大数量级的刻度之外，不可能标记出任何数值。此外，结果总会是一条 J 形曲线，一开始增长相对较慢的部分类似于一条直线，后来的部分或多或少会变得陡峭。相比之下，如果在半对数线图（线性的 x 轴表示时间，对数的 y 轴表示增长量）上绘制增长率恒定的指数增长轨迹，就会产生一条完美的直线。即使整个增长范围跨越多个数量级，我们也可以很容易地从 y 轴上读取相应的数值。因此，绘制半对数线图是判别给定的数据集是否呈指数增长的一种简便的图形方法。图 1.5 比较了描述这一现象的两幅曲线图：它描绘了现代文明的重要基础之一（1880—1970 年几乎呈指数增长的全球原油消费量）的增长情况。

这种燃料的商业生产仅仅始于俄罗斯（自 1846 年开始）、加拿大和美国（分别自 1858 年和 1859 年开始），最初的规模可以忽略不计。到 1875 年，全球原油产量仍然只有大约 200 万吨。然后，随着美国和俄罗

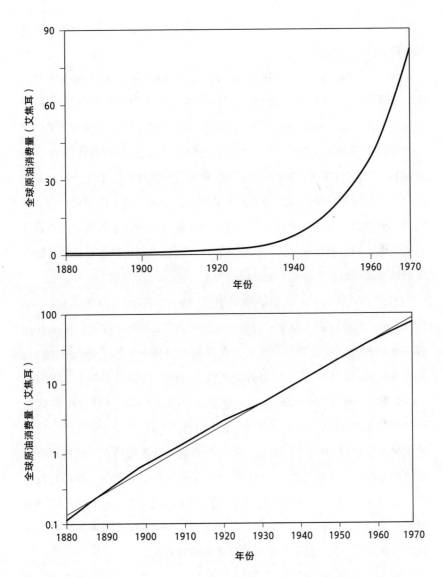

图 1.5 1880—1970 年，全球原油消费量的增长情况：这两幅图分别反映了用线性标度和半对数标度绘制出来的指数增长情况。数据来自斯米尔（Smil 2017b）

斯的开采规模的扩大，再加上其他产油国（罗马尼亚、印度尼西亚、缅甸、伊朗）进入市场，到 1930 年，原油产量呈指数增长，达到了 1.7 亿吨。石油行业的发展曾因 20 世纪 30 年代的经济危机而暂时放缓，但从 1945 年开始又恢复了指数增长。此外，由于在中东和俄罗斯有了新的重大发现，到 20 世纪 70 年代中期，原油产量已经比 100 年前高出 3 个数量级（略高于 1,000 倍）。

在现代经济体中，短期的指数增长并不罕见。在一些迅速发展的国家（日本、韩国和 1985 年之后的中国），它们标志着国内生产力的崛起。电子产品的年销售额就可以反映这一点，这些产品对大众的吸引力开创了一个新的全球市场。此外，欺诈性投资计划（庞氏金字塔骗局，又称"庞氏骗局"）建立在虚假的收入暂时呈指数增长的诱导性因素之上：在早期阶段，人们还可以使用可控手段遏制其增长，但成形的庞氏增长一旦突然崩溃，就总会造成各种不良后果。技术进步的过程通常也以明显的指数增长为标志，但指数增长（及其风险）首次成为公众讨论的主要话题，则与人口规模的不断扩大有关（Malthus 1798）。

托马斯·罗伯特·马尔萨斯的名著《人口原理》（*An Essay on the Principle of Population*）继承了 18 世纪著名科学家莱昂哈德·欧拉（Leonhard Euler）的理论。欧拉离开瑞士后，在俄国和普鲁士工作（Bacaër 2011）。他在从俄国返回柏林后，以当时仍是科学写作标准语言的拉丁语发表了《无穷分析引论》（*Introduction to Analysis of the Infinite*）（Euler 1748）。该书解决的问题之一受到了 1747 年的柏林人口普查（结果显示，当时的柏林人口超过 10 万）的启发。欧拉想知道，若这样的人口规模以每年 1/30 的速度增长（每年增长 3.33%），在 100 年后将会如何。利用对数计算，他发现人口将在一个世纪以内增长 25 倍以上：$P_n = P_0 (1+r)^n$，100 年后的总人口数将为 $100,000 \times (1+1/30)^{100}$，即 2,654,874 人。之后，欧拉继续演示了如何计算人口的年增长率和倍增周期。

然而，只有马尔萨斯将指数增长变成了一门涉及人口统计学和政治经济学的新学科的主要关注点。他曾反复强调如下结论："人口的力量远超土地所能提供的让人类生存的能力。"因为不受控制的人口将呈指数增长，而可供人类使用的生存资源只能呈线性增长：

以世界上的任意人口数量（如 10 亿）为例，它将按照这样的比例增加：1，2，4，8，16，32，64，128，256，……生存资源总量则只能按照这样的比例增加：1，2，3，4，5，6，7，8，9，……在 2.25 个世纪之后，人口与生存资源之比将达到 512∶10，在 3 个世纪后将变成 4,096∶13，在 2,000 年后，差距将变得几乎无法估量，尽管到那时，生存资源也将达到一个巨大的规模。（Malthus 1798, 8）

查尔斯·达尔文（Charles Darwin）也通过引用马尔萨斯和卡尔·林奈（Carl Linnaeus）的工作以及他自己对不受控制的大象繁殖过程的计算来说明了这一过程：

有这样一条规律，它没有任何例外：每种有机生物都以如此高的速率增长，以至于如果不受干扰，地球很快就会被一对生物的后代所覆盖。即使是繁殖缓慢的人类，其数量也在 25 年中翻了一番。按照这种速率，几千年后，人类的后代将没有任何生存空间。林奈曾计算过，如果一株一年生植物只结出两粒种子（实际上没有哪种植物的产量如此之低），而来年每一粒种子长成的幼苗也继续产生两粒种子，以此类推，那么 20 年后，这种植物的数量将变成 100 万株。大象被认为是所有已知动物中繁殖最慢的，我竭尽全力地估计了其可能的最小自然增长率：假设一对大象在 30 岁就可以繁殖，并继续繁殖到 90 岁，且在这段时间里生下 3 对大象；如果事情真是如此，在 5 个世纪之后，将有 1,500 万头活着的大象，它们都是第一对大象的后代。（Darwin 1861, 63）

正如我在有关有机体和人造物的增长的章节中曾详细解释的那样，我们必须结合适当的关注和忽略才能理解这些特定的计算，但它们都具有两个基本属性。

首先，与每个单位时间内的绝对增量始终保持不变的线性增长不同，对指数增长来说，随着基数的增大，每个单位时间内的绝对增量将不断变大。美国经济在 1957 年和 1970 年都增长了 5.5%，但 1970 年的绝对增量是 1957 年的 2.27 倍，分别为 560 亿美元和 247 亿美元（FRED 2017）。

在大多数常见的指数增长案例中，增长率并不完全恒定：它要么随着时间的推移而逐步下降，要么在长期均值附近波动。

增长率的缓慢下降将使指数增长变得不那么明显。1970 年以来，美国国内生产总值增长率的 10 年均值就是一个很好的例子：它们从 20 世纪70 年代的 9.5% 降至 80 年代的 7.7%、90 年代的 5.3%，以及 21 世纪头 10 年的 4%（FRED 2017）。增长率的提高将导致超指数增长。1996—2010 年，中国的实际国内生产总值增长就是超指数级的：1996—2000 年的年增长率为 8.6%，2001—2005 年为 9.8%，2006—2010 年为 11.3%（NBS 2016）。增长率出现波动是经济长期扩张的常态：例如，20 世纪下半叶，美国的经济增长率（国内生产总值）为平均每年 7%，但这种复合平均增长率掩盖了实际年增长率的波动，比如 1954 年（唯一一个国内生产总值下降的年份）的 −0.3% 和 1978 年的 13% 就是两个极端（FRED 2017）。

其次，自然的或人为的指数增长总归只是一个暂时性现象，会由于各种物理的、环境的、经济的、技术的或社会的限制而终止。原子核的链式反应肯定会结束（因为裂变材料的质量有限），就像庞氏骗局那样（一旦新流入的资金低于赎回金额）。但在后一种情况下，增长走向终结所花的时间可能要长一些：想想伯纳德·麦道夫（Bernard Madoff）吧。他的欺诈活动——一个精心设计的、不断躲避监管机构的反复（尽管肯定不那么勤奋）调查的庞氏骗局——维持了 30 多年，从投资者那里骗取了大约 650 亿美元，最后由于 2008 年秋季那场二战后最严重的经济危机的爆发才被揭穿（Ross 2016）。

这就是使用指数增长进行长期预测会得出各种误导性结论的原因。许多基于史实的例子都可以说明这一点，而我选择以 1950 年以后美国航空运输量的强劲增长为例。20 世纪 50 年代，它的年平均指数增长率为11.1%，而 60 年代和 70 年代的年平均增长率分别为 12.4% 和 9.4%。如果将 1930—1980 年美国所有航空公司的年航空运输量（旅客人数乘千米，人公里）绘制成图表，呈现出的轨迹将几乎可以用四次回归（以四阶多项式拟合，相关系数 r^2=0.9998）来描述，这种增长方式如果能持续下去，将使 2015 年的运输量达到 1980 年的近 10 倍（图 1.6）。

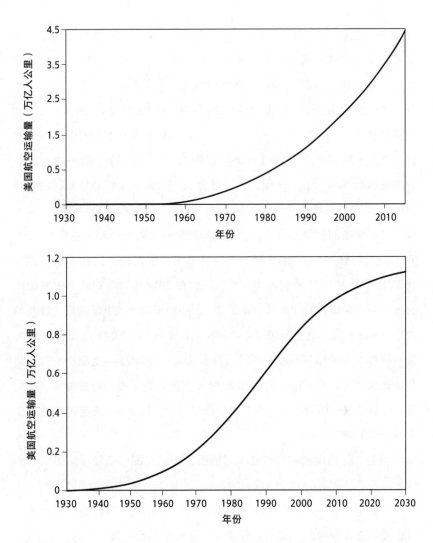

图 1.6　以 1930—1980 年的数据（上图，最佳拟合是四阶回归）和 1930—2015 年的数据（下图，最佳拟合是以 1987 年为拐点的逻辑斯蒂曲线）为基础，对美国的航空运输量（以万亿人公里为单位）做出的预测。数据来自国际民航组织的各种年度报告

　　而实际上，美国航空运输量的发展呈现为一条增长率逐渐降低的轨迹（21 世纪头 10 年的年平均增长率仅为 0.9%），1930—2015 年的完整轨迹非常符合四参数（对称）逻辑斯蒂曲线，2015 年的总量仅比 1980 年高出约 1.3 倍，预计到 2030 年，进一步增长将非常有限（图 1.6）。将暂时较高的年指数增长率作为未来长期发展的指标，是一个根本性的错

误——却也是长久以来的惯例。各种新设备、新设计或新实践的狂热推广者尤其喜欢这种描述：他们采纳早期的增长率（通常是明显的指数增长），然后利用它们来预言新兴现象即将占据主导地位。

最近有许多例子可以说明这一错误。我以维斯塔斯（Vestas）风力涡轮机装机量的增长为例，这些机器引领着全球发电技术向脱碳的方向发展。这家丹麦制造商于1981年开始销售55千瓦的机器；到1989年，它的涡轮机功率达到了225千瓦；1995年出现了600千瓦的机器；随后在1999年，它的涡轮机机组功率达到了2兆瓦。若根据20世纪最后20年快速增长轨迹的最佳拟合曲线（五参数逻辑斯蒂拟合，相关系数 R^2 等于0.978）进行预测，到2005年，维斯塔斯风力涡轮机的设计容量将接近10兆瓦，到2015年将超过100兆瓦。但在2018年，可在陆上安装的最大的维斯塔斯设备的功率只有4.2兆瓦，适用于海上风电场的最大设备的功率只有8兆瓦，通过升级可以达到9兆瓦（Vestas 2017a），建造100兆瓦的机器则几乎是不可能的。每当看到新闻提及2025年之前所有汽车都将实现电动化，或新型电池将在2030年之前实现极高的能量密度，我们就应该回想起这样的例子，即技术创新早期的快速发展与不可避免的S型曲线形成了鲜明的对比。

但是，这种现实的、最终不可回避的力量对那些已经持续了很长一段时间并不断创造新纪录的指数增长似乎并不起作用。通过重复那句口头禅"这次不一样"（"This time is different"），许多平时能够保持理性的人已经能够说服自己，相信这种倍增将在未来很长一段时间内持续下去。股市泡沫的历史为我们提供了关于这些错觉（通常是集体妄想）的最佳案例，我将详述最近发生的两起最值得注意的事件，即日本在1990年之前的崛起和美国在20世纪90年代的新经济。

20世纪80年代日本的经济崛起为我们提供了最好的例子，日本人应该更清楚指数增长的力量。在经历了70年代的2.6倍的增长之后，日经225指数（日本主要的股票市场指数，相当于美国的道琼斯工业指数）从1981年1月到1986年增长了184%，在1986年增长了43%，在1987年增长了近13%，1988年增长了接近43%，在1989年又增长了29%（日经 225 指数 2017）。从 1981 年 1 月到 1989 年 12 月，日经 225 指数增长了 5 倍以上，这种表现相当于 10 年间的年平均增长率达到了 17%，特别是在这 9 年中的后 5 年里，年平均增长率达到了 24%。同时，随着日元竞美元的汇率从 1980 年 1 月的 239∶1 变成 1989 年 12 月的 143∶1，日本的国内生产总值继续以每年超过 4% 的速度增长。

梦醒时分最终还是来了。在第 6 章中，我将追溯 1989 年之后迅速变化的情况。但是，指数增长是一个强大的幻觉制造机。在 1999 年，即日经指数达到巅峰的 10 年之后，我在旧金山机场等待领取租赁的汽车时，还在思考日本所经历的一切。硅谷早在多年前就已经进入第 1 个互联网泡沫时代，人们即使提前预订，仍然不得不等待刚刚归还的汽车被维护，然后再次回到拥堵的湾区高速公路上。考虑到日本人的经历，我想 1995 年以后的每一年都可能是艾伦·格林斯潘（Alan Greenspan）所谓的非理性繁荣的最后一幕，但这一幕并没有发生在 1996 年、1997 年或 1998 年。甚至在 10 多年前，许多经济学家还在向美国投资者信誓旦旦地保证，这次指数增长的方式确实有所不同，旧规则将不再适用于新经济，在新经济中，无休止的快速增长将继续下去。

20 世纪 90 年代，由美国的所谓新经济驱动的道琼斯工业平均指数创下历史上最大的 10 年涨幅，从 1990 年 1 月初的 2,810 点升至 1999 年 12 月底的 11,497 点（FedPrimeRate 2017）。这种表现相当于 10 年间的平均年指数增长率达到了 14%，其中的峰值为 1995 年的 33% 和 1996 年的 25%。如果这种增长持续下去，到 2010 年，道琼斯指数将达到约 30,000 点的水平。纳斯达克综合指数反映了计算和通信能力的不断提高，尤其是由投机驱动的硅谷公司业绩的飞涨。20 世纪 90 年代，它的表现甚至比道琼斯指数还要好：从 1991 年 4 月到 2000 年 3 月 9 日，纳斯达克综合指数从 500 点增到 5,046 点的巅峰，年平均增长率接近 30%（Nasdaq 2017）。

甚至一些向来谨慎的观察者也被这一切冲昏了头脑。沃顿商学院的杰里米·西格尔（Jeremy Siegel）曾赞叹道："真了不起。我们每年都说增长率再也不能超过 20%，然后每年都超过了 20%。我仍然认为我们必须习惯于更低但更正常的回报率，但谁知道这种趋势何时会结束呢？"（Bebar

1999）。股市的推手通过贩卖不可能的东西来赚钱：一本畅销书早早就预测了道琼斯指数将达到 40,000 点（Elias 2000），另一本则预测道琼斯指数将势不可当地升至 100,000 点（Kadlec and Acampora 1999）。但梦醒时分终于再一次到来了，而且速度相当之快。到 2002 年 9 月，道琼斯指数跌至 9,945 点，相比于 1999 年的峰值，下跌了近 40%（FedPrimeRate 2017）；到 2002 年 5 月，相比于 2000 年 3 月达到的峰值，纳斯达克综合指数也下跌了近 77%（Nasdaq 2017）。

指数增长在许多技术进步的案例中非常普遍，正如我将在第 3 章中指出的那样，在某些情况下它已经持续了数十年。汽轮机最大功率的增长就是这种长期指数增长的完美范例。查尔斯·阿尔杰农·帕森斯（Charles Algernon Parsons）于 1884 年取得第一项汽轮机的专利之后，几乎立即制造了一台小型机器（如今摆放在都柏林圣三一大学帕森斯大楼的大厅里），其功率刚刚达到 7.5 千瓦，而第一台商用涡轮机的功率是它的 10 倍，达到了 75 千瓦，于 1890 年开始发电（Parsons 1936）。

随后，涡轮机的功率迅速增长，1899 年诞生了第一台 1 兆瓦涡轮机，接下来是仅 3 年之后的 2 兆瓦机器和 1907 年的第一台 5 兆瓦机器。一战之前，涡轮机的最大功率达到了 25 兆瓦，这一成绩是由安装在芝加哥市费斯克街车站的爱迪生公司的机器达成的（Parsons 1911）。从 1890 年第一台 75 千瓦的商用机型到 1912 年的 25 兆瓦机型，帕森斯汽轮机的最大容量以超过 26% 的年复合增长率指数增长，在不到 3 年的时间内就翻了一番。这要远远快于 18 世纪早期蒸汽机容量的增长，也要快于水轮机的额定功率自 19 世纪 30 年代伯努瓦·富尔内隆（Benoît Fourneyron）的第一批商业化设计以来的增长。

另外，某些性能实现指数增长，并不是通过对原始技术的不断改进而达成的，而是依靠一系列创新；下一阶段的创新正好是在旧技术达到极限时开始的：单项指标的增长轨迹毫无疑问是 S 型的，但将多项指标放到一张图中，就会呈现为指数增长。第 4 章将简要回顾真空管的历史，它跨越近一个世纪的进步是这种指数级包络的一个绝佳例子。在第 4 章（关于人造物的增长）中，我还将详细介绍已经维持了 50 年的，也许最著名的现代指数增长案例，即摩尔定律所描述的硅微芯片上晶体管的集成度变化情况，它们的数量以每两年翻一番的速度增长。

在结束有关指数增长的话题之前，我认为可以指出一个简单的技巧，用于计算指数增长事物的倍增周期（这些事物可以是癌细胞、银行账户，也可以是计算机的处理能力），或者反过来，通过已知的倍增周期来计算增长率。用 2 的自然对数（即 0.693）除以当前的增长率（用小数来表示，例如用 0.1 表示 10%）可以得出精确的结果，但是用 70 除以用百分比表示的增长率也是一个相当不错的近似方法。当中国经济以每年 10% 的速度增长时，翻一番的周期为 7 年。相反，微芯片上的元器件数量在两年内增加一倍，意味着每年的指数增长率约为 35%。

双曲线增长

无限制的（因此总是只能暂时出现的）指数增长不应（虽然有时）被错误地当成双曲线增长。虽然指数增长的特征是绝对增量不断扩大，但在增至无穷大的过程中，它一直都是一个时间函数。相反，双曲线增长在一段有限的时间间隔之内向无穷大增长时，会达到一个荒谬的顶点（图 1.7）。当然，在任何有限的范围内，这种极端事件都是不可能实现

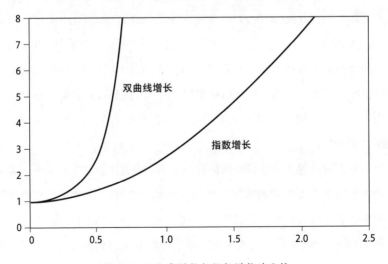

图 1.7　双曲线增长与指数增长的比较

的。只需一点点反馈调节，就能产生阻尼效应（damping effect），并使双曲线增长走向终结。不过，如果一开始的速率很低，那么双曲线轨迹可能会持续较长的时间，然后才停止发展，并被另一种形式的增长（或下降）接替。

卡耶（Cailleux）首先注意到他所谓的"过度膨胀"（surexpansion），即文明的加速发展导致全球人口以前所未有的速度增长："人类的过度膨胀和圣灵显现之间的联系是很正常的。"（Cailleux 1951, 70）这一过程符合准双曲线方程：$P=a/（D-t）M$，其中，a、D 和 M 都是常数。迈耶和瓦列因此得出结论，人口的增长"从来不会'自然地'趋于平衡……它会表现出一种独有的特征，即自我加速"（Meyer & Vallee 1975, 290）。不过，这只是暂时的，因为按照这种方式增长下去，人口将近乎无限。冯·弗尔斯特等人还计算出"公元 2026 年 11 月 13 日星期五"将是世界末日，"如果按照过去两千年的增长趋势，届时世界人口将趋向无穷"（von Foerster et al. 1960, 1291）。显然，这永远不会发生，在冯·弗尔斯特等人发表这篇论文的几年后，全球人口的年增长率就达到了顶峰，并且开始向新的发展轨迹过渡。

可即便如此，赫恩仍然认为，全球人口的增长与恶性肿瘤的增长已显示出惊人的相似，因为某些癌细胞在其最具侵入性的阶段也显示出增殖倍数下降的情况（Hern 1999）。他发现，从 300 万年前到 1998 年，全球人口连续翻倍了 32.5 次，第 33 次翻倍（达到 85.9 亿）将在 21 世纪初完成。如果将家禽家畜的生物量算进人类世界的总生物量中，那么第 33 次翻倍已经完成了。一些恶性肿瘤在实现 37—40 次翻倍后，就会导致宿主生物体死亡。（假如这一趋势继续下去，）在数百年内，人类的数量就会实现第 37 次翻倍。

尼尔森对世界人口增长所做的分析表明，在过去的 1.2 万年中，实际上发生了三次近似的双曲线增长事件（Nielsen 2015）：第一次发生在公元前 10000—前 500 年，第二次发生在公元 500—1200 年，第三次发生在公元 1400—1950 年。这三次增长总共增加的人口约占过去 1.2 万年里人口增长总量的 89%。在前两个过渡期（公元前 500—公元 500 年、公元 1200—1400 年），两次双曲线增长之间的发展轨迹明显变得平缓，而当前这个过渡期将进入怎样的发展轨迹仍然是未知的：我们是会看到一个相对较早的平稳期，之后是一个长久的平稳期，还是会先看到一个峰值，然后立即开始大幅下降？在第 5 章和第 6 章中，我将更多地讨论人口增长的轨迹。

我们还要留意另一类人为的双曲线增长的例子，即许多作者都已经指出的，人类历史上的各种加速发展的实例。相关的著作有着悠久的传统：它们始于 19 世纪下半叶（Lubbock 1870; Michelet 1872），它们在 20 世纪的后继者则来自 40 年代法国历史学家亨利·亚当斯（Henry Adams）以及（始于 50 年代的）许多美国历史学家、物理学家、技术人员和计算机科学家。亚当斯著有关于加速定律的文章（Adams 1919）和关于"历史的相律"（rule of phase applied to history）的文章（Adams 1920），后者探讨了人类思想可能性的极限。迈耶（Meyer 1947）和哈莱维（Halévy 1948）著有关于进化加速（l'accélération évolutive）和历史加速（l'accélération de l'histoire）的文章。美国人则从许多不同的角度去展开观察，其主要贡献来自费曼（Feynman 1959）、摩尔（Moore 1965）、皮尔（Piel 1972）、莫拉韦克（Moravec 1988）、科伦（Coren 1998）和库兹韦尔（Kurzweil 2005）等人。

其中的许多著作或明或暗地提出了奇点的到来：当超级人工智能的贡献上升到一定的水平时，它们的发展将转化为一个史无前例的失控过程。这不仅意味着人工智能超越了一切（可以想象的）人类能力，还意味着物理变化的速度也越来越接近瞬时。显然，这种成就将彻底改变我们的文明。亚当斯预测道（据他当时所知，这不包括任何计算的考虑），奇点将在 1921—2025 年之间的某个时刻到来（Adams 1920），科伦则将其推迟到了 2140 年（Coren 1998），而按照库兹韦尔的最新预测，人工智能机器接管一切的时间是 2045 年（Galleon & Reedy 2017）。当我们（正如这些作者中的许多人所断言的那样）不可阻挡地走向那种梦幻状态时，加速（即双曲线）增长的支持者们指出了这样一个不断发展的过程，比如我们可以养活不断增长的人口、使用越来越强大的初级能源转换器或以前所未有的高速移动。

这个过程表现为一连串的逻辑斯蒂曲线，德里克·J. 德索拉·普赖斯（Derek J. de Solla Price）曾很好地描述过这一现象：

> 一种刚刚被察觉到的限制造成了恢复性的反应……如果反应是成功的，它的价值通常在于改变被测量的东西，使它重获生命力，并以新的活力上升，直到最终，它必须迎接自己的末日。因此，人们发现传统逻辑斯蒂曲线有两种变体，它们比普通的 S 型曲线更加常见。在这两种情况下，变体形式都出现在拐点期间的某个点上，大概是在指数增长的代价变得难以接受的时候。如果可以允许对被测物的定义稍稍加以修改，以便通过与旧事物相等的数量来计算新现象，那么新的逻辑斯蒂曲线就可在旧曲线的灰烬中，像不死鸟一样涅槃飞升……（Derek J. de Solla Price 1963, 21）

迈耶和瓦列认为，这种逻辑斯蒂式上升或加速增长的现象被低估了（Meyer and Vallee 1975）。此外，从长远的角度观察技术进步时，双曲线增长——而非指数增长——并不罕见。他们列举了许多符合双曲线增长的例子，比如单位面积的土地可以养活的人口、原动机[①]的最大功率和移动速度以及能量转换技术的最佳效率的增长过程。某些特定进步的历史增长过程符合 S 型曲线（逻辑斯蒂曲线，或其他具有渐近趋势的曲线），但一系列连续的增长曲线的包络能够使整个增长过程暂时处于双曲线状态。让我们将话题引回到普赖斯、迈耶和瓦列的观点上来，他们将这种接力过程视为一种自动序列："一旦发展过程到达上限，另一种（在本质上具备另一种技术的）机器就接替了前一种机器的发展，并越过前者的上限，结果就是某些量化的变量的加速增长情况得以维持下去。"（Price, Meyer and Vallee 1975, 295）更仔细的考察将为我们揭示更复杂的情况。

[①]　prime mover。作者在本书中使用这一概念时，泛指化石能源、水能、风能、太阳能等能量形式和动物、机械等能够产生动力和能量的事物。因此，本书将视情况的不同，在不同地方分别将这一概念译为"原动力"和"原动机"。——编者注

早期采集者（gatherer）和狩猎者（hunter）的觅食活动在 1 公顷的土地上仅能支撑 0.0001 人的生存。在更宜居的环境中，典型的比例也只能达到约 0.002 人每公顷。游耕农业将人口密度提高了两个数量级，使其达到每公顷 0.2—0.5 人。第一批从事定居农业的社会（美索不达米亚、古埃及、中国）将其提高到 1 人每公顷。在中国南方那样的集约化种植区，19 世纪最好的传统农业可以支持的人口密度高达 5 人每公顷，而现代农业可以养活的人口密度达到了 10 人每公顷。另外，相比于以前的食谱，现代农业能够提供平均水平更高的饮食（Smil 2017a）。

然而，这样的增长序列并没有对任何必然的定时进化进程做出描述。比如在许多地区，狩猎采集活动与定居农业共存了数千年（今天仍然如此，想想托斯卡纳地区收集松露和猎杀野猪的活动吧）；甚至欧洲的部分地区（斯堪的纳维亚半岛、俄罗斯）在进入 20 世纪之后都还存在着游耕农业；这种活动至今仍在为整个拉丁美洲、非洲和亚洲的数百万家庭提供必需的食物。又或者，像农牧混合这样的做法在一些地区很常见，因为这有助于降低完全依赖种植农作物附带的风险。

此外，还有一个明显的事实：即使播种了最好的种子，提供了最佳的养分、水分和除草除虫剂，农作物的最高产量仍然受到光照强度、生长期的长短、物种所能忍受的最低温度以及多种自然灾害导致的脆弱性的限制。正如我将在第 2 章（关于作物的生长）中展示的那样，许多地区以前的生产率持续提高，如今却由于肥料的大量投入和灌溉量的增加，作物的回报率不断下降，其产量轨迹一直是一种收益活动最小或增长完全停滞的轨迹。显然，对于农作物的产量来说，并不存在一种普遍的、超指数增长的丰收。如果不必考虑生物的复杂性（因为其生命周期会受到各种环境因素的制约），人类的创造力其实已经带来了许多令人瞩目的收益。技术进步提供了遵循双曲线增长轨迹的自我加速发展的最佳范例，原动机的最大单位功率和最高移动速度为此提供了准确的记录说明。

在现代原动机（机械动力的主要来源）中，提供最大单位功率的首先是 17 世纪初期的蒸汽机（不足 1 千瓦），之后是水轮机（1850—1900年），再然后是汽轮机，后者的功率现在已经超过了 1 吉瓦（图 1.8）。进

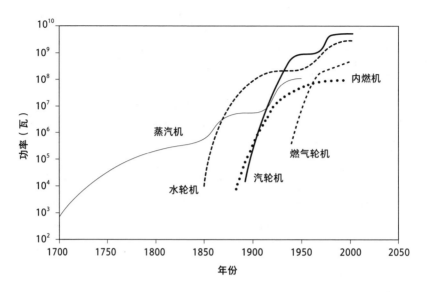

图 1.8 固定式原动机最大容量的相继增长（Smil 2017b）。蒸汽机、水轮机和汽轮机的单位额定值的逻辑斯蒂式增长叠加在一起，产生了暂时的双曲线增长趋势，在 300 年里，它们的最大容量增长了将近 7 个数量级

一步的发展可以由只在短时间内工作的火箭发动机来实现：执行阿波罗计划、向月球发射的"土星 5 号"运载火箭的功率约为 2.6 吉瓦（Tate 2012）。类似地，最大移动速度的发展始于耐力跑（信使能够以 10—12 千米每小时的速度长时间奔跑）和骑手骑乘良马（平均速度为 13—16 千米每小时），然后是快速帆船（19 世纪中期的"飞剪"快船平均速度大约为 20 千米每小时，最快能超过 30 千米每小时）、火车（1900 年之前的最高速度达到了约 100 千米每小时）、由往复式发动机驱动的商用飞机（速度从 1919 年的 160 千米每小时增加到 1945 年的 550 千米每小时），最后是喷气式客机（自 20 世纪 50 年代后期以来，最高速度已经能够超过 900 千米每小时）。

在这两种情况下，逻辑斯蒂曲线（有其自身的极限）的连续重叠产生了惊人的上升式包络线，加速式增长通过相继增长才得以实现。显然，这种相继发展无法持续，因为它最终将产生不合常理的高增长率，无论是功率还是速度。正如全球人口的增长情况那样，暂时的双曲线包络最终将转变为逻辑斯蒂增长轨迹。事实上，当我们以实用的和现实的方式，而非总是从最佳表现来考虑技术进步时,情况就已经是如此了。

显然,通过将马匹、帆船、火车、汽车、飞机和火箭的速度的逻辑斯蒂曲线进行重叠,从而构造最大速度包络线,我们就会发现运输方式的进步并不是按顺序依次互相替代的。大规模城市交通的主要交通工具已经从马车发展成机动车辆和地铁,但不会发展为喷气式飞机。事实甚至恰恰相反,自 20 世纪 60 年代以来,几乎每座大城市的市内交通平均速度都在下降,即使将每辆车都归属到一个同步的自动化城市系统之中,也无法让交通速度翻倍(除非让所有十字路口都消失,但在现有的城市基础设施的条件下,这是不可能的)。自 1964 年首次投入使用以来,快速列车的平均速度仅仅略有提高。此外,我们可以再次断言,在未来的一二十年内,数十亿火车乘客仍然无法改乘超音速列车出行。

现代大型集装箱船的典型速度(30—40 千米每小时)并未显著高于 19 世纪快船的典型速度。当然,它们的装载能力差了好几个数量级,但海洋运输的速度并未实现双曲线增长。同时,也没有任何现实预期表明,这种使现代经济全球化得以实现的基本运输方式将进入一个速度大幅提高的新时代。波音公司最新的 787 客机的巡航速度(913 千米每小时)比 1958 年的第一架民用波音飞机 707 客机的巡航速度(977 千米每小时)低了近 7%。此外,也没有任何实际预期表明,数十亿乘客很快就能以超音速完成日常旅行。最高性能的双曲线增长似乎并没有为我们揭示速度提升的实际轨迹(这种速度造就了现代经济,数十亿人和数十亿吨原材料、食品和工业制成品正以这种速度移动着)。

不可避免地,其他技术力量的发展过程的包络曲线也会呈现出类似的形状。最大型的火箭可能会在非常短的起飞时间内产生数吉瓦的功率,但这与为现代文明注入活力的无数机器的实际容量无关。大多数家用电器的电动机的功率都要小于一匹马的功率:洗衣机只需要 500 瓦即可运行,而一匹喂饱了的马可以轻松地以 800 瓦的功率工作。自 20 世纪 60 年代以来,大型发电厂里的汽轮机的典型装机容量一直相当稳定,以煤或天然气为燃料的新式发电厂的机组功率通常在 200—600 兆瓦之间,功率大于 1 吉瓦的涡轮发电机则主要安装在最大规模的核电站中。道路车辆的典型功率仅仅因重量的增加而略有上升。汽车功率的提高并不是因为汽车需要更大的功率才能从一个红灯走到下一个红灯，或在高速公路上以限定速度巡航（车辆只要拥有约 11 千瓦每吨的动力，就足以在平整的道路上以 100 千米每小时的速度行驶）（Besselink et al. 2011）。这些都再次说明，由不同的发展过程合成的上升轨迹，并不意味着任何统一的上升趋势能持续下去。

此外，历史上从来不乏没有显示出任何自动的、紧密连接的性能提升的案例。在平炉技术得到改进后，钢铁厂在近一个世纪的时间里一直保持着对平炉的依赖。硬连线旋转拨号式电话从 20 世纪 20 年代开始被采用，到 1963 年被按钮式设计取代，在此期间它的设计几乎没有变化（Smil 2005 & 2006b）。毫无疑问，地球上的双曲线增长的长期轨迹是这样的：它必须崩溃或转变为有限增长，才可能成为人类和生物圈动态平衡共存的一部分，这一规律也适用于外部存储器里信息内容发展的最终上限（Dolgonosov 2010）。

有限增长模式

首先，生命的发展轨迹都是有限增长：生物圈中可循环利用的营养物质虽然足以允许各种各样的特定基因表达和突变，却也给初级生产过程（光合作用）的效率和次级生产（从微生物到最大的哺乳动物的异养代谢）的积累设置了根本性限制。微生物、植物和动物在种内和种间竞争资源，不同物种相互捕食，病毒、细菌和真菌引发感染，生物圈的根本性限制就是通过这些过程产生效果的。所有多细胞生物的生长都受限于细胞凋亡、程序性细胞死亡所施加的内在限制（Green 2011）。

没有一棵树能长到天空之上，也不会有任何人造物、结构或过程可以实现这一点。这种有限（或受约束）的增长方式既描述了机械和技术能力的发展，也描述了人口的增长和帝国的扩张。另外，不可避免地，所有传播和利用过程都必须遵循这种普遍模式：不论它们的早期发展轨迹是快是慢，随着过程渐趋饱和（有时这一过程要历经数十年），最终的增长率常常会在距离最大值只有几个百分点甚至零点几个百分点时大幅下降。1880 年，没有任何家庭接入电网，但在今天的西方城市，还有多少城市住宅没有通电呢?

鉴于有限增长无处不在，许多研究人员试图用各种数学函数对它们进行拟合也就不足为奇了。有界增长的两种基本轨迹是 S 型 (sigmoid) 增长和受限指数增长。有几十篇论文描述了这些增长曲线的原始推导和后续变形。有关它们的讨论也有很多 (Banks 1994; Tsoularis 2001)，其中最好的概述也许是米沃尔德 2013 年的那篇文章 (Myhrvold 2013) 中的表格 S1，它系统地比较了 70 多个非线性增长函数的方程和约束条件。

S 型增长

S 型增长函数描述了许多自然增长和技术创新 (比如新的工业技术或消费品) 的应用与传播。增长过程一开始比较缓慢，在 J 型拐弯处开始加速，接着是快速上升，当上升速度最终放缓时，增长量逐渐减小，形成第二个拐弯处。此时，随着增长率降到最低，总量接近某个参数、使用量或所有量的最大值。迄今为止，S 型轨迹最著名也最常用的功能就是表述逻辑斯蒂增长。

与 (无限制的) 指数增长 (其增长率与不断增长的总量成正比) 不同，(有限的) 逻辑斯蒂增长的增长率会随着总量接近可能的最大值而逐渐降低。在生态学研究中，这个可能的最大值通常被称为承载能力。从直觉上来说，这种增长似乎是正常的:

> 一个典型的种群从最小值开始增长，一开始增长缓慢，然后迅速倍增，最终，种群数量缓慢地、以渐进的方式趋向一个无法实现的最大值。种群曲线的两端大体上能够定义其间的整个增长轨迹。为了将这样的起点和终点连接起来，曲线必须经过一个拐点，所以它一定是 S 型曲线。(Thompson 1942, 145)

对逻辑斯蒂函数的正式定义可以追溯到 1835 年。当时，比利时天文学家、欧洲著名的统计学家阿道夫·凯特勒 (Adolphe Quetelet, 1796—1874; 图 1.9) 发表了他的开创性分析成果《论人》(*Sur l'homme et le dé-*

图 1.9 阿道夫·凯特勒和皮埃尔-弗朗索瓦·韦吕勒。图片来自作者收藏的 19 世纪的钢雕图像

veloppement de ses facultés, ou Essai de physique sociale[①])。他在书中指出，任何种群的指数增长都不可能长期持续下去（Quetelet 1835）。凯特勒认为，阻碍人口无限增长的力量与人口增长率的平方成正比。然后，他让他的学生、数学家皮埃尔-弗朗索瓦·韦吕勒（图 1.9）求出了一个形式解，并将其应用于当时最好的可用人口统计数据。韦吕勒在《数学物理通讯》（*Correspondance Mathématique et Physique*）上发表了一篇短文（Verhulst 1838；英语译本由 Vogels 等人在 1975 年出版），首次提出了一个描述人口有限增长的方程。逻辑斯蒂模型由下面的微分方程描述：

$$dN/dt = rN(K-N)/K$$

其中，r 是最大增长率，K 是可能实现的最大值，在生态学和人口学

---

① 法语原名意为"论人类及其能力之发展，或社会物理学论"。——译者注

的研究中通常被称为承载能力。

为了检验增长方程的效果，韦吕勒将预期结果与法国（1817—1831年）、比利时（1815—1833年）、英国埃塞克斯郡（1811—1831年）以及俄国（1796—1827年）短期内的人口普查数据进行了比较。尽管他发现该方程与法国的数据"非常准确"地完成了拟合，但他仍然（基于少量数据）得出了正确结论："未来将为我们揭示阻碍人口增长的因素实际的生效方式……"（Verhulst 1838, 116）7 年后，在一份更详尽的论文中，他决定"用'逻辑斯蒂'为这种增长曲线命名"（Verhulst 1845, 9）。他从来没有解释自己为什么选择这个名字，但在他生活的时代，该术语曾被法国人用来表示计算技术。还有一种可能，即他最初是以（供养人口用的）军事代号指代一种算术技巧（Pastijn 2006）。

韦吕勒在他的第二篇论文中将逻辑斯蒂增长与对数（指数）增长进行比较，从而对其加以描述（图 1.10）。在逻辑斯蒂曲线的第一部分，人口数量正常，土地适合耕种，此时的人口增长呈现出指数增长的趋势。随后，使增长放缓的因素开始出现。随着人口的增加，相对增长率开始下降。拐点（增长率达到最大值）总出现在最终极限的一半之处。最终，人

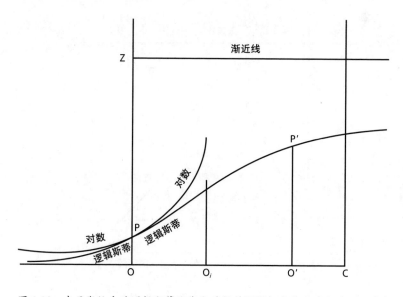

图 1.10　韦吕勒给出的逻辑斯蒂曲线和对数（指数）曲线的对比（1845 年）

口数量将达到极限。逻辑斯蒂函数的瞬时增长率（相对于时间的导数）呈正态分布，在曲线的拐点处达到峰值（图 1.11）。较高的增长率将生成较为陡峭的增长曲线，这些曲线将更快地达到最大值（曲线在水平方向被压缩），而较低的增长率将生成沿水平方向延伸的曲线。

韦吕勒在他 1845 年的论文中假设，人口进一步增长受到的阻力将与过剩人口的数量成正比。当他使用这一增长函数推导比利时和法国人口的最终极限时，他认为这两国的人口将在 20 世纪末之前分别达到 660 万和 4,000 万。但他在自己关于人口增长的最后一篇论文中得出结论：人口增长受到的阻力与过剩人口在总人口中所占的比例成正比（Verhulst 1847）。这种改变使他推导出了更大的最终人口数量或者（作为渐近值而逐渐为人所知的）更高的承载能力（Schtickzelle 1981）。

从本质上讲，韦吕勒的方程反映了两个反馈回路（FBL）的支配地位的转移：首先，正反馈回路启动增长。然后，因为有限世界中普遍存在着增长限制，负反馈回路使增长放缓，并最终使其达到平衡。正如孔施所言，逻辑斯蒂增长"可以被描述为（＋）FBL 体现的指数增长与（－）

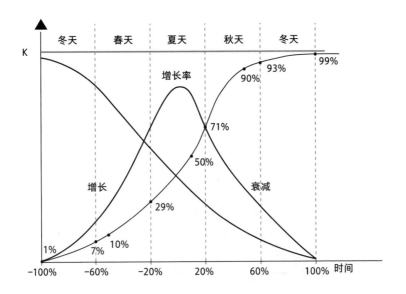

图 1.11　逻辑斯蒂增长的量化特征

FBL 体现的目标匹配增长的结合体"（Kunsch 2006, 35）。从这个意义上讲，因为具有两个相互争夺支配地位的反馈回路，韦吕勒的函数可以被看作基于反馈的系统动力学的基础。该系统是麻省理工学院的杰伊·福里斯特（Jay Forrester）在 20 世纪五六十年代提出并发展的（Forrester 1971）。由罗马俱乐部（Club of Rome）资助，致力于探索全球增长限制的研究工作采用了此系统（Meadows et al. 1972）。

在对涉及一系列反馈的许多自然、社会和经济发展进行抽象时，那些约束性增长的关键系统性概念（比如高密度是生物体最主要的约束因子，资源的可用性则是许多情况下的复杂驱动因子）非常有用，但机械地应用这些抽象概念可能会导致严重的错误。韦吕勒最初的人口预测是此类错误最早的例证，因为人口的最大值并不是由任何特定增长函数预先设定的。相反，它取决于通过科学、技术和经济发展来改变一个国家乃至整个地球的生产潜力。这种更高的、不断变化的最大值可以有效维持多长时间则是另一回事。韦吕勒最终将比利时在 2000 年之前的最大人口数量从 660 万上调至 950 万，但到了 20 世纪末，比利时和法国的人口实际上分别达到了 1,025 万和 6,091 万：比利时的实际人口数据比韦吕勒调整后的最大估值高出近 8%，而在法国这边，韦吕勒的估值与实际值之间的偏差达到了 52%。

尽管到了 19 世纪下半叶，有关人口和经济的研究呈爆炸式增长，但韦吕勒的工作被忽视了。他的工作直到 20 世纪 20 年代才被重新发现，到 60 年代才具有影响力（Cramer 2003; Kint et al. 2006; Bacaër 2011）。这并不是这种被遗忘的唯一案例：格雷戈尔·孟德尔（Gregor Mendel）在 19 世纪 60 年代所做的植物遗传学基础实验也被忽视了近半个世纪（Henig 2001）。韦吕勒的工作被忽视，是否可以归因于凯特勒对他这位在 1849 年英年早逝的学生的贡献的保留意见？（凯特勒的悼词可以反映这样一种保留意见。）乌德尼·尤尔（Udny Yule）有一个更好的解释："或许是因为韦吕勒领先于他的时代，而且人们仅凭当时留存的数据不足以对他的观点进行任何有效的检验，所以他的贡献被遗忘了，但韦吕勒的工作一直是这个研究领域的经典。"（Yule 1925a, 4）

逻辑斯蒂函数下一次现身时（只不过这次的名称不同），是在量化描述化学中的自催化反应过程。催化指的是由其他元素（特别是重金属）或化合物（通常为微量）引起化学反应速率增加的现象，自催化则描述了一种由其自身产物催化的反应。自催化过程（其反应首先表现为一种速度加快的时间函数，并最终达到饱和）对生命系统的生长和维持至关重要，如果没有它们，非生物化学就不可能产生复制、代谢和进化现象（Plasson et al. 2011; Virgo et al. 2014）。

威廉·奥斯特瓦尔德（Wilhelm Ostwald，1853—1932，一战之前的著名化学家）在1890年提出了"自催化"的概念（Ostwald 1890），之后人们很快意识到该过程遵循逻辑斯蒂函数：一种反应物的浓度从其初始水平开始上升，上升的速度一开始缓慢，然后加快。随后，由于另一种反应物的供应的限制，前者浓度上升的速度会放缓，直至第二种反应物的浓度降为零。1908年，加利福尼亚大学的澳大利亚生理学家 T. 布雷斯福德·罗伯逊（T. Brailsford Robertson，1884—1930）指出，在比较了单分子自催化反应曲线与雄性白鼠体重的增加之间的关系后，"生长曲线与自催化反应曲线的相似性立即变得很明显了"（图1.12）。但是，将单分子自催

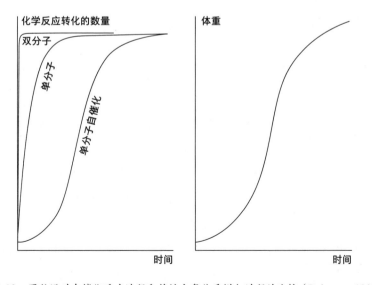

图 1.12　罗伯逊对自催化反应过程和雄性白鼠体重增加过程的比较（Robertson 1908）

化反应的曲线与反映雄性白鼠体重增加趋势的曲线进行比较，就会发现后者的轨迹是两条曲线的叠加（Robertson 1908, 586）。

两者都是 S 型曲线，但罗伯逊并没有提到韦吕勒。3 年后，麦肯德里克和凯萨瓦·帕伊再次使用该函数绘制了微生物的生长图（McKendrick and Kesava Pai 1911），这次同样没有提到韦吕勒。1919 年，里德与霍兰引用了罗伯逊的工作（Robertson 1908），但他们在描述向日葵的生长曲线时使用了"逻辑斯蒂"这一术语（Reed and Holland 1919）。那个有关植物生长的例子后来被广泛用在生物学关于增长的研究文献中。向日葵从栽培到生长的 84 天内的高度变化符合四参数逻辑斯蒂函数，拐点出现在第 37 天（图 1.13）。

1920 年，当约翰·霍普金斯大学的教授雷蒙德·珀尔（Raymond Pearl）和洛厄尔·里德（Lowell Reed）发表有关美国人口增长的论文时（Pearl and Reed 1920），逻辑斯蒂函数重新出现在了人口统计学中。但仅仅两年后，他们就大大方方地承认了韦吕勒的首创地位（Pearl and Reed 1922）。就像 19 世纪 40 年代中期的韦吕勒一样，珀尔和里德使用逻辑斯蒂函数来研究美国农业资源能够支撑的最大人口数量：

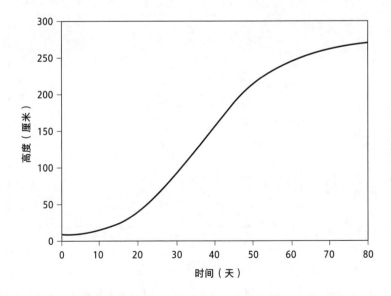

图 1.13　向日葵高度的逻辑斯蒂增长，由里德与霍兰绘制（Reed and Holland 1919）

上渐近线……的数值大约为 197,274,000。这意味着……美国
大陆的人口数量虽然已经受到地域限制，但它将来的最大人口数量将
达到当前实际人口数量的约 2 倍。我们担心某些人会立即谴责整个理
论，因为这个数字并不足以令人信服。按照几何级数、抛物线或某些
纯粹的经验曲线来推断人口的发展并得出惊人的数字是如此简单，而
且大多数研究人口的作者也倾向于这样来展开研究，这就使得对真实
概率的冷静思考变得非常难得。（Pearl and Reed 1920, 285）

就像韦吕勒低估了比利时和法国的最大人口数量一样，珀尔和里德
也低估了美国的最大人口承载量。到 2018 年，美国人口已经超过 3.25 亿，
比珀尔和里德预估的最大承载量高出近 65%（图 1.14）。尽管该国已将其
产量最高的农作物（玉米）的 40% 用于生产乙醇，但它仍是世界上最大
的粮食出口国。但珀尔对此方程式的预测能力没有丝毫质疑：1924 年，
他"适度地"将逻辑斯蒂曲线与开普勒的行星运动定律以及波义耳的理想
气体定律进行了对比（Pearl 1924, 585）。

对逻辑斯蒂增长函数的应用开始得到了普及。罗伯逊在《生长和衰

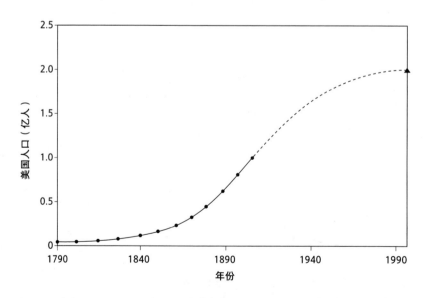

图 1.14　根据 1790—1910 年的人口普查数据，利用逻辑斯蒂曲线（拐点在 1919
年，渐近值为 1.973 亿）对美国人口进行拟合得出的预测（Pearl and Reed 1920）

老的化学基础》(*The Chemical Basis of Growth and Senescence*, 1923)中做了大量调查,使用了奶牛、家禽、青蛙、一年生植物和水果的相关生长信息。一年后,斯皮尔曼和兰发表了对《收益递减规律》(*The Law of the Diminishing Returns*)的详细论述(Spillman and Lang 1924),其中包括对有界增长率的大量量化描述。里德和伯克森将逻辑斯蒂函数应用于几种双分子反应以及胰酶对明胶的蛋白分解作用(Reed and Berkson 1929),布利斯则用它来计算剂量-死亡率曲线(Bliss 1935)。在第二次世界大战之前的 20 年里,珀尔及其合作者将逻辑斯蒂曲线应用于"几乎所有活着的种群,包括从果蝇到北非法国殖民地人口,乃至香瓜的生长"(Cramer 2003, 6)。

1945 年,哈特发表了一份关于逻辑斯蒂式社会趋势的综合研究报告,其中的数十个示例被划分为不同系列,有的反映了特定社会单位(人口、城市、农作物产量、工业产品的产量和消费量、通过专利来衡量的发明的数量、铁路的长度)的增长,有的反映了特定文化特征(学校入学率、汽车保有量、社会和公民运动)的扩散,还有的反映了他所谓的社会效率指数(包括预期寿命、速度记录和人均收入)(Hart 1945)。在第二次世界大战之后的 20 年里,在技术扩张的推动下,人口和经济的飞速增长被无数指数增长所主导,但随着现代生态意识在 20 世纪 60 年代末和 70 年代的崛起,逻辑斯蒂函数重新获得了更大的重视。自然地,有许多出版物都开始描述如何根据数据来拟合逻辑斯蒂曲线(Cavallini 1993; Meyer et al. 1999; Arnold 2002; Kahm et al. 2010; Conder 2016)。

还有另一种相当常用的增长模型,即冈珀茨曲线,它的起源甚至比韦吕勒的函数还要古老。该模型最早是由英国数学家本杰明·冈珀茨(Benjamin Gompertz, 1779—1865)在 1825 年提出的,目的是估计人类死亡率的增长情况(Gompertz 1825)。它与逻辑斯蒂函数有 3 个相同的参数,即两个渐近值和固定的偏斜度。但如前所述,逻辑斯蒂函数的拐点恰好位于两条渐近线的中间,并且其曲线相对于该拐点具有径向对称性。相比之下,冈珀茨函数的偏斜曲线的拐点位于渐近最大值的 36.78% 处,因此它是不对称的(Tjørve and Tjørve 2017)。在模拟 S 型增长时,如果增长在最大值的 1/3 处就开始放缓，那么冈珀茨曲线就是一个比逻辑斯蒂函数更好的选择（Vieira and Hoffmann 1977）。

一个多世纪之后，温莎指出："长期以来，对冈珀茨曲线感兴趣的只有精算师。然而，最近它被各种作者用来描述生物学和经济现象的增长曲线。"（Winsor 1932, 1）不过他仅仅列举了 3 种应用——牛的体重的增长（但仅仅适用于牛的体重达到成年体重的约 70% 之后）、蛏子壳大小的增长以及太平洋鸟蛤的增长——并得出结论：由于逻辑斯蒂曲线和冈珀茨曲线拥有相似的特性，因此"对于冈珀茨曲线能够拟合的情况，两者相对于彼此都没有任何优势"（Winsor 1932, 7）。

但是，后续的许多研究发现，冈珀茨曲线在许多情况下确实更好用。最适合用冈珀茨函数来描述的自然现象包括基本的生化过程，如正常细胞和恶性细胞的生长、酶促反应的动力学以及光合作用强度与大气二氧化碳浓度的关系（Waliszewski and Konarski 2005）。随着逻辑斯蒂方程在研究生物体生长方面的应用越来越普遍，在还原动植物生长的观察结果或根据过去的表现预测收益的可靠性时，许多研究人员指出了该函数的局限性。恩古因克提供了一个简单的区别检验法（Nguimkeu 2014），可以帮助我们在冈珀茨模型和逻辑斯蒂增长模型之间做出选择。

逻辑斯蒂模型的主要缺点是它的对称性：逻辑斯蒂增长和钟摆运动的动力学过程有一些类似之处，最大速度都出现在从静止到静止之间的中点。逻辑斯蒂曲线的拐点位于最大值的 50% 处，这就意味着它的增长率变化曲线会产生一条对称的钟形曲线（高斯函数），我们将在下一节介绍该曲线。然而对许多生物来说，如果它们的生长曲线在达到最大渐近值的一半之前就已经达到拐点，那么它们就会在初始阶段表现出更快的生长速度。同样，许多扩散过程（如新的工业技术的采用或家用电器保有量的扩大）也遵循不对称的 S 型轨迹。

同时，不对称的冈珀茨函数的偏斜度也是固定不变的，人们为了解决这样的缺点而进行了诸多尝试，产生了另外几种类似的逻辑斯蒂增长模型。楚拉里斯对这些衍生模型做了归纳（Tsoularis 2001）[其中主要包括冯·拜尔陶隆菲（von Bertalanffy 1938）、理查兹（Richards 1959）、布伦贝格（Blumberg 1968）、特纳等人（Turner et al. 1976）以及伯奇（Birch 1999）提出的模型］，并提出了自己的广义逻辑斯蒂函数，对其进行修改就可以得到上述所有模型。这些模型的实用性并没有先后之分：所有这些函数都属于同一个函数家族（以 S 型增长为主体的变体），其中没有任何一个特定函数的拟合能力范围比其他的三参数 S 型曲线更大。

冯·拜尔陶隆菲根据动物的新陈代谢率与体重之间的异速关系建立了生长方程，并解释道，体重的变化是同化代谢和异化代谢的速率差异造成的（von Bertalanffy 1938）。该函数的最大增长率（拐点）大约位于其渐近值的 30%（8/27）处。目前，该函数已经在林业的生长和产量研究中得到应用，但最重要的应用还是水生生物学领域，比如有关鳕鱼（Shackell et al. 1997）、金枪鱼（Hampton 1991）、鲨鱼（Cailliet et al. 2006）甚至北极熊（Kingsley 1979）的研究。但罗夫认为，该函数"往好了说只是一个特例，往差了说简直毫无意义"，应该被淘汰，因为它在渔业研究中的应用已经超过了实用的界限（Roff 1980, 127）。同样，戴和泰勒也得出结论，我们不应该使用拜尔陶隆菲方程为成年生物的年龄和体积大小建模（Day and Taylor 1997）。

理查兹修正了拜尔陶隆菲方程，以拟合植物生长的经验数据（Richards 1959）。该函数也被称为查普曼-理查兹（Chapman-Richards）生长模型，它比逻辑斯蒂曲线多一个参数（用于产生不对称性），目前已在林业研究中得到广泛应用，还被用于模拟哺乳动物和鸟类的生长，以及对影响植物生长的技术进行比较。不过，对于它的应用也存在着反对意见（Birch 1999）。其拐点的下限低于渐近值的 40%，上限接近渐近值的 50%。特纳等人将他们修改过的韦吕勒方程称为通用增长函数（Turner et al. 1976）。布伦贝格的超逻辑斯蒂函数也是对韦吕勒方程的修正，该函数旨在模拟器官大小的增长以及种群的动态变化（Blumberg 1968）。

韦布尔分布（Weibull's distribution）最初是为了研究材料失效的概率而提出的（Weibull 1951），通常用来在工程中做可靠性测试。它也很容易被修改，以灵活地产生各种增长函数，从而生成各种各样的 S 型增长曲线。它已经在林业中得到应用，被用来模拟单个树种的高度和材积增长，以及多态林的材积和树龄（Yang et al. 1978; Buan and Wang 1995; Gómez-García et al. 2013）。S型曲线家族目前仍在不断壮大，它最新的两个成员是伯奇提出的新方程（Birch 1999）和上文提到的楚拉里斯的广义逻辑斯蒂函数（Tsoularis 2001）。伯奇修正了理查兹方程，使其更适用于通用拟合模型，特别是用于表示混合植被系统中各种植物的生长；楚拉里斯提出了一个将以前所有的函数当作其特例的广义的逻辑斯蒂增长方程。

用于预测的逻辑斯蒂曲线

逻辑斯蒂曲线一直以来都是预测者最喜欢的工具，因为它们能够（通常非常接近地）描述生命体和人造物以及人为过程的增长轨迹。毫无疑问，它们可以提供有价值的见解，但与此同时我们必须告诫人们，不要过于依赖逻辑斯蒂曲线，将其当作预防故障的预测工具。诺埃尔·博纳伊的断言回顾了"逻辑斯蒂曲线的黄金时代，当时珀尔热情地将同一种函数应用于他所能找到的各种增长情况，从老鼠尾巴的长度到美国的人口普查数据"（Noël Bonneuil 2005, 267）。然后他又驳斥了那些仅仅将该模型用于精确地拟合历史数据，进而宣称那是伟大胜利的浅薄行为："大多数受限的增长过程确实类似于逻辑斯蒂曲线，但这样一来，我们对历史动态就知之甚少……曲线拟合经常是一种在两头都会产生误导的行为：它不仅不应该被视为一种证明过程，还会掩盖一些重要的细节。"

显然，用这些曲线来做长期预测并不总能成功。它们的应用可能很有洞见性，也可能为即将到来的极限提供有用的指示。在本书中，我将介绍各种回溯性拟合，它们可以为短期增长提供非常准确的可靠指示。但在其他情况下，我们即使对过去的轨迹进行高精度的逻辑斯蒂拟合，对于即将到来的情况，也可能得出极具误导性的结论。在10—20年内，预测误差可能远超可接受的 ±10%—25% 的偏差范围。

在二战结束后最早的一批有关逻辑斯蒂发展趋势的调查中，哈特的讨论涵盖了1903—1938年飞机的飞行速度纪录变化情况（Hart 1945）：能够很好地拟合该轨迹的逻辑斯蒂曲线在1932年达到拐点，按照曲线的预测，飞行的最高速度能够达到350千米每小时，但十几年内的技术革新曾两度使该结论失效。首先，往复式发动机（为战时飞机提供动力）的性能提高使它们的功率输出达到了实际的极限，这种发动机很快被商用航空所采用。洛克希德 L-1049 "超级星座" 客机于 1951 年首飞，巡航速度为 489 千米每小时，最大速度达到了 531 千米每小时，比哈特的逻辑斯蒂曲线预测的极限值高出约 50%。

"超级星座" 客机成了最快的跨大西洋客机，但其领先地位是暂时的。命途多舛的英国德·哈维兰 "彗星" 客机于 1951 年 1 月首飞，但在 1954 年就退役了。美国公司的第一架定期喷气式客机是 1958 年 10 月泛美航空公司的波音 707（Smil 2010b；图 1.15）。商业航空领域的第一台燃气涡轮机是涡轮喷气发动机。在二战之前，客机的巡航速度就提高了一倍以上（从 1919 年首次服役算起），并产生了一条新的逻辑斯蒂曲线，其拐点出现在 1945 年，渐近值约为 900 千米每小时（图 1.16）。功率更大、效率更高的涡轮风扇发动机问世于 20 世纪 60 年代，使更大的飞机、更低的油耗成为可能，但飞机的最大巡航速度基本保持不变（Smil 2010b）。

20 世纪 70 年代，超音速客机似乎可能再次提高飞行速度，但协和

图 1.15　波音 707 客机突破了逻辑斯蒂曲线预设的客机巡航速度天花板。图片来自维基媒体（wikimedia）

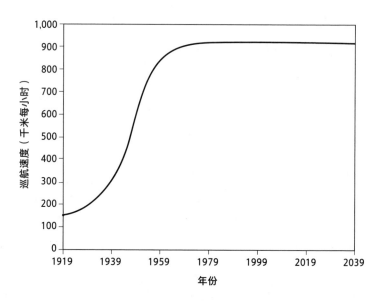

图 1.16 符合 1919—2039 年民航客机巡航速度增长情况的逻辑斯蒂曲线（拐点出现在 1945 年，最大巡航速度为 930.8 千米每小时）。图表根据特定机型（从 1919 年荷兰皇家航空公司的德·哈维兰 DH-16 到 2009 年的波音 787）的速度数据绘制而成

式飞机（Concorde，巡航速度为 2,150 千米每小时，是宽体喷气客机的 2.4 倍）还是变成了一个昂贵的特例，直到 2003 年终于被放弃（Glancey 2016）。到 2018 年，有多家公司（空客的星火航空公司、科罗拉多州的洛克希德·马丁公司和布姆科技公司）都在致力于设计新型超音速飞机。尽管对早期大规模超音速商业飞行的任何期望都还很不切实际，但我们不能排除在 21 世纪的晚些时候，（至少部分）飞机的巡航速度能够翻倍。

关于对逻辑斯蒂曲线的过度热情，最好的例证之一是一本关于预测未来的书，该书的副标题是《解密社会特征：揭示过去与预测未来》（*Society's Telltale Signature Reveal the Past and Forecasts the Future*），这个副标题表明了作者对逻辑斯蒂曲线的拟合预测效力的信心。莫迪斯使用逻辑斯蒂曲线预测了许多现代技术（从装有催化转化器的汽车的市场份额到喷气发动机的性能）以及各种经济和社会现象（从石油和天然气管道的增长到航空旅客数量的变化）的发展轨迹（Modis 1992）。在他所指出的数据与曲线相符的案例中，有一个例子是全球航空运输量的增长：根据预测，到 20 世纪 90 年代后期，全球航空运输量将达到预计上限的 90%。但实际上，到 2017 年，全球的航空货运量相比于 2000 年增长了 80%，每年的航空客运量增长了一倍以上（世界银行 2018）。

此外，莫迪斯还给出了一份取自格吕布勒（Grübler 1990）的预测饱和度的长表格。在不到 30 年的时间里，其中一些预测已经错得离谱。对全球汽车总量的预测就是一个典型案例：根据预测，到 1988 年全球汽车总量将达到饱和水平的 90%。当时登记在册的汽车数量约为 4.25 亿辆，这就意味着全球最终的饱和总量预计将大约为 4.75 亿辆。但到 2017 年，全球实际上已经有 10 亿辆汽车登记在册，这个数字是预期最大数量的 2 倍多，而且全球汽车数量仍在不断增加（Davis et al. 2018）。

马尔凯蒂曾断言，"我们每个人都有某种内在程序调节自身的行为，直到死亡……当一个人 90%—95% 的潜能耗尽，他就会死亡"（Marchetti 1985 and 1986b），因此他认为，按照逻辑斯蒂增长轨迹发展的习性"深藏于人类本我中最有力的据点之一 —— 自由之中，尤其是其创造性行为中的自由"（Marchetti 1986b, 图 42）。在分析了莫扎特的所有作品之后，他得出结论：这位作曲家在 35 岁去世时，"已经说完了他想要说的话"（Marchetti 1985, 4）。莫迪斯热情地追随着这一信念，甚至将其发扬光大（Modis 1992）。

在用 S 型曲线对莫扎特的作曲数量进行拟合后，莫迪斯声称，"莫扎特不仅从出生之日起就开始作曲，而且他最初的 18 首作品并未被记录下来，因为他在那时既不能把这些作品写下来也不能向父亲讲出来"（Modis 1992, 75—76）。他断言，根据精确度达到 1% 的逻辑斯蒂拟合的结果，莫扎特的全部作曲潜力是 644 首。因此莫扎特在去世的时候，已经耗尽了自身创造力的 91%。此外，与马尔凯蒂的说法相呼应，"莫扎特几乎没什么可做的了，他在这个世界上的工作实际上已经完成"。

我很想知道博纳伊对这些断言会有什么看法！我自己根据流传至今的、包含莫扎特在 1761—1791 年创作的 626 首作品的克歇尔莫扎特作品编目（Köchel catalogue）（Giegling et al. 1964）做了一次拟合。当以 5 年为时间间隔绘制作品总数发展轨迹时，最为拟合的曲线是拐点落在

1780 年的对称逻辑斯蒂曲线（R^2=0.995），这一曲线的最大值为 784 首，根据曲线的预测，莫扎特到 1806 年满 50 岁时将创作出 759 首乐曲（图 1.17a）。当我按照莫扎特的创作年份输入累计总数时，我发现最拟合的曲线（R^2=0.9982）是一条不对称（五参数）的 S 型曲线，根据该曲线的预测，莫扎特到 1806 年将创作出 955 首乐曲（图 1.17b）。

　　然而，二次回归（二阶多项式）曲线也能很好地拟合莫扎特 30 年的创作生涯，四次回归（四阶多项式）曲线也是如此（两者的 R^2 均为 0.99）。这两条曲线分别预测，到 1806 年，莫扎特将完成超过 1,200 首和 1,300 首作品（图 1.17c 和图 1.17d）。结论很明显：我们可以找到各种曲线来拟合莫扎特的创作轨迹，但不应该将它们视为可信的证据，并认为可

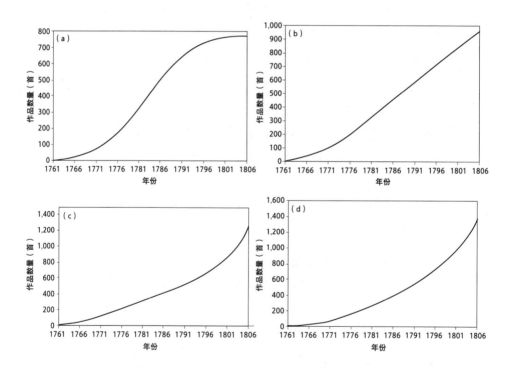

图 1.17　将莫扎特的所有作品拟合到增长曲线中，得到了 4 种曲线：（a）对称逻辑斯蒂曲线；（b）非对称逻辑斯蒂曲线；（c）二次回归曲线；（d）四次回归曲线。4 种曲线都能精确地（R^2=0.99）拟合数据，但在预测 1806 年（实际上，莫扎特于 1791 年去世，如果当时没有去世，到 1806 年他将满 50 岁）的远期结果时，它们的预测结果之间的差异非常大。按时间顺序排列的莫扎特作品编目，参见吉格林等人的资料（Giegling et al. 1964）

以以此来证实莫扎特因早逝而丧失创造力的说法（或者按照莫迪斯的说法，即使活得更久一些，莫扎特也无法创作出更多的作品）。此外，在那些对创造性行为（作曲、写作或绘画）的累计数量进行曲线拟合的实践中，所有分析都忽略了最明显的一点：曲线分析的仅仅是数量，而不包含任何关于创作内容的定性讨论，因此，分析的结果不能揭示任何有关创作过程的信息，或任何一首作品的感染力和吸引力。

在预测技术的总体发展（尤其是全球初级能源需求的构成）时，马尔凯蒂也热衷于使用逻辑斯蒂曲线。在有关能量转换的研究中，他采用了费希尔和普雷发展出的技术（Fisher and Pry 1971）。它最初被用来研究新技术的市场渗透率，并假设这些进步在本质上处于一种竞争性替代关系之中，在替代过程中（直到占据绝大部分市场或全部市场），替代率与尚未被替代的部分成比例。

由于新技术的增长（市场渗透率）往往遵循逻辑斯蒂曲线，因此在绘制它们的半对数图时，计算新技术的市场份额（f）并以 $f/(1-f)$ 来表示，就会产生一条直线。相比于计算技术进步的逻辑斯蒂函数，对它做中长期预测则要容易得多。费希尔和普雷使用这种方法来预测简单的二变量替换的结果，最早将其应用于描述合成纤维和天然纤维、塑料和皮革、平炉和贝塞麦转炉、电弧炉和平炉以及水性和油性涂料之间的竞争过程（Fisher and Pry 1971）。

当马尔凯蒂开始将费希尔-普雷转换应用于研究全球初级能源供应的历史份额（始于 1850 年）时，他对直线拟合的"非凡精确性"印象深刻，这使他有信心将预测范围一直延伸到 2100 年（图 1.18）。他的结论一开始是绝对可靠的：

> 一种能源的全部命运似乎在其诞生之初就已经完全确定了……这些趋势……在战争期间、能源价格剧烈波动时期以及经济萧条时期都丝毫不受影响。某种初级能源最终的可用总量似乎也不会对替代率造成任何影响。（Marchetti 1977, 348）

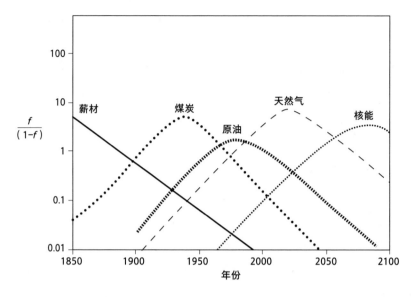

图 1.18　马尔凯蒂对全球初级能源供给的构成的预测（Marchetti 1977），费希尔-普雷转换反映了一些非常有规律的替代过程

　　两年后，他重申了曲线和历史数据的完美拟合，并得出结论，"好像整个系统具有**一张时间表、一种意愿和一个时钟**"，此外，它能够"弹性地吸收所有扰动，使总体趋势不受影响"（Marchetti and Nakicenovic 1979, 15）。马尔凯蒂的极端技术决定论暗示着存在一个零失误的"系统"，但事实并非如此。即使在 20 世纪 70 年代末，他曾提到的转换模式似乎也不像他声称的那样"平滑"。此外，在 20 世纪 70 年代，各种强大的力量（不断变化的价格和需求，以及新技术）开始改变全球能源格局。40 年后，全球能源系统完全偏离了所谓的"完全预先确定"的时间表（图 1.19）。

　　执着于一种简化的、机械的、决定论的模型，会让人忽略 1980 年以后的所有关键事实：出乎人们的意料，煤炭和原油消费的份额在 1980 年以后一直很平稳，并未逐步下降，这在很大程度上是因为整个亚洲（尤其是中国）对动力煤和运输燃料的旺盛需求。于是，到 2015 年，原油在全球初级燃料消耗量中所占的份额仍有 30%，远高于马尔凯蒂预测的 25%；煤炭的份额下降到仅占 5%，但仍然提供了与原油几乎相当的能量（约 29%）。相比之下，按照马尔凯蒂的预计，天然气将成为一种新的、份额达到 60%

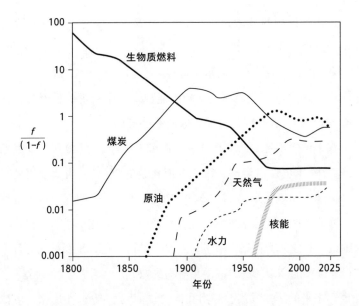

图 1.19　初级能源份额的实际变化轨迹表明，并不存在一个具有"一张时间表、一种意愿和一个时钟"的完美系统。初级能源份额的数据来自斯米尔（Smil 2017b）

的初级燃料，但实际上，2015 年它仅占全球初级能源的 24%。此外，马尔凯蒂的按时转换曾做出预测：在 2000 年之前，传统生物质燃料（木材、木炭、农作物残渣和干燥的动物粪便）将彻底消失（Marchetti 1977）。然而事实上，直至 2015 年仍有超过 25 亿人将它们用于日常烹饪和取暖；从绝对值上讲，这些燃料的年需求量几乎达到了一个世纪前的 2 倍。此外，在 2015 年，它们提供的能量至少占所有初级能源的 8%（Smil 2017a）。

　　奇怪的是，马尔凯蒂对初级能源份额的最初的分析并不包括水力发电：2015 年，水电比核电多出 55%。不过他迅速添加了一个新的"太阳能 / 聚变"类别，这类能源的份额将在 2020 年左右超过煤炭的份额——但到 2019 年，用于商业发电的聚变发电技术仍未出现（实际上，任何聚变发电技术都没有出现，也没有任何早期突破的希望）。而到 2018 年，太阳能光伏发电的电量在全球初级能源供应中的份额还不到 0.5%。显然，零失误的内在时钟已经失效，马尔凯蒂所假设的所有不会改变的增长轨迹也都大大偏离了预想的时间表。

　　马尔凯蒂的分析得出的唯一一条正确结论是，全球的能源替代过程进展缓慢，但他提到的具体时间点（市场份额从 1% 增长到 50% 大约需要 100 年，他称之为系统的时间常数）更像是一个例外，而非一条规律。只有煤炭符合这一点，其份额从 1800 年之前的 1% 增长到了一个世纪后的 50%。相比之下，原油在全球初级能源供应中所占的份额从未达到 50%。到 2015 年，即天然气超过全球能源供应的 1% 一个多世纪后，它的市场占有率仍然不足 25%。风能和太阳能发电经过了 20 年的受补贴的发展，到 2016 年也仅占全球初级能源消耗量的 2%。每当我使用逻辑斯蒂拟合来标示（而不是预测！）未来可能的发展时，我们都应该牢记这些失败的预测的教训：某些结果或许能够很好地预测未来的某些阶段，另一些结果则或许只能作为粗略的参考，但更大的可能是，整个预测也许会由于某些始料未及的高级解决方案的出现而失效。

然而，未来的哪些发展会超出我们的预期呢？ 1900 年以来，电池的最大能量密度已经从 25 瓦时每千克（铅酸电池）增加到 2018 年的 300 瓦时每千克左右（最佳的锂离子电池设计），增长了 11 倍，符合逻辑斯蒂曲线的预测——该曲线还预言道，到 2050 年电池的能量密度将达到约 500 瓦时每千克（图 1.20）。我们必须期待新发明的出现，使我们得以按照新的逻辑斯蒂发展轨迹前进，因为即使电池的能量密度能够达到 500 瓦时

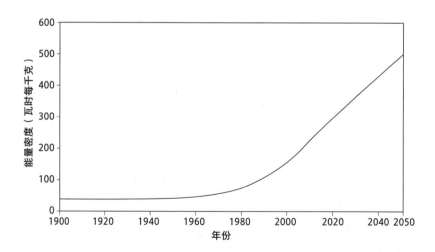

图 1.20　1900—2017 年，电池能量密度的逻辑斯蒂增长轨迹（拐点位于 2024 年，渐近值为 625.5 瓦时每千克）。数据来自楚和李（Zu and Li 2011）以及一系列新闻报道

每千克，由电池提供动力的设备也无法取代所有由原油衍生出来的液体燃料驱动的设备：为重型机械、火车和轮船提供动力的柴油的能量密度为13,750 瓦时每千克。相比之下，另一条（相当成熟的）逻辑斯蒂曲线更有可能提供有用的指导意见：到 2050 年，美国乘用车存量（在 20 世纪从仅仅 8,000 台增至 1.34 亿台，到 2015 年将增至 1.89 亿台）的增幅很可能不会超过 25%。

受限指数增长

也有许多增长现象并不遵循 S 型轨迹，而是属于受限增长模式的另一大类别，即受限指数增长。不同于指数增长，随着时间的加倍，受限指数增长曲线的增长量开始呈指数衰减，增长速度不断下降。它们的最大斜率和曲率恰好出现在增长刚开始时，因此它们的曲线没有拐点，而且增长速率越高，弯曲程度就越明显（图 1.21）。这样的轨迹可以用来描述许多收益递减现象，从热传导和物质扩散，到施肥量对作物产量的影响，许多过程都会经历此类增长。在有关"肥料施用量-作物的响应"的研究中，那类经常得到应用的受限指数函数也被称为米采利希方程（Banks 1994）。

受限指数函数也很好地描述了许多传播过程，无论是新闻事件中的

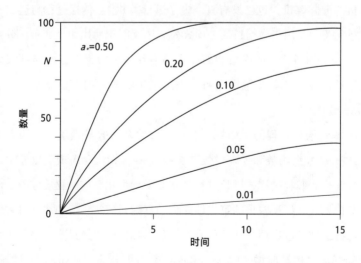

图 1.21　受限指数增长曲线的示例，图表根据班克斯的著作（Banks 1994）中的数据绘制而成

公众兴趣点，还是技术创新的采用（通常被称为技术转移）（Rogers 2003; Rivera and Rogers 2006; Flichy 2007）。科明和霍比恩在研究了从 18 世纪末到 21 世纪初的所有主要技术创新类型（包括纺织、炼钢、通信、信息、运输和电力）之后得出结论：滴漏扩散模式（trickle-down diffusion）是主要的技术扩散方式（Comin and Hobijn 2004）。创新主要源自发达经济体，然后在其他地方被采用，在技术扩散的过程中，人力资本的质量、政府的类型、贸易的开放程度以及对领先的创新技术的采用是决定滴漏扩散速率的关键因素。

新技术的传播（采用新的制造工艺或新的原动机）、新消费品保有量的上升（拥有微波炉或空调的家庭的比例）或者新产品取代旧产品的过程（彩色电视机淘汰掉黑白电视机）一般都是遵循 S 型曲线的扩散过程的案例。然而，也存在着增速最初很快，后来逐渐下降的情况，其完整轨迹类似于弯弓射箭。这种创新扩散的受限指数增长过程也被称为科尔曼（Coleman）模型，谢里夫（Sharif 1981）和拉马纳坦（Ramanathan 1982）则对二项式和多项式创新扩散模型进行了综合评估。

这种模型适用于潜在适配对象群体（公司、客户）的数量既有限又恒定的所有情况，这些群体最终都会采用新技术（如今既不存在使用活塞发动机的洲际客机，也已没有真空电子管计算机），传播过程与适配对象的数量无关。受限指数增长的二项式模型（仅限于使用两个变量，分别代表已经采用创新技术的人口和新技术的潜在用户数量）已经能够很好地描述一些现象，比如美国供水系统采用氟化法或信用卡银行业务的普及（Evans 2004）。

考虑到增长过程的多样性，有一点自然是很容易理解的：两大类增长方式 —— S 型函数和受限指数增长函数 —— 无法涵盖现实世界中的所有增长变化。归根结底，增长过程必然会受到生化反应、物质极限、熵的变化和信息衰减所反映出的第一性原理的支配，但实际的非线性过程将显示出与特定增长函数不一致的地方。于是，我们可以通过多个增长函数的组合较好地描述某些增长过程：例如，美国加利福尼亚州的人口数量在 1860 年以后经历了 100 年的指数增长，直至 1960 年开始进入受限指数增长阶段（Banks 1994）。布罗迪发现，这种组合方式也能很好地描述牲畜数量的增长（Brody 1945）。

同时，技术的演变过程提供了这样一种增长实例：一开始是非常缓慢的线性增长，然后猛地加速到指数增长，最后变为受限指数增长。经济低迷或武装冲突等外部干预会延长增长的平台期，也可能中断技术和经济进步。因此，将各种增长现象拟合到选定的增长模型中，或寻找符合特定增长轨迹的"最佳"函数，可能花费太多的精力。这样做可能带来启发性和经济上的回报（例如，为水产养殖建立高度精确的鱼类体重增长模型，将有助于减少昂贵的蛋白质饲料的消耗），然而，一旦反复调整其极限值，即改变能确定所有 S 型函数形状的最大值，这些目标就可能无法实现。

以水产养殖为例，随着 2015 年水赏科技（AquaBounty）的转基因鲑鱼（雌鱼皆不育）获得批准，养殖鲑鱼（自 20 世纪 60 年代后期开始在近海养殖场养殖，如今在欧洲、北美洲、南美洲和新西兰都有产地）的增长率已经翻了一番（AquaBounty 2017）。来自奇努克鲑鱼的生长促进基因被注入大西洋鲑鱼的受精卵中，使后者能够像鳟鱼一样生长，它们的体重在 18—24 个月（而不是 3 年）就能长到 2—3 千克。转基因鲑鱼还能在温暖的水域和完全密闭的环境中生长。

这种由基础技术的创新引发极限变化的例子比比皆是，在这里我只会再举一个例子，而其他的例子在本书的主题章节中都将涉及。水车是第一类提供固定动力的非生命原动机，能够为从谷物碾磨和抽水等活动到炼铁高炉的风箱等器物提供动力。近两千年来，水车一直都是木制的，即使到 18 世纪初，它们的平均功率仍然不到 4 千瓦，只有一小部分水车的功率能够接近 10 千瓦。在那时，水车功率的增长轨迹表明，未来的水车最大功率只能达到不足 100 千瓦。然而到了 1854 年，英格兰最大的铁制上射式水车"伊莎贝拉夫人"的功率达到了 427 千瓦（Reynolds 1970）。与此同时，从卧式水车衍生而来的水轮机开始流行。1832 年，伯努瓦·富尔内隆（Benoît Fourneyron）在法国弗赖桑安装了第一台低水头（2.4 米）、小容量（38 千瓦）的反动式水轮机，为锻锤提供动力。但仅仅 5 年后，他就建造了两台 45 千瓦的机器，水头高度超过 100 米（Smith 1980）。

在随后的19世纪下半叶，又出现了其他的水轮机设计［由詹姆斯·B.弗朗西斯（James B. Francis）和莱斯特·A. 佩尔顿（Lester A. Pelton）发明］。1920年，维克托·卡普兰（Viktor Kaplan）为他的轴流式水轮机申请了专利。水轮机取代水车，成为许多行业的原动机。不过最重要的是，有了这些机器，人们就能够将水能转化为廉价的电能，到1900年，水轮机的发电功率已经超过了1兆瓦。到20世纪30年代，当美国最大的水电站在哥伦比亚河和科罗拉多河上落成时，水轮机的发电功率已经超过100兆瓦。最初的技术创新（即从木制水车发展为铁制水车）将最大功率提高了4倍；后来的技术创新，即从水车发展为水轮机，又将功率提高了1个数量级。自从20世纪初以来，水轮机的功率总共已经增长了2个数量级，今天最大水轮机的峰值功率已达到了1,000兆瓦。

增长的整体结果

一个对有机体、人造物和人类的成就（无论是奔跑速度纪录还是平均收入）有着敏锐观察力的人会意识到，这些增长的总体结果并不适用于某个单一的类别，亦即无法通过一个无所不包的数学函数加以表征（既无法达到近乎完美的程度，也不能达到令人满意的近似程度）：儿童和青少年的成长与城镇的增长显然遵循不同的分布。然而，许多可观测的属性确实可以归入两个基本类别：要么形成正态分布，要么在一定范围内符合（或多或少接近）众多的幂定律之一。第一类常见增长包括物种、物体或各种特性的增长，它们的分布主要由一个特殊数值决定，所有单个测量值均围绕着该数值居中分布。这种集聚会产生一个典型值，与这个典型平均值存在较大偏差的特例很少会出现。

正态分布与对数正态分布

正态分布指的是大量（或全部）自然发生的事件的频率图会形成一条对称的曲线，其特征是会形成近似二项式分布的连续函数（Bryc 1995; Gross 2004）。该图形通常也被称为钟形曲线。除正态分布以外，它的另一个最常见的名称是"高斯分布"，以卡尔·弗里德里希·高斯（Carl

Freidrich Gauss）的名字命名，虽然高斯并不是首个确定其存在的数学家
（图 1.22）。皮埃尔-西蒙·拉普拉斯（Pierre-Simon Laplace）在其《概
率论》（*Mémoiresur laprobabilité*）中讨论正态曲线函数的 30 多年后，高
斯才首次公布他在相关主题上所做的工作（Gauss 1809; Laplace 1774）。
"拉普拉斯分布"本该是一个更准确的名字，直到皮尔森发现棣莫弗（de
Moivre）的工作比拉普拉斯的要更早（图 1.22; Pearson 1924）。

图 1.22　卡尔·弗里德里希·高斯、皮埃尔-西蒙·拉普拉斯和亚伯拉罕·棣莫弗。
图片来自作者的收藏

　　1730 年，棣莫弗发表了他的《分析杂论》（*Miscellanea Analytica*），
3 年后他又为其附上了一个简短的补篇，名为"二项式（a+b）^{n} 级数分
解求和的方法"（Approximatio ad Summam Terminorum Binomii (a+b)^n in
Seriem expansi），其中包含对于如今所谓的正态曲线的第一个已知的研究
方法。同时，他的《机会的学说》（*Doctrine of Chances*）第 2 版中也包含
此内容（de Moivre 1738）。在本章更早的时候，我已经描述过阿道夫·凯
特勒对逻辑斯蒂曲线的实际应用所做的开创性贡献，他在其关于概率论的
书中，将这种分布应用于两个大型数据集，包括 1,000 名苏格兰士兵的胸
围测量数据和 100,000 名法国应征入伍者的身高数据（Quetelet 1846）。

　　正态分布是连续且对称的，其平均值与众数（一组数据中出现次数
最多的数值）相同，其形状则由平均值和标准差来决定。在一个正态分
布中，68.3% 的数值分布在平均值的一个标准差内，95.4% 的数值分布
在两个标准差内（图 1.23）。不出意外，分布范围两端（尤其是右端的尾

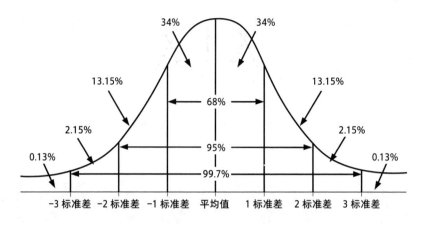

图 1.23 正态分布曲线的特征

部）的罕见异常值通常会引发过多的关注。实际上，有机体生长的一切结果——不论是单项指标（红杉的高度、蝴蝶翅膀的跨度、新生儿头部的周长）、整个有机体的综合指标（长度和质量）还是特定的功能属性（病毒感染的扩散、哺乳动物的肺活量）——都符合正态分布。

通过与他人的日常互动，我们很容易就可以发现，正态分布同样适用于人类的身高（大多数成年人的身高在155—185厘米之间，身高不足130厘米的成年人非常罕见，高于210厘米的成年人也非常少）。只需通过简单的思考，我们就会发现，在我们的生活中，几乎所有的功能属性——无论是成人的静息心率（平均每分钟跳动70次）还是怀孕时间——也都一定是这样的：没有多少人（耐久性运动员除外）的心率低于每分钟40次，只有不到5%的分娩发生在怀孕的第36周之前或第42周之后。

正是由于这样的普遍性，在尚且无法精准地量化生物的生长（虽然我们仅仅依靠一个好的样本就足以推断出最有可能的完整分布规律），当人们试图为概率问题寻找一个答案时，正态分布才是一个有着足够的准确度的标准选择。一旦我们知道了分布的平均值和标准差，回答某些问题——例如太平洋蓝鳍金枪鱼的重量超过600千克（从而在日本卖出创纪录的价格）的可能性是多大——就很容易了。但是，正态分布在自然界中的普遍出现也使许多人错误地认为，与捉摸不定的现实所证实的情况相比，这种分布要更加普适。

　　许多曾经被认为适合用正态分布模式来描述的实例最后被发现用其他的分布来描述要更为合适，而长期以来对正态分布的解释会涉及中心极限定理（无数独立的随机变量的总和倾向于呈正态分布，而不考虑其本身实际符合什么样的分布），并不总是（甚至近似地）令人满意。然而，另一种替代性解释（即依赖最大熵原理）也有其自身的问题（Lyon 2014）。这些需要注意的事项并不会使正态分布所具备的共性失效，它们只是在提醒我们留意以下事实：许多分布的实际情况比样本平均值所反映出来的要更为复杂。

　　在凯特勒之后，正态分布和算术平均值成为对许多现象的统计分析的标准，但是当高尔顿（Galton 1876）和麦卡利斯特（McAlister 1879）呼吁人们注意几何平均值在生命统计和社会统计中的重要性时，这种情况就改变了。高尔顿指出，在偏差较大的时候，使用算术平均数（正态分布）是很荒谬的（因为高于它的数值和低于它的数值几乎一样多）。他还以身高为例说明了这一点："就一般的测量而言，这一规律是完全正确的，尽管它断言了巨人的存在，其身高超过种族平均身高的 2 倍，它也断言了侏儒存在的可能，其身高完全不及普通人。"（Galton 1879, 367）

　　自然界中的偏态（非正态）分布是特定增长模式和种间竞争的共同结果。对于同一空间内的所有种群，当在纵轴上绘制物种的数量、在横轴上绘制物种的丰度（属于这些物种的个体的数量）时，会得到一条不对称的"空心"曲线，曲线的右边会有一条长长的尾巴 —— 但如果以 10 为底来表示横轴的对数值，那么它的曲线就将十分接近正态曲线。自 19 世纪中叶以来，这种对数正态分布的特性便已广为人知：曲线向左偏斜，并以均值（或中位数）和标准差为特征（Limpert 2001）。对数正态分布就意味着，构成一个群落的大多数物种都将以中等数量存在，少数种群的个体数量非常稀少，还有少数种群的个体数量会非常庞大。

　　有关生态系统物种丰度分布（species abundance distribution, SAD）的早期研究发现，包括 150 种硅藻，英格兰、美国缅因州和加拿大萨斯喀彻温省的数百种飞蛾，以及数十种鱼类和鸟类的物种丰度符合对数正态分布（Preston 1948; May 1981; Magurran 1988）。还有一些有关生态系统

物种丰度对数正态分布的有趣发现，包括细菌和真菌在空气中的污染过程
（Di Giorgio et al. 1996）、巴西东南部塞拉多森林中的木本植物的丰度分
布（Oliveira and Batalha 2005），以及日本榆树自相似树枝上的末端小树
枝的长度情况（Koyama et al. 2017）。

　　然而，生态系统物种丰度的对数正态分布并不是自然界中的常态。
威廉森和加斯顿研究了 3 种不同的分布：英国鸟群的丰度、巴拿马森林中
树干直径大于 1 厘米的树木的数量以及被困在厄瓜多尔贾敦萨查的蝴蝶的
数量（Williamson and Gaston 2005）。前两项有完整的计数，当我们将丰
度值转换为对数时，分布结果会向左偏斜，第三项不完整的计数的结果则
会向右偏斜。他们由此得出结论：对数正态分布被放在了具有无穷变量的分
布和对数二项式分布之间，一个正常的物种丰度分布应该具有比对数正态分
布更细的右尾，在丰度值对数化之后的生态系统物种丰度不可能是一种高
斯分布。

　　希兹林等人的工作表明，类似于对数正态分布的物种丰度分布（包
括幂分数模型）并不是普遍有效的，因为它们仅仅适用于特定的规模和
分类群（Šizling et al. 2009）。而猛禽和猫头鹰的全球物种分布 / 范围大小
分布（以平方千米为单位）在未经（对数）变换的坐标轴上极度偏右，这
就意味着即使在对数变换之后，它们也不是对数正态分布（Gaston et al.
2005）。乌尔里希等人在对陆生或淡水动物群落进行全面调查后发现，它
们的种群丰度分布更倾向于遵循对数正态分布，而不是对数级数分布或
幂函数分布（而且与物种丰富程度、空间规模无关）（Ulrich et al. 2010）。
不过，他们也并未发现适用于某种类型群落的特定分布形状。因此，他们
强烈建议采用多种方式来处理物种丰度问题。

　　鲍德里奇等人使用严格的统计方法比较了生态系统物种丰度的不同
模型（Baldridge et al. 2016）。他们发现，在大多数情况下，几种最流行
的选择［对数级数（log-series）、负二项式（negative binomial）、泊松−对
数正态（Poisson lognormal）］提供的拟合大致相同。迄今为止，对生态系
统中的对数正态分布所做过的最全面的考察是由安唐等人完成的（Antão
et al. 2017）。他们分析了 117 个历史数据集（这些数据集均来自密集采样

的群落，涉及海洋、水生和陆生栖息地中的植物、无脊椎动物、鱼类和鸟类），发现许多鱼类、鸟类和植物的对数正态拟合表现得极好或很好，但也有不少种群分布 / 丰度分布（约占 20%，包括植物和脊椎动物）表现出多种模式。随着生态系统异质性的增加（即我们所考察的集合包括更广阔的空间尺度和更大的分类范围），这种多模态现象似乎会随之增加（图 1.24）。

　　对数正态分布的另一种常见案例是吉布拉定律（或吉布拉等比增长规律），以法国工程师罗贝尔·吉布拉（Robert Gibrat）的名字命名。吉布拉意识到，在一个行业内，公司的比值增长率（proportional growth rate）与它们的绝对规模无关（Gibrat 1931）。这就产生了一种对数正态分布——但是对大约 60 个已发表的分析的总结（Santarelli et al. 2006）发现，该定律的一般有效性既不能得到确认，也无法被系统性地推翻。该定律似乎仅仅适用于某些部门（尤其是服务部门）和规模最大的类别。尽管它在经

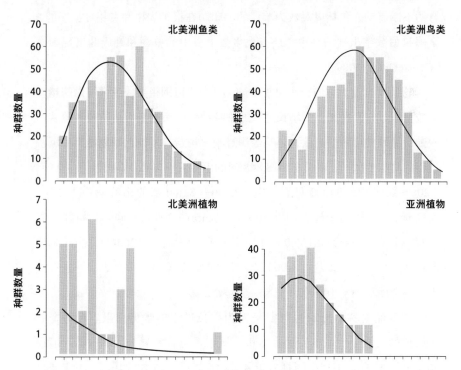

图 1.24　北美洲鱼类和鸟类的对数正态种群丰度分布（x 轴以 log2 为单位）以及北美洲和亚洲植物的相对更不规则的分布情况。数据来自安唐等人（Antão et al. 2017），并做了简化处理

济学文献中经常被引用，但在不同行业和不同规模的企业里出现的有偏差的结果，使我们无法视其为一条严格有效的定律。埃克豪特则指出，美国所有城市的规模分布（基于 2000 年的人口普查数据）符合对数正态分布，并不符合最普遍假定的幂函数（齐夫）模型（Eeckhout 2004）。（关于这一点的更多信息，参见第 5 章中关于城市的增长的内容。）

非对称分布

我们在分析许多自然和人为现象时，通常会遇到非对称分布。它们当中的许多都适用于那些由突然的、剧烈的能量释放导致的结果（包括太阳耀斑的强度、月球坑的大小、地震和火山喷发的级别以及森林大火的规模），而非那些由渐进的过程逐步造成的结果。然而，它们也适用于恐怖袭击的规模、突然且严重的经济损失（停电的强度），以及数字和口头信息的不断流动，包括以对数为单位的、印制在报纸表格和费用数据中的 9 个阿拉伯数字出现的频率，还有大多数语言中的单词和姓氏的出现频率（Clauset et al. 2009）。

这些高度非对称的分布比较常见，且变化范围很大，通常可以跨越多个数量级。它们是无生命增长过程的常见结果，无论是构造抬升和随后的侵蚀所导致的山脉的高度，还是经历过板块构造、侵蚀、珊瑚增生和沉积过程的岛屿的大小。高度达到 8,848 米的山峰只有珠穆朗玛峰（图 1.25），8,200—8,600 米的山峰只有 4 座，7,200—8,200 米的山峰只有 103 座，而高于 3,500 米的山峰大约有 500 座（Scaruffi 2008）。同样，格陵兰岛只有一个（面积约为 2,100,000 平方千米），面积超过 500,000 平方千米的岛屿还有另外 3 个，超过 1,000 平方千米的岛屿有 300 多个，另外还有成千上万个面积小于 100 平方千米的隆起处，等等。

高度非对称的分布也可能是人为增长过程的常见结果。在每个有人居住的大陆上，城镇发展为城市，城市再组合发展为大都市圈。但在 2018 年，只有东京都市圈拥有近 4,000 万居民（图 1.25），有 31 座城市的人口超过 1,000 万，超过 500 座城市的人口超过 100 万，数千座城市的人口超过 50 万（UN 2014 and 2016）。在线性尺度上，这种分布所产生的

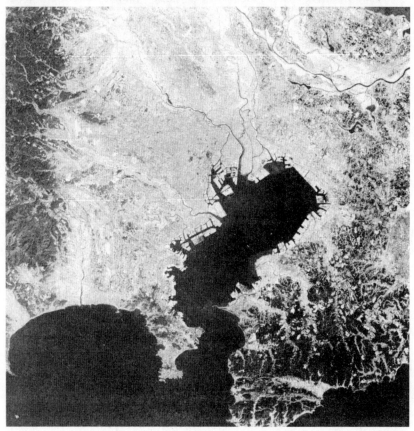

图 1.25　非对称分布的两个极端，一个是自然的，另一个是人造的：珠穆朗玛峰只有一座，东京也只有一个。珠穆朗玛峰的图片来自维基媒体，东京都市圈的卫星图片来自美国国家航空航天局的地球观测台精选集

曲线最好用指数函数或幂函数来表征。

一项完美的幂律分布会在线性图上产生一条接近 L 形的曲线；在对两个坐标轴进行对数变换时，它就会产生一条直线，形式近似于 $f(x)=ax-k$，其中 a 和 k 是常数。显然，指数函数和幂函数都无法用其平均值来很好地描述；在现实世界中，它们的轨迹与直线还相去甚远，线性拟合并不总能识别真实的幂函数。1881—1949 年，自然科学和社会科学领域的研究者们反复且独立地发现了这些非对称分布，其中许多作者由于类似的经验观察结果而赢得了声誉，因为这些定律被冠上了他们的名字。

但对于英国数学家、天文学家西蒙·纽康（Simon Newcomb）来说，情况并非如此，他首次描述了第一个数字的问题，按时间顺序来算，他也首次提出了广泛适用的幂律（Raimi 1976）。纽康注意到，频繁使用的对数表的前几页的磨损速度总是比后几页要快得多，而且"第一位有效数字是 1 的情况比任何其他情况都要频繁，从 1 到 9，每个数字出现在第一位的频率依次降低"（Newcomb 1881, 39）。直到 1938 年，为通用电气（GE）工作的美国物理学家弗兰克·本福德（Frank Benford）才通过分析自然数 1 到 9 被用作第一位数字的次数的百分比，为反常的数字出现频率提供了一个定量的（如今也有许多同名的）定律。这些数字是根据对各种物理和社会现象的 20,000 多次观察汇编而得出的（Benford 1938）。最常出现的数字的频率是 30.6%，第二常出现的数字的频率是 18.5%，最不常出现的数字的频率为 4.7%（图 1.26）。

意大利经济学家维尔弗雷多·帕累托（Vilfredo Pareto）描述的幂律分布可能是最著名的一个（由于经济学在公共事务中的影响）（Pareto 1896）。他指出，在他的园子中，20% 的豌豆荚出产的豌豆占总产量的 80%。同样地，在意大利，20% 的富人拥有 80% 的土地。这一原理实际上也适用于自然、经济和社会领域的许多现象。美国语言学家乔治·金斯利·齐夫（George Kingsley Zipf）提出的幂律定律在被引用排行榜上排名第二，该定律建立在他对自然语言中单词频率排名的观察的基础之上（Zipf 1935）。

齐夫认为，每个单词出现的频率（Pn）与它在频率表中的排名几乎成反比（幂指数 a 接近 1）：$Pn \propto 1/na$，这就表示出现频率最高的单词（英

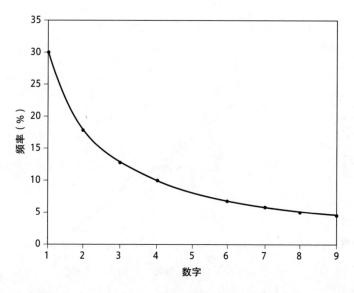

图 1.26 本福德的频率分布。数据来自本福德的文献（Benford 1938）

语单词"the"的出现频率为7%）的使用频率是频率第二高的单词（英语单词"of"的出现频率为3.5%）的使用频率的2倍，以此类推。这种关系最多可涵盖1,000个单词，对于不经常使用的单词，这一规律就会失效。与知识和物质方面的许多发现一样，观察排序定律并不是齐夫的初衷（Petruszewycz 1973）。德国物理学家费利克斯·奥尔巴赫（Felix Auerbach）在其关于人口集中定律的论文中，首次呼吁人们注意这一现象（Auerbach 1913）。3年后，法国速记员让-巴蒂斯特·埃斯图（Jean-Baptiste Estoup）发表了关于法语单词出现频率的研究结果：le、la、les排在前几位，这是可以预见的，而en排在了第10位，这是在人们的意料之外的（Estoup 1916）。

迄今为止，对齐夫定律最悠久的应用是按人口规模对城市进行排名的研究：在任何历史时期，这些分布都近乎一种简单的逆幂关系，其中 $x = r^{-1}$（其中 x 代表城市规模，r 表示城市排名）（Zipf 1949），我们通过绘制一个国家或全球的数据即可轻松地观察到它们（图 1.27）。齐夫定律和帕累托分布是对现实的两种相同的概括，一种是变量的排名，另一种是对频率分布的观察。正如阿达米克所言：

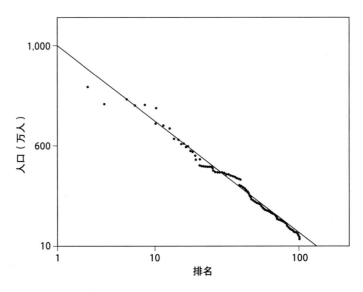

图 1.27　美国最大的 100 个都市区的人口排序，图表基于 1940 年的人口普查数据绘制而成（Zipf 1949）

　　短语"第 r 大的城市有 n 个居民"等同于在说"r 个城市有 n 个或者更多的居民"。这正是帕累托分布的定义，只是 x 轴和 y 轴互换了。对齐夫来说，r 在 x 轴上，n 在 y 轴上；对于帕累托来说，r 在 y 轴上，n 在 x 轴上。通过简单的轴线反转，我们得到的结果是，如果幂指数是 b，即齐夫定律中的 $n \sim r^{-b}$，（n 表示收入，r 表示收入为 n 的人的排序），那么帕累托指数就是 $1/b$，亦即 $r \sim n^{-1/b}$（n 表示收入，r 表示收入为 n 或更多的人数）。（Adamic 2000, 3）

　　与帕累托分布很像，齐夫的逆向定律也适用于除单词频率和城市等级之外的其他许多现象的排序分布。自 20 世纪 50 年代以来，齐夫定律已被用于研究许多社会、经济和自然现象，从公司的规模（在国家或全球范围内）到互联网流量的特征等（Saichev et al. 2010; Pinto et al. 2012）。还有其他一些逆幂定律，它们尽管在特定学科中经常被提及，但通常来说相对都不太知名。1925 年，乌德尼·尤尔（Udny Yule）根据 J. C. 威利斯（J. C. Willis）的结论，为一个大型植物科（豆科，Leguminosae）和两个甲虫科——天牛科（Cerambycidae）和叶甲科（Chrysomelidae）——做出了几乎完美的幂律频率分布（Yule 1925b）。1926 年，阿尔弗雷德·洛特卡（Alfred Lotka）发现了特定领域科学出版物发表频率的幂律分布（Lotka 1926）。

1932 年，在美国加利福尼亚州工作的瑞士生物学家马克斯·克莱伯（Max Kleiber）发表了一项有关动物代谢的开创性研究成果。这项研究向已有近 50 年历史的鲁伯纳（Rubner）体表面积定律提出了挑战，该定律认为动物的新陈代谢与体重的 2/3 成正比（Rubner 1883; Kleiber 1932）。如今，克莱伯定律（简单来说，克莱伯认为动物的新陈代谢速率与其体重的 3/4 次幂成正比，他还以从老鼠到大象等动物的直线为例来说明）已经成为生物能量学中最重要的总结之一。不过，克莱伯得出他的指数仅用了 13 个数据点（包括两头公牛、一头母牛和一只绵羊），而后续更多的研究发现了许多与 3/4 次幂律之间的重大偏离（更多内容，见第 2 章中关于动物的部分）。

亚罗米尔·科尔恰克（Jaromír Korčák）呼吁人们注意统计分布的二元性，有机增长是以正态分布的方式组织起来的，地球物理特征（湖泊的面积和深度、岛屿的大小、流域的面积、河流的长度）的分布则遵循高度向左偏斜的逆幂律（Korčák 1938 & 1941）。后来，通过弗雷谢的工作（Fréchet 1941），科尔恰克定律由于本华·曼德博（Benoit Mandelbrot）对分形的开创性研究而变得更加知名（Mandelbrot 1967、1975、1977、1982）。然而，人们最近重新检视了科尔恰克定律并得出结论，他的排序特征不能用一个单独的幂指数来描述。因此，即使对于科尔恰克最初的文章所提出的严格相似的分形物组成的集合，该定律也并不严格成立（Imre and Novotný 2016）。

古藤贝格–里希特定律（Gutenberg-Richter law）[第 2 个作者由于建立了一个地震震级的分类系统而广为人知（Richter 1935）]将地震的总次数 N 与震级 M 关联了起来（Gutenberg and Richter 1942）。石本和饭田是最早注意到这种关系的作者（Ishimoto and Iida 1939）。在等式 $N = 10^{a-bM}$ 中，a 表示活动率（给定震级的地震在一年中发生多少次），对于板块之间的地震，b 通常接近 1；对于沿洋脊的地震，b 的数值会更大一些；对于板块内的地震，b 的数值则会更小。昆西·赖特（Quincy Wright 1942）和刘易斯·F. 理查森（Lewis F. Richardson 1948）则用幂率来解释致命冲突发生的频率及其随着冲突的大小而发生的变化。

本华·曼德博关于自相似性和分形结构的开创性研究进一步拓展了幂律的应用范围：毕竟，"自相似随机变量 X 的概率分布形式一定是 $P_r(X>x)=x\text{-}D$，这通常被称为'双曲分布'或'帕累托分布'"（Mandelbrot 1977, 320）。曼德博的分形维数 D 具有"维度"的许多属性，但它是分形的（Mandelbrot 1967）。曼德博通过修改反序列，在排序中添加常数，或者允许平方、立方、平方根或任何其他分数次的幂，从而提出了一种更普遍的幂律（Mandelbrot 1977）——正如盖尔－曼（Gell-Mann）所言，它几乎是最普遍的幂律（Gell-Mann 1994）。齐夫定律只不过是这两个常数为 0 时的一个特例。对于光滑的欧几里得几何图形，分形维数为 1；对于二维图形，分形维数在 1—2 之间［海岸线长度的 D 为 1.25（Mandelbrot 1967）］；而对于像人类的肺部这样复杂的三维网络，分形维数为 2.9（最大可能为 3）（Turner et al. 1998）。

那些增长符合反比关系的整体结果分布所具有的负指数（恒定比例参数）通常接近 1 或介于 1—3 之间。幂律分布虽然似乎在对物理和社会现象的各类研究中经常出现，但我们仍需要使用标准的统计手段来确定观察到的数量确实符合幂律分布，另外，这种拟合并不能仅仅出于一厢情愿。陈指出，尽管逆幂函数反映了一种复杂的分布，负指数函数则表示一种较为简单的分布，但我们可以通过对后者进行平均来构造前一类函数的特殊类型（Chen 2015）。

此外，双对数坐标上的线性拟合几乎总是不能够适用于跨越多个数量级的整个范围，并显示出明显的曲率。这些重尾分布是没有指数限制的，而更为常见的情况是它们较厚的部分是右尾（而非左尾），但也可能两尾都很厚。在常见的自然事件分布（包括地震的震级、太阳光的通量和野火的大小）、信息流（计算机文件的大小或网站点击数的分布）和人口与经济增长导致的主要社会经济现象（如城市人口和不断积累的财富的分布）中，重尾标度非常明显（Clauset et al. 2009; Marković and Gros 2014; 图 1.28）。

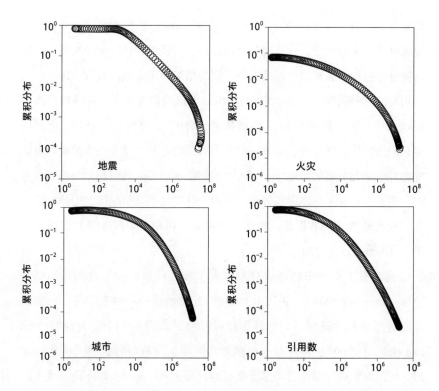

图 1.28 地震的震级、森林火灾的规模、城市的规模和学术文章引用数的重尾对数正态分布图。图表在对克劳塞等人的数据加以简化的基础上绘制而成（Clauset et al. 2009）

　　江与江研究了科尔恰克型分布对法属波利尼西亚岛屿规模的适用性（Jang and Jang 2012）。他们发现，每个采样区间（尺度）中的岛屿面积超过一定的值的时候，就会在双对数图上遵循一条直线，但在以下情况下基本保持不变：小岛的数量并不会随着面积的大小而变化。幂律分布并不是仅有的重尾分布：对数正态分布、韦布尔分布和莱维分布也是单尾分布；更复杂的柯西分布则是双尾分布。因此，当样本数量有限且数据差异较大时，我们可能难以区分这些函数。此外，拉埃雷尔与索奈特认为，拉伸的指数函数（指数小于 1）可以更好地与自然界和社会中众多常见的概率分布相拟合；他们还用法国和美国城市群的数据验证了这一主张（Laherrère and Sornette 1998）。拉伸的指数分布的尾巴比指数分布的更厚，但远没有纯幂律分布的尾巴那么厚。

　　克劳塞等人测试了大量描述现实世界现象的数据集，并声称它们遵循幂律分布（图 1.28；Clauset et al. 2009）。他们的数据集来自物理学、地球科学、生命科学、计算机与信息科学、工程学和经济学中与增长有关的项目，包括大肠杆菌代谢网络中不同的相互作用对象的数量、每个哺乳动物属的物种数量以及 2000 年美国城市人口的普查数据。在进行严格的测试之后，他们发现在 24 个数据集中，有 17 个符合幂律分布。但值得注意的是，他们还发现，除其中的 1 个数据集之外，其余的数据集均不能排除对数正态分布的可能性，因为"我们很难区分对数正态分布和幂律分布。事实上，在 x 的实际范围内，这两个分布几乎完全相同，因此，除非我们拥有非常大的数据集，否则几乎没有任何检验手段能将它们区分开来"（Clauset et al. 2009, 689）。

就对数正态分布和幂律分布而言，米岑马赫也得出过相同的结论（Mitzenmacher 2004）。利马-门德斯和范黑尔登的研究表明了，当数据经过更严格的检验时，表观幂律将以何种方式消失（Lima-Mendez and van Helden 2009）。幂律分布的多数实例甚至没有得到强有力的统计支持，任何纯粹的经验拟合（尽管挺有趣，甚至不可思议）都不能说明未经证实的普遍性存在是合理的。新陈代谢的异速生长标度是一个罕见的例外，因为它在不同的数量级那里（从细菌到鲸鱼）都获得了强大的统计支撑（详细信息请参阅第 2 章）。此外，即使幂律通过了统计集合，它通常也缺乏令人信服的生成机制。早在人们最近对复杂系统和幂律标度产生兴趣之前，卡罗尔就已经列出了 5 种可用于解释城市规模排序（齐夫）分布的不同模型，然而其中的许多模型直接互相矛盾（Carroll 1982）。

同样地，菲利普斯列出了 11 个独立的概念，以解释地球和环境科学中应用到的自组织原理（Phillips 1999）。许多物理现象的守恒行为及其幂律分布已有各种解释，包括多种优化机制、协同效应、优先依附（最著名的是，富人越来越富）、自相似性和分形几何、系统的临界性以及包括乘法级联在内的非线性动力学特征（Mandelbrot 1982; Bak 1996; Pietronero et al. 2001; Yakovenko and Rosser 2009）。不过，人们对此持怀疑态度，况且在更仔细的研究中，幂律似乎并没有像那些倾向于用简单模型来解释复杂现实的人所认为的那样普遍或基本。施通普夫和波特考察了幂律在广阔范围内的发生情况，并得出结论："机械论的见识总是太过局限，因此无法确定幂律行为在科学上是有用的。"（Stumpf and Porter 2012, 665）

不过，即使统计数据能够令人信服，一个用于解释生成过程的理论也能够得到经验支撑，却"仍然存在着一个关键问题：如果存在着一个稳定的、受到机械地支持的、在所有方面都适用的超级幂律，我们会得到怎样的全新深刻洞见？我们认为，这种洞见会非常罕见"（Stumpf and Porter 2012, 666）。幂律并没有证明普遍原则的存在，而是说明了在复杂的开放系统中，等效性是常见的。因为许多不同的过程可能导致相同的或非常相似的结果，所以我们并不能用这些结果来推断出明确的原因（von Bertalanffy 1968）。

对于评估和理解各种增长过程的结果的分布，这些都意味着什么？几乎没有什么是确定无疑的：在幂律的应用中，存在着一个相同的基本关系，一个量随着另一个量的幂而变化，变化的尺度是不变的，方向可能为正，也可能为负。在第一类关系中，幂律最普遍适用的例子是动物代谢标度的发现（Kleiber 1932）——这也许是生物能源领域的根本性突破之一：无论是小型啮齿动物还是大型有蹄类动物，其基础代谢率基本都会随体重的 3/4 次幂的变化而变化。当然，了解该定律对于正确地喂养家畜非常有帮助。但是，正如我将在第 2 章中指出的那样，也有许多现象会明显偏离这种一般规则。此外，对于幂律为何如此普遍，其背后的能量和物理驱动力（尽管远非完美形式）是什么，人们还知之甚少。

我对基本的增长模式和增长结果的介绍到此为止。下面我将转而描述系统的增长，从最小的活体生物（单细胞微生物）到植物（主要关注树木、森林和农作物）、动物（包括野生的和驯养的物种）和人（对人类的身高和体重的增长进行量化）。第 3 章将讨论能源转换过程的增长，没有它们，就不会有粮食生产和城市化，也不会有复杂的社会、经济和文明。我还将追溯所有重要原动机（从最简单的水车到极其复杂的涡轮机等）的增长。

第 4 章关注的是人造物的增长。在由人类智慧创造出来的世界，简单的发明逐步演变成可靠且高性能的工具、机器和组件，其可靠性的不断增强、功能的日趋完善，提高了我们的生活质量。最后，我将转向最复杂的系统，考察人口、社会、经济、帝国和文明的增长。它们正在形成一种新的全球性超级有机体，它们的延续似乎不仅受到古老的敌意和人类的暴力倾向的威胁，还受到新的人为的环境退化现象的威胁。另外，它们还会造成许多环境、经济和社会后果。第 6 章将提供诸多事实，从而回答一个有趣的问题 —— 增长之后会发生什么？之后，我还将讨论有关现代文明增长的根本的不确定因素以及其他问题。

第 2 章

自　然

生命物质的增长

或许，自然增长最显著的特征在于，由基本的遗传组成、新陈代谢过程和环境因素的组合所施加的限制决定了一些共性，这些共性包含了诸多的多样性。所有生物的增长轨迹都一定与某种有限增长曲线相吻合。如前所述，在这一广阔的类别中，许多显著差异产生了不同的增长函数，使我们能够为微生物、植物或动物的特定科、属、种或针对单个物种的增长过程找到最佳拟合。S 型曲线是常见的，受限指数增长曲线也很常见。同时，个体（及其组成部分，从细胞到器官）的增长与整个种群的增长之间也存在着差异 —— 这种差异既在意料之中，又很令人惊讶。

几十年来，人们一直忽视了韦吕勒开创性的增长研究，这种忽视将对生物增长的定量分析推迟到了 20 世纪初。最引人注目的是，达尔文在他革命性的著作中并没有以任何系统的方式对待增长，也没有提及任何特定生物的增长历史。不过，他仍然指出了与增长相关的问题的重要性 ——"当（生物的）任何一个部分发生细微变化并通过自然选择积累起来时，其他部分也会被修改"（Darwin 1861, 130）。他还通过引用歌德的话（"自然在一处开支，就被迫在另一处节省"），强调了一项普遍的增长原则："从长远来看，自然选择总是成功的。如果组织的某个部分变得多余，自然选择将不会以任何方式使其他部分得到相应程度的发展，而是会直接将其精

简掉。"（Darwin 1861, 135）

  本章将讨论生物的生长，重点研究那些给生物圈的功能和人类的生存方式带来最大影响的生命形式。这就意味着，我将仅仅在处理单细胞生物、古核生物类和细菌时讨论细胞的生长，而在对待高等生物时，我不会提供相关（正常形式和异常形式的）过程的遗传学、生物化学和生物能量等方面的基础信息。如果希望了解有关细胞生长的信息（包括细胞的遗传、控制、启动子、抑制基因和终止过程），有大量文章可供参考（Studzinski 2000; Hall et al. 2004; Morgan 2007; Verbelen and Vissenberg 2007; Unsicker and Krieglstein 2008; Golitsin and Krylov 2010）。

  生物圈中数量最多、最古老且最简单的生物是古核生物和细菌。这些原核生物没有细胞核，也没有诸如线粒体一类的专门被膜包裹的细胞器。它们中的大部分都很微小，但也有许多物种的细胞要大得多，还有一些物种可以形成惊人的大集合体。单细胞生物的快速生长可能是非常受欢迎的（有益的人体微生物群对我们的生存至关重要，就像身体的任何关键器官一样），也可能是致命的，具体情况取决于物种和环境。风险来自各种现象，比如病原体的爆发式增长和扩散（可能是使人类或动物染上传染病的病原体，也可能是影响植物的病毒、细菌和真菌）或者海藻的失控生长。当这些藻华释放毒素或开始腐烂并导致浅水区的氧气含量降至正常值以下，或此类水域中生长繁盛的厌氧细菌释放出高浓度的硫化氢时，周围其他的生物群就会被杀死（联合国教科文组织 2016）。

  本章的第 2 个主题是树木与森林（由树木主导的各种植物群落、生态系统和生物群落如果无法与其他生物形成共生，就无法持续存在），它们包含了世界上大部分的永久性生物量及多样性。由于森林对于生物圈的功能明显十分重要，对经济增长和人类福祉做出了巨大贡献（尽管仍未得到充分重视），人们开始考察树木的生长和森林生产率的方方面面。如今，我们对这些增长现象的整体动态和特定条件有了相当全面的理解，还可以找出许多对它们造成干扰或改变其速率的因素。

  本章的第 3 个主题是农作物，即经过培育而得到大大改良的植物。它们的起源可追溯到公元前 8500 年的中东地区，最早的栽培作物是一粒小麦和二粒小麦、大麦、扁豆、豌豆以及鹰嘴豆。中国最早在公元前7000—前6000年开始种植小米和水稻，而北美洲早在公元前8000年就已开始栽种南瓜（Zohary et al. 2012）。随后，数千年的传统选择育种带来了产量的提升，但只有通过现代作物育种法（杂交、矮化高产育种）、得到改进的农艺方法、充足的施肥以及必要的灌溉、病虫害防治、除草等措施的结合，传统作物的产量才得以成倍增长。未来的植物基因工程技术将带来进一步的发展。

在有关动物生长的部分（本章第4个主题），我将首先关注几个重要的野生物种的个体发育和种群动态，之后主要关注家养禽畜的生长。驯化改变了所有家养禽畜出产肉、奶、蛋和皮毛的自然生产率。其中的一些变化加快了它们的成熟，另一些变化则导致它们的身体出现了在商业上可取但存在争议的畸形。我们以猪为第1个例子，它们是数量最为庞大的大型肉畜。在传统的亚洲环境中，人们通常任由猪自己照顾自己，它们会寻找任何可食用的东西（猪是真正的杂食动物）。在这种情况下，猪可能要花两年多的时间才能长到75—80千克的屠宰体重。相比之下，现代的肉猪生长于封闭的环境中，以高营养的饲料喂养，仔猪在断奶后的短短24周内就将长到100千克的屠宰体重（Smil 2013c）。拥有巨大胸肌的大型肉鸡则是商业驱动的身体畸形化的最佳案例（Zuidhof et al. 2014）。

本章最后一个主题将考察人类的生长以及一些值得注意的意外。我将首先概述从出生到青春期结束时的个体身高和体重增长的典型模式，以及促进或干扰预期表现的因素。尽管在全球范围内，营养不良的问题已经在很大程度上得到了解决，但总体而言，食物短缺（尤其是特定营养素的缺乏）仍在影响着许多儿童，阻碍他们正常的身心发展。与之相反的是，在人类生长范围的另一端，肥胖问题令人担忧。如今，儿童肥胖问题正在变得越来越严重。不过，在更详细地研究主要生物种群的生长情况之前，我必须首先介绍生态学的代谢理论。这一理论将所有植物和动物的生长与代谢联系到了一起，概述了一般的研究方法。一些人认为，这一理论是生物学上最伟大的概括性进展之一，也有一些人质疑其强大的解释能力（West et al. 1997; Brown et al. 2004; Price et al. 2012）。它的表述源于以下事实：许多变量都与体重相关，这些关联的依据是方程 $y=aM^b$ 中的描述，其中 y 是一个变量，随体重 M 的变化而变化，a 是归一化常数，b 是异速生长指数（标度幂指数）。对方程的两边取对数，它们的关系就变成了线性的：$\log y = \log a + b \log M$。

长期以来，形体的大小与代谢特征的关系一直是动物研究的重点，但只有将代谢标度扩展到植物，人们才有可能论证各种生物（从单细胞藻类到最大的脊椎动物以及树木）的生物量生产率和生长率与新陈代谢率成正比，而新陈代谢率又与体重 M 的 3/4 次幂成比例（Damuth 2001）。韦斯特等人提出的植物代谢比例理论假设，总的光合作用（代谢）速率是由潜在的资源吸收率和资源在植物内自相似（分形）结构的分支网络中的分配决定的（West et al. 1997）。

最初的模型不仅要预测脊椎动物心血管和呼吸系统的结构与功能特性，还要预测昆虫气管导管和植物维管系统的结构与功能特性。基于这些假设，恩奎斯特等人发现，有 45 种热带林木（以林木的干物质千克数计）的年增长率与 $M^{3/4}$ 成比例（即与许多动物的新陈代谢具有相同的指数）。树干直径 D 的增长率与 $D^{1/3}$ 成比例（Enquist et al. 1999）。随后，尼克拉斯和恩奎斯特证实，存在着一种单独的异速生长模式，适用于体重差异超过 20 个数量级，长度（细胞的直径或植物的高度）差异跨越 22 个数量级，从单细胞藻类到草本植物、单子叶植物、双子叶植物和针叶树等一系列自养生物（Niklas and Enquist 2001；图 2.1）。

几年后，恩奎斯特等人提出了一个通用的、基于性状的植物生长模型（Enquist et al. 2007）。3/4 标度率也适用于以藻类细胞的色素含量或植物生物量来衡量的捕光能力。结果他们发现，植物的相对生长率会随着植物个体的增长而下降，即与重量的关系是 $M^{-1/4}$。此外，初级生产率几乎不受物种组成的影响：密度相同、总质量相近的植物也会拥有大致相同的固碳能力。一致的标度还意味着相对生长率会随着植物个体的增长而下降，即 $M^{-1/4}$。捕获光的能力（高等植物的叶子或藻类细胞中的叶绿素含量）也按 $M^{3/4}$ 成比例，而植物的长度按 $M^{1/4}$ 成比例。

尼克拉斯和恩奎斯特还得出结论，植物在其整个重量范围内都符合

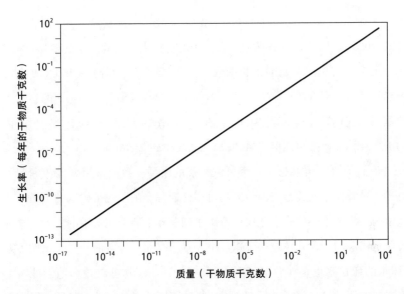

图 2.1 自养生物的质量和生长率之间的异速关系。图表根据尼克拉斯和恩奎斯特的工作（Niklas and Enquist 2001）绘制而成

同一种异速增长模式。动物则不同，它们具有相似的异速生长指数，却有不同的归一化常数（即生长曲线图上的截距不同）。这可以通过光合作用和蒸腾水所需的分形网络来解释：通过交换面积和吞吐量的最大化以及运输距离和转移速率的最小化，它们的进化（层级分支以及共享的水力和生物力学）实现了代谢能力和效率的最大化（West et al. 1999）。

不过，生态学家们几乎马上就开始质疑代谢标度理论的普遍适用性，尤其是异速生长指数在不同物种和环境中所具备的显著的不变性。基于对43 个多年生植物物种（这些植物的形体大小跨越了维管植物 12 个数量级中的 5 个）的大约 500 项观察结果，赖希等人没有发现支持植物夜间呼吸（以及整体代谢率）符合 3/4 次幂标度率的证据（Reich et al. 2006）。他们的发现更支持另一种观点，即植物是接近等速生长的，生长指数大概为 1。如此一来，人们就不需要对 3/4 次幂标度使用分形解释，一个与形体大小相关的、适用于植物和动物新陈代谢的标度定律也就不复存在了。

同样，李等人研究了代表中国 17 种主要森林类型的 1,200 多个样本地块上的森林植物量数据集，发现这些植物的生长指数从大约 0.4（北方松林）到 1.1（常青橡树林）不等，只有少数几个地块符合 3/4 法则（Li et al. 2005）。因此，没有任何令人信服的证据表明，森林中的植物量-代谢率关系具有单一恒定的生长指数。穆勒-朗多等人研究了来自 10 个古老热带森林（拥有超过 170 万棵树）的更大的数据集，发现它们的生长指数显然与代谢理论的预测不一致，在 10 个采样点中，只有 1 个（高海拔的山地森林）接近预期值（Muller-Landau et al. 2006）。

他们的研究结果与另一个可供替代的模型一致，该模型也考虑到了对光（光合作用的关键资源，光的可用性通常会限制热带树木的生长）的竞争。认为植物的生长指数仅仅取决于捕获和重新分配资源的能力，这种看法是错误的。此外，在热带森林中，并不存在一种普遍的生长比例关系（树木的死亡率也是如此）。库梅斯和艾伦证实了这些结论，他们证明了恩奎斯特等人是如何由于没有考虑到光的不对称竞争，从而低估了树木直径增长的平均指数的：他们在研究哥斯达黎加的整个森林物种之后发现，平均生长指数并不是 0.33，而应该是 0.44（Coomes and Allen 2009）。

普赖斯等人虽然没有检验针对代谢理论的各种预测，但他们转而研究了其物理和化学基础以及各种简化的假设，并得出结论："对于从网络几何结构和能量最小化原理到个体、物种、种群、生态系统和全球层面等各种模式，仍然不存在一种完整的、普遍的、符合前因后果的理论。"（Price et al. 2012, 1472）他们指出，分布模型的属性是脊椎动物的心血管系统的特定属性，经验数据却只能为该模型提供有限的支持。他们还引述了多兹等人的观点（Dodds et al. 2001），认为我们并不能从韦斯特等人所假设的流体力学优化推导出 3/4 标度定律（West et al. 1997）。因此，关于代谢比例理论，可能的最佳结论是：它通过描述跨越多个数量级的集中趋势，仅仅提供了一种粗粒度的洞见；它的主要原则——3/4 标度——并非普遍有效的，因为它并不适用于所有的哺乳动物、昆虫或植物；到目前为止，朝着真正完整的、具备因果关系的理论迈出的第一步还未出现。这并不出人意料，因为生物体的生长及其代谢强度是如此复杂，无法用单一、狭义的公式来表述。

微生物与病毒

如果"离开了显微镜就不可见"是唯一的分类标准，那么所有的病毒都属于微生物——但是，由于一些包裹着蛋白的核酸［脱氧核糖核酸（DNA）与核糖核酸（RNA）］并不是细胞，无法在合适的宿主体外存活，因此我们必须对其单独归类。虽然的确存在一些多细胞微生物，但大多数微生物（包括所有古核生物和细菌）是单细胞的。这些单细胞生物是最简单、最古老和迄今为止最多样的生命形式，对它们加以分类绝非易事。两种主要的分类方式都涉及它们的结构和代谢方式。原核细胞既没有细胞核，也没有任何其他内部细胞器；真核细胞则拥有这些被膜包裹的细胞器。

古核生物和细菌是原核生物的两个域。这种划分的形成时间比较晚：韦斯等人将所有生物进行划分，分为古核生物域、细菌域和真核域这 3 种主要的域（类似超级王国）（Woese et al. 1990），这种划分依据的是通用核糖体基因的碱基对序列，这种基因负责对细胞器组装蛋白进行编码（Woese and Fox 1977）。仅有一小部分真核生物是单细胞的，包括原生动物以及一些藻类和真菌。根据另一种方式，按照营养吸收来划分，生物基本可以分为两类，第一类是化能自养生物（能够从二氧化碳中获取碳），第二类是化能异养生物（通过分解有机分子获取碳）。第一类生物包括所有单细胞藻类和许多光合作用细菌，第二类生物的代谢方式在古核生物中很常见。当然，所有真菌和动物都是化能异养生物。

更进一步的分类需要以各种环境耐受性为指标。氧气对于所有单细胞藻类和多种细菌（包括芽孢杆菌和假单胞菌等常见属）的生长都是必不可少的。兼性厌氧菌无论有没有氧气都可以生长，它们包括一些常见的细菌属，如大肠杆菌、链球菌和葡萄球菌，以及酿酒的酵母菌（负责酒精和生面团发酵的真菌）。厌氧菌——所有能产生甲烷的古核生物和许多细菌物种——无法忍受氧气的存在。按照对环境温度的耐受性，单细胞生物可以被划分为能够在低温（甚至 0 摄氏度以下）环境中生存的嗜冷物种、在中等温度范围内活性最佳的嗜温物种和可以在高于 40 摄氏度的环境中生长繁殖的嗜热菌。

嗜冷菌包括那些能使存放在冰箱中的食物变质的细菌：在低至1—4摄氏度的环境中，假单胞菌（Pseudomonas）能在肉类中生长，乳杆菌（Lactobacillus）能在肉类和奶制品中生长，李斯特菌（Listeria）能在肉类、海鲜和蔬菜中生长。甚至在低于0摄氏度的环境中（无论是过冷的云滴或盐溶液，还是温度刚好低于冰点的由冰雪覆盖的南极水域），仍有一些物种能够保持新陈代谢（Psenner and Sattler 1998）。在20世纪60年代之前，人们认为没有哪种细菌比嗜热脂肪芽孢杆菌（Bacillus stearothermophilus）更耐热，这种细菌能够在37—65摄氏度的水中生长，是当时已知的最耐高温的细菌。直到20世纪60年代，人们发现了超嗜热品种芽孢杆菌（Bacillus）和硫化叶菌（Sulfolobus），它们将最高耐受温度提高到了85摄氏度。之后，在深海中的那些类似烟囱、喷射热水的石壁上，人们又发现了一种能够承受95—105摄氏度高温的古核生物——延胡索酸火叶菌（Pyrolobus fumarii），它们在低于90摄氏度的水中就会停止生长（Herbert and Sharp 1992; Blöchl et al. 1997; Clarke 2014）。

极端环境细菌和古核生物对强酸性环境的耐受范围更大。尽管大多数物种在中性（氢离子浓度指数为7.0）条件下生长最佳，星名氏嗜酸菌（Picrophilus oshimae）则在氢离子浓度指数为0.7（比中性环境的酸性强100多万倍）时生长最为旺盛。鉴于所有细菌都需要将自身内部（细胞质）的氢离子浓度指数维持在6.0左右，这一壮举就显得更加惊人。生活在酸性环境中的细菌在地热场所和含有黄铁矿或金属硫化物的酸性土壤中相对普遍，它们的生长已经得到商业化应用，人们能够通过它们从在酸化水中压碎的低品位矿石中提取铜。

相反，嗜碱细菌甚至连中性环境都无法忍受，它们只能在氢离子浓度指数介于9—10的环境中生长（Horikoshi and Grant 1998）。这种环境在美洲、亚洲和非洲干旱地区的碱湖中很常见，包括加利福尼亚的莫诺湖和欧文斯湖。盐杆菌（Halobacterium）是一种极端的嗜碱生物，能够承受氢离子浓度指数高达11的环境，并能在极咸的浅水中繁殖。当你乘坐飞机接近旧金山国际机场时，你能够在旧金山湾南端的围堤中看到这种生物的最佳演示之一：一片由细菌视紫红质引起的特有的红色和紫色。

此外，还有一些耐受多种极端条件的多极端细菌。在这一类别中，最好的例子也许是在土壤、动物粪便和污水中常见的耐辐射奇球菌（Deinococcus radiodurans）：由于拥有修复受损脱氧核糖核酸的非凡能力，它们可以承受极端剂量的辐射、紫外线、干旱和冷冻干燥（White et al. 1999; Cox and Battista 2005）。与此同时，对于另一些细菌的生长而言，微小的温度差异也会产生显著的影响：麻风分枝杆菌（Mycobacterium leprae）喜欢先侵入那些稍凉的身体部位，这就是麻风皮损通常首先出现在四肢和耳朵上的原因。常见细菌病原体的最佳生长条件与人的体温一致，这一点不足为奇：引发皮肤和上呼吸道感染的金黄色葡萄球菌（Staphylococcus aureus）比肉毒杆菌（Clostridium botulinum，会产生危险的毒素）和结核分枝杆菌更喜欢 37 摄氏度。而最常引起腹泻和尿路感染的大肠杆菌（Escherichia coli）在 40 摄氏度时生长最佳。

微生物的生长

微生物的生长需要一些基本的常量和微量营养素，包括氮（氨基酸和核酸必不可少的组成部分）、磷（用于合成核酸、二磷酸腺苷和腺嘌呤核苷三磷酸）、钾、钙、镁和硫（对于含硫元素的氨基酸必不可少）。许多物种还需要金属微量元素（尤其是铜、铁、钼和锌），还必须从周围环境中获取生长因子，如 B 族维生素。通过某些固体（琼脂，从某些藻类细胞壁中提取的多糖）或液体（营养肉汤）培养基来监测细菌的生长是最佳监测手段（Pepper et al. 2011）。

莫诺列出了细菌培养生长的各个阶段，包括最初的迟缓期（无生长）、加速期（生长率上升）、指数期（生长率为常数）、减缓期（生长率下降）和稳定期（再次无生长，这种情况往往是由于营养耗尽或存在某些抑制产物）以及最后的衰亡期（Monod 1949）。这一概括的序列有许多变种，因为其中的某个或某几个阶段可能并不存在，也可能持续太短以至于几乎无法被察觉。同时，实际的生长轨迹可能比理想化的基本轮廓更为复杂。由于细胞的平均大小在其生长的不同阶段可能发生显著变化，因此细胞浓度和细菌密度并不是等效的量度，但在大多数情况下，后一个变量更为重要。

　　培养细菌的细胞密度的基本增长轨迹显然是 S 型曲线：图 2.2 反映了大肠杆菌 O157:H7 的增长，这是一种常见的血清型大肠杆菌，能污染生食物和牛奶，并产生志贺毒素，导致食源性大肠杆菌结肠炎。为了对生长轨迹的观测数据进行拟合，并预测细菌生长的 3 个关键参数 —— 迟缓期的持续时间、最大的比生长率和倍增的时间，微生物学家和数学家已经应用了许多能产生 S 型曲线的标准模型（包括自催化、逻辑斯蒂和冈珀茨方程），也开发了各种新模型（Casciato et al. 1975; Baranyi 2010; Huang 2013; Peleg and Corradini 2011）。

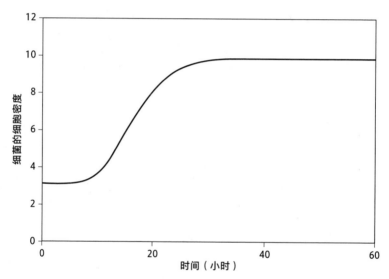

图 2.2　大肠杆菌 O157:H7 的逻辑斯蒂增长。图表根据布坎南等人的数据（Buchanan et al. 1997）绘制而成

　　通常来说，常用的逻辑斯蒂模型之间的总体拟合差异都比较小。皮莱格和科拉迪尼的工作表明，尽管冈珀茨增长、逻辑斯蒂增长、变换了的逻辑斯蒂增长和幂增长模型具有不同的数学结构，也没有可靠的机理对它们做出解释，但它们都具有很好的拟合结果，在追踪细菌的等温增长实验中，它们可以互换使用（Peleg and Corradini 2011）。此外，布坎南等人发现，描述大肠杆菌的生长轨迹甚至不需要用到曲线函数，简单的三相线性模型同样可以完美地完成拟合（Buchanan et al. 1997）。所以，一个合乎逻辑的结论是，我们在量化常见细菌的生长时，应该选择最简单、最方

便的模型。

在最佳的实验室条件下，无处不在的大肠杆菌的代时（generation time，两次分裂之间的时间）仅为 15—20 分钟。然而，大肠杆菌在琥珀酸盐培养物上同步培养的代时平均接近 40 分钟（Plank and Harvey 1979），在肠道中的代时则为 12—24 小时。迈特拉和迪尔的实验表明，如果达到了复制速度极限（营养充足时的快速生长模式），埃希氏杆菌会通过成比例地生产更多的核糖体来快速复制所有的蛋白质（Maitra and Dill 2015），核糖体是细胞合成所有蛋白质时使用的蛋白复合物。因此，细胞在快速生长条件下的能量利用效率似乎是细胞适应功能的主要体现。

肺炎链球菌（Streptococcus pneumoniae）会引起鼻窦炎、中耳炎、骨髓炎、化脓性关节炎、心内膜炎和腹膜炎，它们的代时为 20—30 分钟。嗜酸乳杆菌（Lactobacillus acidophilus）在人类和动物胃肠道中较为常见，也可能与同属的保加利亚乳杆菌、双歧杆菌、干酪乳杆菌一起存在于酸奶和酪乳中。它们的代时为 70—90 分钟。为豆科作物提供营养的大豆根瘤菌（Rhizobium japonicum，豆科植物的一种固氮共生体）分裂缓慢，产生下一代所需的时间长达 8 小时。在酵母的发酵过程中，用于商业烘焙的工业化乳酸菌菌株在培养后的 10—15 小时达到生长峰值，在 20—30 小时后停止生长（Mihhalevski et al. 2010）。结核分枝杆菌的平均代时约为 12 小时。

鉴于生物圈中适合微生物繁殖栖息的生态位种类繁多，因此自然环境中古核生物、细菌和单细胞真菌的共生以及在复杂组合中竞争所共同造就的生长情况与实验室培养环境中的增长过程大不相同也就不难理解了。此外，在不同环境中，细胞分裂的速率可以相差多个数量级。如果缺少必要的营养素或仅仅能够获得少量营养素，或者缺乏降解新基质的能力，迟缓期就会大大延长。在这种情况下，现有的细菌种群可能必须经历必要的突变或基因转移，才能进一步生长。

由于大多数物种都生活在由其他微生物、真菌、原生动物和多细胞生物组成的更大的群落中，因此在自然环境中测量细菌的生长总是非常复杂。它们并不生长在具备单一特异性的隔离环境中，其特征表现在复杂的种群动态中，因此在自然环境下和在受控条件下，它们具体的代时都难以分辨。多亏了脱氧核糖核酸提取和分析，我们才意识到，自然界中存在着完整的细菌门［包括土壤中的酸杆菌门（Acidobacteria）、疣微菌门（Verrucomicrobia）和绿弯菌门（Chloroflexi）］，但在实验室培养条件下，我们很难甚至完全不可能制造出同样完整的细菌门。

针对两个物种——曲杆菌属（Curvibacter）和杜擀氏菌属（Duganella）——的共培养实验表明，它们的相互作用超越了直接竞争或成对博弈这类简单情况（Li et al. 2015）。对于有节奏的资源供给，不同的物种有着不同的特异性反应：例如，与粘质沙雷氏菌（Serratia marcescens，一种通常会引发医院内感染的肠杆菌）共同进化，会导致一种新鞘氨醇杆菌克隆体（Novosphingobium capsulatum，能够降解芳香族化合物）生长更快，而粘质沙雷氏菌的进化克隆体比它们的祖先有着更高的存活率和更慢的生长率（Pekkonen et al. 2013）。

森林中的凋落物（树叶、针叶、水果、坚果、松果、树皮、树枝）的分解速率提供了一种揭示自然界中不同微生物生长速率的间接方法。这一过程能够将常量和微量营养素回收利用。最重要的是，它控制着土壤中的碳和氮的动力学过程，细菌和真菌是该过程在陆地以及水生生态系统中发生时的主要媒介（Romaní et al. 2006; Hobara et al. 2014）。它们的降解酶最终可以分解任何种类的有机物，这两组微生物既能够以协同的方式，也能够以拮抗的方式共同起作用。细菌可以分解各种各样的有机底物，但真菌的表现更为优秀：在许多情况下，真菌是木质素、纤维素和半纤维素（构成木质组织和细胞壁的植物性聚合物）的唯一可能的分解剂。

分解森林凋落物的过程需要依次降解各种底物（包括蜡、酚类、纤维素和木质素），在此过程中必须利用多种金属酶，但这些微生物分解者生长的世界却存在着多种营养限制（Kaspari et al. 2008）。针对全球范围内 110 个站点的数据的比较证实了凋落物的分解率和纬度以及木质素含量的降低呈正相关，也和年平均温度、降水量以及养分浓度的升高呈正相关（Zhang et al. 2008）。尽管没有哪个单一的因素可以具备更高的解释力，但总体养分和碳氮比的组合差不多可以解释凋落物分解速率的 70%。相比之下，热带雨林的分解速率几乎是温带阔叶林的 2 倍，是针叶林的 3 倍以上。在全球范围内，凋落物的质量（底物对常见微生物代谢的适配性）显然是分解过程中关键的直接调节剂。

有一点不足为奇：某些极端微生物的自然生长速度可能异常缓慢，它们的代时比普通土壤中的细菌或水生细菌的典型代时高出几个数量级。根据亚亚诺斯等人的调查，研究人员从在马里亚纳海沟（世界上最深的海底）10,476 米深的地方找到的一只死去的端足目短脚双眼钩虾（Hirondellea gigas）身体中分离出了一种专性嗜压（耐压）菌株，这种菌株在其发源地的生长环境（温度为 2 摄氏度，压强为 103 兆帕）中的最佳代时为 33 小时（Yayanos et al. 1981）。与之相似的是，嗜压假单胞菌（Pseudomonas bathycetes，从海沟中采集的沉积物样本中分离出来的第一个物种）的代时为 33 天（Kato et al. 1998）。相比之下，据估计，南非金矿深处（深度超过 2 千米）的嗜热和嗜压（耐压）微生物的代时约为 1,000 年（Horikoshi 2016）。

此外，在最深的海沟底部的泥浆深处也藏着微生物，这些微生物在重力比地球表面大 40 万倍以上的地方也能生长，但"我们无法估计这些极端微生物的代时……它们有自己的生物钟，描述其增长过程的时间轴的尺度将有所不同"（Horikoshi 2016, 151）。不过，即使肠道和土壤中的普通细菌的平均代时为 20 分钟，而嗜压极端微生物的代时为 1,000 年，两者之间的时间差异也达到了 7 个数量级。此外，对于尚未发现的极端微生物来说，差异甚至可能达到 10 个数量级。

最后，我将简要介绍一下常见的海洋微生物的生长情况，它们的生长分布如此广泛，以至于人们甚至可以在卫星图像上看到它们。一些生物（包括细菌、单细胞藻类、真核双鞭毛虫和球藻）可以迅速繁殖并产生水华（Smayda 1997; Granéli and Turner 2006）。它们的分布范围可能仅限湖泊、海湾或沿海水域，但它们覆盖的区域通常非常大，可以在卫星图像上轻松识别（图 2.3）。此外，这些水华许多都是有毒的，对鱼类和海洋无脊椎动物构成了威胁。最常见的一种水华是由束毛藻属（Trichodesmium）产生的，这是一种蓝藻，生长在营养匮乏的热带和亚热带海洋中，它们的

图 2.3 2015 年 7 月 28 日，伊利湖（Lake Erie）西部的藻华。本图是美国国家航空航天局的卫星图像，访问地址 https://eoimages.gsfc.nasa.gov/images/imagerecords/86000/86327/erie_oli_2015209_lrg.jpg.

单个细胞带有气泡，能形成可见的丝状物和稻草色的细丝簇，但在浓度较高时会变成红色。

红海因为红海束毛藻（Trichodesmium erythraeum）的色素沉着而得名，反复出现的红潮则具有相对独特的光谱特征（包括气体囊泡的存在以及其藻红蛋白色素的吸收而导致的高反向散射），使它们可以被卫星捕捉到（Subramaniam et al. 2002）。束毛藻还拥有一种罕见的固氮能力，即将大气中的惰性氮气转化为氨，用于供应自身的代谢和支持其他海洋生物的生长：海洋中多达一半的有机氮可能都是由它们产生的。不过，固氮过程不能在有氧条件下进行，而是在蓝藻的特殊异形细胞中进行的（Bergman et al. 2012）。束毛藻的水华会造成植物量层积，通常支撑着其他海洋微生物的复杂群落，包括其他细菌、鞭毛藻、原生动物和桡足类。

沃尔什等人讲述了发生在墨西哥湾的一系列事件，一旦营养匮乏的亚热带水域定期收到富含铁的撒哈拉尘埃沉积，富含磷的径流就会引发浮游生物的演替现象（Walsh et al. 2006）。束毛藻在获得这些营养素后也可能演化成短凯伦藻（Karenia brevis，因为能引起有毒的赤潮而臭名昭著）的前驱水华。这个有趣的现象是制造复杂的先决条件从而提高细菌生长率的一个绝佳范例，并会在其他能收到过量富含磷的径流的温暖水域中反复上演。这些富含磷的径流可能来自受肥的农田，也可能来自非洲和亚洲沙漠定期远程输送的富铁尘埃。因此，在 20 世纪，赤潮出现的频率越来越高，覆盖的区域越来越大。如今我们在墨西哥湾、日本、新西兰和南非的水域中都能发现它们。

病原体

有 3 类微生物的生长会引发特别危险的后果：感染农作物并导致减产的常见病原体，导致人类发病率和死亡率上升的多种微生物，以及感染人群（流行病）乃至影响全球（大流行）的微生物和病毒。除了一些例外，细菌和真菌植物病原体的名称只在专业圈子内为人所知。最重要的植物病原菌是丁香假单胞细菌（Pseudomonas syringae），它的许多致病变种附生在多种农作物上；青枯雷尔氏菌（Ralstonia solanacearum）则会引起细菌性枯萎病（Mansfield et al. 2012）。最具破坏力的真菌病原体当数稻瘟病菌（Magnaporthe oryzae）和灰霉菌（Botrytis cinerea），后者是一种坏死性的灰色霉菌，能攻击 200 多种植物，却又因其罕见的有益作用（生产贵腐酒）而广为人知，是制造甜味（瓶装）葡萄酒（如苏特恩白葡萄甜酒和都凯甜酒）不可或缺的条件（Dean et al. 2012）。

尽管许多广谱和有针对性的抗生素已经出现了半个多世纪，但许多细菌性疾病仍然会造成相当高的死亡率，特别是非洲的结核分枝杆菌和肺炎链球菌，后者是老年人罹患细菌性肺炎的主要原因。沙门氏菌（Salmonella）是造成食品污染的常见原因，大肠杆菌则是腹泻的主要原因，两者都是普遍的致病因素。但是，抗菌药物的广泛使用缩短了常见感染的发生时间，加快了康复速度，防止了过早死亡，延长了现代人的寿命。

与这些理想的结果相对立的另一面是，在 20 世纪 40 年代人们初次采用新的抗菌药后的短短几年内，具备耐药性的菌株便已开始传播（Smith and Coast 2002）。耐青霉素的金黄色葡萄球菌（Staphylococcus aureus）已于 1947 年被发现。1961 年出现的第一批耐甲氧西林金黄色葡萄球菌（MRSA，能够引起菌血症、肺炎和外科伤口感染）菌株已在全球传播开来，目前全球一半以上的感染病例都是在医院接受高强度治疗期间获得的（Walsh and Howe 2002）。在许多细菌产生了对大多数常用抗生素的耐药性之后，万古霉素（vancomycin）成了最后的防线。然而，第一批耐万古霉素的葡萄球菌仍然于 1997 年出现在了日本，于 2002 年出现在了美国（Chang et al. 2003）。

对抗生素状况的最新全球评估表明，随着细菌对所有一线的和作为最后手段的抗生素的耐药性不断提高，抗生素的总体有效性正在持续下降（Gelband et al. 2015）。在美国，抗生素耐药性每年会导致超过 200 万例感染和 23,000 例死亡，并造成 200 亿美元的直接损失和 350 亿美元的生产力损失（CDC 2013）。尽管北美和欧洲的耐甲氧西林金黄色葡萄球菌有所减少，但在撒哈拉以南非洲、拉丁美洲和澳大利亚，发病率仍在上升。如今，大肠杆菌和相关细菌对第三代头孢菌素也有了耐药性，耐碳青霉烯类肠杆菌科细菌对最新的碳青霉烯类抗生素也有耐药性。

抗生素的不当使用和过度使用（无论是在没有处方也可获得药物的国家，还是在处方用药过多的富裕国家）、医院糟糕的卫生条件以及在畜牧业中大量使用预防性抗生素，都将导致致病细菌的生长获得最后的胜利。防止细菌出现抗生素耐药性突变从来都不在人们的考虑范围之内，但如何将这一问题最小化在很长一段时间内也几乎没有受到关注。于是，如今在那些从未直接接触抗生素的家养禽畜和野生动物体内，耐药性也已经变得十分普遍（Gilliver et al. 1999）。

重新获得一定程度的控制似乎正在变得更加紧迫，因为有越来越多的证据表明，许多土壤细菌对抗生素具备天然的耐药性或一定的弱化能力。此外，张与迪克从土壤中分离出了一些细菌菌株，他们发现，这些细菌尽管以前并没有接触过任何抗生素，却不仅拥有抗药性，还能将抗生素当作自身的能量和营养来源（Zhang and Dick 2014）。他们发现，有 19 种细菌（主要属于变形菌门和拟杆菌门）以青霉素和新霉素为唯一的碳来源供自身生长，浓度最高可达 1 克每升。

抗生素的可用性（以及更好的预防措施）也已经将细菌可能带来涉及全人类的大规模流行病的威胁降至最小。在这些威胁中，最知名的是鼠疫耶尔森菌（Yersinia pestis，一种能引发鼠疫的杆状厌氧球菌）。1894年，亚历山大·耶尔森（Alexandre Yersin）在香港发现并培养了引起鼠疫的细菌。此后不久，让-保罗·西蒙（Jean-Paul Simond）发现跳蚤叮咬可以从啮齿动物身上传播细菌（Butler 2014）。随后，人们从 1897 年开始研发疫苗，最终链霉素（从 1947 年开始）成为最有效的治疗鼠疫的方法（Prentice and Rahalison 2007）。

由于鼠疫导致的死亡率特别高，因此 541—542 年的查士丁尼瘟疫和中世纪的黑死病成了历史上最著名的两次流行病（不是全球大流行，因为它们没有传播到美洲和澳大利亚）。查士丁尼瘟疫席卷了拜占庭帝国（东罗马帝国）、萨珊帝国和整个地中海沿岸，死亡人数估计高达 2,500 万（Rosen 2007）。8 个世纪后，一种类似的传染病再次席卷欧洲，被称为黑死病（这一名称源于对死者的黑色皮肤和身体的描述）。1346 年春，鼠疫在俄罗斯南部草原地区流行。之后，鼠疫到达黑海沿岸，然后于 1346 年10 月通过海上贸易路线经君士坦丁堡到达西西里岛，然后来到地中海西部，并在 1347 年底到达马赛和热那亚（Kelly 2006）。

商船上的那些身上长了跳蚤的老鼠将鼠疫带到了沿海城市，又传播给了当地鼠群，但随后，鼠疫在大陆上的扩散方式主要是直接的肺炎传播。到 1350 年，鼠疫已经扩散到西欧和中欧；到 1351 年，它扩散到了俄罗斯西北部；到 1358 年[①]，鼠疫的最东端重新发展到最初的里海区域（Gaudart et al. 2010）。欧洲的总死亡人数至少为 2,500 万，而在蔓延到欧洲之前，鼠疫已经在中国和中亚杀死了许多人。1347—1351 年，它还从亚历山大港传播到中东，一路抵达也门。

鼠疫带来的总死亡人数高达 1 亿。然而，总死亡人数即便比这个数字小得多，也足以使许多地区的人口出现明显下降，它对人口和经济的影响持续了几代人。有关黑死病病因的争议直到 2010 年才明确得到解决，

---

① 原文为 1853 年，但结合上文，此处应为 1358 年。——译者注

人们使用的方法是在欧洲乱葬坑里的材料中检测出了鼠疫耶尔森菌特有的脱氧核糖核酸和蛋白质特征（Haensch et al. 2010）。这项研究还发现了两个先前不为人知，但与乱葬坑有关的杆菌进化枝，这表明 14 世纪的鼠疫至少有两次通过不同的途径到达了欧洲。

戈麦斯和贝尔杜通过朝圣和贸易路线，重建了 14 世纪连接欧洲和亚洲城市的交通网络（Gómez and Verdú 2017）。他们发现，正如预期的一样，传递性（一个节点连接了另外两个直接相连的节点）和中心性（与网络中其他节点的连接数量和强度）更高的城市受鼠疫的影响也更为严重，因为它们经历了更多的外源性再感染。但是，基于现有的信息，我们无法可靠地重建 14 世纪 40 年代末黑死病在欧洲蔓延的流行轨迹。

后来，这种疾病的致命性大大降低。直到 18 世纪，鼠疫才在欧洲再次暴发。一些城市的死亡记录使得分析感染过程的增长成为可能。莫内克等人发现了弗赖堡（萨克森州）在 1613 年 5 月至 1614 年 2 月的瘟疫流行期间的高质量数据（Monecke et al. 2009），在这一时期，此地的人口死亡率超过了 10%。他们为疫情的进展所建立的模型与历史记录非常吻合。鼠疫受害者的人数几乎呈正态分布（高斯分布），在第 1 个死亡病例后约 100 天达到峰值，而在约 230 天后又恢复正常。

或许，他们的模型中最有趣的发现是，只需将少量具备免疫能力的老鼠引入原本的环境，鼠疫流行就会中止，导致的死亡数也会变得极少。他们的结论是，褐家鼠（Rattus norvegicus，褐色的或栖居在下水道的老鼠，由于偏爱潮湿的栖息地，可能对鼠疫耶尔森菌产生部分群体免疫力）的扩散加快了 17 世纪欧洲鼠疫的消散。到 19 世纪，仍有多起鼠疫流行，20 世纪也暴发了局部鼠疫，包括印度（1903 年）、旧金山（1900—1904 年）、中国（1910—1912 年）和印度（1994 年，苏拉特）的鼠疫。在过去两代人的时间里，超过 90% 的局部鼠疫发生在非洲国家，其余的则发生在亚洲（最明显的是越南、印度和中国）和秘鲁（Raoult et al. 2013）。

由于我们已经采取了各种预防措施（例如在处理鼠疫时消灭老鼠和跳蚤），对于新出现的病例，我们会及早发现、及时治疗，因此过去那种极具破坏性的细菌流行病已成为历史。如今，病毒感染成了更大的挑战。

众所周知，天花的迅速扩散（由天花病毒引起）是美洲原住民人口减少的原因，他们在与欧洲征服者接触之前缺乏相应的免疫力。最终，人们通过接种疫苗根除了这种传染病：在美国，天花的上一次自然暴发是在 1949 年，而世界卫生组织在 1980 年宣布，人们已经在全球范围内消灭了天花。但是，早日消除病毒性流感的前景却遥遥无期，它每年都会以季节性流行病的形式卷土重来，并以不可预测的方式成为全球性流行病。

季节性暴发与纬度有关（巴西和阿根廷的感染高峰在 4—9 月），它们影响了全球 10%—50% 的人口，并导致了老年人的高发病率和高死亡率。在美国，平均每年有 6,500 万人患上流感，3,000 万例就诊，20 万人次住院，最终导致 25,000 例（实际上在 10,000—40,000 例之间）死亡以及高达 50 亿美元的经济损失（Steinhoff 2007）。与所有通过空气传播的病毒一样，流感很容易以飞沫和气溶胶的形式通过呼吸道传播。因此，较高的人群密度、旅行以及较短的潜伏期（通常仅为 24—72 小时）都有助于流感的空间扩散。流行病可以发生在一年中的任何时候，但在温带地区，冬季流行的频率要高得多。干燥的空气和更长时间待在室内是最主要的两个推动因素。

病毒性流感的发病率很高，但在最近几十年中，它们导致的总体死亡率相对较低，虽然这两个比率在老年人群体中都是最高的。我们对季节性变化背后的关键因素的理解仍然有限，但在温带气候中，绝对湿度可能是流感发生季节性变化的主要决定因素（Shaman et al. 2010）。复发性流行病需要足够数量的易感个体持续存在。在感染者恢复免疫力的同时，由于抗原性漂移（antigenic drift）过程又制造了新的易感个体，他们很容易再次受到快速变异的病毒的攻击（Axelsen et al. 2014）。这就是即使每年都有大规模的疫苗接种运动和抗病毒药物的供应，但流行病仍然持续存在的原因。由于流感的反复流行以及相应的巨大代价，人们已经在理解和模拟其传播过程以及最终减弱和终止其影响方面做出了相当大的努力（Axelsen et al. 2014; Guo et al. 2015）。

季节性流感的增长轨迹形成了一些完整的流行曲线，其形状通常与正态分布（高斯分布）或负二项式函数相符，其增长过程显示，新感染人数的上升过程更加迅速，达到感染高峰之后的下降则更加缓慢（Nsoesie et al. 2014）。更严重的感染则会遵循有着相当程度的压缩的（尖峰形）正态曲线，整个感染过程持续的时间不超过 100—120 天。相比之下，较轻微的感染可能只占感染病案例的一小部分，但整个过程可能会持续 250 天。一些事件的正态分布也具有明显的平台期或双峰结构（Goldstein et al. 2011; Guo et al. 2015）。

　　不过，病毒流行的曲线也可能遵循相反的轨迹，正如流感的地区性扩散所表明的那样。2009 年 H1N1 流感病毒的扩散过程就得到了非常详尽的研究。2009 年 5—9 月，香港共有 24,415 例病例。李和王重建的流行趋势曲线表明，在 H1N1 流感暴发后的第 55—60 天，发病率爬上了一个小高峰，然后是一个短暂的极低点，随后在第 135 天，发病率迅速上升到最后的高点，然后又开始相对迅速下降（Lee and Wong 2010）。此次流感在暴发后的 6 个月内结束了（图 2.4）。疫苗接种（尤其是在大学等拥挤的环境中）和及时隔离易感人群（关闭学校）能够显著影响季节性流感的发展进程。尼科尔等人的研究表明，在不接种疫苗的情况下，总发病率

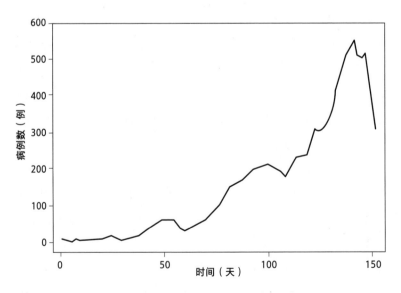

图 2.4　2009 年 5—9 月，H1N1 流感病毒在香港传播的过程。图表根据李和王的数据（Lee and Wong 2010）绘制而成

为 69%，季前接种率仅达到 20% 就能让发病率降至 45%。如果季前接种率达到 60%，那么发病率将降至 1% 以下。甚至在疫情暴发 30 天后再接种疫苗，也能显著降低发病率（Nichol et al. 2010）。

相比于传统监视系统获得消息的时机，如今我们能够提前近两个星期、近乎实时地获得有关疫病流行的可靠信息：麦基弗和布朗斯坦发现，与某些流感或健康相关的维基百科词条的每日搜索频率与后来从疾控中心获取的流感类疾病实际患病率的数据高度吻合（在近 300 个星期的时间内，两者的差异小于 0.3%）（McIver and Brownstein 2014）。利用维基百科的搜索量，我们还可以准确地估算出疾病高峰所在的那个星期的情况，其轨迹与真实的感染情况的负二项式曲线相符合。

我们无法预防季节性流感的暴发，也无法预测它最终将达到怎样的强度以及将造成多大的人员和经济损失 —— 这些结论同样适用于流感病毒在世界范围内的反复传播，它能引起大流行，并侵扰世界上其他有人类居住的地区。自从我们对致命流行病的传播过程有所了解以来，这些担忧就一直伴随着我们。随着 1997 年甲型 H5N1 流感病毒（禽流感）的出现以及短暂但令人忧虑的严重急性呼吸道综合征（SARS）的暴发，这种担忧变得更加复杂。此外，从流感全球大流行的历史反复性来看，我们可能差不多早该迎来另一次重大事件了。

我们可以确定，18 世纪至少有 4 次流感病毒大流行，分别在 1729—1730 年、1732—1733 年、1781—1782 年和 1788—1789 年；在过去的两个世纪中，已有 6 次流感大流行事件被记录下来（Gust et al. 2001）。1830—1833 年和 1836—1837 年的大流行是由起源于俄国的某种未知的亚型流感病毒引起的。1889—1890 年的那次大流行则可以追溯到 H2 和 H3 亚型，最有可能的发源地仍是俄国。1918—1919 年的流感病毒是 H1 亚型，来源不明，可能来自美国，也可能来自中国。1957—1958 年的流感病毒是来自中国南方的 H2N2 亚型，1968—1969 年的则是来自中国香港的 H3N2 亚型。我们仅仅拥有关于最后两次事件的高度可靠的死亡数据估值，但毫无疑问，1918—1919 年的大流行是迄今为止最致命的一次（Reid et al. 1999; Taubenberger and Morens 2006）。

1918—1919 年流感的起源一直存在争议。约尔丹认为，位于英国和法国的英军军营、美国堪萨斯州和中国是这次流感最有可能的 3 个发源地（Jordan 1927）。如今看来，1917—1918 年冬天的中国似乎是最有可能的发源地，之前互不接触的人群在第一次世界大战的战场上相互接触，感染便随之蔓延开来（Humphries 2013）。到 1918 年 5 月，病毒已蔓延至中国东部、日本、北非和西欧，并传遍了整个美国。到 1918 年 8 月，病毒到达印度、拉丁美洲和澳大利亚（Killingray and Phillips 2003; Barry 2005）。第二次更猛烈的暴发是在 1918 年 9—12 月，第三次比较温和的暴发是在 1919 年 2—4 月。

来自美国和欧洲的数据清楚地表明，这次大流行具有不寻常的死亡模式。每年流感的特定年龄死亡率具有典型的 U 型特征（幼儿和 70 岁以上的人群最容易受伤害），但 1918—1919 年大流行期间的死亡年龄集中在 15—35 岁（美国的平均死亡年龄为 27.2 岁），几乎所有死亡病例（许多是由病毒性肺炎引起的）都是 65 岁以下的人群（Morens and Fauci 2007）。但是，关于全球的总死亡人数，人们尚未达成共识：最低估值约为 2,000 万，世界卫生组织估计死亡人数在 4,000 万以上，约翰逊和米勒则估计死亡人数约为 5,000 万（Johnson and Mueller 2002）。最高的估值远超 1347—1351 年鼠疫造成的全球死亡人数。假定美国官方公布的死亡人数 67.5 万人（Crosby 1989）是非常准确的，那么它也超过了美军在 20 世纪所有战争中的战斗死亡人数。

流行病也是人类遗传多样性和自然选择的一大驱动力。在人群当中，已经出现了一些遗传差异，可以调节人体对流感的易感性和感染后的严重程度（Pittman et al 2016）。我们几乎不可能对 20 世纪之前的流感事件的增长过程进行定量还原。然而，对于 1918—1919 年的大流行和随后所有的大流行，有关感染和死亡的高质量数据使得重建其流行曲线成为可能。正如预期的那样，无论受影响的人口、地区或位置如何，它们都与正态分布或负二项式分布高度吻合。1918 年 6 月—1919 年 5 月，英国每周的流感和肺炎综合死亡率数据表明有 3 次大流行。最小的一次（几乎是对称的）的死亡率峰值仅为 0.5%。最高的一次符合负二项式分布，在 10 月达到峰值，此时的死亡率接近 2.5%。中等强度的那次流行（同样符合负二项式分布，死亡率峰值略高于 1%）发生在 1919 年 2 月下旬（Jordan 1927）。

也许，通过对流感暴发进行最详细的重建，我们不仅可以追溯病毒传播的动力学过程和引发的死亡率，还可以追溯纽约市不同年龄的死亡节点（Yang et al. 2014）。1918 年 2 月—1920 年 4 月，这座城市遭受了 4 次大流行病的袭击（也受到了热浪的袭击）。在第 1 次大流行病中，青少年的死亡率最高，然后死亡高峰转移到了青壮年群体。4 次大流行病的总超额死亡率均在 28 岁这个年龄段达到峰值。每次大流行病的早期增长速度都相当高，但随后的衰减过程有所不同。大流行病的严重程度反映在了全市居民每日死亡率的时间序列上：在第 2 波大流行病的高峰期，每天的死亡人数达到 1,000 人，而基线为每天 150—300 人（图 2.5）。通过对死亡率上升分数（超额死亡率与基线死亡率之比）进行比较，我们会发现，第 2 波和第 3 波流行轨迹最接近负二项式分布，第 4 波则显示出非常不规则的模式。

对许多较小的人群的分析也显示出了一些非常相似的模式。例如，根据英国皇家空军营地每周的可靠记录为流感病毒绘制拟合模型，结果呈

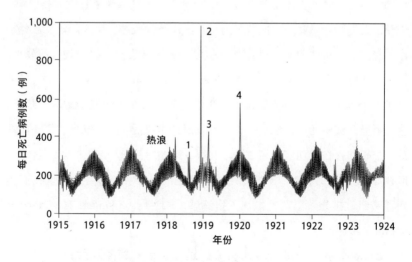

图 2.5　1918 年 2 月至 1920 年 4 月，纽约每日的流感死亡数的时间序列与基线（1915—1917 年和 1921—1923 年的数据）的对比。图表根据对杨等人的数据（Yang et al. 2014）进行简化绘制而成

现为两条负二项式曲线，第一条曲线在感染暴发约 5 周后达到峰值，另一条曲线在感染暴发约 22 周后达到峰值（Mathews et al. 2007）。1918 年 9—12 月哈密尔顿市（加拿大安大略省）士兵死亡的流行曲线显示，有一条完全对称的暴发曲线，峰值出现在 10 月第 2 周，还有一次稍小的暴发，峰值在 3 周后出现（Mayer and Mayer 2006）。

20 世纪后续的大流行事件的危害性则要小得多。1957—1958 年流感导致的死亡人数约为 200 万，1968—1969 年流感期间较少的死亡人数（约 100 万）则要归功于许多人在 1957 年流感后所采取的防护措施。在 20 世纪剩余的时间里，没有任何一种流行病发展成全球大流行（Kilbourne 2006）。但由于可以传播给人类的新型禽流感病毒的出现，人们又有了新的忧虑。到了 1997 年 5 月，H5N1 病毒的一种亚型在香港的家禽市场中突变为高致病性（能够在 2 天内杀死几乎所有受影响的禽鸟），一名 3 岁的男孩成了第 1 个人类受害者（Sims et al. 2002）。该病毒最终感染了至少 18 人，造成 6 人死亡、160 万只禽鸟被扑杀，但它们并未传播到华南以外的地区（Snacken et al. 1999）。

世界卫生组织将全球大流行的进程分为 6 个阶段（Rubin 2011）。第 1 阶段，在鸟类或哺乳动物之间传播的动物流感病毒尚未感染人类。第 2 阶段，人类受到感染，造成特定的潜在大流行的威胁。第 3 阶段，虽然存在零星的病例或少量聚集性病例，但没有社区暴发。一旦出现社区暴发，就意味着发展到了第 4 阶段。在下一阶段，社区暴发会影响某一地区的两个或多个国家。而在第 6 阶段，病毒会蔓延到至少一个其他地区。最终，感染消退，流感活动恢复到季节性暴发时期常见的水平。显然，第 1 阶段是一个长期存在的现实，第 2 阶段和第 3 阶段自 1997 年以来就反复出现。但在 2009 年 4 月，2 个流感谱系（在猪之间已经存在多年）之间的三重病毒基因重排导致墨西哥出现了猪流感（H1N1）（Saunders-Hastings and Krewski 2016）。

到 2009 年 6 月 11 日，此次流感迅速发展到第 4 阶段和第 5 阶段，世卫组织宣布大流行开始，在 74 个国家确认了近 30,000 例病例（Chan 2009）。到 2009 年底，全世界经实验室确认的死亡人数达到 18,500 人。

但流行病模型表明，此次大流行引起的实际超额死亡人数在 151,700—575,400 人之间（Simonsen et al. 2013）。这次流感通过典型波动方式到处传播，但其数量、时间点和持续时间有所不同：墨西哥有 3 波暴发（春季、夏季、秋季），美国和加拿大出现了 2 波（春夏季和秋季），印度出现了 3 波（2009 年 9 月和 12 月以及 2010 年 8 月）。

毫无疑问，防护措施的改进（由于先前对亚洲 H5N1 禽流感和 2002 年的 SARS 的担忧）——学校停课、抗病毒治疗和大规模预防性疫苗接种相结合——降低了这次大流行的总体影响。总体死亡率仍然很低（仅约 2% 的感染者发展成重症患者），但新的 H1N1 病毒优先感染 25 岁以下的年轻人，而大多数严重的和致命的感染发生在 30—50 岁的成年人群体当中（在美国，实验室确认的平均死亡年龄为 37 岁）。因此，就损失的生命年数（考虑到死者损失的年龄）而言，最高估值为 197.3 万年，与 1968 年大流行期间的死亡造成的生命年数损失相当。

里佐等人为在意大利暴发的一次大流行病做了一个模拟，它提供了一个很好的例子，说明了两项关键控制措施（抗病毒预防和社会隔离）可能产生的影响（Rizzo et al. 2008）。在没有这两项措施的情况下，亚平宁半岛上的这次大流行将遵循高斯曲线，在确定第 1 例病例后约 4 个月达到峰值，每 1,000 名居民中有 50 例以上的感染，大流行将持续约 7 个月。为期 8 周的抗病毒用药将使最高感染率降低约 25%；从大流行第 2 周开始进行社会隔离，将使传播减少 2/3。不过，社会隔离导致的经济后果（损失校园日和工作日，导致旅行延误等）则很难模拟。

正如预期的那样，流感病毒的传播与人口结构以及流动性密切相关，超级传播者（包括医疗工作者、学生和空乘人员）对于病毒在本地、区域和国际范围内的传播起到了重要作用（Lloyd-Smith et al. 2005）。戈格等人证实了学童在大流行病的空间传播过程中发挥的关键作用（Gog et al. 2014）。他们发现，2009 年秋季美国流感的长期传播主要是短距离传播（在一定程度上是由学校开学推动的），而不是长距离传播（季节性流感通常属于这种情况）。

显然，现代交通是关键的超级传播渠道，从本地（地铁、公共汽车）

和地区性的（火车、国内航班，尤其是高容量的交通连接，例如东京和札幌、北京和上海之间或每年在纽约和洛杉矶之间运送数百万乘客的交通连接）交通方式到促进全球快速传播的洲际航班都在其范围内（Yoneyama and Krishnamoorthy 2012）。1918 年，一艘轮船能够用 6 天运送 2,000—3,000 人（包括乘客和乘务人员）横渡大西洋；而现在，一架载有 250—450 人的喷气式客机只需 6—7 小时就能完成这项任务。在伦敦希思罗机场和纽约肯尼迪国际机场之间，客机每年运送的旅客超过 300 万人次。飞行频率、速度和客运量的结合，使得通过隔离措施阻止病毒扩散变得不切实际：然而，为了成功阻止病毒扩散，这些措施是必需的，并且必须毫不例外地执行下去。

树木与森林

现在，让我们把目光转向尺寸图谱的另一端：有一些树种是生物圈中最大的生物。树木都是多年生木本植物，树干有着或多或少复杂的分权，还有次生组织和树枝（Owens and Lund 2009）。它们的生长是一个个有着巨大的复杂性、异常的持久性和必要的不连续性的奇迹，其结果涵盖了大约 10 万个物种，包括的形式极为多样：从北极的矮树到加利福尼亚的巨杉，从拥有最少分枝的高大笔直的树干，到全方位生长的近乎完美的球形植物。然而，它们的基本生长机制是相同的：顶端的分生组织（能够产生多种器官的组织，位于芽和根的尖端）负责初级生长（primary growth），使树木向上生长（树干）和向旁边以及向下生长（树枝）。增厚则是次级生长（secondary growth），会产生支持植物伸长和分枝所需的组织。

正如科纳的简明描述所说的那样：

> 树木的生长是由具备方向性的尖端、内部组织的木质化、水在木质化的木质部中的向上流动、韧皮部中营养向下流动的通道以及形成层的持续生长共同决定的。尽管枯木组织越来越多，但由于具有活性的表层细胞还在活动，因此树木仍然可以存活下去。（Corner 1964, 141）

维管形成层是一种特殊的分生组织，是一种使树木生长的分裂细胞层，夹在木质部和韧皮部（树皮正下方的活组织，用于运输树叶的光合作用产物）之间，能够同时产生新的韧皮部和木质部细胞。

相比于由那些较小的细胞在夏季形成的组织，春季形成的新木质部组织的颜色要更浅，这些层会形成独特的环，于是我们无须借助同位素分析就可以轻松地计算树龄。由于韧皮部和木质部之间的逐渐过渡，加上一些薄壁组织细胞（parenchymal cell）可能存活很长时间，甚至数十年，因此形成层的径向范围并不容易划定。叶子和针叶是进行光合作用并使树木生长的关键组织，它们对多种环境因素都很敏感，这些因素会影响它们的形成、持续和凋落。人们对树干的研究最为深入，因为它们能提供薪材和商品木材，树干中的纤维素则是迄今为止生产纸浆和纸张的最重要的材料。

对树木来说，根部是我们了解最少的部分：如果不挖掘整个根系，我们就很难研究其最大的部分，类似头发的部分虽然能够吸收最多的养分，却是短暂的。相比之下，树冠最容易观察和分类，因为不仅不同物种的树冠存在差异，而且树冠还会随着众多的变种而发生改变。按照根部特征来划分，树木基本可以分为直根系和须根系：后一种形态是温带阔叶树的特征，它们的侧根和主根一样长甚至比主根更长，因此这类树木的根部能形成宽大的冠；前一种形态（通常是针叶树的特征）的主根长度则远远超过了侧根。

密集的树木形成了森林：最茂密的森林（forest）会被树冠完全封闭；最稀疏的树林则最好被归为林地（woodland），林地中树木的树冠仅能覆盖地面的一小部分。森林储存了生物圈中近 90% 的植物量，而在其他尺度上也存在着类似的偏斜：森林植物量的大多数（约 3/4）储存在热带森林中，热带森林植物量的大多数（约 3/5）又储存在位于赤道的热带雨林中，赤道热带雨林中的植物量的大部分则储存在形成密闭树冠的巨大树干（通常起到支撑作用）和少数高于密闭树冠的突出树中。我们如果单独观察某一棵树，就会发现它的大部分活体植物量都被锁在木质部（边材）中，按照保守估计，其份额不超过总植物量的 15%（大部分是死的）。

鉴于不同植物组织的含水量存在巨大差异（在新鲜组织中，水分几乎总是占据主导地位），要想确保整棵树的生命周期以及不同树种之间的数据可比性，唯一的方法就是以单位面积当中的干物质或碳的质量表示年增长率。在生态学研究中，年增长率是以克每平方米（g/m^2）、吨每公顷（t/ha）或每公顷含碳的吨数（t C/ha）来表示的。这些研究侧重于整株植物、整个群落、生态系统或生物圈的不同生产力水平。当我们从最普遍的生产率指标转向最严格的生产率指标时，总初级生产力（gross primary productivity, GPP）是最重要的。这一变量反映了给定时间段内的所有光合作用活动。

初级生产力

所有森林的总初级生产力大约占假定的全球总初级生产力（1,200 亿吨碳）的一半（Cuntz 2011）。新的发现不仅改变了全球总量，也改变了森林所占的份额。马等人认为，森林的总初级生产力被高估了（主要是由于人们高估了森林的面积）（Ma et al. 2015），实际的年度总初级生产力应该约为 540 亿吨碳，比以前的估值低了近 10%。同时，韦尔普等人得出结论，全球总初级生产力应该提高到每年 1,500—1,750 亿吨碳（Welp et al. 2011）。坎贝尔等人支持了这一发现：他们对大气中的羰基硫化物记录做了分析，结果表明，20 世纪全球树木的总初级生产力有很大的历史增长，总体增长了 31%，由此得出的新的总量超过了 1,500 亿吨碳（Campbell et al. 2017）。

光合作用形成的新产物的很大一部分最终并不会以树木的新组织的形式出现，而是会在植物内部迅速被重新氧化：这种连续的自养呼吸（R_A）为光合作用固定的植物生物聚合物提供能量，在植物内部运输光合作用产物，引导其修复患病或受损的组织。因此，R_A 被视为光合作用与植物的结构和功能之间的关键代谢途径（Amthor and Baldocchi 2001; Trumbore 2006）。它的强度（R_A/GPP）主要受位置、气候（最重要的是温度）和植物年龄的影响，在物种内部、物种之间以及生态系统和生物群落之间有着很大的差异。

一个普遍的假设是，R_A 消耗了光合作用所固定的碳的大约一半

（Litton et al. 2007）。韦林等人通过研究美国、澳大利亚和新西兰不同针叶林和落叶林群落的年度碳收支（carbon budget），支持了这一结论（Waring et al. 1998）。这些群落的净初级生产力（net primary productivity, NPP）与 GPP 的比值为 0.47 ± 0.04。但是，在观察具体某一棵树和更广泛的植物群落时，这项比值并不是固定的：R_A 占 GPP 的 50%（或更少）是草本植物的典型特征，成熟树木的实际比率则更高，温带森林的 R_A 高达 GPP 的 60%，北方树木（黑云杉）以及热带雨林的 R_A 约占 GPP 的 70%（Ryan et al. 1996; Luyssaert et al. 2007）。

在纯林中，R_A 在 GPP 中的占比从幼年期的 15%—30% 上升到早期成熟期的 50%；在老龄林中，R_A 在 GPP 中的占比高达 90% 以上。在某些年份，高强度的呼吸作用会把生态系统变成弱度或中度的碳源（Falk et al. 2008）。在热带地区，与温度相关的呼吸损失较高，但由于 GPP 较高，因此这些地区的 R_A 所占的份额与温带森林的份额相似。地表的自养呼吸具备两个主要部分：树干和树叶的排放。前者排放了温带森林同化碳的 11%—23%、热带森林生态系统同化碳的 40%—70%（Ryan et al. 1996; Chambers et al. 2004）。后者在一个物种之内的变化要比在物种之间的变化更大，小直径树木（包括藤本植物）排放了大部分同位碳（Asao et al. 2015; Cavaleri et al. 2006）。

木质组织的呼吸作用占地上 R_A 总量的 25%—50%。这一点很重要，这不仅因为它们涉及的植物量很大，还因为活细胞在处于休眠状态时会继续呼吸（Edwards and Hanson 2003）。由于和光合作用相比，自养呼吸对温度的升高更为敏感，因此许多模型预测，全球变暖将使 R_A 的升高快于光合作用，并导致 NPP 下降（Ryan et al. 1996）。然而，对气候变化的适应性可能会抵消这种趋势：实验发现，黑云杉在温暖的气候中可能没有明显的呼吸或光合作用变化（Bronson and Gower 2010）。

净初级生产力无法直接测量，而是要用总初级生产力减去自养呼吸来计算（NPP=GPP-R_A）：它们是沉积为新的植物组织或供异养生物消耗的总植物量。依赖树种的森林年净初级生产力很早就能达到峰值：在美国的森林中，花旗松（Pseudotsuga menziesii）的 NPP 在树龄为 30 年左右时就能达到 14 吨碳每公顷，随后迅速下降，而在以枫树、山毛榉、橡树、山胡桃树或柏树为主的森林中，森林生长至 10 年后，NPP 只能达到 5—6 吨碳每公顷的稳定水平（He et al. 2012）。因此，美国的森林在树龄达到100 岁时，年度 NPP 大多为 5—7 吨碳每公顷（图 2.6）。米乔莱茨等人测试过一个常见的假设，即由于受到温度和降水的直接影响，NPP 会随着气候的变化而变化。不过他们发现，树龄和林分生物量能解释大部分的变化，而温度和降水却几乎不会带来影响（Michaletz et al. 2014）。这就意味着，气候通过植物年龄、林分植物量、生长期的长短以及各种局部适应性，间接影响了 NPP。

在农田或受农药保护的快速生长的幼树种植林中，异养呼吸（R_H，从细菌、昆虫到有蹄类畜牧动物对光合作用固定的物质的消耗）是最小的，但在成熟的森林中，R_H 相当大。在许多森林中，异养呼吸会在昆虫大量入侵期间激增，这些昆虫可能对大部分林分造成破坏或严重损坏，有时甚至能跨越广阔的地区。净生态系统生产力（NEP）是指减去所有的呼吸损失后残留的光合作用产物（$NEP=NPP-R_H$），能增加现有的植物量储

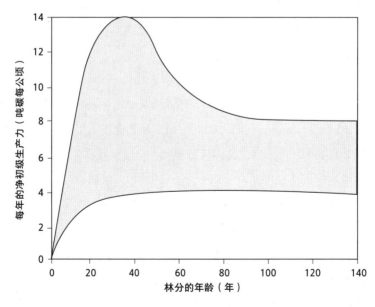

图 2.6　美国 18 种主要森林类型相关的 NPP 的上下界限。最常见的年度净初级生产力在 5—7 吨碳每公顷之间。图表改编自何等人的文献（He et al. 2012）

备。1960 年后的生态系统研究使我们对树木和森林生长的极限有了可靠的了解。

最繁茂的热带雨林在地表储存的植物量为 150—180 吨碳每公顷（或者是绝对干燥的植物量的 2 倍），其总植物量（包括死亡组织和地下的生长部分）通常高达 200—250 吨碳每公顷（Keith et al. 2009）。相比之下，北方森林储存的植物量通常不超过 60—90 吨碳每公顷，地表的生物组织仅为 25—60 吨碳每公顷（Kurz and Apps 1994; Potter et al. 2008）。没有任何一个生态系统能够像北美西部的老龄林那样储存如此大量的植物量。花旗松和壮丽冷杉（Abies procera）的成熟林分储存的植物量都超过了 800 吨碳每公顷，北美红杉（Sequoia sempervirens）在地表的最大植物量可达 1,700 吨碳每公顷（Edmonds 1982）。基思等人描述了另一种存储植物量极高的情况：澳大利亚维多利亚州常青温带森林的主要树木是树龄超过 100 年的王桉（Eucalyptus regnans），它们的地表最大植物量密度为 1,819 吨碳每公顷，总生物量达到了 2,844 吨碳每公顷（Keith et al. 2009）。

理所当然地，这些生态系统拥有世界上最重和最高的树木。单棵巨杉（Sequoiadendron giganteum）的植物量就能超过 3,000 吨（其寿命超过 3,000 年），它们是世界上最重的生物，蓝鲸与之相比都相形见绌（图 2.7）。不过，将巨杉与大型鲸类进行比较实际上具有误导性，因为与任何一棵大树一样，巨杉的大部分植物量都是枯木，而不是活组织。世界上最高的树的纪录在 110 米（花旗松）和 125 米（王桉）之间（Carder 1995）。

在林业研究中，相比于产量，净生态系统生产力是一个使用频率更高的增长概念：它指的是整棵树的植物量，包括树干、树枝、树叶和根部。相比之下，传统的商业树木采伐仅限于树干（圆材），将树桩留在地下，将所有树枝和树梢都砍掉，然后将树木从森林中运走。虽然整树采伐的新方式已经发生了改变，我们可以将树连根拔起或砍伐整棵树，但圆材采伐仍占主导地位，统计资料仍将其作为基本的木材生产指标。经过一个多世纪的现代林业研究，我们已经积累了大量有关纯林和混交林、天然林和人工林中的树木生长的定量信息（Assmann 1970; Pretzsch 2009; Weiskittel et al. 2011）。

图 2.7　美国红杉树国家公园里的巨杉，它们是最重的陆地生物。图片来自美国国家公园管理局，链接为 https://www.nps.gov/seki/planyourvisit/images/The-House-2_1.jpg.

在地表植物量的分配方面，有许多差异是物种的不同导致的。对云杉来说，约 55% 的植物量位于树干和树皮中，24% 在树枝中，11% 在针叶中，树桩则约占地表总植物量的 20%。对松树来说，有 67% 的植物量在树干和树皮中。而对落叶乔木来说，这方面的比例高达 78%。这就意味着，具有商业价值的树干（通常被称为商品干材）的植物量可能仅占全部地表植物量的约一半，这就使得生态学家定义的森林生长与林业从业者感兴趣的木材增量之间存在着巨大差异。

在树木的整个生命周期中，生长模式取决于测量的变量。不同物种有各自不同的变量，但有两种模式是不同物种共有的。第一，幼树的高度一开始会快速增长，然后随着增长趋于停止，每年的增量会越来越少。第二，在树木的一生中，其直径会相当稳定地增加，胸高断面积最初只会小幅度增加，体积则会一直增加，直至树木衰老。由于受到体形的大小、与年龄相关的变化以及自然和人为环境变化（从降水量和温度的变化到氮沉积的影响和大气二氧化碳水平的升高）的共同影响，我们很难对树木生长的驱动因素进行统计量化（Bowman et al. 2013）。

树木的生长

在测量树木的实际生长情况时，高度和树干的直径是最常用的两个变量。人们通常可以轻易地在树的胸高（离地面 1.3 米）的位置用卡尺测量树的直径。此外，这两个变量都与树木材积和总植物量的增长密切相关。总植物量的增长是一个无法直接测量的变量，却是生态学家最感兴趣的。相比之下，林业工作者感兴趣的则是树干每年的增量（可供销售的木材要求较小端的树干直径至少达到 7 厘米）。与生态学研究不同，在林业工作中，衡量标准是单位面积的质量或能量，林业工作者则使用体积单位衡量，比如每棵树或每公顷的木材体积是多少立方米。此外，他们由于关心树木或林分的总寿命，因此每隔 5 年或 10 年就会测量一次增量。

美国林业局为树干实木木材的立木蓄积量做了一些限制，"1 英尺[①]高的树桩以上的主干，胸高高度上的树干直径必须大于或等于 5 英寸[②]，顶端（包括树皮在内）的直径至少为 4.0 英寸。对于主要的分权，从分权点一直到最小直径达到 4 英寸的一端都被计算在内"（US Forest Service 2018）。此外，它还排除了一些虽然健康但形态不佳的小树（这些树的材积加起来约占活树总材积的 5%）。相比之下，联合国对立木蓄积的定义包括了树桩以上的所有体积，不论 1.3 米胸高高度处的直径是多少（UN 2000）。普雷奇对一块生长了 100 年的欧洲山毛榉林分的生态和林业指标进行了相对比较：当 GPP 为 100 时，NPP 为 50，树木净生长总数为 25，树干生长量仅为 10（Pretzsch 2009）。以质量单位计，可收获的树干年净增量为 3 吨每公顷，对应的 GPP 为 30 吨每公顷。

为了生产木材或纸浆而种植的速生树种的生产力则要高得多，因为它们经过短时间的轮作即可收获，人们还会对它们进行充分施肥，有时还会补充灌溉（Mead 2005; Dickmann 2006）。在温带气候中种植的金合欢树、松树、杨树和柳树的产量为 5—15 吨每公顷，而在亚热带和热带种

---

① 英尺，foot，缩写为 ft。1 英尺 = 30.48 厘米。——编者注
② 英寸，inch，缩写为 in。1 英寸 = 2.54 厘米。——编者注

植金合欢树、桉树、银合欢和松树，产量将达到 20—25 吨每公顷（ITTO 2009; CNI 2012）。在最初的 4—6 年中，人工林的生长非常迅速：桉树的高度每年增加 1.5—2 米，而在巴西（人工林种植最广泛的国家，主要种植区是米纳斯吉拉斯州，种植的树木被用于生产木炭），如今已经可以每 5—6 年收获一次，每 15—18 年轮换种植一次（Peláez-Samaniegoa 2008）。

在森林的生长中，对于树龄很高的高大树木的不停周转来说，总生长与净生长之间的差异（后者会因损失和树木死亡而减少）会非常大。林业工作者研究了重要的商业树种的长期生长情况（无论是单棵树木还是纯林或混交林），并以直径、高度和树干体积的连年生长量（Current annual increment, CAI）来表示生长的结果（Pretzsch 2009）。树木胸高直径的扩大是最常监测的树木生长指标：它不仅易于测量，还与树木的总植物量及其木材体积密切相关。

在北方森林中，树木的胸高直径通常每年增加 2—3 毫米，而在温带森林，树木的胸高直径每年增加 2—4 毫米。相比之下，生长缓慢的橡树胸高直径每年仅能增加 1 毫米，某些针叶树种和杨树的胸高直径每年则最多能够增加 7—10 毫米（Teck and Hilt 1991; Pretzsch 2009）。热带树木胸高直径每年的增量会受到其生长阶段、地点和光照的强烈影响。对于生长在次生林中那些小型耐阴的树种来说，每年的增量可能不到 2 毫米，比如热带红树林中的树木胸高直径的年平均增长量只有 2—3 毫米，而在茂密的天然林中，树木的胸高直径每年的增量大多在 10—25 毫米之间（Clark and Clark 1999; Menzes et al. 2003; Adame et al. 2014）。

在温带气候人工林中，年轻杨树的胸高直径每年可增加 20 毫米以上（International Polar Commision 2016），一些被广泛种植的城市树种生长也很快：意大利城市中的挪威槭（Acer platanoides）在种植后的头 15 年内，胸高直径平均每年增加约 12 毫米，在之后的 10 年中，每年增加约 15 毫米（Semenzato et al. 2011）。对大多数树种来说，当树干的胸高直径达到约 50 厘米时，年增量就会达到顶峰，而当胸高直径超过 1 米时，年增量就会下降 40%—50%。就年龄而言，树干直径的连年生长量大多在 10—20 岁之间达到最大值，短暂的峰值之后是指数下降。不过，一棵树只要还活着，它的树干直径就可以继续增加，尽管速度可能会比之前慢得多，而且许多成熟树木在其整个生命周期中都在不断地积累植物量。

西莱特等人为这种终生生长提供了极好的例子（Sillett et al. 2010）。他们的团队攀登了生物圈中最高的两个物种（王桉和北美红杉）的 43 棵树（它们的大小和年龄有很大差距），测量了它们的树冠结构和生长速率。在地表进行的测量发现，直径和年轮宽度的年增长预期会下降。不过，即使对于最大和最古老的那些树木来说，树干和整个树冠的木材产量仍在不断增长。正如预期的那样，这两个物种拥有不同的生长动力：王桉由于对火和真菌敏感，因此往往在相对年轻时就会死掉；北美红杉则会更缓慢地生长到相似的大小，并且拥有更长的寿命，这不仅因为它们更耐火，还因为它们能将更多的光合作用产物转化到耐腐烂的硬木中。值得注意的是，不只是个别的老树，甚至一些古老的森林都仍在不断地累积植物量（Luyssaert et al. 2008）。

树木的高度并不会像质量那样不确定地增长：即使在土壤水分丰富的地方，高大的树木也会因重力和更长的路径阻力而承受越来越大的向叶片输送水分的压力，这最终会限制叶片的扩张和光合作用，从而限制高度的进一步增长。通常来说，树龄为 10—20 年的幼龄针叶树的高度连年生长量的增长率最高（60—90 厘米）。一些生长较慢的落叶树只能在几十年后达到最大的高度增长率（每年的最大值为 30—70 厘米），然后（和胸高直径的增长一样），增长率开始呈指数下降。科赫等人爬上了北加州幸存的最高的北美红杉（其中包括地球上最高的树，高 112.7 米），发现叶片的长度以及叶片长轴与支撑茎段之间的角度会随着高度增加而降低：在树木高度为 2 米时，树叶长度大于 10 厘米，但在高度为 100 米时，树叶长度不足 3 厘米（Koch et al. 2004）。他们对叶片功能特征中的高度梯度进行分析，估算出树的最大高度（没有遭受任何机械损伤时）为 122—130 米，这个范围与过去记载的高度纪录保持一致。

藤本植物在热带雨林中比较常见，在许多温带生物群落中则较为少见。它们的生长速度应该比寄主树更快，因为它们削减了对支撑组织的生物量投入，可以将更多的光合作用产物输送至叶片和主干的延伸组织。

市桥和馆野通过研究日本的 9 种落叶藤本植物，验证了这一公认的假设（Ichihashi and Tateno 2015）。他们发现，在地表质量已经确定的情况下，这些藤本植物的叶片和主干质量的连年生长量比寄主树大 3—5 倍；此外，它们也能够长到寄主树树冠的高度，但生长过程所需的植物量只有寄主树的 1/10。不过，这种生长策略也带来了高昂的代价，因为藤本植物在爬到树冠的过程中损失了茎干长度的 75%。

　　将树木在整个生命周期内的年增长量叠加起来，就形成了一条产量曲线。在树木生长最初的几年里是没有数据的，因为林业人员只会在树木达到指定的最小胸高直径后才开始测量年增长量。林业文献可以提供许多树种从 5 岁或 10 岁到 30 岁或 50 岁（对于某些长寿树种，甚至长达一个世纪以上）的树高和主干的生长曲线。它们都遵循受限的指数增长，增长率的下降会随物种的不同而改变。其他生物或其他增长过程的相关研究应用到的所有常用非线性增长模型均已用于林业研究（Fekedulegn et al. 1999; Pretzsch 2009）。此外，人们发现，在绘制高度和材积的生长图时，一些在其他地方很少用到的增长函数［霍斯费尔德（Hossfeld）方程、莱瓦科维奇（Levakovic）方程以及科尔夫（Korf）方程］也可以提供很好的拟合。

　　受限指数增长曲线能够描述不同树木的生长特征，包括北美太平洋沿岸西北部喀斯喀特山脉以东 10—100 岁的花旗松（Cochran 1979）和瑞典农业用地里 10—25 年的人工林中的速生杨树（Hjelm et al. 2015）。生长方程可用于构建简单的产量表或提供更详细的具体信息，包括林分的平均直径、高度、最大平均年增长率、它们成年的树龄以及按物种区分的在几个极限直径限制下的材积产量。例如，加拿大不列颠哥伦比亚省的花旗松天然林分在经过约 140 年的生长后，将达到最大产量（800—1,200 立方米每公顷，具体数值将取决于树冠的密闭程度）（Martin 1991; 图 2.8）。花旗松人工林的平均年增量能在生长 50—100 年后达到最大值（具体数值取决于地点）。然而，即使经过 150 年的生长，这种林分的可交易材积仍能继续增长，直到林分的年龄达到 200—300 岁，材积的生长会达到最终的饱和状态，或边际增长率下降为零。

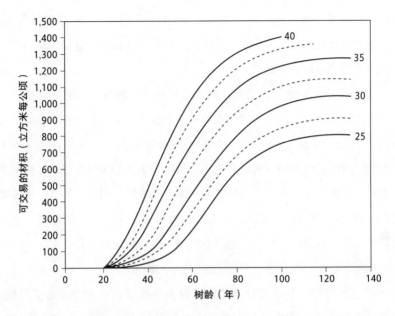

图 2.8　加拿大不列颠哥伦比亚省沿海花旗松的可交易的材积与树龄和地点的相关性。图表根据马丁的数据（Martin 1991）绘制而成

　　然而，如前所述，与通常的假设相反，这种得到了良好记录的同龄林（近乎同龄的）林分增长量的下降情况并不适用于单独的、健康的老树。尽管这些衰老树木的生长效率（以单位质量的光合作用组织中的植物量的增长来表示）会下降，但它们的年增长量仍会增加，直到树木因外部因素（从干旱到雷击）而死亡。人们已经通过对特大树木的研究，充分证明了这样一种碳积累速率逐渐增加的增长方式（一种加速的、质量不定的增长方式）。例如，塔斯马尼亚岛上有一棵巨大的、有着 480 年历史的王桉，它在 2003 年毁于大火。在此之前，它的地表植物量约有 270 吨，年增长量估计能达到 1 吨（Sillett et al. 2015）。

　　针对 403 种热带和温带树种的全球分析表明，老龄树的植物量年增长量每年都上升的现象普遍存在（Stephenson et al. 2014）。这些树并不是衰老的植物量仓库，但与较小的树木相比，它们仍能固定大量的碳。树干直径为 100 厘米的树木的植物量年增长总量通常接近直径为 50 厘米的同一树种的植物量年增长总量的 3 倍，而老龄树的这种增长量迅速上升的现象是一种全球性的现象，并不局限于少数不寻常的物种。在极端情况下，即使整个林分的生产力下降了，单棵老龄巨树每年增加的碳也能相当于一整棵中型树中存储的碳的量。

史蒂芬森等人通过考察树叶面积的增加（这种增加能够抵消单位叶面积生产力的下降）和与年龄相关的树木密度的下降，对这种明显的悖论做出了解释（Stephenson et al. 2014）。在相对意义上，较年轻的树木生长更快；然而，较老的树木拥有更多的树叶和更大的表面，可以沉积更多新木材，因此在绝对意义上，较老的树木生长更快。不过，如果一个人说"树木的生长永远不会放缓"，那么他就忽略了一个关键的限定词：绝对增长（每年的质量增加量）可能不会放缓，但相对增长率却会下降，因为没有任何生物能够保持指数增长（Tollefson 2014）。

不过，也有一些研究对传统的渐进大小模型的有效性提出了质疑。邦唐等人制作了一个原创的非渐进的生长模型，由一个一阶四参数微分方程构成（Bontemps et al. 2012）。在生长于单纯林和同龄林分的 7 个温带树种中，他们测试了 349 个拥有最高高度的老龄树所产生的 S 型曲线。相比于渐进生长方程，它产生了一种更好的拟合，因此它可能对于树木的生长模型有着普遍意义。单棵树木的生长是不确定的（很像某些动物的生长，但不像一年生作物和其他草本植物的生长），但与年龄相关的森林生产力的下降主要是一种与体形相关的下降，因为就像所有生物的所有组合一样，树木数量的增长也必须遵循 S 型曲线（Weiner et al. 2001）。

因此，只有降低单位面积内的树干数量，才能实现单棵树木的持续生长：迟早有一天，资源（养分、水）会短缺，从而不足以支撑所有生长的树木，于是自然稀疏现象（在年龄均匀而又拥挤的植物群落中，由竞争导致的植物死亡）开始调节林分的生长。许多树木不得不停止生长，并开始死亡，以便为其他不断生长的幸存者腾出空间。这一过程降低了树干的密度（ρ，每平方米的树干数量），并以一种高度可预测的方式限制了每棵树的平均质量，这种方式是由异速生长关系 $M = k.\rho^{-a}$ 描述的，它的幂指数介于 -1.3 和 -1.8 之间，理想值为 -1.5，k 值则在 3.5 和 5.0 之间（Reineke 1933; Yoda et al. 1963; Enquist et al. 1998）。

随着生长集中到更少的树木上，那些尺寸更大的树木也需要更大、持久的结构（粗树干与粗树枝）和有效的保护措施（树皮或防御性化学物质）。自然稀疏规律意味着时间可以被忽略（死亡率仅仅取决于植物量的累积），另外，在生长条件恶劣的情况下，自然稀疏过程进行得更为缓慢。就树木的实际生长而言，这意味着（以一种广泛种植的树木为例）北美的一个香脂冷杉（Abies balsamea）同龄纯林的树干密度为每公顷 10 万根，树苗的平均质量不超过 100 克，它们的总质量仅仅约为 10 吨。相比之下，包含 1 万（前者的 1/10）根树干的同一批次的树木的平均重量为 10 千克，将容纳总共 100 吨的植物量（Mohler et al. 1978）。

与新陈代谢标度理论一样，自然稀疏规律的普遍性也受到了质疑。朗斯代尔认为，它并不近似于 −1.5 定律[①]，且植物量最大值的限定只是一个例外（Lonsdale 1990）。汉密尔顿等人得出结论认为，没有任何理论或经验证据表明幂指数为 −1.5（Hamilton et al. 1995）。对光的竞争远非树木自然稀疏致死的唯一原因：单位面积可支撑的最大植物量取决于所在地点的质量，稀疏轨迹的陡峭程度可大于或小于 −1.5 的幂指数。普雷奇证实了这种不存在狭义集群的情况，他通过研究分布在德国南部的未稀疏化的、平均树龄为 120 年的落叶树林的生长情况，测试了赖内克（Reineke）的 1.605 定律和依田（Yoda）的 1.5 规则（Pretzsch 2006）。他发现特定树种的幂指数从普通山毛榉的 −1.4 到普通橡树的 −1.8 不等。同时，也存在许多由风暴和冰的破坏造成的非线性轨迹。

树木的生长深受生长条件的影响，最重要的影响因素是土壤的质量和气候变量。这就是林业工作者几乎总是使用特定物种的地位指数来衡量一个地点的潜在生产力，并将其定义为树在自由生长至胸高之上 50 年后（未受损坏、未受抑制）的平均高度（树顶高度）的原因（Ministry of Forestry 1999）。例如，（加拿大）不列颠哥伦比亚省的那些地位指数为 40（主要树种高 40 米）、胸高直径为 12.5 厘米的花旗松的最大年增量将达到约 15 立方米，而当同一物种的地位指数为 25（且胸高直径相同）时，最大年增量就只有 6.3 立方米。

---

① 上文提到过的异速生长关系。——译者注

　　这也就意味着，树木的生长可以迅速对条件变化做出响应。年增长率之间存在较大年际差异的情况比较普遍，人们对此有广泛的记录。这里仅仅列举一个最近的例子：在英国的温带阔叶树中，2010 年的增长率比 2011 年和 2012 年低 40%，这主要是因为低温推迟了生长期的开始（Butt et al. 2014）。树木高度的增量通常是对干旱的影响最为敏感的变量，每年的质量增长则有可能受到一系列环境变量（从养分短缺到火灾破坏）的影响。树木的年轮为这些生长波动提供了便捷的记录，针对它们的研究（dendrochronology，树木年轮学）已经发展成了一门复杂的学科（Vaganov et al. 2006; Speer 2011）。

　　在遭遇自然的和人为的破坏之后，森林还可能经历蓬勃的再生和扩张。例如，荷兰东南部的花粉分析能够清楚地还原当地因黑死病造成人口损失带来的显著的农业退化的范围和时间，以及 1350—1440 年间显著的森林再生过程（van Hoof et al. 2006）。美国马萨诸塞州前工业化时期的森林砍伐使该州的森林覆盖率从 1700 年的约 85% 降低到 1870 年的约 30%，但到了 2000 年，这里的森林覆盖率已经恢复到约 70%（Foster and Aber 2004）。

　　另外，新英格兰的森林也会遭受反复出现（并不频繁，但极具破坏力）的超级飓风的袭击，这也完美地提醒了我们一个事实：在某些地区，大多数树木无法寿终正寝。1938 年的飓风推倒了马萨诸塞州中部哈佛森林中大约 70% 的林木（Spurr 1956）。再生过程在很大程度上弥补了这些损失（Weishampel et al. 2007），但该地区曾经的优势树种之一已濒临灭绝。在2030 年之前，加拿大铁杉（Tsuga canadensis）可能会和美洲栗一样，成为又一个死于害虫的物种。这个案例中的害虫是铁杉球蚜（Adelges tsugae），一种来自东亚的类似蚜虫的小虫。自 20 世纪 60 年代以来，它们就开始不断杀死铁杉树，目前没有任何防御措施可以对抗它们（Foster 2014）。

　　在欧洲，重新造林的效果尤其令人印象深刻。首先，在 20 世纪上半叶，从木材到煤炭的过渡终止了大规模的森林采伐。1950 年之后，森林面积的增加来自多余农田（由于农业生产率的提高而变得多余）的自然还林和大规模的重新种植。1900—2005 年，欧洲获得了将近 1,300 万公顷的森林（大约相当于希腊的国土面积）。在 20 世纪下半叶，意大利的森林面积增幅约为 20%，法国和德国的增幅约为 30%，如果以立木蓄积量计算，增幅甚至还要更高（Gold 2003）。

在美国东部和南部，也发生了与弃置的多余耕地有关的大规模造林活动，但没有任何一个国家曾经像现代中国那样支持了如此大规模的造林活动。如果采用联合国粮食及农业组织（FAO）的定义，那么目前中国的森林覆盖率为 22%（FAO 2015a），但这些增长大部分来自单一种植快速生长的松树和杨树，这些树林甚至并没有至少在某种程度上类似自然生长的混交林。

然而，在东南亚和南亚、整个非洲以及拉丁美洲，毁林活动仍是一个严重的问题，其中亚马孙河流域的绝对损失最大：1990—2015 年，全球损失的森林面积达到了 129 万平方千米，几乎等于南非的领土面积（FAO 2015a）。对全球森林砍伐规模的相对估计取决于森林的定义。显然，对森林的定义有很大的区别，有的将其定义为有封闭树冠的生长区（在垂直视图中，其地面 100% 被树冠覆盖），有的则像联合国粮农组织那样，允许仅有 10% 的树冠覆盖率的地方即可被定义为森林。因此，相比于前农业社会的（或潜在的）森林覆盖率，不同的估算方式意味着森林损失率在 15%—25% 之间波动（Ramankutty and Foley 1999; Williams 2006）；马瑟则强调，即使对于 20 世纪，我们也无法编制完整可靠的森林覆盖率历史序列（Mather 2005）。

只有通过定期的卫星监测［第一颗陆地卫星（LANDSAT）——"地球资源技术卫星 1 号"（ERTS-1）于 1972 年发射］，我们才能获得更可靠的全球森林砍伐面积估值。根据目前的最乐观估计，全世界的森林砍伐速度从 1950—1980 年的每年 1,200 万公顷增加到 20 世纪 80 年代的每年 1,500 万公顷，再到 90 年代的每年大约 1,600 万公顷，然后在 21 世纪的头 10 年又下降到了每年约 1,300 万公顷。如前所述，联合国粮农组织的最新数据显示，1990—2015 年全球损失的森林面积约为 129 万平方千米，但在同一时期，全球净森林砍伐速度下降了 50% 以上（FAO 2015a）。森林砍伐速度的下降得益于国家公园和其他保护区中的森林防护措施的增加。保护区的起源可以追溯到19世纪最后10年（黄石国家公园成立于1891年），但随着20世纪60年代环境意识开始传播，这一过程开始加速。2015年，全球约有16%的森林得到了各种方式的保护（FAO 2015a）。

由于大气二氧化碳浓度越来越高，在这样一个逐渐变暖的生物圈中，没有任何一种简单的概括可以描述森林的发展前景（Bonan 2008; Freer-Smith et al. 2009; IPCC 2014）。目前，毫无疑问，森林是全球范围内主要的净碳汇[①]，森林每年固存的碳的总量约为40亿吨。然而，由于持续的森林砍伐，特别是在热带地区，每年的净储存量仅为10亿吨碳（Canadell et al. 2007; Le Quéré et al. 2013）。如同所有植物一样，森林的生产力（在其他所有条件都相同的情况下）应该会从较高的大气二氧化碳浓度中受益。从温室中获得的经验和近来的许多现场测试表明，大气二氧化碳的含量升高会导致用水效率升高，尤其是对于 C_3 植物，如小麦和水稻。

在所有全球变暖导致平均降水量下降或降水年度分布发生改变的地区，这种反应都会受到欢迎。此外，劳埃德和法夸尔发现，没有任何证据表明热带森林（到目前为止，热带森林是每年的植物量年增长最大的贡献者）已经危险地接近其最佳温度范围（Lloyd and Farquhar 2008）。他们得出的结论是，与较高的大气二氧化碳水平相关的光合作用率的升高，应该足以抵消种种因素（更高的叶-气水压差、更高的叶片温度或自养呼吸速率的增加）造成的光合作用生产力的下降。

麦克马洪等人也许提供了最令人信服的证据，证明了较高的二氧化碳浓度和较高的温度会对森林的生长造成积极的影响（McMahon et al. 2010）。他们分析了55个树龄在5—250岁不等的温带森林地块在22年中的数据，发现观测到的植物量增长明显高于预期。除了温度的升高（以及随之而来的生长季节的延长）和大气二氧化碳含量的上升，他们给出的解释还包括营养施肥（通过大气氮沉积）和群落组成（一些先锋树种的生长速度快于后继树种）。

相比之下，对所有主要的森林生物群落类型的分析（从寒带到热带

---

① net carbon sink，能够吸收碳的对象。——译者注

环境中的 47 个地点）表明，尽管 20 世纪 60 年代之后二氧化碳含量增加 50ppm 以上这一事实的确使森林的内在用水效率提高了 20.5%（在不同生物群落之间并无明显差异），但成熟树木的生长并未达到预期，因为这些地点在正趋势和负趋势之间平均分配，且在生物群落内部或不同生物群落之间并无明显趋势（Peñuelas et al. 2011）。显然，其他因素（最有可能的是干旱期、养分短缺和适应困难）抵消了明显的积极改善。此外，还有一些研究表明（尽管可信度较低），在许多地区，这种刺激作用可能已经达到极限（Silva and Anand 2013）。

许多森林将通过向北或向海拔更高的地方迁移来适应更高的温度，但这些迁移过程的速度与物种、地区、地点高度相关。即使对于欧洲和北美那些得到了深入研究的森林，对净生产力即将发生变化的评估结果仍然高度不确定，因为火灾、旋风和病虫害的更高频率可能在很大程度上抵消甚至完全抵消更快的增长速度（Shugart et al. 2003; Greenpeace Canada 2008）。在过去的两个世纪中，欧洲的人工林实际上助长了全球变暖，这不仅因为它们释放了本来可以储存在垃圾、枯木和土壤中的碳，还因为阔叶林已经转化为具有更高经济价值的针叶树，导致了反照率的增加，从而带来蒸散量的增加，这种种情况都导致了气候变暖（Naudts et al. 2016）。

农作物

在上一节中，我解释了植物的总初级生产力、净初级生产力与自养和异养呼吸之间的关系。利用这些变量，我们可以很明显地发现，农业（为了获得食物、饲料和原材料而种植那些被驯化的植物）最好被定义为一系列使净生态系统生产力达到最大化的活动，这一目标是通过总初级生产力的最大化和自养呼吸最小化以及（最重要的）异养呼吸的下降来实现的。光合作用转化的最大化和自养呼吸的最小化在很大程度上是由人工培育实现的，比如通过提供足够的植物养分并在必要时提供水、使用除草剂从而最大限度地减少因杂草生长引起的竞争、使用各种防御措施限制作物的异养呼吸（目前最主要的方法是使用杀虫剂和杀菌剂），以及及时收获和减少存储过程中的浪费。

尽管人们出于食用或药用的目的，栽培了多种蘑菇、淡水作物与海洋藻类，但大多数作物都是一年生或多年生植物的驯化品种，它们的结构、营养价值和产量已经因为长期的选择性育种而发生很大的改变，最近，人们也能够通过转基因的方式对它们加以修改。数百种植物被培育出来，为人们提供食物、饲料、燃料、原材料、药品和花卉，其中大多数种类是由水果和蔬菜组成的。其中的一些包括众多栽培品种，甘蓝类尤其多，包括各种甘蓝、羽衣甘蓝、西兰花、花椰菜、抱子甘蓝和苤蓝。

然而，主食的范围总是要小得多。在现代的大规模农业中，主食的范围进一步缩小，只有少数几个品种为人们提供了大部分营养——无论是在能量总量方面还是在作为 3 种常量营养素的来源方面。这一小部分主食品种以谷物为主。从 2015 年的全球收成顺序来看，最重要的主食是玉米（尽管在富裕国家，绝大部分玉米并不被人食用，而是用作动物饲料）、小麦和稻米。这 3 种作物占全球谷物收成的 85% 以上（在 2015 年略高于 25 亿吨），剩余的部分主要是粗粮（小米、高粱）以及大麦、燕麦和黑麦。

其他必不可少的主要作物还包括块茎（白薯和红薯、山药、木薯，它们几乎都是纯碳水化合物，几乎不含蛋白质）、豆类（现在以大豆为主，也包括各种其他豆类，如豌豆和小扁豆，都富含蛋白质）、油料种子（植物脂质的主要来源，如微小的油菜籽和葵花籽，不过现在植物脂质的主要来源是大豆和油棕）和两种最大的糖类来源——甘蔗和甜菜（但从玉米中提取的高果糖浆已经成为美国的主要甜味剂）。蔬菜和水果富含维生素和矿物质，主要为人们提供微量营养素；坚果则富含蛋白质和脂质。主要的非粮食作物包括天然纤维（棉花，远多于黄麻、亚麻、大麻和剑麻）和各种各样的饲料作物（大多数谷物也被喂给了动物；反刍动物则需要粗饲料，包括苜蓿以及各种干草和稻草）。

我们这个物种依赖驯化植物的时间只占这些植物整个演化周期的1/10（可以追溯到约 20 万年前的不同智人）。关于不同的驯化作物，有据可查的最早耕种时间如下：中东的二粒小麦（Triticum dicoccum）、一粒小麦

（Triticum monococcum）和大麦（Hordeum vulgare）出现在 10,000—11,500 年前，以底格里斯河和幼发拉底河上游地区最为著名（Zeder 2008）；在 10,000 年前，中国开始出现小米（Setaria italica），墨西哥开始出现南瓜（Cucurbita）；在 9,000 年前，中美洲开始出现玉米（Zea mays）；7,000 年前，中国出现水稻（Oryza sativa），安第斯山脉出现马铃薯（Solanum tuberosum）（Price and Bar-Yosef 2011）。

我们可以通过多种有启发性的方式追踪主要农作物的生长。随着新作物的出现和旧作物的失宠，再加上新的口味和喜好取代了旧的饮食习惯，各类作物的种植面积一直在扩大或缩小。在第一类中，最著名的例子是玉米、马铃薯、西红柿和辣椒的传播。在 1492 年之前，这些农作物在中美洲和南美洲以外并不为人所知，但它们最终成为全世界的最爱，在经济和饮食方面发挥了十分重要的作用。第二类中最常见的例子是豆类消费量的下降和加工谷物摄入量的增加。随着现代社会的日益富裕，豆类谷物（营养丰富但通常难以消化）的食用量有所下降（由更多的负担得起的肉类提供高质量的蛋白质），大米和面粉的摄入量（越来越频繁地以方便食品的形式出现，包括烘焙食品和面条）却达到了新高度。

有两个变量推动了农作物总收成的增长：由于人口的不断增长，我们需要更好的收成来满足直接的粮食消费；饮食习惯的转变导致了动物性食品（肉、蛋、奶）消费量的增加，动物性食品的生产则又需要饲料作物种植面积的进一步扩大。因此在富裕国家，种植农作物的主要目的不是直接食用（小麦粉、全谷类、土豆、蔬菜、水果）或生产糖和酒精饮料，而是用于饲养肉畜、产奶哺乳动物以及提供肉和蛋的禽类（美国现在约有 40% 的玉米用于生产乙醇燃料）。

不过，没有什么指标比平均产量的增长更能说明农作物的生长了。鉴于优质农田的数量有限，现代社会无法在不提高平均产量的情况下为大幅增加的人口提供足够的食物。反过来，通过改良品种的研发以及不断加大材料和能量投入（尤其是更广泛的灌溉、有机和无机化合物的大规模施用，还有如今不断增加的液体燃料和电力消耗），再加上田间作业机械化几乎已经完全实现，产量的增加成为可能。

作物的产量

由于受到光合作用效率的限制，所有作物的生产率都有其极限。将光能转换为新植物量中的化学能的极限效率约为27%，但由于只有43%的入射辐射能够激活光合作用（光谱的蓝色和红色部分），于是效率进一步降低到约12%。光线的反射及其穿过树叶的透射率造成了微小的差异，使总效率降低到约11%。这就意味着，在理想的情况下，当农作物的叶子与直射的阳光成90°角，那么农作物产生新植物量的效率为每天1.7吨每公顷，如果全年持续生长，则可以产生620吨每公顷的植物量。

然而，快速的光合作用转化过程也会伴随着固有的巨大损失。植物的酶不能跟上辐射的速度，加上叶绿素无法储存这种能量涌入，因此植物接收的辐射能量的一部分会被重新辐射出去，这会使得整体效率降低到8%—9%。自养呼吸（通常为净初级生产力的40%—50%）又会使植物可达到的最佳生长效率降低至5%左右——在最佳条件下记录到的短期净光合作用效率的最大值的确是这么多。但在整个生长季节，大多数农作物都不会有这么好的表现，因为它们的生长会受到各种环境因素的限制。

此外，不同物种的光合作用效率也存在着很大的差异。大多数植物的光合作用方式是在红光和蓝光的激发下进行的氧气与二氧化碳的多步骤交换，这最早是由梅尔文·卡尔文（Melvin Calvin）和安德鲁·本森（Andrew Benson）在20世纪50年代初发现的（Bassham and Calvin 1957; Calvin 1989）。由于这一过程产生的第一种稳定的碳化合物是含有三碳化合物的3-磷酸甘油酸，因此能够发生这一系列羧化、还原和再生反应的植物被称为 C_3 植物，它们包括大多数主食、豆类和马铃薯作物，以及所有常见的蔬菜和水果。它们的主要缺点是光呼吸作用，亦即它们白天的氧化作用会浪费一部分新产生的光合作用产物。

另一些植物则会通过首先产生四碳酸来避免这种损失（Hatch 1992）。它们被称为 C_4 植物。它们当中的大多数在结构上也不同于 C_3 物种，因为它们的维管束传导组织被充满叶绿体的大细胞束鞘包裹。玉米、甘蔗、高粱和小米是最重要的 C_4 作物。不幸的是，一些最坚韧的杂草——包括马唐（Digitaria sanguinalis）、西来稗（Echinochloa crus-galli）和反枝苋（Amaranthus retroflexus）——也是 C_4 物种，它们会和 C_3 作物展开竞争，这是人们不愿见到的。尽管 C_4 序列比卡尔文-本森循环需要更多的能量，但 C_4 物种不会进行光呼吸，这足以弥补需要更多能量的缺点。另外，在将太阳光转化为植物量方面，C_4 物种本来就拥有更强的整体转化能力。在最大日增长率方面，两者的差距约为 40%，但将日增长率的最大值进行积分，然后平均到整个生长季节，两者的差距则将高达 70% 以上。

另外，C_4 物种的光合作用没有任何光饱和点，而 C_3 植物将在 300 瓦每平方米的辐照度下达到其光合作用峰值。C_3 作物在 15—25 摄氏度的温度下表现最佳，C_4 作物的最佳光合作用温度则为 30—45 摄氏度，因此后者更能适应晴朗、炎热和干旱的气候。于是，在其他所有条件都相同的情况下，玉米和甘蔗的典型产量远高于小麦和甜菜（两种营养成分相似的常见 C_3 物种）的平均产量。在田间实际测得的峰值日增长率方面，玉米高于 50 克每平方米，小麦则低于 20 克每平方米。显然，若按照作物的整个生长期进行平均分配，得到的产量要比上述数值低得多：2015 年，收成非常好的玉米的产量为 10 吨每公顷（假设总生长期为 150 天），相当于日均生长量低于 10 克每平方米。

我们没有能够还原史前农作物产量的可靠的方法，只能通过各种孤立的近似方法来量化古代的收成，甚至重建中世纪农作物产量轨迹的方法也是模糊不清的。不过，这样的数据即使存在，也不会超出预期，因为间接的农艺学和人口证据都表明，那时的主粮产量很低、长期停滞且波动很大。英国小麦单产的历史（这是一个罕见的例子，在这方面我们拥有近 1,000 年的报告，包含预计值以及最终的实际测量数据，这些数据使我们能够还原其增长轨迹）表明，即使到了近代早期，我们的结论仍然充满了不确定性。

这些不确定性有两个主要原因。在传统上，欧洲的作物产量往往是一些相对值，即播种后的种子的回报，在收成不好的情况下，前一年的收成几乎不足以为次年的播种预留足够的种子。即使收成低于平均水平，人们也必须预留高达 30% 的种子，留待下次播种。只有到了近代早期，在产量较高的情况下，这一比例才逐渐下降，到 18 世纪中叶下降到了 10%以下。此外，中世纪原始的产量测量单位是容积（蒲式耳^①），而不是质量。由于前现代时期的种子比我们栽培的高产品种要小，因此将它们的产量从体积当量向质量当量转换，得到的结果不可能非常准确。即使一些最好的（通常是修道院的）记录也会留下许多空白，恶劣的天气、流行病和战争也会导致每年的单产出现相当大的波动，因此，我们连仅仅一两年的准确数据也无法得到。

对英国的小麦单产的早期研究假定，在 13 世纪，典型的小麦种子回报率在 3—4 之间，这意味着收成极低，大约刚刚超过 500 千克每公顷，有记载的最高产量也只不过刚刚接近 1 吨每公顷（Bennett 1935; Stanhill 1976; Clark 1991）。阿姆托尔根据庄园、教区和国家的大量记录，对产量做了汇编（Amthor 1998）。结果显示，13—15 世纪的作物产量大多在 280—570 千克每公顷之间（特殊情况下的最大值达到了 820—1,130 千克每公顷），在随后的两个世纪中，作物产量达到了 550—950 千克每公顷。中世纪那种较低的小麦产量永久翻一番大约用了 500 年，直到 1600 年以后才出现明显的增长。但不确定性在 18 世纪仍然存在：根据所使用的资料来源的不同，小麦的产量可能根本没有增长，也有可能到 1800 年时增长了两倍（Overton 1984）。

最近的评估又形成了一条不同的轨迹。坎贝尔通过对封建领主自留地（依附于庄园的土地）的收成进行评估得出结论：1300 年的小麦平均单产能达到 0.78 吨每公顷，并假设播种率接近 0.2 吨每公顷（Campbell 2000）。但在 14 世纪初，领主自留地仅占所有耕地的 25%，因此对于农民耕地的平均产量，我们只能提出假设，并为更高或更低产量的说法提供论据（还要提出一个折中的假设，即产量相等）。艾伦将他得出的 1300 年的平均值调整为 0.72 吨每公顷，将 1500 年的平均值提高了约 1/3，提至 0.94 吨每公顷（Allen 2005）。毫无疑问，到 1700 年，小麦的单产有了大幅提升，接近 1.3 吨每公顷。但根据布伦特的观点，17 世纪 90 年代英国的小

---

① 蒲式耳，英美制容量单位（计量干散颗粒用），1 蒲式耳等于 8 加仑，英制 1 蒲式耳等于 36.7 升，美制 1 蒲式耳等于 35.24 升。——编者注

麦产量因异常恶劣的天气而有所下降，而到了 19 世纪 50 年代后期，小麦产量又因为异常好的气候而有所上升（Brunt 2015）。这种组合导致这一时期的单产增长被高估了 50%。

　　经过 18 世纪的停滞，到了 1850 年，小麦的单产提高到了约 1.9 吨每公顷。人们通常将小麦与豆科植物定期轮作，并改良选种。产量的增长大多要归功于这些做法。根据艾伦的研究，得益于上述做法，英格兰小麦的平均单产在 1300—1850 年间增长了近两倍（Allen 2005）。在此之后，小麦的单产继续增长，乔利将其归功于轮作（包括豆科农作物）的普及（Chorley 1981）。比如在诺福克，人们一般在 4 年里交替耕种小麦、芜菁、大麦和苜蓿。这些做法使共生固氮率至少增长了两倍（Campbell and Overton 1993）。乔利总结道，这种被忽略的创新的重要性可以与同一时期的工业化相提并论（Chorley 1981）。

　　提高英国小麦单产的其他措施包括大量给土地排水、提高肥料利用率和种植更好的栽培品种。到 1850 年，许多郡县的收成达到了 2 吨每公顷（Stanhill 1976），到 1900 年，英国小麦的平均单产已经超过 2 吨每公顷。荷兰的小麦单产也出现了类似的增长。但到 1900 年，法国小麦的平均单产仍未超过 1.3 吨每公顷。然而，即使采纳艾伦重建的模型得出最乐观的结果（小麦单产在 1300—1850 年几乎增长了两倍），年平均线性增长率仍然只有 0.3%，而 19 世纪下半叶的年平均增长率仅仅略高于 0.2%（Allen 2005）。

　　英国小麦单产的长期变化轨迹是一种非常普遍的增长序列的第 1 个实例，本书接下来有关技术进步的几个章节将多次列举类似的轨迹。在数百年甚至数千年里，作物的产量并没有增长，也没有表露出将有任何微弱增长的迹象。然而在这一时期结束之后，终于出现了一段令人印象深刻的增长。这种增长在 18 世纪便已经零星出现，在 19 世纪和 20 世纪变得更加普遍。虽然其中的一些指数增长还在继续（尽管它们的速度大多已经开始下降），但近几十年来，这类增长中有许多已经接近明确的顶点，有些甚至进入了（暂时的或更持久的）下降期。

　　小麦单产的变化也代表着一种相对罕见的现象：在这方面，美国不仅没有引领全球的现代增长，反而曾是一个迟缓的追随者。这种情况的原因在于美国小麦耕种的广泛性：广阔的大平原地区的气候远比欧洲大西洋地区恶劣。由于经常性的降水短缺，人们无法大量施肥；低温则限制了冬小麦的种植，并拉低了平均产量。堪萨斯州（大平原小麦种植区的心脏地带）的记录显示，近一个世纪以来的小麦收成均陷入了停滞（而且波动很大）。1870 年、1900 年以及 1950 年的平均产量（按前 5 年的平均值计算）都是 1 吨每公顷（准确来说，分别是 1.04 吨每公顷、0.98 吨每公顷和 1.06 吨每公顷），直到 1970 年才上升到 2 吨每公顷以上（USDA 2016a）。在 19 世纪下半叶，全美国的小麦平均产量仅从 1866 年的 0.74 吨每公顷略微上升到 1900 年的 0.82 吨每公顷，到 1950 年仍然仅为 1.11 吨每公顷。

20 世纪上半叶，植物育种工作者希望引进拥有更强的疾病抵抗力的小麦新品种，其短而硬的茎秆可以减少成熟作物的倒伏以及由此造成的单产下降。传统谷物栽培品种的收成指数非常低，该指数以谷物的产量和包括不可食的秸秆（茎和叶）在内的地表总植物量之间的比率来表示，这个比率通常也被称为谷草比（grain-to-straw ratio）。对于小麦来说，这一指数低至 0.2—0.3（收成里的稻草是谷物的 3—5 倍），而对稻谷来说，这一指数不高于 0.36（Donald and Hamblin 1976; Smil 1999）。

矮秆小麦品种可能起源于 3 世纪或 4 世纪的朝鲜半岛，并在 16 世纪传播到日本。20 世纪初，日本矮秆品种赤小麦（Akakomugi）被带到意大利进行杂交。1917 年，另一个日本矮秆品种达摩（Daruma）与美国的小麦品种富尔茨（Fultz）杂交。1924 年，人们又将该品种与土耳其红小麦杂交。1935 年，稻冢权次郎（Gonjiro Inazuka）发布了这次杂交的最终选择结果，即仅有 55 厘米高的"农林 10 号"（Norin 10）（Reitz and Salmon 1968; Lumpkin 2015）。两个关键的基因产生了半矮秆植株，这种植株可以更好地吸收氮素，支撑较重的谷粒，且不会由于头重脚轻而倒伏。二战之后，一位美国育种者将农林 10 号的样品带到了美国，奥维尔·沃格尔（Orville Vogel）用该品种培育出了盖恩斯（Gaines），这是第一种适合商业生产的半矮秆冬小麦，于 1961 年发布（Vogel 1977）。沃格尔还向领导墨西哥抗倒伏增产育种计划的诺曼·博洛格（Norman Borlaug）提

供了农林 10 号，该计划自 1966 年以来一直以国际玉米小麦改良中心
（CIMMYT）的方式运作。

CIMMYT 于 1962 年发布了首批两种高产的半矮秆商业化农林 10 号衍
生品种（Pitic 62 和 Penjamo）（Lumpkin 2015）。这些栽培品种及后继品种
突然带来了产量的增长，掀起了一场"绿色革命"，诺曼·博洛格因此获得
了诺贝尔奖（Borlaug 1970）。这些品种的收获指数（harvest indice）约
为 0.5，收获的可食用谷物的量与不可食用的秸秆一样多，它们在全球的
推广改变了产量预期。贝里等人通过使用 1977—2013 年国家品种测试实
验的数据，分析了英国冬小麦的高度，仔细研究了这些品种的推广对矮秆
小麦的长期影响（Berry et al. 2015）。结果显示，秸秆的总体平均高度降
低了 22 厘米（从 110 厘米降低到 88 厘米）；由于新品种的推广，小麦年
产量有所增长，1948—1981 年的年产量增幅为 61 千克每公顷，1982—
2007 年的年产量增幅为 74 千克每公顷。1970—2007 年，遗传改良贡献
的总产量约为 3 吨每公顷。

直到 20 世纪 60 年代，小麦一直是世界上最主要的粮食作物，但亚
洲人口的增长和人们对肉类的高需求使水稻和玉米的需求超过了小麦的需
求。玉米已成为最重要的谷物（全球年产量略高于 10 亿吨），其次是水
稻，紧随其后的是小麦。中国、印度、美国、俄罗斯和法国是世界上最
大的小麦生产国，加拿大、美国、澳大利亚、法国和俄罗斯则是主要的
小麦出口国。小麦的全球产量（在半干旱环境中，缺乏足够的灌溉和施
肥会使作物歉收）从 1965 年的 1.2 吨每公顷增加到 1980 年的 1.85 吨每
公顷，在短短 15 年中增长了近 55%，在接下来的 15 年中又增长了 35%。
在生产率最高的欧洲农业中，这种变化同样令人印象深刻。在 20 世纪 60
年代初，小麦产量已经达到 3—4 吨每公顷，这标志着传统的改良品种的
产量已经接近在最佳环境条件下施以大量肥料的种植极限。更进一步，西
欧的小麦单产从 20 世纪 60 年代初的 3 吨每公顷增长到 90 年代初的 6.5
吨每公顷，增长了 1 倍以上（FAO 2018）。

20 世纪 60 年代小麦产量开始上升之后的发展趋势基本仍然保持线性
增长，但平均增长率比前几十年那种微不足道的增长率要高得多（在某

些地方甚至高出了一个数量级）。全球小麦的平均单产从 1.17 吨每公顷（1961—1965 年的平均水平）上升到了 3.15 吨每公顷（2010—2014 年的平均水平），年平均增长率为 3.2%，即每年每公顷增加约 40 千克（FAO 2018）。在同一时期，英国每年的小麦收成增长率为 1.7%，法国为 3.2%，印度达到了 5%，中国达到了 7%。其他主要小麦生产国的产量轨迹显示，在 1960 年之前的数十年里，生产率长期停留在较低水平，紧接着是半个多世纪的线性增长，范围包括墨西哥（显示出相当大的进步）、俄罗斯和西班牙（Calderini and Slafer 1998）。

我们拥有从 1866 年以来美国全国范围内的小麦年平均单产数据（USDA 2017a），对其轨迹进行逻辑斯蒂拟合，结果显示产量的增长从 20 世纪 80 年代开始明显趋于停滞，预计到 2050 年，产量也不会高于 21 世纪第 2 个 10 年初期的创纪录水平（图 2.9）。这次的停滞会持续下去吗？现代栽培品种的引进使全美的小麦平均产量从 1960 年的 1.76 吨每公顷提高到 2015 年的 2.93 吨每公顷，年增长率为 1.2%。我们仔细观察就会发

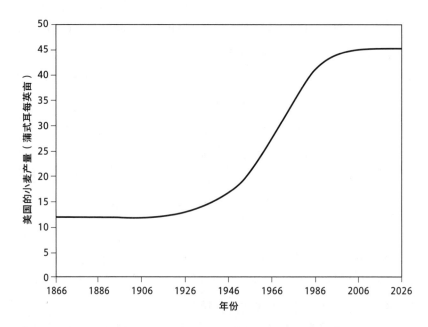

图 2.9 1866—2015 年美国小麦平均产量的逻辑斯蒂增长（拐点出现在 1970 年，渐近值为 46.5 蒲式耳每英亩）。数据来自美国农业部（USDA 2017a）

现，与长期趋势之间的年度偏差仍然存在，冬小麦高于或低于平均水平的单产波动幅度都超过了 10%，而加拿大西部春小麦的单产波动幅度更大（最多达到了 40%）（Graf 2013）。

另外，不同地区的小麦产量也存在着明显的差异。东部各州（多雨）的收成增长快于中部各州（较干旱），西部的单产则从略高于 2 吨每公顷增长到 20 世纪 90 年代初的近 4.5 吨每公顷（年平均增长率接近 4%），这种线性增长趋势从 1993 年开始达到一个明显的平台期。不幸的是，美国西部并不是唯一一个小麦产量达到瓶颈的地区。林和许伯斯的统计测试证实，不只欧盟高产国家［意大利（自 1995 年起）、法国（自 1996 年起）、英国（自 1997 年起）］的小麦平均单产趋于稳定，就连在土耳其（2000 年以来）、印度（2001 年以来）、埃及（2004 年以来）、巴基斯坦（2007 年以来），以及最值得注意的中国（2009 年以来），小麦的产量也都达到了一个稳定的高水平（Lin and Huybers 2012）。总体而言，在他们测试的 47 个区域中，有将近一半已经从线性增长阶段过渡到了平台期。这些拥有高水平单产的大多是富裕国家，它们都拥有大量的粮食盈余。因此，这些国家的农业政策并不鼓励进一步提高产量。

布里森纳等人仔细研究了法国小麦单产增长放缓和陷入停滞的现象，主要在 1996—1998 年以来，这一现象在法国大部分地区尤为明显（Brissona et al. 2010）。他们得出的结论是，这一现象并不是遗传原因导致的，而是由于气候变化（主要是谷物灌浆期的热胁迫和茎秆伸长期的干旱）部分地抵消了持续的育种改进。经济上的考虑导致的农艺上的改变（豆科作物在谷物轮作中所占比重的下降、菜籽种植的扩大、氮肥施用量的减少）也为 2000 年以来的新趋势做出了贡献。无论如何，小麦单产的长期停滞并不会对国内供应造成影响，对出口的影响也不大。但在有些小麦产量停滞不前的国家，如中国（人口近乎稳定，但肉类需求不断增加）、印度和巴基斯坦（人口仍在不断扩大），这种情况则令人担忧。

在中国，单产陷入停滞的农作物不只小麦。1980—2005 年，占总种植面积 58% 的地区的小麦单产有所增加，但仍有大约 16% 的地区的小麦单产陷入停滞；对水稻和玉米来说，占总种植面积 50% 和 54% 的地区出现了增长停滞（Li et al. 2016）。作物产量特别容易陷入停滞的地区包括种植低地水稻的地区、高海拔的亚热带小麦种植区以及在温带混合系统中种植玉米的地区。这些地区的作物单产停滞程度之严重，足以引发人们对国家能否实现主粮长期自给自足的质疑：与日本或韩国不同，中国太大了，无法完全通过进口保障自身的粮食安全。

　　然而，并非所有主要的小麦种植国都表现出了小麦单产先保持平稳后开始上升（或者先上升后平稳）的迹象。澳大利亚的经历也许是最特殊的（Angus 2011）。由于土壤中的养分消耗殆尽，澳大利亚的小麦单产从1860年的约1吨每公顷下降到1900年的不足0.5吨每公顷。尽管由于施用过磷酸钙、种植新品种和休耕，产量有所恢复，但直到20世纪40年代初，澳大利亚的小麦产量仍然低于1吨每公顷。1950年之后，人们将小麦与豆科植物轮作，终于使小麦单产提高到1吨每公顷以上，而1980年之后种植半矮秆品种带来的单产快速增长时期相对较短，因为千禧年的干旱又造成了单产的巨大波动，压低了产量。

　　若以未经碾磨的谷物来衡量，那么全球范围内的水稻的产量要高于小麦的产量；而如果经过碾磨，那么水稻的产量就要低于小麦的产量（小麦的提取率约为85%，而水稻的提取率仅为67%，大量的碾磨残留物被做成饲料、特殊食品以及各种工业产品）。在所有以稻米为传统主食的富裕国家和地区（日本、韩国以及中国台湾）以及最近的中国大陆，稻米的人均消费量也在下降。为了满足东南亚和非洲的需求，全球的水稻总产量仍在增长。水稻产量的长期走势与小麦生产率的变化非常相似：先是经历了数个世纪的停滞或微弱增长，之后由于引入了矮秆高产品种，从1960年开始出现惊人的增长。

　　日本有着关于水稻产量的最佳长期历史记录（Miyamoto 2004; Bassino 2006）。在江户幕府（1603—1867年）初期，日本的水稻平均产量已经超过1吨每公顷，到19世纪末已升至约2.25吨每公顷（这里统计的是经过碾磨的米的产量。如果是未经碾磨的米，则还要高出25%）。因此，从1600年开始的300年里，日本水稻单产的长期线性增长率不足0.4%，与欧洲当代的小麦收成增长水平相似。但日本的水稻收成（非常类似于英国的小麦单产）却是一个例外：即使在 20 世纪 50 年代，印度、印度尼西亚和中国的典型水稻单产也分别不高于 1.5 吨每公顷、1.7 吨每公顷和 2 吨每公顷（FAO 2018）。

联合国粮农组织于 1949 年开始在印度培育矮秆水稻品种 —— 将矮秆的粳稻（japonica）品种与高秆的籼稻（indica）杂交，但主要工作是在位于菲律宾洛斯巴尼奥斯、成立于 1960 年的国际水稻研究所（IRRI）进行的（与高产小麦的育种同时进行）。该研究所推出的首个高产半矮水稻品种是 IR8，1966 年这一品种的田间试验平均产量为 9.4 吨每公顷，而与其他测试品种不同的是，随着氮肥施用量的增加，IR8 的产量实际上有所上升（IRRI 1982; Hargrove and Coffman 2006）。不过，IR8 也有不理想的特性：它的粉状颗粒在碾磨过程中具有很高的破损率，而且它的直链淀粉含量高，因此在冷却后更容易变硬。

然而，该品种开启了亚洲水稻的绿色革命。随后又出现了更好的半矮秆品种，它们对主要病虫害的抵抗力也更强。1976 年的 IR36 是第 1 个快速成熟的品种（成熟仅需 105 天，而 IR8 需要 130 天），可结出细长的谷粒。随后，由古尔德夫·辛格·库什（Gurdev Singh Khush）领导的研究小组在国际水稻研究所也开发了其他品种（IRRI 1982）。这些新品种的种植实践从东南亚迅速传播到整个亚洲大陆，还传播到了拉丁美洲和非洲（Dalrymple 1986）。生产率的提升结果令人震惊：1965—2015 年，中国的水稻平均单产提高了 2.3 倍，达到了 6.8 吨每公顷（图 2.10）；印度和印度尼西亚的水稻产量增加了 2.8 倍（分别达到 3.6 吨每公顷和 5.1 吨每公顷），这意味着线性年增长率为 2.7%—3.7%；全球范围的平均产量则从 2 吨每公顷提高到了 4.6 吨每公顷（年增长率为 2.6%）。

玉米在富裕国家是主要的饲料谷物，在拉丁美洲和非洲则是重要的主食，也是第一种通过杂交技术提高产量的农作物。1908 年，乔治·哈里森·沙尔（George Harrison Shull）是首个提出活力和产量下降的自交系玉米通过两个自交（纯合）系之间的杂交而完全恢复活力和产量的育种者（Crow 1998）。经过多年的试验，美国的育种者们开发出了杂交品种，这些杂交品种始终具有较高的产量，并于 20 世纪 20 年代后期开始商业化推

图 2.10 中国广西壮族自治区的龙胜梯田。由于密集施肥，这些稻田虽然都是小块，却也有很高的产量。图片来自维基媒体

广。随后，杂交玉米在美国异常迅速地传播开来，种植面积从 1935 年的不到 10% 猛增到 4 年后的 90% 以上（Hoegemeyer 2014）。新的杂交品种长出的植株还更加均匀（更适合用机械收割），并被证明具有更强的耐旱性。在 20 世纪 30 年代异常干旱的美国大平原地区，这是一个比最佳条件下的更高的产量更重要的考虑因素。

在 1930 年以前，传统的开放授粉玉米品种的产量大多保持在 1.3—1.8 吨每公顷之间：1866 年（有记录的第一年），美国的玉米平均产量为 1.5 吨每公顷，1900 年为 1.8 吨每公顷，1930 年仅为 1.3 吨每公顷，尽管人们对每年由天气引起的波动已有预期，但产量轨迹基本保持不变（USDA 2017a）。1930—1960 年，由于引入了新的商业化双杂交种，玉米的平均产量从 1.3 吨每公顷提高到约 3.4 吨每公顷，相当于平均每年增产 70 千克每公顷，平均每年线性增长 5.4%。随后种植单交种（到 1970 年成为主导品种）带来了更高的增长率，每年增长约 130 千克每公顷，于是，玉米的单产从 1965 年的 3.4 吨每公顷增至 2000 年的 8.6 吨每公顷，这意味着平均每年线性增长 3.8%（Crow 1998；图 2.11）。

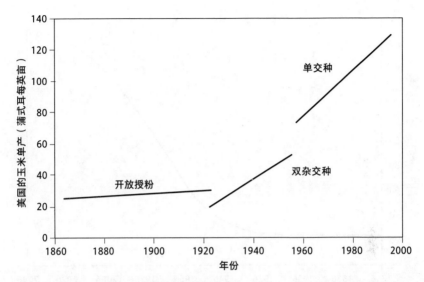

图 2.11 1866—1997 年，美国玉米平均单产在不同时期的停滞和增长情况。图表根据克罗的数据（Crow 1998）绘制而成

这种增长到 21 世纪初还在继续，并在 2015 年创下了 10.6 吨每公顷的新纪录，15 年里的平均线性增长率约为 1.6%。但是，将这种可观的产量增长（几乎跨越了一个数量级，从 1930 年的 1.3 吨每公顷增长到 2015 年的 10.6 吨每公顷）仅仅归功于种植杂交品种，是一种错误的看法。如果没有大幅提高氮肥的使用量（从而使种植密度大大增加）、广泛使用除草剂和杀虫剂，以及将种植和收割工作完全转向机械化（从而最大限度地减少田间作业所需的时间，并减少谷物损失），高产就是不可能的（Crow 1998）。美国玉米平均单产的完整发展轨迹（1866—2015 年）几乎完全符合逻辑斯蒂曲线，该曲线将于 2050 年前后稳定在 12 吨每公顷（图 2.12）。鉴于艾奥瓦州（玉米生长条件最好的州）2016 年创纪录的产量为 12.7 吨每公顷，因此 12 吨每公顷的单产是一项具有挑战性的成绩，但绝非完全不可能。

杂交种拥有更强的抗逆性，这就使得种植密度的提高成为可能，但如果不增加必要的肥料用量，就无法实现更高的单产。在过去的 30 年中，北美玉米的平均播种率呈线性增长，平均每年每公顷增加约 750 粒。2015 年，平均每公顷的播种数量约为 78,000 粒，这一年美国和加拿大近

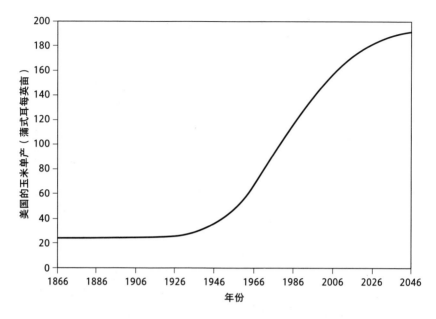

图 2.12 1866—2015 年，美国玉米平均单产的逻辑斯蒂增长轨迹（拐点位于 1988 年，渐近值为 194.1 蒲式耳每英亩）。图表根据美国农业部的数据（USDA 2017a）绘制而成

10% 的玉米地平均每公顷的播种数量超过了 89,000 粒（Pioneer 2017）。1960—2015 年，美国玉米生产中的氮肥施用量增加了近 3 倍，磷酸盐的施用量增加了 1 倍，钾肥的施用量也增加了 1 倍以上。

美国的玉米单产仍然非常高，并且在这么高的基数上依然在保持增长，相比于全球的平均水平就显得更为惊人。在开始广泛种植杂交种 60 年后，美国农民成为第一批种植转基因玉米的生产者。1996 年，孟山都公司（Monsanto）将第 1 个转基因品种"抗草甘膦玉米"（Roundup Ready Corn）商业化：它结合了苏云金芽孢杆菌（Bacillus thuringiensis）的基因，这些基因使得玉米植株耐受高水平的除草剂（最初是草甘膦，一种广谱除草剂）（Gewin 2003）。苏云金芽孢杆菌能将毒素转移，用于抵抗病虫害。相比于不具备昆虫和除草剂耐受性的品种，转基因品种可以避免不少损失，从而提高产量。实际增长量则取决于引入转基因植物之前防治昆虫和杂草的效果。

转基因玉米很快征服了美国的玉米产业：1996 年，新品种从零开始；2000 年，新品种的播种面积增加到了 25%；到 2016 年，在美国种植的玉米中，占总面积 89% 的玉米具备了除草剂耐受性，79% 具备抗害虫性，76% 是堆叠了这两种特性的变种（USDA 2016b）。转基因大豆、油菜籽（和棉花）紧随其后，但转基因作物的推广遭到了许多消费者和监管机构的抵制（尤其是在欧盟）。因此，目前转基因小麦或水稻仍然没有被大规模种植。但反对者的声音并不基于坚实的科学基础。克吕佩尔和凯姆研究了影响转基因作物产量的所有主要因素，他们的元分析结果提供了有力的证据，证明了富裕和低收入国家的生产者都能受益于转基因作物（Klümper and Qaim 2014）。平均而言，转基因作物的使用使农药使用量下降了 37%，还使农作物的单产提高了 22%，利润提高了 68%。转基因作物带来的抗虫性的加强幅度比拥有除草剂耐受性的农作物的增产幅度更大，尤其在低收入国家，它们带来的增产要更高。

不过，有一种令人担忧的趋势。洛贝尔等人分析了玉米产量最高的玉米带（Corn Belt）各州（艾奥瓦州、伊利诺伊州和印第安纳州）的玉米产量，发现在 1995—2012 年，农艺的变化提高了植物对干旱的耐受性，但玉米的产量对饱和水汽压差（vapor pressure deficit，简称 VPD）仍然敏感，但以前那些对产量和气候变化的分析并未考虑到该变量（Lobell et al. 2014）。由于饱和水汽压差预计将从 2014 年的 2.2 千帕上升到 2050 年的 2.65 千帕，整个研究区域内不变的年降雨量（940 毫米）将使平均单产降低约 10%，进而使产量更容易受到中等干旱的影响（Ort and Long 2014）。

不过，无论是矮秆品种还是转基因植物，都没有改变作物产量增长轨迹的基本特征：自 20 世纪 60 年代的"绿色革命"以来，线性增长一直是全球范围内的主粮谷物平均单产增长的主要长期趋势。虽然作物的单产可能在相对较短的时间段（10—20 年）内出现指数增长，但长期指数增长是不可能的，因为它最终一定会达到由生物物理极限决定的单产潜力上限：这就是根据过去的经验，我们在假设作物未来的单产时一定不能使用指数增长率的原因（Grassini et al. 2013）。若想实现这样的增长，我们将需要与现行作物育种和最佳农艺截然不同的方法。尽管我们不能完全排除在从头（de novo）设计合成农作物方面取得惊人进展的可能，但这种设计仍然仅仅存在于科幻的范围之内，在未来几十年内还不能被视为可以养活全世界的可靠方法。

此外，我们必须重申一点：目前各种作物的单产增长趋势已经开始偏离数十年的线性增长。它们包括年增长率的下降（有一些相当突然，另一些则相对缓慢）和产量达到明显的平台期。格拉西尼等人的研究表明，自 20 世纪 60 年代的绿色革命以来，第一种模式（线性分段增长，且增长率有所下降）适用于印度尼西亚的水稻和中国的玉米等农作物，而第二种模式（线性增长，之后发展到平台期）更为常见，对于中国、韩国和美国加利福尼亚州的水稻，欧洲西北部和印度的小麦，以及意大利的玉米，这种模式都是显而易见的（Grassini et al. 2013）。尽管在全世界范围内，这些增长放缓和到达平台期的现象并没有影响到所有的主要农作物，但其中一些变化是令人担忧的，因为在主要作物种植区，它们已经影响到一些关键作物。

展望未来，更温暖的世界和二氧化碳水平更高的大气将给未来的作物生产率造成复杂的影响。净产出将不仅取决于对物种和环境的响应，也不仅取决于对更高的平均温度的回应，还将取决于植物生长发育关键阶段的季节和温度（以及水的获取）的变化。即使对于最没有争议的预期之一［因为促进了气孔的关闭和能够节约水分，C_3 植物应该比 C_4 植物更能受益于大气二氧化碳浓度的增加（Bazzaz and Sombroek 1996; Körner et al. 2007）］，作物净产出也将在很大程度上受到营养供应和更高的温度的影响。

所谓的二氧化碳施肥效应［人们已经对这一效应的程度有了一些（不准确的）了解］被认为已经使土地光合作用的总初级生产力提高了 20%—60%。文策尔等人对这个不确定的量（通过观察二氧化碳季节性周期变化的年振幅）做了限制：在二氧化碳浓度加倍时，对于高纬度生态系统，这个量等于 37%±9%，对于温带生态系统，这个量等于 32%（Wenzel et al. 2016）。但是，这些发现并不能推导到特定的作物上，净收益可能要低得多，有些作物还可能大幅减产。最值得注意的是，基于 30 个不同的小麦作物模型进行的评估得出的结论是，在大多数小麦种植区，气候变暖已经开始使小麦单产增长放缓，随着温度的升高，小麦单产下降的幅度可能会大于先前的预期（温度每升高 1 摄氏度，小麦单产下降 6%），而且结果是高度可变的（Asseng et al. 2014）。

此外，即使轨迹保持不变或出现明显的新趋势，未来也可能出现更大的产量变化，不可预测性也可能不断增加。对 20 世纪最后 20 年主要农作物产量的变异性变化的分析表明，全球 33% 的玉米、21% 的小麦和 19% 的水稻（按照收获面积计）都出现了减产；同时，11% 的玉米、22% 的小麦和 16% 的水稻也明显出现了变异性的增产（Iizumi and Ramankutty 2016）。变异性较大的主要农业地区包括种植水稻的印度尼西亚和中国南方地区以及种植小麦的澳大利亚、法国和乌克兰。

在研究特定地点的特定农作物的单产潜力并量化其产量差距时，对作物未来收成的预计要更为准确。单产潜力指的是某种作物受到植物遗传构成、植物接受的日照辐射、生长期的温度和大气中的二氧化碳浓度的限制时的收成，而不是受到养分和水分短缺或病虫害和杂草的限制时的收成。产量差距是产量潜力（得到充分灌溉的作物、部分灌溉的作物和雨养作物的数值不同）与实际产量之间的差值。在旨在最大程度提高生产率的竞赛中，创纪录的单产实现了 70%—85% 的潜力，因此 85% 的单产潜力与实际产量之间的差距是一片可挖掘的产量增长空间（FAO 2015c）。在所有营养供应仍然略有不足或完全不足的地区，对于作物长期单产的增长前景和随之而来的粮食安全来说，这一数值也许最能说明问题。

确定单产潜力的最佳方法是使用各种以适当的自然参数为基础的作物生长模型。《全球产量差距和水产图册》（*Global Yield Gap and Water Productivity Atlas*）使用这些术语来表达"根据当前的气候以及可用的土壤和水资源，对现有田地尚未开发的农作物生产潜力进行可靠的估算"（GYGA 2017）。2017 年，该图册分别涵盖了全球水稻产量的 60%、玉米产量的 58% 和小麦产量的 35%，它确定了单产增长潜力最大的地区，使我们可以对粮食充足自给的可能性或未来进口的比例做出评估。

在不同国家，全国范围内的平均绝对产量差距（单位全部都是吨每公顷）如下：在美国，雨养和灌溉玉米的数值为 2—3，灌溉水稻的数值为 3—4（缺乏小麦的数据）；在印度，雨养小麦的数值为 1.6—2.4，灌溉小麦的数值为 3.2—4；在中国，灌溉水稻的数值是 2—3。正如预期的那样，撒哈拉以南非洲的绝对产量差距更大，那里的养分供应不足和不佳的农艺传统使实际产量大大低于产量潜力。例如，在埃塞俄比亚，受到供水限制的玉米单产为 12—13 吨每公顷，在尼日利亚，这个数字是 10—11吨每公顷，然而这两个地方的实际收成分别仅为 2—3 吨每公顷和 1—2 吨每公顷，这就造成了 9—11 吨每公顷的巨大产量差距。这就意味着，只需在农艺方面稍加改进，撒哈拉以南非洲的作物单产就有望在未来几十年中以最快的速度增长。对产量差距进行大规模量化和制图，对于评估作物产量未来的增长幅度非常有用。

相反，在最佳生长条件下的小块土地上取得的产量世界纪录不应该被视为这个国家或地区的单产潜在增长的指标，它们只应该作为这些性能中的某些可达成光合作用最大值的证明。值得注意的是，美国的玉米单产纪录从 1985 年的 23.5 吨每公顷增长到 2015 年的 33.3 吨每公顷，这意味着其年平均增量（327 千克每公顷）是全国平均水平的 3 倍（1985 年和2015 年的全国平均产量分别为 7.4 吨每公顷和 10.6 吨每公顷，也就是说，这 30 年里的年平均增量为 107 千克每公顷）。在弗吉尼亚州的一位农民创下 33 吨每公顷的玉米产量纪录的 30 年前，托勒纳尔计算得出，当时已有的品种的最大理论产量应该在 32 吨每公顷左右（Tollenaar 1985）。但是，随着植物的能量转换和光合作用产物的分配可能发生合理的变化，未来的理论水平可能提高到 83 吨每公顷以上。

2015 年，冬小麦和水稻产量的新世界纪录诞生了。英格兰东部林肯郡收获的小麦单产达到了 16.52 吨每公顷，接近全国平均水平（8.8 吨每公顷）的 2 倍，是全球平均水平（3.3 吨每公顷）的 5 倍（AHDB 2015；FAO 2018）。印度比哈尔邦那烂陀地区的一位农民创下了 22.4 吨每公顷的水稻产量纪录，几乎是全球平均水平（4.6 吨每公顷）的 5 倍，是印度平均水平（3.5 吨每公顷）的 6 倍多。相比之下，美国南部的一个州和加利福尼亚州种植的温带高产直播水稻的产量潜力［目前的单产在 8.3 吨每公顷（长粒）和 9.1 吨每公顷（中粒）之间］估计为 14.5 吨每公顷，实际的最高单产将在计算值的 85% 以内（Espe et al. 2016）。

除主粮外，其他主要农作物的现有最佳长期记录显示，它们的产量也遵循相同的一般模式，即前现代时期的单产长期停滞不前，而在之后的数十年里，由于更好的栽培品种的使用、充足的施肥、农药和除草剂的使用、机械化收割实践以及（许多情况下的）补充灌溉，它们的单产迎来了线性增长。2015 年，按种植面积计算，大豆是美国最主要的农作物（而在一般情况下，它们的种植面积仅次于玉米），但美国人直到 20 世纪 30 年代才开始种植大豆。美国大豆的产量从 1930 年的 875 千克每公顷增长到 1950 年的 1.46 吨每公顷、2000 年的 2.56 吨每公顷和 2015 年的 3.2 吨每公顷（USDA 2017a），平均每年的线性增长量约为 27 千克每公顷。

对未来的全球粮食供应的评估主要集中于主粮的情况，通常很少关注水果和蔬菜。这些作物的收成的增长也得益于更好的栽培品种、更好的农艺实践以及更强的保护力度（使作物免受病虫害的摧残）。从 20 世纪 60 年代初到 21 世纪头 10 年初的 50 年里，美国的水果单产呈线性增长，平均每年增长约 150 千克每公顷（但苹果的表现要好得多，它们的单产平均每年增长 500 千克每公顷，如今已经达到 40 吨每公顷）。而在同一时期，所有蔬菜（不包括瓜类）的单产平均每年增长近 400 千克每公顷（FAO 2018）。

不过，低收入国家的水果和蔬菜单产增长的幅度却要小得多，水果单产每年的增长不到 100 千克每公顷。这种落后会造成很大影响，因为水果和蔬菜摄入量偏低是诱发慢性病的主要危险因素。西格尔等人的研究表明，在大多数国家，水果和蔬菜的供应量都低于建议水平（Siegel et al. 2014）。2009 年，全球的缺口达到了建议水平的 22%，低收入国家的供需比中位数仅为 0.42，而在富裕国家，这一数值为 1.02。只有在提高单产的同时减少食物浪费，我们才能消除这种不足。但是，能够提高果蔬单产的那些种植模式通常是高度资源密集型的，因为其中的许多作物需要投入大量氮肥、补充灌溉。

动　物

　　一直以来，动物的生长使许多科学观察者着迷不已。在现代，理论生物学研究和仔细的田野观察以及遗传学、生物化学、生态学和畜牧学等专业学科都为我们理解动物的生长做出了贡献。汤普森（Thompson 1942）和布罗迪（Brody 1945）的长篇研究著作仍是经典。在他们之后，还有许多关于动物生长的著作（McMahon and Bonner 1983; Gerrard and Grant 2007）和有关农场动物的生长及其饲养方式的著作（Campion et al. 1989; Scanes 2003; Hossner 2005; Lawrence et al. 2013）。

　　动物的生长始于有性繁殖，而冈珀茨函数很好地描述了鸟类和哺乳动物的胚胎生长（对这方面的研究要少于对动物出生后的发育的研究）（Ricklefs 2010）。正如预期的那样，胚胎的生长率会随着新生儿体形的增长而降低，增长过程遵循指数为 -1/4 的幂律。体重为 100 克的幼崽（典型的小猫）的生长速度要比体重为 10 千克的幼崽（马鹿是一个很好的例子）快了近 1 个数量级。出生后的生长速度与胚胎时期的生长速度几乎成线性比例，但平均而言，鸟类的生长速度比哺乳动物快了近 5 倍。

生长的驱动力

　　动物生长的极限是由能量和机械需求共同决定的。动物维持生命的极限温度范围要比单细胞生物小得多（Clarke 2014）。极少数生活在深海热液喷口附近的海洋无脊椎动物可以在 60—80 摄氏度的温度下生存，但很少有陆地无脊椎动物可以在高达 60 摄氏度的环境中存活。即使是温度适应最具弹性的外温脊椎动物（依靠外部能量输入来调节体温的冷血动物），也只能应付 46 摄氏度以内的温度，它们的细胞工作温度范围在 30—45 摄氏度之间。

　　外温动物（ectotherm）也可能是很微小的（小于 50 微米），它们的体重甚至可以像成千上万种昆虫一样小于 1 毫克。即使是甲虫（鞘翅目）和蝴蝶（鳞翅目），体重也很少超过 0.2 克（Dillon and Frazier 2013）。相比之下，内温动物（endotherm，即可以维持恒定体温的温血动物）的最小体重取决于体表面积与身体体积的比率。显然，一旦任何尺寸（高度、长度）有所增加，体表面积都会随着前者增量的二次方而增加，体积则会随着前者增量的三次方而增加。鼩鼱（shrew，一种内温动物）的大小相当于一只小昆虫，因此它们的体表面积相对于体积来说就太大了，这就导致它们的辐射热损失（尤其是在凉爽的夜晚）非常高，以至于它们必须不断进食，这又导致它们需要花费更多的能量去不断寻找食物。这就是没有比伊特鲁里亚鼩鼱（Suncus etruscus）更小的哺乳动物的原因，这种鼩鼱的平均体重为 1.8 克（1.5—2.5 克），身体长度只有 3.5 厘米（不含尾巴）。

同样的要求也限制了鸟类的最小尺寸：没有比吸蜜蜂鸟［Mellisuga helenae，古巴特有的物种，如今已经濒临灭绝（IUCN 2017b）］更小的鸟类了，它们的平均体重为 1.8 克（1.6—2.0 克），身体长度为 5—6 厘米。而在另一个极端，内温动物的生长会降低其表面积与体积的比率（这最终会导致身体过热），而且大型动物也会遇到机械限制。它们的体积和体重将随着其线性尺寸增长的三次方而增长，而支撑这种不断增长的质量所需的足部区域的面积仅仅会随着线性尺寸增长的二次方而增长，这就意味着体形的增长会给腿骨带来非同寻常的负担。

有些机械性难题可以通过更好的设计而得到部分解决，但这些方法仍然只在一定的范围内可行。例如，有些恐龙的脖子很长，吃树梢上的叶子对它们来说轻而易举，于是它们四处走动的需求就有所下降；空心的椎骨（重量只有实心骨骼的 1/3）使它们可以支撑非常长的脖子和尾巴（Heeren 2011）。最大的蜥脚类恐龙还拥有额外的骶椎，能连接骨盆和脊椎并锁紧前肢中的骨头，以增强其稳定性。由于它们完整的或近乎完整的骨骼保存了下来，再加上我们也有确定的方法可以计算骨骼的重量与体重之间的关系，因此计算已知最大的恐龙的体重似乎并不是件难事。

尤其是在鸟类与恐龙之间存在清晰的进化联系的情况下，对属于 79 个物种的 487 具现存的鸟类骨骼的质量和总体重的测量已经证实，这两个变量是能够互相推断的准确指标（Martin-Silverstone et al. 2015）。不过，即便在同一物种内，这两个变量的变异性仍然很大，而且系统发育是其中的关键控制变量，因此用这两个变量之间的关系来估算已经灭绝的非鸟恐龙的体重可能并不合适。米沃尔德回溯了还原恐龙体重的概念和方法的不确定性，他检查了各种已发表的对恐龙生长速率的估值，并通过得到改良的统计技术对其做了重新分析（Myhrvold 2013）。

校正后的分布既有相对较小的差异［阿尔伯托龙（Albertosaurus）的体重最高增长率为每年 155 千克，而此前公布的数值为每年 122 千克］，也有非常大的差异［暴龙（Tyrannosaurus）的体重最高增长率为每年 365 千克，而此前公布的数值是它的 2 倍多］，跨越了很大的范围。至于总体重，根据保存下来的股骨（使用肱骨和股骨周长之间的回归关系）估计，已知的最大的恐龙 —— 中生代的阿根廷龙（Argentinosaurus huinculensis）的体重估计约为 90 吨，置信度达到 95% 的预测区间值是 67.4—124 吨（Benson et al. 2014）。对于这种恐龙的体重，还有几种可能的估值，分别为 73 吨、83 吨、90 吨和 100 吨（Burness et al. 2001; Sellers et al. 2013; Vermeij 2016）。

相比之下，雄性非洲象只能长到 6 吨。然而，对于已灭绝动物的所有超大的质量估计都仍然值得怀疑。贝茨等人发现，使用标度方程估算新发现的无畏龙（Dreadnoughtus）的体重，得到的数值（59.3 吨）令人难以置信，因为一旦动物的体重超过 40 吨，它就需要较高的身体密度，也需要较高的骨骼外围软组织体积膨胀程度，这两者都比已知的还存活着的四足哺乳动物的相应指标都大了好几倍（Bates et al. 2015）。另一方面，对霸王龙（Tyrannosaurus rex）体重（6—8 吨，保存下来的最大的霸王龙的体重达到了 9.5 吨）的还原建立在多具保存完好的完整骨骼标本的基础之上，因此误差范围相对较小（Hutchinson et al. 2011）。

此外，几十年来关于恐龙热调节方式的争议也一直没能得到解决。本顿提出，认为恐龙是外温动物显然会将其置于劣势地位，而且这种看法是不必要的，但只要体形足够大，外温性的恐龙就可以自然而然地变成内温动物（Benton 1979）。格雷迪等人则相信恐龙是中温性的，它们的代谢率介于内温动物和外温动物之间（Grady et al. 2014），但他们的分析遭到了米沃尔德的质疑（Myhrvold 2015）。最好的结论也许是，"人们经常问到的有关恐龙是内温动物还是外温动物的问题是不恰当的，更具建设性的问题应该是询问哪些恐龙可能是外温的，哪些可能是内温的"（Seebacher

2003, 105）。关于奔跑的生物力学研究表明，至少有很多体形较大的非鸟恐龙可能都是内温性的（Pontzer et al. 2009）。

埃里克森等人曾得出结论，一头体重为 5 吨的成年霸王龙的最大生长速度为每天 2.1 千克（Erickson et al. 2004）。这个速度仅仅是拥有相同体重的非鸟恐龙预计生长速度的 1/3—1/2。但是，哈钦森等人通过计算和分析得出的一个新的峰值增长率在很大程度上消除了这种差异（Hutchinson et al. 2011）。无论如何，最大的恐龙的生长速度峰值似乎与当今生长最快的动物——蓝鲸（Balaenoptera musculus）——差不多。据报道，蓝鲸每天最多可以增长 90 千克。我们可能永远不会知道最大的恐龙的最快生长速度或最大体重，但毫无疑问，跨越 1.7 亿年的体重进化导致了许多成功的适应性，现存的 1 万种鸟类就是这些适应性的体现（Benson et al. 2014）。

动物的生长不可避免地会导致绝对代谢率的提高，但这种关系并不能对应于某种简单的一般性规则。异速生长理论已经被用于量化整个异养生物范围内的体重与代谢之间的联系（McMahon and Bonner 1983; Schmidt-Nielsen 1984; Browna and West 2000）。由于动物的体重与线性尺度的立方成正比（$M \propto L^3$），而身体的表面积与线性尺度的平方成正比（$A \propto L^2$），因此表面积与质量的关系为 $A \propto M^{2/3}$。又由于动物通过体表向外散热，因此合乎逻辑的预期是，动物的新陈代谢率将以 $M^{2/3}$ 为标度。鲁伯纳仅靠对犬类新陈代谢的 7 次测量结果就证实了这一预期（Rubner 1883），并且（正如引言已经提到的那样）在克莱伯提出 3/4 定律（Kleiber 1932）之前的半个世纪里，鲁伯纳的体表面积定律一直没有受到挑战。实际上，克莱伯一开始的指数是 0.74，但后来他选择将其取整到 0.75，实际的基础代谢率可以用 $70M^{0.75}$（以千卡每天为单位）或 $3.4M^{0.75}$（以瓦特为单位）来计算（Kleiber 1961）。

在这方面，生物学家们尚未能就最佳解释达成共识。最简单的建议是将其视为与表面相关的指数（0.67）和与质量相关的指数（克服重力所需的 1.0）之间的折中值。麦克马洪将指数 0.75 归因于四肢的弹性标准（McMahon 1973）。我在前文有关植物的生长那节中，已经提到过韦斯特等人的工作（West et al. 1997），他们也将自己对于异速标度的解释应用在动物身上，这是分配资源和移除代谢物所需的管道网络的结构和功能所决定的。这些网络的终端分支必须具有相同的大小，以便为每个细胞提供支持。事实上，不同哺乳动物的毛细血管半径的确都是相同的，在其一生中的心跳次数也是相同的，尽管它们的体形大小跨越了 8 个数量级（从鼩鼱到鲸）（Marquet et al. 2005）。整个系统必须得到优化，从而降低阻力，复杂的数学推导表明动物的新陈代谢一定以体重的 3/4 次幂为标度。

也有许多人提出过关于 3/4 律的其他解释（Kooijman 2000），比如马伊诺等人就试图调和不同的代谢标度理论（Maino et al. 2014）。回过头来看，只关注某个单一的数字似乎是徒劳的，因为对动物代谢率的几次全面重复审查最终得出的指数或多或少都有所不同。怀特和西摩的数据集包括 619 个哺乳动物物种（体重跨越 5 个数量级）（White and Seymour 2003），他们发现动物基础代谢率的标度值为 $M^{0.686}$，以体温进行归一化之后，指数变为 0.675（非常接近鲁伯纳的指数）。在较早的分析中，将非基础代谢率和过多的反刍动物物种包括在内是关键的误导因素。

科兹沃夫斯基和科纳热夫斯基发现，在动物的主要目中，食肉目（0.784）和灵长目（0.772）的生长指数接近 0.75，食虫目的生长指数低至 0.457，兔形目的生长指数则介于它们中间（0.629）（Kozłowski and Konarzewski 2004）。哺乳动物的静息代谢率会随着体形的增加而从约 0.66 变为 0.75（Banavar et al. 2010），而对现有的鸟类最佳代谢数据的分析得出的指数为 0.669，这就证实了鲁伯纳的指数（McKechnie and Wolf 2004）。博克马总结道，将重点放在种内变异性上将更具启发性（Bokma 2004）。在分析了 113 种鱼类之后，他发现，没有任何证据支持存在着一个通用的代谢标度指数的说法。

格莱齐尔支持该结论，他发现远洋动物（生活在开放水域）在发育过程中，代谢率与身体质量成等比关系（1∶1，实际上，对于远洋脊索动物来说，这一比例为 1∶1.1）（Glazier 2006）。最明显的解释是，为了维持漂浮状态，它们只能持续游泳，这就需要很高的能量消耗；为了应对高死亡率（捕食活动），它们必须快速生长和繁殖。外温动物的指数变化范围都比较大，蜥蜴为 0.57—1，水母和栉水母为 0.65—1.3，底栖的刺胞动物则高达 0.18—0.83。基伦等人发现，硬骨鱼的种内异速生长指数的完整范围在 0.38—1.29 之间（Killen et al. 2010）。鲍卡尔等人则证实了，在各种分类群中，指数的变化范围都很广泛（Boukal et al. 2014）。

更多的元分析（meta-analysis）将证实上述发现，但至少从怀特等人发表对 127 个物种异速生长指数的元分析开始（White et al. 2007），不存在任何普遍的代谢异速生长指数的结论应该是毫无疑问的。体重对代谢率的影响有着明显的异质性，一般来说，体重对内温动物的影响要大于对外温动物的影响，外温动物的平均生长指数为 0.804，内温动物的平均生长指数为 0.704。因此，最令人满意的答案应该是一个指数范围，而不是一个准确的值。舍斯托帕洛夫开发了一个代谢异速生长标度模型（Shestopaloff 2016）。它考虑到了细胞的运输成本和散热限制，能够十分有效地描述所有物种的情况，既能够应用于那些迟钝懒散和会休眠的物种，也可以应用于那些代谢水平最高的物种。

该模型并未明确使用 3/4 值，但它认为，当体重由于细胞增大（指数为 0.667）或细胞数量增加（等比例增加，异速生长指数为 1）而增加时，3/4 可能是一个折中的方案。另外，格莱齐尔得出结论，对在 2/3—1 之间变化的各种代谢标度的统一解释，将出现在关注极端边界限制之间的变化（而不是解释平均趋势）、（代谢水平的）变化的坡地和高地如何相互关联以及如何更加平衡地考虑（生态系统）内部和外部的因素之上（Glazier 2010）。

生长轨迹

在两种可能的生长轨迹（成年之后就停止生长的有限生长与终生持续生长的无限生长）当中，第一种是内温动物生长的常态。它们的长骨最外层的皮层具有微观结构（外部基本系统），这表明它们已经达到骨成熟，即骨骼维度的任何显著增长均已结束。对哺乳动物来说，成年之后体重持续增长的情况并不罕见，但这种增长与骨骼的持续生长不同。例如，大多数雄性亚洲象（Elephas maximus）在 21 岁之前就能完成生长，但在随后的几十年里，它们的体重还会继续增长（以更低的速度），到 50 岁时达到最大质量的 95%（Mumby et al. 2015）。

无限生长的动物可以在成年前后完成大部分的生长。科兹沃夫斯基和捷廖欣一开始认为，在季节性环境中，如果冬季生存率较高，这些动物的大部分生长就应该发生在成年之前，如果冬季生存率较低，大部分生长就会发生在成年之后（并表现出高度无限定的生长）（Kozłowski and Teriokhin 1999）。然而，一个结合了新生动物数量的下降（生殖能力下降）和有利季节临近结束的模型改变了这个结论：成年前后的生长的相对贡献与冬季生存率基本无关，且大多数的生长只在成年之后才出现，这才符合一个高度无限的生长模式（Ejsmond et al. 2010）。在所有主要的外温生物种类中，无限生长模式都有所体现（Karkach 2006）。

在无脊椎动物（Invertebrate）中，对于许多海洋生物、淡水双壳类、蛤蜊、贻贝以及海胆来说，无限生长是一种常态。无限生长的昆虫包括没有终态和没有固定龄期数量的无翅亚纲昆虫（能跳跃的无翅昆虫、衣鱼）；无限生长的甲壳动物包括微小的水蚤（Daphnia），也包括对虾、小龙虾、大型蟹类和龙虾。温暖地区的短寿鱼类的生长符合有限生长模式，寒冷地区的长寿鱼类——有重要商业价值的鲑鱼（大西洋鲑鱼、鳟鱼）、鲈鱼以及鲨鱼和鳐鱼——则会在成年后继续生长。如前所述，在对鱼类的生长进行建模时，人们最常使用冯·拜尔陶隆菲的函数，但这种选择也存在一定的问题（Quince et al. 2008; Enberg et al. 2008; Pardo et al. 2013）。该函数更适合用于描述成年后的生长，若在未成年阶段使用，则效果不佳。一些旨在替代拜尔陶隆菲函数的模型区分了幼年的生长阶段（通常接近线性）和成年后的生长阶段（能量转移到了生殖方面）（Quince et al. 2008; Enberg et al. 2008）。

由于数据不充分，有关爬行动物无限生长的证据一直是模糊不清的（Congdon et al. 2013）。最近的研究对这种生长模式的存在（至少对其重要性）提出了质疑。美国短吻鳄（Alligator mississippiensis）拥有平行纤维组织，在骨膜终端的外部基本系统中终止，这是证实爬行动物有限生长的另一个实例（Woodward et al. 2011）。沙漠地鼠龟会在性成熟以后继续生长，直到成年，但最终会在生命的后期结束生长（Nafus 2015）。康登等人则认为，无限生长是长寿淡水龟的一个共同特征，但他们发现近20%的雄性和雌性成年长寿淡水龟在10年甚至更长时间内停止生长了，而且无限生长并不是这些物种演化和长寿的主要原因（Congdon et al. 2013）。无限生长在哺乳动物中并不常见，相关的例子只包括某些雄性袋鼠和鹿、雄性美洲野牛以及雄性非洲象和亚洲象。

在营养不足（通常由极端的环境事件引发）导致生长放缓或停滞一段时间之后，补偿性生长会具备比一般生长更高的增长率。由于鸟类和哺乳动物的生长符合有限生长模式，因此它们需要在这种加速生长上面投入更多的资源，才能长到最终的尺寸，而无限生长的外温动物仍然相对不受营养缺乏期的影响（Hector and Nakagawa 2012）。尤其是鱼类的生长速度在营养不足时几乎没有变化，因为它们的新陈代谢率较低，因此更能够抵抗短时间的饥饿和脂肪储存枯竭。

动物的生长包含了一系列的策略，该策略的一端是单次繁殖（semelparity，个体终生只繁殖一次），另一端是连续多次繁殖（iteroparity）。第二种极端策略会产生大量的后代，在某些情况下，后代的数量非常惊人。第一种策略的结果是会生下单个后代，或者最多只有几个时间相隔甚远的后代。如果幼年个体存活率的变化幅度大于成年个体存活率的变化，那么多次繁殖就更可取（Murphy 1968）。胜川等人将这些生殖策略与两种生长方式联系起来（Katsukawa et al. 2002）。他们的模型表明，无论是在体重和能量的产生之间存在非线性关系的情况下，还是在体重和能量的产生之间存在线性关系但环境频繁变化的情况下，符合无限生长模式的多次繁殖都是最佳选择。在这种环境中，最佳策略是最大限度地提高种群的长期增长率，这一目标并不等于最大限度地提高总繁殖力。

如今，动物学家和生态学家通常将多次繁殖称为 r 选择（r-selection，或 r 策略），将单次繁殖称为 K 选择（K-selection，或 K 策略），这些术语是由麦克阿瑟和威尔逊首先提出的，他们借鉴了增长曲线的术语（r 为增长率，K 为最大渐近值）（MacArthur and Wilson 1967）。两种策略有各自的优点和缺点。采用 r 策略的物种（包括大多数昆虫）是最优秀的机会主义者，能够利用可能暂时有利于快速增长的那些条件。比如在大雨过后，地面上有许多水坑，可供蚊子的幼虫栖息；被大火烧毁的树木为专门在木头上钻孔的甲虫提供了近乎无穷无尽的啃食场所；一具大型动物的尸体为果蝇提供了繁殖场地。采用 r 策略的物种能够产生大量的幼小后代，它们会迅速成熟，通常不需要父母的任何照料。这样的策略确保了总有一些后代能够存活下来，这就为它们在新的（通常在附近，但有时也很遥远）生存环境中快速定居提供了机会，并由此产生了那些经常令人烦恼、有时具有破坏性的害虫问题。

那些可以在短距离内快速传播的令人讨厌的物种（比如蚊子、臭虫或蚋）或能够远距离迁移的破坏性物种［比如迁徙过程中的沙漠蝗（Schistocerca gregaria）］的最大种群可能包含数十亿个体，它们能够移动数千千米，吞噬农作物、树叶和草。如果环境条件合适，它们连续几次的繁殖就可能导致种群数量呈指数增长，从而造成极大的困扰或危害。但是，由于 r 策略物种的父母必须将相当大一部分的新陈代谢用于生殖，因此它们的寿命有限，这就进而导致它们的繁殖机会受限。一旦物种维持指数增长所需的条件消失，它们的数量就可能崩溃。

只有在能够保证营养供应的情况下，它们才能长期存活，寄生虫（尤其是某些肠道物种）就是这样。猪带绦虫（Taenia solium）是人体内最常见的绦虫类寄生虫，每条绦虫可以产下多达 10 万颗卵，最长可以存活长达 25 年。选用 r 策略的生命形式并不只有寄生虫和昆虫：有很多采用 r 策略的小型哺乳动物，它们的幼崽（虽然个头很小）仍然可以达到惊人的生长速度。褐家鼠（Rattus norvegicus）仅需 5 周就能成熟，它们的妊娠期只有 3 周，一窝典型的幼崽数量至少能达到 6—7 只，雌性的数量可以在 10 周内增加 1 个数量级。如果所有后代都能存活下去，那么这样的繁殖速度将在 1 年内使一个褐家鼠种群的规模增加约 2,000 倍（Perry 1945）。

采用 K 策略的物种已经适应了更持久的、有特定变化范围的资源，并能够使种群的数量维持在环境的承受极限附近。它们繁殖缓慢，而且每一个后代都需要长期的照护（鸟类直接给雏鸟喂食反刍的生物质，哺乳动物则以哺乳的方式喂养幼崽），成年所需的时间长，寿命也长。非洲象

（Loxodonta africana）和较小一些的、现在更加濒危的亚洲象就是这种繁殖策略的完美案例：非洲象在 10—12 岁时才开始繁殖，怀孕时间长达 22 个月，幼崽由一个大家庭的雌性成员一起照顾，它们可以活到 70 岁。所有体形最大的陆地哺乳动物、鲸和海豚都以极端的 K 策略繁殖（很少生双胞胎，牛诞下双胞胎的概率为 0.5%），但也有许多体形较小的哺乳动物同样只有一个后代。

西布利和布朗曾得出结论，哺乳动物的繁殖策略主要由后代的死亡率和体形大小之间的关系（断奶前容易被其他动物捕食）所驱动（Sibly and Brown 2009）。为了最大限度地降低被捕食的概率，在陆上或海里无遮蔽的地方生育的动物在很长一段时间内只会繁殖 1 头（只）或少数几头（只）早熟的后代（出生时就已经相对成熟，并可以立即移动）。这些哺乳动物包括偶蹄类动物（拥有偶数个脚趾的有蹄类动物，包括牛、猪、山羊、绵羊、骆驼、河马和羚羊）、奇蹄类动物（拥有奇数个脚趾的有蹄类动物，包括马、斑马、貘和犀牛）、鲸类（须鲸和齿鲸）和鳍足类动物（海豹、海狮）。那些将幼崽随身携带直至其断奶的哺乳动物（包括灵长类、蝙蝠和树懒）也必然只有 1 只（或只有 2 只）后代。相比之下，那些将幼崽放在洞穴或巢中保护起来的哺乳动物 —— 例如食虫目动物（刺猬、鼩鼱、鼹鼠）、兔形目动物（家兔、野兔）和啮齿目动物 —— 会产下大量体形较小的、晚熟的（出生时未发育好的）幼崽。

动物的生长效率是一个涵盖了食物的质量、代谢功能和体温调节能力的函数（Calow 1977; Gerrard and Grant 2007）。同化效率（消耗的食物能量中实际被同化的部分的比例）也取决于食物的质量。肉食动物可以从富含蛋白质和脂质的饮食中摄取 90%（甚至更多）的可用能量，食虫目动物和食种子动物的同化效率在 70%—80% 之间。但食草动物的同化效率只有 30%—40%，它们中的一些可以消化纤维素（由于肠道中的共生原生动物），而纤维素对于其他所有哺乳动物来说仍然是不可消化的。

净生产效率（net production efficiency，被同化的能量用于动物的生长和繁殖的份额）与动物的体温调节高度相关。内温动物一直将被自己同化的能量中的大部分用于调节体温，它们的净生产效率较低：鸟类（内部体温高于哺乳动物）和小型哺乳动物（表面积与体积的比值较大，会导致热量损失更快）的净生产效率仅为 1%—2%，较大的哺乳动物的净生产效率则不到 5%（Humphreys 1979）。相反，外温动物可以将更大比例的被自身同化的能量用于生长和繁殖。非群居昆虫的净生产效率超过 40%，某些水生无脊椎动物的净生产效率超过 30%，陆生无脊椎动物的净生产效率能达到 20%—30%，但群居性昆虫（蚂蚁、蜜蜂）的净生产效率仅为 10%（因为它们的呼吸率要高得多）。最初的生长通常是线性的，已发表的案例包括不同的物种，比如艾奥瓦州的年轻雄性与雌性安格斯牛（Hassen et al. 2004）以及新西兰的海狮幼崽（Chilvers et al. 2007）。

增长曲线

不出所料，对许多陆生和水生物种的研究表明，它们的生长最好用某个受限增长函数来描述。冈珀茨函数很好地描述了肉鸡（Duan-yai et al. 1999）、家鸽（Gao et al. 2016）和鹅（Knizetova et al. 1995）的生长。逻辑斯蒂函数则非常准确地描述了中国传统的小体形乌金猪品种（Luo et al. 2015）以及现代商品猪（包括那些体重较大的品种）的生长（Vincek et al. 2012; Shull 2013）。

冯·拜尔陶隆菲方程已被用于描述许多水生物种的生长，包括水产养殖的尼罗罗非鱼（de Graaf and Prein 2005）和北大西洋的灰鲭鲨（Natanson et al. 2006）的生长趋势。它也很好地捕捉到了加拿大北极地区北极熊的集中生长趋势，但这项研究还发现了不同野生动物之间的显著差异，这项差异会随着年龄的增长而扩大：5 岁大的北极熊的体重几乎都是一样的；但对于平均体重约为 400 千克的 10 岁北极熊来说，它们的体重极端值则介于 200—500 千克之间（Kingsley 1979）。

用 S 型增长曲线对 19 种哺乳动物中的 331 个物种进行拟合的结果表明，在记录哺乳动物的完整生长轨迹时，冈珀茨方程要优于拜尔陶隆菲方程和逻辑斯蒂函数（Zullinger et al. 1984）。这项大规模分析还证实了许多偏离预期轨迹的情况，地松鼠（生长速度快于预期）和海豹（生长速度低于冈珀茨函数的预期）的生长情况就是这样。黑猩猩（Pan troglodytes）

在婴儿期和接近成熟期时的生长情况与预期生长之间会分别呈现出负偏差和正偏差；相比之下，在这两个时期，人类的生长速度都要快于预期。相反，施等人得出的结论是，描述动物个体发育的最佳模型依然是逻辑斯蒂方程，而非以标度指数（3/4）修正过后的拜尔陶隆菲方程（Shi et al. 2014）。

　　韦斯特和他的同事们提出了一个适用于所有多细胞动物的一般性生长方程（通用生长曲线）。该方程建立在如下观察的基础上：所有生命都依赖于层级化的分支网络（循环系统），这些网络拥有相同的终端单元，它们填充了可用的空间，而且已经通过进化实现了最优化（West and Brown 2005）。随着生物体的生长，需要能量供应的细胞数量的增长速度超过了为其提供能量的分支网络的能力，于是不可避免地，生长模式开始转化为 S 型增长。当我们将无脊椎动物（以对虾为代表）、鱼类（鳕鱼、孔雀花鳉、鲑鱼）、鸟类（母鸡、苍鹭、知更鸟）和哺乳动物（牛、豚鼠、猪、駒䶄、兔、大鼠）的生长数据以无量纲的质量比（m/M）$^{1/4}$ 相对于无量纲的时间变量绘制出来，就会形成一条条受限增长曲线，增长一开始较快，后来变成相对漫长的渐进过程（图 2.13）。

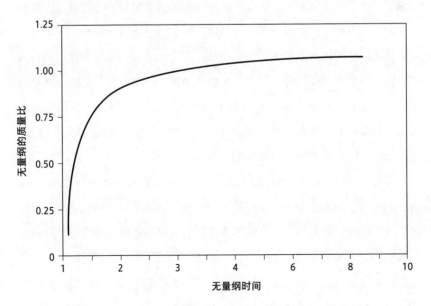

图 2.13　通用生长曲线，由无量纲的质量比和无量纲时间变量构成的曲线。图表基于韦斯特等人的数据（West et al. 2001）绘制而成

早期的生长通常是线性的，日增量的最大值可以用成年体重的幂函数（以每天增长的克数计算，胎盘类哺乳动物的幂函数为 $0.0326M^{0.75}$）来表示。偏离这条一般性规则的两种动物都是灵长目动物，它们的生长速度要慢得多，鳍足类食肉动物的生长速度则非常快。脊椎动物的最大生长指数约为 0.75：大型物种可以通过成比例地让生长速度加快，从而获取更大的体重，但在不同的体温调节分类群和主要的分类群中，都存在着巨大差异（Grady et al. 2014; Werner and Griebeler 2014）。正如预期的那样，内温动物的生长速度要比外温动物更快。对哺乳动物和爬行动物的最佳拟合显示，它们的生长曲线存在一个数量级的差异，而鱼类和晚成鸟类的生长曲线存在两个数量级的差异。

一些常见物种拥有相似的最终体重（都是约 1 千克），它们的实际最大增长率（均以克每天为单位，取整到 0.1）如下：石斑鱼为 0.2，棉尾兔为 8，黑松鸡（一种早成鸟）为 14，渡鸦（一种晚成鸟）为 50。

鳍足类动物（海象和海豹）的日增长率最高，其中最大型的动物[大型雄性海象（Odobenus rosmarus），重 1—1.5 吨]每天的体重增长最大值超过 1 千克（Noren et al. 2014）。它们的体重增长率会随着新陈代谢速率的增加而增加，但也有例外。与体温恒定的早成幼鸟相比，由父母照护的晚成幼鸟的代谢率更低，生长率却更高（McNab 2009）。陆生动物的实际体重增长率最大值分布很广，从犀牛的近 2 千克每天、马的 700 克每天，到小负鼠的约 1 克每天、石龙子和壁虎的 0.01 克每天。非洲象每天增长不到 400 克，黑猩猩每天增长 14 克，大猩猩每天增长的体重大约是黑猩猩的 2 倍（人类的最大值为 15—20 克每天）。

关于鸟类的生长，最著名的案例之一是漂泊信天翁（Diomedea exulans），这不仅因为它们拥有最大的翼展（2.5—3.5 米），还因为它们的产后生长期是最长的：在将幼鸟养育至羽翼丰满之前，漂泊信天翁最多会损失几乎 20% 的体重（Teixeira et al. 2014；图 2.14）。它们从破壳到成长为雏鸟需要 280—290 天，之后需要 6—15 年才能达到性成熟。在孵化 80 天后，幼鸟会被成鸟哺育 21—43 天，然后被单独留下。父母会每隔一段时间返回一次巢穴对其进行短时喂养，时间间隔逐渐延长。于是，雏鸟

图 2.14 飞翔的漂泊信天翁。图片来自维基媒体

在其生长期得到的食物会逐渐减少，并且从 8 个月大、体重达到峰值（约为成鸟体重的 1.5 倍）之后到 11 月或 12 月能够飞翔之前，它还会失去比成鸟体重更重的部分的一半，但仍然比成鸟更重。

最后，我们简要阐述一下动物生长过程中的一个所谓的进化趋势。根据柯普法则（Cope's rule），随着时间的推移，动物的后代的体形会越来越大。人们已经证明，动物体重的增加会带来若干竞争优势（面对捕食者时，拥有更强的抵抗能力；在种间和种内竞争中获得成功的可能性更高；寿命更长；饮食更加一般化），那些不可避免的不利因素（比如生育力的下降、妊娠期和发育期的延长以及对食物和水的需求变得更高）则可以通过那些优势来弥补（Schmidt-Nielsen 1984; Hone and Benton 2005）。尽管在 19 世纪发表了大量文章的美国古生物学家爱德华·D. 柯普（Edward D. Cope）研究过进化趋势，但他从未有过这样的主张。法国地质学家夏尔·德佩雷（Charles Depéret）在他那本有关动物世界的转变的书中认同了柯普的观点（Depéret 1907），但这条法则直到第二次世界大战之后才得名（Polly and Alroy 1998），对它的彻底考察要等到 20 世纪最后几十年才开始。

评判的结果好坏参半。阿尔罗伊分析了新生代哺乳动物的化石，发现这些动物的后代的平均体形比祖先大 9% 左右（Alroy 1998）。金索尔弗和普芬尼希认为，不论对于动物还是对于昆虫和植物，诸如生存能力、繁殖能力和交配成功率等关键属性都与更大的体形呈正相关（Kingsolver and Pfennig 2004）。也许最令人印象深刻的结论来自海姆等人，他们通过对从寒武纪（即 5.42 亿年前）以来的 17,208 个生物属的体形数据进行汇编，在所有的海洋动物中检验了这一假设。他们发现，生物量下降的幅度最多不到 1/10，但生物量的增长最多超过了 10 万倍，这种进化模式无法用中性的遗传漂变来解释，它是大型动物的类别多元化造成的（Heim et al. 2015）。

另一个看似令人信服的证据来自博克马等人的工作，他们使用了 3,000 多个现存哺乳动物物种的数据，并未发现体形增大的趋势，但当他们添加了 553 个化石世系时，他们发现了证明德佩雷规则的决定性证据（Bokma et al. 2016）。当然，他们强调了要将眼光放长远。他们还发现，这种体形逐渐增大的趋势并不是已存在的物种自身的体重随着时间的推移而逐渐增加。相反，这一趋势与通过和自身祖先物种的进化方向发生分歧而形成新物种有关。

相比之下，对各种肉食动物家族的进化过程的重建（使用化石和活体动物）表明，其中一些动物的体形变大了，另一些的体形则变得更小了（Finarelli and Flynn 2006）。劳林研究了 100 多个早期羊膜动物物种，得出了一个好坏参半的结论，他认为该规则的适用性在很大程度上取决于所分析的数据和分析方法（Laurin 2004）。对柯普法则的最有说服力的反驳来自门罗与博克马的工作，他们对一棵陈旧的系统发生树（演化树）上的 3,253 种现存哺乳动物的平均体重进行贝叶斯分析，从而检验这一法则的有效性（Monroe and Bokma 2010）。进行自然对数转换后的体重差异意味着后代物种往往比其父母更大，但这种偏差也可以忽略不计（平均而言，体形差距仅为 0.4%），然而如果假设进化纯粹是一个渐进的过程，偏差就将达到 1%。

史密斯等人对过去 36 亿年里 3 个生物域的生物体形大小的演变做了最全面的综述（Smith et al. 2016），涵盖了从单纯的单细胞微生物到大型多细胞生命体等诸多生物。结果表明，生物的体形大小发生了 2 次重大变化（第 1 次发生在大约 19 亿年前的古元古代中期，第 2 次发生在大约 4.5 亿—6 亿年前的新元古代晚期至古生代早期），使得现存的各种动物之间出现了巨大差异。生物体的最大长度从生殖道支原体（Mycoplasma genitalium）的 200 纳米到蓝鲸的 31 米，跨越了 8 个数量级；最大生物量（以生境面积或容积表示）则从 8×10^{-12} 立方毫米到 1.9×10^{11} 立方毫米（上述两个物种），大约跨越了 22 个数量级。从古核生物和细菌到原生动物和后生动物，这些生物的典型体形都明显有所增加，但大多数已经灭绝的和现存的多细胞动物的平均生物量并未显示出类似的进化增长。

　　海洋动物（软体动物、棘皮动物、腕足动物）的平均生物量大多在同一个数量级内波动，只有海洋脊索动物的生物量显示出了大幅增长（跨越了大约 7 个数量级）。在白垩纪早期，恐龙类的平均生物量有所下降，但在灭绝之时，它们的平均生物量几乎仍然与三叠纪早期相同。节肢动物的平均生物量在 5 亿年里并没有明显的增长趋势；而在过去的 1.5 亿年中，哺乳动物的平均生物量增长了大约 3 个数量级（图 2.15）。有几组动

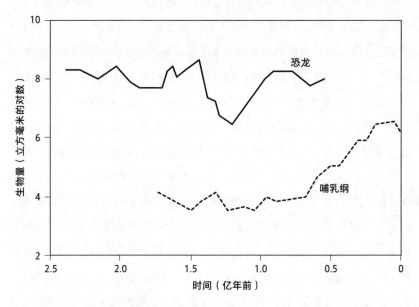

图 2.15　恐龙和哺乳纲动物的生物量演化趋势。图表根据对史密斯等人的数据（Smith et al. 2016）进行简化绘制而成

物（包括海洋动物、陆生哺乳动物和非鸟恐龙）的进化过程显示出了体形的增长（证实了柯普法则），但统计分析清楚地表明，最符合对 5 个动物门（腕足动物门、脊索动物门、棘皮动物门、有孔虫门和软体动物门）进化趋势的描述是"无偏随机游走"，而最能表现节肢动物体形大小的演变的描述是"稳定不变"。

被驯化的动物的生长

迄今为止，动物生长方面的最大变化是由驯化活动引起的，驯化活动的起源可追溯到 1 万年以前。考古证据使我们能够准确地追溯动物的驯化年代：首先是山羊和绵羊（约 1.1 万年前），然后是猪和牛（1 万—1.05 万年前），它们的驯化地都在中东地区（今天的土耳其、伊拉克和伊朗的交界地带）（Zeder 2008）。欧亚草原上的人们驯化马的时间则要晚得多，大约是公元前 2500 年（Jansen et al. 2002）。这 5 个物种（以及狗）最终分散到了全球各地，另外 8 种被驯化的哺乳动物（水牛、牦牛、单峰骆驼、双峰驼、驴、羊驼、兔、豚鼠）的分布则在空间上受到了限制。为什么只有这些物种被驯化？我们为什么没有驯化另外数十种哺乳动物？

被驯服的倾向、在圈养环境中繁殖的能力、低攻击性或无攻击性以及容易放牧（对较大的种群来说）等因素是驯化的明显选择标准（Russell 2002）。生长周期（达到性成熟的时间）、繁殖率、妊娠期和哺乳期的长短以及达到屠宰体重的时间是人们要考虑的另一些关键因素。极端情况一般被排除在外。代谢率高的小型哺乳动物生长较快，但产量很低，于是，体重一般为 1—2 千克的兔子和豚鼠就是驯养家畜的最差选择。体形非常大的哺乳动物却又生长太慢，而且需要大量的饲料。正如麦卡洛观察到的那样，由于上述原因，饲养动物以获得肉食的过程成了一个折中的过程，目的是选择一些合适的哺乳动物物种，能够兼顾相对较快的生长速度与积累体重的能力，这就使驯养家畜的体重限制在了 40—400 千克（McCullough 1973）。于是，毫不意外，体形最大的驯养动物是反刍动物，它们可以消化其他哺乳动物所无法消化的粗饲料（由于肠道内的原生动物），且只需放牧就能生存。

大多数鸟类都太小（因此它们的基础代谢也太高），人们无法为了生产肉或蛋而驯化它们。最终被驯化的野生禽类的体重范围从不足 500 克（鸽子）到接近 10 千克（野生火鸡）不等。东南亚的野禽大约在 8,000 年前就已经被驯化，鸡则已成为迄今为止最重要的驯化禽类。驯化火鸡（在中美洲）可以追溯至大约 7,000 年前，鸭（在中国）可以追溯到 6,000 年前，而鹅还要在大约 1,000 年后才被驯化，很可能是在埃及。

通过现代育种技术（基因选择）、更好的圈养技术和预防性药物的结合，被驯养的动物的成熟速度和最终的屠宰体重都提高到了前所未有的水平。这些技术的组合对猪和肉鸡尤其有效（Whittemore and Kyriazakis 2006; Boyd 2003; Havenstein 2006; Zuidhof et al. 2014; NCC 2018）。人们对牛、猪和家禽的营养需求展开了广泛研究，确定了在不同生长阶段饲喂大量营养素和补充剂的最佳比例。同时，美国国家科学研究委员会的专家委员会也会定期对饲养指南更新提供最佳的意见总结（NRC 1994, 1998, 1999, 2000b）。现代喂养手段还依赖于生长促进剂、预防性地大量使用抗生素以及对动物进行极端限制性的饲养。虽然肉类生产行业认为这种做法从经济的角度来看是必不可少的，但从其他角度来看，它们却被认为是绝对不受欢迎的（Smil 2013c）。

没有哪种被驯化的哺乳动物能像猪一样有效地生产肉。这不是因为猪是杂食动物，而是因为它们的基础代谢率几乎比它们的成年体重的预期值低 40%。一头健康的猪在它生长最快的阶段能将饲料中接近所有代谢能量的 2/3 转化成新的生物组织，这种表现比牛高出 40% 以上，甚至略高于鸡。猪的生长也异常迅速，虽然它们刚出生时体重过轻。人类新生儿的体重（平均 3.6 千克）约为成年体重的 5%，猪在这方面的比例则不到 2%（出生时的体重约为 1.5 千克，屠宰体重为 90—130 千克）。仔猪出生后会呈线性生长，它们的体重在第 1 周就能增加 1 倍，到第 3 周结束时会增加 5 倍以上（Chiba 2010）。仔猪仅需 25 天就会断奶（而在 50 年前，需要 56 天才能断奶），且在断奶前就开始接受补充（蠕变）喂养。更快断奶可以使每头母猪每年生下的仔猪数量从 20 头增加到 25 头。

野猪必须花费大量精力去寻找食物和繁殖，雄性和雌性野猪分别需要花 3 年和 2 年才能达到成年体重的最大值（它们的寿命为 8—15 岁）。而对家猪来说，由于结合了更好的圈养条件，断奶后的生长已经被压缩至上述时间段的一小部分之内。在现代肉类生产中，集约用地的"限制性动物饲养"已成常态，对于猪这种生性散漫、喜欢到处溜达的动物来说，这种限制尤为严酷。在欧盟，一只 100 千克的成年猪的活动被限制在了 0.93 平方米以内，而在加拿大，它能获得的最小的空间仅为 0.72 平方米（Smil 2013c）。

人和猪虽然身体比例不同，但成年后的体重相似。对于一名西方男人（其正常体重通常在 65—85 千克之间，与一头成年猪的体重范围基本重合）来说，在仅有 2 平方米的空间内待上一天就够受的了，更不用说在只有前者 1/3 大小的空间内了！如今的养猪实践已经高度集中，在一座小型养殖场中，通常有超过 1,000 头猪被关在同一座屋里。目前美国市场上贩卖的近 60% 的猪肉都来自艾奥瓦州、北卡罗来纳州和明尼苏达州（USDA 2015）。因此，限制性动物饲养业务的发展也造成了有机废物的空前集中。

仔猪每天增重 200 克左右，小猪每天增重 500 克，接近屠宰体重的成年猪每天增重 800 克。现代品种在断奶后的 100—160 天或出生后不到半年就能达到屠宰体重。与其他生物一样，猪的生长效率也会随着年龄的增长而下降，仔猪每增加 1 个单位的体重，需要 1.25 个单位重量的饲料，大型成年猪每增加 1 个单位的体重则需要多达 4 个单位重量的饲料（NRC 1998）。由于美国农业部会定期发布计算结果，因此美国有着独特的关于全国范围内的饲喂效率的长期记录（USDA 2017c）。猪和肉牛的相关数据始于 1910 年，鸡的相关数据则始于 25 年后，这些数据将各类饲料（谷物、豆类、农作物残渣、草料）都转换成了玉米饲喂单位（能量含量为 15.3 兆焦每千克）。

1910 年，美国猪的平均喂养效率（饲料活重比，即饲料的重量与活体重量之比）为 6.7，在 20 世纪仅仅略有下降（到 20 世纪 90 年代，这一比率在 5.9—6.2 之间波动），但自 2009 年以来一直都略低于 5.0（USDA 2017c）。对于这样一种相对有限的进步，我们有一个简单的解释：在现代社会，养猪主要是为了满足人们对瘦肉的需求，相比于三四代之前，如今的猪身上的脂肪要少得多，因此它们将饲料转化为体重的效率相对较低。如果是转化为脂肪，转化率可以超过 70%，但对于蛋白质（瘦肉），转化率仍然不超过 45%（Smil 2013c）。

现代育种和封闭饲养也压缩了家禽的生长周期，改变了它们的体形（如今最大的雄性火鸡体重超过 20 千克，是其祖先重量的 2 倍）、组成和身体比例。原鸡（Gallus gallus）是现代鸡的野生祖先，它们需要花 6 个月才能达到最大体重。传统的散养鸡（主要靠自己觅食，人类偶尔会为它们提供谷物饲料）要等到 4—5 个月大才被宰杀，而今天的散养鸡（以优质饲料混合物喂养）在出生后的 14 周（大约 100 天）内就会被宰杀。

1925 年，在封闭空间内以商业化模式养殖的美国肉鸡能在喂养 112 天后上市，活体重量仅为 1.1 千克。到 1960 年，当肉鸡饲养产业开始腾飞，喂养时间缩短至 63 天，活体重量增加到 1.5 千克。到 20 世纪末，喂养时间缩短至 48 天（不到 7 周），活体重量则增加到 2.3 千克；到 2017 年，喂养时间没有继续改变，但活体重量差不多超过了 2.8 千克（Rinehart 1996; NCC 2018）。在过去的 90 年中，一只鸡从出生到上市之间的喂养时间缩短了 57%，上市时的活体重量增加了 1.5 倍，体重每增加 500 克所需的天数从 49 天缩短至 8.5 天。在 20 世纪 20 年代，养鸡并不会比养猪更高效，这两种动物的饲料活重比都接近 5。但后来的技术进步使鸡的饲料活重比一再降低，1950 年为 3，1985 年为 2，2017 年为 1.83（NCC 2018），美国农业部的记录给出的数值甚至更低，2012 年最低为 1.53（USDA 2017c）。

因此，现在没有任何一种陆生动物能够像肉鸡那样高效地长肉。鸭每增加 1 个单位的体重所需的饲料要比鸡多出约 50%，而最近美国火鸡的饲料活重比在 2.5—2.7 之间。这一事实也解释了为何一开始在肉类总产量中占据相对较小份额的鸡肉产量迅速增加，到最近已占据主导地位。1950—2015 年，美国的鸡肉年产量已经从 110 万吨增加到 2,330 万吨，增长了 20 倍以上。全球范围内的增长则更加令人印象深刻，从 1950 年的不到 400 万吨增长到了 2015 年的 1 亿吨以上（FAO 2018）。但这种增长也使现代肉鸡承受了很大的压力，乃至极大的痛苦。

人们通过封闭喂养提高禽类的生长速度，导致它们的活动受限（对于肉鸡和产蛋鸡而言）。用来形容这种做法的正确形容词只能是"令人憎恶"。在美国，并没有什么法律法规对肉鸡的养殖密度做出规定，但全美养鸡理事会的指导方针规定每只鸡只有 560—650 平方厘米的活动空间。形象化的对比或许更容易让人理解：它比一张标准 A4 纸的面积（602 平方厘米）或一个边长不超过 25 厘米的正方形的面积还要小。加拿大的国家规定也只是相对宽松一些：每只鸡的活动空间只有板条或金属编丝地板上方那 1,670 平方厘米的空间，相当于一个边长为 41 厘米的正方形（CARC 2003）。每只火鸡（一种大得多的鸟类）可以获得的空间也不超过 2,800 平方厘米（相当于一个边长为 53 厘米的正方形）。

这种拥挤也完美地证明了利润最大化是如何驱动增长的，即使这种增长过程可能并不是最佳的。研究表明，如果能获得更大的空间，肉鸡的饲料转化率会更高、体重会更大且死亡率更低（Thaxton et al. 2006），但正如费尔柴尔德所指出的那样，肉鸡养殖者无法接受低密度喂养，因为那样的话他们就无法获得令人满意的回报（Fairchild 2005）。同样地，降低养殖密度也可以提高猪的饲喂效率和每日的增重，但总回报（获得的肉的总量）在最高养殖密度下还是会略高一些。

美国的肉鸡舍一般都是一些面积较大的长方形建筑（通常为 12 米 × 150 米），一次可容纳 1 万多只鸡，每年可饲养 13.5 万只鸡，一些大养殖户经营着多达 18 座肉鸡舍，单次可销售约 200 万只鸡。高度集中的肉鸡养殖并没有对鸡场废弃物的处理提供任何帮助。佐治亚州、阿肯色州和亚拉巴马州的鸡约占整个市场上销售的肉鸡的 40%，而特拉华州、马里兰州和弗吉尼亚州（特别是三州交界处的德尔马瓦半岛）的肉鸡养殖密度最高（Ringbauer et al. 2006）。在鸡舍内，肉鸡将在极端拥挤而且近乎黑暗的环境中度过短暂的一生。

哈特等人发现，添加维生素 D（分散在鱼肝油中）可以防止缺乏室外紫外线照射导致的腿部无力（Hart et al. 1920），这就使得在人工照明环境下和越来越小的室内空间里养殖禽类成为可能。在养殖至第 7 天之前，光照强度为 30—40 勒克斯，但之后的规定照度只有 5—10 勒克斯（Aviagen 2014）。相比之下，黄昏的照度大约为 10 勒克斯，在非常昏暗的阴天，照度约为 100 勒克斯。自然而然地，这种做法会影响禽类的正常昼夜节律，抑制行为节奏，还可能影响健康（Blatchford et al. 2012）。

人为选择造成的家禽胸肌过大会给它们带来很大的痛苦，因为这会使它们的身体重心前移，阻碍其自然运动，并给腿部和心脏带来压力（Turner et al. 2005）。总而言之，现代肉鸡的生长过程是这样的：它们在黑暗拥挤的地方过完短暂的一生，有着畸形的身体，过着简陋的生活；它们正常的社会活动受到阻碍；它们被迫生活在排泄物上，脚受到损害，皮肤被灼伤。当然，这种造成巨大痛苦的空前增长有其最终的商业回报，即廉价的瘦肉。此外，另一种常见的饲养方法将白肉生产的风险带到了鸡舍之外。

在发现抗生素能使肉鸡增重至少 10% 之后不久，美国食品药品监督管理局于 1951 年开始允许人们使用青霉素和金霉素作为商业饲料添加剂。这两种化合物以及 1953 年加入的土霉素成了肉鸡养殖业常见的生长促进剂。半个世纪后，美国的家禽饲养者饲喂的抗生素超过了养猪或养牛的农户使用的量，这种做法无疑促进了拥有抗药性的细菌在现代世界的传播（NRC 1994; UCS 2001; Sapkota et al. 2007）。当然，也有许多人认为，如果没有抗生素，现代肉类产业将会崩溃。然而，最近丹麦的牲畜养殖业在将抗生素使用量减少一半了以上之后却得出了相反的结论（Aarestrup 2012）。

不同于肉鸡和猪，在牛的自然生长周期里，能够加速生长的空间要小得多。小母牛（第一次怀孕前的年轻雌性）在 15 个月大时就已经性成熟，2 岁时就可以受精。母牛的妊娠期为 9 个月，幼崽生下来后还要与母亲一起待 6—8 个月。断奶后，大多数雄性牛犊会被阉割，阉公牛和小母牛（除了少数留待维持牛群数量的母牛）会被饲喂到宰杀重量。在放养 6—10 个月（在夏季，人们会放它们在牧场啃食青草，或喂养粗饲料）之后，它们将被移至育肥场进行最后的饲养，育肥期通常持续 3—6 个月（NCBA 2016）。

在育肥期，美国的养殖者会以精心调制的碳水化合物-蛋白质和粗饲料混合物（70%—90% 的谷物）以及营养补充剂作为肉牛的主要口粮，它们的活体重量每天能够增加 1.1—2 千克，饲料活重比在 6∶1 到 8∶1 之间。在两个主要的牛肉生产国（加拿大和澳大利亚），育肥期、饲料活重比和体重的最大增幅都是类似的。在加拿大，育肥牛平均要饲喂 200 天，每天增重约 1.6 千克；而在澳大利亚，那些面向国内市场和日本市场的肉牛品种平均每天增重 1.4 千克（BCRC 2016; Future Beef 2016）。

　　50 多年来，美国的肉牛养殖者一直通过在牛的耳朵后方皮肤的下面植入类固醇激素来加速这种生长。激素可以在 100—120 天内被吸收，并促进育肥期的牛长肉（NCBA 2016）。在美国的养殖场中，4/5 的肉牛被植入了这些激素。已经有 3 种天然激素（雌二醇、黄体酮和睾丸素）和 3 种合成化合物（玉米赤霉醇、群勃龙和美仑孕酮）获批使用。根据植入物的种类以及牛的年龄和性别的不同，生长速度将加快 10%—120%，生产成本将降低 5%—10%。但是，这些植入物并不会改变牛肉的脂肪率，也无法提升牛肉的质量等级。

　　对牛使用的生长激素不仅得到了美国监管机构的认证，被认为是安全的，还获得了世界卫生组织和联合国粮农组织的认可。与许多天然食品相比，用生长促进剂生产的牛肉中的雌激素残留量可以说微不足道。生长速度的加快还意味着对饲料的需求有所下降，这进一步减少了温室气体的排放（Thomsen 2011）。然而，自 1981 年以来，欧盟便开始禁止在肉类生产中使用激素，在美国和加拿大的挑战之下，这一禁令仍然延续了下来（European Commision 2016）。

　　大型养殖场中的牛群拥挤情况必然没有小养殖场那么严重。在美国，人们在未铺砌的场地养牛，每头牛能获得的面积为 10—14 平方米。而在加拿大，面积仅为 8 平方米；在棚内铺砌场地上，每头牛能获得的面积则只有 4.5 平方米（Hurnik et al. 1991）。大型肉牛养殖场导致了空前的动物聚集，造成了不可避免的环境问题：令人反感的气味、废物清除问题和水污染就是极好的例证。全美最大的肉牛养殖场有 5 万多头牛，最大养殖场的存栏纪录是同时饲养 7.5 万头牛（Catus Feeders 2017; JBS Five Rivers Cattle Feeding 2017），它们的总活体重量接近 3 万吨。

尽管美国农业部的那些被广泛引用的饲料与活体增重之比的数据是关于总体增长的良好指标，但这些指标无法提供用于评估实际食用肉类的能量和蛋白质成本的可比较数据。这就是我通过使用饲料与可食用部分的比例重新计算所有的喂养效率的原因（Smil 2013c）。这种指标的调整对讨论蛋白质尤为重要，因为对于发育成熟的动物来说，胶原蛋白（主要存在于骨骼、肌腱、韧带、皮肤和结缔组织中的蛋白质）占体内蛋白质总量的 1/3。正如布拉克斯特所说的那样："认为胶原蛋白没有任何营养价值，这是一个值得警觉的想法。想想吧，动物学家们花费了如此多的时间和财富来生产动物蛋白，但自从巴黎施食处时代以来，人们却认为这些动物蛋白中的 1/3 几乎毫无营养价值，这确实令人感到不安。"（Blaxter 1986, 6）

蛋白质消化率校正的氨基酸评分（PDCAAS）是评估蛋白质质量的最佳指标。在瘦肉（无论是红肉、禽肉还是鱼肉）中，它的范围在 0.8—0.92 之间（对于禽类的蛋中的鸡卵白蛋白或牛奶中的蛋白质，它的数值是完美的 1.0），而对于纯胶原蛋白来说，它的数值为 0。在某些传统的亚洲饮食中，人们在烹饪鸡肉时，只有羽毛、喙和骨头（全都是高胶原蛋白组织）可能被弃用。而对于大型肉牛来说，即使保留了大部分内脏组织，可食用的部分在全部活体质量中的占比也不到 40%（在蛋白质方面，其余的大部分还是重骨、韧带和皮肤中的胶原蛋白）。这就是我不仅要以饲料与可食用部分之比来重新计算所有的饲养比例，还要分别计算能量（使用总的饲料投入量和可食用组织的平均能量含量）和蛋白质（生产一个单位的可食用蛋白所需的饲料蛋白的直接比率，或生产一个单位的蛋白质所需的饲料总能量）的转化率的原因。

调整的结果表明，按质量计算（用饲料的千克数除以这些饲料转化而成的可食用的肉以及附带脂肪的千克数），美国最近的牲畜平均饲喂转化率如下：牛肉约为 25（但我们必须注意，饲料中的大部分是非反刍动物所无法消化的植物量），猪肉为 9，鸡肉为 3 以上。这意味着它们的能量转换效率分别为低于 4%、接近 10% 和 15%，蛋白质转换效率分别为 4%、10% 和 30%；而在转化为肉中的 1 克蛋白所需的饲料能量方面，牛肉约为 25 兆焦，猪肉约为 10 兆焦，鸡肉约为 2.5 兆焦（Smil 2013c）。

这些比较表明（这项指标甚至比饲料活重比更具说服力），养鸡是迄今为止生产肉类蛋白的最高效的方式，因此对环境的影响也最小。这些因素的组合解释了为什么鸡肉成了现代世界最受欢迎的肉类。

人　类

漫长的妊娠期和脆弱的婴儿期以及童年时期的成长和青春期之后的突飞猛进，长期激发着人类的浓厚兴趣和无尽的好奇，并最终成为许多学科和跨学科研究的主题（Ulijaszek et al. 1998; Bogin 1999; Hoppa and Fitzgerald 1999; Roche and Sun 2003; Hauspie et al. 2004; Karkach 2006; Tanner 2010; Cameron and Bogin 2012）。一方面，这些研究集中关注正常的、健康的成长——除了身高和体重，所有外在表现都是值得注意的、即时的成长里程碑：第一次笑、第一次说话、第一次行走、第一次给事物命名、第一次计数，等等（CDC 2016）。另一方面，广泛的研究也会关注生长迟缓和发育不良，还会关注营养不良和卫生条件差导致的发育迟滞，以及这种缺乏所导致的长期后果（Jamison et al. 2006; WaterAid 2015）。在本书中，我将回溯人类正常的发育过程及身体的长期变化（针对身高和体重），并讨论两种截然相反的不良状况，即发育迟缓和身体超重。

身高的增长是一种复杂的性状，涉及许多基因［基因是中度或重度的决定因素，总体遗传力为 0.5—0.8（Visscher 2008）］、可获得的营养、疾病以及其他外源因素的相互作用。从整体上讲，身高的增长明显是一个非线性过程，在生物物理学上，它是由对骨骺进行选择性激素刺激而驱动的。其中最重要的因素是人类生长激素，由腺垂体分泌，并由下丘脑（大脑中支配许多激素的产生的部分）通过各种刺激性介质加以控制（Bengtsson and Johansson 2000）。性激素（尤其是雌激素）也可以刺激生长激素和胰岛素样生长因子的分泌。

人类的生长曲线与其他胎盘哺乳动物（无论体形是大是小）的共有模式完全不同，这一事实首先被布罗迪发现（Brody 1945），然后在冯·拜尔陶隆菲（von Bertalanffy 1960）和坦纳（Tanner 1962）那里得到了确证。博金确认了人类的生长模式与其他所有胎盘哺乳动物的生长模式的 5 个不同之处（Bogin 1999）。第一，人类的生长速度——无论是体重还是身高——均在妊娠期达到顶峰，在出生后的婴儿期则会下降；其他胎盘哺乳动物（无论是老鼠还是牛）的生长速度顶峰则出现在婴儿期。第二，其他哺乳动物断奶不久就能性成熟，但对于人类来说，平均而言，妊娠期与青春期之间的间隔会超过 10 年。

第三，其他哺乳动物的生长速度在青春期会有所下降，但仍然接近最大值；而人类的青春期出现在身高和体重的增长率都达到出生后的最低点时。第四，人类青春期的特征是生长突然加快（这种身高增长和骨骼成熟突然加快的情况是人类独有的特征，即使在最接近人类的灵长类动物身上，也没有这些特征），而其他哺乳动物的生长率却会持续下降，即使在青春期也是如此。第五，其他哺乳动物在进入青春期后便会开始繁殖，人类的繁殖活动则会延后。此外，由于某些国家的结婚年龄已升至 25 岁以上，而且首次生育的妇女年龄越来越大，因此这种生育延后最近几乎在所有富裕社会都有加剧的趋势（Mathews and Hamilton 2014）。

胚胎的生长（受孕后 8 周）和胎儿的发育通常在足月分娩时（受孕38 周后，变动范围为 37—42 周）结束。早产儿（妊娠期不足 37 周，如今占美国所有新生儿的 10% 以上）的存活率一直在提高，即使在很早（29—34 周）和极早（24—28 周）分娩的情况下也是如此，但幸存的早产儿中有很大一部分会为此付出高昂的代价。大约 10% 的早产儿会落下永久残疾，在第 26 周之前出生的婴儿会有一半身患某种残疾。此外，这些早产儿直到 6 岁时，每 5 人中就会有 1 人仍无法摆脱早产带来的严重影响（Behrman and Butler 2007）。

我们的大脑发育是怀孕时间的长短（无论是绝对时间还是相对时间，都要比其他灵长类动物长）以及加强产后喂养和护理的需求的一个关键考虑因素。成年黑猩猩（Pan troglodytes）的大脑体积平均不到 400 立方厘米，南方古猿阿法种（Australopithecus afarensis，300 万年前）的大脑体积不到 500 立方厘米，直立人（Homo erectus，150 万年前）的大脑体积平均不到 900 立方厘米。相比之下，成年现代人的大脑平均体积接近1,300 立方厘米（Leonard et al. 2007）。因此，人类的脑指数（在一定的

体重下，实际脑质量与预期脑质量之比）高达 7.8，而黑猩猩为 2.2—2.5，
海豚为 5.3（Foley and Lee 1991; Lefebvre 2012）。

在大脑的发育程度方面，刚出生的人类不及黑猩猩，但在大脑占母体
质量的比重方面，刚出生的人类要高于其他所有灵长类动物（Dunsworth
et al. 2012）。这就意味着，限制婴儿头部尺寸的因素很可能只有母亲孕育
大型胎儿的新陈代谢消耗，而不是（如先前人们所认为的那样）产道的宽
度。随后，大脑迅速增长，到 4 岁时就能达到成人大脑尺寸的 80%，到
7 岁时达到近 100%，人体则至少将继续生长 10 年（Bogin 1999）。此外，
由于有着巨大而活跃的大脑（及其进一步生长的需要）和脆弱的身体，婴
幼儿需要父母长时间的喂养和看护（Shipman 2013）。

只要认为人与其他大型灵长类动物的代谢率非常相似，那么我们如何
能够负担如此大的大脑就很难得到解释。对这一悖论的最佳解释是高耗能
组织假说（expensive tissue hypothesis），这一理论假设，权衡是必要的，人
类为了能够负担偏大的大脑，需要降低其他代谢器官的质量（Aiello and
Wheeler 1995）。对于心脏、肝脏和肾脏而言，这是很难的，但由于饮
食质量的改善，人体胃肠道的质量已经有所下降（Fish and Lockwood
2003）。对于其他灵长类动物，结肠的质量接近肠道的一半，小肠质量占
14%—29%；相比之下，人类小肠的质量接近肠道质量的 60%，结肠仅占
17%—25%。反过来说，这种转变显然与人类食用了更多质量更好、能量
密度更高的食物有关。这些食物包括肉类、营养丰富的内脏和脂肪，它们
越来越多地进入古人类的饮食；相比之下，猿猴的饮食主要仍然是草、树
叶、水果和块茎。行走效率的提高则是另一个解释因素。

然而，一项关于人类和大型灵长类动物总能量消耗的新研究［这项
研究使用了双标（氢和氧的同位素）水法（doubly labelled water, DLW）
（Lifson and McClintock 1966; Speakman 1997）］表明，人类脑指数更高
的关键在于代谢加速。人类每天消耗的总能量分别比黑猩猩（和倭黑猩
猩）、大猩猩以及红毛猩猩高出 400 千卡、635 千卡和 820 千卡。这种
差异（人类平均每天比黑猩猩多消耗 27% 的能量）使人类能够轻易承担
身体发育所需的能量成本，并维持更大的大脑和生殖输出（Pontzer et al.

2016）。因此，更高的脑指数是由更高的代谢率支撑的。

身高与体重

人类的身高是一个高度可遗传却也高度多基因的特征：到 2017 年，研究人员已经确认了位于 423 个基因座上的 697 个独立变体，但即使这样也只能解释人类身高遗传性的 20% 左右（Wood et al. 2014）。与众多定量研究一样，最早的有关人类生长的系统监测是在大革命前夕的法国完成的。第一次是在 1759—1777 年，菲利贝尔·盖诺·德·蒙贝利亚尔（Philibert Guéneau de Montbeillard）测量了他儿子从出生到 18 岁生日之间的身高数据，每隔 6 个月测 1 次；第二次是德·布丰伯爵（Comte de Buffon）在他著名的《自然史》（Histoire naturelle）的补编中发表了这个男孩的身高测量表（de Buffon 1753）。

蒙贝利亚尔的身高数据图呈现为一条略有起伏的曲线，身高年增量趋势图则表明增长速度出现了迅速下降，这种迅速下降的趋势一直持续到 4 岁。之后，才开始出现青春期的身高突增之前的那种增速缓慢下降的趋势（图 2.16）。这样一种加速生长的现象并非我们这个物种所独有的：在新大陆和旧世界的类人灵长类动物身上，亚成体的身高发生突增都是常见现象，在雄性中更为常见（Leigh 1996）。这种跳跃式生长通常发生在很短一段时间内，因此只有通过适当的详细采样才能观测到。另外，由于我们无法对某些大种群频繁进行测量，因此这一现象很容易被忽略（Lampl et al. 1992; Lampl 2009; Gliozzi et al. 2012）。

蒙贝利亚尔对男孩身高的开创性观察富有启发性，但偶然地，这些观察并未捕捉到接近统计平均值的过程。正如本书将要展示的，即使按照 21 世纪初的标准，他的儿子也很高：作为一个年轻人，他的身高接近今天荷兰人的平均身高水平，而荷兰男性是世界上最高的。1835 年，爱德华·马莱（Edouard Mallet）将正态分布的概念（关于正态分布的起源，请参见第 1 章）应用在了他对日内瓦应征入伍者身高的开创性研究中（Staub et al. 2011）。但在有关人类身材的早期研究中，最著名的工作是由阿道夫·凯特勒发表的，他将体重和身高联系在了一起（身体质量指数，

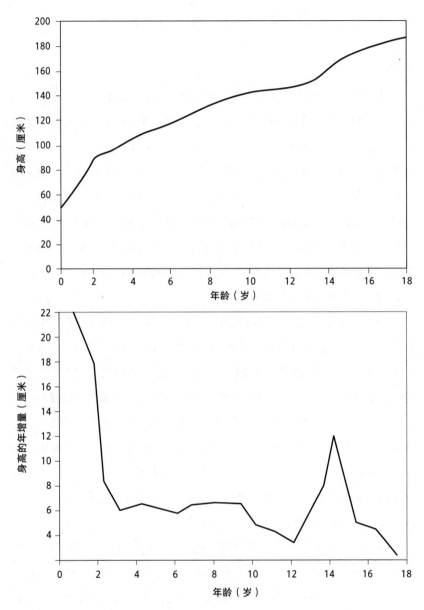

图 2.16 蒙贝利亚尔的儿子的身高增长图与身高年增量趋势图。身高数据来自布丰的文献（de Buffon 1753）

身体质量指数）。另外，由于受到把贫困与法国新兵的身高联系在一起的工作（Villermé 1829）和他自己对儿童成长的调查（Quetelet 1831; 1832）的启发，凯特勒编制了一份儿童青少年身高和体重成长表（Quetelet

1835；图 2.17）。在弗朗西斯·高尔顿（Francis Galton）提出百分数的等级系统（Galton 1876）之后，一切准备就绪，人们终于可以绘制第一张描述人类成长的图表了（Davenport 1926; Tanner 2010; Cole 2012）。

鲍迪奇基于马萨诸塞州儿童的成长数据，开创了此类实践（Bowditch 1891）。20 世纪，在大规模监测新生儿的体重和身高数据以及随后的婴

AGES.	TAILLE observée.	TAILLE calculée.	DIFFÉRENCE.
Naissance.	0ᵐ490	0ᵐ490	0ᵐ000
1 an.		0,690	
2 ans.	0,780	0,781	—0,001
3	0,853	0,852	+0,001
4	0,913	0,915	—0,002
5	0,978	0,974	+0,004
6	1,035	1,031	+0,004
7	1,091	1,086	+0,005
8	1,154	1,141	+0,013
9	1,205	1,195	+0,010
10	1,256	1,248	+0,008
11	1,286	1,299	—0,013
12	1,340	1,353	—0,013
13	1,417	1,403	+0,014
14	1,475	1,453	+0,022
15	1,496	1,499	—0,003
16	1,518	1,535	—0,017
17	1,553	1,555	—0,002
18	1,564	1,564	0,000
19	1,570	1,569	+0,001
20	1,574	1,572	+0,002
Croissance terminée.	1,579	1,579	0,000

图 2.17 凯特勒的"女性成长规律"（loi de le croissance de la femme）表格表明，女性的最终平均身高是 1.58 米。图片转载自凯特勒的文献（Quetelet 1835, 27）

儿、儿童和青少年成长数据的基础上，人们绘制了许多国家标准和国际标准成长曲线。现在，我们有了许多详细的按年龄划分的体重标准和身高标准、按身高划分的体重标准，以及用于评估增长率随年龄变化的图表数据。在美国，人们建议使用世界卫生组织的图表监测 2 岁以下的婴儿和儿童的成长情况，然后使用美国疾病控制与预防中心的图表监测 2 岁以上的儿童的成长（WHO 2006; CDC 2010）。

这些图表证实了，人类的个体发育（生长和发育的模式）不仅与其他体重相似的大型哺乳动物（猪是最接近的例子之一）有很大的区别，也和其他灵长类动物（包括黑猩猩，虽然黑猩猩在遗传上是最接近我们祖先的动物）存在很大的不同。体重和身高的生长曲线都是很复杂的（比如弯曲部分和线性部分的长短）。我们可以看到，在婴儿期和青春期之间，人类身体的许多特征都发生了戏剧性的变化，由父母提供高水平的看护和从出生到成熟之间的漫长阶段是个体的发育特征，也是人类独有的特征，如同我们巨大的大脑和语言一样独特（Leigh 2001）。

早期的线性生长是由发生在长骨末端的软骨内骨化导致的，这个过程受到内分泌、营养、旁分泌和炎性因子的调控（而且很复杂），也会受到其他细胞机制的影响（Millward 2017）。这种生长在受孕后的头 1,000 天内是最快的，对于营养不良的儿童，这个过程也可能推迟。直到他们吃得更好，生长就会开始赶上。兰普尔等人测量了 31 个婴儿从出生第 3 天至 21 个月大时的生长数据（每半周或每天一次），发现他们在婴儿正常发育期 90%—95% 的时间内都没有生长，身体长度的增加都是跳跃式过程，一些漫长的停滞期中间穿插着一些短暂的爆发式增长期（Lampl et al. 1992）。这种跳跃式增长的频率会随着儿童年龄的增长而下降，还会受到看护条件和环境因素的影响。

根据世卫组织的标准，男婴的平均出生体重为 3.4 千克（第 98 个和第 2 个百分位分别对应 4.5 千克和 2.5 千克），女婴的平均出生体重为 3.2 千克（第 98 个和第 2 个百分位分别对应 4.4 千克和 2.4 千克）。这些数据表明，两种性别的新生儿早期的生长状况是相似的：在出生后的头 2 个月，他们都会经历短暂的线性生长（那时男婴生长了约 2 千克，女婴生长了约 1.8 千克）；然后，他们会加速生长，直到 6—7 个月大；在 1 岁时，男孩的体重达到约 9.6 千克，女孩的体重达到约 9 千克，增长率才略有下降（WHO 2006）。随后是一段几乎完全线性的生长期，直到第 21—22 个月；再接下来是一段更长的加速成长时期，直到 14—15 岁。在此期间，美国男孩每年生长 5 千克，女孩每年生长 3 千克，直至接近最后的成熟体重（图 2.18）。

根据这些标准绘制出的体重增长曲线接近冈珀茨函数或逻辑斯蒂函数，但即便早期研究也已经指出，使用组合曲线可以得出更好的分析结果（Davenport 1926）。身高和体重的增长过程可以被分成 3 个独立的、能够相加的、有部分重叠区域的部分，可以用 3 条增长曲线来表示。不可避免地，要模拟人类生长的速度曲线，也需要用到 3 种数学函数（Laird 1967）。婴儿期的身高增长曲线是持续 1 年的指数函数，这种增长趋势会在接下来的 2 年内逐渐消失。儿童期的增长曲线逐渐变得平缓；它包括 4—9 岁之间的一段近似线性的生长期（此时美国男孩的平均身高每年增加 6—7 厘米），最合适的拟合函数是二阶多项式。青春期的生长是一个在激素的诱导下不断加速的过程，身高的增长达到遗传极限时就会放缓，可以通过逻辑斯蒂函数很好地描述：年增长量在 13—14 岁时达到峰值，此时每年增长 8—9 厘米；而在 17—18 岁时，每年的增长会下降到 1 厘米。这些曲线中的每一条均由动态表型的 3 个参数确定：出生时的初始身高、身高的遗传极限以及身高增长的最大速度。

毫不奇怪，与世卫组织的全球成长标准相比，对特定人群的调查会体现出明显的偏差。最近，在全世界人口最多的国家 —— 中国，一项基于近 9.5 万名城市儿童青少年（0—20 岁）成长数据的研究显示，在几乎所有年龄段，实际测得的数据均与世卫组织的标准存在偏差，其中差异最明显的是身体质量指数（身体质量指数）（Zong and Li 2013）。与世卫组织的标准相比，中国 6—10 岁男孩的体重明显偏重，15 岁以下的男孩和 13 岁以下的女孩的身高则要偏高。但当年龄更大一些时，无论男性还是女性的身高都要明显比世卫组织的标准身高更矮。6—16 岁男孩的身体质量指数偏高，3—18 岁女孩的身体质量指数则明显偏低。作者们基于这

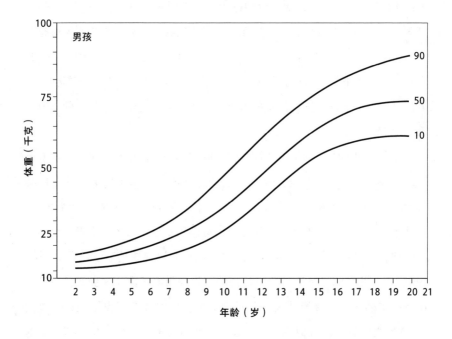

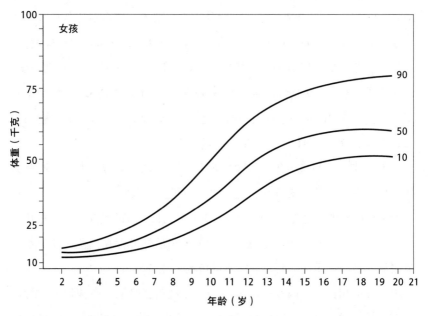

图 2.18 美国男孩与女孩的预期平均体重-年龄的变化关系。图表根据库奇马尔斯基的文献（Kuczmarski et al. 2002）中的数据绘制而成

些发现，建议设立新的中国成长标准，但如果将非城市地区的儿童纳入考虑，得到的结果肯定有所不同：与绝大多数的欧盟或北美国家城市人口占大多数的情况不同，中国的农村人口仍占总人口的约 45%。

现在，针对这些偏离世卫组织标准的情况，我们已经有了一项全球性的调查（尽管对非洲的观察数据不够充分）。纳塔莱和拉贾戈帕兰在将这些偏离情况与全球范围内的人类生长变化数据进行对比后得出结论，世卫组织的身高和体重曲线并非在任何情况下都是最佳拟合（Natale and Rajagopalan 2014）。身高的变化范围通常在世卫组织平均值的 0.5 个标准差以内，体重的变化范围则超过了身高的变化范围。此外，在平均头围方面，许多人群的平均值始终比世卫组织的标准高出 0.5—1 个标准差。因此，使用世卫组织的图表会使许多儿童面临被误诊为巨头畸形或小头畸形的风险。这就是我们在未来可能不仅需要根据不同的人群，还要根据童年的各个不同阶段绘制更具体的成长曲线的原因（Ferreira 2012）。

在婴儿和儿童的身体总能量消耗中，生长（新的身体组织及其能量含量的形成）消耗的能量占据主要份额：对新生儿来说，这项数值约为 40%；在出生后的前 3 个月，平均值为 35%；在接下来的 3 个月中，它会遭遇指数下降，变成之前的一半；到 1 岁时，这项数值降为 3%。在此之后，生长的能量消耗仅占总能量消耗的 1%—2%，直到青春期结束。此后，对于所有体重保持稳定的个体，只有一小部分（1%）能量会被用于身体里那些寿命很短的组织（肠道内壁、表皮、指甲、头发）的更新和替换。

然而在现代社会，许多成年人的体重在一生中会不断增加，因此生长所需的能量摄入的份额显然要比上面提到的份额略高一些。首个针对少数美国人从出生到 76 岁时的体重和身高的跟踪调查表明，从中年后期开始，他们的身高略有下降，但他们的体重仍会继续增加，直到老年（尽管有波动）（Chumlea et al. 2009）。在被研究的群体中，从 20 岁到 70 岁，男性的体重增加了约 20 千克，女性的体重增幅则要略低一些。于是，这些人的身体质量指数（以体重与身高的平方之间的比值来定义，单位是千克每平方米）从理想水平（低于 25）一路上升到超重水平（25—30）。

充足的能量摄入只是人类成长需求的一部分。如果婴儿和儿童由于摄入了过量的碳水化合物和脂质而遭遇能量过剩，那么他们仍然可能无法健康发育，这是因为人体无法合成构成身体组织（肌肉、内脏器官、骨骼）、维持必要的代谢和控制化合物（酶、激素、神经递质、抗体）分泌所需的9种必需氨基酸。我们只能通过消化植物和动物蛋白中的化合物来获取它们。此外，这些氨基酸必须以适当的比例存在：虽然所有常见的植物性食物均具有不完整的蛋白质成分，但动物蛋白质的氨基酸比例都比较理想，而且动物蛋白中的氨基酸几乎完全可以被人类消化（人类摄取豆类蛋白质的消化率低于80%）。

这就是我们可以将牛奶和鸡蛋蛋白当作所有膳食蛋白的质量标准的原因，也是乳蛋白能够在促进发育不良儿童和严重营养不良儿童的生长方面发挥最好的效果的原因（Manary et al. 2016）。在许多低收入国家，发育迟缓［（线性）增长缓慢导致幼儿的身高低于其所在年龄的标准身高］仍然很普遍。造成这种现象的原因有很多，包括产前和子宫内发育不良以及产后营养不良。例如，在孟加拉国的某个农村地区，母亲的身高、受教育程度以及受孕的季节等因素中的任何一个都有可能造成儿童从出生到10岁之间的发育迟缓（50%的儿童在2岁时受到影响，29%的儿童在10岁时受到影响）；在季风季节之前受孕、身材矮小、未受过教育的母亲所生的孩子发育迟缓的概率最高（Svefors et al. 2016）。在另一些更明显的案例中，儿童发育迟缓与一些长期影响（例如认知能力差、教育水平低、成人工资低和生产率下降）有关。

德·奥尼斯等人分析了近150个国家的近600项具有代表性的国家调查数据，他们估计，发育迟缓（在这里，这个概念的定义是身高低于世卫组织的成长标准，差值在2个标准差以内）在2010年已经影响了1.71亿儿童（其中的1.67亿在低收入国家）的成长（De Onis et al. 2011）。好消息是，在全球范围内，发育迟缓的概率已经从1990年的约40%下降到2010年的约27%，预计到2020年将下降到约22%，这主要是由于亚洲（特别是中国）的情况明显有所改善。不幸的是，在过去一代人的时间里，非洲人发育迟缓的比例一直维持不变，如果目前的趋势延续下去，到2025年这一比例将有所上升（Lartey 2015）。饮食的改善可以通过后发生长过程相当迅速地消除发育迟缓现象。

对于这种现象的最令人印象深刻的例证之一是美国奴隶儿童的成长史，这段历史记录了 19 世纪初美国棉花州的测量数据（Steckel 2007）。那些营养不良的儿童的成长发育受到了极大的抑制，以至于到了十四五岁，他们的身高还不到现代身高标准的第 5 个百分位数 [①]。然而美国的成年奴隶与同时代的欧洲贵族身高相当，仅比联邦军的士兵矮 1.25 厘米，比现代标准身高矮 5 厘米。

社会不平等（通过营养不良表现出来）一直是导致发育迟缓的一个普遍原因，从相对富裕的 19 世纪的瑞士（Schoch et al. 2012）到 21 世纪初的中国社会（即使中国的现代化步伐如此之快，仍有一些儿童被甩在了后头）都是如此。摘自 2002 年中国居民营养与健康状况调查报告的数据显示，根据中国的成长参考图表，有 17.2% 的儿童发育迟缓，6.7% 的儿童严重发育不良；这两个数据都明显高于使用世卫组织的生长标准得出的数据（Yang et al. 2015）。2010 年，中国疾病预防控制中心的一项调查发现，在 5 岁以下的儿童中，有 9.9% 发育迟缓（Yuan and Wang 2012）。

经济发展可以相当快速地消除这种成长差异：在中国最富裕的沿海城市，发育迟缓的情况比在中国最贫穷的内陆省份少得多；在国外出生和成长的孩子的身体指标很快就能与新常态相符。例如，如今有相当数量的中国移民生活在意大利，一项针对在博洛尼亚出生和生活的华裔儿童的研究表明，这些儿童要比在中国出生和生活的孩子更高；他们的身高和体重在出生后的第一年均要超过意大利儿童，之后则越来越趋同（Toselli et al. 2005）。

人类的身高容易测量，因此人们普遍将其视作一个虽然简单但有说服力的指标，用于表征那些与健康状况、工资、收入和性别不平等相关的福利状况（Steckel 2008, 2009）。在现代社会，营养的改善导致人们的平均身高稳步上升，人们认为正常的身高是大概率会出现的，高于正常的身高则会受到欢迎：几乎没有人会希望自己是个矮个子，一些相关的因素对

[①] percentile，统计学术语，如果将一组数据从小到大排序，并计算相应的累计百分位，则某一百分位所对应数据的值就称为这一百分位的百分位数。——编者注

其做出了解释。佐恩很好地总结了这一观点："长期以来，与矮个子相比，高个子普遍会表现出更多积极属性，他们更健康、更强壮、更聪明、受教育程度更高、更善于交际、更受欢迎、更自信，等等。因此，他们也会更富有、更有影响力、更有活力、更快乐、更长寿。"（Sohn 2015, 110）

如今，这些结论建立在大量的定量证据之上。儿童期的强壮成长之所以能够持续到成年期，与更强的认知能力、更健康的心理状况和更好的日常活动实践有关（Case and Paxson 2008）。更高的身材与大量其他积极因素有关，包括一些关键体质因素（更长的预期寿命、更低的罹患心血管疾病和呼吸道疾病的风险、更低的不良妊娠的风险）和社会经济效益因素（更强的认知能力，更高的结婚概率、受教育水平和收入，以及更高的社会地位）。一个世纪以来，身高与收入之间的相关性已经广为人知（Gowin 1915），这种相关性已被证明适用于体力劳动和脑力劳动行业。本书仅选取众多研究案例中的一小部分加以说明：在印度，高个子男性煤矿工人赚得更多（Dinda et al. 2006）；在埃塞俄比亚，个子更高的农民收入更高（Croppenstedt and Muller 2000）；在美国、英国和瑞典的所有职业类别里，更高的男性也都有更高的收入（Case and Paxson 2008; Lundborg et al. 2014）。

亚当斯等人的一项针对 2.8 万名在 1951—1978 年担任首席执行官的瑞典男性的比较研究也许是对这种关联的最全面的研究。这项研究表明，这些人不仅比普通人的平均身高更高，而且在资产规模更大的公司中，他们的身高水平还会进一步提高（Adams et al. 2016）。在那些市值超过100 亿瑞典克朗的公司担任管理职务的首席执行官们的平均身高为 183.5厘米，那些市值不足 1 亿瑞典克朗的公司的首席执行官们的平均身高则为 180.3 厘米。在西方社会，甚至那些在选美比赛中胜出的女性也都是高个子：女性时装模特的首选身高（172—183 厘米）明显高于同龄人的平均身高（162 厘米）（CDC 2012）。因此，最高的那些女性的身高值比平均值高出 13%；而对男性来说，这项差异仅仅约为 7%（188 厘米与 176厘米）。

过高的身高则是另一回事了。一个身手敏捷的人可以利用自己 2 米的身高成为篮球明星。2015 年，美国职业篮球联赛（NBA）顶级球队的球员的平均身高正好为 200 厘米，有史以来身高最高的 2 名球员的身高则为 231 厘米（NBA 2015）。而在其他情况下，过高的身高并没有太大的价值，以巨人症、肢端肥大症和马方综合征为特征的失控生长常常会带来其他严重的健康风险。对儿童来说，在骨骺生长板融合之前出现的垂体功能失调会导致巨人症，使他们年轻的身体远大于同龄人（身高超过 2.1 米），也会使他们在成年后身材异常高大（Eugster 2015）。如果垂体过度分泌生长激素的情况发生在中年，由于此时人体的骨骺已经完全融合，因此它并不会导致身高增加，但会引起肢端肥大症，使骨骼异常增大，特别是会导致手、脚和脸的大小超出正常范围。幸运的是，这两种情况都相当少见。巨人症极为罕见；每 6,250 人中，只有 1 个人受到肢端肥大症的影响。

马方综合征是另一种相对常见的过度生长情况，大约每 5,000 人中就有 1 名患者。在患上这种遗传疾病的人的体内，某种突变会影响控制肌原纤维蛋白-1（fibrillin-1，一种结缔组织蛋白）产生的基因，并导致转化生长因子 β（另一种蛋白质）合成过量（Marfan Foundation 2017）。对不同的患者来说，最终的症状各不相同：通常来说，这些特征包括更高的身高，弯曲的脊椎，过长的手臂、手指和腿，畸形的胸部，以及柔性的关节；此外，心脏（主动脉肿大）、血管和眼睛也会受到影响。亚伯拉罕·林肯（Abraham Lincoln）是美国最著名的马方综合征患者；但这种突变也影响了两位古典音乐演奏家、作曲家尼科洛·帕格尼尼（Niccolò Paganini）和谢尔盖·拉赫玛尼诺夫（Sergei Rachmaninov），这一点鲜为人知。此外，马方综合征患者的心脏出现并发症的情况也更常见。

由于人类的身高很容易测量，因此我们可以使用骨骼残片（股骨的长度与身高有着最好的相关性）和有着不同历史来源的各种数据来追踪人类生长的长期趋势（Floud et al. 2011; Fogel 2012）。斯特克尔的研究视角覆盖了上千年，他使用了来自欧亚大陆北部的 6,000 多名欧洲人（从 9—11 世纪的冰岛人到 19 世纪的英国人）的数据，这些数据表明，人们的平均身高从中世纪的 173.4 厘米下降到了 17 世纪和 18 世纪的 167 厘米，然后要到 20 世纪初才恢复到以前的高点（Steckel 2004）。

这种较高的早期身高和大致呈 U 形的身高变化时间序列都非常明显。早期的高点可以用那几个世纪较为温暖的气候来解释，随后的身高下降则可以归因于气候变冷、中世纪的战争和流行病，1700 年以后身高的回升则是因为耕作方法得到改良、新作物的种植和殖民地的粮食进口（Fogel 2004）。然而，另一项关于欧洲的长期（长达两千多年）研究并未重现这一下降趋势。克普克和巴滕收集了公元 1—18 世纪分散生活在欧洲所有主要地区的 9,477 名成年人的测量数据，惊讶地发现，他们的身高是停滞的，即使在经济活动开始增加的近代早期（1500—1800 年）（Komlos 1995）或罗马时期也是如此（Koepke and Baten 2005）。后一条结论与人们普遍认同的罗马和平（pax Romana）带来了生活水平的上升的看法是矛盾的：根据克朗的研究，罗马时期男性的平均身高与 20 世纪中叶欧洲男性的平均身高相同（Kron 2005）。

欧洲男性的平均加权身高在 169—171 厘米之间出现了小幅波动，明显的偏离只出现过 2 次，其中一次是 5—6 世纪之间略高于 171 厘米的记录，另一次是 18 世纪出现的略低于 169 厘米的记录。此外，中欧、西欧和南欧的数据十分接近，气候差异、社会差异和性别不平等也并没有给身高带来多大影响。克拉克的数据集则要小得多（Clark 2008），它收录了 1867 年之前的全球数据（有来自挪威的近 2,000 具骨骼，也有从中石器时代的欧洲到江户时代的日本的 1,500 具骨骼），涵盖的身高范围从 166—174 厘米不等，平均身高为 167 厘米，与克普克和巴滕得出的平均值（Koepke and Baten 2005）非常相似。有关 19 世纪和 20 世纪的证据则更加丰富，巴滕和布鲁姆的人体测量学数据集涵盖了 156 个国家的数据，跨越了 1810—1989 年（Baten and Blum 2012）；如今人们也可以通过图表的方式轻松访问这些数据（Roser 2017）。他们还发表了一篇有关 1820 年到 20 世纪 80 年代的全球身高变化趋势的汇总文章（Baten and Blum 2014）。

迄今为止，有关 20 世纪人类身高状况的最佳分析是由非传染性疾病风险因素合作组织发表的（NCD Risk Factor Collaboration 2016），该组织重新分析了 1,472 项基于种群的研究，其中包括来自 200 个国家在

1896—1996 年出生的 1,860 万人的身高数据。这些分析记录了 1850 年之后整个欧洲的身高增长趋势，还包括 20 世纪广泛但不普遍的成年人身高增长现象。欧洲人身高的集中增长始于 19 世纪 30 年代的荷兰［目前，荷兰人是全球最高的人群，但在 19 世纪 30 年代，荷兰人并不算特别高（de Beer 2004）］和 70 年代的西班牙。截至 20 世纪末，欧洲男性的平均身高增长了 12—17 厘米。

对于在 1896—1996 年出生的人群，成年女性的身高平均增长了 8.3±3.6 厘米，男性的身高平均增长了 8.8±3.5 厘米。我们将所有的国家研究数据编绘成图表，发现在 20 世纪 50 年代之前，这些增长在很大程度上都是线性的。然而在此之后，高收入国家的最高身高明显发展到了一个平台期（无论男女）。马克等人指出，这种趋势是智人的体形达到极限的另一个例子（Marck et al. 2017）。20 世纪中叶，在美国所有主要针对高个子的体育项目中都出现了的这种增长瓶颈，这一事实进一步证明了上述结论。美国国家橄榄球联盟球员的平均身高在 1920—2010 年增加了 8.1 厘米，但自从 1980 年以来，他们的平均身高就一直保持在 187 厘米（Sedeaud et al. 2014）。

在 20 世纪，身高增长幅度最大的群体是韩国女性（平均增高了 20.2 厘米）和伊朗男性（平均增高了 16.5 厘米）。欧洲所有人群的身高都有所增长；日本则可能保存着最好的关于身高增长的长期记录。自 1900 年以来，日本政府一直在记录 5、6、8、10、12、14、15、16、18、20、22 和 24 岁的男女的身高（SB 2006）。身高历史轨迹表明，18 岁男性的平均身高增长了 11.7 厘米，除了在第二次世界大战之后，增长的趋势有短暂的停止，这种增长趋势能够被拐点在 1961 年且之后仅有稍微增加的逻辑斯蒂曲线很好地拟合（图 2.19）。关于女性的和关于其他年龄段的数据也显示出了与此大致相似的轨迹，虽然二战和战后少数几年的饥荒中断了身高稳步增长的趋势，但在此之后，增长又以更快的速度恢复了，并在 20 世纪 90 年代达到了顶峰，随后又停滞了 20 年（SB 2017a）。1900—2015 年，年轻男性的身高总体增长了 13 厘米，年轻女性则增长了 11 厘米。

在美国和澳大利亚，身高的增幅则要小得多。即使在殖民时期（由

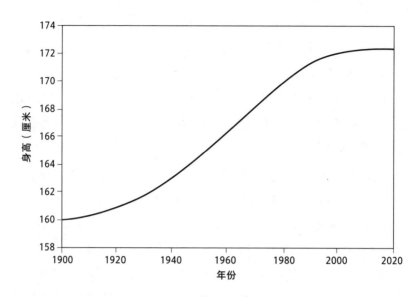

图 2.19　1990—2020 年，日本 18 岁男性的平均身高。数据来自日本国家统计局（SB, Japan 1996）。逻辑斯蒂曲线拟合的相关系数 R^2 达到了 0.98，拐点出现在 1961 年，身高渐近值为 172.8 厘米

于良田充足、人口密度较低），美国人的身高也比同时代的任何已知人群的平均身高更高。然而实际上，美国男性的平均身高在 1830—1890 年略有下降，之后到 2000 年为止又增加了 10 厘米以上（Komlos 2001; Chanda et al. 2008）。澳大利亚人的身高增长情况也与之高度类似。另外，一项针对在 1930—2008 年出生于俄亥俄州的 620 名婴儿的研究（费尔斯追踪研究）表明，增长过程中最明显的差异发生在出生后的第 1 年（Johnson et al. 2012）。1970 年以后出生的男孩和女孩的身高要比 1970 年之前的高 1.4 厘米，体重也要重 450 克左右；但他们在出生后的第 1 年的生长速度要比 1970 年之前出生的婴儿更慢（"延后性生长"）。

世界上最大规模的饥荒（1959—1961 年）暂时中断了中国人的身高增长，但在 20 世纪 50 年代到 2005 年的半个多世纪里，中国 16 个主要城市的青年成长记录表明，18 岁男性的平均身高从 166.6 厘米增长到了 173.4 厘米，18 岁女性的平均身高从 155.8 厘米增长至 161.2 厘米，差不多每 10 年增加 1.3 厘米和 1.1 厘米（Ji and Chen 2008）。在撒哈拉以南非洲的一些国家和南亚，成年人身高几乎甚至完全没有变化：印度人和尼日利亚人

的身高增幅很小，埃塞俄比亚人的身高没有增加，孟加拉国的国民身高则略有下降，印度尼西亚男性的身高自 1870 年到今天增加了 6 厘米。

如今，男性平均身高最高的 5 个国家是荷兰、比利时、爱沙尼亚、拉脱维亚和丹麦，女性的平均身高排名前 5 名的国家则是拉脱维亚、荷兰、爱沙尼亚、捷克共和国和塞尔维亚。有史以来平均身高最高的人群是 20 世纪最后 25 年的荷兰男性（平均身高超过 182.5 厘米）。1900 年，最高的人群与最矮的人群之间的身高差为 19—20 厘米，尽管国家之间的身高排名发生了显著变化，但在一个世纪之后，女性的身高差异与之前保持一致，男性的身高差异则有所扩大。目前，成年男性平均身高最矮的国家是东帝汶、也门（均低于 160 厘米）、老挝、马达加斯加和马拉维，成年女性平均身高最矮的国家则是危地马拉（低于 150 厘米）、菲律宾、孟加拉国、尼泊尔和东帝汶（NCD Risk Factor Collaboration 2016）。

优质动物蛋白的平均消费率是解释历史上明显的身高差异的最好指标。在罗马时代，地中海地区的人们身材普遍较为矮小，他们极其有限的肉类和新鲜乳制品摄入量也可以反映这一点，通常来说，只有高收入人群才能消费肉类和新鲜乳制品（Koepke and Baten 2005）。在会遭遇季节性干旱的地中海农业和所有传统农业中，广泛的放牧只是一种有限的选择，因为这些地区传统农业的谷物和豆类产量偏低（且波动很大），人们不可能将很大一部分谷物用来饲养动物（饲料主要被用来喂养耕畜）。因此，虽然牛奶是人体所需蛋白质的最佳来源之一，也是北欧许多人的主食，但在地中海国家，乳制品消费要少得多。

克普克和巴滕通过分析欧洲中西部、东北部和地中海地区的 200 多万块动物骨骼的数据集，研究了身高与富含蛋白质的牛奶和牛肉的供应量之间的联系（Koepke and Baten 2008）。他们计算得出的关于这 3 个地区在头两个千年里同一时期内的农业专业化指数证明，牛骨的份额是决定人类身高的一个非常重要的因素。北欧和东欧的日耳曼人、凯尔特人和斯拉夫人比地中海地区的人们更高，这并不是因为遗传，而是因为前者的高蛋白食物摄入量更高，人均摄入量也更高（不同于肉类，牛奶不容易交易，只能在当地消费）。

营养的改善［主要是一般的优质动物蛋白（尤其是乳制品）供应量的增加］和疾病对儿童青少年的影响力的下降，显然已经成为现代人平均身高增长的两个关键驱动力。不同国家的对比可以明显反映出乳制品对身高的影响。另外，我们已经能够通过对现代的对照试验进行元分析，对这些影响进行量化（de Beer 2012）。乳制品摄入量得到补充最有可能的结果是，每天摄入245毫升（美国标准约237毫升）乳制品可以使身高每年增长0.4厘米。美国人与荷兰人身高趋势的差异清楚地表明了这种因素在全国范围内造成的影响。美国的牛奶消费量在20世纪上半叶保持稳定，此后稳步下降；荷兰的牛奶消费量则一直增长到20世纪60年代，尽管之后有所下降，但仍高于美国的水平。相应地，在第二次世界大战之前，荷兰男性的平均身高低于美国男性，但在1950年之后开始超过美国男性。

此外，可能还存在着其他重要的解释变量。其中最引人注意的也许是，比尔德和布拉泽指出，在20世纪，人类的微生物环境在决定人类平均身高的增长方面起到了重要作用（Beard and Blaser 2002）。微生物环境的变化同时包括外源性的和本土的生物区系（如今是受到广泛研究的人类微生物组）——尤其是幼年幽门螺杆菌（Helicobacter pylori）——的微生物传播。最近，这种长期增长的放缓（特别是在较富裕的人群中）表明，我们已经越来越多地摆脱了特定的病原体。

关于体重变化的历史资料并不像关于身高增长的资料那样丰富。对类人猿和早期人类的骨骼研究反映出两种普遍而又相反的趋势。相比之下，现代的、实际上非常普遍的体重趋势则是显而易见的——即使没有任何相关研究。考古证据（来自对股骨头大小的拟合）表明，在大约200万年前，人属的出现使人的体形大小有了显著增加（体重达到55—70千克）。而在高纬度地区，大约50万年前，类人猿的体重有了进一步的增加（Ruff 2002）。平均而言，更新世人类标本的身体质量（最大可达90千克）要比现在居住在同一纬度的人类的平均体重高出10%左右。平均体重的下降始于约5万年前，并在新石器时代延续了下去，这无疑与更大体重的选择优势下降有关。

肥 胖

现代人身上有一个明显的趋势，即"主要的增长从高度转移到了宽度"（Staub and Rühli 2013, 9）。有充足的长期数据表明，所有人群（乃至特定的人群，例如瑞士的应征入伍者、美国职业棒球大联盟的球员或中国的女孩）一直都在变得越来越重（Staub and Rühli 2013; Onge et al. 2008; O'Dea and Eriksen 2010）。这一过程自 20 世纪 60 年代开始加速，以至于很大一部分人如今已经超重和肥胖。我们最好不要用质量的绝对增幅来衡量这些不良的趋势，而应该使用身体质量指数（BMI，已被用于衡量各个年龄段的相对肥胖率）的变化。按照世界卫生组织的分类标准，身体质量指数大于 25（单位为千克每平方米）属于超重，大于 30 属于肥胖（WHO 2000）。然而，这些临界值不一定对每个成年人、儿童或青少年来说都是最佳选择（Pietrobelli et al. 1998）。这些都是重要的问题，因为肥胖（按照传统，它是成年人和老年人才会碰到的情况）目前已经成为青少年甚至儿童面临的一个主要问题。

美国的数据清楚地表明，大规模肥胖并不是一种新型疾病，而是暴饮暴食和运动不足的后果。直到 20 世纪 70 年代后期，这两种过量的情况一直保持稳定，即大约 1/3 的美国人超重，约 13% 的美国人肥胖。然而到了 2000 年，虽然超重人群的比例保持稳定，但 20 岁以上成年人的肥胖率增加了 1 倍以上；到 2010 年，美国的肥胖率已经达到 35.7%，极度肥胖的成年人的比例也已超过 5%（Ogden et al. 2012）。这意味着，到 2010年，有 3/4（准确地说是 74%）的美国男性超重或肥胖。美国儿童和青少年超重的比例几乎与成年人一样（1/3），肥胖的比例则高达 18.2%。西班牙裔青少年的肥胖率上升至近 23%，非洲裔青少年的肥胖率则上升至 26%。

分类统计数据显示，自 1990 年以来，美国各州的成年人肥胖率都有所上升。虽然未完成高中教育的成年人的体重增长幅度最大，但肥胖问题实际上影响了所有的社会经济群体。1990—2010 年，肥胖率呈线性增长（比例的增长为平均每年 0.8%，波动范围大多为每年 0.65%—0.95%），而自从 2010 年以来，增长已经有所放缓。S 型增长轨迹则趋向于一些截然不同的、渐进式流行的水平：密西西比州的肥胖率为 35%—36%；而在肥胖程度最轻的科罗拉多州，肥胖率仅为20%。一条时间更长的全国范围内的数据序列（1960—2015年）支持了这一结论，其逻辑斯蒂曲线的渐近值大约位于37.5%处（图2.20）。不幸的是，到2015年，路易斯安那州的成年人肥胖率仍在上升（目前略高于36%，位列各州第一）（The State of Obesity 2017）。

英国的肥胖率增长情况几乎同样糟糕。1993—2013年，男性肥胖的比例翻了一番，女性肥胖的比例则增长了近一半。到2013年，英国男性超重或肥胖的比例达到了67.1%，女性则为57.2%，仅仅略低于美国（HSCIC 2015）。此外，1980年之后中国经济的快速增长已经使中国成为世界上最大的经济体（按购买力平价计算），每天的人均食物供应量超过了日本（FAO 2018）。这种情况导致儿童青少年超重和肥胖的比例明显有所增加，从4.4%（1965年出生的一代人）到9.7%（1985年生人），再到15.9%（2000年生人）（Fu and Land 2015）。

第1个关于身体质量指数演变趋势的全球分析研究了199个国家的20岁及以上的成年人在28年（1980—2008年）中的数据。这项研究发现，

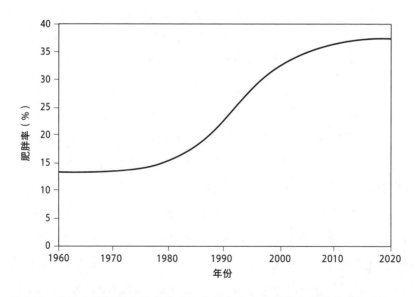

图2.20　美国人的肥胖率增长情况，数据来自奥格登等人的资料（Ogden et al. 2012）和"肥胖的状况"（The State of Obesity 2017）。逻辑斯蒂曲线的拐点出现在1993年，渐近值为总人口的37.5%

除 8 个国家之外，其他所有国家的男性身体质量指数均呈现出上升趋势，全球的平均值平均每 10 年增长 0.4 千克每平方米，女性身体质量指数上升更快，每 10 年增长 0.5 千克每平方米（Finucane et al. 2011）。全球标准化的平均值为 23.8 千克每平方米（男性）和 24.1 千克每平方米（女性），其中太平洋岛屿国家（瑙鲁、汤加、萨摩亚、帕劳）的平均身体质量指数最高，超过了 30 千克每平方米。今天的全球肥胖率（9.8%）也是 1980 年的 2 倍多。因此，全球估计有 2.05 亿男性（北美洲的比例最高）和 2.97 亿女性（非洲南部的比例最高）处于肥胖状态。在全球性的身体质量指数上升和肥胖蔓延的趋势下，日本女性一直是唯一明显的例外：不仅这一群体的身体质量指数明显低于其他富裕国家，甚至 25 岁日本女性的身体质量指数也从 1948 年的 21.8 千克每平方米降低到了 2010 年的 20.4 千克每平方米；在同一时期，日本男性的身体质量指数则从 21.4 千克每平方米上升到 22.3 千克每平方米（Maruyama and Nakamura 2015）。

这种全球性流行病最令人担忧的一点是病情的早期发作，因为童年的肥胖往往会持续到成年。于是我们可以看到，现在越来越多人在其整个生命周期里都处于超重或肥胖状态。霍达伊和赛义迪估计，2013 年全球 5 岁以下的超重儿童总数已经超过 4,200 万（Khodaee and Saeidi 2016）。根据世卫组织的数据，肥胖儿童青少年的总数在 40 年中增长了 10 倍。到 2016 年，肥胖的青少年约有 1.24 亿（肥胖率为 7%），另有 2.13 亿青少年超重（WHO 2017）。同时，世卫组织预测，肥胖儿童的数量到 2022 年将超过营养不良儿童的总数。美国最全面的全国性研究表明，2011—2014 年，2—19 岁儿童青少年的肥胖率为 17%（近 6% 极度肥胖），而对于 2—5 岁的幼儿，这一比例接近 10%（Ogden et al. 2016）。唯一让人稍感安慰的迹象是，幼儿（2—5 岁）的肥胖率虽然在 2003—2004 年之前一直在上升，但随后开始缓慢下降。

人类生长的最新趋势中存在着一个巨大的矛盾。一方面，过度生长实际上会使生活质量恶化、寿命下降；另一方面，发育不良会影响童年时期的正常发展，并降低身体和心理潜力完全发挥出来的可能性。第一个问题完全可以通过适度饮食（有大量关于如何管理饮食的信息）和积极的生活方式（不需要任何剧烈运动，只需要频繁地进行适量活动）来预防。除了少数最贫穷的非洲国家（这些国家需要外国干预），在多数国家，仅仅依靠国家资源，儿童发育迟缓和营养不良的问题就可以有效地得到解决：问题并不在于粮食供应不足，而是获得食物的机会不足。通过有限的重新分配和补充喂养，问题就能够在很大程度上得到改善，这些措施可以避免或减少生命早期的营养不足引起的身体和精神残疾。

至此，关于有机生命体自然生长的研究已经结束了，接下来的两章将专门讨论无生命体的增长。第 3 章将讨论能量转换器（它们的部署是任何复杂的人类活动必不可少的前提）的能力和效率的长期进步，第 4 章则将考察人造物的增长，从最简单的工具（杠杆、轮轴）到复杂的机器、结构和基础设施。正如自然界一样，这些不同类别的增长的最终模式符合各种受限增长函数，但人造物的定性增长（耐用性、可靠性和安全性的提高）与衡量其功能和性能不断提高的许多定量增长一样重要。

第 3 章

能 量

初级和次级能量转换器的增长

从基本的物理层面来看，任何生物或人造物的增长都是通过能量转换而实现质量转换的过程。当然，太阳辐射通过光合作用为生命提供了初级能量，随后的自养和异养代谢则造就了各种各样的生物。不可避免地，我们人类的祖先作为完全依赖体能的狩猎者和采集者，同样受到了能量限制。他们通过使用火，扩大了自己的控制范围：焚烧植物质（其供应量受到光合作用的限制）是第一种体外能量转换方式，为人类改善饮食和居住环境以及更好地防御动物开辟了新道路。烹饪是一项特别重要的进步，因为它极大地扩展了食物的种类、提高了食物的质量（Wrangham 2009）。当史前人类在大约 1 万年前开始使用驯养动物进行运输和从事随后的田间工作时，我们又多了一种体外能量转换方式。

之后的人类文明史可以被视为对体外能量的依赖程度不断提高的过程（Smil 2017a）。这个过程始于通过燃烧植物质（木材、通过燃烧木材制造的木炭以及农作物残余中的化学能）来发出热量（热能）和小规模地将水与风转化为磨坊与船帆的动能。经过几个世纪的缓慢发展，这些转换过程变得更普遍、更有效，并且以更集中的形式（更大的单位容量）变得可用，但只有化石燃料的燃烧才开启了现代的高能耗社会。在亿万年的时间里，由光合作用产生的生物质转化成了燃料（煤、原油和天然气），并大量储存起来，这些燃料的提取和转化活动为城市化与工业化的发展提供了动力。这些进步使人类的食品供应丰富性、住房舒适度、物质富裕程度和个人流动性达到了空前的程度，全球越来越多的人口的预期寿命也因此而延长。

因此，评估能量转换器的长期增长（就其性能和效率而言）是追踪人造物的增长的必要前提。这些人造物种类繁多，从最简单的工具（杠杆、滑轮）到精巧的结构（大教堂、摩天大楼），再到令人惊讶的复杂电子设备（我将在第 4 章中展开讨论）。我将在最广泛的意义上使用能量转换器一词，也就是将它们定义为任何能够将一种能量形式转换为另一种能量形式的人造物。它们将被分成两个基本类别。

初级能量转换器会将可再生能源和化石燃料转化成一系列有用的能量，最常见的是转化成动能（机械能）、热（热能）、光能（电磁能），抑或电能（向电能的转化已经越来越多）。这一大类别包括以下机器和组件：传统的水车和风车（及其现代改进版，也就是水轮机和风力涡轮机）、蒸汽机和汽轮机、内燃机（固定式或移动式的汽油机、柴油机或燃气轮机）、核反应堆以及光伏电池。迄今为止，各式各样的电灯和电动机是最常见的次级能量转换器，它们将电能转化成光能和动能，为工业生产、农业生产、服务业运行以及家庭生活所使用的各类固定式机器和陆路运输中的各类移动式机器供能。

甚至古代文明也要依赖各种能量转换器。在古代，气候寒冷的地区最常见的供暖设计包括简单的炉子（19 世纪的日本农村家庭仍普遍使用）和精巧的罗马火炕（hypocaust），以及它们的亚洲变种——中国的炕和韩式暖炕（ondol）。由生物劳动力（奴隶、驴、牛、马）和水力（利用水车将水流的能量转换为旋转运动）驱动的磨坊被用来碾磨谷物和榨油。油灯、蜡和牛脂蜡烛为人们提供（通常并不充分的）照明。桨和帆是驱动前现代船只的仅有的两种方法。

到中世纪末期，对于大部分能量转换器来说，要么尺寸或容量有了大幅增长，要么生产质量和操作的可靠性有了显著提升。在中世纪晚期脱颖而出的新型能量转换器是更高大的风车（用于抽水、农作物加工，以及服务于工业任务）、高炉（使用木炭和石灰石冶炼铁矿石，生产铸铁）和依靠火药推进的弹射物（能在一瞬间将硝酸钾、硫和木炭的混合物中的化学能转化为爆炸性动能，用于杀死战斗人员或破坏建筑物）。

前现代文明还发展出了一系列更复杂、依靠重力或自然动能的能量转换器。不论是简单的或无比精巧的铜壶滴漏，还是中国的天文塔，都要依靠下落的水获得动力。但摆钟的历史可追溯到近代早期：它是由克里斯蒂安·惠更斯（Christiaan Huygens）在 1656 年发明的。为了显示令人惊叹的技艺和用于娱乐，欧洲、中东和东亚的富人们会展示各种人形或动物形状（包括乐工、鸟类、猴子和老虎）的自动机器，还有能演奏、歌唱和面向太阳转动的天使。它们都由水、风、压缩空气和发条弹簧驱动（Chapuis and Gélis 1928）。

在近代早期（1500—1800 年），所有传统的无生命能量转换器的建设和部署都得到了强化。水车和风车变得更加普遍，它们的典型容量和转换效率也不断提高；在以木炭为燃料的高炉中，铸铁冶炼工艺达到了新的高度；帆船的排水量和机动性不断打破以往的纪录；军队拥有了更强大的枪炮；各种自动装置和其他机械奇物的工艺复杂度也都达到了新的水平。然后，在 18 世纪初，随着第一批商用蒸汽机的安装部署，人类的能源使用方式的划时代改变悄然到来。

第一批无生命原动机的最早版本由燃烧煤炭（100 万到 1 亿年前，由太阳辐射的光合作用产生的化石燃料）所产生的能量驱动，它们在运行过程中会造成极大的浪费，且只能进行往复运动。结果，几十年来它们仅仅被用于为煤矿抽水。然而，一旦它们的效率得到提高，加上新的设计实现了旋转运动，它们就迅速征服了许多传统工业和运输市场，并创造了新的产业，为我们的出行提供了新的选择（Dickinson 1939; Jones 1973）。在 19 世纪发明和实现商业化的新型能量转换器比历史上其他任何时期的都要多：按照时间顺序，它们包括水轮机（始于 19 世纪 30 年代）、汽轮机、内燃机（奥托循环）和电动机（这 3 种机器都在 19 世纪 80 年代出现），以及柴油发动机（始于 19 世纪 90 年代）。

到了 20 世纪，又出现了燃气轮机（在 30 年代首次实现商业应用）、核反应堆（在 50 年代初首次被安装在潜艇上，从 50 年代后期开始被用于发电）、光伏电池（在 50 年代后期首次应用在人造卫星上）和风力涡轮机（其现代设计始于 80 年代）。本书将按照主题而非时间顺序，依次展开讨论。接下来将涉及的主题首先是利用风和水的机器（传统磨坊和现代涡轮机），然后是蒸汽动力转换器（发动机和蒸汽轮机）、内燃机、电灯和电动机，最后是核反应堆和光伏电池。

掌控水力和风力

我们无法确认水车（起源于古代地中海地区）和风车（在中世纪早期最早被人们使用）这两种传统的无生命原动机最早的发展时间。同样地，我们也只能用简单的定性术语来描述它们的早期增长。虽然我们可以追踪它们的后续应用以及不同的用法，但关于它们的实际性能，我们了解的信息十分有限。我们最早只能从在 18 世纪下半叶部署的机器开始，做一些定量分析。我们可以准确地追踪从水车到水轮机的转变，以及这些水力机械的发展过程。

相比于水力原动机的不间断演变，在风力的应用方面，并不存在一个从传统风车的改进版本逐步过渡到现代风力发电机的过程。20 世纪初，蒸汽驱动的发电机终结了人类对风车的依赖，但直到 20 世纪 80 年代，第一批现代风力涡轮机才被安装在加利福尼亚州的一家商业风电场。在补贴和对现代发电脱碳化的追求的帮助下，这些设备的后续发展有了令人印象深刻的设计和性能提升，因为风力涡轮机已经成为新一代发电机组的普遍（甚至占主导地位的）选择。

水　车

我们仍然不清楚水车的起源情况。但毫无疑问，最早的用水力碾磨谷物的方式是通过一根垂直的轴将卧式水车（horizontal wheel）与磨盘连在一起，让二者绕轴同步旋转，它们的功率只有几千瓦。更大的立式水车（vertical wheel，在此主要指罗马水车，hydraletae）通过直角齿轮驱动磨盘，在公元时代早期的地中海世界十分普遍（Moritz 1958; White 1978;

Walton 2006; Denny 2007）。为了最好地适应不同的水流情况，或为了利用由人工增强的水流（比如人工分流的溪流、运河以及渡槽），人们发明了 3 种类型的立式水车（Reynolds 2002）。下冲式水车（逆时针旋转）最适合用于流速较快的水流，小型下冲式水车的功率通常不足 100 瓦，相当于一名以稳定的功率工作的强壮男性。中击式水车（也沿逆时针旋转）由流水和下落的水提供动力。上射式水车则会被由水槽输运的水的重力带动。上射式水车可以提供几千瓦的有用功率，19 世纪设计最好的上射式水车的功率能够超过 10 千瓦。

水车给谷物碾磨带来了根本性的改变。即使一座雇用了不到 10 名工人的小磨坊，每天也可以生产足以养活 3,000 多人的面粉，而用磨石进行手工碾磨，相同的产量将需要 200 多人的劳动。在罗马时代，水车的用途已经远远不限于碾磨谷物。在中世纪，使用水力的常见任务包括锯切木材和石材、粉碎矿石和驱动鼓风炉。在近代早期，英国的水车也经常被用来为地下矿井抽水和运煤（Woodall 1982; Clavering 1995）。

与现代的金属器械相比，前现代时期的那些木制轮子常常粗制滥造，而且效率不高，但它们提供了相当稳定的、规模空前的动力，为早期的工业化和大规模生产开辟了道路。早期的现代木制下冲式水车的效率达到了 35%—45%，远远不及上射式水车的 52%—76%（Smeaton 1759）。相比之下，后来的全金属下冲式水车的效率也可以达到 76%，上射式水车的效率则高达 85%（Müller 1939; Muller and Kauppert 2004）。然而，就连 18 世纪的水车也比当代的蒸汽机更加高效。此外，这两种截然不同的机器是同步发展的，在 1850 年之前，水车是多个重要行业（尤其是纺织业）的主要原动机。

1849 年，美国的水车总装机容量接近 500 兆瓦，蒸汽机的总装机容量达到 920 兆瓦（Daugherty 1927）。舒尔和内彻特的计算结果表明，在 19 世纪 60 年代末之前的美国，水车提供的有用功始终高于蒸汽机（Schurr and Netschert 1960）。美国第 10 次人口普查显示，在 1880 年，即商业发电机开始得到使用之前，美国拥有 55,404 台水车，总装机容量为 914 兆瓦（平均每台水车的容量约为 16.5 千瓦），占全国制造业使用的所有功率的 36%，其余部分则由蒸汽机提供（Swain 1885）。研磨谷物和锯木是水车的两种主要用途，马萨诸塞州黑石河地区的水车最密集，黑石河流域的水车功率密度约为 125 千瓦每公顷。

我们没有足够的信息来追踪水车的平均容量或典型容量的增长过程。然而已有的资料足以证明，在多个世纪里，水车的发展陷入了停滞或极其缓慢，然后在 1750—1850 年，水车突然迅速发展，创造了新的纪录。最大的水车装置将许多台水车的力量结合在了一起。1684 年，为了给凡尔赛宫的花园抽水，人们在塞纳河上安装了 14 台水车（Machine de Marly），提供了约 52 千瓦的有用输出功率，但平均每台水车的功率不到 4 千瓦（Brandstetter 2005；图 3.1）。1840 年，人们在格拉斯哥附近安装了英国最大的水车装置，这个装置由一座水库供水，包括 30 台水车（平均每台水车的功率为 50 千瓦），总装机容量为 1.5 兆瓦（Woodall 1982）。1854 年，人们在马恩岛上建立了世界上最大的水车"伊莎贝拉夫人"（Lady Isabella），用于从拉克西铅矿和锌矿中抽水，它的理论功率峰值为 427 千瓦，实际的持续功率输出为 200 千瓦（Reynolds 1970）。

图 3.1 由皮埃尔–德尼·马丁（Pierre-Denis Martin）于 1723 年创作的油画《马尔利机械》。这幅画中描绘的近代早期最大的水车装置于 1684 年完工，用于从塞纳河向凡尔赛宫的花园抽水。画中的细节也显示出了背景中的高架渠。我们可以在维基媒体上找到这幅画的复制品

1850 年之后，随着更高效的水轮机和更灵活、通过燃料燃烧生热驱动的发动机接手了几个世纪以来由水车完成的任务，新水车的安装量迅速减少。在大约 2,000 年的时间跨度中，水车的典型装机容量增长了至少 20 倍，甚至高达 50 倍。考古学证据表明，在罗马时代末期，常见水车的容量仅为 1—2 千瓦。在 18 世纪初，大多数欧洲水车的容量为 3—5 千瓦，只有少数水车的额定功率超过了 7 千瓦。到 1850 年，许多水车的额定功率达到了 20—50 千瓦（Smil 2017a）。这就意味着，在漫长（近 1,500 年）的停滞或十分缓慢的进展之后，水车的典型装机容量在大约一个世纪里增长了一个数量级，大约每 30 年翻一番。由于人们选用了新的能量转换器，水车的进一步发展迅速终止。在 1859 年之前，水车的发展呈现出一条高度不对称的 S 型曲线。然而在 1859 年之后，这条曲线先是逐渐失效，然后迅速崩溃。到 1960 年，只有少量水车仍在运转。

水轮机

水轮机是在高水头之下运行的卧式水车的概念性延展。它们的历史始于伯努瓦·富尔内隆（Benoît Fourneyron）设计的反击式水轮机。1832 年，他的第一台机器拥有直径 2.4 米的转子，水流辐射向外，水头高度仅为 1.3 米，额定输出功率为 38 千瓦。1837 年，人们将它的改进版本安装在了圣布拉辛（Saint Blaisien）纺纱厂，水头高度超过 100 米，功率为 45 千瓦（Smith 1980）。一年后，塞缪尔·B. 豪德（Samuel B. Howd）在美国为更好的设计申请了专利。英裔美国工程师詹姆斯·B. 弗朗西斯（James B. Francis）对其做了进一步的改进，于 1849 年在马萨诸塞州洛厄尔推出了一种内向流水轮机，通常被称为"弗朗西斯水轮机"。这种设计至今仍是最常用的适用于中高水头的大功率水力机器（Shortridge 1989）。1850—1880 年，河上的许多行业都用这些水轮机取代了水车。在美国，马萨诸塞州遥遥领先：到 1875 年，马萨诸塞州固定式原动机提供的功率的 80% 是由水轮机提供的。

随着 19 世纪 80 年代爱迪生电力系统的问世，水轮机开始带动发电机。第 1 个小型发电装置（12.5 千瓦）位于威斯康星州的阿普尔顿，于 1882

年开始运行。同年，爱迪生的第一座燃煤发电站在曼哈顿建成（Monaco 2011）。到19世纪80年代末，美国已经有了大约200座小型水电站，也出现了另一种水轮机设计。莱斯特·A. 佩尔顿（Lester A. Pelton）发明了一种水斗式水轮机，这种机器适用于高水头的情况，由冲击水轮机外围水斗的水射流驱动。建于1891—1895年、位于尼亚加拉大瀑布上的水电站是当时全球最大的水电站，拥有10台5,000马力[①]（3.73兆瓦）的水轮机。

1912年和1913年，维克托·卡普兰（Viktor Kaplan）为他的轴流式水轮机申请了专利，这种机器拥有可调节的螺旋桨，最适合应用在低水头的场景。第一批小型卡普兰水轮机于1918年建造。到1931年，莱茵河上的德国吕堡-施沃施塔特（Ryburg-Schwörstadt）水电站中的4台35兆瓦机组开始运行。尽管在第一次世界大战之前，全球已经建造了500多座水电站，但其中的大多数容量有限。大型水电站项目始于20世纪20年代的苏联和30年代的美国，这两个国家的水电站项目都由国家电气化政策所引领。不过，苏联电气化计划中最大的项目借助了美国的专业知识和机械才得以完成：第聂伯河水电站于1932年竣工，安装了在美国纽波特纽斯建造的额定功率高达63.38兆瓦的弗朗西斯水轮机和由通用电气公司制造的发电机（Nesteruk 1963）。

在由美国政府主导的一系列水电项目中，最主要的成果包括由东部的田纳西河谷管理局主持建造的一系列水电站以及西部的两个创纪录的项目——胡佛水坝和大古力水坝（ICOLD 2017; USDI 2017）。位于科罗拉多河上的胡佛水坝于1936年完工，在它的17台水轮机中，有13台的额定功率为130兆瓦。大古力水坝建于1933—1942年。在它的两座发电站中，最初的18台水轮机每台均可提供125兆瓦的功率输出（USBR 2016）。大古力水坝的所有发电机最初的总装机容量仅有2吉瓦，美国在二战后建造的任何一座水电站的容量都未能超过它。后来，人们在大古力水坝上建造了第三座发电站（1975—1980年），这进一步扩大了它的容量。第三座发电站拥有3台600兆瓦的水轮机和3台700兆瓦的水轮机。大古力水坝在升级完成之时（1984—1985年）失去了全球之冠的头衔，

---

① 马力，horse power，功率单位，缩写为hp。1马力约等于735瓦。——编者注

被南美的新水电站超越。

巴西托坎廷斯河上的图库鲁伊水电站（8.37 吉瓦）于 1984 年完工。委内瑞拉卡罗尼河上的古里水电站（10.23 吉瓦）紧随其后，于 1986 年建成。位于巴西和巴拉圭边界的伊泰普水电站是当时世界上最大的水电站，它最初的功率为 12.6 吉瓦，现在的功率为 14 吉瓦，它的第一台机组于 1984 年安装。如今，伊泰普水电站拥有 20 台 700 兆瓦的水轮机；古里水电站的机组容量（730 兆瓦）比大古力水电站的机组容量略大；图库鲁伊水电站的机组容量则仅为 375 兆瓦和 350 兆瓦。于 2006 年竣工的三峡水电站以 22.5 吉瓦的总装机容量成为新的世界纪录保持者，但它的发电机组的容量并未创下新的世界纪录：它的机组容量为 700 兆瓦，与伊泰普水电站的机组相同。直到 2013 年，云南的向家坝水电站安装了世界上最大的弗朗西斯水轮机（由阿尔斯通公司在天津的工厂设计和制造的 800 兆瓦的水轮机），旧的世界纪录才被打破（Alstom 2013; Duddu 2013）。

水轮机最大容量的历史发展轨迹形成了一条明显的 S 型曲线，其中的大部分增长发生在 20 世纪 30 年代初至 80 年代初。一旦发电机组的最大容量接近 1,000 兆瓦，就会出现一个平台期（图 3.2）。同样，当我们以兆伏安（MVA）为单位来衡量发电机的容量时，就会发现它们的最大额定值会呈现为一条逻辑斯蒂增长轨迹，从 1900 年的个位数上升到 1960 年的 200。2013 年，随着金沙江上的溪洛渡水电站的完工，发电机容量的最大额定值上升至 855 兆伏安（Voith 2017）。按照这条发展轨迹的预测，到 2030 年，最大额定值只会出现微小的增长，但我们已经知道，渐近值很快就会出现：位于金沙江上、自 2008 年开始建造的白鹤滩水电站（位于四川省和云南省之间）是中国第二（也是世界第二）的水电项目，这座水电站在 21 世纪 20 年代初竣工，届时将拥有 16 台容量达到 1,000 兆瓦（1 吉瓦）的机组。

水轮机装机容量的世界纪录很有可能将长期维持在 1 吉瓦。这是因为，要么世界上多数具有庞大水电潜力的国家都已经开发了适用于此类大型机组的最佳地点（美国、加拿大），要么在那些有发电潜力的地点（撒哈拉以南非洲、拉丁美洲和亚洲的季风区），500—700 兆瓦的机组是最

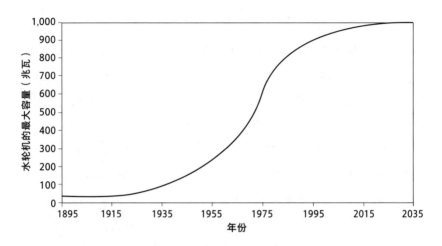

图 3.2 自 1895 年以来，水轮机最大容量的逻辑斯蒂增长过程，拐点出现在 1963 年。图表根据斯米尔的数据（Smil 2008）和国际大坝委员会的数据（ICOLD 2017）绘制而成

佳选择。目前，在中国、印度、巴西和俄罗斯的那些有着创纪录规模的项目中，这些机组占据着主导地位。此外，除了白鹤滩水电站，出于环境方面的考虑，建造另一座容量超过 15 吉瓦的水电站的可能性非常小。

风车与风力涡轮机

最早的波斯风车和拜占庭风车体积很小，而且效率低下，但在中世纪的欧洲，最终出现了更大的木制高杆风车（post mill），人们在使用这种风车时，必须为了应对不同的风向而对它们进行手动调整。到了近代早期，在荷兰和大西洋沿岸其他平坦多风的地区，更高而且更高效的塔式风车（tower mill）也变得随处可见（Smil 2017a）。人们为了提高风车的功率和效率，对风车的设计做了一些改进，具体措施包括为了减少叶片的阻力而设计的倾斜的边板，以及后来才出现的真正的螺旋桨（流线型叶片）、金属齿轮和扇尾。风车与水车一样，除了被用来碾磨谷物，还会被用于执行多种任务，比如从种子中榨油和从井中抽水，荷兰人则主要用风车为低洼地区排水（Hill 1984）。与沉重的欧洲风车相比，19 世纪的美国风车更轻、更实惠，但效率相当高。美国风车的结构是许多细窄的叶片被固定在一个个轮子上，然后被放置在格架塔的顶部（Wilson 1999）。

　　中世纪风车的可用功率仅为 2—6 千瓦，与早期的水车相当。17—18 世纪荷兰与英国的风车功率通常不超过 6—10 千瓦。19 世纪末的美国风车的典型额定功率不超过 1 千瓦，而同一时期欧洲最大的风车的输出功率能达到 8—12 千瓦，只能达到最好的水车功率的一小部分（Rankine 1866; Daugherty 1927）。从 19 世纪 90 年代到 20 世纪 20 年代，在许多国家，人们使用小型风车为住在偏远地区的居民发电。然而，当廉价的燃煤发电兴起之后，前一种发电方式就消失了。唯一的例外是在欧佩克的两次石油涨价之后的 20 世纪 80 年代，使用小型风车发电的做法再次出现。

　　加利福尼亚北部代阿布洛岭的阿尔塔蒙特山口是第一座现代化大型风力发电厂的所在地，这座发电厂建于 1981—1986 年，它的涡轮发电机的平均额定功率仅为 94 千瓦，最大的一台的额定功率可以达到 330 千瓦（Smith 1987）。随着 1984 年后世界石油价格的下跌，这项早期试验逐渐退出了历史舞台。新型风力涡轮机的设计中心转移到了欧洲——尤其是丹麦，丹麦的维斯塔斯集团率先采用了更大的机组设计。它们的额定功率从 1981 年的 55 千瓦上升到 10 年后的 500 千瓦，并在 2000 年达到 2 兆瓦。到 2017 年，维斯塔斯的陆上发电机组的最大容量达到了 4.2 兆瓦（Vestas 2017a）。我们也可以用一条逻辑斯蒂增长曲线来描述这一增长过程，按照这条曲线的预测，陆上风力涡轮机的容量在未来的增长将十分有限。相比之下，最大的海上风力涡轮机（于 2014 年首次安装）的容量为 8 兆瓦，在特定的地点条件下可以达到 9 兆瓦（Vestas 2017b）。然而到了 2018 年，10 兆瓦的设计——2010 年完成的"海上巨人"（SeaTitan）和摇摆涡轮机（Sway Turbine）（AMSC 2012）——仍然未能完成商业部署。

　　风力涡轮机平均容量的增长则更为缓慢。美国的陆上风力涡轮机额定容量从 1998—1999 年的 710 千瓦上升到 2004—2005 年的 1.43 兆瓦，增长了 1 倍，呈线性增长趋势。然而在此之后，增长开始放缓，平均额定容量到 2010 年为 1.79 兆瓦，2015 年为 2 兆瓦。平均额定容量在 17 年里增长了不到 2 倍（Wiser and Bollinger 2016）。在欧洲，架设在陆地上的风力涡轮机的平均容量要略高一些，2010 年为 2.2 兆瓦，2015 年约为 2.5 兆瓦。美国和欧盟的风力涡轮机平均装机容量的增长也遵循 S 型曲线，但似乎比最大容量的增长曲线更接近饱和值。在 20 世纪 90 年代，只有一小部分欧洲海上风力涡轮机的平均容量保持在 500 千瓦左右，到 2005 年达到 3 兆瓦，到 2012 年达到 4 兆瓦，到 2015 年则略高于 4 兆瓦（EWEA 2016）。

因此，在 1986—2014 年的 28 年里，风力涡轮机最大容量的年平均增长率略高于 11%。维斯塔斯风力涡轮机的最大容量在 1981—2014 年间的年平均增长率达到了约 19%，大约每 3 年零 8 个月翻一番。风力发电的倡导者就曾多次指出，如此高的增长率是令人钦佩的技术进步的明证，这种增长为从化石燃料向非碳能源的加速转型开辟了新的道路。实际上，这样的增长并不是前所未有的，其他能量转换器在发展的早期阶段也取得过类似的甚至更高的增长率。在 1885—1913 年的 28 年间，汽轮机的最大容量从 7.5 千瓦上升到了 20 兆瓦，呈指数增长，年平均增长率达到了 28%（图 3.3），随后的增长将其最大容量推高了两个数量级（到 2017 年，最大容量达到了 1.75 吉瓦）。风力涡轮机的最大容量却并未出现类似

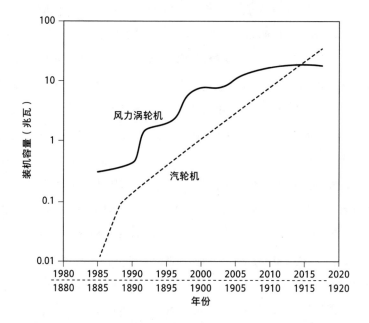

图 3.3 汽轮机（1885—1913 年）和风力涡轮机（1986—2014 年）的早期增长过程的对比表明，风力涡轮机近期的发展速度并不是史无前例的，汽轮机最大单位容量的早期增长更快（Smil 2017b）

的增长（如果出现类似的增长，风力涡轮机的最大单机容量将达到约 800 兆瓦）。

在不到 8 年的时间里，风力涡轮机最大容量即便再翻两番也是不可能的：那样就意味着在 2025 年之前，将出现容量达到 32 兆瓦的风力涡轮机。2011 年，"上风"（Upwind）项目发布了等比例的 20 兆瓦海上风力涡轮机的预设计方案（Peeringa et al. 2011）。这种拥有 3 片转子叶片的涡轮机的旋翼直径达到了 252 米（世界上最大的喷气式客机——空客 A380 的翼展的 3 倍），轮毂直径为 6 米，切入和切出风速分别为 3 米每秒和 25 米每秒。然而，风力涡轮机的功率加倍并不是一个简单的缩放问题：尽管风力涡轮机的功率与叶片半径的平方成正比，但机器的重量（也就是它的成本）与半径的立方成正比（Hameed and Vatn 2012）。不过即便如此，人们仍然提出了一些 50 兆瓦风力涡轮机的概念设计，它们拥有 200 米长的柔性（可收放的）叶片，塔架比埃菲尔铁塔还要高。

当然，如果仅仅因为 1889 年的埃菲尔铁塔的高度就已经达到 300 米，而且巨型油轮和集装箱船的长度也接近 400 米（Hendriks 2008），就认为这种巨大的风力涡轮机的结构在技术上是可行的，那就犯下了一个严重的对比错误。因为前面这些结构既不是垂直结构，也不需要在垂直结构上方放置大量可活动的部件。另外，设计出可承受高达 235 千米每小时的风力的叶片将是一个巨大的挑战。因此，可以肯定的是，风力涡轮机未来的容量增长将不再遵循 1991—2014 年那样的指数发展轨迹：它的年增长率刚刚不可避免地开始下降，相应地，另一条 S 型曲线正在形成。

此外，还有其他限制因素阻碍了风力涡轮机容量的进一步增长：即使最大容量在不到 4 年的时间内翻了一番，大型风力涡轮机的最佳转换效率仍然停滞在 35% 左右，而且进一步发展从根本上受到了限制。没有任何一种风力涡轮机能够以大型电动机（效率超过 99%）或最好的天然气炉（效率超过 97%）那样的高效率运行。风力涡轮机可以利用的风动能的最大份额是总流量的 16/27（59%），90 多年来，这已经是众所周知的极限了（Betz 1926）。

蒸汽：蒸汽锅炉、蒸汽机和汽轮机

利用可控的化石燃料燃烧来产生蒸汽是一项革命性创新。蒸汽是第一种无生命的、可以产生动能的来源，能够随意生产，能够在选定的地点成比例扩大生产，还能够适应越来越多的固定和移动式应用场景。它们的演变过程始于简单低效的蒸汽机，这些蒸汽机为近两个世纪的工业化提供了机械能。蒸汽机的性能已经到达平台期。如今全世界的大部分电力都是由大型、高效的汽轮机提供的。这两种能量转换器都必须由在锅炉中产生的蒸汽提供动力，燃料在锅炉中燃烧，化学能转化为炽热的（也可以是高压的）工作流质的热能和动能。

蒸汽锅炉

18 世纪最早的锅炉只是一些简单的铆接铜壳结构，只能产生常压的蒸汽。詹姆斯·瓦特（James Watt）在不得已之下，只能使用压强等于一个标准大气压（101.3 千帕）的蒸汽，因此他的蒸汽机效率很有限。19 世纪初，随着人们为了满足移动式用途而改变锅炉的设计，锅炉的工作压力开始上升。到了这时，锅炉必须由铁皮建造，并制作成水平的圆柱形，适合放置在船只或轮式车辆上。制造移动式蒸汽机的两位先驱 —— 奥利弗·埃文斯（Oliver Evans）和理查德·特里维西克（Richard Trevithick）就使用了这种高压锅炉（两层圆柱壳之间的空间注满了水，内部圆柱体内放置火炉栅）。到 1841 年，科尼什锅炉的蒸汽压力已经能够超过 0.4 兆帕（Warburton 1981; Teir 2002）。

随着铁路运输的发展和蒸汽动力主导水路运输，更好的设计陆续问世。1845 年，威廉·费尔贝恩（William Fairbairn）为一种通过浸没在水容器中的管子进行热蒸汽循环的锅炉申请了专利；1856 年，斯蒂芬·威尔科克斯（Stephen Wilcox）为一种将倾斜的水管置于火上的设计申请了专利。1867 年，威尔科克斯和乔治·赫尔曼·巴布科克（George Herman Babcock）共同成立了巴布科克-威尔科克斯公司，制造和销售水管锅炉。在 19 世纪余下的时间里，该公司的设计（通过大量改进，提高了安全性和效率）一直是高压锅炉的主要选择（Babcock & Wilcox 2017）。1882 年，爱迪生在纽约的第一座发电站依靠 4 台燃煤的巴布科克-威尔科克斯锅炉（每台锅炉的功率约为 180 千瓦）为 6 台波特-艾伦（Porter-Allen）蒸汽机（94 千瓦）提供蒸汽，这些蒸汽机直接与珍宝发电机连在一起（Martin 1922）。到 19 世纪末，为大型复合发电机提供动力的锅炉的蒸汽压达到了 1.2—1.5 兆帕。

燃煤发电的发展需要更大的锅炉容量和更高的燃烧效率。最终，人们通过采用煤粉锅炉和管式炉满足了这两重需求。在 20 世纪 20 年代初之前，所有的发电厂都燃烧碎煤（直径 0.5—1.5 厘米的煤块），机械司炉器通过活动炉条将煤送到熔炉的底部。1918 年，密尔沃基电气铁路和照明公司进行了首次煤粉燃烧测试。在今天的煤电厂内，人们将煤炭精磨（大多数煤炭颗粒的直径小于 75 微米，类似于面粉），然后吹入燃烧器，使它们在 1,600—1,800 摄氏度的火焰温度下燃烧。管壁式炉（钢管完全覆盖炉子的内壁，通过燃烧气体的辐射加热）使得为大型汽轮机供应蒸汽变得更加容易。

19 世纪末的大型锅炉提供的蒸汽压不超过 1.7 兆帕（英国皇家海军舰船的标准），温度不超过 300 摄氏度；到 1925 年，锅炉内的蒸汽压上升到 2—4 兆帕，温度上升到 425 摄氏度；到 1955 年，这两项数值最高达到了 12.5 兆帕和 525 摄氏度（Teir 2002）。下一项改进是超临界锅炉的问世。在 22.064 兆帕和 374 摄氏度的临界点，蒸汽的潜热为零，其比容与液体或气体相同。超临界锅炉在临界点上工作时，水不会沸腾，而是会直接变成蒸汽（一种超临界流体）。马克·本森（Mark Benson）于 1922 年为这项技术申请了专利，并在 5 年后建造了第一台小型锅炉。然而，只有等到 20 世纪 50 年代商用超临界机组的出现，这项技术才开始得到大规模使用（Franke 2002）。

1957 年，巴布科克-威尔科克斯公司和通用电气公司在俄亥俄州的斐洛 6 号机组上建造了第一台超临界锅炉（31 兆帕，621 摄氏度），该设计在 20 世纪六七十年代迅速推广开来（ASME 2017; Franke and Kral 2003）。现在的大型发电厂所使用的锅炉每小时可产生多达 3,300 吨蒸汽，压力大多在 25—29 兆帕之间，蒸汽温度高达 605 摄氏度，再热温度达到

623 摄氏度（Siemens 2017a）。在 20 世纪，大型锅炉的发展轨迹如下：典型工作压力上升了 17 倍（从 1.7 兆帕到 29 兆帕），蒸汽温度上升了 1 倍，最大蒸汽输出量（千克每秒，吨每小时）上升了 3 个数量级。由单个锅炉提供服务的涡轮发电机的功率从 2 兆瓦增加到 1,750 兆瓦，增加了 875 倍。

固定式蒸汽机

用以演示蒸汽动力的简易设备拥有很长的历史，但直到 1699 年，英国的托马斯·萨弗里（Thomas Savery）才为第一台用于抽水的商用蒸汽机申请了专利（Savery 1702）。这台机器没有活塞，工作范围有限，效率低下（Thurston 1886）。1712 年，托马斯·纽科门（Thomas Newcomen）发明了第一台具有实用价值的蒸汽机（尽管效率仍然很低），它在 1715 年之后被用于从煤矿中抽水。典型的纽科门蒸汽机拥有 4—6 千瓦的功率，但由于设计简单（在大气压下工作，蒸汽会在活塞底部冷凝），它们的转换效率被限制在了 0.5% 以内，因此它们的早期使用场景仅限于那些现场有充足燃料供应的煤矿（Thurston 1886; Rolt and Allen 1997）。最终，约翰·斯米顿（John Smeaton）的改进设计使效率提高了一倍，将额定功率提高到了 15 千瓦，他的蒸汽机还被用来为某些金属矿抽水。然而，只有詹姆斯·瓦特（James Watt）的独立冷凝器设计才为蒸汽机性能的提高和应用范围的扩大开辟了新道路。

1769 年，瓦特在他的专利申请书的开篇部分就描述了他取得如此成就的关键：

> 我减少蒸汽机中的蒸汽消耗从而减少燃料消耗的方法遵循以下原则：首先，蒸汽进入一个容器做功，使发动机工作。这个容器在常见的蒸汽机中被称为汽缸，我则称之为蒸汽缸。在整个发动机工作期间，蒸汽缸的温度必须保持与进入它的蒸汽的温度一样高……其次，在全部或部分通过蒸汽凝结来工作的机器中，蒸汽将在与蒸汽缸或汽缸不同的容器中冷凝，尽管该处偶尔会与汽缸进行气体交换。我把这一容器称为冷凝器，在发动机工作的同时，无论是用水还是用其他冷

的物体来降温，这些冷凝器的温度至少应该像发动机附近的空气温度一样低。（Watt 1769, 2）

当瓦特的原始专利经过延期，最终于 1800 年到期时，他与马修·博尔顿（Matthew Boulton）合作开办的公司已经生产了约 500 台蒸汽机，平均功率约为 20 千瓦（是当时典型的英国水车功率的 5 倍，也是 18 世纪后期风车功率的近 3 倍），其效率并未超过 2.0%。瓦特最大的蒸汽机的额定功率刚好超过了 100 千瓦，但这项指标在 1800 年后的发展过程中迅速提高。于是，除矿业外，从食品加工到金属锻造的所有制造部门都开始部署更大的固定式蒸汽机。在 19 世纪工业发展的最后 20 年里，第一批燃煤发电厂也开始使用大型蒸汽机来驱动发电机（Thurston 1886; Dalby 1920; von Tunzelmann 1978; Smil 2005）。

固定式蒸汽机的发展标志是单机容量、工作压力和热效率的提高。促成这些进步的最重要的创新是复合式蒸汽机的发明，它会将高压蒸汽的工作过程扩展为 2 个、3 个乃至 4 个阶段，从而实现能量利用的最大化（Richardson 1886）。该设计是由阿瑟·伍尔夫（Arthur Woolf）于 1803 年率先提出的。19 世纪 20 年代后期最好的复合式蒸汽机的热效率接近 10%，10 年后这一数字略有提高。1876 年，由乔治·亨利·科利斯（George Henry Corliss）设计的大型三胀式双缸蒸汽机（高 14 米，冲程为 3 米，飞轮直径达 10 米）成为在费城举办的美国百年纪念博览会的焦点：其最大功率刚好超过 1 兆瓦，热效率达到 8.5%（Thompson 2010；图 3.4）。

固定式蒸汽机已经成为工业化和现代化过程中主要的、真正无处不在的原动机，它们的广泛部署能够推动新兴工业化经济体各个传统部门的转变，并创造出远超固定式应用范围的新产业、新机遇和新的空间设计。在 19 世纪，它们的最大额定（标称）容量增加了 10 倍以上，从 100 千瓦上升到了 1—2 兆瓦。美国和英国最大的机器都是在 20 世纪头几年制造完成的。当时的许多工程师都认为，与其使用这些转换效率低的机器，迅速发展的汽轮机是更好的选择（我将在完成关于蒸汽机的讨论之后，讨论汽轮机的增长）。

图 3.4 1876 年，美国百年纪念博览会上展出的科利斯蒸汽机。图片来自美国国会图书馆

1902 年，位于纽约东河第 74 街和第 75 街之间的美国最大的燃煤发电厂配备了 8 台科利斯往复式蒸汽机，每台机器的额定功率为 7.45 兆瓦，直接驱动西屋交流发电机。英国最大的蒸汽机则是在 3 年后问世的。一开始，位于格林尼治的伦敦有轨电车郡议会站安装了第一台 3.5 兆瓦的复合式蒸汽机，由于其高度和宽度几乎一样（均为 14.5 米），狄金森评价它是"发动机世界的大地懒"（Dickinson 1939, 152）。后来，谢菲尔德的戴维兄弟公司制造了更大的蒸汽机。1905 年，他们将 4 台 8.9 兆瓦机器中的第 1 台安装在了谢菲尔德的帕克钢铁厂。在将近 50 年的时间里，这台机器一直被用来热轧装甲板。1781—1905 年，固定式蒸汽机的最大额定功率从 745 瓦上升到了 8.9 兆瓦，几乎增长了 1.2 万倍。

这样一条增长轨迹几乎与拐点位于 1911 年的逻辑斯蒂增长曲线完全吻合。它还表明，到 20 世纪 20 年代初，固定式蒸汽机的容量将再度翻一番。然而，早在 1905 年，蒸汽机工程师们就已经清楚地意识到这是不可能的，因为这种体形巨大且效率相对低下的机器已经达到其性能巅峰。同时，蒸汽机的工作气压从略高于瓦特蒸汽机的大气压水平（101.3 千帕）增加到四胀式蒸汽机的 2.5 兆帕，几乎增长了 24 倍。蒸汽机的最高效率也从瓦特蒸汽机的约 2% 增长到四胀式蒸汽机的 20%—22%，提高了一个数量级。20 世纪早期有可靠的记录表明，柏林的一台双蒸汽发动机的效率达到了 26.8%，伦敦的一台交叉复合蒸汽机的效率则达到了 24%（Croft 1922）。但蒸汽机的常见最佳效率仍然只有 15%—16%，这就为汽轮机在发电和其他工业领域的快速推广留下了余地。然而在运输领域，蒸汽机直到 20 世纪 50 年代仍在发挥着重要作用。

交通运输领域的蒸汽机

蒸汽动力运输的商业化进程始于 1802 年的英格兰［帕特里克·米勒（Patrick Miller）的"夏洛特·邓达斯"号（*Charlotte Dundas*）］和 1807 年的美国［罗伯特·富尔顿（Robert Fulton）的"克莱蒙特"号（*Clermont*）］，后者使用了 7.5 千瓦的改良款瓦特蒸汽机。1838 年，由 335 千瓦蒸汽机提供动力的"大西方"号（*Great Western*）轮船在 15 天内横渡了大西洋。1845 年，布鲁内尔的由螺旋桨推进的轮船"大不列颠"号（*Great Britain*）的蒸汽机额定功率为 745 千瓦。到 19 世纪 80 年代，大西洋上那些拥有钢铁外壳的蒸汽轮船的发动机功率大多为 2.5—6 兆瓦，最高功率达到了 7.5 兆瓦，后者将横穿大西洋的时间缩短到了 7 天（Thurston 1886）。第一次世界大战之前，那些往来于大西洋航线的著名蒸汽船的发动机总容量超过了 20 兆瓦："泰坦尼克"号（*Titanic*，1912）拥有两台 11.2 兆瓦的蒸汽发动机（和一台汽轮机），"布里坦尼克"号（*Britannic*，1914）拥有两台 12 兆瓦的蒸汽发动机（和一台汽轮机）。1802—1914 年，船舶发动机的最大额定功率从 7.5 千瓦上升到 12 兆瓦，增长了 1,600 倍。

蒸汽机的出现使得建造前所未有的大型船舶成为可能（Adams 1993）。1852 年，拥有 3 层结构、装备了 131 门火炮的"威灵顿公爵"号（*Duke of Wellington*）的排水量达到了约 5,800 吨。它在最初设计时和刚下水时是由风力驱动的，与"温莎城堡"号（*Windsor Castle*）一样，但后来被改成了蒸汽船。到 1863 年，铁甲护卫舰"米诺陶"号（*Minotaur*）成为第一艘超过 10,000 吨的海军军舰（实际排水量为 10,690 吨）；1906 年，"无畏"号（*Dreadnought*）成为该级别的第一艘战列舰，排水量为 18,400 吨，这意味着 1852 年后轮船排水量的指数增长率约为每年 2.1%。在 1820—1860 年间主导大西洋客运的定期邮轮仍相对较小：唐纳德·麦凯（Donald McKay）设计的定期邮轮的排水量从"华盛顿·欧文"号（*Washington Irving*，1845）的 2,150 吨增长到"帝国之星"号（*Star of Empire*，1853）的 5,858 吨（McKay 1928）。

当时，金属船体正迅速流行开来。劳埃德船级社（Lloyd's Register）于 1833 年批准了使用金属制造船体。1849 年，伊桑巴德·金德姆·布鲁内尔（Isambard Kingdom Brunel）设计的"大不列颠"号是第一艘横渡大西洋的铁壳船（Dumpleton and Miller 1974）。在 1877 年劳埃德船级社允许人们使用贝塞麦钢制造船舶的 10 年前，这种廉价金属就已经被人们用来建造钢制船体了。1881 年，康科德航运公司的"塞尔维亚"号（*Servia*）是第一艘跨越大西洋的大型钢制客船，船体长 157 米，宽 15.9 米，长宽比达到 9.8∶1，而这一比例是木制帆船无法达到的。之后的钢制客船的船体长宽比都在这一比例附近：比如"泰坦尼克"号的长宽比就是 9.6。1907 年，冠达航运公司的"卢西塔尼亚"号（*Lusitania*）和"毛里塔尼亚"号（*Mauritania*）的排水量都达到了约 4.5 万吨。而在第一次世界大战之前，白星航运公司的"奥林匹克"号（*Olympic*）、"泰坦尼克"号和"布里坦尼克"号的排水量都接近 5.3 万吨（Newall 2012）。

在大约 50 年的时间里，轮船的最大排水量增加了一个数量级（从大约 0.5 万吨增长到大约 5 万吨）。这意味着每年的指数增长率约为 4.5%，这样的增长主要得益于两个因素：客运船舶的驱动方式由风力驱动转为蒸汽驱动；船体由木制变为钢制。在两次世界大战之间下水的邮轮只有两艘比一战前最大的邮轮要大得多（Adams 1993）。1934 年的"玛丽皇后"号（*Queen Mary*）和 1935 年的"诺曼底"号（*Normandie*）的排水量分别达到了近 8.2 万吨和约 6.9 万吨，而德国的"不来梅号"（*Bremen*，1929）的排水量约为 5.56 万吨，意大利的"雷克斯"号（*Rex*）的排水量为 4.58 万吨。第二次世界大战之后的"美国"号（*United States*, 1952）邮轮排水量为 4.54 万吨，"法国"号（*France*, 1961）的排水量为 5.7 万吨。这表明跨大西洋大型邮轮的排水量上限在 4.5 万—5.7 万吨之间，这种发展过程形成了另一条 S 型增长曲线（图 3.5）。同时，突然之间，超过 150 年的蒸汽动力船舶横渡大西洋的历史宣告结束。我将在本书第 4 章回到关于船舶问题的讨论上，回顾运输速度的增长。

要建造更大的船舶，就需要功率强大且效率更高的发动机（从而控制载煤量），但蒸汽机的性能存在固有的限制，这就为更好的原动机创造了机会。1904—1908 年，英国最好的三胀式蒸汽机和四胀式蒸汽机在船用发动机试验中测得的最佳效率介于 11%—17% 之间，仍然比不上汽轮机和柴油发动机（Dalby 1920）。甚至早在第一次世界大战之前，汽轮机（可以在更高的温度下工作）和柴油机就开始驱动各种船只。水路运输是柴油发动机开始为卡车和火车（20 世纪 20 年代）以及汽车（20 世纪 30 年代）提供动力之前征服的首个成功的细分市场。

然而，在已然退出水运领域几十年后，蒸汽机再次发挥了重要作

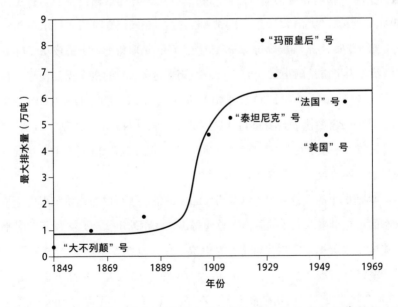

图 3.5　1849—1961 年，跨大西洋商业邮轮最大排水量的逻辑斯蒂增长曲线（Smil 2017a）

用：在二战期间，美国和加拿大建造的 2,710 艘"自由"级运输船（EC2）选用了蒸汽动力，用来将货物和部队运送到亚洲、非洲和欧洲（Elphick 2001）。这些三胀式蒸汽机是在 1881 年由英国设计的蒸汽机的基础上建造的，蒸汽输入压强为 1.5 兆帕（蒸汽来自两个燃油锅炉），可在每分钟 76 转的转速下提供 1.86 兆瓦的功率输出（Bourneuf 2008）。人们从这一重要现象得出了一个适用于许多其他增长现象的关键经验：在特定条件下，最好的和最新的设计可能并不是最合适的，功率较小、效率低下且已经过时的蒸汽机反而是赢得运输战的最佳选择。它们的建造并没有给美国海军生产现代汽轮机和柴油发动机的能力设置障碍，而且有许多制造商（最终包括 18 家不同的公司）能够以低廉的成本迅速建造大量性能可靠的船只。

在人们尝试首次将蒸汽机安装在船上的同时，适用于驱动轨道车辆的高压蒸汽机车的试验也开始了（Watkins 1967）。理查德·特里维西克（Richard Trewithick）于 1803 年建造的简易的机车在机械构造上是合理的。在接下来的 25 年里，人们还对许多设计做了测试，直到英国人罗伯特·史蒂芬森（Robert Stephenson）的"火箭"号（Rocket。1829 年，人们为了给利物浦和曼彻斯特之间的铁路寻找最好的运输设备而举行了雨山机车试验，"火箭"号是这次试验的获胜者）和美国的"查尔斯顿挚友"号（The Best Friend of Charleston，1830）取得商业上的成功（Ludy 1909）。为了满足雨山试验的要求，一辆重达 4.5 吨的机车需要使用一台压强为 50 磅每平方英寸（340 千帕）的锅炉，以 10 英里每小时（16 千米每小时）的速度拉动自身重量 3 倍的载重。史蒂芬森的"火箭"号重 4.5 吨，是唯一一辆能够以 16 英里每小时的平均速度拉动 20 吨重量（达到并超过了比赛要求）的参赛者。

早期机车的大致功率［以马力（hp）为单位］可以通过将牵引力［用火车的总重量乘以火车的阻力系数而得出，在钢轨上大概是 8 磅每吨］乘以速度［以英里每小时（mph）为单位］并除以 735 来估算。"火箭"号的功率将近 7 马力（约 5 千瓦），最大功率约为 12 马力（略高于 9 千瓦）；"查尔斯顿挚友"号的功率输出也差不多，但它的速度可以达到约 30 千米每小时。到 19 世纪四五十年代，为了驱动更快的客运列车和运行距离更长的重型货运列车，也为了让列车在 1869 年 5 月建成的美国第一条横跨大陆的铁路上运行，人们几乎立刻需要更强大的机车。此外，这些蒸汽机车还必须能够在山区的那些坡度更大的路线上运行。

人们还对机车做了许多改进，包括单流式设计（Jacob Perkins 1827）、可调节的阀动装置（George H. Corliss 1849）以及复合式发动机（于 19 世纪 80 年代问世，这种机器的蒸汽膨胀过程被分成两个或更多个阶段）。这些改进使蒸汽机车变得更重、更可靠、更高效，其功率也更大（Thurston 1886; Ludy 1909; Ellis 1977）。到 19 世纪 50 年代，最强大的蒸汽机车的锅炉压强可以达到将近 1 兆帕，功率超过 1 兆瓦。在大约 25 年内，蒸汽机车发动机的最高功率呈指数增长，跨越了两个数量级，年增长率达 20%。在之后的 90 年里，机车功率继续增长，只不过速度要缓慢得多，直到 20 世纪 40 年代中期，蒸汽机车的设计创新停止了。在 19 世纪 80 年代，最好的机车的功率一般都在 2 兆瓦的水平上，到 1945 年，最大的蒸汽机车的额定功率达到了 4—6 兆瓦。联合太平洋公司的"大男孩"号（Big Boy）是有史以来最重的蒸汽机车（548 吨），功率输出可达 4.69 兆瓦；切萨皮克与联合铁路公司的"阿勒格尼"号（Allegheny，"仅"重 544 吨）的功率为 5.59 兆瓦；宾夕法尼亚铁路公司的"宾铁 Q2"型（PRR Q2）蒸汽机车（于 1944—1945 年在阿尔图纳建造，重 456 吨）的最高功率达到了 5.956 兆瓦（E. Harley 1982; SteamLocomotive.com 2017）。

因此，机车蒸汽机最大输出功率的增长（从 1829 年的约 9 千瓦增至 1944 年的约 6 兆瓦，增长了 667 倍）比水路运输使用的蒸汽机功率的整体增长要慢得多。考虑到机车的底盘和铁轨所能承受的重量有限，这一结果是预料之中的。蒸汽锅炉的压力则从 1829 年史蒂芬森"火箭"号的 340 千帕增加到 19 世纪 70 年代的 1 兆帕以上。到 20 世纪上半叶，高压锅炉压力的峰值水平通常能超过 1.5 兆帕：创下运行速度历史纪录的野鸭号（Mallard，1938 年 7 月，它的速度达到了 203 千米每小时）的锅炉工作压力为 1.72 兆帕；1945 年的"宾铁 Q2"锅炉压力达到了 2.1 兆帕。在约 115 年（1829—1944）的时间里，蒸汽机车锅炉压力的最大值增长了 5.2 倍。这就形成了一条线性增长的轨迹，平均每 10 年增长 0.15

兆帕。蒸汽机的热效率则从 19 世纪 20 年代末的不足 1% 提高到 19 世纪末 20 世纪初那些最好的机器的 6%—7%。美国在一战前测得的最佳结果约为 10%。在法国的巴黎—奥尔良铁路上运行的机车由安德烈·沙普隆（André Chapelon）重新建造，它们的热效率从 1932 年开始达到 12% 以上（Rhodes 2017）。因此，热效率的增长也呈线性趋势，平均每 10 年增长约 1%。

汽轮机

查尔斯·阿尔杰农·帕森斯（Charles Algernon Parsons）在 1884 年取得了首个实用汽轮机设计的专利，并立即建造了第一台小型原型机，它的功率仅有 7.5 千瓦，效率低至 1.6%（Parsons 1936）。这样的性能表现甚至赶不上 1882 年爱迪生的第一座发电厂里的蒸汽机的效率（近 2.5%）。然而，汽轮机的设计很快便得到了改进。1888 年，汽轮机首次投入商业应用。1890 年，两台 75 千瓦的设备（效率约为 5%）开始在纽卡斯尔被用于发电。1891 年，剑桥电气照明公司安装了一台功率为 100 千瓦、效率为 11% 的汽轮机，这也是第一台使用过热蒸汽的冷凝式汽轮机（以前所有的型号都在大气压下排出蒸汽，因此效率非常低）。

在随后的 20 年里，汽轮机的功率一直都在呈指数增长。1899 年，第一台 1 兆瓦的机组在德国的埃伯菲尔德发电站安装完成；1903 年，英国纽卡斯尔附近的内普丘恩河畔发电站安装了第一台 2 兆瓦的机器；1907 年，泰恩河畔纽卡斯尔安装了一台功率为 5 兆瓦、效率高达 22% 的汽轮机；1912 年，芝加哥菲斯克街发电站安装了功率为 25 兆瓦、效率约为 25% 的机组（Parsons 1911）。这样一来，汽轮机的最大功率在 24 年内从 75 千瓦增长到了 25 兆瓦（增加了 332 倍），效率则在不到 30 年的时间内提高了一个数量级。相比之下，在 20 世纪初，蒸汽机的最大热效率仅为 11%—17%（Dalby 1920）。汽轮机的功率质量比从 1891 年的 25 瓦每千克（比同一时代的蒸汽机高出 5 倍）上升到第一次世界大战之前的 100 瓦每千克。因此，汽轮机的尺寸可以更紧凑（从而简化安装），这进一步节省了大量材料（主要是金属），降低了建造成本。

1905 年，最后一座由蒸汽机提供动力的发电厂在伦敦建成。汽轮机的功率和效率进一步提高的过程却被第一次世界大战打断了。这个过程虽在战后有所恢复，却因为 20 世纪 30 年代的经济危机和第二次世界大战而再次中断。随着 1918 年后北美和欧洲的电气化进程飞速发展，蒸汽涡轮发电机变得越来越普遍；为了满足 1941 年后战争经济的需求，美国的电力需求进一步增加，但汽轮机单机功率和效率的增长依然缓慢。美国在 1928 年安装了第一台 110 兆瓦机组，但它平常的发电能力仍明显低于 100 兆瓦。第一台 220 兆瓦的机组要等到 1953 年才开始发电。

然而在 20 世纪 60 年代，美国的新型蒸汽涡轮发电机的平均功率从 175 兆瓦增加到了 575 兆瓦，增长了两倍多。到了 1965 年，美国最大的蒸汽涡轮发电机（安装在了纽约的雷文斯伍德发电厂）的平均功率达到了 1 吉瓦（1,000 兆瓦），功率质量比也达到了 1,000 瓦每千克（Driscoll et al. 1964）。人们对汽轮机功率增长的预测表明，到 1980 年，将出现功率达到 2 吉瓦的机器，但电力需求增长放缓阻碍了这种增长。到 20 世纪末，最大的涡轮发电机（在核电站中）是伊萨尔 2 号（Isar 2）核电站中的 1.5 吉瓦西门子机组和绍兹 B1（Chooz B1）反应堆里的 1.55 吉瓦阿尔斯通机组。

世界上最大的发电机组是阿尔斯通的 1.75 吉瓦涡轮发电机，计划于 2019 年开始在法国的弗拉芒维尔发电站运行，该电站的两台 1,382 兆瓦机组从 20 世纪 80 年代后期就在发电（Anglaret 2013; GE 2017a）。从 1884 年帕森斯的 7.5 千瓦机器到 2017 年的机器，汽轮机最大功率的完整增长轨迹共跨越了 5 个数量级（在 20 世纪，最大功率从 1 兆瓦增长到了 1.5 吉瓦，跨越了 3 个数量级）。这条轨迹还几乎和拐点在 1963 年的四参数对数曲线完全吻合，这同时表明功率进一步增长的可能性并不大（图 3.6）。

正如描述锅炉发展的那一小节已经提到的那样，蒸汽的工作压力从第一批商用锅炉的大约 1 兆帕上升到 20 世纪 60 年代推出的超临界锅炉的 31 兆帕，增长了约 30 倍（Leyzerovich 2008）。蒸汽的温度从第一批锅炉的 180 摄氏度上升到第一批超临界锅炉的 600 摄氏度以上。计划在 2017 年投入运行的具备极超临界蒸汽条件（压力为 35 兆帕，温度为 700/720

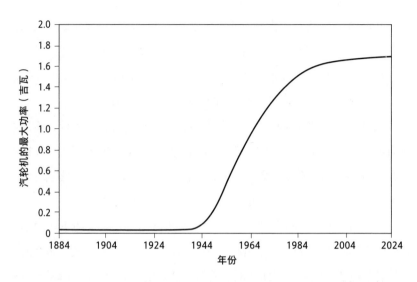

图 3.6　1884 年以来汽轮机最大功率的增长轨迹表现为一条五参数逻辑斯蒂增长曲线，拐点出现在 1954 年，如今的最大功率已经来到渐近值附近。图表根据斯米尔的数据（Smil 2003, 2017a）绘制而成

摄氏度）的电厂的效率可以达到 50%（Tumanovskii et al. 2017）。燃煤机组（锅炉－汽轮机－发电机）曾在二战之后建造的最大的发电厂中占据主导地位，到 20 世纪初，它们的发电量仍然占据全球总发电量的约 40%。不过，在暂时性的增长（中国在 2000 年以后异常迅速地建设了一批新的燃煤发电厂）之后，燃煤发电的份额如今正在萎缩。最明显的是美国燃煤发电的份额从 2000 年的 50% 下降到了 2017 年的 30%（USEIA 2017a）。

　　根据美国的历史统计数据，我们可以重建热电厂平均转换效率（热效率）的可靠发展轨迹（Schurr and Netschert 1960; USEIA 2016）。这一数值从 1900 年的不到 4% 增长到 1925 年的近 14%，到 1950 年升至 24%，到 1960 年升至 30% 以上，之后很快趋于稳定，2015 年的平均值约为 35%。这条增长轨迹与拐点位于 1931 年的逻辑斯蒂曲线高度吻合（图 3.7）。法国弗拉芒维尔发电站的 1.75 吉瓦阿拉贝勒（Arabelle）机组的设计效率为38%，功率质量比为 1,590 瓦每千克（Modern Power Systems 2010）。在每个电力需求几乎没有增加甚至有所下降的西方经济体中，最大的汽轮机功率的进一步大幅增长都是不可能的。亚洲、拉丁美洲和非洲国家则正在

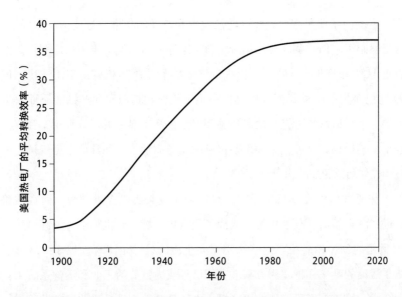

图 3.7　美国热电厂平均转换效率的逻辑斯蒂增长轨迹（拐点出现在 1931 年，渐近值约为 36.9%）。图表根据舒尔和内彻特（Schurr and Netschert 1960）以及美国能源信息署（USEIA 2016）的数据绘制而成

迈向现代化，它们需要扩大发电规模，将越来越依赖燃气轮机，也将越来越需要新的光伏发电和风力发电能力。

　　尽管柴油发动机曾在几十年里主导水路运输，但在 20 世纪 20 年代初，汽轮机以驱动创纪录的跨大西洋邮轮而闻名，也为 1950 年后的水路运输做出了一些贡献。1972 年，美国海陆公司（SeaLand）开始使用第一批由通用电气公司的 45 兆瓦汽轮机驱动的新型集装箱船（SL-7 级）。柴油很快占领了这一领域，这就使得使用液化天然气（LNG）的运输船只成为依赖汽轮机的重要水路交通工具。液化天然气运输船使用挥发气体（每天消耗载货量的 0.1%—0.2%；也使用船用燃料）来产生蒸汽。美国的大型航空母舰仍然依靠由核反应堆提供蒸汽的涡轮发动机驱动（ABS 2014）。

内燃机

　　尽管蒸汽机在商业上取得了巨大成功，在建立现代高能社会方面也发挥了划时代的作用，但它们本身体积庞大、功率质量比很低（只有固定式设计才可以承受这两个缺点，因为固定式应用场景的燃油成本低），因此并不适用于那些需要较高的转换效率和较高的功率质量比的应用场景，这就限制了它们在移动应用场景（轨道运输和水路运输）中的应用。蒸汽机也不适用于飞行。虽然汽轮机最终提供了高效率和高功率质量比，但19世纪诞生的两种新型内燃机也满足了机械化道路（和非铺装路面）运输的要求。以汽油为燃料的奥托循环发动机为世界上大多数乘用车和其他轻型车辆提供了动力，柴油发动机则被用于驱动卡车和其他重型机械，也被用在了许多欧洲汽车上。

往复式汽油发动机也很轻，足以为螺旋桨飞机提供动力。而在铁路货运和海运领域，柴油机最终取代了蒸汽机。燃气轮机是唯一一种诞生于20世纪的新型内燃机。这些高功率质量比的设计是实现大规模全球远程航空活动的唯一一种实用方案。它们已经成为重要的工业和运输系统（化学合成、管道）不可或缺的原动机，也是最高效、最灵活的发电设备。

汽油发动机

蒸汽机依赖外部燃烧（先在锅炉中产生蒸汽，然后将蒸汽引入汽缸），内燃机（以汽油或柴油为燃料）则可以直接产生热气体，并将这些气体的动能转化为高压汽缸内的往复运动。开发此类机器比实现蒸汽机的商业化难度更大。因此，经过数十年失败的实验和不成功的设计，直到1860年，让·约瑟夫·艾蒂安·勒努瓦（Jean Joseph Étienne Lenoir）才为第一台可用的内燃机申请了专利。这台笨重的卧式机器由未经压缩的易燃气体和空气的混合物驱动，效率非常低（仅为约4%），只适合应用于固定场景（Smil 2005）。

1877年，尼古劳斯·奥古斯特·奥托（Nicolaus August Otto）为一种更轻便、低功率（6千瓦）、低压缩比（2.6∶1）的四冲程发动机申请了专利。这种发动机同样以煤气为燃料，最终有将近5万台设备被卖给了一些小工厂（Clerk 1909）。1883年，奥托公司的前雇员戈特利布·戴姆勒（Gottlieb Daimler）和威廉·迈巴赫（Wilhelm Maybach）一起在斯图加特设计了第一台适用于移动场景的轻型汽油发动机。1885年，他们做了一项测试，将这个版本的机器安装在了一辆自行车上（这就是摩托车

的原型）。1886 年，他们在一辆木制马车上安装了一台更大的汽油发动机
（820 瓦）（Walz and Niemann 1997）。作为最著名的自主技术创新的例子
之一，同一时期的卡尔·本茨（Karl Benz）也正在曼海姆开发他的汽油发
动机，此地距离斯图加特仅有两个小时的火车车程。到 1882 年，本茨已
经做出了一台可靠的小型卧式汽油发动机，之后他继续研发出了一台四冲
程发动机（功率为 500 瓦，转速为 250 转每分钟，质量为 96 千克），并
在 1886 年 7 月进行了首次公开演示，用这台机器为一辆三轮车提供动力
（图 3.8）。

　　1888 年 8 月，本茨的妻子贝尔塔（Bertha）在丈夫不知情的情况下，首
次驾驶着这辆三轮车完成了一次城际旅行，她带着两个儿子，驱车行驶了
104 千米，到普福尔茨海姆探望母亲。戴姆勒的高转速发动机、本茨的电
子点火器和迈巴赫的化油器奠定了汽车发动机的功能性基础，但由它们提
供动力的早期木制机动车只能是一种昂贵的新奇玩物。随着更好的发动机

图 3.8　1887 年，卡尔·本茨（与约瑟夫·布雷希特）坐在他的汽车上，他为这辆
车申请了专利。照片由斯图加特戴姆勒公司提供

和更好的整体设计的出现，它们才有了新的发展前景。1890 年，戴姆勒和迈巴赫生产了他们的第一台四缸发动机。他们的机器在 19 世纪 90 年代不断得到改进，赢得了当时流行的一系列赛车比赛。1891 年，法国工程师埃米尔·勒瓦索尔（Emile Levassor）将最好的戴姆勒-迈巴赫发动机与他新设计的、类似汽车而非马车的底盘相结合。最值得注意的是，他将发动机从驾驶员座椅下方移到了座椅前方（使曲轴与车辆的长轴平行），这种设计有助于后来符合空气动力学的车身形状的出现（Smil 2005）。

在 19 世纪的最后 10 年里，汽车变得更快、更易于操作，但它们仍然十分昂贵。到 1900 年，汽车受益于罗伯特·博施（Robert Bosch）的磁电机（1897）、空气冷却和前轮驱动等技术进步。1900 年，迈巴赫设计了一款汽车，它被称为"满足所有必要条件的第一辆现代汽车"（Flink 1988, 33）。这辆车名为"梅赛德斯 35"，以戴姆勒经销商埃米尔·耶利内克（Emil Jellinek）的女儿的名字命名。它装配了一台 5.9 升、26 千瓦的大型发动机，其铝制机身和蜂窝状的散热器将重量降到了 230 千克。到了 20 世纪初，其他的拥有现代外观的汽车设计接踵而来，但直到 1908 年，随着亨利·福特（Henry Ford）的"T 型车"（第一种真正意义上的平价车型）的出现，大众市场才有所突破（见图 1.2）。T 型车拥有 2.9 升、15 千瓦（20 马力）、230 千克的发动机，发动机压缩比为 4.5∶1。

在 20 世纪，发动机的每个部分都有许多累积性的改进。从 1912 年开始，危险的摇把被电子起动器取代。1902 年，戈特洛布·霍诺尔德（Gottlob Honold）的高压磁电机使用了新的火花塞，提高了点火性能。更耐用的镍铬火花塞最终被铜制火花塞取代，然后又被铂金火花塞取代。带式制动器（刹车）被弧形的鼓式制动器取代，随后又被碟式制动器取代。1923 年，人们通过在汽油中添加四乙基铅，首先消除了发动机里伴随着更高的压缩力而出现的剧烈爆震，但后来这种方法被证明会给人体健康和环境带来损害（Wescott 1936）。

在追溯汽车汽油发动机的长期发展时，我们会发现两个最具揭示性的变量：功率的不断增长（比较典型的或最畅销的车型的功率，而不是高性能赛车的最大功率）和功率质量比的持续提高（这项数值的提升是许多设计改进不断累积的结果）。汽油机的额定功率从本茨的三轮车发动机的 0.5 千瓦发展到福特 A 型车（1903 年推出）的 6 千瓦，然后是 N 型车（1906 年）的 11 千瓦、T 型车（1908 年）的 15 千瓦，再到其后继产品（在 1927—1931 年间创下销量纪录的新款 A 型车）的 30 千瓦。10 年后，即第二次世界大战之前，为这些车型提供动力的福特发动机的功率达到了 45—67 千瓦。

　　1950 年以后，美国的汽车发动机变得更大，其功率大多超过了 80 千瓦。到 1965 年，福特最畅销的第四代费尔兰发动机的功率达到了 122 千瓦。关于美国新售出的汽车平均功率的数据始于 1975 年，那时的汽车发动机平均功率为 106 千瓦；到 1981 年（由于油价飞涨和消费者对小型车突然之间的偏爱），平均功率下降到了 89 千瓦；但随后，（由于油价回落，）平均功率继续上升，到 2003 年超过了 150 千瓦，并在 2013 年达到了近 207 千瓦的创纪录水平；2015 年，美国新售出的汽车发动机平均功率达到了近 202 千瓦（Smil 2014b; USEPA 2016b）。也就是说，在 1903—2015 年的 112 年间，美国市场上销售的轻型汽车的平均功率增长了约 33 倍。增长的轨迹是线性的，平均每年增长 1.75 千瓦。20 世纪 80 年代初和 2010 年之后的增长轨迹则出现了明显的偏离趋势，这两次偏离分别是由高油价和更强大（更重）的 SUV 导致的（图 3.9）。

　　乘用车汽油发动机的功率越来越大，主要原因在于，虽然汽车制造业已经开始使用铝、镁和塑料等较轻的材料，但车辆的质量在不断增长。次要原因则是对更高的性能（更快的加速度、更高的最大速度）的追求。除了极少数的例外（德国高速公路系统就是最好的例子），道路的速度限制使得人们无法驾驶汽车以高于限速最大值的速度巡航。然而，就连小型汽车（例如本田思域）的速度也可以达到甚至超过 200 千米每小时，这已经远远超出了合法驾驶的限度。

　　美国汽车的长期发展趋势很容易反映重量增加的问题（Smil 2010b）。1908 年，福特革命性的 T 型车的质量仅为 540 千克。30 年后，该公司最畅销的 74 型汽车的重量几乎刚好比 T 型车重了 1 倍（1,090 千克）。第二次世界大战之后，随着汽车制造业普遍开始采用更大尺寸的设计、自动变

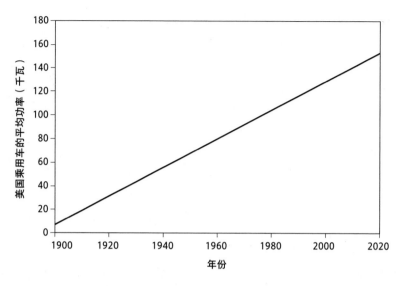

图 3.9 1903—2020 年，美国乘用车平均功率的线性增长。图表根据斯米尔（Smil 2014b）和美国国家环境保护局（USEPA 2016b）的数据绘制而成

速箱、空调、音频系统，提高汽车的绝缘性，还在车里各处安装众多小型伺服电机，汽车的重量继续增加。那些小型伺服电机系统是由小型直流电动机、齿轮减速器、位置传感装置（通常只是电位计）和控制电路组成的组件，用于驱动车窗、后视镜、座椅和车门。

于是，到了 1975 年（美国国家环境保护局从这一年开始监控新车的平均规格），美国汽车和轻型卡车的平均惯性重量（整备质量加上 200 磅或 136 千克）达到了 1.84 吨。到 1981 年，在高油价的影响下，车辆的平均重量降低到了 1.45 吨。但在 1985 年油价大跌之后，汽车平均重量又开始增长。随着 SUV 的问世以及越来越多人习惯于将皮卡车作为日常乘用车，整体趋势变得更加糟糕。到 2004 年，新售出的乘用车的平均重量达到了创纪录的 1.86 吨，到 2011 年时略有增加（1.87 吨），到 2016 年，平均重量仅仅略微有所下降，仍有 1.81 吨（Davis et al. 2016; USEPA 2016b）。于是，美国普通轻型汽车的整备重量在一个世纪里增长了大约两倍。

直到 20 世纪 60 年代，欧洲和日本的汽车都比美国汽车轻得多。然而自从 20 世纪 70 年代以来，它们的平均质量也开始呈现出类似的增长趋势。1973 年，第一辆进口到北美的本田思域汽车的重量仅为 697 千克，而 2017 年款的思域（带有自动变速箱和标准空调的 LX 版）重达 1,247 千克，比 44 年前的车款重了大约 0.5 吨（重量增长了 80%）。第二次世界大战后，欧洲流行的小型汽车的重量刚刚超过 0.5 吨（雪铁龙 2CV 重 510 千克，菲亚特 500 "米老鼠" 重 550 千克），但欧洲紧凑型汽车的平均整备重量在 1970 年达到了约 800 千克，在 2000 年达到了约 1.2 吨（WBCSD 2004）。之后，平均重量每 5 年增长约 100 千克。如今，欧洲汽车制造商生产的许多车型的重量超过了 1.5 吨（Cuenot 2009; Smil 2010b）。此外，随着混合动力汽车和电动汽车的不断出现，汽车的典型整备重量并没有下降，因为这些设计必须能够容纳更复杂的动力传动系统或大型电池组：雪佛兰 Volt 混合动力汽车重 1.72 吨，特斯拉 Model S 电动汽车重达 2.23 吨。

奥托重型固定卧式内燃机的功率质量比不到 4 瓦每千克。到 1890 年，最好的四冲程戴姆勒·迈巴赫轿车的汽油发动机的功率质量比达到了 25 瓦每千克，1908 年的福特 T 型车的功率质量比达到了 65 瓦每千克。在 20 世纪 30 年代，这一比率继续上升，直至超过 300 瓦每千克。到 20 世纪 50 年代初，许多发动机（包括小型的菲亚特 8 伏发动机）的功率质量比已经超过了 400 瓦每千克。20 世纪 50 年代中期，克莱斯勒强大的 Hemi 发动机的功率质量比超过了 600 瓦每千克。20 世纪 60 年代，这一比率稳定在了 700—1,000 瓦每千克。举例来说，1999 年福特的 Taunus 发动机（高性能版本）的功率质量比为 830 瓦每千克；2016 年福特在北美最畅销的锐际（小型 SUV）装配了 2.5 升、125 千瓦的 Duratec 发动机，这款发动机的重量为 163 千克，因此功率质量比约为 770 瓦每千克（Smil 2010b）。这意味着自 T 型车问世以来，车用汽油发动机的功率质量比已经提高了约 11 倍，而且这些增长的一半以上发生在第二次世界大战之后。

在结束关于汽油发动机的讨论之前，我们还应该留意最新的高性能轿车的极限功率额定值，并将其与迈巴赫 1901 年推出的梅赛德斯 35（发动机功率为 26 千瓦，功率质量比为 113 瓦每千克）进行比较。2017 年，全世界动力最为强劲的小汽车是瑞典的限量版科尼赛克 Regera，它拥有 5 升的 V8 发动机，额定功率为 830 千瓦，电驱动额定功率为 525 千瓦，实际总推动功率为 1.11 兆瓦，顶级梅赛德斯-奔驰 AMG E63S 的额定功率则"仅为"450 千瓦。这意味着自 1901 年以来，高性能汽车的最大功率已经提高了约 42 倍，而科尼赛克 Regera 的功率是本田思域的 8 倍以上。

　　最后，我还要简单介绍一下往复式汽油发动机在飞行领域的发展。它们的发展始于奥维尔·莱特（Orville Wright）和威尔伯·莱特（Wilbur Wright）设计的一台机器，这台机器由机械师查尔斯·泰勒（Charles Taylor）于 1903 年在俄亥俄州代顿的莱特兄弟自行车车间制造（Taylor 2017）。他们的这台重 91 千克的四缸卧式发动机可提供 6 千瓦的功率，但最终产生了 12 千瓦的功率输出，相应的功率质量比为 132 瓦每千克。在此之后，航空发动机的改进非常迅速。莱昂·勒瓦瓦瑟尔（Léon Levavasseur）的 37 千瓦安托瓦内特（Antoinette）发动机是一战前最受欢迎的八缸发动机，功率质量比为 714 瓦每千克。一战期间，被装配在战斗机上的 300 千瓦的量产发动机——美国的"自由"级（Liberty）引擎的功率质量比大约为 900 瓦每千克（Dickey 1968）。第二次世界大战前，动力最强劲的飞机发动机是为波音公司 1936 年的水上飞机"飞剪"（Clipper，这款飞机使得从美国西海岸分阶段飞到东亚成为可能）提供动力的发动机。它的 4 台径向"莱特飓风"（Wright Twin Cyclone）发动机的额定功率均为 1.2 兆瓦，输出的功率质量比达到了 1,290 瓦每千克（Gunston 1986）。

　　第二次世界大战期间，高性能航空发动机的发展达到了巅峰。美国的 B-29 轰炸机（"超级堡垒"）由 4 台莱特 R-3350"飓风"径向十八缸发动机提供动力，额定功率为 1.64—2.76 兆瓦，功率质量比超过了 1,300 瓦每千克，比莱特兄弟最初的设计高出了一个数量级（Gunston 1986）。20 世纪 50 年代，洛克希德公司的 L-1049"超级星座"客机（Super Constellation）是喷气式客机问世之前航空公司用于洲际旅行的最大的飞机，同样使用了莱特"飓风"发动机。第二次世界大战之后，重载公路（和非铺装道路）运输领域使用的火花点火汽油发动机几乎完全被柴油机取代。此外，柴油机在水路运输和铁路货运领域也占据了主导地位。

柴油发动机

柴油发动机与汽油发动机有所不同，前者有几点优势。柴油的能量密度比汽油高出近 12%，这就意味着在其他所有条件都相同的情况下，使用柴油发动机的汽车可以在满油的条件下行驶更长的距离。此外，从根本上来说，柴油也更高效：柴油相对更重，自点燃（不需要火花）需要更高的压缩比（通常是汽油发动机的 2 倍），因此可以燃烧得更充分（废气也更冷）。更长的冲程和更低的转速降低了摩擦带来的损失，而且柴油发动机可以将多种非常稀薄的混合物当作燃料，比汽油发动机燃料的稀薄程度高出 2—4 倍（Smil 2010b）。

19 世纪 90 年代初，鲁道夫·狄赛尔（Rudolf Diesel）开始研发一种新型内燃机。他有两个明确的目标：一是这种内燃机必须轻量、小巧（不超过同一时期缝纫机的大小）且廉价，二是它们要可供独立小业主（机械师、钟表匠、修理工）使用。他期望这种机器将有助于工业生产的去中心化，并将燃料转换效率提到前所未有的高度（R. Diesel 1913; E. Diesel 1937; Smil 2010b）。按照狄赛尔的设想，柴油发动机将成为工业去中心化的关键动力，帮助人们将工业生产从拥挤的大城市转移出去。他强烈地感觉到，大城市里这种拥挤的工业生产建立在不恰当的经济、政治、人道主义和卫生理由的基础之上（R. Diesel 1893）。

他还进一步声称，这种工业去中心化将有助于解决社会问题，因为它将带来工人的合作社，并使我们迎来一个正义与同情的时代。他在《团结起来：人类自然经济的救赎》（*Solidarismus: Natürliche wirtschaftliche Erlösung des Menschen*）中对这些思想（和理想）做了总结（Diesel 1903），这本书印了 1 万册，却只售出 300 册。柴油发动机广泛商业化的最终结果与狄赛尔早期的社会目标恰恰相反：大型柴油发动机并没有在小规模的、分散的企业中服务，相反，它们成了前所未有的工业集中化的主要推动者之一。这种情况的主要原因在于它们降低了运输成本（在以前，运输成本是工业区位的决定性因素），以至于任何一个大洲的任何一家大规模高效生产企业都可以真正服务于全新的全球市场。

柴油发动机仍然是全球化不可或缺的主要动力，被用来驱动运输原油和液化天然气的油轮，也为运输矿石、煤炭、水泥和木材的集装箱货船（目前最大的集装箱船，能够运输 2 万多个标准钢制集装箱）以及货运列车和卡车提供动力。它们在五大洲之间运输燃料、原材料和食品，并帮助整个亚洲（特别是中国）成为能够满足全世界需求的制造业中心（Smil 2010b）。你如果追踪我们穿的衣服以及我们使用的每一件工业制成品，就会发现它们全都被柴油发动机移动了多次。

柴油发动机的实际效率也未能达到狄赛尔（过于激进）的目标，但他仍然成功地设计出了具有最高转换效率的内燃机，并成功地使之完成了商业化。狄赛尔是从发动机的原型做起的，这台原型机的制造工作得到了奥格斯堡机械制造公司总经理海因里希·冯·布兹（Heinrich von Buz）和德国领先的钢铁制造商弗里德里希·阿尔弗雷德·克虏伯（Friedrich Alfred Krupp）的大力支持。1897 年 2 月 17 日，慕尼黑工业大学理论工程学教授莫里茨·施勒特尔（Moritz Schröter）主持了对柴油发动机的官方认证测试，这项测试为柴油发动机的商业开发奠定了基础。在全功率（功率为 13.5 千瓦，转速为 154 转每分钟，压力为 3.4 兆帕）下工作时，这台发动机的热效率为 34.7%，机械效率达到了 75.5%（R. Diesel 1913）。

因此，这台发动机的净效率达到了 26.2%，约为同一时代的奥托循环汽油发动机的 2 倍。狄赛尔给妻子写信说，没有谁的发动机能够达到他的设计所能达到的性能表现。在 1897 年年底之前，这台发动机的净效率达到了 30.2%，但狄赛尔错误地声称这台机器已经可以销售，对它的改进将顺利进行。事实上，高效的原型机需要大量的进一步开发，到 1903 年才开始征服商业市场。柴油机最初投入商业应用不是在陆地上而是在水上，一台小型柴油发动机（19 千瓦）为一艘行驶在法国运河上的船只提供动力。此后不久，"万达尔"号（Vandal）油轮开始在里海和伏尔加河上作业，它配备了一台额定功率为 89 千瓦的三缸发动机（Koehler and Ohlers 1998）。1904 年，世界上第一座柴油发电站开始在基辅发电。

第一艘配备柴油发动机（两台 783 千瓦的八缸四冲程机器）的远洋船

只是丹麦的"锡兰迪亚"号（Selandia），这是一艘客货两用船，于 1911 年首航，并在 1912 年回到哥本哈根（Marine Log 2017）。1912 年，"菲奥尼亚"号（Fionia）成为汉堡-美利坚航运公司的第一艘柴油动力的大西洋轮船。第一次世界大战之后，柴油的普及稳步进行。20 世纪 30 年代，柴油机的时代真正开始了。在第二次世界大战之后，随着 20 世纪 50 年代大型原油轮船的出现，柴油发动机的普及速度加快了。10 年后，随着船用柴油发动机功率和效率的提高，大型集装箱船也出现了（Smil 2010b）。

1897 年，柴油发动机的第三台原型机的功率为 19.8 制动马力（bhp）。1912 年，"锡兰迪亚"号的两台发动机的额定功率为 2,100 制动马力。1924 年，苏尔寿公司为它的远洋客轮配备了 3,250 制动马力的发动机，1929 年又配备了 4,650 制动马力的发动机（Brown 1998）。二战前最大的船用柴油发动机的功率约为 6,000 制动马力，到 20 世纪 50 年代后期，它们的额定功率达到了 15,000 制动马力。1967 年，一台十二缸柴油发动机的功率能够达到 48,000 制动马力；2001 年，德国曼恩集团的 B&W-Hyundai 发动机的功率达到了 93,360 制动马力；2006 年，韩国现代重工制造了第一台额定功率超过 100,000 制动马力的柴油机：12K98MC，它的功率达到了 101,640 制动马力，即 74.76 兆瓦（MAN Diesel 2007）。

这台机器在最大柴油发动机的位置上仅仅待了 6 个月，直到 2006 年 9 月，芬兰瓦锡兰集团推出了一款新型十四缸发动机，额定功率达到 80.1 兆瓦（Wärtsilä 2009）。2008 年，瓦锡兰柴油发动机的改进版本将最大额定功率提高到 84.42 兆瓦，而现在曼恩集团制造的柴油发动机则是功率达到 87.22 兆瓦的十四缸发动机，转速达到 97 转每分钟（MAN Diesel 2018）。世界上最大的集装箱船"东方香港"号（OOCL Hong Kong，自 2017 年开始航行，目前仍是这项世界纪录的保持者）就依靠这些大型发动机提供动力（图 3.10）。一战后大规模部署的新机器的效率接近 40%；1950 年，曼恩集团的柴油发动机的效率达到了 45%；今天最好的二冲程设计的效率为 52%（超过燃气轮机的 40%，如果在联合循环中使用汽轮机的废气，效率可以上升至 61%），四冲程柴油发动机的效率则稍低一些，但也能够达到 48%。

图3.10　"东方香港"号，世界上最大的集装箱货船，能够承载21,413个20英尺（6.096米）的标准集装箱单元。柴油发动机和集装箱是推动全球化的关键因素。图片来自维基媒体

在陆路运输方面，柴油发动机首先被部署在了重型机车和卡车上。1913年，第一辆由柴油驱动的机车开始在德国提供常规服务，由苏尔寿公司生产的四缸二冲程V型发动机提供动力，速度可以维持在100千米每小时。一战之后，货场调车机车是第一种由柴油发动机主导的铁路车辆（大多数客运列车则继续使用蒸汽机驱动），但到了20世纪30年代，最快的列车已经变成由柴油发动机驱动的列车。1934年，流线型不锈钢列车"先锋者微风号"（*Pioneer Zephyr*）配备了447千瓦的八缸二冲程柴油发动机，使用柴-电驱动，在丹佛—芝加哥线上运行，平均速度为124千米每小时（Ellis 1977; ASME 1980）。

到20世纪60年代，货运列车上配备的蒸汽机都被柴油机取代了（中国和印度除外）。在美国，机车柴油发动机的额定功率从1924年的225千瓦（第一台由美国制造的机器）增长到1939年的2兆瓦。通用电气公司最新的"创新"系列（Evolution Series）发动机的功率为2.98—4.62兆瓦（GE 2017b）。不过，现代机车的柴油发动机使用的是柴-电混合动力：柴油发动机的往复运动不会直接传递到车轮，而是会产生电能驱动电

动机，再由电动机驱动列车（Lamb 2007）。一些国家将其所有列车的驱动方式都转换成了电力驱动，同时，所有国家的高速旅客列车都是由电力驱动的（Smil 2006b）。

二战之后，柴油机还完全征服了非铺装道路车辆市场，农用拖拉机、联合收割机和工程机械（推土机、挖掘机、起重机）使用的都是柴油机。相比之下，全球乘用车市场却从未被柴油机征服：在欧洲大部分地区，柴油驱动的车辆占了很大的份额；但在北美、日本和中国，柴油驱动的乘用车所占的份额仍然较低。1933 年，雪铁龙的"罗莎莉"（Rosalie）车型开始提供柴油款。1936 年，梅赛德斯-奔驰凭借其 260D 型车开启了世界上最持久的柴油动力乘用车系列（Davis 2011）。由于柴油更便宜，经济性更好，因此车用柴油发动机在二战后的欧洲变得十分普遍。

2015 年，柴油驱动的乘用车在欧盟约占 40%（在法国，这一比例高达 65%；在比利时，这一比例高达 67%）。而在美国，在所有的轻型车辆中，柴油车仅占 3%（Cames and Helmers 2013; ICCT 2016）。近期最大的装配在 SUV 上的柴油发动机（2008—2012 年的奥迪 Q7 所使用的柴油发动机）的功率为 320 千瓦，比 1936 年梅赛德斯那款具有开创性意义的发动机的功率（33 千瓦）高出了一个数量级。那些最受欢迎的轿车（奥迪 4 系、宝马 3 系、梅赛德斯-奔驰 E 级、大众高尔夫）的柴油发动机功率通常为 70—170 千瓦。梅赛德斯-奔驰生产的柴油车的发动机功率从 1936 年的 33 千瓦（260D 型）增长到 1959 年的 40 千瓦（180D 型）、1978 年的 86 千瓦（采用涡轮增压的 300SD 型）、2000 年的 107 千瓦（C220 CDI 型）和 2006 年的 155 千瓦（E320 BlueTec 型），在 70 年内增长了约 4 倍。

柴油发动机将继续存在，因为没有任何现成的大规模替代方案可以像柴油机一样为船舶、火车和卡车提供动力，并将运行成本保持在较低的水平，从而简单且实惠地持续整合全球经济。不过，随着柴油价格的上涨、柴油与汽油发动机之间的效率差距逐渐缩小（目前最好的汽油发动机的效率仅仅大约落后柴油机 15%），加上新环保法规的要求变得更为严格，柴油发动机在乘用车领域的优势一直在减弱。更严格的海上运输法规也会对重型柴油发动机未来的增长带来重要影响。

燃气轮机

燃气轮机的概念和技术发展有着悠久的历史，这一想法在 18 世纪结束之前就获得了专利。20 世纪初，人们将概念变为现实，制作了第一台不实用的机器（消耗的能量高于产生的能量）（Smil 2010b）。第一批可用的燃气轮机是 20 世纪 30 年代末 40 年代初由英国的弗兰克·惠特尔（Frank Whittle）和纳粹德国的汉斯·帕布斯特·冯·奥海因（Hans Pabst von Ohain）分别独立开发完成的，都是为了满足军事用途（Golley and Whittle 1987; Conner 2001; Smil 2010b）。1944 年，喷气发动机开始量产。同年 8 月，英国和德国第一批使用喷气发动机的战斗机开始飞行，但为时已晚，它们已经无法影响战争的结局。从那时起，军用和民用版本不断改进，直到现在（Gunston 2006; Smil 2010b）。

评估喷气发动机的性能的最佳指标是发动机的最大推力与重量之比（T/W，简称推重比）。显然，最理想的情况是用最轻的发动机产生最大的推力。1937 年 8 月，冯·奥海因的第一台为实验飞机（Heinkel-178）提供动力的发动机（HeS 3）的推力仅为 4.9 千牛。1941 年 4 月，惠特尔的 W.1A 发动机开始为格罗斯特（Gloster）的 E.28/29 型飞机的首次飞行提供动力，这台发动机的推力为 4.6 千牛，推重比为 1.47∶1（Golley and Whittle 1987）。由于对英国军用喷气发动机的发展做出了贡献，罗尔斯－罗伊斯公司（Rolls-Royce）于 1950 年推出了世界上第一台轴流式喷气发动机，即推力达到 29 千牛（推重比为 5.66∶1）的"埃文"（Avon）发动机。这款发动机首先被装配在轰炸机上，后来也被用在各种军用和商用飞机上。英国的"彗星"客机（Comet）是世界上第一款喷气式客机，由德·哈维兰公司制造的低推力（22.3 千牛）、低推重比的"幽灵"Mk1 发动机提供动力。1954 年，亦即这款飞机在罗马的首次飞行的仅仅 20 个月后，该项目发生了两次重大的致命事故，随即便中止了。后来，人们将这些事故归咎于飞机方形窗户周围的应力裂缝致使机身发生灾难性的减压。

1958 年 10 月，当重新设计的"彗星"客机准备就绪时，出现了两个竞争对手。苏联图波列夫设计局的"图-104"飞机（配备了 66.2 千牛的米库林发动机）于 1956 年 9 月开始投入商业运营，波音 707（配备了 4 台额定推力为 80 千牛的普拉特惠特尼 JT3 涡轮喷气发动机，推重比为 3.5—4.0）则从 1958 年 10 月开始服役，服务于泛美航空公司的跨大西洋业务。一年后，泛美航空公司也开始将波音飞机用在环球航班上。

早期的所有涡轮喷气发动机都服务于军事用途。不过，由于推进效率相对较低，所以它们并不是商业航空的最佳选择。惠特尔在刚开始研究喷气推进工作时就意识到了这种局限性。当时，他想用较重的低速喷气发动机代替较轻的高速（相对而言）喷气发动机（Golley and Whittle 1987）。最终，涡轮风扇发动机将这一构想变成了现实。它使用一台额外的涡轮机来提取一部分推力，并将其传送到位于主压缩机前面的大型风扇上，使风扇旋转，从而迫使额外的空气（将这些空气的压力压缩到只有进气压力的两倍）绕过发动机，并以通过发动机燃烧室的压缩空气的一半的速度排出（分别为 450 米每秒和 900 米每秒）。

不同于涡轮喷气发动机（推力在高速运转时达到峰值），涡轮风扇发动机在低速时拥有最大推力，这是重型客机起飞所需的最理想的特性。另外，涡轮风扇发动机也更安静（因为旁通空气包围着快速移动的热排气），更高的涵道比则降低了实际的燃料消耗。不过，由于受到风扇的直径和发动机的安装问题（发动机体积非常大，必须安装在更高的机翼上）的影响，这种改进也是有限的。弗兰克·惠特尔早在 1936 年就为这种旁通的构想申请了专利。1952 年，罗尔斯-罗伊斯公司制造了第一台旁通涡轮喷气发动机，尽管涵道比只有 0.3∶1。到 1959 年，普拉特惠特尼公司的 JT3D 发动机（推力为 80.1 千牛）的涵道比达到了 1.4∶1。1970 年，该公司推出了第一款大涵道比发动机 JT9D（最初的推力为 210 千牛，涵道比为 4/8∶1，推重比为 5.4—5.8），旨在为波音 747 和其他宽体喷气式客机提供动力（Pratt and Whitney 2017）。

通用电气公司早在 1964 年就展示了一款涵道比为 8∶1 的发动机，并于 1968 年将其以 TF39 发动机的形式用在了 C-5 "银河" 军用运输机上。GE90 系列的第一款发动机是为远程客机波音 777 设计的，在 1996 年投入使用，它的推力为 404 千牛，涵道比为 8.4∶1。随后，一台更大的改进版问世了：世界上推力最大的涡扇发动机是 GE90-115B，它最初的额定推力为 512 千牛，涵道比为 9：1，推重比为 5.98，于 2004 年开始首次投入商业应用。截至 2017 年，世界上拥有最大涵道比（12.5：1）的航空发动机是普拉特惠特尼公司的 PW1127G，这是一款齿轮式涡轮风扇发动机，为庞巴迪 C 系列飞机和空客 A320neo 飞机提供动力。罗尔斯-罗伊斯公司的 Trent 1000 发动机（用在了波音 787 客机上）的涵道比也达到了 10：1。

燃气轮机在飞行应用中的技术进步已经得到了充分的证明，因此我们可以详细了解喷气发动机的发展轨迹（Gunston 2006; Smil 2010a）。发动机的最大推力从 4.4 千牛（1939 年冯·奥海因的 HeS 3B）升至 513.9 千牛（在实验过程中曾达到 568 千牛）。后一项成绩由 2003 年通用电气公司的 GE90-115B 达成，这款发动机于一年后投入使用。这种发展形成了一条近乎完美的线性增长轨迹，平均每年增长近 8 千牛（图 3.11）。显然，其他关键规格也会随之增长。在燃气轮机的总压比（压缩比）方面，HeS 3B 发动机为 2.8，惠特尔的 W.2 发动机为 4.4，英国的 "埃文" 发动

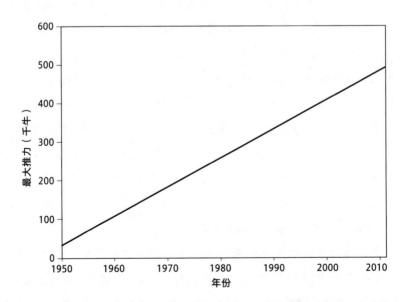

图 3.11 喷气式飞机发动机最大推力的线性拟合。图表根据斯米尔的文献（Smil 2010b）绘制而成

机（1950 年）达到了 7.5，普拉特惠特尼公司的 JT9D 发动机（1970 年）则超过了 20。2003 年，通用电器公司的 GE90-115B 发动机创下了新纪录，它的总压比达到了 42，比惠特尔的发动机高出一个数量级。总的空气流量则上升了两个数量级，从约 12 千克每秒（惠特尔和冯·奥海因最早的设计）上升到 1,360 千克每秒（GE90-115B）。

喷气发动机的干重从 360 千克（HeS 3B）增长到了近 8.3 吨（GE90-115B，这款发动机几乎与 1936 年推出的最受欢迎的螺旋桨商用飞机 DC-3 一样重）。发动机的推重比也从 1.38（HeS 3B）和 1.6（W.2）增长到 20 世纪 50 年代后期的 4.0 左右和 80 年代后期的 5.5。GE90-115B 的推重比则达到了 6.4 左右。发动机的最大涵道比从 1952 年的 0.3∶1 上升到了 2016 年的 12.5∶1（图 3.12）。若要实现更大的涵道比，就需要使用更大的风扇，涡轮风扇发动机的风扇直径从 1952 年的 1.25 米（Conway）增长到 1970 年的 2.35 米（JT9D），再到 2004 年的 3.25 米（GE90-115B）。运行效率的提高（每产生一个单位的推力、每飞行 1 千米或每运载一位乘客

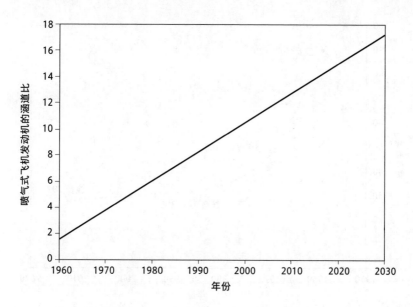

图 3.12　商用喷气式飞机发动机涵道比的演变。图表根据通用电气公司、普拉特惠特尼公司、罗尔斯-罗伊斯公司的说明书和巴拉尔与泽利纳的文献（Ballal and Zelina 2003）中的数据绘制而成。演变轨迹表明，喷气式飞机发动机的最大涵道比呈线性增长，平均每 10 年增长大约 2.2 个单位

飞行 1 千米所需燃料的逐步下降）也给人留下了深刻的印象：早期涡扇发动机的效率比最好的涡轮喷气发动机的效率高出 20%—25%；到了 20 世纪 80 年代，大涵道比涡扇发动机的效率又比涡轮喷气发动机的效率高出 35%。21 世纪初，拥有最佳设计的大涵道比涡扇发动机每运载一名乘客飞行 1 千米所消耗的燃油只有 20 世纪 50 年代后期的发动机的 30% 左右（图 3.13）。

正如柴油发动机在水路运输和陆地重型运输领域长期占据主导地位，燃气轮机也将在航空领域长期存在。要为大型喷气式客机提供动力，让数百人得以通勤或完成洲际旅行（时长可能超过 17 小时），除了燃气轮机，我们别无选择。另一方面，涡轮风扇发动机的推力、推重比或涵道比预计不会出现进一步的大幅增长。飞机的预计容量也不会超过 800 人（这是空客 A380 双层客机可容纳的最大人数，但在现有配置下，实际可容纳的人数通常在 500—600 人之间）。此外，更受欢迎的点对点航班（而不是用容量最大的飞机途经数量有限的枢纽来引导交通）对客机的效率有更高的

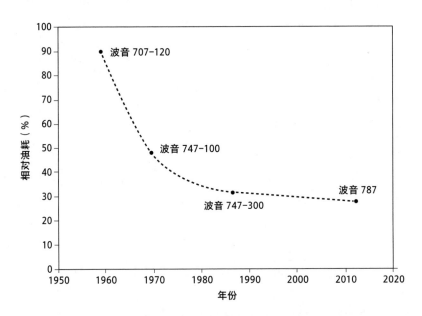

图 3.13　喷气式飞机发动机效率的演变，以波音 707（1958 年）到波音 787-10（2017 年）为例，以相对油耗为衡量标准。图表根据巴拉尔与泽利纳的文献（Ballal and Zelina 2003）和网站 www.compositesworld.com 提供的数据绘制而成

要求，这些客机要能够在长途飞行过程中一次运送 200—400 人（这是一个被波音 787 开发出来的利基市场）。

在航空领域，燃气轮机的发展首次实现了一次巨大的商业应用；固定式燃气轮机则为发电、输送螺旋动力（尤其是压缩机）等应用场景提供了灵活、高效且价格合理的手段，并最终获得了巨大的成功。固定式燃气轮机的商业应用始于 1939 年，瑞士的勃朗-鲍威利公司在纳沙泰尔的市政发电站将其用于发电（ASME 1988）。世界上第一台投入运营的固定式燃气轮机的铭牌功率为 15.4 兆瓦（转速为 3,000 转每分钟，进气温度为 550 摄氏度）。由于这款燃气轮机的压缩机缺少热量回收设计，因此能耗很高（占输入能量的 75%），这最终导致了它的低效（仅为 27.4%），因此它的电功率仅为约 4 兆瓦电力（MW_e）。不过，这款机器的设计非常可靠，以至于它直到 63 年后（2002 年）才发生故障！

第二次世界大战之后，由于人们偏爱大型中央发电厂，因此相对较小的燃气轮机机组的发展有所放缓（到 1960 年，它们的总装机容量仅仅增长到 240 兆瓦，还不及燃煤发电厂中一台典型蒸汽涡轮发电机的容量）。直到 1965 年 11 月，发生在美国东北部的一次大停电波及了约 3,000 万人，断电时间长达 13 个小时，燃气轮机才开始爆炸式增长（US FPC 1965）。显然，在这种紧急情况下，小型燃气轮机机组能够迅速部署。美国各种公共事业机构在 1968 年订购了总容量达 4 吉瓦的新设备，1971 年又订购了 7 吉瓦的新设备。结果，这些机构拥有的固定式燃气轮机的容量从 1963 年的 1 吉瓦增长到了 1975 年的近 45 吉瓦。最大的单机容量从 1960 年的 20 兆瓦增长到 1970 年的 50 兆瓦。在随后的 1976 年，通用电气生产了第一台 100 兆瓦的机器（Hunt 2011）。

随后，由于天然气价格上涨和欧佩克两次提高石油价格导致电力需求下降，燃气轮机的功率增长开始放缓，直到 20 世纪 80 年代末，这种趋势才得到扭转。到 1990 年，美国几乎一半的新发电量都由燃气轮机提供（Smock 1991）。到 20 世纪 90 年代，单独使用燃气轮机的情况不再那么普遍了，在大多数新安装的设备中，人们将燃气轮机与汽轮机组合在一起工作：（在热回收发电机中）离开燃气轮机的热废气会产生蒸汽，蒸汽又被用来驱动汽轮机。最近，使用这种联合循环燃气轮机来发电的电厂效率超过了 60%，创造了新的纪录（Siemens 2017a; Larson 2017）。

到 2017 年，全球最大的燃气轮机都是由通用电气公司和西门子公司生产的。西门子生产的 SGT5-8000H 燃气轮机是功率最强大的 50 赫兹燃气轮机，它在简单循环中的总输出功率为 425 兆瓦，在联合循环中的总输出功率达到了 630 兆瓦，总体效率为 61%（Siemens 2017b）。如今世界上最大的燃气轮机是由通用电气公司生产的 9HA.2 燃气轮机，它在简单循环中的输出功率为 544 兆瓦（效率为 43.9%），在联合循环中的输出功率达 804 兆瓦，总效率高达 63.5%，且启动时间不到 30 分钟（GE 2017c）。也就是说，固定式燃气轮机的总功率从 1939 年的 15.4 兆瓦增长到 2015 年的 544 兆瓦，在 76 年中增长了约 34 倍。但毫无疑问，固定式燃气轮机未来的增长将不会遵循最佳逻辑斯蒂拟合所预测的发展方向，因为如果按照这一预测，到 2050 年会出现功率超过 2 吉瓦的极其强大的机器。

最大的固定式燃气轮机机组的功率不断增长，已经可以满足公共事业的需求，从而帮助它们从煤炭发电转向更高效、更灵活的发电方式。但是自从 20 世纪 60 年代以来，小型燃气轮机在许多工业应用中也已经变得不可或缺。最值得注意的是，它们已经在为输送管道天然气的压缩机提供动力。压气站以固定的间隔建设（在主干线上，间隔通常约为 100 千米），并使用功率为 15—40 兆瓦的设备。由燃气轮机驱动的离心压缩机在石油和天然气工业、炼油厂和化学合成工业中也很常见，在使用哈伯-博施法生产氨的工厂中，它们尤其普遍。

核反应堆与光伏电池

为了方便起见，本书将这两种完全不同的现代能量转换方式放在同一节中讨论：在研究了外燃机（蒸汽机）、内燃机（汽油发动机、柴油发动机）以及水轮机、风力涡轮机、汽轮机和燃气轮机的增长之后，21 世纪初的经济领域中的主要能量转换方式就仅剩核反应堆与光伏电池了。各种类型的反应堆中的核裂变从 20 世纪 50 年代后期开始实现商业化，至今已经对全球初级能源供应做出了重大贡献。在陆地上利用光伏模块将太阳光转换成电能，然后传输到国内和国际电网，是大规模发电的最新方法。除了在使用寿命和运行模式上存在差异，这两种能量转换方式的发展前景也截然不同。

无论未来的实际增长速度如何，很明显，将太阳辐射直接转换为电能（在能量功率密度方面，这种方式能够用一种比其他任何可再生能源都高得多的功率密度来利用自然能量流）将拥有可以得到保障的、广阔的应用前景。相比之下，核裂变发电在所有西方经济体（和日本）中都在退潮，尽管也有许多国家（尤其是中国、印度和俄罗斯）正在建造新的反应堆，但在核电快速发展的那几十年（1970—1990 年）间修建的反应堆不可避免地会被关停。相比于过去，核电的重要性在将来并不会继续提高。1996 年，核电占了全球发电量的近 18%；到 2016 年，核电的份额下降到 11%；到 2040 年，在最佳情况下，它的份额也不会提高到 12% 以上（WNA 2017）。

核反应堆

我们可以将核反应堆与锅炉归为同一类能量转换器：它们的作用都是产生热量，通过生热产生蒸汽，再利用蒸汽的膨胀使涡轮发电机旋转，从而产生电力。当然，它们产生热量依赖于完全不同的能量转换过程：与在简单的金属容器中燃烧（快速氧化）化石燃料中的碳不同，核反应堆通过控制铀同位素（最重的稳定元素）的裂变来产生热量，这是最复杂、技术要求最高的工程之一。然而，它们的增长一直受到经济和技术要求的限制（Mahaffey 2011）。

在过去几十年电力需求不断增长的过程中，为了尽可能经济有效地运行并满足新的容量需求，核反应堆的最小单机容量必须大于 100 兆瓦。只有考尔德霍尔核电站（Calder Hall，1953 年开始建造）和查珀尔克罗斯核电站（Chapelcross，1955 年开始建造）的第一批由英国制造的镁诺克斯反应堆容量较小，总装机容量为 60 兆瓦。随后安装在布拉德韦尔核电站、伯克利核电站和邓杰内斯角核电站的早期装置的容量则在 146—230 兆瓦之间（Taylor 2016）。20 世纪 70 年代，在英国投入运营的反应堆总装机容量在 540—655 兆瓦之间，80 年代投入运营的最大的核反应堆的额定容量为 682 兆瓦。

为了降低对进口原油的依赖，法国选择的最佳方式是发展大规模核电工业，这是建立在经济上最佳的重复标准和相对较大的反应堆规模之上的（Hecht 2009）。法国大多数反应堆的电功率为 900 兆瓦电力（总电功率为 951—956 兆瓦），第 2 大类反应堆的额定电功率为 1,300 兆瓦电力（总电功率为 1,363 兆瓦），还有 4 个反应堆的电功率能够达到 1,450 兆瓦电力（总电功率为 1,561 兆瓦）。弗拉芒维尔核电站的第一座 1,650 兆瓦电力级反应堆的调试被一再推迟。美国在 20 世纪七八十年代建造的许多反应堆的容量都超过了 1 吉瓦，其中最大的机组的电功率达到了 1,215—1,447 兆瓦电力。

显然，核反应堆容量的发展受到了总体的电力需求和汽轮机容量演变的限制（本章前面已做过介绍）。相比于寻求更高的机组容量，运行的可靠性、成本最小化以及与地区或国家的基本电力需求相符合（核反应堆的容量系数通常高于 90%）一直都是更重要的考虑因素。然而，反应堆的平均规模正变得越来越大：在 20 世纪 60 年代，只有 2 座投入运营的核反应堆的容量超过 1 吉瓦，当时的核反应堆平均额定功率仅为 270 兆瓦；而 2017 年在建的 60 座反应堆的容量从 315 兆瓦（巴基斯坦）到 1.66 吉瓦（中国）不等。在中国建造的机组中，最常见的那些（17 个反应堆）的额定电功率都达到了 1 吉瓦电力（GW_e）（WNA 2017）。

光伏模块

光伏技术（与核反应堆、燃气轮机、风力涡轮机一样）是二战后新出现的 4 种大规模商业发电方法之一。1839 年，安托万·亨利·贝克雷尔（Antoine Henri Becquerel）发现了光伏原理（在暴露于阳光下的材料中产生电流）。人们在 1876 年发现了硒的光生伏特效应，又于 1932 年发现了硫化镉的光生伏特效应。不过，直到 1954 年贝尔实验室发明硅光伏电池之后，光生伏特效应才真正得到了实际应用（Fraas 2014）。一开始，他们的电池仅能将入射辐射的 4% 转换为电能。但在 20 世纪 50 年代余下的时间里，得益于霍夫曼电子公司的工作，光伏电池的效率在 1957 年达到 8%，在 1959 年达到了 10%（USDOE 2017）。

1958 年，人们在"先锋 1 号"卫星（Vanguard 1）上首次安装了超小型光伏电池（约 1 瓦），随后又将它们安装在了其他太空设备上：当时这些电池的价格非常高，却也仅占卫星及其发射总成本的一小部分。1962 年，全球第一颗电信卫星"电星"（Telstar）搭载了 14 瓦的电池阵列。随后，人们开始逐步采用更大的光伏模块。例如，"陆地卫星 8 号"（Landsat 8，地球观测卫星）搭载了容量为 4.3 千瓦的三结太阳电池。20 世纪 70 年代，全球石油价格的两轮快速上涨首次刺激了陆上光伏发电的发展。1982 年，人们在加利福尼亚州的卢戈建设了世界上第一座 1 兆瓦光伏设施，两年后又建设了一座 6 兆瓦的光伏设施。虽然低油价的回归使光伏电池的一切新的大规模商业应用都被推迟，但人们仍在开发更高效的单晶硅电池，并推出了新的电池类型。

有关电池效率的最佳研究结果如下（NREL 2018；图 3.14）。没有聚光器的单晶硅电池的效率在 1986 年达到 20%，在 2018 年达到 26.1%；肖克利-奎伊瑟极限则将太阳能电池的最大理论效率限制在了 33.7% 以内（Shockley and Queisser 1961）。最便宜的非晶硅电池出现在 20 世纪 70 年代后期，效率只有 1%—2%，到 1993 年达到 10%，到 2018 年达到 14%。相比之下，铜铟镓硒太阳能电池（非晶硅电池）的效率从 1976 年的 5% 上升到 2018 年的 22.9%，几乎与单晶硅电池相当。目前，研究发现的最高效的电池是单结砷化镓电池和多结电池（图 3.14）。这些电池由 2—4 层不同的半导体材料制成，能够吸收不同波长的太阳辐射，从而提高转换效率：装有聚光器的三结电池的效率率先突破 40% 的大关（2007 年），装有聚光器的四结电池的效率则在 2015 年达到了 46%（NREL 2018）。

由于光伏技术的模块化特性，我们得以建造各种不同规模的装置（从几平方厘米的电池到如今峰值功率达数百兆瓦的大型发电厂）。于是，大型光伏设施的增长主要受限于模块的成本（这项成本一直在下降）和通过必要的高压输电线路将阳光充足的地方与国家电网相连接的成本。如前所述，加利福尼亚州的一座光伏发电设施早在 1982 年就已经能够达到 1

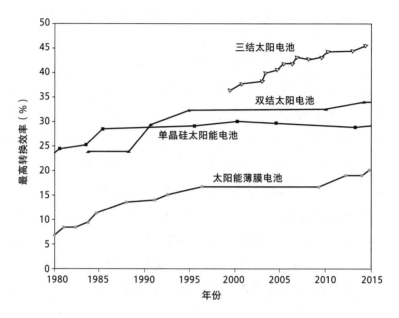

图 3.14 实验测得的光伏电池最高转换效率纪录。图表根据对美国国家可再生能源实验室的数据（NREL 2018）进行简化绘制而成

兆瓦的电力输出；然而直到 2006 年，第一座 10 兆瓦的光伏发电站才首次出现（德国埃伦塞太阳能公园，峰值功率为 11.4 兆瓦）。到了 2010 年，加拿大安大略省的萨尼亚光伏电厂的容量接近 100 兆瓦（实际峰值功率为 97 兆瓦）。2011 年，中国的格尔木太阳能公园的容量达到了 200 兆瓦；2014 年，美国加利福尼亚州托珀兹湖农场电站成为第一座容量达到 500 兆瓦的光伏电站。

2017 年，全球最大的并网太阳能发电公园（峰值功率为 1.547 吉瓦）位于中国的腾格里沙漠。位于中国山西省大同市和印度安得拉邦卡努尔市的超大型太阳能发电公园的容量均达到了 1 吉瓦，而大同市的光伏发电厂的峰值功率最终将扩大到 3 吉瓦（SolarInsure 2017）。这就意味着，1982—2017 年，最大的太阳能发电厂的容量增长了 3 个数量级（准确来说是增长了约 1,500 倍）。最近，导致太阳能发电快速增长的原因是光伏面板成本的下降。当然，这些发电厂的位置（纬度、平均云量）决定了它们的容量系数：对于相同的面板来说，容量系数的范围从仅 11%（德国的发电厂）到约 25%（美国西南部的发电厂）不等。

电灯与电动机

显然，所有的电灯和电动机都是次级能量转换器，它们会将由蒸汽涡轮发电机、水轮机、风力涡轮机、燃气轮机以及光伏电池产生的电能转化为光照或机械能（电动机与发电机的功能正好相反）。迄今为止，电灯是数量最多的一种能量转换器。在发明电灯之后的 130 多年里，我们甚至没有注意到它们对人类发展和现代文明的真正的革命性影响。另外，电动机也已经无处不在。然而，由于它们几乎总是被藏了起来（安装在从洗衣机、面团搅拌机到笔记本电脑等各种各样的电气和电子设备内部，安装在汽车的金属和塑料面板背后，在工业企业的墙壁后面不断旋转），大多数人甚至没有意识到它们究竟提供了多少不可或缺的服务。

尽管市场对超大功率的电灯和超大型电动机有一定的需求，但这些能量转换器的增长应该主要着眼于效率、耐用性和可靠性的提高，而非单机功率的增长。实际上，虽然有两个市场（电子设备和汽车）对电动机的需求正快速增长，但它们所需的电动机都是一些功率很小或中等的设备。例如，在笔记本电脑中驱动只读光盘的无刷直流 5 伏 /12 伏电动机的运行功率大多只有 2—7 瓦，而控制车窗升降的直流电动机（与用于锁门和调节座椅的电动机一起，安装在每辆汽车中）的功率通常为 12—50 瓦（NXP Semiconductors 2016）。

电 灯

为了理解电灯（即使是最早的那种效率极其低下的电灯）的革命性意义，我们有必要将它们的性能与它们的那些常见的前辈进行比较。蜡烛的燃烧将蜡、牛脂或石蜡中的化学能转化成昏暗、不稳定且不可控的光线，效率低至 0.01%，最多不超过 0.04%。就连爱迪生发明的第一批使用碳化纸做灯丝的灯泡，效率也比蜡烛高出 10 倍。但到了 19 世纪 80 年代初，相对更不方便的煤气灯（问世于 1800 年之后，燃烧的是由煤蒸馏而成的煤气）在效率上略有优势（达到了 0.3%）。随着 1898 年钨丝灯泡的发明，情况很快发生了变化，灯泡的效率提高到了0.6%。到1905年，将钨丝置于真空中的做法使效率翻了一番，在灯泡中注满惰性气体又使灯泡的效率翻了一番（Smil 2005）。20世纪30年代，荧光灯的发明将效率提高到了7%以上，1950年以后又提高到了10%。到2000年，灯泡的效率接近15%。

比较光源的最佳方式是比较发光效率（luminous efficacy），这项数值表示的是每单位功率可以产生的可见光，单位为流明每瓦（lm/W），其理论最大值为683流明每瓦。照明的历史表明，发光效率（下面的所有数据均以流明每瓦为单位）从蜡烛的0.2上升到煤气灯的1—2；早期白炽灯的发光效率低于5，最好的白炽灯能达到10—15；荧光灯的发光效率可达100（Rea 2000）。到21世纪初，高强度的气体放电灯是室内照明最有效的光源，其发光效率最大值略高于100流明每瓦。几乎所有这些光源的效率要么陷入了长期停滞，要么长期经历缓慢的线性增长，但未来属于发光二极管（LED），它们的发光光谱特别适合用在室内或室外（Bain 2015；图3.15）。一开始，人们将它们用作电子产品和汽车的小型照明灯；到2017年，LED灯的发光效率已经超过100流明每瓦；到2030年，

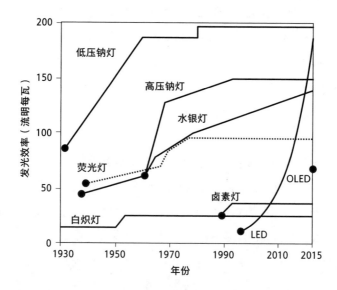

图3.15　1930年以来，电灯发光效率（流明每瓦）的演化趋势。图表根据欧司朗－喜万年公司的资料（Osram Sylvania 2009）及后续的发光效率报告绘制而成

它们有望将美国的照明用电节省 40%（Navigant 2015）。

此外，电能转换效率的提高和发电效率的提高相结合，使得如今的照明成本只有过去的一小部分。到 20 世纪末，美国照明的平均成本仅为 1800 年的 0.03%。反过来说，这就意味着付出相同的价格，消费者能获得的照明量要多出约 3,300 倍（Nordhaus 1998），这绝对是幅度最大的能量转换器整体性能增长现象之一。关于照明效率的长期变化，富凯也得出了类似的结果：他的计算表明，英国在 2000 年每产生 1 流明光照的成本仅为 1500 年的 0.01%，在 500 年中增长了 10,000 倍（几乎所有的增长都发生在这 500 年中的最后 150 年）；2000 年的照明成本只有 1900 年的 1%，即在一个世纪内实现了 100 倍的增长（Fouquet 2008）。

电动机

电动机经历了漫长的演变。迈克尔·法拉第（Michael Faraday）在 1839 年发现了电磁感应现象（Faraday 1839），但直到 40 多年后，第一台小型直流电动机才实现商业化，交流电动机的应用则要等到近 60 年后（Pope 1891）。不过，只要电池仍是唯一一种可靠的供电手段，那么直流电动机就会继续保持较小的体形，并继续藏在幕后。19 世纪 70 年代后期，爱迪生制造了一种由小型直流电动机驱动的、用于复制文件的制版笔，一共售出了数千套（Burns 2018）。不过，电动机真正的商业性推广（在工业领域，安装在有轨电车上）要等到第一批中央发电厂投入运营（始于 1882 年）和多相电机问世（19 世纪 80 年代后期）之后才开始。

尼古拉·特斯拉（Nikola Tesla）最初的电动机设计可以追溯到 1882 年，但他的多相电机设计要等到 1888 年才获得专利，此时他在美国已经待了好几年（Tesla 1888）。特斯拉为两相电机申请了专利；在德国电器公司（AEG）工作的俄国工程师米哈伊尔·奥西波维奇·多利沃-多布罗沃尔斯基（Mikhail Osipovich Dolivo-Dobrowolsky）则制造了第一台三相电机，这种设计很快成了主流。特斯拉将他所有的电机专利都卖给了西屋公司，该公司的小型风扇电动机（125 瓦）在 19 世纪 90 年代售出了近 1 万台（Hunter and Bryant 1991）。电动机于 19 世纪最后 10 年在工业领域快速普及，并在 1900 年以后加速发展。正如本节引言已经指出的那样，若要评估电动机在设计、生产和部署等方面的发展，常常被用来追踪其他能量转换器和人造物增长的那些变量（容量、体积、重量或效率）并不是最佳指标。

主要原因有两个。首先，这一类次级能量转换器（所有电动机在本质上都是逆向运行的发电机）拥有不同的运行模式：按照基本的划分，电动机可分为直流电动机和交流电动机两类，而交流电动机又可以分为感应电动机和同步电动机（Hughes 2006）。其次，电动机本身就是高效的，特别是满负荷或接近满负荷工作时。尽管某些情况会降低电动机的整体性能（由于摩擦、风阻、磁滞以及涡流和欧姆损耗），但即使是 19 世纪末生产的早期商业型号，满载效率也已经接近 70%。因此，电动机的效率进一步提高的空间十分有限。到 21 世纪初，我们的技术水平已经十分接近电动机的实际性能极限。美国电气制造商协会所采纳的最新标准规定，额定功率大于 186.4 千瓦（250 马力）的电动机最低满载效率为 95%，而功率为 0.75—7.5 千瓦的小型电动机最低满载效率必须为 74%—88.5%（Boteler and Malinowski 2015）。

不过，电动机单机功率或质量的增长并不是最具揭示意义的量化指标，最重要的原因在于电动机的物理属性取决于它们的部署地点的特定要求。电子设备和机电一体化所需的小容量电动机的微型化和大规模生产与对更高的工业或运输能力的需求的增长一样重要（如果不是更重要的话）。因此，电动机在满足特定功能方面（无论是在尘土飞扬的环境中或水下工作的电动机变得越来越耐用，还是长期提供稳定的动力或满足突然的高扭矩要求）的增长和全球新兴应用场景（尤其是在家用电器、电子消费品以及汽车中，电动机的尺寸会受到固有的限制）对电动机的需求的迅速扩大，都要比额定功率的增长更具揭示性。

因此，有两个最明显的增长现象可以被视为电动机在 1890 年之后的发展史的标志：一是在 20 世纪早期的几十年里，它们异常迅速地征服了工业市场；二是在最近几十年来，它们被大规模地部署在了非工业领域。在北美和西欧，整个工业领域（特别是制造业）的电气化过程是在 30—

40 年内完成的（在美国，这一过程在 20 世纪 20 年代后期基本结束）。非工业领域的电动机则在几十年里发展缓慢，直到 20 世纪最后的几十年，电动机的部署才开始加速，然后达到了空前的规模——从 2000 年开始，全球每年新增的设备数量已超过 100 亿台。

来自制造业的普查数据反映了电动机的迅速普及和蒸汽机的退场（Daugherty 1927; Schurr et al. 1990）。1899 年，美国的制造业企业部署的所有动力中，有 77% 来自蒸汽机，还有 21% 来自水车和涡轮机。在接下来的 30 年里，美国的制造业企业部署的机械动力总量增长了 3.7 倍，但电动机的总功率容量增长了近 70 倍；电动机提供的机械动力在制造业的全部机械动力中所占的份额从 1900 年的不到 5% 增长到后来的 82%。这一份额在 20 世纪 30 年代进一步上升，到 1940 年达到了 90%，增长轨迹非常接近 S 型曲线（图 3.16）。然而，漫长的平台期维持在了一个稍低的水平：电动机的份额到 1954 年下降到 85%，并在 20 世纪剩余的时间内保持在这个较高的数值附近，其他的高效能量转换器（燃气轮机和柴油发

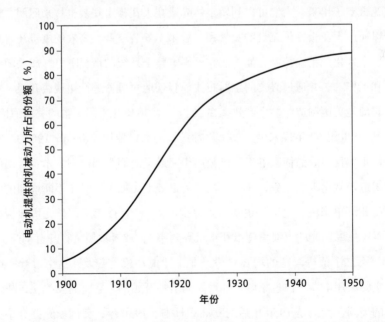

图 3.16　电动机提供的机械动力在美国制造业全部机械动力中所占的份额（1909—1950 年）的逻辑斯蒂拟合（拐点出现在 1916 年，渐近值为 89.9%）。图表根据多尔蒂（Daugherty 1927）和舒尔等人（Schurr et al. 1990）提供的数据绘制而成

动机）则占据了剩余的部分。

不过，这样一种向电动机的迅速转变绝不仅仅是向一种新型能量转换器的过渡。从通过传动轴传输动力变成通过电线传输电力，这一转变给工厂的组织结构、工作环境的质量和安全性以及劳动生产率带来了深远的影响（Devine 1983）。在过去，由原动机产生的往复运动首先通过主传动轴从能量转换器（水车、水轮机或蒸汽机）中传出，然后在工厂天花板下方穿过整栋建筑物，最后通过平行的副轴和皮带被传送到工作地点。显然，这些布置既不方便又会带来危险。它们效率低下（摩擦会造成损失）、不安全（皮带打滑）、噪声大，而且人们无法对这套传动装置的旋转或扭矩做出任何独立的精确调整。此外，一旦主能量转换器或复杂传动装置的任何部分出现任何问题（很容易由皮带打滑引起），整个系统都需要暂时中止运行。

电动机改变了这一切。一开始，人们用电动机驱动较短的传动轴，从而为少数设备提供动力。然而很快，单元驱动模式就成了常态。于是，天花板空了出来，人们可以利用自然光或在天花板上安装电灯来照明，还可以通过天花板提供充足的暖气和（后来）安装空调。高效的电机还可以实现个性化的精确控制，使人们在不影响整个系统的情况下打开或关闭机器和工作站，并通过必要的重新布线，轻松地对机器进行拓展或升级。电机驱动是美国制造业的生产效率在20世纪前30年几乎翻一番的关键原因，也是20世纪60年代末生产效率再翻一番的关键原因（Schurr 1984）。如今，小型且高效的伺服电机不仅被用于完成金属切割和成型、木工、纺纱和织造等常见工业任务，还被用在了传送带上（如今，对于不断增加的电子商务订单来说，电动机也是必不可少的），或者被用于调整光伏面板的位置（追踪阳光的入射角度以获得最高效率），或者被用来打开自动门。

第二个值得注意的增长趋势是非工业电动机的普及，这个过程是随着主要家用电器（白色家电）的发展而缓慢开始的，它首先发生在二战之前的美国，然后是1950年后的欧洲和日本。1930年，美国家庭拥有小型冰箱的比例几乎达到了10%；到1955年，普及率达到了90%；到1970年，普及率已接近100%（Felton 2008）。为了压缩机的运行，冰箱所使用的电动机必须耐用、振动低且噪声低（如今它们的功率通常为 550—750 瓦）。随着这些冷冻设备数量的增长，对这类电动机的需求也在进一步增长。如今，洗衣机（它们的普及要慢得多，美国家庭的洗衣机普及率到 2000 年才达到约 80%）的电动机额定功率大多在 500—1,000 瓦之间。

由小型电动机提供动力的常用设备还包括烘干机、洗碗机和供暖设备、通风设备以及空气调节设备（包括在高度隔热的房屋中不间断运行的热回收通风机和在加热周期开启时的天然气炉风扇）。某些厨房电器的电动机功率也相当强大，某些食品加工机器的电动机功率甚至达到了 1—1.2 千瓦，最常见的功率范围则是 400—600 瓦。电动工具和园艺工具（包括电动割草机和修剪机）的保有量不断增长，也为小型电动机创造了新的市场。

同样地，也有一些工具的电动机必须非常强大（电钻的功率可能高达 1 千瓦，电锯的功率远超 1 千瓦），另一些工具则使用微型电动机。但到目前为止，人们对小型电动机的需求迅速增长，最主要的原因是新型电子设备的快速推广。这些电子消费品之所以能够实现大规模生产，且价格低廉，原因首先在于晶体管的问世，然后是集成电路的出现，最后是微处理器的推广。大多数此类设备仍然需要机械（旋转）能量（用于转盘、螺丝刀和冷却风扇），而电动机是满足这种需求的唯一可行选择（台式电脑和笔记本电脑一般都装有 3—6 个用于维持磁盘驱动器和散热风扇运行的小型电动机）。

在第一款大规模生产的商用车问世仅仅几年后，由内燃机驱动的汽车就开始走上了电气化之路。于 1908 年问世的福特 T 型车并未安装电动机（要想启动发动机，就需要使用费力的，有时甚至很危险的摇把）。但在 1911 年，查尔斯·F. 凯特林（Charles F. Kettering）为第一款电子启动器申请了专利。1912 年，通用汽车公司订购了 1.2 万个这种省力的设备，将它们安装在了凯迪拉克汽车上。到 1920 年，电子启动器已经很普遍了。1919 年，T 型车也开始改用它们来启动发动机（Smil 2006b）。20 世纪 60 年代，电子转向助力技术在美国普及开来。在几个世代以来都依赖人力的那些领域（从车门的开关到车窗的升降），小型电动机最终也取代了人力。

在汽车中，小型电动机的功能包括启动发动机，驱动转向助力装置，控制水泵的运行，操作防抱死制动系统、安全带卷收器和雨刷器，调节座椅，运行制暖或空调风扇，打开和关闭窗户、门锁，有时也包括使车门滑动、控制车门的升降，以及控制后视镜的折叠。电动驻车制动系统是这些应用的最新补充。那些非必要的电动机一开始只在豪华车上比较普遍，之后不断向中低端市场扩张。在北美、欧洲和日本，即使一辆基础款轿车都装有约 30 台电动机，高档汽车上安装的电动机总数则可能达到这一数字的 3—4 倍。一辆豪华汽车上的电动机总重量可以达到 40 千克这一数量级，其中用于控制座椅、电子转向助力和启动发动机的电动机重量约占整车电动机总重量的一半（Ombach 2017）。2013 年，全球汽车电动机的销量超过了 25 亿台，市场需求每年增长 5%—7%，到 2017 年将达到 30 亿台（Turnbough 2013）。

总的来说，特恩博估计，全球小型非工业电动机的销量将从 2012 年的 98 亿台增长到 2018 年的 120 亿台，它们的累计运行总量将远超全部工业电动机（体积和功率更大、更耐用）的总量（Turnbough 2013）。如今，最小的电动机也最为普遍，因为几乎每部手机都装有一台偏心安装的微型（一般来说，它们长 1 厘米，直径为 4 毫米）电动机，它的旋转能够发出振动提醒，其批发价如今仅为 50 美分。这些微型电动机使用线性稳压器，由恒压电源供电。全球的手机销量从 2005 年的 8.16 亿部增长到 2016 年的 14.2 亿部，这种增长为这些微型电机创造了空前巨大的需求。此外，小型振动马达也普遍存在于玩具中。

最后，我还要通过列举几个数字来追踪最大的工业电动机的发展轨迹。在铁路运输领域，维尔纳·冯·西门子（Werner von Siemens）于 1879 年在柏林贸易博览会上展出的第一条微型电动铁路（长 300 米的圆形轨道）上运行的列车电动机最大功率只有 2.2 千瓦。2004 年，为法国的几种快速列车（法国高速列车、大力士高速列车、欧洲之星列车）提供动力的两对动力车厢所使用的异步电动机功率已经增长到 6.45—12.21 兆瓦。在 100 多年的时间里，铁路运输电动机的功率增长了 3 个数量级。同步电动机则最适合在恒定速度下运行，通常被用来给管道和炼油厂的压缩机、泵、风扇和传送带提供动力。到 20 世纪下半叶，它们的功率开始呈指数增长，从 1950 年的约 5 兆瓦增长到 2000 年的 60 兆瓦以上。相比之下，它们的最高电压在几十年里一直保持在 10—15 千伏之间，直到 21 世纪初才突然增长到接近 60 千伏（Kullinger 2009）。

第 4 章

人造物

人造物及其性能的增长

若想仅仅在某一章中研究人造物的增长，我们只能以最精简的方式集中讨论那些最重要的事物。用一个类比来阐明这一挑战或许是个不错的选择。人类在数十年里一直在尝试缩小生物物种总量的范围，却仍然没有得到确切的答案。目前，进入编目的陆地生物种类已达到近 125 万种，其中包括约 95 万种动物、21.5 万种植物和近 4.5 万种真菌，在海洋中则发现了近 20 万个物种（大多是动物）（Mora et al. 2011）。我们就算仅仅尝试着粗略地对人造物（从最小的工具到大型建筑）进行平行分类，结果也表明人造物的多样性至少可以与生物的多样性相提并论。尽管这样的比较显然相当于将苹果与汽车相提并论，但就此认为人造"物种"的总数实际上要比生物的种类更多并不是无可置疑的。

为了说明这一点，我所采用的方法包括两个部分：一是构建相应的分类等级（对于人造物来说，这种分类一定是任意的），二是将从所有生物到某一种海豚的等级序列与从所有人造物到某一款手机的等级序列进行平行比较。在由广泛的人造物组成的域（相当于真核生物域，这些生物的细胞有细胞核）中，由多种成分组成的人造物（与仅仅由某一种金属、木头或塑料所组成的单一成分人造物相对应）形成了一个界（相当于动物界）；在这个界中，我们会找到由电子设备组成的门（相当于脊索动物门）；便携式电子产品则是这个门之中的一个纲（相当于哺乳纲）；在这个纲中，一系列用于通讯的设备组成了一个目（相当于鲸目）；这个目中有一个手机科（相当于海豚科）；手机科包含众多的手机属（比如阿尔卡特、苹果、华为、摩托罗拉……相当于海豚属、虎鲸属、宽吻海豚属……）；其中有些属只包含一个种（相当于虎鲸属的虎鲸），另一些属包含的种则可能非常丰富（比如三星品牌的各款手机，相当于斑纹海豚属的各种海豚）。

若使用这种（不可避免地存在争议的）分类法来分类，2018 年，手机至少包括 8,000 个"种"，这比有过描述的哺乳纲或两栖纲动物的种（属于 100 多个"属"）还要多（GSMArena 2017）。另外，如果这种分类法被认为是不现实的，如果有人争辩说现代手机只是单一物种的诸多变种，那几乎也没有什么关系。人造世界的丰富性是不可否认的，人造物多样性的增长一直是构成现代史的诸多趋势之一。国际钢铁协会（World Steel Association）认证的钢铁种类有大约 3,500 种，这比有描述的啮齿目动物（哺乳纲下最大的目）的所有种都要多。在宏观零部件方面，复杂的机器很容易像复杂的生态系统一样"物种丰富"：一辆丰田汽车平均拥有 3 万个零部件，一架波音 737 飞机（波音 700 系列最小的飞机）拥有大约 40 万个零部件（不包括电线、螺栓和铆钉），一架新型波音 787 飞机拥有 230 万个零部件，一架波音 747-8 飞机拥有 600 万个零部件（Boeing 2013）。

当然，生物系统（无论是雨林还是人体）的功能取决于微生物物种（微生物群落）的组合方式。即便是最为复杂的机器所包含的最小的功能部件的数量，也要远远小于单位面积的森林包含的细菌、古核生物和微型真菌的数量。另外，很显然，生物系统的生物量［形成生物体的活细胞（以及木质中的死亡细胞）的质量］与形成复杂机器的金属、复合材料、塑料和玻璃的质量之间并不存在真正的可比性。它们在功能上存在差异，这是不言而喻的；因为功能的差异，我们不可能对它们进行任何简单的比较，这也是不言而喻的。但人造物惊人的复杂性也是如此，最优秀的设计必须完美地相互配合并发挥作用，才能在最苛刻的条件下长时间无故障地运行。我的小型电子计算器就是一个方便且耐用的绝佳范例。

德州仪器公司于 1984 年推出了 TI-35 "银河" 太阳能计算器，我当时就买了一台，因为它是第一款由 4 块小型光伏电池（总计约 7 平方厘米）供电的计算器。这些电池以及显示屏和所有按键已经工作了 35 年。我在 1984 年以后的所有写作中的几乎所有计算都是在这台小型机器上完成的。而若要说起大尺寸的人造物，没有比喷气发动机（燃气轮机）更好的例子了。喷气发动机可靠性的提高使双引擎飞机的延程运行[①] 时间从 1976 年的 90 分钟增长到 1985 年的 120 分钟（得益于这种增长，几乎所有双引擎飞机都能够飞越北大西洋航线）。到 1988 年，双引擎飞机的延程运行时间又增长到 180 分钟，这不仅使得双引擎飞机飞越北太平洋成为可能，也使地球表面符合双引擎飞机延程运行性能标准（ETOPS）的航线比例增长到 95%（Smil 2010b）。延程运行时间随后在 2009 年增长到 240 分钟，在 2010 年增长到 330 分钟（对于波音 777-200ER 来说是第一次）。最后在 2014 年，空客 A350XWB 客机的最大延程运行时间达到了 370 分钟（Airbus 2014），这就意味着双引擎飞机几乎可以仅靠一台引擎完成纽约到伦敦的跨大西洋飞行（图 4.1）！

这种多样性也适用于一系列以性能、大小或质量来衡量的人造物。我已经在第 3 章中介绍过电动机的发展，它也是这种多样性的一个很好的例子（Hughes 2006）。最大的电动机（功率约为 60 兆瓦）为大型压缩机提供动力，最小的电动机（一种微型超声波马达，它的定子大小只有 1 立方毫米）则被用来完成微创外科手术（Kullinger 2009; Phys.org 2015）。其他人造物的性能和质量跨度甚至更大，几乎可以与生物体的跨度相比拟。最小的哺乳动物（重量仅有 1.3—2.5 克的伊特鲁里亚鼩鼱）和最大的哺乳动物（重达 180 吨的蓝鲸）之间的重量差距达到上亿倍，最轻的飞行器（重量只有 5 克的微型摄影无人机）和满载的空客 A380 飞机（560 吨）之间的重量差异更大。

因此，无论是比较整体的多样性（通过进化演化的物种与精心设计

---

① 国际民航管理机构专门为了保证双引擎民航飞机安全飞行而提出的一项特殊要求。当双引擎飞机的一台引擎或主要系统发生故障时，要求飞机能在剩余一台引擎工作的情况下，在规定时间内飞抵最近的备降机场。——编者注

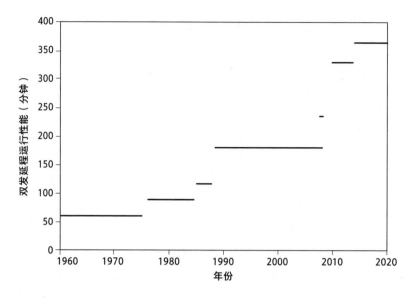

图 4.1 喷气式客机的双发延程运行性能的增长。在 1988 年，3 小时的极限已经为商业航空开放了地球表面 95% 的航线。2018 年，最长的单引擎延程运行时间达到了 370 分钟，只比纽约直达伦敦的航班时间少了 53 分钟

的人造物），还是比较质量、容量或典型性能的变化范围，我们都会发现人造物和人造结构都与生物圈的物种一样丰富，在某些方面甚至比生物圈更丰富。为了追踪这种巨大的多样性的发展，我们只能采取一种高度选择性的方式，专注于几类基本的对象。我将首先讨论那些能够将我们与我们的人猿祖先区分开来的设计和实践。大型建筑和基础设施的发展需要得到特别关注。运输能力和电子产品的发展也是如此，它们在近期的发展已经深刻地影响了我们的移动和通讯方式，以及我们的生产能力、休闲娱乐和社交互动，并在许多方面真正带来了革命性的变化。

工具与简易机械

有关简单工具和机械的系统性研究始于古希腊。古希腊工程师们最终将能够提供明显的机械优势的装置分为 5 种，这些装置使人们能够通过在较长的距离上施加较小的力来扩大人类行动的范围。它们分别是轮轴、杠杆、滑轮组、楔子（斜面）和蜗杆。现代的定义则有所不同：轮轴实际上是一种变相的圆形杠杆，蜗杆则是缠绕在圆柱形或圆锥形的轴上的环形

斜面。许多史前社会的人们都使用过杠杆（用来抬升和移动重物，在船桨、撬棍、剪刀、钳子和独轮手推车上也很常见）和斜面（包括用于抬升重物的坡道，坡道可以帮助人们将沉重的石头竖立起来，也包括斧头、锛子和榨汁机中的螺丝等楔形物，可以将压力转变成更大的侧向力），否则他们就不可能建造巨石阵。在公元前 9 世纪，首次出现了关于简易滑轮的记载；古希腊人和古罗马人则使用过滑轮组（Needham 1965; Burstall 1968; Cotterell and Kamminga 1990; Winter 2007）。

许多设备和机器将基本的机械原理组合在一起，以实现原本不可能实现的功能。不论是对于现代大型建筑项目还是对于中世纪的大教堂和古代的庙宇，建筑起重机都是不可或缺的。它们是此类组合的典范，因为它们能够依靠滑轮和杠杆来抬升和移动重物。本书将追踪这类设备最佳性能的增长过程（该过程始于近 3,000 年前，关于其中的关键步骤，我们有着充分的记录），基本人造物的增长是缓慢的，但最终，它们的性能变得空前强大。本书意在说明，这种增长首先得益于巧妙的设计，其次得益于采用了更强大的原动机。

滑轮、卷扬机与绞盘

单滑轮最早（公元前 9 世纪）被用于从井中汲水［古埃及的汲水吊杆（shaduf）］，无法提供任何机械效益（表示为在相应更长的距离上施加的力的倍数）。不过，相比于直接用手提，拉动滑轮的绳索更容易提起物体，也能产生更大的力，因此人们可以通过使用它们，更快、更轻松地完成工作。公元前 6 世纪的希腊人使用的起重机是一种最古老的设计，它们只是一些装有单滑轮的简易木制悬臂，通过用卷扬机缠绕绳索来获得机械效益。到公元 3 世纪，人们又开始使用滑轮组提升重物（Wilson 2008）。

普鲁塔克（Plutarch）对滑轮组的性能的描述可能是最令人印象深刻的古代记录，他描述了阿基米德（Archimedes）向叙拉古国王希罗二世（Hiero II）演示滑轮组功能的情景：

于是，阿基米德从国王的船队中选了一艘三桅商船，这艘商船先前刚刚由很多人花很大力气才拖上岸。在阿基米德的要求下，船上载满了乘客和常见的货物。他自己远远离船坐下，手握绳子一端，轻轻拉动滑轮组，轻而易举地将船平稳地拉向了自己，船就像在水中滑行一样。（Plutarch 1917, 473）

我们无法得知这次演示所使用的商船的重量，因此也就无法估算实际的机械效益。不过，对于两种常见的罗马起重机，我们却可以轻易地计算出它们的机械效益。三滑轮起重机（trispastos）有 3 个滑轮，2 个滑轮在上，1 个在下，总共提供了 3 倍的机械效益：在理想的情况下，抬升重物所需的力是重物重量的 1/3。不过，由于轴与滑轮之间的摩擦以及绳索之间的摩擦，实际的机械效益要更小。科特雷利和坎明加通过 18 世纪关于绳索刚度的研究得出的计算结果表明，三滑轮起重机的实际效率为87%，也就是说它的机械效益为 2.61 倍（Cotterell and Kamminga 1990）。五滑轮起重机（pentaspastos）用 5 个滑轮支撑重物，其效率不足 80%。罗马的建筑者们已经意识到了这种必然的效率下降，因此从未使用滑轮数量超过 5 个的起重机：如果需要更大的动力，他们会将两台机器串联放置，这样的复合式多滑轮起重机（polyspastos）的实际机械效益可以达到约 7 倍。

多名工人一起转动卷扬机（winch）或绞盘（capstan，拥有垂直的转轴，转轴上有径向的辐条，可以被人从水平方向推动），或者一起踩动踏车（treadwheel），可以进一步提高最大抬升力。卷扬机或绞盘的机械效益等于其把手（辐条）半径和转轴半径之间的比值。在理想情况下，一台卷扬机拥有半径为 10 厘米的轴和长度达到 30 厘米的把手，可以产生 3 倍的机械效益。从理论上讲，一名工人使用一台这样的卷扬机驱动一台五滑轮起重机，就可以提起 750 千克的重物（50 千克 ×5×3）。一台轴半径为 10 厘米、把手长度为 60 厘米的绞盘将使机械效益翻倍。将这种卷扬机连接在同一台五滑轮起重机上，由 4 名工人推动，理论上的抬升力可以达到 6 吨（50 千克 ×4×5×6）。在实际操作中，由于摩擦和绳索的刚度，第一种情况下的抬升力会下降到不超过 600 千克，第二种情况下的抬升力则接近 4 吨，仍然十分惊人！此外，大型绞盘也可以由动物来驱动。

起重机

最强大的起重机都需要配备踏车。关于这种起重机［用于建造庙宇的巨大的踏车起重机（magna rota）］的最早的图像是一个浅浮雕，是从罗马建筑商家族哈特利家族（Haterii）的墓葬中出土的，其历史可追溯至公元 100 年（图 4.2）。踏车的转轴半径与轮半径之间的差异提供了很大的机械效益。转轴半径为 20 厘米，轮半径为 2.25 米，即使减掉摩擦带来

图 4.2　哈特利墓葬中的大理石浅浮雕描绘的罗马起重机，该墓葬于 1848 年在罗马的马焦雷门（Porta Maggiore）附近被发现。这架起重机由一台大型木制踏车上的 5 个人踩踏驱动。图片来自 www.museivaticani.va

的损耗，这台机器也能提供 9 倍的机械效益。由双人踩踏踏车来驱动的大型复合式多滑轮起重机的实际最大抬升力超过 5 吨（60 千克 ×2×5×9）。13 世纪初，这种古老的设计在法国重新出现，一个世纪后它们又出现在英国（Matthies 1992）。这些机器被安装在大教堂内，用于抬升笨重的木材、沉重的石头和大钟，有时由牛而非人力来驱动（Klein 1978）。

用来驱动这些起重机的踏车的直径可达 4.8 米，由 1—2 人操作。坎特伯雷大教堂的双人踏车到 20 世纪 70 年代仍然可以使用，但它的操作过程同时也证实了后一种操作方式（由 2 人操作）是相当不舒服的，因为这 2 人不得不扶着把手，在狭窄的空间中互相挤撞。一般而言，配备了人力卷扬机、绞盘和踏车的中世纪起重机并不会比其古代版本更加强大。即便一头装备了轭的牛在这种起重机上充满干劲地工作，产生的动力也不会超过 3—4 个稳定工作的人产生的动力。这种停滞一直持续到 18 世纪：格林将那个时代的英国起重机描述为 "从荷兰人那里借来的粗糙笨拙的设备"（Glynn 1849, 30）。

不过，在 1850 年之前，随着威廉·费尔贝恩（William Fairbairn）设计了第一台手动港口起重机，情况迅速发生变化。这台起重机能够将 12 吨的重物提升到 9 米的高度，并能够在直径为 20 米的圆圈内移动重物。最终，他的巨型起重机可以将 60 吨的重物提升至 18 米的高度，并在直径达到 32 米的圆圈内移动悬挂在悬臂末端的重物。下面是这台起重机的操作说明：

4 名男子每人操作一台半径为 18 英寸（45.72 厘米）的卷扬机。在直径为 6.375 英尺（194.31 厘米）的转轮上安装 2 个 6 英寸（15.24 厘米）的小齿轮，然后再通过 8 英寸的小齿轮转动直径为 6.8 英尺（207.26 厘米）的正齿轮，直径为 2 英尺的链筒就固定在这个正齿轮的转轴上。因此，通过齿轮传动获得的机械效益将是：W/P=（18×63.75×80）/（6×8×12）=158。也可以根据每个齿轮上的齿数来计算：W/P=（18×95×100）/（12×9×10）=158。如果再安装固定滑轮和可移动滑轮，这一结果可以再翻两番，结果就是，人施加在手柄上的力量通过齿轮和滑轮组而获得了 632 倍的机械效益。

（Fairbairn 1860, 293–294）

　　因此，19 世纪中期由人力驱动的起重机的能力要比罗马起重机高出一个数量级（10—60 吨对比 1—6 吨），但我们无法计算出任何有意义的长期增长率。这一增长过程包括两个部分，前一个部分是 1,500 多年的性能停滞，后一个部分是 19 世纪下半叶短短几十年内的快速增长（这一阶段的增长是由工业化需求催生的新式起重机设计带来的）。到 1900 年，工厂和装载业务不仅使用传统的小型手摇起重机、壁装起重机和旋臂起重机，还开始使用大型码头起重机和桥式起重机，这些机械由蒸汽机或（从19 世纪 90 年代开始）电动机提供动力，能力空前强大（Marks 1904）。钢铁厂中最大的桥式起重机的起重能力可以达到 125—150 吨。第二次世界大战之后，为了加快德国的重建，汉斯·利勃海尔（Hans Liebherr）发明了塔式起重机（塔吊）。这种机器可以在水平方向上移动重物，且很容易用运输到施工现场的零部件组装起来（Liebherr 2017）。

　　塔式起重机形成了一个杠杆，塔顶是杠杆的支点，杠杆的一侧是起重机的起重臂（用于提升重物），另一侧是平衡臂（装有配重）。它还利用滑轮增强提升能力。塔式起重机还是可移动的，它们可以通过多个轮子进行移动，通过斜面被部署到更高的高度上，所以实际是一种复合机械。在许多城市和工业建筑工地上常见的塔式起重机的起重能力通常在 12—20 吨之间；最强大的塔式起重机是丹麦的"克勒尔"K-10000 起重机，它的移动半径达到了 100 米，可提升 94 吨的重物，在标准情况下（移动半径为 82 米时）可提升 120 吨的重物（Krøll Cranes 2017；图 4.3）。用于卸载大型集装箱船的龙门起重机（安装在港口或船上）的最大起重能力为 90 吨；最强大的移动式起重机（装在 18 轮卡车上的利勃海尔 LTM 11200–9 起重机）可以提升 1,200 吨的重物；中国山东省的烟台市有着世界上最大的造船用龙门起重机，最大起重能力为 22,000 吨。

　　许多工具、设备和简易器械的增长与起重机容量的增长遵循相同的模式，亦即先经历长期（在有些情况下超过 1,500 年）的停滞或微小的增长，然后在 1700—1850 年之间的不同时间段开始快速增长。本书将介绍

图 4.3 世界上最大的塔式起重机"克勒尔"K-10000，其最大移动半径为 100 米，提升高度达到了 85 米，负重可达 94 吨。图片来自 http://www.towercrane.com/tower_cranes_Summary_Specs.htm

另外两个例子来说明这种共同的增长轨迹。之所以选择它们，是因为它们对文明的发展至关重要。它们来自两种截然不同的经济活动，但都是对许多工具和简易机械（同时进行的或连续的）组合而成的产品。第一个例子是用于生产小麦（西方文明的主要谷物）的一整套技术的发展变化。第二个例子是帆船性能的逐步提高，这首先得益于更好的设计以及基本组件（包括帆、索具、龙骨、船体和舵的形状）的有效组合，其次得益于更好的导航手段。

用于生产谷物的工具

历史资料为我们提供了充足的基本农艺信息，使我们得以重建古希腊、古罗马和中世纪的谷物生产率。此外，还有更详尽的记录使我们能够对 19 世纪的情况进行准确的计算。公元 3 世纪初，在罗马帝国的意大利地区的一个完整的小麦种植流程中，种植 1 公顷小麦大约需要 180 小时的人力劳动（和几乎等量的畜力劳动），产量只有 0.4 吨每公顷（Smil 2017a）。

完整的种植流程主要包括以下部分：牛拉木犁和耙，完成田间的准备工作；人们用手工播种，用镰刀收割；谷物的田间运输由人和牲畜完成；脱粒的程序则是由动物踩踏铺在坚硬地面上的农作物或通过人挥动连枷来完成的；最后，谷物被储存在整个帝国随处可见的石制粮仓（horrea）中（Rickman 1971）。

1,000 年后，英国农民与他们的耕牛必须花费与罗马人几乎相同的时间（约 160 小时）才能达到 0.5 吨每公顷的生产率，他们以与罗马人高度相似的方式进行一系列田间操作。到 1800 年，荷兰农民在小麦种植方面甚至要花费更多的时间（约 170 小时的人力劳动和 120 小时的畜力劳动），但他们的产量达到了 2 吨每公顷。如果用单位时间内的人力劳动生产的谷物质量（千克每小时）来表示生产率，那么小麦的平均生产率就从约 2.2 千克每小时（罗马帝国）增长到了约 3.2 千克每小时（中世纪的英国）；在 19 世纪早期的荷兰那种极为罕见的特别高产的情况下，小麦生产率达到了近 12 千克每小时。

在此之后，人们开始迎来巨大的机械化收益。原动机（人和马）保持不变，但新机械的问世加快了工作速度。首先出现的是更好的犁：1838 年，约翰·莱恩（John Lane）开始用锯片钢制造钢犁；1843 年，约翰·迪尔（John Deere）开始用锻铁制造犁；1868 年，人们开始使用由贝塞麦法炼制的钢铁来制造犁，这种钢铁直到彼时才实现商用，且比较廉价。到 19 世纪末，大型联合犁（由多达 12 匹马牵拉）拥有多达 10 片钢制犁铧（Smil 2017a）。19 世纪 30 年代，赛勒斯·麦考密克（Cyrus McCormick）和奥贝德·赫西（Obed Hussey）发明了可批量生产的平价收割机；第一台收割机在 1858 年获得专利；第一台实用的绳子打捆机（用于将割好的小麦捆起来并摆放整齐）于 1878 年问世。1850 年，美国人的小麦平均生产率为 15 千克每小时；到 1875 年，平均生产率增长到约 25 千克每小时（Rogin 1931）。

同样地，古希腊罗马时期与 19 世纪末的小麦生产率差异达到了一个数量级（从 2.2 千克每小时增长到 25 千克每小时）。同样地，我们依然不能使用这两个时期的生产率数值来计算长期增长率，因为在 19 世纪的快速增长之前，小麦生产率也经历了多个世纪的停滞不前或缓慢增长。在 19 世纪的最后 30 年，小麦生产率有了进一步的重大发展。联合犁、更大的播种机、更好的机械收割机以及第一批马拉联合收割机，将美国小麦种植的人力劳动总量降低到了 9 小时每公顷，并将谷物的平均生产率提高到了 100 千克每小时以上（Rogin 1931）。美国的第一家拖拉机制造厂于 1905 年开业，但这些机器只有到一战之后才表现出重要性，在欧洲发挥作用还得等到二战结束后（Dieffenbach and Gray 1960）。

帆　船

我用以佐证"基本机械设计性能的长期发展趋势是先陷入停滞或缓慢发展后又突然飞速发展"的第二个案例是对帆船性能的量化说明。在帆船经历的几千年的历史中，可追溯的 3 个最明显的组成部分包括帆、桅杆和索具以及船体的形状。迎风鼓胀的帆构成了一些简单而有效的翼型，这种形状可以最大限度地增加推力、降低阻力。它们的作用力必须与龙骨的平衡力相结合，以防止偏航（Anderson 2003）。船帆就像飞机的机翼一样，利用了伯努利原理：沿着帆的顺风侧（相当于机翼的上表面）移动的空气经过的路径更长，因此移动速度要比在帆的逆风侧通过的空气的移动速度更快。不过，帆船航行的物理过程很复杂，产生推力的压力差并不完全来自伯努利效应（Bernoulli effect）（Anderson 2003）。

在现代空气动力学诞生之前，船帆的设计主要依靠经验的指导。尽管船帆的形状和尺寸多种多样，但人们可以用一种通用的衡量标准（逆风航行的能力）来量化船帆的性能，并追踪性能的改进过程。根据朝向（航向）和风向，船舶可以顺风航行（风从后方吹来）、侧风航行（风从侧方吹来）或逆风航行（接近迎风航行，风从船的前面吹来）。一艘船在顺风航行时永远无法达到最高速度，因为当风从后面吹来时，船的移动速度永远不会比风速更快。但是当风从侧面吹来时，船可以侧顺风航行，此时它才能达到最高速度。同时，即使当今最好的赛艇的航向也无法高度接近风向（与风向成 10° 或 20° 角）。

科威特塞比耶堡出土的一个公元前 6—前 5 世纪的陶瓷盘上，有着现存最早的对桅杆帆船的描绘：画面展示的是一根双足桅杆，这种桅杆必须用在由芦苇制成的船上，因为这种船的船体无法支撑插座式桅杆（Carter 2006）。后来埃及人也描绘了一种双足桅杆，这种桅杆被安装在从船头起大约等水线长度的 1/3 处，上面挂着横帆。横帆的"横"实际上指的是这种帆的帆面与船的龙骨沿线形成一个直角。这种帆是四边形的，可以是正方形，但一般情况下是矩形（拥有较小的纵横比，纵向长度比横向长度更短）或梯形。

正如坎贝尔所言，"船帆作为一种人造物，并没有体现出人类创造力的伟大之处"（Campbell 1995, 1）。在帆船时代结束之前，横帆一直是帆船的动力来源。然而从古代到 19 世纪末，船帆发生了许多变化，主要包括横帆的数量、安装位置、具体形状、额外的风帆设计和不同的索具等方面的变化（Block 2003）。希腊人的帆船一开始只有一张横帆，安装在船的中部；后来他们又在前桅上安装了第二张较小的横帆，再之后又在后桅上安装了第三张。罗马船只使用了类似的低纵横比的矩形帆，沿着与船只的长轴线成直角的方向设置。显然，横帆在顺风时（180°）表现良好，在与风向成 150° 角时也可以控制船只。

多桅三角帆船（caravelas latinas）是第一批完成非洲海岸发现之旅（caravelas dos descobrimentos）的葡萄牙船只，每艘船上都装有 3 张斜挂大三角帆（Gardiner and Unger 2000; Schwarz 2008）。这种三角帆的创新设计并不像以前的人们认为的那样激进，也无法提供那么大的帮助，但它们的确提高了船的操纵性能（Campbell 1995）。1492 年，当哥伦布航行到美洲时，他的"平塔"号（Pinta）就是一艘小型三角帆船。这种三桅船的前桅和主桅上悬挂的是横帆，后桅上则挂着三角帆。而"尼娜"号（Niña）最初挂的全都是三角帆，后来按照"平塔"号的方式进行了改装。这些帆船可以在侧风（风向与船的航向形成 90° 角）的情况下行驶，文艺复兴之后的升级版本甚至可以在风向倾斜约 80° 的风中行驶。

接下来的变化出现在索具方面。人们开始沿着从船首到船尾的方向安装纵向索具，帆面沿着龙骨线设置，而不是与龙骨成直角。这些帆的安装位置并不对称，能够围绕桅杆旋转，从而使航向更贴近风向。在

18 世纪，最常见的做法是将船首和船尾的方形斜桁帆和斜挂上桅帆换成纵帆，横帆和纵帆的部署能够让航向进一步贴近风向（McGowan 1980）。一些船将两种索具组合在了一起，使得船只可以在风向与航向成 62° 时正常操控，纵帆船甚至可以将角度降低到近 45°。这意味着在 2,000 年中，帆船贴近风向航行的能力提高了约 100°。如果说这是一个稳定的进步过程，就意味着平均每 10 年的增益只有微不足道的 0.5°。不过，整体的进步实际上并不明显，因为不论是最重的战舰还是最大的"飞剪"快船（clipper，帆船时代最后几十年中最快的船），都没有采用纵帆设计。

另一些简单的设备和设计改进也提高了帆船的性能。在大约 2,000 年前的汉代中国，人们首次使用安装在船尾的尾舵取代了转向桨（杠杆），船体和龙骨的尺寸明显有所增加，船的横截面也发生了变化。追踪船体演变的一个重要指标是船的长度与（船梁）宽度之比。罗马人的船只长宽比只有约 3：1，这一比例在整个中世纪十分盛行。但到帆船时代结束时，这个比例几乎翻了一番。中世纪晚期的大型快船的长宽比高达 3.3：1，船体呈圆形，船首与船尾高高翘起，船的横截面近似圆形的截面。后来，船体逐渐延长。1492 年，"圣玛丽亚"号（Santa Maria）的长宽比为 3.7：1；到 1628 年，保存完好的瑞典战舰"瓦萨"号（Vasa）的长宽比达到了 4.4：1；到 19 世纪 40 年代，运载欧洲移民的定期邮船长宽比约为 4：1；1851 年，由唐纳德·麦凯设计的"飞云"号（Flying Cloud，世界上最快的"飞剪"快船；图 4.4）的长宽比达到了 5.4：1；同样由麦凯设计建造的"大共和国"号（Great Republic，有史以来最大的"飞剪"快船，于 1853 年下水）使用了铁螺栓和钢筋加固，长宽比达到了创纪录的 6.1：1（McKay 1928）。

在 18 世纪末和 19 世纪初，法国人设计了一款大型双层战舰，可搭载 74 门火炮和最多 750 名船员，这种战舰成了当时海军的主要舰种，英国皇家海军也委托建造了近 150 艘（Watts 1905）。1843—1869 年，主要由美国和英国公司使用的"飞剪"快船尤为重要，因为它们是为了能够在漫长的洲际航线上快速航行而设计的（Ross 2012）。这两种设计都安装了全套索具，拥有 3 根乃至更多悬挂着横帆的桅杆和额外的前帆（船首三角

图 4.4 "飞云"号是由唐纳德·麦凯设计建造的最有名的"飞剪"快船。1853 年，它用了 89 天零 8 小时完成了从纽约到旧金山的航行，创造了帆船航行的最快纪录。图片来自维基媒体

帆），其中的一些还装有支索帆和后纵帆。它们切近风向航行的能力往往会受到很大的限制：例如，在刮北风的情况下，它们所能适应的最佳风向是东北偏东或西北偏西，即航向与风向呈大约 67°角。

要想突破这些航行限制，唯一的办法是在不断改变航向的同时，总是使船舶保持在最佳航行状态：配备纵帆的船舶逆风航行时，会不断调整船首的方向，使其接近风的来向，并最终向帆的另一侧前进；装有横帆的船只则会通过较慢的来回穿插过程，经历完全顺风的状态，来回转向以实现逆风航行。这样有效地转弯不仅取决于船员掌握的大量技巧，还取决于船体的设计。凯利和奥·格拉达认为，18 世纪 80 年代东印度公司的船只航速明显有所提高是因为船体的镀铜层，它很大程度上消除了船体上粘连的杂草和藤壶等污垢（Kelly and Ó Gráda 2018）。不过，若强风持续多日，船只常常没有任何手段能逆风而行，在令人疲倦且徒劳的尝试之后，人们只能放弃逆风航行，并等待风向发生改变（Willis 2003）。

最后，还有一些事实反映了船舶尺寸的增长，人们通常以排水量吨位（船舶的质量）来衡量。这种衡量方法远远优于吨位（船的装载能

力）。人们会使用多种不同的量化方式（且具体的定义并不总是会被明确指出）、各种旧的非公制单位来计量船舶的吨位，这些因素都会使全球范围内的长期比较显得既复杂又充满不确定性（Vasudevan 2010）。不过，对大部分的木制船舶而言，如果无法直接获得排水量数据，我们还可以通过船只的基本尺寸来计算其质量，从而估算出其排水量吨位近似值。帆船的船体、桅杆和横杆的质量通常占其总排水量的 65%—70%，剩余部分则是帆、压舱物、补给、军备和船员的总质量。

荷马对奥德修斯造船的过程做了以下描述："他砍下了 20 棵树，用斧头修剪了树枝；然后巧妙地将它们全部打磨平整，并将它们笔直地摆放在一起。"（《奥德赛》，5.244）。假设每棵树在修剪之后的木材体积为 1 立方米（尽可能高估），那么古希腊青铜时代一艘船的木材体积最大约为 20 立方米。若木材的密度为 600 千克每立方米，那么船体的质量就大约为 12 吨，加上桅杆、帆、座椅和船桨，总重量约为 15 吨。三桨座船（triremes，古希腊的大型三层桨战船）配备了三层桨手，还装配了青铜撞角，排水量达到 50 吨。罗马人也建造过一些非常大的货船，排水量超过 1,000 吨，能够运输多达 10,000 个双耳细颈瓶；他们还使用这种船将巨大的埃及方尖碑运到了罗马。

然而，在公元纪年最初的几个世纪里，典型的货船要小得多，一艘船大约只能运载 70 吨谷物，排水量不超过 200 吨（Casson 1971）。一艘维京戈克斯塔船（Gokstad ship，建造于公元前 890 年前后，于 1880 年被发现）的排水量仅有 20 吨。中世纪晚期，葡萄牙和西班牙水手的洲际航行所用的船只比罗马时代的典型商船更小（Smil 2017a）。哥伦布的"圣玛丽亚"号的排水量约为 150 吨，麦哲伦的"维多利亚"号（Victoria）排水量仅为 120 吨（Fernández-González 2006）。大约 250 年后，美国东北部的殖民商船的排水量仍然与之相似（在 100—120 吨之间），运煤船的排水量要更大一些，在 100—170 吨之间。

在 18 世纪和 19 世纪，随着人们建造了大型的、拥有三层甲板的海军舰船，木制船舶的尺寸达到了创纪录的水平（比前代产品大了一个数量级）。1670 年的"王子"号（Prince）的排水量为 2,300 吨，1839 年的"女王"号（*Queen*）的排水量为 5,100 吨（Lavery 1984）。在 19 世纪初，建造一艘配备 74 门火炮的舰艇所需的木材（几乎都是成熟的高密度橡木）的总质量从不到 3,000 吨到接近 4,000 吨，也就是说，建造这样一艘船需要砍伐一片拥有超过 6,000 棵橡树的小森林。为追求速度而建造的"飞剪"快船则非常轻巧："卡蒂萨克"号（*Cutty Sark*）的排水量仅为 2,100 吨。

这些拥有超过 2,000 年历史的帆船的发展变化表明，最大排水量的发展表现为一种缓慢的线性增长。不过，由于这些数据涉及不同类型的船舶，因此计算它们的平均值没有任何意义。但是，有关英格兰以及其后的不列颠海军舰艇的记录使我们可以比较同一类别的海军舰艇。比较的结果证明，在 1650—1840 年，最大排水量的增长过程是线性的，从 2,300 吨增长到 5,000 吨以上（Lavery 1984）。这意味着海军舰艇的最大排水量平均每 10 年增长近 200 吨。在历经几个世纪的线性增长之后，由于引入了蒸汽动力和金属船体，海军舰艇和商船的快速指数增长才成为可能。

建筑物

在第 3 章中，我追溯了一些与能量相关的基本建筑的容量和性能的增长过程。在本节中，我将集中讨论从古代金字塔、大教堂和城堡到现代摩天大楼等一系列建筑物的增长，尤其是住房的发展。大多数此类概述都很简短，那是因为在古希腊罗马、中世纪和近代早期（1500—1800 年），我们没有可以反映任何一个类型的大型建筑持久可追溯的增长轨迹的相关记录。金字塔、神庙、礼拜堂和大教堂以及城堡显然都是如此。关于这一点，有一个著名的案例：罗马万神殿（Pantheon）的圆形穹顶（直径为 43.4 米，于公元 125 年完工）创下的纪录直到 19 世纪才被超越。

无论用哪项指标（占地面积、体积、内部面积、长度、高度、容量）来衡量建筑物的发展，它们的增长大多都是一开始相对较快，然后陷入长期的停滞和衰退（欧洲的宗教圣殿和大教堂是这种趋势的绝佳例证），某些特定形式的建筑则彻底不再发展（关于这种突然被截断的发展轨迹，最令人印象深刻的例子也许是埃及的金字塔、欧洲的哥特式大教堂和城堡）。相比之下，只有等到 19 世纪 80 年代，当建筑钢材变得廉价且可以大量供应之后，摩天大楼才成为可能。只有当人群变得更加富裕，普通房屋的面积才会开始增加：即使在美国，这一趋势也要等到二战结束后才开始出现。

金字塔

埃及金字塔的建造过程是此类结构的发展最早的案例，它们清楚地表明了建造者们随着项目规模的扩大而不断进行实验、学习经验，在一个世纪内使切石装配技术达到了无与伦比的巅峰水平（Lepre 1990; Wier 1996; Lehner 1997）。圣卡拉的左塞尔（Djoser）阶梯金字塔建于公元前2650 年前后（第三王朝时期），体积达到 33 万立方米，显然是对更大建筑的一次谨慎尝试；随后是斯尼夫鲁（Sneferu）的 3 座金字塔（建于第四王朝时期），其中一座是美杜姆（Meidun）金字塔（64 万立方米），另外两座建在代赫舒尔（Dahshur，其中的曲折金字塔的体积大约为 120 万立方米，红色金字塔的体积接近 170 万立方米）。

吉萨（Giza）的胡夫大金字塔的体积达到了 258 万立方米，高达139 米，建于大约公元前 2560 年（第四王朝时期）。旁边的哈夫拉金字塔（Khafre，221 万立方米）几乎和胡夫金字塔一样大，但吉萨的第 3 座金字塔——孟卡拉（Menkaure）金字塔的体积仅为 23.5 万立方米，比一个多世纪以前建造的左塞尔金字塔还小。之后的埃及王朝以及邻近的努比亚库什特王国建造的所有金字塔也是如此。中美洲的金字塔与埃及金字塔完全无关，在结构上也有所不同 [尤其是公元 2 世纪的特奥蒂瓦坎（Teotihuacan）金字塔]。它们比埃及金字塔更小，建造起来也要容易得多，因为它们的核心是用填料、碎石和土坯砖制成的，只有外墙由石头砌成（Baldwin 1977）。因此，埃及的石制金字塔这种巨型建筑在起源于古代之后不久就达到了顶峰，而且从未被后来的建筑超越，甚至没有任何后来的建筑能与之媲美。

礼拜堂与大教堂

基督教教堂的发展远比埃及金字塔的发展更为循序渐进。然而，主要的大教堂 [源自罗马时代的大型公共建筑，比如图拉真（Trajan）的乌尔比亚巴西利卡（Basilica Ulpia）] 早在基督教被罗马确立为新的官方宗教时就拥有很大的尺寸（Ching et al. 2011）。旧圣伯多禄大教堂（The Old St. Peter's）大约在公元 360 年建成，长约 110 米，内部空间约为 9,000 平方米，体积约为 18 万立方米，由中央的正殿（高约 30 米）、两侧的两条小过道和一个耳堂构成（Kitterick et al. 2013）。在不到两个世纪后，圣索菲亚大教堂（Hagia Sophia）在公元 537 年完工，此时正值查士丁尼一世（Justinian I）统治时期。它的内部面积几乎与旧圣伯多禄大教堂相同，但体积（由于有着巨大的圆顶）超过了 25 万立方米。直到 1507 年塞维利亚大教堂（Catedral de Sevilla）竣工（室内面积为 11,500 平方米），这项纪录才翻了一番。

不过，就在塞维利亚大教堂开始举行祝圣仪式之前，尤利乌斯二世（Julius II）开始在罗马建造新的圣伯多禄大教堂（St. Peter's Basilica）。新教堂在 1626 年竣工，自此以后，无论就其约 1.5 万平方米的内部总面积还是就其 160 万立方米的体积而言，它都一直是世界上最大的教堂（Scotti 2007）。在这两个维度上，它都远超位于巴西阿帕雷西达的阿帕雷西达圣母全国朝圣所圣殿（Basílica do Santuário Nacional de Nossa Senhora da Conceição Aparecida），后者是一座类似酒店或办公大楼的罗马复兴式建筑，于 1980 年完工。新旧圣伯多禄大教堂之间的对比令人印象深刻（Kitterick et al. 2013）：相比于旧教堂，新教堂的内部面积增加了 66%，容积却增加了近 9 倍，可容纳 6 万人。同样，两者的竣工时间之间的巨大间隔（相距 1,266 年）和建设进度的跳跃式发展（在长达几个世纪的时间里没有任何新的进展），使我们无法从中计算出任何有意义的长期增长率。

另外，我们即使特别关注欧洲哥特式大教堂的发展史，也无法得出更好的结论。这些大教堂的整体外观、创新设计和装饰程度要远比任何特定的尺寸（无论是总面积、最长的正殿还是最高的尖顶）更为重要（Erlande-Brandenburg 1994; Gies and Gies 1995; Reckt 2008）。此外，即使我们忽略这些独特的设计，只关注最高的尖顶的高度，也不会看到明显的增长趋势。马姆斯伯里修道院（Malmesbury Abbey）早在 1180 年就已经拥有 131.3 米的尖顶；伦敦的圣保罗大教堂（Old Saint Paul's）在 1240

年拥有 150 米的尖顶；林肯大教堂（Lincoln Cathedral）的尖顶高度在
1311 年达到了 159.7 米，到 1549 年倒塌为止，它都是世界上最高的建筑
物。直到 1890 年才完工的乌尔姆敏斯特大教堂（Ulmer Münster）拥有世
界上最高的尖顶（高 161.5 米），它只比中世纪的林肯大教堂高 1.1%。

城　堡

同样地，对中世纪的城堡和近代早期的城堡进行对比也无法得出有
意义的结果。因为城堡的选址、大小和防御工事取决于它们独特的地理
位置、附近材料的可用性、建造者的富裕程度以及它们本身的战略重要
性，这些因素也将决定它们后续的维护或扩建。那些目前仍有人居住的
最大的城堡群可以容纳各种机构，也可以作为旅游景点向公众开放（其
中一些结合了所有这些功能）。它们几乎无一例外都是由各种建筑和构
筑物（塔楼、小礼堂、教堂、防御工事、护城河和城墙）组成的综合体，
整个建造过程可能延续多个世纪。世界上最大的城堡群是布拉格的城堡
区（Hradčany），占地近 7 公顷，它是此类建筑复合体的完美典范，其
中包括从公元 920—1929 年建造的各类建筑物（Pokorný 2014）。温莎古
堡（Windsor castles）和霍亨萨尔茨堡（Salzburg castles）（它们的占地面
积都达到了约 5.5 公顷）、布达城堡（Buda，4.5 公顷）以及爱丁堡城堡
（Edinburgh，约 3.5 公顷）都是持续数个世纪的建筑集聚过程的著名案例。

摩天大楼

在建筑物方面，人们只有在设计现代摩天大楼（高层建筑物）时才
会明确表现出试图打破纪录的想法。摩天大楼的建造必须建立在 19 世纪
后期的一系列技术创新的基础之上，这些创新包括廉价的建筑用钢［最
早通过 19 世纪 60 年代的贝塞麦法生产，不久之后可以通过平炉炼制
（Smil 2016b）］、电梯（一开始由蒸汽机驱动，1887 年开始由电动机驱
动，1889 年第一台奥的斯电梯问世）、中央供暖、电动水泵、电话以及钢
筋混凝土的使用（Smil 2005）。由威廉·勒巴伦·詹尼（William Le Baron
Jenney）设计的芝加哥家庭保险大楼（Home Insurance Building）一共有

10 层，高 42 米，于 1885 年完工。在之后很长一段时间内，它都是世界上最高的大楼，直到 1931 年被更高的菲尔德大楼（Field Building）超越。它的承重钢柱使大楼拥有很大的地面空间，从而能够安装大窗户。

之后，世界最高建筑的纪录一直由美国保持，从 1890—1998 年，这项纪录的保持者一直都是纽约的建筑。第一座达到 100 米的摩天大楼是 1894 年的曼哈顿人寿保险大楼（Life Insurance Building，高 106 米，18 层）；第一座高 200 米以上的摩天大楼是 1909 年的大都会人寿保险大楼（Metropolitan Life Insurance，高 213 米，50 层）。长条状滚压 H 型钢的发明使建筑工人再也不必在建筑工地现场铆接，这种钢材的结构拥有更高的抗拉强度，人们可以用它们建造更高的建筑（Hogan 1971）。伍尔沃思大厦（Woolworth Building）于 1913 年竣工，之后一直是世界上最高的摩天大楼（高 241 米，57 层；图 4.5），直到 1930 年 4 月被曼哈顿公司大厦（Manhattan Company Building，283 米）超越；1930 年 5 月，克莱斯勒大厦（Chrysler Building）成为新的世界纪录保持者，它的屋顶高度虽然只有 282 米，但加上天线尖顶就达到了 318.9 米（Stravitz 2002）。之后的帝国大厦（Empire State Building）又创造了新的世界纪录，它有 102 层，高度达到了 381 米（Landau and Condit 1996；图 4.5）。

世界贸易中心（World Trade Center）呈棱形排列的双子塔（高 417 米，110 层）直到 1972 年才从帝国大厦那里夺走世界最高建筑的称号，但仅仅两年后，它们又被芝加哥的西尔斯大厦［Sears Building，高 443 米，108 层，后更名为韦莱集团大厦（Willis Tower）］所超越。直到 1998 年吉隆坡石油大厦双塔（Petronas Towers，高 452 米，88 层；图 4.5）竣工，美国才失去它在摩天大楼高度方面的领先地位。2004 年，台北 101 大楼（Taipei 101，高 508 米，101 层）创造了新的纪录；2017 年，世界上最高的建筑是于 2010 年竣工的迪拜哈利法塔（Burj Khalifa，高 828 米，163 层）（CTBUH 2018；图 4.5）。世界最高建筑的高度增长过程呈现出指数增长趋势，年平均增长率如下：1972—2010 年（从世界贸易中心双子塔到迪拜的哈利法塔）的增长率为 1.8%，1998—2010 年（从吉隆坡石油大厦双塔到哈利法塔）的增长率却达到了 5%。

图 4.5 4 座曾创下世界纪录的摩天大楼：伍尔沃思大厦（1913—1930 年^①）、帝国大厦（1930—1972 年）、吉隆坡石油大厦双塔（1998—2004 年）和哈利法塔（2010—2020 年）。图片来自维基媒体

---

① 这条图注中的 4 个时间段指的是这 4 座摩天大楼保持世界最高楼纪录的时间段。——编者注

世界高层建筑与都市人居学会（CTBUH）曾将所有高度达到 300 米以上的建筑物都标记为"超高层"（supertall）建筑。但在 2011 年，它又为高度在 600 米以上的建筑创建了一个新的类别——"超级高层"（megatall）建筑。在 2010 年哈利法塔竣工之前，这一类别尚不存在（CTBUH 2011a）。于是，世界上最高的 20 座建筑物的平均高度从 2000 年的 375 米增加到 2010 年的 439 米，到 2020 年将变成 598 米，几乎达到了超级高层建筑的门槛。经历了几十年的缓慢增长，自 20 世纪 90 年代中期以来，超高层建筑的数量呈指数增长，从 1995 年的 15 座增长到 2010 年的 51 座。到 2020 年，世界上将有 185 座超高层建筑和 13 座超级高层建筑。这相当于年增长率达到 10.3% 的指数增长。另外，此类建筑物每年竣工的数量也已经显示出明显的饱和迹象。

连续的高度纪录之间一开始存在着很长的时间间隔（伍尔沃思大厦与曼哈顿公司大楼隔了 17 年；帝国大厦与世贸中心双子塔隔了 41 年；西尔斯大厦与吉隆坡石油大厦双塔隔了 24 年），之后的时间间隔却很短，这就意味着四参数逻辑斯蒂曲线无法很好地拟合这种趋势。多项式回归虽然能够提供更接近实际情况的拟合，但对于未来可能出现的高度纪录，它也无法做出任何合理的长远预测（图 4.6）。吉达的王国大厦（Kingdom Tower）预计将于 2020 年完工，到时候它将创下新的世界纪录：167 层，高度超过 1,000 米（Skyscraper Center 2017）。这些高度增长对应的年增长率将是 1.8%（从世贸中心双子塔到王国大厦）或 3.6%（从吉隆坡石油大厦双塔到王国大厦）。

截至 2017 年，所有在建的或计划在 21 世纪 20 年代初建成的其他摩天大楼没有任何一座将高于 739 米的 H700 深圳塔。这就意味着王国大厦一旦竣工，在未来一段时间内可能仍是全球最高建筑。结构工程师们相信，建造高于 1 千米的建筑物是可行的。利用现有的技术和材料，我们甚至可以建造高达 1 英里（1,609 米）的建筑（CTBUH 2011b）。建造如此规模的建筑物，工程师们将运用建造哈利法塔时所使用的那种扶壁式核心原理，通过这种原理，中空式基座（类似于巨型埃菲尔铁塔）甚至可以承载更高的结构。不过，这些超高层建筑物还面临着结构设计之外的挑战，包括用电梯运送人员、确保建筑物的安全（抗震和抵抗飓风）、提供高质量的室内空气，以及必要的维护措施。一旦建筑物高达 1,600 米，所有这

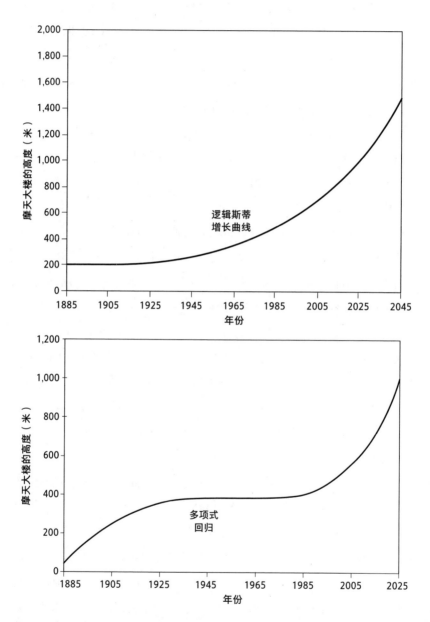

图 4.6 摩天大楼高度纪录的逻辑斯蒂曲线与多项式回归拟合的对比。图表根据朗多和康迪特（Landau and Condit 1996）以及摩天大楼中心网站（Skyscraper Center 2017）提供的数据绘制而成

些任务都将变得更加复杂。

归根结底，超级高层建筑的巨额成本可能是限制其高度增长的最重要的因素。对于那些可能将摩天大楼的数量视为经济实力的表现的人来说，这些大楼最新的分布情况令人信服地证明了亚洲的崛起、美国的衰落以及欧洲的几乎完全缺席。自 20 世纪末以来，摩天大楼已经不成比例地集中在少数几个国家和城市。自 2008 年以来，中国在高度达到 200 米以上的摩天大楼的数量方面遥遥领先。2016 年，所有此类在建的高层建筑有 70% 位于中国城市。

2017 年，纽约拥有 722 座摩天大楼，已经远远落后于香港（拥有 1,302 座摩天大楼），排名第 3 的东京拥有 484 座摩天大楼（Emporis 2017）。虽然芝加哥排名第 4（拥有 311 座摩天大楼），但在美国排名第 2 的城市休斯敦在全球排名第 39。摩天大楼最多的前 20 座城市中，有 16 座位于亚洲，其中有 9 座位于中国，莫斯科（第 17 名）是唯一一座上榜的欧洲城市。全球高度超过 200 米的建筑物的总量从 1930 年的 6 座增长到 2016 年的 1,175 座。对这些数据进行指数拟合（其早期阶段不可避免地符合逻辑斯蒂增长轨迹）的结果表明，摩天大楼的数量在未来将持续强劲增长，在短期内还不会出现拐点（图 4.7）。

在结束关于高层建筑的讨论之前，我必须提及另一种不那么明显的对高度的追求，即建造世界上最高的雕塑。1843 年，伦敦特拉法尔加广场中间的纳尔逊纪念碑（Nelson's Column）的高度达到了 52 米；纽约自由女神像（Statue of Liberty，1886 年法国送给美国的礼物）高达 93 米；中国河南省平顶山市赵村乡在 1997—2008 年修建的庞大的中原大佛高度达到了 208 米。印度为了纪念 17 世纪马拉塔帝国的创始人贾特拉帕蒂·希瓦吉（Chhatrapati Shivaji）而修建的纪念馆（于 2018 年开工建设）计划比中原大佛再高 2 米，雕像骑士直立长矛的顶端高度将达到 210 米。

住　房

最后，我还打算简单介绍一下家庭住房，大多数人都要在其中度过人生的大部分时间。目前，它们的分布范围比任何常见的建筑类型都要广

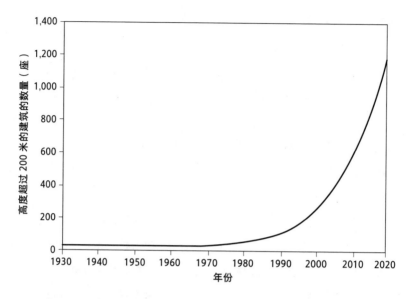

图 4.7 高度超过 200 米的建筑物总数的增长过程。增长的早期阶段仍然符合逻辑斯蒂曲线。数据来自恩波里斯的文献（Emporis 2017）

泛，从非洲和亚洲的超大城市贫民窟里那些由瓦楞金属板、胶合板和塑料薄板组成的简陋棚屋，到具备各式仿造风格的尺寸惊人的豪宅（许多豪宅的面积超过了 1,000 平方米，这种豪宅在加利福尼亚州和得克萨斯州尤其常见）。长期的历史趋势再次表明，一直到近代早期，即使在相对富裕的地方，普通人的住房也依然非常狭小，建造方式比较原始，并且很少进行装修。例如，即使在 17 世纪的法国农村，许多房屋也仍然只是一些用稻草或草皮覆盖的简易泥棚，屋里唯一坚固的家具常常只是一张可供全家人睡在一起的床，房间里往往还存放着农具（Roche 2000）。

在许多欧洲城市，商店或手工作坊紧邻着居住区（或经常设置在居民楼的下层），导致居民住房非常狭窄且不舒适。这里列举另一个大洲的房屋为例：在江户时代的日本首都——京都，细长的町屋（machiya，店铺面向街道，居住区在后面）占地面积仅为 50 平方米（5 米 ×10 米的矩形，二楼面积稍小一些），并排建造的拥挤布局使它们的内部非常黑暗（Kyoto-machisen 2017）。在前工业时代，许多冬季温度接近或低于 0 摄氏度的地方的小型房屋都没有供暖或供暖不足：其中尤其明显的例子是，中国江南地区的房屋都没有供暖。

正当荷兰处于"黄金时代"（1581—1701 年）时，质量更好的城市住房出现在了欧洲（尽管仍然只限于高收入家庭）。那个时期的著名画家扬·莫勒纳尔（Jan Molenaer）、彼得·德·霍赫（Pieter de Hooch）和扬·维米尔（Jan Vermeer）也留下了许多关于阿姆斯特丹、代尔夫特和哈勒姆的相对宽敞的房屋的画作（NGA 2007）。这些房屋还有高质量的装修，例如大窗户、瓷砖地板、精心制作的家具和墙壁装饰（绘画、地图），这种组合是资产阶级住宅的标志。但在很长一段时间内，这些都是特例而非常态。到了 18 世纪和 19 世纪，欧洲城市的那些富裕居民开始享受更坚固、更宽敞、更舒适的住房。但与此同时，越来越多人涌入工业化城市，这数百万来自农村地区的新移民却要面临非常恶劣的住房条件。

巴黎住房条件的对比很好地反映了这样一种两极分化的状况。1715—1752 年，巴黎迎来了第一波城市建设的热潮，新建了约 2.2 万栋坚固的房屋，这些房屋使用了采自圣马克西姆采石场（位于巴黎市中心以北约 40 千米处）的浅色石灰岩。一个世纪以后，乔治-欧仁·奥斯曼（George-Eugène Haussmann）又对城市进行了大胆的改造，在 1853—1870 年新建了 4 万栋房屋。精心建造的多层房屋取代了老旧的（甚至可追溯至中世纪的）小型破败建筑物（Brice 1752; des Cars 1988）。在最初的重建浪潮之后，城市改造工作又延续了数十年，大量空间宽敞、设计高雅的公寓楼投入使用。同一时期，快速的移民进程使最贫穷的区域变得更为拥挤，然而面积小（可居住面积小于 50 平方米）且卫生条件差的公寓楼每平方米的年租金通常比宽敞的现代住房还要高（Faure 1998）。整座城市的外围空间被建在开阔土地上的不规则（类似贫民窟的）房屋包围（Bertillon 1894; Shapiro 1985）。

过度拥挤的情况（我们将其定义为每个房间有两人以上）比较常见。1906 年，在那些人口超过 5 万的法国城市，有 26% 的人生活在这样的环境中，有 15%—20% 的家庭只能挤在一个房间里（Prost 1991）。人满为患、缺乏基本的卫生设施以及传染病频发，这种种问题的结合，促使人们尝试制定可接受的最低住房标准。适用于法国廉租房（habitations à loyer modique）的规范出台之后，在整个 20 世纪变化非常缓慢：两室公寓的最小面积在 1922 年为 35 平方米，到 50 年代为 34—45 平方米，到 1972 年为 46 平方米（Croizé 2009）。在法国，有关居民住房面积的全国性统计数据到二战之后才出现，这些数据表明，居民住房面积的平均值从 1948 年的 64 平方米（相当于三居室的廉租房）上升到 1970 年的 68 平方米，1984 年增长到 84 平方米，2013 年达到 91 平方米（INSEE 1990; FNAIM 2015）。

后一项平均值所计算的房屋类型包含了独立式房屋（112 平方米，这一数值略高于 2003 年，接近 20 世纪 50 年代初美国房屋的平均面积）和公寓（65 平方米），而且公寓的面积自 2001 年以来略有下降。这种变化意味着在 1922—1972 年的 50 年间，廉租房的最小面积呈现出缓慢的线性增长，约为每 10 年增长 2 平方米，二战后所有住房平均面积的线性增长率则为大约每 10 年增长 4 平方米。质变则更慢：1954 年的人口普查结果表明，只有 26% 的法国家庭拥有室内卫生间，只有 10% 的家庭拥有浴缸、淋浴设备或集中供暖，42% 的家庭甚至没有自来水（Prost 1991）。

我们拥有整个 20 世纪美国新建房屋平均面积的统计数据（USBC 1975; USCB 2013）。这些数据显示，1900 年美国新建房屋的平均面积为 90 平方米，只有 8% 的家庭通了电或安装了电话，只有 1/7 的家庭拥有浴缸和室内卫生间。平均住房面积到二战之后才开始增长，战后第一批大规模建造的房屋仍相当简陋：位于纽约长岛上的拿骚县莱维敦社区标准房屋计划可能是当时最著名的开发项目，由亚伯拉罕·莱维特（Abraham Levitt）和他的两个儿子在 1947—1951 年建造而成，其中的房屋平均面积不足 70 平方米（Ferrer and Navarra 1997; Kushner 2009）。

1950 年，全美新建房屋的平均面积达到了 100 平方米，住房质量在 20 世纪 50 年代也有大幅提升。1950 年，45% 的房屋缺乏完整的管道设施（在阿肯色州，这一比例达到了 84%），但到了 1960 年，这一比例下降到不足 17%（USCB 2013）。在 1950 年之后的婴儿潮时期，美国家庭的规模和收入都有所增长，使得住房面积保持稳定增长；即便在婴儿潮之后，美国家庭的平均规模有所下降（从 1950 年的平均每户 3.7 人到 2015 年的每户 2.54 人），房屋面积的这种增长趋势却仍在继续。拥挤住宅（按照美国的定义，每间房超过 1.5 人）的占比从 1940 年的 9% 下降到 1960 年的 3.6%，并在 1980 年降至 1.4% 的低点（USCB 2013）。

1970 年，美国新建独户住宅的平均建筑面积超过了 150 平方米，在 1998 年超过了 200 平方米，在 2008 年达到了 234 平方米。相比之下，2015 年日本独户住宅的平均建筑面积略高于 120 平方米（SB 2017a）。2008—2009 年的大衰退引发了房屋面积暂时性的下降，但到 2012 年，平均值又打破了 2008 年的纪录。到 2015 年，美国新建房屋的平均面积创下了 254.6 平方米的新纪录，随后到 2017 年才略有下降（NAHB 2017）。也就是说，1950 年之后美国的住房面积呈线性增长，平均每年增长近 2.4 平方米，增长速度比法国快 6 倍。这反映出欧盟和美国的住房存在着令人震惊的差异，65 年来，美国的新建房屋平均面积增长了 1.5 倍。人均可居住面积则几乎翻了两番，从 1950 年的 27 平方米增长到 2015 年的几乎 100 平方米（Wilson and Boehland 2005; USCB 2016a）。1900—2015 年，美国房屋平均面积的增长几乎可以与逻辑斯蒂增长轨迹完美拟合。这条轨迹表明，到 2050 年，平均面积的增长将变得极其微小，渐近值在 260 平方米左右（图 4.8）。

由于几乎所有新建的美国房屋都装有空调（2015 年的普及率为 92.5%）、更好的门窗和更多的卫生间（2015 年，将近 40% 的家庭拥有 3 间乃至更多卫生间），因此 20 世纪的家庭住宅所用的材料总质量的平均增长量甚至更高。新建的房屋拥有更多的家具和电器，使用了更重的饰面材料（从花岗岩和复合石材的厨房台面，到大理石装修的浴室），也拥有更宽敞的车库和车道以及更广泛的室外附加设施（露台、阳台、门廊、储藏室）。有两个极端案例可以反映出这种差异：第一个案例是典型的日本民居（minka），这种房屋拥有江户幕府晚期、明治和大正时期（1800—1926 年）的特征，面积一般为 100 平方米，使用传统的柱梁结构、黏土墙、土质地面、推拉门和纸质隔断，建造这样一栋屋子只需不到 5 吨的松木；第二个案例是北美的新建房屋，一栋 200 平方米（低于平均水平）的房屋需要约 28 吨结构性木材和其他木制品，其中大部分是胶合板（Kawashima 1986; Smil 2014b）。

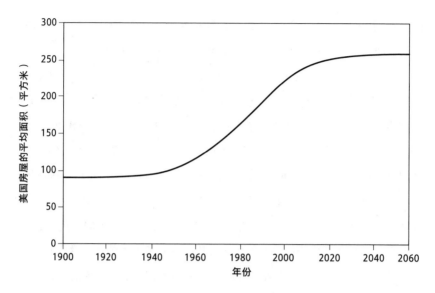

图 4.8 1900 年以来美国房屋平均面积的增长过程。逻辑斯蒂曲线的拐点出现在 1979 年，渐近值约为 260 平方米。数据来自威尔逊和伯兰德（Wilson and Boehland 2005）以及美国人口调查局（USCB 2016a）的相关文献

在大规模建造的标准房屋之外，还有一些重要的额外增长：在美国，定制房屋越来越多，这些建筑物的平均面积已经超过了 450 平方米（几乎是标准房屋面积的 2 倍），差不多是典型日本房屋的 5 倍。此外，自 20 世纪 80 年代以来，还出现了另一个明显的趋势，即更大、更浮夸的所谓"巨无霸豪宅"的出现，这种房屋的居住面积超过了 500 平方米，甚至能够达到 600 平方米。尽管售价高昂，但它们的结构设计通常比较差，外观古怪，在审美上令人反感。与美国的这种过度浪费相比，最近欧洲和日本的房屋平均居住面积的增长仍然受到一定的限制。然而，没有任何一个国家的平均住房面积的增长比得上中国（尽管起点很低，且在某些方面模仿了美国的风格）。

中国人对更好的住房的需求导致了人类历史上最大的建筑热潮。根据最极端的估计，1900 年中国农村地区的人均居住面积为 4 平方米，城市人均居住面积为 3 平方米，且在 20 世纪上半叶几乎没有变化。到了 20 世纪 50 年代，城市人均生活面积为 4.5 平方米，而且到 1978 年实际上已经下降到了 3.6 平方米。此外，新建的住房质量极差，许多住房维护不良。

中国在 1978 年开始恢复公布统计数据。同年，中国建造了 3,800 万平方米的城市住宅和 1 亿平方米的农村住宅。10 年后，这两项数据分别增长了 4.3 倍和 7.4 倍。到 20 世纪末，农村房屋的建设速度开始放缓，而城市房屋的数量又增长了 1 倍以上（NBS 2000）。

在 21 世纪的头 10 年，中国城市住房建设数量继续快速增长。在这一时期，中国城市新增住房的总量是英国和西班牙总和的 2 倍，大约相当于日本整个住房市场的总量（EIU 2011）。总之，到 20 世纪末，中国的人均居住面积达到了 20 平方米（城市）和 25 平方米（农村），到 2015 年上升至约 35 平方米（城市）和 40 平方米（农村），增长到了 20 世纪 70 年代末改革开放刚开始时（毛泽东于 1976 年去世）的 10 倍左右。这就意味着，如今中国的城市人均居住面积与英国大致相同，略高于日本的平均水平，也意味着 1978 年后中国住房的增长是一个罕见的案例，房地产行业呈指数增长，在长达 35 年的时间里每年都能保持大约 3% 的增长率。

然而即便如此，鉴于中国有大量人口涌入快速发展的城市，城市的拥挤状况仍在继续。如今，针对新公寓（许多临时工经常共用一个房间）的租赁条例规定，人均居住面积必须达到 5 平方米。尽管中国的人口正在迅速老龄化，但由于城市的过度拥挤和农村人口持续向城市迁徙，因此至少到 2020 年，住宅存量仍将保持大幅增长。在 21 世纪的第 2 个 10 年中，中国许多大城市的新增住宅面积将与一些欧洲小国的现存住宅总面积一样大，北京的新增住宅面积将超过瑞士的现存住宅总面积，成都的新增住宅面积将超过瑞典的现存住宅总面积（EIU 2011）。

基础设施

相比于基础设施的维护，人类社会在基础设施的建设方面要更为成功。美国的定期评估报告清楚地反映了这种长期的缺陷。2017 年，美国土木工程师学会（ASCE）发布的两年期报告为各项基础设施给出了评级：基础设施的整体评级为 D+ 级，铁路为 B 级，饮用水系统、内陆水道、堤防和公路系统为 D 级，公共交通系统为 D- 级（ASCE 2017）。当然，这个问题是由现代基础设施的巨大存量引发的，本书将使用必要的统计数据来反映其在社会中的一些增长轨迹。ASCE 的报告分为 16 个类别，包括我们通常并不容易想到的 2 个类别（危险废弃物的处理和公共停车场）。本书将首先关注 3 组历史悠久的事物，即（古代和现代的）水道、隧道和桥梁，然后讨论那些必要的交通基础设施，即公路、铁路、长距离管道以及高压输电线路。

水　道

水道（渡槽）也许是最令人钦佩的古代工程建筑了，因为它们将许多结构元素组合在一起，形成了一个个能够为城镇供水的可靠且出色的系统。水道最早出现在美索不达米亚社会，然而最终在建造水道方面取得最高成就的是罗马人。要使石制水道保持适当的坡度（至少 1 : 200，即 200 米长的水道在垂直方向只下降 1 米），可能需要在山坡上进行开凿作业。如果做不到这一点，建造者就不得不使用隧道和桥梁（包括一些由多层拱门组成的桥梁）。如果山谷太深（超过 50—60 米）导致无法架设石桥，人们就会建造重型倒虹吸管，用铅制管道连接山谷一侧的集流水箱和另一侧较低处的接收水箱（Hodge 200; Schram 2017）。因此，盖乌斯·普林尼·塞孔杜斯（Gaius Plinius Secundus，通常也被称为“老普林尼”）在他的《自然史》（*Historia naturalis*）中称罗马水道为“世界上最了不起的成就”。

不过，有关古代水道（主要位于地中海地区）的大量信息并没有反映出任何增长的趋势：水道的长度、容量以及建造过程中必须克服的障碍，都是由特定的自然条件或投资建设水道的城市的用水需求决定的。为了给那些一开始不断增长、后来停滞不前的城市供水，罗马人修建了许多水道，时间跨度超过一个半千纪，然而从第一条水道到最后一条水道，罗马水道并没有显示出任何增长的痕迹（不论是最大长度还是每年输送的水量）。其中第一条管线是在公元前 312 年投入使用的阿皮亚水道（Aqua Appia），全长 16 千米，地下部分有 11 千米。

第二古老的水道（于公元前 269 年竣工）是一条长 64 千米的地下水道；玛西亚水道（Aqua Marcia，于公元前 140 年竣工）长 90 千米（地下部分有 80 千米）；而最后一条古代罗马水道——亚历山德里娜水道

（Aqua Alexandrina）于公元 266 年竣工，全长 23 千米，地下部分不到 7 千米。它们的长度和自己的先驱阿皮亚水道几乎处在同一量级（Ashby 1935; Hodge 2001）。尽管我们没有关于罗马水道输水总量的准确记录，但在公元 2 世纪，它们很可能每天要提供至少 100 万立方米（10 亿升）的水，满足当时 100 万人的需求。它们每天的供水量至少为人均 1 立方米，是 20 世纪末的城市人均供水量的 2 倍（Bono and Boni 1996）。

东京为传统供水系统提供了另一个范例。在将近 3 个世纪的时间里，该系统供应了惊人的水量。1590 年 7 月，江户幕府的第一位将军德川家康（Tokugawa Ieyasu）在到达他的新治所江户（今天的东京）之前，先派了一位家臣去评估江户的用水需求，然后设计了一个新的供水系统，取代了从当地的山泉和深井中取水的系统。首先，一条源自小石川的相对较短的引水渠在 1629 年被近 66 千米长的"神田上水"取代，后者能为 3,600 多条辅助管道供水，从而实现城市各处的水资源分配（Hanley 1987）。随着人口的增加，新系统于 1653 年建造完成。

来自多摩川的水被大坝分流，然后流经一条 43 千米的运河，来到东京西北边缘的四谷，被此处设置在地下的石制和竹制导水管重新分配（依靠自流输水）。在 18 世纪，这套供水系统为这座拥有大约 110 万人口的世界最大城市提供了必要的水资源（Hanley 1997）。它还一直为该市众多的武士宅邸和庙宇中的花园供水，直到 1965 年被新的利根川供水系统取代。现代超大城市（人口超过 1,000 万）拥有最复杂的供水系统。于 1945 年完工、为纽约市供水的特拉华渡槽不仅是最长的（长达 137 千米），直径也很大（4.1 米），为了减少它的某些部位可能造成的水资源的大量损失，人们还需要进行大范围的维修作业（Frillmann 2015）。

隧　道

追溯隧道性能的增长是一件相当复杂的事情，因为隧道是由许多截然不同的结构类别构成的。最长（也最古老）的隧道是一些直径相对有限的地下渡槽，但纽约特拉华渡槽的直径比 19 世纪下半叶臭名昭著的伦敦地铁早期线路的幽闭管道还要大。城市里用来排污的管道的直径同样相对有限，其中部分管道同样历史悠久，比如有些下水道可以追溯到罗马著名的"大下水道"（cloaca maxima）。同样地，下水道系统也能形成巨大且广泛的城市网络。

如果没有地铁隧道，大型现代化城市的交通将无比糟糕——虽然许多地下管道（包括早期的和现代的）不是通过开凿隧道而建造的，而是通过更便宜的盖挖顺筑法来实现的。某些城市（伦敦、纽约、东京和上海是最好的例子）的地铁隧道形成了一些异常密集和复杂的网络。为实现高吞吐量而建造的另外两类隧道是公路隧道和铁路隧道，后者已经从只能容纳单线铁轨的隧道发展到能够容纳现代高速电动列车的大直径平行双向隧道。此外，现代化的隧道还拥有良好的照明、通风和安全性能，而在几代人以前，这些统统不存在。今天，人们使用先进的隧道掘进机（这种机器的直径已经从 1975 年的 6 米增长到 2010 年的 15 米）开凿隧道，用预制混凝土分段衬砌隧道（Clark 2009）。

因此，研究隧道的直径或长度的增长只是追踪这类建筑结构增长过程的最容易量化的方法，但这种方法忽略了具体的施工方式，也无法捕捉与隧道直径和长度的增长保持同步的质量的进步。此外，与摩天大楼不同（对摩天大楼来说，创造高度纪录一直都是一个非常重要的乃至决定性的设计考量因素），按照惯例，由于隧道的建造费用比较高昂，人们希望尽量将隧道的长度控制在最短，甚至完全避免开凿隧道（Beaver 1972）。比如，横贯北美大陆的加拿大太平洋铁路（Canadian Pacific Railway）就是这种有意回避的最佳案例（Murray 2011）。

人们如果希望这条铁路能够从多伦多向西延伸，就不可避免地要沿着苏必利尔湖北岸开凿一系列短隧道。然而事实上，这条线路（自 1885 年开始运营）穿过落基山脉和沿海山脉，最终到达太平洋海岸，却没有穿越任何山区隧道。但我们也要看到，在陡峭的山坡（坡度高达 4%）上修建铁路既充满挑战，又造价高昂。1909 年，赫克托与菲尔德之间的螺旋隧道（Spiral Tunnel）将铁路的最大坡度降低到 2.3%。1916 年，罗杰斯山口下方的康诺特隧道（Connaught Tunnel）进一步消除了频繁的雪崩风险。同样，人们在瑞士阿尔卑斯山下建设伟大的开拓性铁路线时，也曾试图将隧道的长度控制在最短。

1882 年开通的圣哥达铁路隧道（Gotthard tunnel）长 15 千米，其北部入口的海拔高度达 1,100 米。目前世界上最长的隧道是新的圣哥达基线隧道（Gotthard Base Tunnel），于 2016 年完工，起点处的海拔高度为 549 米（SBB 2017）。于 1913 年完工的勒奇山隧道（Lötschberg tunnel，14.6 千米）起点处的海拔高度为 1,200 米；于 2007 年通车的勒奇山基线隧道（Lötschberg Base Tunnel）起点处的海拔高度为 780 米。瑞士在隧道建造方面取得的成就记录表明，那些早期项目 [1882 年的圣哥达铁路隧道长 15 千米，1906 年的辛普朗一号隧道（Simplon I）长 19.803 千米，1922 年的辛普朗二号隧道（Simplon II）长 19.824 千米] 和最近的基线隧道（2016 年的圣哥达基线隧道长 57.1 千米，2007 年的勒奇山基线隧道长 34.6 千米）之间存在着很大的不连续性。由于瑞士的隧道建造纪录之间存在着很长的时间间隔（辛普朗隧道和勒奇山基线隧道之间隔了上百年），因此计算平均增长率没有任何意义。

类似的不连续性在其他地方同样存在。在英国铁路扩张的最初几十年里，人们建造了一些相对较长的隧道，其中最引人注目的是大西部干线（Great Western Main Line）上的博克斯隧道（Box Tunnel，长 2.88 千米，于 1841 年完工）和连接曼彻斯特与谢菲尔德的铁路线上的跨潘宁–伍德黑德隧道（trans-Pennine Woodhead tunnels，总长度为 4.8 千米，于 1845 年开始运营）（Beaver 1972）。直到 1871 年，博克斯隧道一直是最长的铁路线连接隧道。之后，法国和意大利之间的塞尼山隧道（Mont Cenis tunnels，12.234 千米）超越了它。仅仅 11 年后，圣哥达铁路隧道又创造了新的纪录（Onoda 2015）。自 1988 年日本开通横穿津轻海峡的青函隧道（Seikan Tunnel，53.85 千米）以来，2017 年仍在运营的 10 条最长的铁路隧道均已完工。

尽管隧道的长度纪录之间存在很大的时间差（辛普朗隧道和青函隧道之间的时间差为 82 年），但铁路隧道长度世界纪录的增长轨迹与逻辑斯蒂曲线高度吻合，拐点出现在 1933 年，不过在 2050 年能否达到 80 千米的最大长度仍是不确定的（图 4.9）。最长的公路隧道（它们的建造地

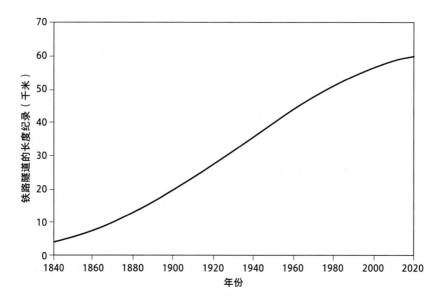

图 4.9　1840—2020 年铁路隧道长度纪录的增长过程。*数据主要来自比弗（Beaver 1972）大野田（Onoda 2015）的文献资料*

点的海拔高度可以比铁路隧道高得多）要比最长的铁路隧道更短［挪威的勒尔达尔隧道（Laerdar）长 24.5 千米］，而且它们大多数都是最近建造的。贯穿阿尔卑斯山的最长的两条隧道——圣哥达基线隧道和弗雷瑞斯隧道（Fréjus Tunnel）——在 1980 年均已通车，自那时起，世界上最长的公路隧道中有 10 条已经完工。

桥　梁

桥梁也是一类人造基础设施，包括了众多种类，尤其是我们会将一切高架渠和架设到空中的公路或铁路也归入此类。根据这种分类方式，世界上最长的桥梁是中国京沪高铁线上的丹昆特大桥，其长度达到了 164.8 千米（History of Bridges 2017）。彰化高雄高架桥架设在大片农田和市郊住宅区的上方，总长度达到 157.3 千米。有些横跨浅水区的桥梁使用了一系列间隔紧密的混凝土桥墩，比如庞恰特雷恩湖堤道（Lake Ponchartrain Causeway）长达 38.4 千米。这种结构的长度的增长并不是一个重大的工程挑战问题，而是一个成本问题或长期的收支平衡问题。

有一类结构的极限尺寸增长主要是因为技术进步，而不仅仅是因为重复放置大量桥墩，悬索桥（吊桥）也许是这类结构中最能够反映这一点的范例。斜拉桥是另一种常见的用于实现大跨度的解决方案，它使用直接从索塔到桥面的支撑缆绳，同样依赖特殊材料和巧妙的设计。不过，斜拉桥的主跨度（索塔与索塔之间的距离，目前主跨度最大的斜拉桥是符拉迪沃斯托克的海参崴俄罗斯岛跨海大桥，主跨度为 1,104 米）纪录仅仅略大于悬索桥主跨度纪录的一半。

悬索桥的历史源头可以追溯至中世纪，当时的铁链（和悬索）只能支撑起很小的跨度。人们还提出过一些大胆的构想，比如在中国的西藏地区和尼泊尔的喜马拉雅山脚下架设一些横跨河谷的悬索桥。欧洲和美洲的链式悬索桥建设始于 19 世纪初（Drewry 1832）。1826 年，由托马斯·特尔福德（Thomas Telford）设计、横跨梅奈海峡、连接威尔士和安格尔西岛的链式悬索桥的最长跨度为 176 米（Jones 2011）。到 1864 年，跨越埃文河峡的克利夫顿悬索桥（Clifton Bridge）在两侧各自使用 3 段独立的铁链，主跨度达到了 214 米（Andrews and Pascoe 2008）。

美国第一座由钢缆支撑的悬索桥是 1816 年建造的、位于费城斯库尔基尔河上的一座狭窄的人行桥（主跨度为 124 米）；1842 年，在费城的同一条河上出现了第一座大型悬索桥（主跨度为 109 米）（Bridgemeister 2017）。此后，直至 1981 年，美国一直在悬索桥建造领域保持领先地位，拥有一系列著名的大桥。首先是辛辛那提的约翰·奥古斯都·罗布林吊桥（John A. Roebling Bridge，322 米，1866 年），然后是布鲁克林大桥（Brooklyn Bridge，486.3 米，1883 年）、费城的本杰明·富兰克林大桥（Benjamin Franklin Bridge，533.7 米，1926 年）、底特律的大使桥（Ambassador Bridge，564 米，1929 年）、纽约的乔治·华盛顿大桥（George Washington Bridge，1,067 米，1931 年，双层）、旧金山的金门大桥（Golden Gate Bridge，1,280 米，1937 年）和纽约的韦拉扎诺海峡大桥（Verazzano Narrows Bridge，1,298 米，1964 年）。在英国，连接约克郡和林肯郡的亨伯桥（Humber Bridge）在 1981—1998 年间一直是主跨度最大的悬索桥（1,410 米），直到被连接神户和淡路岛的明石海峡大桥（Akashi Kaikyo bridge，1,991 米）所超越。

后者至今仍是主跨度最大的悬索桥（HSBEC 2017）。

最长的钢丝悬索桥的跨度从 1842 年的 109 米增长到 1937 年的 1,280 米，在 96 年中增长了将近 11 倍，这意味着每年的指数增长率约为 2.6%。在接下来的 44 年中，增长可以忽略不计（1981 年的亨伯桥只比 1937 年的金门大桥长 10%），之后的明石海峡大桥的主跨度一下子激增了 40%。1842—1998 年的完整增长轨迹也符合逻辑斯蒂增长曲线，其拐点出现在 1975 年。这条轨迹预计，悬索桥的主跨度仍有进一步增长的潜力，到 2050 年能达到约 2,500 米（图 4.10）。到 2017 年，尚无任何在建的悬索桥主跨度超过明石海峡大桥，但也有人提议建造主跨度为 3,000 米的桥梁横跨墨西拿海峡，连接意大利和西西里岛，或横跨巽他海峡将爪哇和苏门答腊连接起来。跨度更大（3,700—4,000 米）的挪威峡湾大桥也已经在设计师的考虑之中。最终，悬索桥最大主跨度的极限不仅取决于钢材的抗拉能力，还取决于桥梁的空气动力学稳定性（在地震多发地区也取决于抗震稳定性）。

现代悬索桥的设计使用巨大的索塔、铰链式加劲梁系统（以应对飓

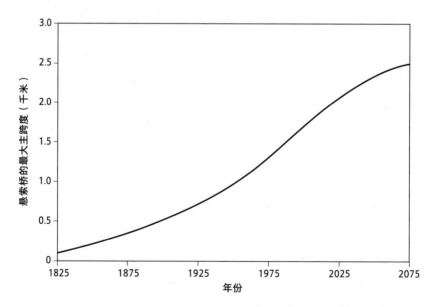

图 4.10　自 1825 年以来悬索桥最大主跨度的增长过程。数据主要来自桥梁史网站
（History of Bridges 2017）

风和地震）以及包含数万股钢丝的大直径线缆（明石海峡大桥线缆的直径为 112 厘米，一共有 36,830 股钢丝）来抵御环境的冲击。结构工程师还必须考虑到反复的热胀冷缩（天气炎热时，明石海峡大桥的跨度可以延长 2 米之多）。用由金属包覆的外壳来保护线缆的固定件和主线缆，可以最大限度地减少潮湿环境中的腐蚀，延长桥梁的使用寿命。除湿系统设置在锚碇周围，线缆则被橡胶套松散地包裹着，这些橡胶套内部可以释放出干燥的空气，使线缆的相对湿度保持在 40%（Mahmoud 2013; Kiewit 2017）。

公　路

　　欧洲公共道路的历史也许是反映建筑结构长期停滞的最佳案例。在罗马帝国，公路先是经过早期的发展，之后实际上陷入了长期的衰退。从公元前 312 年的阿皮亚大道（Via Appia，连接罗马城和东南方向的卡普阿，长度将近 200 千米）开始，罗马人花了几个世纪的时间，投入了大量的劳动力和材料来建造和维护他们的 "国家邮驿系统"（cursus publicus，一个庞大的硬顶公路系统）（Sitwell 1981）。罗马大道（viae）有坚实的地基，辅以排水系统；路面顶部由碎石和混有大石块的砂浆浇灌，或由混合碎石或砖头的混凝土铺设而成。到公元 4 世纪初，它们的总长度已经达到约 8.5 万千米。据我估算，完成这项任务需要长达 12 亿个人工日[①]的工作量，相当于在 600 年的时间里每年花费约 2 万名全职工人进行扩建和维护（Smil 2017a）。

　　然而，除了 "国家邮驿系统"，罗马的公路运输仍然很原始。虽然已有的经过铺设的道路网有助于加快军队的行动，但由于路况恶劣、牲畜动力有限、挽具效率低下以及货车比较沉重，廉价的陆路运输是不可能的。因此，在没有通航河流的内陆城市，货物供应仍然困难重重。戴克里先（Diocletian）的《限制最高价格法》（edictum de pretiis）中记载的价格比较最能说明古代公路运输的困难。在公元 4 世纪初，通过公路在意大利将谷物运输 120 千米的费用要高于将这些谷物从埃及运到罗马的港口城市奥

---

① 人工日，平均每人每天的工作量。——编者注

斯蒂亚，装上驳船，再用牛车运到罗马的费用。作为历史上最大的技术停滞之一，这些情况在一千多年的时间里一直未曾改变。

即使到了 18 世纪上半叶，从国外通过海路运输货物也比在国内将货物从内陆地区运到港口要更便宜。此外，在英格兰这样一个多雨的国家，道路常常无法通行，人们将其描述为野蛮的、极其糟糕的、可憎的和地狱般的（Savage 1959）。18 世纪下半叶，路况的改善带来了更宽的车道和更好的排水系统，砾石路面也更常见（Ville 1990）。19 世纪初，根据托马斯·特尔福德（Thomas Telford）和约翰·麦克亚当（John McAdam）的设计，苏格兰的陆路交通得到了进一步的改善（McAdam 1824）。特尔福德使用石头来铺路，上面再铺一层碎石块；麦克亚当的解决方案则更便宜，在基础层（深 20 厘米）使用较大的石头（最大直径为 7.5 厘米），上层（深 5 厘米）则使用小碎石（直径为 2.5 厘米）。

然而到了 1830 年之后，所有工业化国家都开始将大部分建设力量投入到了铁路的快速发展当中。第一条现代化的铺设公路直到 19 世纪 70 年代才出现，当时人们用从特立尼达的沥青湖中提取的原材料建造沥青道路。新型石油工业的兴起和原油精炼的普及使人们开始生产足够的沥青（通常占原油总投入的 1.5%—2%），进而使其在 20 世纪初成为一种常见的城市铺路材料。不过，城际道路大多仍是未铺砌的：即使自 1921 年以来就连接着芝加哥和圣莫尼卡的著名的六十六号公路，大部分路段也是由砾石、砖块、木板和宽度为 3 米的狭窄沥青路段组成的（Wallis 2001）。

美国的第一条混凝土高速公路建于 1913 年（位于阿肯色州）。随着联邦政府开始帮助各州在道路工程上获得融资，这种公路在 1919 年后普及开来（PCA 2017）。于 1940 年开通的宾州收费公路（Pennsylvania Turnpike）是美国第一条全混凝土修建的高速公路，但德国才是第一个拥有具备混凝土路面、限定入口以及多车道的高速公路网络的国家（Zeller 2007）。德国的高速公路（Autobahnen）从魏玛共和国时期开始建设，在希特勒时期加速发展，但它的发展过程由于战争而中断。二战之后，德国高速公路的扩建（沿物流路线发展）使其总长度到 2015 年达到近 1.3 万千米（图 4.11）。二战后道路建设方面的技术进步包括加气混凝土（以

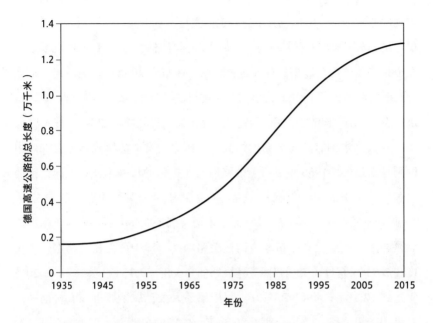

图 4.11 1935—2015 年德国高速公路总长度的增长曲线。数据来自策勒的文献（Zeller 2007）和德国联邦统计局（Bundesamt für Statistik）

减少盐冻破坏）和滑模摊铺机。美国最大的公路建设计划［如今已经有了正式名称：艾森豪威尔州际及国防公路系统（Dwight D. Eisenhower System of Interstate and Defense Highways）］于 1956 年获得批准，原计划的路线已经于 1991 年完工，但到 2017 年，整个系统的总长度已经超过了 7.7 万千米（USDOT 2017a）。

鉴于在评估道路的质量时，需要考虑的因素范围很广（除路面的类型之外，车道的数量和宽度、路肩以及全年的通行情况也是需要得到考虑的定性因素），因此追踪某个国家道路总长度的增长情况是最明显、最容易实现的评估方式，但并非最能说明问题的方式。在整个 20 世纪，许多西方国家在这方面都有数据记录，正如预期的那样，它们的发展遵循 S 型曲线。例如，美国公路的总长度从约 370 万千米增长到 650 万千米，轨迹与逻辑斯蒂曲线高度吻合，其进一步发展的前景非常有限。

在美国铺装道路的数据方面，美国人口调查局的历史数据与美国交通部的现代数据（始于 1960 年）之间存在着不可调和的差异。即使只考虑现代的数据，其中也包含了各种道路类型，从低质量的路面（沥青覆盖层不足 2.5 厘米的土石路或石质道路）到拥有路肩、路基良好的混凝土多车道公路。这两套数据的最佳融合表明，在整个 20 世纪，美国铺装道路的长度大约增长了 15 倍，完整增长轨迹与逻辑斯蒂曲线高度吻合。这条轨迹还表明，到 21 世纪中期美国铺装道路的总长度还将增加 10%（图 4.12）。

在大多数拥有密集公路网的高收入国家，类似的模式普遍存在。中国则是新近的（1980 年以后）公路网迅速扩张的最好例证。中国公路的总长度（中国的统计数据并未提供与道路质量相关的内容）从 1952 年（有可用数据的第一年）的 12.7 万千米增长到 1980 年的近 90 万千米。之后，中国开始建设省际多车道高速公路网络，即中国高速公路网，其长度在 2011 年超过了美国州际高速公路的总长度（7.7 万千米），并在 2015 年达到 12.3 万千米（NBS 2016）。中国还大大扩展了城市和农村地区的二级和三级公路。于是，到了 2000 年，中国的公路总长度增长到近 170 万千米，然后迎来了前所未有的飞跃。到 2015 年，中国的公路总长度达

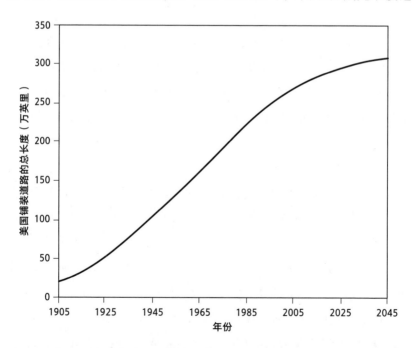

图 4.12　自 1905 年以来美国铺装道路总长度的增长。图表根据美国人口调查局（USBC 1975）和后续的《美国统计摘要》（*Statistical Abstract*）的数据绘制而成

到近 460 万千米。这样的增长轨迹与逻辑斯蒂曲线高度吻合；这条曲线还表明，到 2050 年中国的公路总长度将进一步增长 30%（图 4.13）。

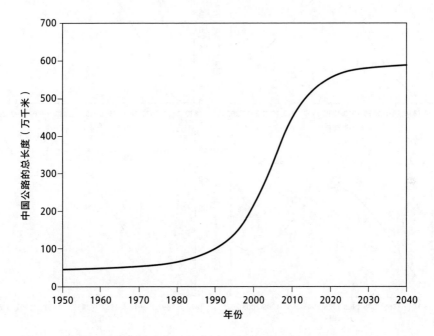

图 4.13　中国公路总长度的增长过程。逻辑斯蒂曲线的拐点出现在 2007 年，其渐近值比 2015 年的总长度高出大约 30%。图表根据中国国家统计局（NBS 2000, 2016）的数据绘制而成

铁　路

如同公路一样，要想追踪铁路的增长，最明显的指标就是铁轨的总运营里程。然而，与公路总里程（大多数国家的公路总里程要么仍在继续增长，要么已达到峰值）不同的是，在所有的欧洲和北美国家，铁路的总长度已经从峰值回落，因为其他运输方式（私家车、公共汽车、飞机）参与竞争，已经占领了以前由铁路主导的主要出行份额。在那些高收入国家和地区，铁路里程在 20 世纪的不同时期先后达到了峰值（图 4.14）。英国铁路的总里程呈指数增长，从 1825 年的 43 千米（将希尔登附近的煤矿与蒂斯河畔斯托克顿和达林顿连接起来的斯托克顿—达林顿铁路）增长到 1850 年的近 1 万千米，到 1900 年又达到了 3 万千米（Mitchell 1998）。

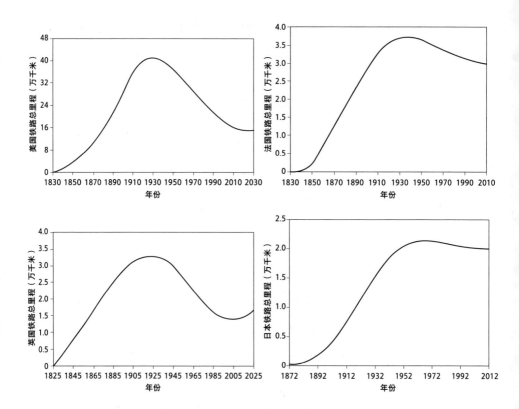

图 4.14　美国、法国、英国和日本的铁路总里程的增长曲线。这些曲线还对短期的未来做出了一些预测。图表根据米切尔的文献（Mitchell 1998）中的数据绘制而成

　　英国铁路的运营里程在达到峰值之后，马上迎来了与上升时期几乎同样快速的下降过程。1963 年，一篇名为《重塑英国铁路网》（*The Reshaping of British Railways*）的报告指出，英国的铁路里程减少了近 1 万千米（British Railways Board 1963）；到 1970 年，总里程减少了近 40%。法国铁路的发展轨迹则有所不同，其总里程在 1850 年之后迅速增长，并在 1930 年达到创纪录的水平。美国铁路总里程先是经历了指数增长（1830—1916 年的平均年增长率为 7.5%），之后迎来了几十年的下降，在 2000 年以后开始走入低谷，此时的总里程略低于峰值的 40%。日本铁路总里程的增长轨迹大致呈 S 型曲线，新的稳定值仅比峰值低了不到 15%（图 4.14）。在中国，得益于 2000 年之后高速铁路的快速扩张，铁路总里程仍处于增长曲线的上升阶段，并具有相当大的进一步扩张的潜力（NBS 2016）。

长距离管道和高压输电线路

如果没有管道，液体燃料和气体燃料的消费活动要么将不得不被限制在油气田附近，要么相应的运输工作将不得不依赖更昂贵且风险更大的铁路和公路。如果没有高压输电线路，人们将需要建造大量小型电站，且只能为有限的地区提供电力。19 世纪 80 年代的实际情况就是如此，当时的商业发电开始依赖于采用直流输电的小型发电厂。在衡量这两种基础设施的长期增长时，我们选择以新项目跨越距离的增长和更大的容量（管道的大规模吞吐量、输电线路的电压上升情况）为标志。

管道结构紧凑（一条直径 1 米的管道每年可输送 5,000 万吨原油），建造成本和运营成本都相对较低（使用由电动机或燃气轮机驱动的离心压缩机）。此外，没有任何其他形式的大规模运输手段比大型管道干线更环保（Smil 2017c）。它们的建设速度取决于发现新油气资源的进展与合适的市场的发展。在油气管道建设方面，美国是先驱。美国最早的油气管道（19 世纪 60 年代和 70 年代初）是木制的（使用空心的白皮松原木），之后的管道开始使用熟铁：1878 年，人们在宾夕法尼亚州科里维尔和威廉斯波特之间的地表（后来才埋入土中）铺设了一条直径为 152.4 毫米（6 英寸）的管道，后来又将其延长到新泽西州［因此被称为"潮水管道"（Tidewater）］。

得益于生产廉价钢材的新方法（先是贝塞麦法，之后是平炉炼钢法）的问世，也得益于 1885 年赖因哈德·曼内斯曼（Reinhard Mannesmann）和马克斯·曼内斯曼（Max Mannesmann）发明的用于制造无缝钢管的穿孔轧制工艺，大规模的管道建造才成为可能。不过，1906 年的赫伯恩法案（Hepburn Act）同样重要，该法案使美国所有的州际管道成为共同承运人，这样一来就保证了所有管道以同样的价格为客户提供服务。为了应对产量和需求的不断增长，管道的直径和长度也在不断增长。1897 年，出现了第一条直径 762 毫米（30 英寸）的搭接焊输油管；两年后又出现了直径 508 毫米（20 英寸）的无缝输油管；1904 年，出现了直径为 406 毫米（16 英寸）的天然气管道（Johnson 1956）。1925 年，大直径（61 厘米）的无缝钢管问世。建于 1942—1944 年的"大口径管道"（Big Inch，直径 61 厘米）和"小口径管道"（Little Inch，直径 50.8 厘米）是当时最长的两条管线，它们从得克萨斯州一直延伸到新泽西州，避免了德国潜艇对沿海油轮的攻击造成的原油供应问题（Casella and Wuebber 1999）。美国在二战后建造的大多数原油管道的直径都与它们相同，只有阿拉斯加输油管（Trans-Alaska Pipeline）是少数例外之一，其直径达到了106.68厘米。

俄国人于1878年建造了第一条短距离的输油管线（直径7.62厘米，从巴库油田到诺贝尔的炼油厂），然后于1906年建造了第一条长距离（835千米）输油管道（将煤油从巴库油田输送到黑海边的巴统）。到1950年，苏联仅有约5,400千米的输油管道，但随着新项目（这些破纪录的新项目能够将西伯利亚的石油运往苏联国内市场和欧洲市场）的建设，情况发生了变化（Transneft 2017）。从图伊马济到伊尔库茨克的跨西伯利亚输油管线（Trans-Siberian line，长3,662千米）于1964年建成。从鞑靼斯坦的阿尔梅季耶夫斯克到中欧的德鲁日巴管道（Druzhba pipeline）的主要部分是直径为102厘米的管道，最终（有一系列支线）延长至8,000千米。于1973年完工的乌斯季—巴雷克油田—库尔干—阿尔梅季耶夫斯克管线（Ust'-Balik-Kurgan-Almetievsk line）长2,120千米，最大直径为122厘米，每年可从西西伯利亚的萨莫特尔超大型油田运出9,000万吨原油。

1990年，濒临解体的苏联拥有世界上最长、直径最大的原油管道，美国则仍然拥有世界上最密集的原油和成品油管道网络。最新一轮的大型管道项目正在将原油从哈萨克斯坦和俄罗斯运往中国。哈萨克斯坦（阿特劳）与中国（新疆）之间的管线于2009年完工，长2,229千米，每年通过直径81.3厘米的管道输送2,000万吨原油。东西伯利亚—太平洋运输管道（Eastern Siberia-Pacific Ocean pipeline）建于2006—2012年，长4,857千米，采用直径122厘米的输油管，从伊尔库茨克州的泰舍特延伸到太平洋沿岸纳霍德卡附近的科济米诺港。

天然气管道的大规模扩张（与运输石油相比，运输拥有相同能量总量的天然气需要使用直径更大的管道）始于1950年之后，2000年之后又有长度创纪录的新项目建设完成。第一条直径30英寸（76.2厘米）的天然气管线于1951年铺设完成；今天的长距离天然气管道干线的最大直

径为 60 英寸（152 厘米）。从科罗拉多州到俄亥俄州的落基山快速管线
（Rockies Express，长 1,147 千米）的管道直径达到了 107 厘米（Tallgrass
Energy 2017）；俄罗斯庞大的亚马尔—欧洲管线（Yamal-Europe line，长
4,107 千米）的管道直径为 142 厘米。到 2014 年，中国已经完成了大规
模西气东输工程的 3 个阶段（一线、二线、三线工程的总长度分别约为
4,000 千米、8,700 千米和 7,300 千米），使用的管道最大直径为 122 厘
米（Hydrocarbon Technology 2017）。2009 年，一条长 1,833 千米、直径
106.7 厘米的管道开始将土库曼斯坦的天然气运往中国；一条连接东西伯
利亚和中国的近 3,000 千米长、直径 1.42 米的管道将于 2019 年完工。

　　管道规格的增长是由国家层面、市场层面和政策层面的许多独特考
量所决定的，因此无论是最大直径还是最长距离，都没有逐步持续增长。
自 20 世纪 20 年代中期大直径无缝石油管道问世以来，管道的最大直径仅
仅增加了一倍。正如预期的那样，最长的管线要么已经铺设在领土广袤、
石油储量丰富的国家（俄罗斯、美国），要么正在将原油运往那些无法通
过廉价的海运获得原油产品的最重要的市场（从中亚和西伯利亚进口石油
的中国就是最明显的例子）。这一切使得输油管线的最长距离从 19 世纪
70 年代的数十千米增长到了数千千米。

　　19 世纪 80 年代初，最早的电力传输线路只是一些短距离的地下线路。
但到 19 世纪末之前，高压交流（AC）线路已经取代了这些直流（DC）线
路，在最大限度上降低了长距离传输导致的损耗。最终，变压器将电压
降低，供工业、商业和家庭使用（Melhem 2013）。在北美，有据可查的
输电历史始于一些简单的木制电线杆和能够承载 3.3 千伏实心铜线的横臂。
经过一系列的升压放大，到 1900 年，输电线路的电压已经达到 60 千伏。
一战前的输电线路最高电压为 150 千伏（1912 年）。1936 年，最大电压
纪录增长至 287 千伏；第一条 345 千伏的线路要到 1953 年才投入运营；
1964 年，出现了 500 千伏的线路（以上全部为交流电）；然后在 1965 年，
魁北克水电公司（Hydro-Québec）在该省北部的大型水电站与蒙特利尔
之间架设了世界上第一条 765 千伏直流输电线路（USEIA 2000; Hydro-
Québec 2017）。

20世纪80年代的苏联和日本都曾尝试使用更高的电压，但第一条800千伏的长距离输电线路（交流直流两用）却于2009年在中国开始运行。2016年，ABB集团为中国赢得了全球第一条1,100千伏直流电线路的建造合同（ABB 2016）。这条线路于2018年完工，从新疆到安徽，全长3,324千米，传输容量为12吉瓦。1891—1965年，北美最高传输电压的完整历史与逻辑斯蒂增长曲线的早期阶段高度吻合。但实际上，最高电压的世界纪录已经维持了半个世纪，在不久的将来，我们甚至很有可能看不到它翻一番。同样，中国的高压输电在未来几十年内也很有可能不会超过目前的最高电压（1,100千伏直流电）。

交通运输

交通运输（最一般的定义是为了在任何有需要的距离内移动个人、群体和货物所做的任何活动）已经成为人类的进化和前现代社会技术进步的重要组成部分，更是现代经济发展的一个重要因素。在各种生命原动机或无生命原动机的驱动下，这一系列活动一直与食品生产、工业生产、建筑行业以及近年来的休闲产业紧密相连。第3章介绍了所有能够实现人员和货物运输的关键无生命原动机（发动机和涡轮机）的增长轨迹，本节内容则将通过重点关注所有关键的现代大众运输工具（船舶、火车、汽车和飞机）的速度与性能的发展轨迹，来追踪整个增长过程。但为了保证关于交通运输史的叙述的完整性，本节将以生物动力运输的记录为起点展开讨论（主要考察以人和动物为原动力的情况）。

当然，步行和奔跑的速度从根本上受到人类和动物的身体形态以及最大代谢速率的限制。竞速动物（尤其是马）奔跑速度的提高是由于有了更好的饲喂条件和选择性育种。在人类的田径运动方面，最佳的训练方式、营养和心理辅导无疑能够反映在速度纪录上。不过，我们在试图为北非和东非运动员在中、长距离跑步项目（以及来自西非的运动员在短跑项目）中占主导地位所表现出来的身体素质优势找到一种解释时，却尚未发现任何毫无争议的说法（Onywera 2009）。

步行与奔跑

正如本书第 2 章所表明的，人类的体形已经发生了一些重大的长期变化，但更高、更重的身体并未使人类运送负荷的能力发生任何明显的增长。此外，在富裕社会，最近的 3 代人已经几乎不再承担任何人力运输任务。即使在低收入国家，从事货物搬运与推拉工作的人也越来越少。然而短跑和长跑比赛的最快纪录都出现了明显的增长。此外，由于我们拥有关于田径运动比赛成绩的详细记录，因此这些增长很容易得到证明。

人类在 1.9—2.1 米每秒（6.8—7.6 千米每小时）的运动速度下，可以自如地在行走与奔跑之间切换；身体健康但未受过训练的成年人能够以 3—4 米每秒（10.8—14.4 千米每小时）的速度奔跑。后一项速度足以在 1910 年的马拉松比赛（距离为 42,195 米）中获得最佳成绩，当时的 100 米短跑纪录为 10.6 秒。最短跑步时间的长期演变轨迹显示，在 20 世纪，短跑和长跑的速度纪录都在稳步提高。人类通过向地面施加更大的支撑力（而不是通过更快地调整腿部的位置）来实现更高的速度。地面的支撑力（在短跑中可能超过体重的 5 倍）会随着速度的增加而增加，调整腿部位置所需的时间却没有发生变化（Weyand et al. 2000）。

在过去的两个世纪里，关于速度提升的最佳长期指标来自对 18 世纪和 19 世纪在英国流行的长跑比赛结果的分析（Radford and Ward-Smith 2003）。在 20 世纪奔跑 10 英里（16.09 千米）和 20 英里（32.18 千米）所需的时间分别比在 19 世纪要短 10% 和 15%；19 世纪的奔跑成绩仅比 18 世纪好 2% 左右。20 世纪 70 年代中期，赖德等人研究了 1900 年以后人类跑步成绩的稳定增长过程。他们得出的结论是，跑步速度的历史性增长可能会持续数十年（Ryder et al. 1976）。事实证明这一结论是正确的。

马克等人的分析表明，在 2011 年之前的 20 年里，马拉松比赛每个级别（按十分位表示）的速度都在提高（Marc et al. 2014）。那些破纪录的运动员的身高、体重和身体质量指数则随着速度的提高而下降。此外，在最好的 100 名男性运动员中，来自非洲的占 94%；而在女性方面，这一比例为 52%。对于非洲人为什么会有这种优势，汉密尔顿讨论过可能的原因（Hamilton 2000）。同时，男性的最高奔跑速度从 1990 年的 5.45 米每秒增长到了 2011 年的 5.67 米每秒。此外，人们还预计完成马拉松比赛的最短时间将以每年缩短 10 秒的趋势延续下去，如此一来，到 2021 年，完成马拉松比赛所需的时间有望缩短到 2 小时以内（Joyner et al. 2011）。另一方面，惠普和沃德曾预测，在 20 世纪末之前，女性可能取得和男性一样的马拉松比赛成绩（Whipp and Ward 1992）。但到 2015 年，二者的速度纪录仍有大约 12% 的差距。与超过 100 千米的耐力赛相比，马拉松比赛的距离现在看起来还比较适中。吕斯特等人发现，100 英里（约 160.9 千米）超级马拉松比赛的最好成绩在 1998—2011 年间提高了 14%，比普通马拉松比赛最佳成绩的提升要明显得多，后者有记录的最佳成绩在同一时间段内仅仅提高了 2%（Rüst et al 2013）。

1975 年，记录短跑比赛时间的方式从手动记录转换成了自动电子记录，这一事件影响了我们对世界最佳短跑成绩的历史比较。然而，1900 年以来的总体趋势和 1975 年以后的记录数据都表明，最快速度的发展轨迹几乎与线性增长轨迹完美吻合。此外，它还能有一些微小的进步空间。巴罗认为，如果尤塞恩·博尔特（Usain Bolt）能够缩短其相对较长的反应时间，并在允许的最高海拔（1,000 米）的最大风速（2 米每秒）下冲刺，他可以在没有任何额外帮助的情况下打破由自己保持的 9.58 秒的百米赛跑世界纪录（Barrow 2012）。这两项因素的组合将使百米冲刺的时间减少到 9.45 秒，平均速度达到 10.58 米每秒。

人们在对整个 20 世纪（更准确地说，1900—2007 年）的跑步速度纪录进行最全面的分析后，得出了几个明确的结论（Lippi et al. 2008; Denny 2008; Desgorces et al. 2012）。首先，正如预期的那样，男子和女子比赛成绩的提升都与比赛距离高度相关。在短跑比赛和马拉松比赛方面，女性的进步明显更大。男性和女性 100 米短跑的最好成绩分别提升了 8.1% 和 22.9%；400 米比赛的最好成绩分别提升了 9.7% 和 25.7%；1,500 米比赛的最好成绩分别提升了 12.4% 和 10.3%；10 千米比赛的最好成绩分别提升了 15.1% 和 8.5%；马拉松比赛的最好成绩分别提升了 21.5% 和 38.6%。其次，随着时间的推移，世界纪录呈线性增长趋势。

我们重新计算了跑步平均速度的增长，得出的结果是，100 米短跑和马拉松比赛的最佳成绩都呈线性增长，增长率分别为每年 0.11% 和每年 4%。男子和女子短距离比赛（100—800 米）的最佳成绩提升过程都符合逻辑斯蒂曲线。然而，尽管女子比赛的最快速度在 1980 年以后达到了稳定水平，但男子比赛的速度仍在增加，虽然已经非常接近最大的预测值——10.55 米每秒（100 米比赛）、10.73 米每秒（200 米比赛）和 9.42 米每秒（400 米比赛）（Denny 2008）。德戈尔斯等人则对 1891—2009 年间 200 米、400 米、800 米和 1,500 米比赛中的最佳成绩进行了建模，发现它们的发展符合冈珀茨曲线。由此，他们得出结论，这些人的跑步速度已经达到了极限值（Desgorces et al. 2012）。

对 1980—2013 年男子长跑速度纪录的分析能够证实马拉松比赛中奔跑速度的持续增长。然而分析的结果也表明，从 20 世纪 90 年代后期开始，5 千米比赛和 10 千米比赛世界纪录的提升十分有限；自 20 世纪 40 年代初以来，新纪录诞生的时间间隔越来越长（Kruse et al. 2014）。这项研究为跑步速度的增长明显走向终结的现象提供了 3 种解释。第一，更严格的反兴奋剂措施限制了增强人体供氧的能力。第二，在 5 千米和 10 千米比赛中，运动员的表现已经到达了生理极限，相比之下，马拉松比赛成绩的持续提高是相互比拼的结果。第三，马拉松比赛的奖金已经从 1980 年的最高 5 万美元增长到仅仅 20 年后的最高 100 万美元，这为长跑运动员参加长距离比赛提供了极大的动力。

有关 800 米赛跑最佳成绩的最全面的长期分析（1896—2016 年的男子比赛和 1921—2016 年的女子比赛）表明，20 世纪 80 年代中期以后，最佳成绩明显到达了一个平台期，其他运动项目中也出现了这种情况，"这可能反映了我们这个物种当前的潜在上限"（Marck et al. 2017, 4；图 4.15）。前文提到的 3 种可能因素的结合，进一步限制了这些项目的最佳成绩在未来可能的提升。为了说明跑步速度的极限，人们提出了许多解释（体重，运动性肌肉组织，腿部能量供应的速率，肌肉产生的力量，腿部的硬度，骨骼、韧带和肌腱的强度，以及有氧运动的能力），但我们不太可能用某个单一的机械因素或代谢因素来解释这一极限。丹尼得出的结论是，"某些与距离无关的增长表明，存在着某种更高阶的约束可能作用于"

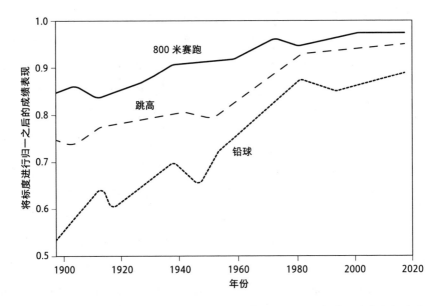

图 4.15 人类体能表现的极限：1896—2016 年，男子 800 米跑、跳高和铅球比赛的年度十佳成绩。结果表明，自 20 世纪 80 年代初以来，出现了明显的平台期。图表根据对马克等人的资料（Marck et al. 2017）中的数据进行简化绘制而成

这些组合因素，进而限制人类的跑步速度（Denny 2008, 3846）。

生物原动机的运输能力也会受到人类和动物身体结构的固有限制，但通过利用机械效益或采用负担较轻的搬运方式，这种能力可以得到有限的提升。手推独轮车也许是第一种策略的最佳范例。在更好的道路上，人们使用中国手推车（车轮安装在中央，负重位于车轴上方）可以运输 150 千克的重物，使用欧洲手推车（车轮在前部或靠前）可以推动 100 千克的重物。更好的运载方式还包括使用肩带或头带，以及在肩部放置轭架或扁担，使负重的重心位于承载者自身重心的上方（但这种做法可能使人很难保持平衡）。

所有这些用法都是自古以来就众所周知的，有文献记载的个人最大承重量为 30—35 千克（约等于成人体重的一半）；当 4 个人抬着一顶轿子行走（速度不超过 5 千米每小时）时，平均每人承担的重量最多可达 40 千克。人体运载能力的边际增长通常与更高的平均体重、由更好的营养带来的更强的耐力以及在极端地形条件下穿着更好的鞋子和服装有关，现代尼

泊尔的夏尔巴人在喜马拉雅山探险活动中背负沉重的物资就是这种组合的最佳例证。

　　人类通过使用绳索、爬犁和滚轮部署大量劳动力，并在竖立巨大的石块时借助斜坡、滑轮组和绞盘的帮助，已经使最大运输能力有了成倍增长。欧洲、非洲和拉丁美洲那些最大的雕像与巨石建筑证明，古人有能力频繁移动 50—100 吨的重物。现有的证据清楚地表明，在引入无生命原动机之前，大规模运输能力的增长过程非常缓慢。新石器时代和前工业时代的建造者们可移动的石头的质量处在同一个数量级。法国布列塔尼洛克马里亚凯的断裂巨石柱（Er Grah menhir，如今已经断裂）的重量约为 330 吨，是大约公元前 4700 年某个新石器社会的人们移动并竖立起来的，具体手段只能靠猜测（Niel 1961）。1832 年，重达 700 吨的花岗岩石柱 —— 亚历山大纪念柱（The Alexander Column）被人们从芬兰的维罗拉赫蒂用船运到了圣彼得堡，然后被搬到了冬宫广场，并借由杠杆、斜面和绞盘竖立了起来，参与整个行动的士兵达 1,700 名（Luknatsskii 1936）。

马　匹

　　马匹在 19 世纪（亦即它们被无生命原动机取代之前）的表现比在过去任何时代的表现都要好，无论是在平均速度方面（一名骑手在骑乘同一匹马或不断更换马匹的情况下每日移动的距离或由马队拉动的马车每日行驶的距离）还是在典型负荷方面（拉动重型马车的挽马）均是如此。不过，这种差异只能部分地归因于马匹体型的增长，因为更好的喂养条件（更多的谷物）、挽具、马车的设计以及道路状况（压实或铺装路面）同样会产生影响。

　　1 掌（hand，英国人衡量马匹高度的传统单位）等于 4 英寸或 10.16 厘米。马的身高指的是马的肩部（马的颈部下方肩胛骨和头部之间的脊线）与地面之间的垂直距离。在古希腊罗马时期，马匹的高度一般不超过 11—13 掌；在近代早期和 19 世纪末，欧洲最大型的马匹的身高能够达到甚至超过 17 掌，体重达到 1 吨，它们包括比利时的布拉班特马（Brabançon）、法国的布洛奈马（Boulonnai）和佩尔什马（Percheron）、苏格兰的克莱兹代尔马（Clydesdale）、英格兰的萨福克马（Suffolk）和夏尔马（Shire）以及德国的莱茵伦德马（Rheinlander）（Silver 1976）。相比于两匹典型的中世纪马匹拖着沉重的木质货车走在松软的路面上，近代早期和 19 世纪末的两匹体型庞大的欧洲挽马拉着装有橡胶轮的货车在碎石路面上行走，载重能高出一个数量级，速度能快一倍。

不过从长期来看，纵马疾驰的速度增长十分有限。不同于羊和牛（牛、羊、小麦、稻谷和豆类都是最早的驯化物种，驯化时间都在 8,000 多年前），马被人类驯化的时间不会早于公元前 4,000 年，也许直到公元前 2 千纪中期，马才开始被人类驯化，地点则是今天的乌克兰草原（Anthony 2007）。马的步态除了四拍行走（four-beat walk，速度与人的行走相当，平均约为 6.5 千米每小时），还包括疾走（trot，13—19 千米每小时）、慢跑（canter，速度高达 24—25 千米每小时）和疾驰（gallop，速度通常在 40—48 千米每小时之间，亦即约 13.3 米每秒，但最大速度也可以短暂地达到 80 千米每小时以上）（Reisner 2017）。自然地，马不可能连续疾驰数小时。不过，经验丰富的骑手骑着健壮的马，可以在一天内行进 50—60 千米；如果能换马，那么可行进的距离要长得多（超过 100 千米）。

威廉·F. 科迪（William F. Cody，1846—1917 年）声称，他在年轻时为快马邮递（Pony Express，邮件服务）工作，曾经使用 21 匹马创下了在 21 小时 40 分钟内行进 515 千米的纪录，平均时速将近 24 千米（Carter 2000）。不过，这样的壮举和速度与马匹在常规的信使或邮政服务中的日常使用方式并不相容。米内蒂总结道，经过精心优化的长途骑行表现说明，13—16 千米每小时是相对适中的速度，能够降低受伤和过度疲惫的风险（Minetti 2003）。公元前 550 年后由居鲁士（Cyrus）在苏萨（舒什）和萨迪斯之间建立的著名的古波斯驿马系统、公元 13 世纪成吉思汗的蒙古信使（yam），以及电报和铁路出现之前在加利福尼亚州提供服务的陆上快马邮递（Overland Pony Express），都坚持遵循这种最佳性能原则。

赛马速度的长期提升可以与一个逻辑斯蒂方程高度吻合（Denny 2008）。美国赛马三冠王（Triple Crown，肯塔基德比、必利时锦标赛和贝蒙锦标赛三项比赛的冠军）的速度一开始缓慢而稳定地增长，然后开始进入明显的平台期：自 1949 年以来，肯塔基德比的年平均速度和最高速度之间并没有明显的相关性。必利时锦标赛和贝蒙锦标赛的成绩则分别在 1971 年和 1973 年达到了极限。预测的赛马最大速度（几乎恰好为 17 米每秒）仅仅略高于实际的最快纪录。

另外，赛马最佳成绩纪录的增长轨迹也可以被视为线性的，比人类赛跑最佳成绩的增长率低一个数量级，并且在 20 世纪 70 年代之后明显趋于平稳。例如，每年在纽约埃尔蒙特的贝蒙公园举行的贝蒙锦标赛赛道长 1.5 英里（2,400 米），1926 年（以这个距离举行比赛的第一年）的获胜者成绩为 2'32"20。1974 年，"秘书处"（Secretariat）以 2'24"00（16.66 米每秒）的成绩打破了这项纪录（Belmont Stakes 2017）。这就相当于在这 48 年中，这项比赛的最佳成绩平均增长率为 0.2%。同样地，1875 年，肯塔基德比（1.25 英里，2,012 米）获胜者的成绩为 2'37"75；到 1973 年，"秘书处"以 1'59"40 的成绩创下新纪录，平均速度达到 16.82 米每秒。这就相当于在 98 年里，这项比赛的最佳成绩平均年增长率为 0.32%（Kentucky Derby 2017）。此外，德戈尔斯等人通过使用冈珀茨曲线对纯种马的最大速度进行建模，发现它们已经达到其渐近值的 99%（Desgorces 2012）。尽管人们对马匹进行了选择育种，但其最大速度的增长将不会继续下去。

相比之下，使用马车运送乘客的速度的任何提升，不仅先天受限于拉着马车的马匹的性能表现，还受限于道路的质量以及车辆的设计与耐用性。如果没有经过良好铺砌的道路和经过精心设计、装有轻便但坚固耐用的车轮的马车，体形更大、饲喂得更好且训练有素的马匹也只能带来微小的变化。在古代，沉重的货运马车和四轮载客马车（最早的设计使用的是巨大的木轮）行驶在松软、泥泞或沙质的道路上，平均每天的行驶距离仅为 10—20 千米。即使在 18 世纪的英格兰，人们在大城市之间乘坐最好的客运马车出行，冬季的平均速度也只能达到每天约 50 千米，夏季的平均速度则是每天约 60 千米（Gerhold 1996）。

无生命交通工具的发展（我们通过追踪它们的均速和极速以及客运和货运能力来评估）提供了这样一种例证：它首先在前现代时期经历了异常缓慢的增长，然后在 19 世纪和 20 世纪初的不同时期开始呈现为指数增长。然而，我们一旦对这些众所周知的现象进行量化，就会发现这些现代增长趋势是如何迅速地达到了饱和水平的。另外，我们还会发现增长的新平台期主要是由经济或环境因素决定的，而不是由技术障碍决定的。因此，交通工具近期的发展集中于使长途运输变得更便宜且更可靠（而不是更快）。不过，在某些领域，我们仍然能看到一些以提高整体运力为目标的尝试（更大的集装箱船、规模空前的游轮、空客 A380 双层客机），这些尝试虽然重要，但也值得怀疑。

帆　船

我们若想追踪水上长距离运动速度的增长史（无论针对的是客运船只、货运船只还是海军舰船），就必须使用可比较的数据记录。由于帆船的速度变化幅度很大，要想比较帆船速度的变化，最好的方法或许是计算整个航程的平均（或典型）速度，并留意有利条件下的最大日航程。古代著作中的大量参考文献证实，在西北风的推动下，在意大利—埃及航线上航行的罗马船只可能只需 6 天就能从墨西拿抵达亚历山大，而返回罗马（奥斯蒂亚港）的航程通常达到了 53 天，最多甚至需要 73 天（Duncan-Jones 1990）。对现有的许多参考资料的汇编表明，古代船只在地中海上航行的平均速度在顺风条件下为 8—10 千米每小时（最大值约为 11 千米每小时），在逆风条件下约为 4 千米每小时（Casson 1951）。1,000 年后，欧洲的卡拉维尔帆船（caravel）的平均速度约为 7 千米每小时，最高速度可达到 15 千米每小时。

19 世纪中叶的“飞剪”快船达到了帆船的最高航行速度。第一艘“飞剪”快船“彩虹”号（*Rainbow*）由约翰·格里菲思（John Griffiths）设计，于 1845 年在纽约下水。随后，在从美国东海岸到加利福尼亚州与亚洲的航线和从英国到澳大利亚与中国的长途航线上，出现了数十艘这种船体线条光滑的船只。唐纳德·麦凯在东波士顿设计建造的“飞云”号于 1851 年下水，它在从纽约出发绕过合恩角最终抵达旧金山的首次航行中就创下了纪录：走完这条航线过去需要 200 多天，“飞云”号则只花费了 89 天零 21 小时（整个行程的平均速度为 15 千米每小时）；在此过程中，它以 33

千米每小时的最快速度连续航行了 24 个小时（Nautical Magazine 1854；参见图 4.4）。

1853 年，"飞云"号将从纽约到旧金山的航行时间缩短了 13 个小时，之后长期保持着最快纪录。直到 1989 年，一艘由三人驾驶的现代化超轻单桅帆船创造了新纪录。1854 年，麦凯的"海洋君主"号（*Sovereign of the Seas*）在前往澳大利亚的旅途中的速度达到了 41 千米每小时，这是已知的船速超过 33 千米每小时的 12 个实例之一（McKay 1928）。给人留下最深刻印象的持续速度是由"海洋冠军"号（*Champion of the Seas*，在一天内行驶了 861 千米，平均速度约为 35.9 千米每小时）和英国的"卡蒂萨克"号（*Cutty Sark*，1869 年）达到的，后者在 1890 年的连续 13 天内行驶了 6,000 千米，平均速度约为 19 千米每小时（Armstrong 1969）。这些比较表明，在整个 18 个世纪，船只的航行速度大约提高了 2 倍（从接近 10 千米每小时增长至约 30 千米每小时）。如果我们将其视为一个稳定的增长过程，那么每年的平均增长也是微不足道的，即使从 15 千米每小时翻一番，达到 30 千米每小时，也花了约 400 年。

蒸汽轮船

蒸汽机一开始被用来为安装在船体中部的巨大的明轮提供动力，自 1845 年以来开始驱动大型金属螺旋桨（于 1827 年发明）。最终，蒸汽机使"飞剪"快船的持续速度提高了一倍以上。1838 年，由伊桑巴德·金德姆·布鲁内尔（Isambard Kingdom Brunel）设计的开拓性的明轮船"大西方"号（*Great Western*）在 15.5 天内穿越大西洋抵达纽约，平均速度为 16.04 千米每小时（Doe 2017；图 4.16）。到 19 世纪 60 年代初，复合蒸汽机、螺旋桨和铁制船体的组合，使过去漫长的西行航线（一路抵御盛行风）所需的时间缩短至不到 9 天：1863 年，"斯科舍"号（*Scotia*）以 26.78 千米每小时的速度创造了最快的西行纪录（8 天零 3 小时），获得了蓝飘带奖。1907 年 10 月，"卢西塔尼亚"号（*Lusitania*）从爱尔兰的皇后镇向西航行到美国新泽西州的桑迪胡克，平均速度达到了 44.43 千米每小时。

图 4.16 1837 年由布鲁内尔设计的四桅明轮帆船"大西方"号。图片来自维基百科

1909 年 9 月，"毛里塔尼亚"号（*Mauretania*）以 48.26 千米每小时的平均速度创下了新的纪录。直到 1929 年，"不来梅"号（*Bremen*）才以 51.71 千米每小时的平均速度打破这一纪录（Kludas 2000）。1952 年 7 月，"合众国"号（*United States*）成为有史以来最快的固定班次邮轮，西行速度为 63.91 千米每小时，东行的平均速度为 65.91 千米每小时。我们将蒸汽船的最快速度纪录绘制出来，就会得到预期中的 S 型曲线，其中最早是很长一段缓慢增长，之后是迅速上升，最终是 20 世纪 50 年代的停止增长，彼时大型大西洋固定班次邮轮被喷气式客机取代。因此，跨大西洋航线的创纪录速度在 1838—1909 年增长了大约 32 千米每小时，在 1838—1952 年的一个多世纪里增长了 47.87 千米每小时。

海军舰艇最大速度的提升与客轮向蒸汽动力过渡时的预期增长相同。但与客轮（客轮的服务被廉价的飞行航班淘汰了）的情况不同的是，海军舰艇的推进系统在二战后取得了许多技术进步，于是在 20 世纪下半叶下水的舰船拥有更快的速度。在引入蒸汽动力之前，在欧洲的海军舰艇中占主导地位的风帆动力舰艇在顺风条件下的最高速度约为 20 千米每小时。1850 年，第一艘蒸汽动力舰船——"拿破仑"号战列舰（*Le Napoléon*）的平均速度为 22 千米每小时；而到了 1906 年，著名的"无畏"号战列舰（*Dreadnought*）的速度可以达到 39 千米每小时。在当今的海军舰船中，航空母舰的最高速度约为 60 千米每小时（美国的"尼米兹"级航空母舰，由核反应堆为涡轮机产生蒸汽动力），最快的巡洋舰和驱逐舰的速度为 63—65 千米每小时，快速攻击艇的速度可达 75 千米每小时，小型巡逻艇的速度则可达 100 千米每小时。

铁 路

列车的速度（无论是最高速度还是典型行驶速度）在大约 150 年里增长了一个数量级。更准确地说，从 1830 年到 21 世纪初，日常乘火车出行的最高平均速度增长了约 14 倍。1804 年，特里维西克开创性的机车设计能够以 8 千米每小时的速度行驶。1830 年，旨在为利物浦和曼彻斯特之间的铁路寻找最好的运输设备而举行的雨山机车试验要求机车的平均速度达到 16 千米每小时。比赛的胜利者是史蒂芬森的"火箭"号，平均速度为 19 千米每小时，最高速度达到了惊人的 48 千米每小时（Gibbon 2010）。更大的发动机带来了速度的快速提升。1848 年，波士顿—缅因线上的火车速度达到了 60 英里每小时（97 千米每小时）。到 19 世纪 50 年代初，英国的一些列车已经打破 100 千米每小时的速度纪录，到 1854 年甚至可能达到 131 千米每小时。不过，火车的平均速度仍然要低得多，在连接英格兰和苏格兰的东海岸干线上运行的蒸汽机车"飞天苏格兰人"号（*Flying Scotsman*）的速度直到 1934 年才达到 100 英里每小时（161 千米每小时）（Flying Scotsman 2017）。

直到高速电力列车问世以后，火车的速度才有了实质性的提升。日本是这方面的先驱：从东京到大阪的第一条新干线（shinkansen）于 1964 年首次通车，它在 2014 年（在运送了 53 亿人次之后）迎来了 50 周年纪念日，而且在这 50 年里没有发生任何致命事故（Smil 2014a）。交通集中调度系统使列车能够在短时间内以 250 千米每小时的最大速度运行（Noguchi and Fujii 2000）。后来的列车要更快一些，最新的新干线列车"希望"号（nozomi）能够以 300 千米每小时的速度行驶。法国高速列车（trains à grand vitesse，简称 TGV）自 1983 年开始运营，最快的日常行驶速度接近 280 千米每小时，在 2007 年的试运行中，甚至创下了 574.8 千米每小时的纪录（只有几节车厢，并在特制的轨道上运行）。

　　欧洲其他类似的高速列车服务还包括西班牙高速列车（Alta Velocidad Española，简称 AVE）、意大利的"红箭"高速列车（Frecciarossa）和德国的城际特快列车（Intercity），但迄今为止，全球最庞大的高速列车网络位于中国：截至 2016 年，中国高速铁路的总里程超过了 20,000 千米（新华社 2016）。2015 年，日本磁悬浮列车的原型列车在试运行期间的速度达到了 603 千米每小时，这是有记录的最快列车速度。不过到目前为止，唯一一种投入运营的磁悬浮列车位于上海，行驶距离仅 30.5 千米。尽管人们常常预测它会被广泛使用，但这种推进方式的成本之高昂使其不太可能成为大规模商业化的选择。撇开这些磁悬浮列车的例外情况不谈，列车的最快速度从 1830 年的 45—48 千米每小时增长到 19 世纪 50 年代中期的约 130 千米每小时、1934 年的 160 千米每小时、1964 年的 250 千米每小时和 21 世纪初的 280—300 千米每小时，这是一条虽稍有波动但总体呈线性增长的轨迹，平均增长率相当于每 10 年增加约 15 千米每小时。

　　所有列车的运力显然都受限于其原动机（无论是拉动列车车厢的机车，还是新干线列车车厢中安装的众多电动机）的动力，决定旅客列车运力的最明显的经济考量是列车的班次是否频繁，而列车的班次在很大程度上又取决于列车服务的地区的人口密度，以及在乘客舒适度、可及性和运营成本之间做出折中考量（Connor 2011）。于是，日本的快速列车由于连接着一系列人口密度最高的地区，因此拥有相对较高的运力。东京和大阪之间的东海道新干线（Tōkaidō shinkansen）列车的载客量刚刚超过 1,300 人，每天有 342 个班次，由于载客量大，因此这条线路每天运送的旅客达 42.4 万人次（JR Central 2017）。东京和新潟县之间的上越新干线（Jōetsu shinkansen）列车是世界上最大的高速列车，可容纳 1,634 人。相比之下，欧洲高速列车的运力则要有限得多，通常不足 500 人：德国的城际特快列车可容纳 460 人，法国第二代高铁列车可容纳 485 人，巴黎和布鲁塞尔之间的大力士高速列车（Thalys）只能容纳 377 人。

在铁路扩张最初的几十年里，乘客总数（每年服务的数百万乘客）正如预期的那样经历了指数增长（Mitchell 1998）。美国铁路的总客运量从 1882 年（有可用数据的最早的年份）的 124 亿人公里[①]增长到 1900 年的 258 亿人公里，到 1920 年达到 762 亿人公里的峰值。随后，铁路总客运量开始下降。到 1940 年，美国铁路的总客运量下降到 380 亿人公里。下降的趋势在二战期间得到了扭转（虽然是暂时的），但不久之后，这项数据又开始下降。到 1970 年，这项数据回到了 19 世纪 80 年代后期的水平。只有除去 20 世纪 30 年代的大萧条造成的下降和二战带来的繁荣，美国铁路总客运量在两个世纪中的发展轨迹才能接近高斯曲线。

英国的经历则非常独特。英国铁路的客运量在 1910 年左右达到了 15 亿人次的顶峰，到 20 世纪 80 年代初期，下降了近 60%（其中 40% 的下降是在 1945—1995 年的铁路国有化期间内发生的）。不过，自从 1995 年开始私有化以来，英国铁路的客运量从 7.5 亿人次增长到了 2015 年的近 17.5 亿人次，增长了 1.3 倍，创下了新纪录。相比之下，日本铁路的客运量自 1873 年以来的完整轨迹与四参数对称逻辑斯蒂曲线高度吻合（SB 2017a），其渐近值接近每年 250 亿人次（图 4.17）。

汽 车

在考察汽车行驶速度的增长时，我们必须区分那些为创造新纪录而设计的车辆所能达到的最快速度与市内和城际交通中的车辆实际典型速度——正如在考察蒸汽机车的速度增长时那样。在实际的城际交通当中，其他更重要的考虑因素（首要是成本和安全性）将最大速度限制在了汽车发展早期阶段就能达到的水平。速度与油耗之间的关系呈明显的 U 形，汽车在很低和很高的速度下运行的效率都比较低。在以 60 千米每小时为中点的狭窄速度区间内行驶最为经济。在死亡率方面，当行驶速度超过 100

---

① 交通运输部门计算旅客运输工作量的单位，英文表达为 passenger-kilometre，缩写为 pkm，每运输 1 位乘客移动 1 千米的运输工作量即为 1 人公里。——编者注

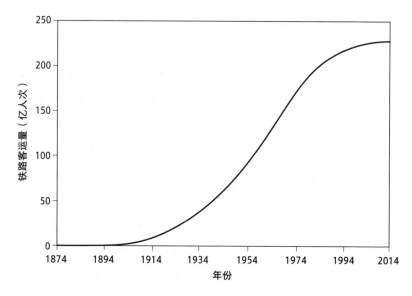

图 4.17　1874—2014 年，日本铁路客运量的增长情况。图表根据日本统计局（SB 1996, 2017a）的可用数据绘制而成。逻辑斯蒂曲线的拐点出现在 1958 年，2015 年的实际数值只比渐近值小 1%

千米每小时，车上的乘员死亡率会随着速度的增长而呈指数增长（速度为 120 千米每小时，死亡率会翻两番）；行人被汽车撞死的概率则会在车速超过 30 千米每小时后随速度增长而呈指数增长（Richards 2010）。

因此，从安全的角度来看，将汽车行驶速度的最佳区间提高到 60—80 千米每小时是非常不可取的。此外，我们一旦以一种全面（考虑到所有的因素）的方式进行评估，就会发现现代经济的现实情况与之截然相反。伊利奇指出，在考虑了购买（或租赁）汽车、加油、保养和保险所需的时间之后，美国汽车的平均行驶速度在 20 世纪 70 年代早期只有不到 8 千米每小时（Illich 1974）。根据我的计算，到 2000 年，这一速度已经下降到了不足 5 千米每小时，并不比一个世纪前步行或乘坐马车的综合速度更快。

因此，若要追踪汽车作为一种运输方式的发展，一个更有意义的指标是汽车在所处时代的燃料转换效率（燃油经济性），尤其是考虑到汽车的普遍性、它对精炼液体燃料的需求以及它向大气中排放的污染物。对美国乘用车来说，可计算的平均燃料转换效率数据始于 1936 年，当时的数

值为 15mpg①。之后，在众多令人赞叹的技术陆续问世的几十年里，汽车
油耗的变化是罕见的性能倒退的案例之一。到 1973 年，美国乘用车的燃
料转换效率已经下降至 13.4mpg（Sivak and Tsimhoni 2009）。

只有在 1973—1974 年欧佩克上调石油价格期间，这种令人沮丧
的趋势才得到了扭转。作为回应，美国国会制定了公司平均燃料经济性
（CAFE）标准（新车的效率标准），并于 1978 年首次将其提高。这项措
施的成功迅速体现了出来（尤其是从一个非常糟糕的水平开始）。与 1975
年以前的新车相比，到 1985 年，新车的燃料转换效率翻了一番，达到
了 27.5mpg，那一时期所有汽车的平均燃料转换效率都上升到了 23mpg
（Sivak and Tsimhoni 2009）。不过，随着油价急剧下跌（从 1980 年的每
桶近 40 美元跌至 1986 年的每桶仅约 15 美元），这种新趋势未能延续下去。
直到 2008 年，美国国会才颁布了新的公司平均燃料经济性规定，当时新
轿车的平均燃料转换效率为 24.3mpg，SUV（占所有新车的近 11%）仅为
21.2mpg（USEPA 2016b）。到 2015 年，新轿车的平均燃料转换效率提高
到了 29.3mpg，SUV 则提高到了 24.9mpg。

因此，美国汽车最近 40 年的发展历程表现为两条令人沮丧的轨迹和
一个稍稍有些令人鼓舞的趋势。到 2015 年，汽车的平均重量和 1982 年
的最低点相比增长了 27%，平均功率增长了近 1.3 倍。而自 1975 年以来，
调整后的燃料转换效率几乎翻了一番，其中大部分是在 1988 年之前实现
的（USEPA 2016b）。在所有的富裕国家，全国范围内的汽车保有量的增
长轨迹均遵循预期中的 S 型曲线。在美国，乘用车的数量从 1900 年的
8,000 辆增加到 20 世纪 30 年代后期的 2,500 万辆，再到 2010 年的 1.9 亿辆，
且还未出现明显的饱和迹象。未来的转变则更加难以预测：私家车（包
括 SUV）现在仅占美国所有轻型汽车的 60%，卡车的占比则略高于 40%。
混合动力汽车已经有了一些重大进展，不过最大的不确定性是新型电动汽
车的市场渗透率，人们在这方面提出的预测并不一致：它们可能将迅速普
及开来，也可能以缓慢的步伐逐步渗透市场。

① miles per gallon，车辆消耗一加仑燃油可行驶的英里数。——译者注

飞　机

在商业航空发展早期的 40 年里，人们一直在追求更快的巡航速度。但当飞行速度接近音速时，其他需要考虑的因素（尤其是飞机的最大承载能力和旅客人公里成本）就变得更加重要。荷兰皇家航空公司（KLM）是世界上目前仍在运营的历史最悠久的商业航空公司（成立于 1919 年 10 月），它最早的航班使用的是德·哈维兰的 Airco DH.9A 飞机，搭载 4 名乘客，巡航速度为 161 千米每小时，最大航速为 219 千米每小时。在随后的 1929 年，荷兰皇家航空开通了第一条多站式洲际航线，使用福克公司的 F.VII 型飞机向巴达维亚（雅加达）运送旅客，这款飞机的巡航速度为 170 千米每小时，略快于 Airco DH.9A（Allen 1978）。道格拉斯公司于 1936 年开始生产 DC-3 型飞机，这是有史以来最成功的螺旋桨飞机，能够搭载 32 名乘客，巡航速度为 333 千米每小时（最大航速为 370 千米每小时），最高飞行高度为 7.1 千米（McAllister 2010）。

从多个层面来看，DC-3 型飞机是第一款现代客机，但它的最大航程只有 3,421 千米，对于跨大西洋航班（纽约—伦敦航线为 5,572 千米，纽约—巴黎航线为 5,679 千米）而言仍然太短。波音 314 是人类的第一款洲际客机（Trautman 2011）。这款四引擎水上飞机（被称为"飞剪"）的飞行速度相对较慢（巡航速度为 314 千米每小时，最大航速为 340 千米每小时），但在搭载 74 名乘客（其中的一半为卧铺）时，其最大航程可达 5,896 千米，足以让泛美航空从 1939 年开始使用它来提供定期的跨太平洋航班服务。飞往香港的航班在檀香山、中途岛、威克岛、关岛和马尼拉停留，单程所需的时间超过 6 天。飞往欧洲的航班则在新不伦瑞克、纽芬兰和爱尔兰都设有站点。

洛克希德的"星座"（Constellation）客机是二战后（1945—1958 年）最大的四引擎螺旋桨客机，巡航速度为 550 千米每小时。到 1952 年，这种飞机所使用的往复式发动机的速度纪录被英国的"彗星"客机（喷气动力飞机）打破，后者的巡航速度在 1954 年退役前达到了 725 千米每小时，比前者创下的速度纪录高出约 30%。随着 20 世纪 50 年代末喷气式客机的问世，这项速度纪录又提高了 70%。第一代喷气式飞机的巡航速度仅比音速（单位为马赫，缩写为 M）低 15% 左右，在 10.7—12.2 千米（35,000—40,000 英尺）的高空（即绝大多数航班的飞行高度）的巡航速度为 1,062 千米每小时。因此，0.85 马赫意味着巡航速度超过 900 千米每小时。之后几代喷气式客机的速度却并没有发生质变，波音 747 客机的巡航速度为 0.86 马赫，远程客机波音 777 的巡航速度为 0.84 马赫，最新的波音 787 客机和空客 A380 双层飞机的巡航速度为 0.85 马赫（参见第 1 章，图 1.16）。

从设计的角度来说，所有这些飞机都可以飞得更快。但当速度超过 1 马赫，它们就会遭遇额外的阻力，导致运营成本大幅提高：自喷气式客机的时代开始以来，商业运营的经济性就开始导致飞机遭遇速度瓶颈。1976—2003 年，由英法联合研发的协和式飞机是唯一一款突破音速障碍的喷气式客机，它在某些洲际航线（主要是跨大西洋航线）上的巡航速度能达到 2,158 千米每小时（Darling 2004）。不过这些飞机从未实现盈利，也从来没有任何推广超音速客机的尝试获得成功。目前，仍然有人在尝试振兴超音速商业飞行：一家位于美国科罗拉多州的公司（Boom Technology）正在研发一款可容纳 45—55 名乘客、飞行速度达到 2.2 马赫的飞机，并有望在 2023 年获得实际的服务认证（Boom Technology 2017）。

在喷气式客机投入商业飞行的早期阶段，载客量也走到了一个类似的平台期。于 1969 年推出的波音 747-100 客机是第一款宽体喷气式客机，如果分舱，它可以搭载 452 名乘客，如果仅设置经济舱，它最多可搭载 500 名乘客。最新版本的波音 747-400 客机的单舱配置最多可容纳 660 名乘客，典型的三舱或双舱配置则可容纳 416—524 名乘客。空客 A380 双层客机已通过认证，最多可容纳 853 人，但航空公司使用双舱或三舱配置时，它可搭载 379—615 名（通常为 544 名）乘客。因此，相比于两代以前的波音 747 飞机，世界上容量最大的客机的载客量的增长幅度通常不超过 20%。民用客机载客量的增长（从 1919 年的 4 人增长到 2007 年的 544 人）遵循典型的 S 型曲线（图 4.18）；在 21 世纪中叶之前，客机的载客量都不会突破现有的瓶颈。

然而，有一项迄今仍在呈指数增长的变量能够用于描述全球航空业的增长。1929 年，即定期商业飞行开始后仅 10 年，全球的航空公司都开

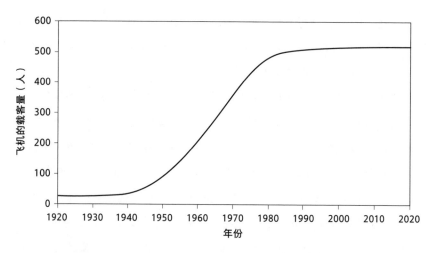

图 4.18　民用飞机最大载客量的逻辑斯蒂增长轨迹：从 1920 年荷兰皇家航空的德·哈维兰客机（搭载 4 名乘客）到 2007 年的空客 A380（三舱配置可容纳 544 名乘客，最多可容纳 853 名乘客）。图表根据每种飞机的规格书上的数据绘制而成

始统计可靠的总旅客周转量。在那一年，全球所有航班（不包括苏联的航班）的总旅客周转量达到了 9,630 万人公里。此时的旅客周转量之所以如此之低，不仅因为乘坐飞机出行相对新颖且费用较高，还因为大多数定期航班只在国内的城市之间进行短程或中程飞行。到 1939 年，更宽敞的飞机、更频繁的班次以及首条洲际航线的出现，使总旅客周转量迅速增加到近 14 亿人公里，在 10 年内增长了 13 倍以上。二战一结束，商业航空的旅客周转量便迅速恢复增长。到 1950 年，总旅客周转量增加到 280 亿人公里；之后，喷气式客机的问世和迅速普及使旅客周转量在 2000 年达到 2.8 万亿人公里。也就是说，航空业旅客周转量呈指数增长，年平均增长率约为 9%，即在不到 8 年的时间里就能翻一番。

　　9·11 恐怖袭击只使得航空业出现了短暂的下滑。到 2003 年，全球航空业已经恢复到 2000 年的创纪录水平。之后，主要归功于整个亚洲（尤其是中国）航空业的高速增长，几乎每年都有新的纪录诞生（除了 2009 年，当时全球经济危机导致了航空业的小幅下降）。2010—2015 年，航空业的旅客总量从 25.69 亿人次增长到了 35.3 亿人次（年平均增长率约为 5.5%）；航班总量从 2,960 万次增长至近 3,300 万次；旅客周转量从

4.9 万亿人公里增长到 6.6 万亿人公里，年平均增长率为 6%（ICAO 2016）。因此，全球航空业旅客周转量的逻辑斯蒂增长曲线仍处于上升阶段（图 4.19）。国际航空运输协会预计，到 2035 年，旅客总量将达到 72 亿人次（2016 年为 38 亿人次），增幅达到约 90%，年平均增长率为 3.7%，而旅客周转量将增长至约 15 万亿人公里（按照逻辑斯蒂曲线的拟合，到 2035 年旅客周转量将达到约 17 万亿人公里）。中国航空业的旅客周转量很有可能将在 2024 年超过美国（美国的旅客总量似乎已接近饱和）；印度航空业将拥有最高的增长率（IATA 2016）。邮件的总周转量（t·km）最近也在以 6% 的年平均增长率增长，货运总周转量的年平均增长率则仅为 1%。

我们通常以 1 人公里的燃料消耗量的下降为指标来衡量客机能源效率的提高。1958 年，最早版本的涡轮喷气飞机波音 707 的燃料消耗量约为 6 兆焦每人公里，涡轮风扇发动机的问世带来的效率提升最为明显。1969 年，波音 747 飞机的燃料消耗量仅为约 2 兆焦每人公里；到 1984 年，波音 757-200 客机的燃料消耗量下降到 1.5 兆焦每人公里左右；到 2009 年，由轻质碳纤维复合材料制造、由最高效的引擎驱动的波音 787 客机的

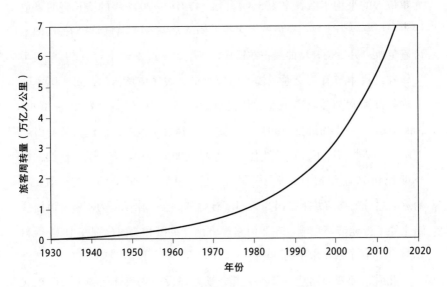

图 4.19　全球民用航空业（国内与国际航班）的增长，衡量指标为旅客周转量（单位：人公里）。与之拟合的逻辑斯蒂曲线仍处于早期阶段，表明下一个 10 年仍会出现显著的增长。数据来自国际民用航空组织（ICAO 2016）和其他早期报告

燃料消耗量仅为 1 兆焦每人公里（Lee and Mo 2011; ATAG 2010）。将这个比率倒转过来，我们就能知道一架客机消耗 1 兆焦燃料的运输量可达到多少人公里（1958 年为 0.17 人公里每兆焦，1969 年为 0.5 人公里每兆焦，1984 年为 0.66 人公里每兆焦，2009 年为 1 人公里每兆焦），这些数据组成的轨迹反映为半个多世纪的线性增长，并有望在未来进一步增长。另一项公开的比较表明，以"彗星"4 型飞机（于 1949 年首飞）平均每个座位所需的燃料为性能基准（100%），那么这项数据到 1970 年下降到了 50%，到 1990 年下降到了 30%，到 2010 年下降到了 20% 以下（ATAG 2010）。将这项数据倒转过来，发展轨迹同样表明，2010 年之前的 50 年里的能源效率的变化几乎呈现为一种完美的线性增长。

因此，我们可以用 4 条增长曲线来概括民用航空业的增长：飞机的载客量和巡航速度的增长均表现为明显的 S 型（饱和）曲线；随着商业航空使用的发动机从早期的涡轮喷气发动机转向最新的涡轮风扇发动机，喷气式客机的运行效率（以 1 人公里或 1 个座位所需的能量为指标来衡量）呈线性增长；1970—2016 年，全球民用航空业的旅客周转量（以人公里为单位）的平均年增长率为 5.4%，预计 2016—2035 年的增长将明显放缓（增长率降为 3.7%）。虽然大多数人仍然希望飞行量能继续增长，但不可避免地，另一条 S 型曲线正在形成。

在结束本节有关交通运输的内容之前，我还应该指出，每个国家的发展轨迹通常都会以竞争性的替代浪潮的形式表现出来（Grübler 1990; Nakicenovic and Grübler 1991）。但这种解释过于笼统，因此常常会引起误解。在某些情况下，竞争性替代关系在功能上是相当合理的。例如，在 18 世纪和 19 世纪初的欧洲与美国，运河建设是一项重要的经济活动。然而运河建设的终结并不是因为人们没有更多机会，而是因为不断发展的铁路主导了长途陆路运输：在运河建设方面，英国和美国分别在 1824 年和 1851 年达到了饱和水平的 90%。

此后，随着公路建设逐渐兴起，铁路建设的规模开始萎缩。但在这种情况下，真正的空间饱和问题发生了明显的变化。到 1900 年，西欧和美国的大部分地区都已经拥有非常密集的铁路网。在接下来的几十年里，铁路货运不得不与短途和长途卡车货运展开竞争，但铁路在货运领域（不同于内河货运）始终占据着很高的市场份额。在美国，公路货运所占的份额在过去两代人的时间里有所增长。到 2017 年，卡车和铁路的货运总量几乎持平（USDOT 2017b）。显然，公路并未取代铁路：在运输集装箱化的推动下，这两个系统在协同效应上都有新的进展（Smil 2010b）。另外，航空运输在客运领域是第 4 个竞争者，在货运领域却并非如此：1980—2015 年，美国航空业在货运市场所占的份额从 0.1% 上升到 0.2%。空运成本高昂，因此无法真正与陆路运输或水上运输展开大规模的竞争。

电子产品

电子器件的历史始于一项理论与多项实践。詹姆斯·C. 麦克斯韦在迈克尔·法拉第的研究成果的基础上，于 1865 年提出了电磁波以光速传播的理论，并在 8 年后详尽地发展了这一理论（Maxwell 1865, 1873）。不过，他和其他的任何物理学家都没有立即开始寻找电磁波，况且对电磁波的头两次真实演示也没有表明它可能具有任何实用意义。第一次演示发生在 1879 年末、1880 年初的伦敦，当时戴维·爱德华·休斯（David Edward Hughes）的实验装置不仅能够发射电磁波，还能接收这种不可见的波（先是在室内，之后是在室外 450 米开外的地方）。但他始终没能让皇家学会的专家们相信"这些在空气中传播的电波真实存在"，也没有提交任何论文对自己的工作加以总结（Hughes 1899）。

1883 年，托马斯·爱迪生（Thomas Edison）为一种能够"显示连续电流在高真空中的传导性"的设备申请了专利，并于 1884 年在费城举办的国际电气展览会上将其展示了出来（Edison 1884），该设备被称为三极白炽灯。他发现了爱迪生效应，并称其为"以太力"（"etheric force"）。但这仅仅是一种好奇心的表现，这位伟大的发明家并未给电磁波找到任何实际用途。突破性进展出现在 1886—1888 年，当时海因里希·赫兹（Heinrich Hertz）已经能够控制电磁波的产生和接收，他将电磁波的频率精确地置于"实在物体的声波振荡与以太的光波振荡之间"（Hertz 1887, 421）。为了纪念他的发现，人们将赫兹（Hz）定为频率的单位（1 秒内的振荡次数）。

赫兹的出发点是证实麦克斯韦的理论，他的发现很快被转化为无线电报技术［奥利弗·J. 洛奇（Oliver J. Lodge）和亚历山大·S. 波波夫（Alexander S. Popov）在 1894 年和 1895 年进行了首次短距离试验，古列尔莫·马尔科尼（Guglielmo Marconi）则于 1901 年实现了无线电报的首次跨大西洋传输］和声音与音乐的广播技术［雷金纳德·A. 费森登（Reginald A. Fessenden）于 1906 年通过电磁波实现了声音的首次长距离传输］。一战之后，公共广播电台（20 世纪 20 年代初发放了第一批许可证）、黑白电视（1929 年进行实验性播放，20 世纪 30 年代在美国和英国定期播放）和雷达技术［1935 年由罗伯特·沃森-瓦特（Robert Watson-Watt）发明］相继问世。二战之后，第一批电子计算机、彩色电视、卫星通信、蜂窝电话和万维网技术也陆续问世（Smil 2005, 2006b）。

真空管

直到 20 世纪 50 年代，真空管一直是所有电子设备的核心，但最终它们将所有这些利基都让给了固态半导体设备。后来，它们的大规模应用之一是电视机和台式计算机显示器中的阴极射线管，但到了 20 世纪 90 年代末和 21 世纪初，阴极射线管又被平板显示器（一开始是液晶显示器，然后是发光二极管）取代了。真空管（磁控管）仍然是微波炉中的关键元器件，使用固态射频、能够提供更好的功率控制和更高的频率精度且拥有更长的使用寿命的替代品已经问世（Wesson 2016）。

二极管是基于爱迪生效应的最简单的真空管（基本上就是一颗附带了一个额外的电极的灯泡），由约翰·A. 弗莱明（John A. Fleming）于1904 年发明。二极管是一种灵敏的电磁波检测器，也是一种能将交流电转换为直流电的转换器。1907 年，李·德·福雷斯特（Lee de Forest）通过将一块金属板固定在一颗灯泡的碳丝附近，并在金属板和碳丝之间放置一片网格，成功制造出了第一个三极管（Fleming 1934）。这种调制器可用于电流的接收、放大和传输。20 世纪 20 年代，四极管和五极管（有四个和五个电极）相继问世，关于磁控管（通过电子与磁场的相互作用产生微波）的工作也有一些进展。多腔磁控管于 1935 年在德国首次获得专利，并于 1940

年在英国被人们用在早期的雷达上（Blanchard et al. 2013）。速调管（用在雷达上，后来也用在卫星通信和高能物理领域）于 1937 年获得了专利，回旋管（主要的高功率毫米波发射源，已被用于材料和等离子体的快速加热）则是在 20 世纪 70 年代初最早由苏联人发明的（Osepchuk 2015）。

我们若要比较真空管的性能并计算其性能的增长速度，就需要选择一项合适的通用指标。功率密度（一台设备可传输的最大功率）与电路面积成正比，电路面积又与设备的频率成反比。格拉纳茨坦等人计算了所有类型的真空管的功率密度，结果表明在每一类设备的性能接近极限时，增长的速度都遵循逻辑斯蒂曲线（Granatstein et al. 1999）。主要类型的真空管的性能发展速度惊人。1935—1970 年，栅极控制管（拥有三极乃至更多极的真空管）的最大功率密度增长了 4 个数量级；多腔磁控管的最大功率密度在 1935—1960 年也增长了 4 个数量级。1944—1974 年，速调管的最大功率密度增长了 6 个数量级；回旋管的最大功率密度在 1970—2000 年也增长了 6 个数量级（Granatstein et al. 1999）。

于是，1930 年之后的真空管元器件最大功率密度的包络线在半对数图上能够形成一条直线，每 10 年的增长接近 1.5 个数量级，这相当于年平均增长率约为 35% 的指数增长（图 4.20）。事实证明，1965 年以后晶体管（一种固态半导体设备，能够完成以前由真空管完成的各种任务）集成度的增长速度恰好也是如此。我们可以明确地说，这并不是同一种性能指标之间的比较（衡量真空管的增长使用的是功率密度，衡量硅芯片的增长使用的则是硅芯片上可容纳的晶体管的数量），而是一种着眼于真空管和固态电子器件关键特性的比较，也能反映出性能的高速增长（大约每两年增加一倍）。这是真空管连续增长的特征，也与微处理器性能的增长有关，也就是同样遵循摩尔定律。简而言之，在 1965 年戈登·摩尔（Gordon Moore）提出这种增长规律之前，真空管电子产品已经按照摩尔定律的预测发展了数十年。

评估真空管性能增长的另一个方法是观察它们的价格下降趋势以及它们的发展催生的新的电子消费品的保有量。一般来说，在商业推广的早期阶段，价格的降幅是最大的。据冈村所述，日本（毫米波发电的早期

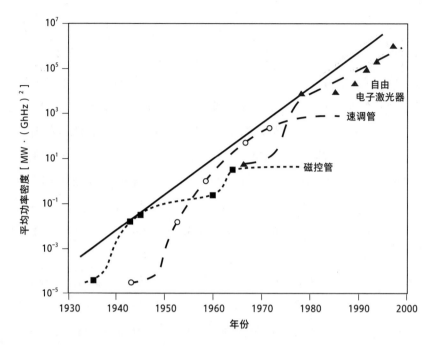

图 4.20 各类真空管元器件功率密度的不断增长，形成了一条接近摩尔定律的双曲线增长包络。数据来自格拉纳茨坦等人的文献（Granatstein et al. 1999）

先驱）生产的接收管的价格在 1925—1940 年下降了 90% 以上（Okamura 1995）。1924 年，即美国批准无线电广播的 4 年后，一台 RCA AR-812（一款优质畅销款收音机）的价格为 220 美元，仅比一辆性能可靠的福特 T 型车 Runabout 版本便宜 45 美元（Radiomuseum 2017）。

随着真空管价格的下降，收音机的保有量也有所增长。到 1931 年，已经有一半的美国家庭拥有收音机；到 1949 年，这一比例增长到了 95%，逻辑斯蒂曲线只需要再增长几个点就能达到 100% 的水平。在美国，黑白电视机的家庭普及率增长得更快，从 1945 年的 1% 增长到 1964 年的 90%；微波炉保有量的不断增长所形成的 S 型曲线在增长阶段的增长率几乎与黑白电视机的增长率一样，每年的销售量从 1960 年的 1 万台上升到 20 世纪 70 年代中期的 100 万台以上；到 1990 年，80% 的美国家庭拥有微波炉（Osepchuk 2015）。

真空管曾被用来制造第一批电子计算机［1943 年英国的"巨人"计算机（Colossus）和 1946 年美国的"埃尼阿克"（ENIAC，电子数字积分计算机）]，在 20 世纪 50 年代末晶体管诞生之前，真空管一直是大型计算机中必不可少的组成部分。晶体管前所未有地轻，而且质量十分可靠，这两个特点的结合，使得它们很快取代了真空管。虽然真空管是一种出色的电子放大器和开关装置，但由于它们的体积通常在 20—60 立方厘米之间，重量为 50—100 克，因此即便小型计算机也很笨重，此外，频繁的过热也会使它们的寿命缩短至 50—100 个小时。对美国第一台电子计算机和之后的晶体管化仿制品的比较，最能说明真空管的这些缺点（Kempf 1961; Van der Spiegel et al. 2000）。

埃尼阿克装有 16 种、总计 17,648 个不同类型的真空管（以及成千上万的电阻器、电容器、手动开关和继电器），总体积约为 80 立方米（占地面积为 167 平方米，大约相当于两个羽毛球场），加上电源和冷却设备，总重量达到了约 30 吨。约 90% 的操作中断是由反复发生的真空管故障导致的，设备维护和元器件更换工作（仅检查程序一项就需要花费大约 8 个小时）代价高昂。半个世纪后，人们使用一块包含 174,569 个晶体管、大小为 7.4 毫米 ×5.3 毫米的硅微芯片复制了埃尼阿克：复制的计算机包含的晶体管总数是埃尼阿克包含的真空管数量的 10 倍，因为埃尼阿克中所有的电阻器、电容器和其他组件也全都被晶体管取代了（Van der Spiegel et al. 2000）。埃尼阿克比这台复制的计算机重 500 万倍以上，消耗的电量比后者多出 4 万倍，但处理速度却不及后者的 0.002%（10 万赫兹对 5,000 万赫兹）。这一切全部都要归功于固态电子设备以及它们持续不断的进步。

固态电子设备与计算机

尽管尤利乌斯·埃德加·利林菲尔德（Julius Edgar Lilienfeld）早在 1925 年就为场效应晶体管的概念申请了专利，但直到 20 世纪 40 年代后期，最早的可用元器件才被贝尔实验室制造出来。先是在 1947 年，沃尔特·布拉顿（Walter Brattain）和约翰·巴丁（John Bardeen）设计出了场效应晶体管，然后是在 1948 年，威廉·肖克利（William Shockley）发明了更实用的双极型晶体管（Smil 2006b）。德州仪器公司于 1954 年开始销售第一批硅晶体管，但在德州仪器的杰克·基尔比（Jack Kilby）和仙童半导体公司的罗伯特·诺伊斯（Robert Noyce）分别于 1958 年和 1959 年独立发明集成电路并在 20 世纪 60 年代初对其进行有限的商业化之前，固态电子产品在早期阶段的性能提升仍相对缓慢。自 1959 年以来，微芯片上的晶体管数量每 18 个月就能翻一番；到 1965 年，一块最复杂的微芯片上的晶体管数量增长到了 64 个。

1965 年，时任仙童半导体公司研究总监的戈登·摩尔（Gordon Moore）提出了现代技术史上最大胆、最终也带来了最深远和最重要的影响的预测之一。他在《电子学》（Electronics）杂志上发表了一篇简短的论文，提出了这样的论断：毫不奇怪，"集成电子学的未来就是电子学本身的未来"，他还预测，"在短期内，这种增长速度肯定会持续下去"（Moore 1965, 114）。他对未来 10 年的发展情况不太确定，但根据他的预测，到 1975 年，一个集成电路中将至少拥有 6.5 万个元器件。

1968 年，伯勒斯公司开始销售第一批基于集成电路的计算机。同年，戈登·摩尔和罗伯特·诺伊斯共同创立了英特尔公司（intel，Integrated Electronics）。对于延续摩尔定律的寿命，英特尔公司比其他任何公司发挥的作用都要更大。英特尔的第一款盈利产品是随机存取存储器（RAM）芯片。1969 年，英特尔与日本的比吉康公司签订合同，为一台可编程的计算器设计定制的大规模集成（large-scale integration，LSI）微芯片。费德里科·费金（Federico Fagin）、马尔奇安·霍夫（Marcian Hoff）和斯坦利·马佐尔（Stanley Mazor）是英特尔 4004 处理器（世界上第一款通用微处理器）的主要设计者，这款处理器拥有 2,300 个晶体管，它们的能力与 1945 年它们房间大小的祖先相当（Mazor 1995; Intel 2018a）。英特尔在比吉康公司破产之前回购了微芯片的设计和销售权，这成为他们的微处理器能力在数十年中不断增长的基础。

1974 年的英特尔 8080 处理器拥有 4,500 个晶体管。一年后，摩尔重新审视了芯片上的元器件集成度倍增的时间，并将其上调至两年（Moore 1975）。这就意味着微处理器上的元器件数量的年复合增长率为 35%。这种增长现象被称为摩尔定律（Moore's law），在 1975 年后的 40 年中一直有效。1979 年发布的英特尔 8088 处理器拥有 2.9 万个晶体管，由于国际商业机器公司选用了这款处理器作为第一台个人计算机的中央处理单元，英特尔微处理器的销售需求增长到每年 1,000 万块以上。随后的制造过程从大规模集成电路（LSI，一块芯片上最多可容纳 10 万个晶体管）转向超大规模集成电路（VLSI，一块芯片上最多可容纳 1,000 万个晶体管），到 1990 年再度转向巨大规模集成电路（ULSI，一块芯片上最多容纳 10 亿个晶体管）。

　　由于持续不断的高速指数增长，微芯片上的元器件数量到 1982 年超过了 10 万个，到 20 世纪 90 年代达到了数百万个。到 2000 年，英特尔的奔腾 III 处理器"铜矿"版本（Pentium III Coppermine）拥有 2,100 万个晶体管；到 2001 年，奔腾 III 处理器"图拉丁"版本（Pentium III Tualatin）上的晶体管数量则达到了 4,500 万个。不久之后，摩尔（当时是英特尔公司的名誉主席）惊讶地指出："我们如今已经可以设计和制造通用型产品。这是一个经典案例——只有借助如今日益强大的计算机，我们才能设计出未来的芯片。"（Moore 2003, 57）增长则远远没有结束。到 2003 年，一块芯片上的元器件总数超过了 1 亿个（AMD K8 处理器拥有 1.059 亿个晶体管）。2010 年，甲骨文的 SPARC T3 处理器是第一款可在芯片上搭载 10 亿个元器件的处理器；2012 年，英特尔的至强融核协处理器（Xeon Phi）拥有 50 亿个晶体管；2015 年，甲骨文的 SPARC M17 处理器拥有 100 亿个晶体管；2018 年，英特尔的 Stratix 10 芯片上集成了超过 300 亿个元器件（intel 2018b；见图 0.2）。1971—2018 年的总体增长跨越了 7 个数量级，相当于以约 35% 的年平均增长率进行指数增长，在短短两年多（750 天）便可翻一番。

　　大型主机是固态电子技术进步的首批受益者，极限计算性能的增长能够最好地反映出它们的发展史。人们通常以每秒浮点运算次数（flops）来描述这一变量。我们设定一个基准：人类手动计算（取决于计算的复杂度）的速度为 0.01—1flops。在 20 世纪 40 年代初，美国和英国军方使用的最好的电动机械计算器的极限计算性能平均值也不超过 1flops。到 1951 年，第一台商用计算机"通用自动计算机"（UNIVAC）的极限计算性能达到了约 1.9kflops；到 20 世纪 60 年代初，通用自动计算机的晶体管化版本——利弗莫尔原子研究计算机（Livermore Advanced Research Computer）成为第一台极限计算性能达到 1Mflops 的计算机。在 20 世纪 70 年代，西摩·克雷（Seymour Cray）的设计在超级计算机领域取得了最大的进步：1976 年，CRAY-1 的极限计算性能达到了 160Mflops；到 1985 年，CRAY-2 的计算速度达到了 2Gflops。

1996 年，位于新墨西哥州桑迪亚实验室的 IBM ASCI Red 计算机将计算速度提高到了 1Tflops，实现了 3 个数量级的进一步增长。迈向 1Pflops 的竞赛始于 2000 年，位于劳伦斯利弗莫尔国家实验室的 IBM ASCI White 计算机的计算速度达到了 7.2 Tflops；到 2002 年，日本 NEC 公司的"地球模拟器"计算机（Earth Simulator）达到了 35.86Tflops；2004 年，IBM 的蓝色基因 /L 计算机（Blue Gene/L）达到了 70.7Tflops；2008 年，洛斯阿拉莫斯国家实验室的 IBM Roadrunner 计算机终于达到了 1.026Pflops。2000 年之后，中国的计算机迅速攀升至顶级梯队，2008 年的天河一号超级计算机二期系统（TH-1A, 2.56Pflops）、2013 年的天河二号超级计算机（TH-2, 33.86Pflops，装有 3.2 万枚至强处理器和 4.8 万枚至强融核处理器）和 2016 年的神威·太湖之光超级计算机（位于无锡，93Pflops）先后创下新的纪录（Top 500 2017）。从 1960 年的 1Mflops 到 2016 年的 93.01Pflops，计算机极限运算性能的增长符合指数增长轨迹，年平均增长率为 45%，在不到 19 个月的时间里就可以翻一番。正如预期的那样，这一增长过程与摩尔定律高度相似（图 4.21）。

显然，与计算速度最快的超级计算机的性能提升（2017 年最好的超级计算机的运算速度比 1950 年最好的超级计算机高出近 14 个数量级，差距接近 100 万亿倍）相比，大规模量产计算机的性能提升幅度相对较小。通过与人工计算（直到 19 世纪 20 年代末，人工计算一直是唯一的计算手段）以及第一台机械计算器的性能进行比较，我们能够最好地理解量产计算机的性能在 20 世纪的进步。

以最简单的方式（即比较每秒执行的加法的次数）来衡量，计算的性能发展轨迹始于每秒 0.07 次（手动计算），然后是霍利里思（Hollerith）的穿孔制表机（1890 年）的每秒 0.53 次和最早的电子计算机原型机（康

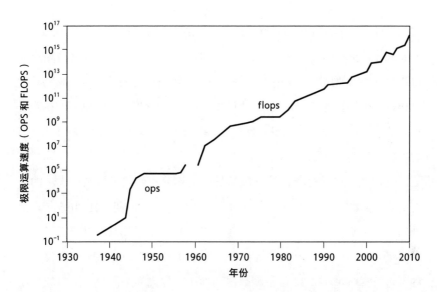

图 4.21　计算机运算速度纪录的增长，以每秒运算次数（ops）和每秒浮点运算次数（flops）来计量。数据来自 https://www.top500.org/lists/top500/2017/06/

拉德·楚泽的哈佛马克）的每秒 2—3 次，到大型埃尼阿克计算机（1946年）的每秒 5,000 次，再到 IBM 704 大型主机（1955 年）的每秒 10 万次和 IBM 的第一台个人计算机（1982 年）的每秒 25 万次。直至 20 世纪 90 年代后期，台式计算机每秒执行加法的次数达到了数千万次甚至数亿次。用来描述计算性能发展的两个最常见的指标是每秒处理的百万级的机器语言指令数（MIPS，反映了计算机中央处理单元的能力）和时钟速度（以赫兹为单位，用于测量执行的速度）。第一项指标的数值不断增长，从通用自动计算机（1951 年）的 0.002MIPS 上升到 20 年后英特尔 4004（英特尔公司的第一款微处理器）的 0.092MIPS，在 20 世纪 90 年代达到了 1,000MIPS 以上，到 2017 年达到了 300,000MIPS（Singularity.com 2017）。

　　这一增长过程对应于一条年平均增长率为 28.5% 的指数增长轨迹，即每 2.5 年翻一番，比晶体管集成度的增长速度要慢。而在时钟速度方面，我们能比较的显然只有电子计算机。计算机时钟速度的数值从埃尼阿克的 100 赫兹上升到 20 世纪 50 年代后期晶体管设备的 200 万赫兹，再到 20 世纪 80 年代装有早期微处理器的计算机的 500 万赫兹以上。到 21 世纪初，计算机的时钟速度已经超过 10 亿赫兹；到 2017 年，使用英特尔酷睿 i7

7700K 处理器的计算机的峰值时钟速度达到了 42 亿赫兹（Nordhaus 2001；techradar.com 2018）。数值的增长跨越了 7 个数量级，这意味着这项指标以 25% 的年平均增长率呈指数增长（每 2.8 年翻一番）。正如预期的那样，这项指标的增长速度也高度接近摩尔定律的预期速度。在随机存取存储器和磁数据存储方面，也有多个数量级的增长（年平均增长率为 25%—35% 的指数增长）。

　　相应地，计算性能的这种提高是由晶体管和微处理器制造成本的显著下降引起的。从 1971 年（第一款微处理器诞生的时间）到 2015 年，微处理器的价格平均每 1.5 年下降一半，1MIPS 所需的功耗总共降低了 6 个数量级。以每秒每百万次等效标准操作（MSOPS，1MSOPS 代表设备每秒可进行 2,000 万次 32 位整型数据的加法）的成本来衡量，算力的总成本空前降低。这种衡量标准使我们可以比较人工计算、机械计算器、真空管和固态电子设备的算力成本。诺德豪斯计算了整个 20 世纪中的算力成本的演变（以 1998 年的美元为基准）：早期的机械设备 1MSOPS 的成本为 2.77×10^4 美元；到 1950 年，真空管使其下降至 57.8 美元；晶体管又使其降低了一个数量级（到 1960 年，降至 2.61 美元）；到 1980 年，微处理器使成本降低到了 0.5 美分。到了 2001 年，1MSOPS 的成本只有 4.3×10^{-8} 美元，几乎可以忽略不计（Nordhaus 2001）。

　　于是，在整个 20 世纪，算力的总成本下降了 11 个数量级，其中 1970 年之后的降幅跨越了 6 个数量级。对于商用设备而言，算力成本的降幅要小一些，但这种比较需要适当地考虑到设备品质的变化。1976 年推出的第一台个人计算机的随机存取存储器的大小只有数千字节，没有硬盘，时钟速度不到 100 万赫兹，但价格却高达数千美元。到 1999 年，一台个人计算机的随机存取存储器的大小达到了数兆字节，硬盘存储器的大小达到数千兆字节，时钟速度超过 10 亿赫兹，许多产品的价格都不到 1,000 美元。贝恩特和拉帕波特的计算结果表明，根据品质的变化进行调整后，1999 年的台式计算机的价格比 1976 年首款台式计算机的价格低 3 个数量级（取决于所使用的价格指数，实际比值可能达到 1：3,700）（Berndt and Rappaport 2001）。

性能的提升、信息存储能力的增长以及价格的下降结合在一起，带来的革命性影响远远超出了研究性、商业性和个人计算的范畴。晶体管、集成电路和微处理器使人们能够设计和生产新型的廉价电子产品。这些电子设备使用范围的不断扩大、性能的持续增长和可靠性的日益提高，使个人可以接触到前所未有的海量信息，社会为人们提供的服务和娱乐的范围也在不断扩大。最终，即时的全球交流和知识共享成为现实，但同时，它们也创造了新的犯罪形式，并使得无处不在的隐私泄露问题变得更加严重。

消费电子产品与手机

这个伟大的创新集群始于 20 世纪 50 年代初的晶体管收音机，随后是音乐录制和拷贝（先是黑胶唱片被盒式录音带取代，然后盒式录音带又被 CD 光盘取代，再之后 CD 光盘又被音乐下载功能所取代）以及数据存储和检索的浪潮。随着手机的保有量不断增长，这一次次浪潮已经达到了前所未有的高度。音频主导技术的革命浪潮提供了一个绝佳的例子，为我们展示了新技术的发展轨迹：先是迅速渗透市场，随后其市场占有率暂时登上高峰，最后经历断崖式下跌（我将在第 6 章回顾这些特定的生命周期轨迹）。在美国，黑胶唱片（1948 年推出的密纹唱片）的销量在 1978 年达到了 5.31 亿张的顶峰，但到 1999 年，唱片的总销量下降到不足 1,000 万张，到 2004 年进一步下降到 500 万张。但随后的部分需求复苏使得唱片销量在 2016 年又上升至 1,720 万张（RIAA 2017）。

磁带最早出现在 1963 年的欧洲和 1964 年的美国，其销量巅峰出现在 1988 年，到 2005 年在市场上基本已经销声匿迹。CD 光盘于 1984 年开始推向市场，其销量在 1999 年达到巅峰。作为 3 种相继出现的音频技术中的最年轻的一种，CD 光盘却因为音乐下载技术的问世而黯然失色。不过，音乐下载这种全新的音频模式占据主导地位的时日更加短暂。在美国，音乐（单曲和专辑）下载量从 2004 年的 1.44 亿增长到 2012 年超过 15 亿的峰值，然后在 2016 年回落到 8 亿出头：随着音乐下载模式被流媒体技术取代，又一个明显的高斯增长轨迹正在异常迅速地形成。到 2016 年，美国音乐销售行业的流媒体收入达到了下载收入的两倍以上，也超过了下载和实体销售的收入之和（RIAA 2017）。

不过，在 21 世纪的头 20 年，影响最为深远的大规模电子媒介创新不仅限于听音乐，还涉及使用便携式电子设备（尤其是智能手机）的多方面体验。它们涵盖了从降噪耳机到电子阅读器、从相机到游戏掌机等多种设备。迄今为止，在这五花八门的便携式小型电子设备中，智能手机是功能最为丰富的。几乎所有这些设备都有一个共同点：它们的保有量都在飞速增长。早期的一些产品先在富裕经济体中普及开来；移动电话则迅速席卷全球，甚至覆盖了撒哈拉以南非洲的那些最贫困的地区。

美国的数据使我们得以追踪家用电器和电子产品保有量的增长过程：正如预期的那样，所有已经普及开来的电器和电子产品的增长都形成了 S 型增长曲线，但我们并不能用同一个函数来描述所有这些曲线。它们中的大多数都是不对称的逻辑斯蒂曲线。只有冰箱的普及过程非常接近对称的逻辑斯蒂函数；在 1950 年之前，有些产品（电炉和洗衣机）的普及过程在 20 世纪 50 年代和二战期间中断过；另一些产品（1950—1975 年的洗衣机、1965—1975 年的彩色电视机以及 1975—1995 年的洗碗机）的普及过程包含了一些近乎完美的线性增长阶段（图 4.22）。

在 21 世纪的头 10 年，大多数美国人的生活无法离开的产品主要包括各种电器和电子产品（从微波炉和家用计算机到洗碗机、干衣机以及家用空调）（Taylor et al. 2006）。我们很容易产生这样一种印象，即各种电子产品的普及速度会越来越快：固定电话的普及率从 10% 增长到 90% 花了 60 多年，收音机达到相同的普及率只花了 22 年，彩色电视机花了 20 年，移动电话则仅用了 13 年。然而，这种看似普遍的规律并非毫无例外，因为也有一些老产品的普及速度与新产品的普及速度一样快。收音机普及率在 1925—1930 年的增长速度与移动电话普及率在 1995—2000 年的增长速度一样快，而且这一速度还略低于录像机普及率在 1984—1989 年的增长速度（图 4.23）。

如果没有重量的持续下降和性能的不断提高，手机就不可能普及开来（计算机也是如此）。1973 年，摩托罗拉公司的第一部实验性的便携式移动电话重达 1.135 千克。1984 年，该公司推出的第一部商用设备 DynaTAC

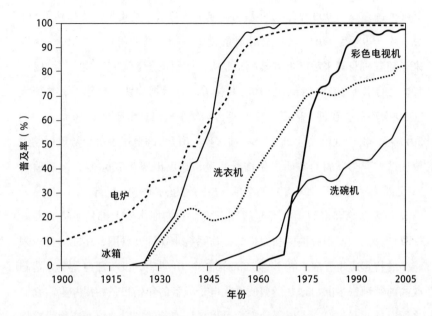

图 4.22 美国家庭的电炉、冰箱、洗衣机、彩色电视机和洗碗机的普及率变化过程。图表根据泰勒等人的文献（Taylor et al. 2006）中的数据绘制而成

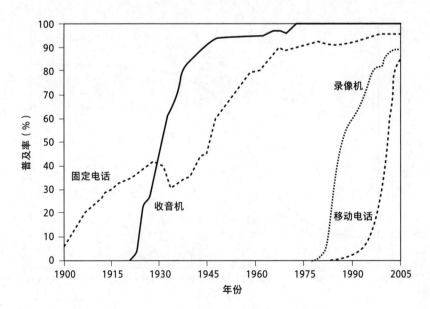

图 4.23 美国的固定电话、收音机、录像机和移动电话的普及率变化过程。图表根据泰勒等人的文献（Taylor et al. 2006）中的数据绘制而成

8000X 的重量为 900 克。10 年后，诺基亚手机的平均重量仍然达到了 600
克。到 1998 年，市面上开始出现重量不到 200 克的手机。自 2005 年以
来，随着机身越来越薄但屏幕越来越大，手机的重量普遍稳定在了 110—
120 克的水平（GSMArena 2017）。相关统计数据表明，全球手机总销量
在 1997 年首次超过 1 亿部。2009 年，全球手机出货量超过了 10 亿部；到
2017 年，出货量已接近 20 亿部。将 1997 年以来的全球手机销量数据绘制
成曲线，其形状符合逻辑斯蒂增长轨迹，拐点出现在 2008 年，渐近值为
21 亿部。相比之下，2018 年的全球手机销量超过了 19.6 亿部（图 4.24）。

　　如今，绝大多数手机都是智能手机，它们在本质上都是手持高性能
微型计算机，使用触摸屏和先进的操作系统来访问互联网，还能运行越来
越多的特定应用程序。在 21 世纪的第 2 个 10 年中，没有任何复杂人造制
成品的年销售量能与这些微型便携式电子设备的年销售量相提并论。它们
之所以如此受欢迎，不仅因为它们可以提供廉价的即时通信，还因为它们
足够智能，可以为我们提供一些过去由各种功能固定的器件和小工具提供

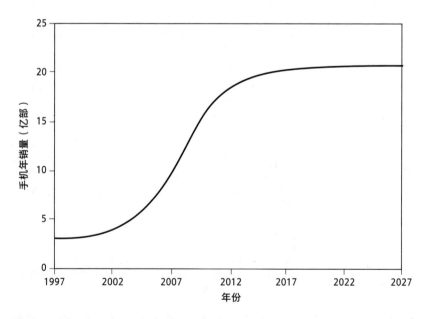

图 4.24　1997 年以来全球每年的手机销量的增长过程。这一过程符合逻辑斯蒂增
长曲线，拐点出现在 2008 年，如今的年销量已经接近渐近值。数据来自 https://
www.gsmarena.com/makers.php3

的服务。图皮声称，已经有 16 种设备或功能被智能手机上的应用程序所取代，包括相机、主要用于收发电子邮件的个人计算机、收音机、固定电话、闹钟、报纸、相册、录像机、音响、地图、白噪声发生器、DVD 影碟播放机、名片盒、电视机、录音机和指南针（Tupy 2012）。

此外，我们还可以将字典、日历、笔记本、行程表和便捷银行业务等设备或功能添加到这一列表里。其中一些说法确实不假。今天的手机拍摄的照片的分辨率要比 10 年前流行的那些优质数码相机的照片分辨率高得多；手机也可以是精美的闹钟、名片、指南针，当然还有电话。然而另一些功能则容易引起争议：在观看体验方面，一块小小的屏幕很难等同于大尺寸高清电视；快速浏览手机屏幕上显示的仅摘取部分内容的新闻条目也不等同于阅读报纸。即便如此，毫无疑问，除了易于量化的市场渗透率和年销售量，移动电话的增长趋势还体现在那些不那么容易被量化的整体实用性和功能的惊人扩张上。

美国人的手机普及率在短短 7 年内就从 10% 上升到了 50%，在之后的 6 年内达到了 95%，近乎饱和；智能手机普及率则在不到 10 年的时间内从 10% 上升到了 90%。NTT DOCOMO 公司于 1999 年推出了日本第一款智能手机（可连接到互联网），随后诺基亚和索尼爱立信也陆续推出了智能手机，到 2005 年它们的全球销量已达 5,600 万部（Canalys 2007）。2007 年 6 月，亦即苹果公司向市场推出第一款 iPhone 手机时，全球智能手机的销量达到了 1.22 亿部。在此之后，全球的智能手机年销量增长情况几乎完全符合四参数逻辑斯蒂曲线——2013 年略高于 10 亿部，2016 年达到 14.9 亿部（Meeker 2017）。根据这条曲线的预测，最近的出货量已经接近 16 亿部，接近饱和水平（图 4.25）。

目前，我们尚不清楚现代电子设备（尤其是移动电话）提供互联网服务的饱和水平是怎样的。显然，在许多富裕国家，互联网接入率已经达到或接近饱和水平。在美国，到 2015 年有 84% 的成年人使用互联网（2000 年为 52%）；18—29 岁人群的使用率高达 96%（他们的参与率在 2000 年已经达到 70%）；30—49 岁人群的使用率为 93%；在年收入超过 7.5 万美元的家庭中，这一比例为 97%（Pew Research Center 2015）。相

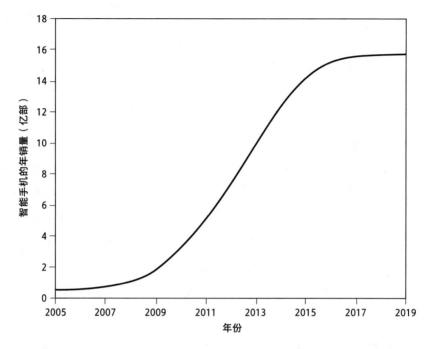

图 4.25 2005 年以来智能手机年销量的增长过程。这一过程完美符合逻辑斯蒂曲线，拐点出现在 2012 年，渐近值只比 2016 年的实际销量多出不到 10%。数据来自卡纳利斯（Canalys 2007）和米克（Meeker 2017）的文献

比之下，在全球范围内，电子产品的使用率似乎远未达到饱和水平，但现有的数据显示，它们的增长已经开始放缓，另一条 S 型曲线正在形成。

早在 2005 年，莫迪斯就提出了互联网热潮即将结束的说法（Modis 2005），尽管他并没有排除出现新的增长阶段的可能，但根据他的计算，全球互联网用户总数的最大值可能仅占全球人口的 14%（那就相当于网民数量在 2017 年将接近 11 亿），这是一个令人沮丧的低水平数字。德韦萨斯等人发现，2005 年的互联网正处于第 4 次康德拉季耶夫长波周期[①]（Kondratiev wave）的下行阶段（创新结构阶段），并预测它随后将进入第 5 次康波周期的上行阶段或整合结构阶段（Devezas et al. 2005）。2012

---

① 简称"康波周期"，由苏联经济学家及统计学家尼古拉·康德拉季耶夫在 20 世纪 20 年代提出的一个经济学术语。康德拉季耶夫认为，在资本主义经济生活中存在着 40—60 年的长期波动。——编者注

年，米兰达和利马分析了 1989 年以来互联网主机的累积增长情况，他们认为，到 2030 年逻辑斯蒂曲线的渐近值将达到约 14 亿台，并预测互联网渗透率将在 2040 年达到峰值，覆盖全球约 80% 的人口（Miranda and Lima 2012）。他们还得出结论：软件的发展是由创造力驱动的，其过程更接近库兹涅茨周期（Kuznets cycle）和康德拉季耶夫经济周期。

　　我使用互联网系统协会的域名调查报告，重新分析了互联网主机的增长情况。该调查旨在通过搜索已分配的网络地址空间并跟踪域名链接来确认连接到互联网的每一台主机（ISC 2017）。可用的定期调查结果始于 1995 年 1 月。域名数量的增长轨迹与对称式逻辑斯蒂曲线完全吻合，拐点出现在 2008 年，渐近值出现在 2030 年，仅比 2017 年的 10.6 亿台高出 7% 左右（图 4.26）。奇妙的是，主机数量的变化也完美契合高斯曲线（$R^2 = 0.999$），即数量在 2016 年达到峰值，并在 2030 年恢复到 2002 年的水平（图 4.27）。我们无法证明这些函数中的任何一个可以作为未来发展

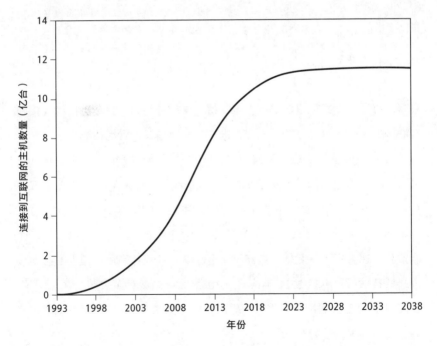

图 4.26　1993 年之后，连接到互联网的主机数量的增长符合逻辑斯蒂曲线，拐点出现在 2008 年，渐近值仅比 2017 年的总量高出不到 10%。数据来自互联网系统协会的调查报告（ISC 2017）

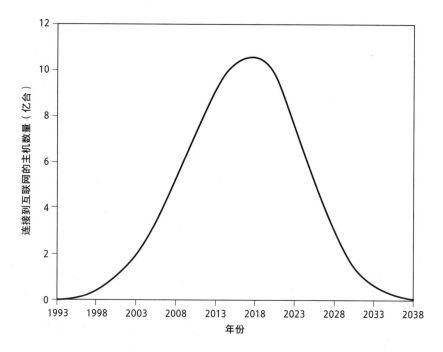

图 4.27 连接到互联网的主机数量的增长过程也符合高斯曲线，峰值出现在 2016 年，预计在 2040 年之前将降为负值。这样的发展过程看起来不大可能发生，除非出现新的网络搭建模式取代现有的主机。数据来自互联网系统协会的调查报告（ISC 2017）

趋势的可靠指标，但它们都有力地支持了这样的结论：目前，已经连接到互联网的主机数量已经接近饱和，进一步快速增长的可能性非常小。

互联网流量的发展则呈现出一条不同的轨迹：全球互联网流量总量经历了非常快速的增长，从 1992 年的 100 吉字节每天（即 1.15 兆字节每秒）增长到 2016 年的 26.6 太字节（TB）每秒（CISCO 2017）。这相当于年平均增长率约为 63% 的指数增长（每 13 个月翻一番），远比摩尔定律所预测的速度更快。此外，能够与流量的增长过程达到最佳拟合的五参数逻辑斯蒂曲线（包括 2021 年预期的 105.8 太字节每秒）表明，在 21 世纪 20 年代，全球互联网流量将大约增加 6 倍（图 4.28）。与此同时，调制解调器的最高速度以每年 40% 的速度增长，海底光缆的容量以每年 33% 的速度增长：2018 年，全球的光缆容量纪录保持者是洛杉矶和香港之间的长达 13,000 千米的海底光缆，其中的 6 个光纤对能够双向传输 144 太字

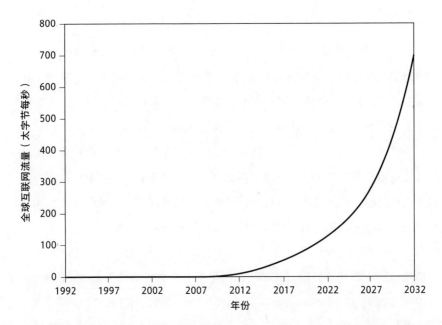

图 4.28 1992 年之后全球互联网流量的增长过程。这一过程符合逻辑斯蒂曲线的早期阶段，根据这条曲线，未来数十年内，全球互联网流量还会有非常可观的增长空间。数据来自思科公司（CISCO 2017）

节的数据（Hecht 2018）。人均互联网流量从 2000 年的每月约 10 兆字节增加到 2016 年的每月 10 吉字节，预计到 2021 年将达到每月 30 吉字节（CISCO 2017）。对 2021 年的其他预测还包括：智能手机的流量将超过个人计算机的流量；连接到 IP 网络的设备数量将达到全球人口数量的 3 倍以上。

最后，我们再来看看如今所谓的社交媒体的发展。这是一种新的大众现象，它使人们几乎可以毫不费力地去闲谈、吹嘘，同时也令人信服地证明，信息交流的数量与质量成反比（此外，令人遗憾的是，它还经常会导致隐私泄露）。脸书公司已经成为社交网络的领导者，其账户总数（每人只允许拥有一个账户）在 2004 年超过了 100 万，在 2012 年达到了 10 亿，到 2018 年底达到了 22.7 亿（Facebook 2018）。按照这样的趋势，到 2030 年，脸书的账户总数将达到约 42.7 亿。预计届时全球人口将达到 85 亿，这也就代表着脸书的渗透率将达到 50%。鉴于脸书在北美的渗透率在 2018 年就达到了 66%，在全球范围内达到了 29% 左右，这一估值还是合理的。

信息流的范围有了巨大的增长（如今，在流媒体音乐和视频主导的全球数据流量中，文本信息所占的份额微不足道），因其前所未有的（社会层面和经济层面的）变革性影响而备受推崇。但不可避免地，这些新的好处也带来了许多负面影响，包括越来越多的隐私泄露，黑客攻击和信息盗窃的威胁，秘密犯罪活动的新手段，以及对宝贵、高能耗且经常会破坏环境的材料的大量浪费。手机制造商一直在通过不必要的频繁推新和给消费人群洗脑，让消费者为这些几乎没有变化的产品买单，从而直接促进这种浪费。涉及大公司的专利侵权诉讼数量最能证明这一事实。

2014 年的一项研究报告称，智能手机的平均寿命为 4.7 年（Ely 2014）。但后来的一项调查显示，智能手机的平均寿命在美国约为 22 个月，在中国则为 20 个月（Kantar World Panel 2015）。以 22 个月的平均寿命计算，全球每年将淘汰约 8 亿部智能手机。如果算上笔记本电脑、平板电脑和上网本，每年废弃的设备总数将接近 9 亿台。然而，即便最乐观的估计也表明，所有智能手机里的金属（包括稀土元素）的回收率都必须提高：2015 年，尽管贵金属（银、金）以及铜、铅、锡的回收率超过了 50%，但其他大多数元素的回收率仍低于 1%（Compoundchem 2015）。

第 5 章

人口、社会、经济体

最复杂的系统的增长

　　为了避免引发误解和歧义，我们总是要对术语加以澄清。本书只涉及系统（由相互关联且相互依存的部分组成的实体，这些部分会构成特定的结构并提供必要的功能）的增长。根据对该术语的最严格的定义，这些系统中的大多数（包括生物体、能量转换器、机器和其他人造物）都是复杂的。然而，这些复杂的系统有着清晰的层次结构。我们如果使用有机序列对其加以描述，就会发现细胞组成组织，组织组成器官，器官组成具备完整功能的生物个体，生物个体组成种群。本章的主题是最高层级的系统复杂性，重点关注人口及其大规模创造、城市、民族国家和帝国、经济和文明的增长。

　　我们可以通过关注几个关键变量来研究人口的增长，这些变量包括从基本的生死统计数据（出生率与死亡率）和生育率（所有这些变量都可以通过总体的数据或特定年龄段的数据来研究）到自然增长率（出生减去死亡）和整体人口增长率（自然增长率加上净迁入人口）。这些研究数据的空间分辨率可以小到一个社区，大到整个地球；时间跨度可以小到一代人的时间，大到整个人类进化过程。本书将在关于人口增长的系统研究中，讨论这些变量中的大多数。

　　我将首先追踪全球人口的长期增长，并将它在漫长的时间里的极低增长率与 20 世纪的极高增长率进行对比；我也将探讨 21 世纪中期和后期的人口增长可能带来的结果。不可避免地，这种关于漫长时间段内的增长过程的重建工作还将考虑到过去的一些重大担忧和预测，并关注他们后续的命运。然后，我还将介绍世界上人口最多的那些国家（包括中国、印度和美国）的人口增长轨迹，并在这一节最后的部分着手研究不断扩大的人口老龄化和人口下降现象，这些现象目前已经成为世界上大多数富裕国家的常态，在日本尤为明显。

本章的讨论将始于人口的增长，这是一个显而易见的选择，但进一步的排序，即在城市、帝国和经济体的增长方面排定先后，则必然比较任意，因为这些复杂系统的增长是依靠彼此之间不断变化的互动来实现的。如果按照进化的顺序，城市（从不断扩张的生存空间汲取能量和材料）是第一个复杂的人造系统。在古希腊罗马和中世纪时期，城市的发展受到固有因素的限制，因为在依靠传统的农作物生产方式（这种生产方式的单产水平很低，而且在几个世纪中一直停滞不前）的社会，人们很难确保获得充足的粮食、能源和原材料，资源开采（绝大多数时候都要依赖畜力）和交通运输（在缺乏强大的原动机、良好的道路和交通工具的情况下，陆路运输缓慢且昂贵，水运价格便宜但不可靠）也困难重重。

因此，大城市在当时并不常见。此外，许多规模相对较大的古代城市都比较短命，它们是环境变化、邻国侵略或王朝衰落的牺牲品。到了近代早期（1500—1800 年），城市的增长开始变得更普遍；但直到 19 世纪，由于工业化进程，欧洲和北美的城市才有了前所未有的加速发展。第二次城市化浪潮（即二战后的大规模城市化）则更为广泛，影响到了拉丁美洲和亚洲。中国的城市化进程则受到 1949 年之后 30 年的政策的影响，因此明显起步较晚。

不过，古代的集中式定居点不断发展（尽管速度缓慢且范围有限），最终仍然导致了更大的管理组织的出现。这些组织的持续存在，建立在居民对统治者的个人忠诚、共同的历史和宗教以及推动防御和扩张的经济利益的基础之上。5,000 多年前，美索不达米亚平原上出现了由黏土建造的城市，这在人类历史的早期导致了城邦的诞生。随后又出现了更广泛的由中央控制的政治实体，这些实体以惊人的速度组成了第一批对外扩张的帝国。顾名思义，帝国是一些规模庞大的实体，包括一些较小的政治部门和不同的民族、宗教和经济习俗。在几千年的历史中，它们都拥有一个关键属性：高度的甚至往往绝对的中央集权。

二战之后，"帝国"一词不仅可以被用来描述苏联（一个拥有帝国的若干特征的实体），也被用于描述由美国主导的联盟体系和军事基地体系。美国的霸权曾经受到苏联帝国的威胁，但从未经历决定性的动摇（苏联则于 1991 年崩溃）。如今，美国的霸权正面临着伊斯兰教激进派和自身内部的不和谐因素等进一步的更棘手的挑战。

撇开一些明显的例外不谈，民族国家（当今主要的政治组织形式）的起源通常相对较晚，然而各种新趋势正在侵蚀它们的基础，这些趋势包括各种超国家秩序和大规模移民。与许多帝国不同，很多民族国家的规模在历史上相对较早地达到了上限，因为它们遇到了自然的阻碍（山脉、大河、海洋）。这些阻碍虽然并非无法克服，但足以阻止民族国家的进一步扩张。另一方面，许多现代民族国家是由以前规模更大的政治实体分裂而成的，因此它们是缩小化的产物，而非有机增长的产物。

在现代人关注的各种焦点话题中，很少有哪个话题像经济增长那样广泛而持久。谷歌词频统计器（Google Ngram）为我们提供了一个具有启发性的视角，它可以统计某个单词或特定术语在 19 世纪和 20 世纪的英语语料库中出现的频率。自 20 世纪 20 年代以来，"人口增长"和"经济增长"这两个术语出现得越来越频繁。不过区别在于，"人口增长"出现的频率在 20 世纪 70 年代后期达到了顶峰，但"经济增长"在书籍中的使用频率到 20 世纪末仍在增长（尽管形成了一条明显的 S 型曲线），此时它出现的频率已经增长至前者的 2 倍。

此外，人们通常还会在"经济增长"前面加上一个关键的修饰词：正如第 1 章已经指出的那样，人们持续关注的并不是一切种类的经济增长。无论经济规模和平均繁荣水平如何，年增长率低于 1% 就足以令人沮丧，甚至会引发担忧。只有达到 3%—4% 的增长率才会被视为"健康的"。经济分析师和评论员则被那些完全不可持续的、增长率甚至超过两位数的增长现象所迷惑，这些现象包括 1955—1969 年日本经济的增长、20 世纪 60 年代末至 80 年代末韩国经济的增长以及 20 世纪 80 年代初邓小平的改革开放开始以来中国经济的增长（World Bank 2018）。

在 20 世纪 50 年代末和 60 年代的大部分时间里，日本国内生产总值的年增长率都超过了 10%，1969 年（年增长率为 12%）是连续保持两位数增长的最后一年（SB 1996）。在 1968—1988 年的 20 年间，韩国经济经历了 12 年的两位数增长，增长率在 1973 年达到了顶峰（15%）。根据中国官方的统计数字，在 1980—2015 年，有 13 年的国内生产总值年增长率超过了 10%，1984 年、1992 年和 2007 年的增长率达到过 14%—15% 的峰值（World Bank 2018）。但在比较这些轨迹时（图 5.1），我们必须注意，目前中国经济的实际增长率已大大降低。其中一个迹象是，虽然根据报道，中国的国内生产总值年增长率仍然超过了 7%，但发电量（被视为经济增长的一个良好指标）却保持不变或只有极少的增长。不过，定义一个能被广泛接受的校正因子也一直是困难的（Koch-Weser 2013; Owyang and Shell 2017）。

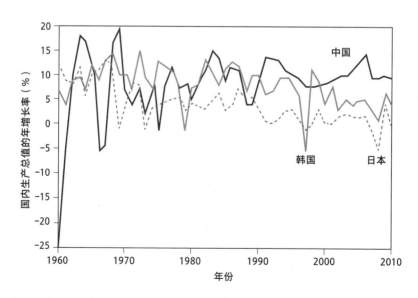

图 5.1　1960—2010 年，日本、韩国和中国的国内生产总值年增长率。图表根据世界银行（World Bank 2018）的数据绘制而成

我们可以通过关注一些关键的指标［比如关键的投入（能源或电力的总需求、粮食供应情况）、产品（钢铁、汽车）或产品类别（制造业总产出）］来追踪经济的增长。目前最具代表性、应用范围最广的指标（国内生产总值）同样值得怀疑，这既因为它的核算方式，也因为它忽略了其他的一些因素。无论如何，这项指标（特别是以国家之间可比较的形式）到二战后才得到广泛使用，尽管通过一些巧妙的重建，我们可以对一些国家直到近代早期（18 世纪末）的经济状况进行量化，甚至可以估算中世纪和古希腊罗马时代某些特定年份的经济情况（Maddison 2007）。

我将通过回顾全球的经济增长以及参与其中的主要国家（或帝国）的宏观历史进程展开讨论。之后，我将更详细地介绍现代的经济增长，首先讨论其主要构成因素，然后关注有着最完整的统计数据的那些发达国家（美国、英国、法国、日本）的长期历史趋势，并讨论中国近期的增长。我还将介绍标准国内生产总值指标最明显的缺点，并探讨一些用其他可替代的指标来评估经济增长及其更广泛影响的方法，包括人类发展指数和最近出现的一些用于衡量人们对生活的主观满意度的指标，以及可在全球范围内进行比较的自我评估的幸福指数。

人　口

对人口增长的研究由来已久，它们不仅包括许多全球范围的全面分析（McEvedy and Jones 1978; Keyfitz and Flieger 1971, 1991; Livi-Bacci 2012; Bashford 2014），也包括一些专注于各大洲（Livi-Bacci 2000; Liu et al. 2001; Groth and May 2017; Poot and Roskruge 2018）或一些主要国家和地区（Poston and Yaukey 1992; Dyson et al. 2005）的研究。在全国或全球范围内提供足够的营养的能力、全球经济增长的能力、地球的环境状况以及世界主要大国的战略抉择都不可避免地会受到人口数量的持续增长的影响。从 18 世纪末开始，托马斯·罗伯特·马尔萨斯最早注意到了第一种联系，此后这种联系也一直是人们关注的问题（Malthus 1798; Godwin 1820; Smith 1951; Meynen 1968; Cohen 1995; Dolan 2000）。

20 世纪 70 年代初，由于有关资源紧缺和全球环境恶化的威胁的论调开始出现，这种担忧有所加深（Meadows et al. 1972）。反过来，将人口的增长视作最终资源的那些人则公开质疑了这些论调（Simon 1981; Simon and Kahn 1984）。最近，人口的增长被视为应对人为全球变暖这一更大挑战的一部分，特别是在 21 世纪经历了最大幅度的人口增长的那些非洲国家，其中的许多国家已经面临严重的环境恶化和经常性的干旱。

由于机械化、自动化、机器人化技术的发展和计算机控制系统在现代农业、矿业、制造业和运输业以及最近在广泛的服务领域的大规模使用，体力劳动的重要性正在不断下降，这也削弱了一个国家的人口规模与其经济实力之间的联系，但人口规模仍然很重要。这便是某些大国即使人口众多，却也开始担心未来的国际地位的原因，因为它们的人口将持续下降。标准预测显示，到 2050 年，日本的人口将少于菲律宾，俄罗斯的人口可能少于越南（UN 2017）。

人口增长的基本动力学模型很简单。自然增长率是出生率和死亡率之间的差额，这些重要的统计数据以每千人中的出生人数和死亡人数来表示。但它们的主要水平、长期趋势或相对突然的变化，是由各种因素（营养条件、预期寿命、经济状况以及人们对婚姻和家庭的态度）之间的复杂作用造成的。因此，对人口增长进行高精度的长期预测仍然比较困难。然而，我们可以利用相对丰富的历史资料，高度可信地还原过去的增长趋势，并确定造成全球或某个国家人口变化的所有主要因素。

在前现代社会，虽然出生率很高，但由于营养不足、流行病的反复冲击、全球范围的瘟疫和暴力冲突，死亡率也很高。因此人口的自然增长率非常低。现代的医疗保健、工业化和城市化改变了前现代的人口增长模式。因为出生率和死亡率都出现了下降，而且出生率的下降早于死亡率的下降，自然增长出现了短暂的加速，直到这两个比率在现代发达社会找到了新的、更低的平衡点。在某些欧洲国家，这种人口结构转型经历了数个世纪；而在一些东亚国家，这一转变仅仅用了两代人的时间。

出生率是生育能力（一名妇女在生育期间可生育的子女数量）的一个函数。一些前现代社会采取了措施来降低生育能力，但大多数传统环境中的生育率已接近其生物学最大值（约 7 个孩子）。在撒哈拉以南非洲的某些国家，尤其是在布基纳法索、尼日尔、尼日利亚、马里和索马里，总和生育率略低于生物学最大值，每名女性大约会生育 5—6 个孩子。相比之下，包括日本、德国和意大利在内的许多富裕国家的总和生育率仅为 1.4 左右，远低于 2.1 的人口更替水平。在大多数国家的案例中，自然增长仅占人口总增长的一小部分，净移民（流入人口与流出人口之间的差异）已经成为许多国家和地区人口历史的重要因素。

人口增长的历史

我对全球人口增长的研究将始于史前时代，相比于后来的任何加速增长时期，当时的环境变化造成的人口瓶颈深刻地影响了人类的进化。古生物学的研究结果表明，早在大约 200 万年前，即智人世系进化的最初阶段，就已经出现了人口规模的瓶颈（Hawks et al. 2000）。解剖学上的现代人类最早出现在 19 万年前。针对线粒体脱氧核糖核酸的研究表明，在接下来的 10 万年里，早期人类的基因只存在于非洲的一些孤立的小群体中，而且数量稀少，近乎灭绝（Behar et al. 2008）。在非洲之外，现代人类物种的第一批化石证据可追溯到 10 万年前的中东、8 万年前的中国和 6.5 万年前的澳大利亚（Clarkson et al. 2017）。约 5 万年前（在某些地方甚至更早），除非洲人之外的所有人类祖先都遭遇了尼安德特人（Neanderthal），并与之杂交（Harris and Nielsen 2017）。

约 7.4 万年前，苏门答腊岛上的多巴火山超级喷发事件威胁到了整个人类的生存（Chesner et al. 1991）。那次火山喷发产生了约 2,700 立方千米的喷出物（仅次于 2,780 万年前科罗拉多州沉积层鱼峡谷凝灰岩的拉加里塔火山喷发事件），厚度超过 10 厘米的火山灰至少覆盖了地球表面 1% 的地区，尤其是东南亚地区。关于线粒体脱氧核糖核酸的研究发现，人类种群的数量在 7 万—8 万年前发生了严重的萎缩：多巴火山超级喷发是对更新世晚期人类种群数量遭遇瓶颈的最好解释，这次事件使全球人口总数下降至不足 1 万人，人类濒临灭绝，进化几乎停止（Harpending et al. 1993; Ambrose 1998）。安布罗塞曾认为，这次喷发造成的人口规模瓶颈延续的时间不会短于 20 代人，甚至可能超过 500 代人的时间，但这次喷发并不像新生代其他那些具有相当规模的爆发性火山喷发一样，导致了动物物种的大规模灭绝（Ambrose 2003）。

人类一旦恢复迁徙，便开始在地球上所有可居住的环境里定居。人类到达北美洲的第一次浪潮的时间仍然无法确定。现有的考古学证据表明，人类首次在北美大陆定居的时间大约为1.4万年前，距离末次冰盛期已经很久远了。然而，人们在加拿大育空地区的蓝鱼洞穴中发现了有切痕的骨头，放射性碳年代测定结果表明，人类最早在2.4万年前就已定居于此（Bourgeon et al. 2017）。无论如何，毫无疑问，在更新世结束（1.17万年前）的几千年前，人类稀疏地散居在所有未被冰川覆盖的土地上。

到了全新世，地球的温度较高，二氧化碳含量也更高，这些都有利于定居农业的发展：正如里彻森等人所言，更新世不可能有农业，而全新世必然有农业（Richerson et al. 2001）。在新石器时代，定居农业的采用和传播（始于1.1万—1.2万年前的中东地区，最终传播到除澳大利亚以外的所有大洲）被视为人口首次出现明显增长的原因，因为它为人类提供了更充足且更可靠的粮食供应。新石器时代的这次人口变化时期（又称"新石器革命"或"农业革命"，但它是一个漫长的过程，因此这些称呼并不准确）被视为首个明显的人口增长期，变化的程度已经得到各种语言学、人类学和考古学证据的支持（Barker 2009）。

一项基于墓葬序列的令人信服的考古学研究表明，青少年骨骼的比例突然有所增加，这表明总和生育率有所增加。这一转变被视为人类历史的基本结构化过程之一（Bocquet-Appel and Bar-Yosef 2008; Bocquet-Appel 2011）。一项基于217具采集者骨骼和公元前8300年后黎凡特南部的262具新石器时代农民骨骼的研究表明，人口的预期寿命略有增加；同时，由于生育率也有所增加，产妇的死亡率也在增加（Eshed et al. 2004）。

然而，如同许多宏大叙事一样，新石器时代的人口转变的强度和前所未有的性质都有待考察（正如对某个明显的进化过程的革命性描述一样，这一过程跨越了数千年）。最近，一项针对来自非洲、欧洲、亚洲和美洲的36条不同的Y染色体的基因测序表明，有一个以前不为人知、发生在4万—5万年前的相对快速的人口扩张期，它处于人类走出非洲和后来的新石器时代的增长之间（Wei et al. 2013）。这样急剧的人口增长被视为人类的祖先最终适应了内陆新的山区和森林环境的结果。

郑等人在分析了来自非洲、欧洲和美洲的 11 个种群的 910 个线粒体脱氧核糖核酸随机样本（由 1,000 个基因组计划收集）之后发现，在所有情况下，大多数主要的世系扩张（非洲的 15 个世系中的 11 个以及欧洲和美洲的所有原生世系）在农业首次出现之前就已经合并（Zheng et al. 2012）。另外，主要的人口扩张发生在末次冰盛期之后、新石器时代之前。他们认为，气温上升和人口增长实际上刺激了农业的早期发展。一种研究史前人口增长的新方法表明，处于同一时代的采集者和农民的人口增长率非常相似。该方法使用校准过的放射性碳元素标定测量值的总概率分布（人口越多，可用于测定年份的材料就越多）来表示人口的相对规模与时间的函数（Zahid et al. 2016）。

这项研究将欧洲的那些已经开始农耕或正在从采集向农业过渡的社会与一些距今 800—13,000 年、存在于怀俄明州和科罗拉多州的采集社会做了比较。他们的发现朝着以往那种认为农业的出现与人口的增长有关的普遍印象发出了挑战。他们发现，这些社会的人口均以 0.04% 的年增长率增长，几千年来一直接近平衡。于是他们得出结论，人口的增长主要是由全球的气候和特定的种群因素决定的，而不是由区域环境或特殊的生活方式决定的。

不过，全球人口在从事农业之后便开始快速增长的证据相当有说服力。对分布在全球范围内的 425 个线粒体全基因组的分析（将与农业人口相关的谱系和与采集者相关的谱系分开）同样揭示了人口的区域性起源和增长率的重要差异（Gignoux et al. 2011）。基于遗传数据的人口增长时间点与由考古证据确定的农业起源时间点高度吻合。对人口增长速度的比较表明，在从事农业后，人口增长率比之前的采集生存时期高了 5 倍。

在西非，关于农业的最早的证据可追溯到大约 5,000 年前，人口的增长则始于大约 4,600 年前，年平均增长率为 0.032%，这几乎是同一地区大约 40,000 年前（旧石器时代）的人口增长率的 5 倍。在欧洲，关于农业的最早的证据可追溯至大约 7,800 年前，年平均增长率达到了 0.058%（最高时可达约 0.25%），末次冰盛期的年平均增长率仅为 0.021%。在东南亚，全新世与旧石器时代的人口增长率相差近 6 倍（0.063%：0.011%）。

　　吉纽等人将新石器时代的人口增长率定在了 0.06% 的水平上（Gignoux et al. 2011）。这样的增长率意味着人口每经过 1 个千纪（确切地说是 1,167 年）就会翻一番。卡内罗与希尔泽在考虑了近东人口的动态变化过程（在公元前 8000 年的 10 万人的基础上开始增长）后得出的结论与吉纽的结论处在同一个数量级：人口的年增长率只有达到 0.08%—0.12%，才能得出合理的结果（Carneiro and Hilse 1966）。因此，有关新石器时代人口快速增长的论断，必须与采集社会部分（而非全部）时期的早期增长关联起来才能成立。不过，确定史前人口加速增长的时期是一回事，确定区域内、大陆范围或全球范围的可靠的人口总数则是另一回事。

　　所有已公布的人口总数必须仅仅被视为增长过程的相对指标，而不是实际的增长指标。史前的人口规模是通过假设整个聚居区的狩猎采集者的平均人口密度来计算的；显然，这两个数字的误差范围都很大。霍克斯等人的模型认为：77.7 万年前的全球总人口超过了 50 万，40 万年前的全球总人口达到了 130 万（Hawks et al. 2000）。相反，哈彭丁等人基于考古遗址的分布和较低的人口密度，估计 50 万—100 万年前的全球人口总数只有 12.5 万（Harpending et al. 1993）。

　　新兴的、处于发展过程中的农业社会的永久定居点留下了大量的实物证据，对于此后的时期（大约从公元前 3,000 年开始），我们可以通过定居点的规模、农作物种植的强度、骨骼分析和书面记录等各种指标来还原人口的总数和增长率。人口普查的历史始于古希腊罗马时期，但这些不定期的活动与现代的定期人口普查并不是一回事：前者为的是征税或达成军事目的，因此只计算部分人群，通常是成年男性。因此，即使对于那些最重要的古代帝国，我们能得到的最佳人口估值也是高度不确定的。没有什么比我们对罗马人口的理解更能说明这一现实了。

　　罗马帝国为埃及早期的人口普查提供了最好的信息，但保存下来的记录很少（估计数百万人中只有数百个人的记录）。因此，用这些记录来推导人口总数并将其应用于帝国的其他区域是值得怀疑的（Bagnall and Frier 1994; Smil 2010c）。对墓碑上的铭文和墓地的分析同样不可靠（Parkin 1992）。毫不奇怪，"对古代人口的无知是我们了解罗马历史的最大障碍之一"（Scheidel 2007, 2）。在罗马帝国的人口总数方面，贝洛赫估计公元 14 年有 5,400 万人，这个数字被广泛引用（Beloch 1886），麦克维迪和琼斯估计公元 1 世纪初的帝国人口为 4,025 万（McEvedy and Jones 1978），弗里耶估计同一时期的人口总数为 4,550 万（Frier 2000），麦迪逊则使用了 4,400 万这一数字（Maddison 2007）。贝洛赫认为，到公元 2 世纪帝国人口达到了 1 亿（Beloch 1886），麦克维迪和琼斯估计公元 200 年的帝国人口为 4,500 万（McEvedy and Jones 1978），弗里耶则估计公元 164 年的帝国人口为 6,140 万（Frier 2000）。

除中国社会以外，没有哪个社会能够提供系统的、一致的、可追溯 1,000 年以上的人口估值序列。得益于中国特殊的人口普查制度，我们可以重建自公元时代开始以来的中国人口增长轨迹，也可以对之前 1,000 年大部分时间中的人口情况做出有效的估计（Cartier 2002）。延续了近 3,000 年的中国人口发展轨迹表明，人口增长期（和平与繁荣）与人口大量减少的时期交替出现，总人口从公元前 800 年的约 2,000 万增长到公元纪年开始时的约 6,000 万，再到公元 1100 年的 1 亿、1700 年的 1.4 亿和 2000 年的 12.6 亿。

关于中世纪欧洲人口的数据高度匮乏，其覆盖面直到近代早期才有所扩大（Biraben 2003）。麦克维迪和琼斯（McEvedy and Jones 1978）以及赖因哈德等人（Reinhard et al. 1988）收集了各个大陆、区域和全球范围内主要国家的历史人口估值（从古代开始）和最终的人口普查数据（赖因哈德等人的重点放在了过去的 3 个世纪）。杜兰德（Durand 1974）、托姆林森（Thomlinson 1975）、豪布（Haub 1995）、联合国（UN 1999）以及比拉邦（Biraben 2003）也发布过一系列全球范围内的人口数据（有些可以追溯到公元前 10,000 年），美国人口调查局对所有这些数据序列都做了比较（USCB 2016b）。毫不奇怪，随着我们进一步追溯更遥远的过去，估值之间的一致性也会下降：低估值和高估值之间的差异在公元前 5000 年为 2—4 倍，在公元时代开始时超过 2 倍，在 1800 年仍然接近 40%，到 1900 年只剩不足 20%，到 1950 年就只有约 5% 了。

所有的史前人口增长轨迹都存在很大的不确定性，因此我们很难得出一个可靠的、关于曾经生活在地球上的总人口的估值。金田与豪布将不断变化的出生率应用于不同的时期，得出的结果表明，到 2017 年，地球上一共有 1,085 亿人出生（Kaneda and Haub 2018）。这意味着古往今来出生过的人仍有大约 7% 至今还活着，这个数字比过去 50 年里媒体宣称的要少得多。但考虑到我们这个物种的寿命，这一比例仍然很高。

在计算平均增长率的正确数量级时，历史轨迹估计中的误差产生的影响就要小得多。在公元 1 千纪，全球人口年平均增长率保持在 0.05% 以下，某些世纪的人口年增长率甚至还不到这一数值的一半。在接下来的 500 年（公元 1000—1500 年）里，年平均增长率增长了 1 倍以上，达到了约 0.1%。全球人口增长率在之后的 16 世纪再次翻一番，在 17 世纪出现了下降，到 18 世纪恢复到约 0.2% 的水平。到 19 世纪，全球人口年增长率的平均值为 0.8%，而在 20 世纪则为约 1.35%。

我们如果在线性标度上绘制过去 5 万年里的全球人口增长轨迹，就会发现 99% 的时间里的轨迹几乎都是一条基本水平的线段，之后是一段近乎垂直上升的线段。如果在半对数标度上绘图，同样的上升线段将表现为一系列的阶梯式上升，其中也夹杂着一些快速增长的时期。最后一次快速增长导致整个 20 世纪的总人口几乎翻了两番（图 5.2）。将追踪的范围限制在最近 3 个世纪，我们就能用更可靠的数据绘制增长轨迹。这样做的结果表明，过去 3 个世纪的增长过程非常适合用对称的四参数逻辑斯蒂曲线来描述，这条曲线到 2015 年仍在上升，到 2050 年将增长到约 100 亿。

也可能有其他的解释。正如第 1 章已经提到的，卡耶是第一位意识到 1960 年以前的全球人口增长遵循双曲线函数的人口统计学家（Cailleux 1951）。冯·弗尔斯特等人通过计算得出，这种持续的增长将在 2026 年 11 月 13 日达到一个奇点（增长到无限大）（von Foerster et al. 1960, 1291）。有人可能会以为这只是个玩笑，但当辛布罗特指出，他们的文章"如果不是极好地说明了不当地使用数学会导致明显荒谬的结论，就会显

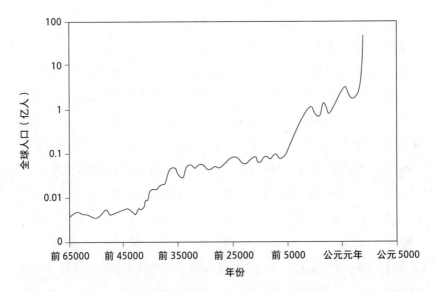

图 5.2　以半对数标度绘制的过去 6.7 万年里的全球人口增长过程。图表根据比拉邦（Biraben 2003）的数据绘制而成

得过于可笑，无法置评"（Shinbrot 1961, 940）时，冯·弗尔斯特等人严肃地为自己的观点做了辩护。

　　当然，真正的荒谬之处在于认为这样的增长真的可能接近奇点。但毫无疑问，1960 年以前全球的人口增长确实符合双曲线增长模式；另外，也有一些研究考察了这一历史性发展过程及其意义（von Hoerner 1975; Kapitsa 1992; Kremer 1993; Korotayev et al. 2006; R. W. Nielsen 2015; R. Nielsen et al. 2017）。由这种加速增长引发的恐惧是 20 世纪 60 年代西方环保运动兴起的一个主要原因。1968 年，斯坦福大学的一位昆虫学家保罗·埃利希（Paul Ehrlich，专门研究蝴蝶）出版了《人口爆炸》（*The Population Bomb*）一书，书中的那些完全错误的预测被急于传播更多坏消息的媒体广泛宣传："养活全人类的战斗已经结束了。到 20 世纪 70 年代，世界将遭受饥荒——不管现在开始实施怎样的应急计划，仍会有上亿人饿死。"（Ehrlich 1968, 132）这个预测大错特错。1968—2017 年，世界人口增加了 1 倍多（从 35 亿增加到 75 亿）。到 2015 年，营养不良的人口总数已下降到不足 8 亿，略低于世界人口的 13%；相比之下，在 1/4

个世纪之前，这一比例超过了23%。现在，联合国粮农组织正着手彻底终结这种衰弱的情况（FAO 2015b）。

巧合的是，同样是在20世纪60年代，前所未有的快速增长开始放缓（因为它必须放缓），而另一条S型曲线也明显开始形成。不同的数据库给出的增长率峰值所在的年份有所不同，但都集中在1962—1969年之间。根据世界银行的年增长率数据序列，第一个峰值是1966年的2.107%，然后是1969年的更高一点的2.109%（World Bank 2018）。考虑到全球人口统计固有的不确定性，为了保证精确度，数值应该保持在小数点后3位。因此，最佳结论是，相对增长率在20世纪60年代中期达到了约2.1%的峰值，比3个世纪前的增长率（不到0.22%）高出近一个数量级（图5.3）。随后，人口增长率开始相对快速地下降，1980年下降到1.75%，2000年下降到1.32%，2010年下降到1.23%，到2018年又下降到1.09%（World Bank 2018）。在20世纪70年代，年增长率平均值为1.84%；80年代的平均值为1.69%；90年代的平均值为1.42%；到21世纪的头10年，增长率平均值下降到1.23%。在过去的50年内，人口增长率整体下降了40%（到2016年，人口年平均增长率仅为1.18%）。

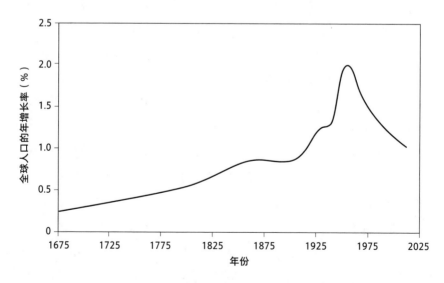

图5.3 1675—2018年世界人口增长的年增长率。绘制图表所需的数据是通过美国人口调查局（USCB 2016a）和世界银行（World Bank 2018）的资料计算得出的

全球人口每年的绝对增量从 1950 年的 5,000 万上升到 1985—1990 年的约 8,700 万的峰值。增长率的下降和人口基数的扩大相结合，意味着 2015 年全球人口将再度增长约 8,400 万。这种结合还导致每增加 10 亿人口所需的时间跨度正变得越来越短。人类的总数达到 10 亿是在 1804 年，距离智人出现已经过了约 20 万年。总人口从 10 亿增长到 20 亿（1927 年）花了 123 年，从 20 亿到 30 亿（1960 年）花了 33 年，从 30 亿到 40 亿（1974 年）花了 14 年，从 40 亿到 50 亿（1987 年）花了 13 年，从 50 亿到 60 亿（1999 年）花了 12 年，从 60 亿到 70 亿（2011 年）花了 12 年，从 70 亿到 80 亿（2024 年）也只需要 13 年。

如果马尔萨斯在 1798 年写下著名的《人口原理》时，能看到全球人口的数量将从不到 10 亿增加到惊人的 70 亿，他会怎么说呢？在讨论各种变量的长期增长时，他的论述无疑是最常被引用和解释的，因此值得详细引述。马尔萨斯的结论建立在两个假设之上：

> 第一，食物是人类生存所必需的。第二，两性间的情欲是必然的，且几乎会保持现状。……假设它们都是理所当然的，那么人口增长的能力将无限地大于土地为人类产出生活资料的能力。如果不加以控制，人口的总数就会以几何比例增长。生存必需品则仅能以算术比例增长……根据"食物是人类生存的必需品"这一公理，因此这两种不平衡的能力最终必须保持平衡。这就意味着获取生活资料的困难会持续地对人口施加强有力的制约。（Malthus 1798, 4–5）

马尔萨斯根据他所看到的呈指数增长的人口与呈线性增长的生活资料之间那不可弥合的差距，得出了一个无情的结论：

> 我看不出人类能够用什么方法来摆脱这一法则的重压……任何空想出来的平等或者任何最大限度的农业条例，都无法消除这一法则的压力，（哪怕只是 100 年，也不可能）。因此，它似乎对一个可能的社会现实起到决定性作用，即这个社会的全体成员都过上快活悠闲的幸福生

活，不必对为自己和家人提供生活物资而感到担忧。（Malthus 1798, 5）

马尔萨斯的忧虑被证明具有相当的弹性，但他本人也暗示了可能会有不同的结果。马尔萨斯在这本书第 4 版的结尾处指出（他的研究不应该）：

> 让我们在绝望中放弃人类社会进步的希望……尽管我们不能指望人类的美德和幸福会与探索自然的辉煌事业并驾齐驱。然而，只要不自暴自弃，我们就可以放心地沉溺于这样的希望，即在很大的程度上，人类的幸福将受到自然探索进步的影响，并将参与到自然探索事业的成功当中。（Malthus 1807, 426–427）

这种进步的程度之深，的确令人印象深刻。正如本书第 2 章所展示的，在经历了几个世纪的停滞和缓慢增长之后，二战后主粮作物的产量翻了一番，甚至更高。另外，更好的存储方法降低了粮食的浪费（尽管浪费仍然很严重），更好的营养供给可以支持更多的人口，高质量蛋白质的人均摄入量也空前提高。正如第 2 章所述，营养方面的这些改善迅速转化为了新一代人平均身高和体重的显著增长。

马尔萨斯的基本假设是不容置疑的：人口增长的力量确实比产生足够的生活资料的力量大得多，但只有当他提出的"人口增长不受控制"的观点是正确的，这一假设才适用。不过，他所认为的"生存的困难"将不断施加"强有力的、持续的限制"则明显是错误的。相反，人口增长的规律在人口转型的过程中发生了根本性的转变，我们（以更好的营养）养活更多人口的能力也因为依赖更大范围内的直接和间接的能源补贴（机械化、灌溉、施肥、杀虫剂）来提高农业产量的做法而发生了同样根本性的转变。

人口转型

过去两个世纪那种史无前例的人口增长被解释为死亡率和出生率下降的复杂过程所导致的逐步推进的人口转型。对这一现象，先后有许多人做了研究：这一概念最早是由沃伦·汤普森提出的（Warren Thompson

1929），兰德里将其命名为"人口转型"（"demographic transition"）（Landry 1934），诺特斯坦（Notestein 1945）和戴维斯（Davis 1945）对其做了标准（经典）分析。二战后，除人口统计学家之外，经济学家和社会学家们也越来越关注人口转型这个主题。更深入的讨论不仅包括理论分析和对一般过程的总结（Chesnais 1992; Kirk 1996; Caldwell 2006），还包括对特定的区域和国家的研究（Lee and Reher 2011; Canning et al. 2015）以及对该概念的批判性解构（Szreter 1993）。

　　人口转型前的传统社会出生率高，死亡率也高（流行病和战争容易导致死亡率激增），这种组合会使人口的自然增长率发生波动，但始终保持在很低的水平（低于 0.1%，甚至低于 0.05%）。在人口转型的最初阶段，死亡率开始下降，在某些情况下甚至降得很快（由于营养条件的改善和医疗保健水平的提高），出生率则一直维持传统的高水平，这种组合使人口快速增长（自然增长率通常超过 1%，比转型前的社会高出一个数量级）。最终，出生率也开始下降（在某些情况下，出生率下降得也很快），人口增长开始放缓。一个经历了人口转型的社会将发现自己处在一种新的平衡状态，低出生率和低死亡率组合在一起，形成较低的自然增长率，使人口的绝对数量不再增长，甚至开始下降。

　　人口转型的过程最早始于欧洲国家，当时历经了两个世纪。例如，芬兰的粗死亡率从 1750 年的 30‰ 下降到 1950 年的 10‰，在同一时间内，粗出生率从 40‰ 出头下降到 20‰ 出头。瑞典的出生率在 19 世纪 60 年代初之前一直保持在 30‰—35‰，长期保持在 25‰—30‰ 的死亡率则从 1820 年后开始下降，到 20 世纪 70 年代后期，这两个比率都下降至略高于 10‰（CSO 1975）。据统计，其他欧洲国家的转型稍快一些，但也持续了数代人的时间。日本是第一个经历人口转型的亚洲人口大国。直到 20 世纪 20 年代初，日本的粗死亡率一直保持在 20‰ 以上，这个比率在短短 30 年内就下降了一半以上；出生率则从 20 世纪 20 年代初的约 35‰ 下降到 80 年代初的略高于 10‰。

　　在死亡率下降的同时，人们的预期寿命也在增加。在 1850—2000 年这一个半世纪中，大多数欧洲国家、美国和日本的最高预期寿命几乎完全呈线性增长，从约 40 岁增长到接近 80 岁，翻了一番（这里统计的是男女的平均水平，在所有社会，女性的预期寿命都要更长）。日本女性的平均预期寿命（世界上最长）在 1970—2000 年增长了 10 岁，到 2010 年甚至超过了 85 岁（SB 2017a）。1918 年大流感时期和二战期间是仅有的预期寿命增长趋势暂时被大规模扭转的时期。

邦加茨将 16 个高收入国家的预期寿命发展趋势分为青少年、成年人和老年人的死亡率趋势，结果表明所有人群的预期寿命都在增加（Bongaarts 2006）。在排除前两个人群以及吸烟引起的死亡率之后，他得出结论：1950—2000 年，老年人的预期寿命几乎呈线性增长，每年的综合增长（男女）为 0.15 岁。此外，他认为这一趋势完全有可能再延续几十年。日本最近的女性预期寿命已经超过了以前估计的极限，这就使得一些人口统计学家认为未来还会有进一步的增长（Oeppen and Vaupel 2002）。

量化人口转型过程的另一种方法是关注生育率的变化。总和生育率（TFR）指的是妇女能活过整个生育周期（绝经的年龄有所不同，但大多在 45—50 岁之间）并根据特定年龄段的生育能力所能生下的子女的平均数量。在大多数前现代社会，总和生育率约为 5。到 20 世纪 50 年代初，全球平均水平仍然接近这一数值。随后，全球平均总和生育率在 20 世纪 90 年代初降至 3，在 2010—2015 年降到了 2.5 以下（2.36），高度接近生育更替水平（replacement fertility rate，每名妇女平均生育 2.1 个孩子）。如果考虑到在现代社会无法活到生育年龄的女孩需要得到额外补偿，那么总和生育率需要额外增加 0.1。但在婴儿和儿童死亡率仍然高得令人无法接受的那些国家，这个额外的增量必须更高。

高生育率首先在欧洲开始下降。最早的下降趋势可以追溯到 1827 年的法国，西欧和中欧的许多国家在 19 世纪下半叶紧随其后，例如 1877 年的瑞典、1881 年的比利时、1887 年的瑞士、1888 年的德国、1893 年的英国、1897 年的荷兰和 1898 年的丹麦。在一战爆发前，几乎所有欧洲国家（除少数几个例外）的生育率都已经开始下降（Newson and Richerson 2009）。在欧洲、北美和日本，这一趋势一直延续到 20 世纪 20 年代，到 30 年代基本上也在继续。但随后出现了一个人口增长最为显著的时期，即所谓的婴儿潮。在二战的参战国，这种人口恢复增长的现象尤为明显。它持续的时间有时可以被很精确地划定出来（1945—1964 年），有时范围比较宽泛（20 世纪 40 年代中后期至 60 年代中后期）。

婴儿潮发生在 19 世纪末出生率下降的几十年后。一种简单的解释是，这只不过是由于 20 世纪 30 年代的大萧条和 40 年代上半叶的第二次世界大战，因此生育被推迟了。不过，这只能解释出生率在短期内的飙升，无法解释这个现象为何持续了整整一代人。正如范·巴弗尔和雷厄所指出的，许多国家的生育率从 20 世纪 30 年代末和 40 年代初开始恢复；20 世纪五六十年代的高生育率则是大萧条时期出生的人群平均家庭规模较大、结婚人群的比例较高，以及年轻人的结婚率较高共同导致的（Van Bavel and Reher 2013）。

婴儿潮过后，生育率明显恢复到了低水平。许多国家的生育率变得远低于更替水平，婴儿潮的结束和它的开始一样令人意外。在北欧和西欧的一些国家，这种相互关联的趋势形成的新组合始于 20 世纪 60 年代后期，并在 1986 年被学界称为第二次人口转型（Lesthaeghe and van de Kaa 1986; Lesthaeghe and Neidert 2006）。价值观的转变对传统家庭结构造成了冲击，导致婚姻普遍被推迟，结婚率大大降低，非婚生育的比例也大大增加。生育率长期低于生育更替水平，这与现代后工业化国家的一些社会特征、行为特征和经济特征有关。这些特征包括个人主义的发展（强调自我实现和独立自主）和世俗化、性别平等程度的提升、易于获得的社会福利、高等教育的普及以及服务业经济和电子通信的兴起所引发的一系列变化（Sobotka 2008; Lesthaege 2014）。

与所有宽泛的概括一样，第二次人口转型的概念广受批评（毕竟在一些受影响的国家，同龄组生育率仍相当接近生育更替水平），一些观察家质疑这一概念在欧洲（或西方）的文化范围之外是否有效。但毫无疑问，生育率确实发生了某些变化，在欧洲之外的地区（包括东亚和拉丁美洲的部分地区）也确实存在着第二次人口转型（Lesthaege 2014）。可靠的统计数据记录了欧洲的生育率在二战后的婴儿潮结束后迅速下降的情况。在 20 世纪 50 年代，欧洲最高的生育率（接近甚至高于 3.0）曾遍布整个天主教世界的南方国家。但到 20 世纪末，西班牙和意大利的生育率同捷克、匈牙利、保加利亚一样，都已经降至欧洲大陆的最低水平（Kohler et al. 2002）。

20 世纪 70 年代中期，大多数欧盟国家的总和生育率已降至生育更替水平以下；到 20 世纪末，欧盟最大的那些国家的生育率已降至不足 1.5；2000 年以后新加入的成员国也没能产生多大影响：到 2015 年，欧盟 28 国的平均生育率仅为 1.58（Eurostat 2017b）。科勒等人所谓的超低生育率（总和生育率低于 1.3）首次出现在 20 世纪 90 年代的欧洲（Kohler 2002）。到 20 世纪结束时，东欧、中欧和南欧的 14 个国家（总人口超过 3.7 亿）都已属于这一类别。欧盟 28 国的平均水平略高于超低生育率，但仍远低于生育更替水平：2015 年的平均值为 1.58，有 13 个国家的总和生育率为 1.5 或以下，葡萄牙排名垫底，为 1.31，法国排名第一，为 1.96（Eurostat 2017b）。此外，到 2016 年，在欧盟的 28 个国家中，有 12 个国家的绝对人口持续减少的情况已经超过一年；2016 年整个欧盟的总人口比 10 年前只多出约 2.8%（Eurostat 2017a）。

除日本（生育率从 1950 年就开始下降）之外，东亚和东南亚的生育率转型只能追溯到 20 世纪六七十年代：韩国总和生育率下降的第一年是 1962 年，菲律宾是 1963 年，泰国是 1966 年，中国是 1969 年，印度尼西亚是 1972 年，越南是 1975 年（Newson and Richerson 2009）。与欧洲不同，东亚完成人口转型只用了一到两代人的时间：到 2017 年，印度尼西亚的生育率已经降至生育更替水平；韩国、中国、泰国和越南的生育率已经远低于更替水平，比如韩国的生育率已经低至 1.25（CIA 2017）。

当东亚的总和生育率开始下降时，整个中东地区的总和生育率仍然很高。到 2016 年，埃及、约旦和伊拉克的生育率仍高于 3，但沙特阿拉伯、利比亚和伊朗的生育率只在人口替代水平上下。事实上，伊朗的人口转型属于有史以来最快的那一类，其平均生育率从 20 世纪 70 年代末（伊朗国王被流放，霍梅尼掌权）的 7 左右迅速下降到 2016 年的人口替代水平以下（只有 1.8）。在 20 世纪六七十年代，与东亚一样，大多数拉丁美洲国家的生育率也开始下降。于是，撒哈拉以南非洲国家成了世界上仅有的拥有极高生育率的主要地区（Winter and Teitelbaum 2013）。

民意调查显示，在亚洲，特别是在世界上人口最多的两个国家（中国和印度），被视为理想情况的子女数量（仅两个）比美国和英国略低。不过，一项根据 1999—2008 年对已婚妇女的访谈的研究表明，对于期望的孩子数量，西非和中非远超其他任何地区：乍得和尼日尔的理想生育数量令人难以置信，分别高达 9.2 和 9.1；加纳不低于 4.6；而西非和中非地区的平均值超过了 6（USAID 2010）。如今，虽然这些数字有所下降，但到 2016 年，生育率估值仍然很高：尼日尔为 6.6，马里为 6，尼日利亚为 5.1（CIA 2017）。在整个东非和非洲南部，生育率依然很高：埃塞俄比亚、索马里、布隆迪、乌干达、坦桑尼亚、莫桑比克、马拉维和赞比亚的总和生育率都大于 5（Canning et al. 2015）。

不过，即使之前的那些具有高生育率的人群的生育率立刻降至更替水平，它们的人口仍会在之后的数十年内保持增长。因为之前的高生育率使育龄妇女的数量占到了很高的比例：特定年龄段的生育率可能会下降，但总出生人口会持续上升。凯菲茨和弗利格称这种现象为人口惯性（population momentum）（Keyfitz and Flieger 1971），布卢和埃斯彭沙德研究了人口惯性在人口转型过程中的轨迹（Blue and Espenshade 2011）。只有在人口惯性耗尽之后，新的均衡状态才能建立起来，但这个新的均衡状态的稳定程度在很大程度上与不同国家的特定情况有关。在一些国家，生育率持续下降，直至远低于更替水平，即使预期寿命也达到了创纪录的水平，这种趋势也必然导致绝对人口数量的下降。

未来的人口增长

近年来，对人口增长的长期预测受到了前所未有的关注（Keyfitz and Flieger 1991; Cohen 1995; de Gans 1999; Bongaarts and Bulatao 2000; Newbold 2006; de Beer 2013），但这些预测从根本上来说仍然充满了不确定性。有 3 个机构（联合国、世界银行和国际应用系统分析研究所）一直在发布未来几十年甚至一个世纪以上的人口预测。对人口长期增长情况的标准确定性预测试图通过呈现 3 种情况（高-中-低）来描述不确定性。联合国经济和社会事务部是最常被引用的发布单位。它对 2050 年全

球人口总量的预测（全部都是中等变量）从 93.6 亿（1996 年提出）变为
89.1 亿（1998 年提出），然后又上升至 93.2 亿（2000 年提出）和 97.3 亿
（2015 年提出）（UN 2001, 2017）。

标准的预测方式是通过构建特定人群的死亡率和生育率模型来反映
人口存活率的未来发展，但是戈尔德施泰因和斯捷克洛夫曾提议，使用基
于解析模型的简单计算可能要更好（Goldstein and Stecklov 2002）。针对
特定人群的标准分析结果源自对总和生育率和预期寿命的一系列假设，由
于全球人口转型具有明显的相似性，因此实际上预测任务似乎变得更加
容易了。拉夫特里等人则主张使用贝叶斯预测模型（Raftery et al. 2012）。
他们通过建模得出了一些结果并总结道，目前联合国得出的高、低两档预
测都大大低估了 2050 年的老年人口数量，也低估了高生育率国家的不确
定性，还夸大了已经完成人口转型的国家的不确定性。使用累积概率是一
个不太容易引发误解的选择，但它仍然受到模型假设的影响。

除了大多数撒哈拉以南非洲国家的那些明显的例外，生育率转型和
预期寿命的不断提高是真正的全球性进程，这意味着世界上大多数人口都
进入了一种人口趋同状态（Wilson 2011）。但我们仔细观察就会发现，从
长远来看，无论是生育率还是预期寿命都不容易预测。20 世纪最大寿命
的增长率到了 21 世纪可能无法继续保持下去，非洲部分地区（无论如何，
未来的大部分人口增长将来自该地区）的生育率下降速度比其他地区要
慢，此外，我们还不能排除该地区的生育率出现暂时回升的可能性。

毫无疑问，影响全球人口规模的关键不确定因素是未来的生育率走
向。对那些最富裕的国家来说，不确定性在于生育率下降的程度：它们
是会保持在今天的水平附近（远低于生育更替水平），还是会继续大幅下
降，又或者是会至少部分地反弹？对于那些仍然贫困但人口众多而且正
经历快速的人口转型的东亚国家，我们也可以提出同样的问题。卢茨等人
将生育率进一步降低的可能性概念化，称其为低生育率陷阱（low fertility
trap）：一旦某个国家的生育率下降到非常低的水平，就会有 3 种自我强
化机制阻止其再度上升（Lutz et al. 2006）。

对于既定的人口下降趋势，人口因素会阻止其回升，因为延迟分娩

和长期的低生育率会导致新生儿群体越来越小。形成趋势的部分人群（由于周围的孩子越来越少）也会改变人们对理想家庭规模的看法，导致出生率远低于更替水平。此外，个人理想与预期收入之间的关系发生了改变，形成了阻碍人口回升的经济因素：人口老龄化和劳动力萎缩使社会福利减少，税负的增加和可支配收入的下降，使生育孩子甚至结婚都变成了一项无法承担的选择。

撒哈拉以南非洲的生育率会经历长期的缓慢下降吗？这一地区某些国家的生育率会经历类似伊朗或韩国那样的迅速下降吗？即使按照乐观的估计，生育率下降也并不足以降低非洲人口每年的绝对增长量，它将从 2017 年的约 3,000 万增长至 2050 年的至少 4,200 万。在 21 世纪上半叶，世界人口增长量的 55% 将来自非洲大陆。此外，最新的评估表明（出于根深蒂固的文化和血缘关系的原因），大多数非洲社会仍然不愿意（这种情绪在其他主要地区并不明显）将生育率降低到中等水平（总和生育率小于 4）以下。因此，撒哈拉以南非洲地区未来的生育率转型过程仍然是高度不确定的（Casterline and Bongaarts 2017）。

与预期寿命的延长有关的不确定性，对全球的人口总量造成的影响则要小得多。最近的研究提供了一些令人信服的证据，表明（出生时的）最大预期寿命进一步增加的空间正在缩小。美国关于所有性别和种族的数据显示，在 20 世纪上半叶，最大预期寿命呈线性增长，提升了 21 岁（从 47.3 岁到 68.2 岁，平均每年增长 153 天）；而在 20 世纪下半叶，预期寿命的提升幅度只有 8.6 岁（从 68.2 岁到 76.8 岁，平均每年增长 63 天）（CDC 2011）。这种情况非常接近逻辑斯蒂增长的拟合结果，这一增长曲线表明，到 2050 年，最大预期寿命将接近 79 岁的极限水平。分类数据显示，非洲裔美国女性的最大预期寿命增长最快，从 1900 年的 33.5 岁到 1950 年的 62.5 岁（平均每年增加 212 天）；之后的增长明显有所放缓，2000 年的最大预期寿命为 75.1 岁（20 世纪下半叶平均每年仅增加 92 天）。

谢德曼与德·席尔瓦对一项始于 1820 年并延续到 21 世纪初的全球人口调查做了汇编（Zijdeman and de Silva 2014）。高质量的瑞典人口数据在整个调查期间都可使用，这些数据显示，瑞典人的平均预期寿命几乎翻了一番，从 19 世纪 20 年代的 41.6 岁上升到 21 世纪头 10 年的 80.5 岁。其增长轨迹与对称的逻辑斯蒂曲线（拐点出现在 1922 年）高度吻合，这条曲线还表明，到 2050 年，瑞典人的平均预期寿命还会再增长 1 岁（图 5.4）。法国和英国的轨迹非常相似。那些在整个 20 世纪都有预期寿命记录的国家（英国、冰岛、挪威、芬兰、荷兰、西班牙、瑞士）经历了两个不同的寿命增长期：1950 年之前的快速线性增长（在半个世纪里有 20 年左右）和之后的较慢的增长（Dong et al. 2016）。

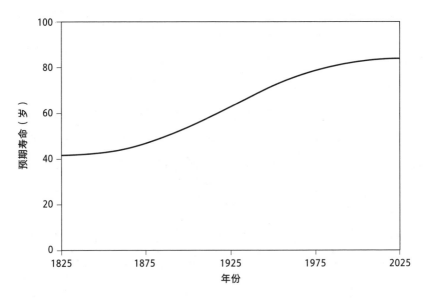

图 5.4　1825 年以来瑞典人的平均预期寿命的变化情况。图表根据谢德曼与德·席尔瓦（Zijdeman and Silva 2014）的数据绘制而成

　　这项研究还考虑到了法国、日本、美国和英国（百岁以上老人的数量最多的 4 个国家）的最大报告死亡年龄（Dong et al. 2016）。如果人类的寿命没有上限，那么在更高年龄段的人群中，存活率的增长幅度应该是最大的。事实上，20 世纪 70 年代至 90 年代初的实际情况就是这样，但到了 90 年代中期，这种增长在 99 岁左右的人群中开始稳定在某一水平。尽管之后又有小幅的增长，但最近正在形成的平稳状态是显而易见的：自从让娜·卡尔芒（Jeanne Calment）于 1997 年以 122.4 岁的高龄去世以来，100 岁以上人群的存活年龄和世界上最高的死亡年龄纪录都没有增长。我

还必须指出，让娜的寿命和身份一直受到人们的质疑（Zak 2018），各类明确归档在案的寿命纪录都不到 120 岁。

这就是董等人认为"人类的最大寿命是固定的，会受到自然的限制"的原因（Dong et al. 2016, 257）。这并不是因为遗传程序限制了寿命，正如奥尔尚斯基所强调的：

> 人类的寿命没有固定的极限，然而……生命的长短却会受到由其他各种基因决定的生命历史特征的限制。我们以跑步速度的极限进行类比。没有任何遗传程序对人类的奔跑速度做出过具体的限制，但对奔跑速度的生物力学限制是由身体设计施加的，身体设计则是出于其他目的进化而来的。（Olshansky 2016, 176）

弹性蛋白的老化似乎是这些生化限制因素中的一种（Robert et al. 2008）。这种高弹性的蛋白质对心血管系统（压力波传播的介质）、肺、韧带、膀胱和皮肤的正常运作必不可少。由于年龄的增长，弹性蛋白会发生钙蓄积、脂质沉积和蛋白水解降解等变化。对这些过程的定量评估表明，这种蛋白维持心肺系统弹性功能的时间长达 120 年左右。这一证据使我们可以预测，到 21 世纪中叶，女性的最高预期寿命将达到 90 岁甚至略高于 90 岁。但在未来几十年中，我们不太可能看到一个平均最大寿命接近 100 岁的社会。

仍然有一些人质疑上述结论，他们通过扩展端粒（染色体末端的核苷酸序列，会随着年龄的增长而退化）或重新激活端粒酶的实验使人类细胞返老还童（Jaskelioff et al. 2011），或通过热量限制策略来延长寿命。不过，前者仅在实验室的小鼠身上得到了证明（正如其他的许多重大发现一样），后者很容易在实验室里的无脊椎动物身上进行测试，而且已经取得了很大成功，但在灵长类动物身上，它们都失败了（Mattison et al. 2012），在人类身上也很难维持一生。无论如何，个体的寿命受到众多基因的控制，没有任何单一的变量干预能够起到决定性作用。

长期的人口预测和发展趋势

未来生育率的不确定性以及对预期寿命影响较小的不确定性，解释了为什么一些主要的人口统计学家认为人口增长将在可预见的未来走向终结，2100 年之前全球人口不超过 100 亿的可能性高达 60%（Lutz et al. 2001）。还有一些知名的人口统计学家在知名期刊上得出过这样的结论：全球人口在 21 世纪不太可能实现稳定，到 2100 年，全球人口增长到 96—123 亿的可能性为 80%（Gerland et al. 2014）。考虑到各个主要地区之间的差异，分类的概率预测更能说明问题。谢尔博夫等人估计，到 2100 年，西欧人口几乎肯定会达到一个高峰，然后开始下降；北美和撒哈拉以南非洲地区出现这种现象的概率仅为 60%（Scherbov et al. 2011）。

美国国家科学研究委员会分析了联合国过去在国家人口预测方面的误差，发现在未来 10 年的预测方面，最大的误差根源是对人口基数的估值；而在未来 25 年的预测方面，造成最大误差的原因是人口迁徙；但从长远来看，生育率假设才是主要的误差来源，不同的死亡率假设仅仅会造成很小的影响（NRC 2000a）。后者甚至放在全球范围内依然成立，因为人口迁移不再是影响预测的变量，而生育率预测将决定最后的结果。联合国 2015 年的《世界人口展望》（*World Population Prospects*）的中等预测显示，世界人口到 2030 年将达到 85 亿，到 2050 年将达到 97.25 亿（其中一半以上的增长来自非洲），到 2100 年将达到 111.23 亿。在 21 世纪末，世界人口不少于 95 亿甚至超过 133 亿的可信度将达到 95%（UN 2017）。后一个数字意味着全球人口在 21 世纪（从 60.82 亿起）将会翻一番。

联合国的预测也扩展到了 2300 年（UN 2004），这种努力的效果类似于在 18 世纪初对当今的全球人口数量进行预测。尽管如此，这项工作仍是有用的，它能提醒我们任何长期预测都存在着巨大的不确定性。此外，它也强化了一个虽然显而易见但有时也会被忽略的事实：当前的人口增长率无法持续很久，哪怕是几个世纪。合理的预测范围跨越了一个数量级，从低水平版本的 23 亿（不到 2019 年总人口的 1/3）到高水平版本的 364 亿，中等版本为 90 亿，还有一个预测值是 83 亿，这是人口零增长的结果。人口零增长的概念在 20 世纪 60 年代后期很流行（Davis 1967），但无论是人口统计学家在预测未来的人口时，还是经济学家在设想产量和消费的不断增长时，都从未认真考虑过这个目标。

如果未来的人口增长率继续维持在 1980—2000 年的水平，那么到 2150 年，全球人口将增加 10 倍以上，到 2300 年，全球人口将达到难以想象的 5,400 亿左右。后一个数据意味着地球上所有未被冰雪覆盖的区域的平均人口密度将达到每公顷约 40 人。这样的数字很容易被视为毫无意义的机械计算，因为它没有考虑到现实世界的任何约束。同时，到 2300 年全球人口达到 360 亿也并非完全不合情理。德梅尼指出，从长远来看，物质激励的影响（一直使得所有富裕国家的生育率保持在非常低的水平，对许多正在迅速实现现代化的国家来说也是如此）可能会减弱，我们很有可能看到生育率恢复到人口更替水平以上（Demeny 2004）。如果是这样，那么 2.35 的平均生育率就可以让全球人口在 2300 年达到 360 亿："欢迎来到增长的世界，保持历史的连续性。让我们告别这个充满停滞和人口缩减的美丽新世界吧。"（Demeny 2004, 517）

不过，即使我们有能力对未来做出精确的预测，那种量化结果也不会为我们提供多少实际帮助。为了更合理地处理这颗行星上的社会事务，我们想知道的最有用的数字是全球人口最有可能的上限。这个数字应该能够在维持必要的生物圈功能和为人类提供良好生活之间长期保持平衡。显然，这项定义仍然有待进一步解释，我们也可以为其设置替代边界，但合理的论据和对限制因素的深入研究可以帮助我们缩小可接受的范围。

范登·贝赫和里特韦尔对 94 项关于全球人口极限范围的研究进行了荟萃分析（van den Bergh and Rietveld 2003），这些研究始于 1679 年 [当时显微镜领域的著名人物安东涅·范·列文虎克（Antonie van Leeuwenhoek）曾经使用荷兰的人口密度来推算全球人口，最终得出结论认为，全球的人口极限为 134 亿（Cohen 1995）]，结束于 1999 年。大多数（75%）估值将土地和粮食视为关键制约因素，它们的平均总数约为 620 亿人，其他多种因素的协同作用还会导致人口上限不足 60 亿。最好的点估计值是 77 亿，而当前人类的能力所能支持的人口最大值的上限和下限分别为 980 亿和 6.5 亿。如此宽泛的区间毫无意义，我们希望能将两者的差距缩小到两倍以内。否则，我们在人口问题上将难以达成有效的、全球一致的行动方案。不过，正如最近的一系列有关可持续人口最大值的研究所表明的那样，在短期内达成这一目标的可能性并不大。

在第一项研究中，作者试图根据所谓的全球经济的生态超载（ecological overshoot）来确定人口上限（Wackernagel et al. 2002），它同时也解释了为什么人口上限难以确定。研究者使用了最大生产率和一系列假设来计算地球1999年的生物承载能力，包括支撑农作物生长、放牧动物、出产木材、捕鱼、容纳基础设施以及转化化石燃料与核能的能力。他们的结论是，1961年的全球需求造成的负荷达到了生物圈再生能力的70%，到1999年，负荷达到了可持续水平的120%。不过，即使我们假设他们的推理和假设是完美无缺的，也不存在一种可以将理论转化为全球人口限制的简单方法。

最明显的结论是，在资源需求总量保持不变且同样不平等的情况下，在地球的再生极限范围内，1999年的人口极限为48亿人（比当时的实际人口60亿低20%）。不过，如果全球所有人都像美国人一样消费，那么我们将额外需要4—5个地球（Wackernagel and Rees 1996; Global Footprint Network 2017），而进一步的人口增长将使这种情况变得更加糟糕。反过来，我们也可以争辩说，如果富裕国家减少过度消费，那么地球能够容纳的可持续的人口极限将增加到60亿；如果全世界的人都愿意生活在更公平、浪费更少、效率更高的社会，那么可持续的人口极限就可以增加到80亿。另外，塔格佩拉提出了一个关于地球承载能力和技术-组织能力的模型，它能够预测提出一种在2100年将人口稳定在100亿的方法（Taagepera 2014）。

如果把目光投向更长远的将来，某些约束条件将变得更加宽松。人类对农作物和动物的基因改造以及最终的从头设计（de novo design，合成生物学），将有望大幅提高单位面积土地的生产率。捕鱼业早已被水产养殖业取代。大规模电力储存设备的未来发展可能使我们得以依靠间歇性的能量流（风能、太阳能），即便那些高能负载需求也可以得到满足。显然，关于全球人口上限的任何计算（无论是计算承载能力还是计算再生能力）都取决于一系列有关当前的生活舒适程度、典型消费水平以及文化习俗延续的假设。一些在今天看来相当适度的需求，从长远来看也可能是过度的。但是，合理的调整和新的科学进展也可能让我们突破约束的界限。

总之，关于特定国家或全球范围的人口增长轨迹的巨大不确定性未来将继续存在。关键问题在于，S 型曲线达到最大值之后会发生什么。不论在国家层面（根据人口历史的特殊性，一定是可预期的）还是在全球层面，答案都不尽相同。虽然我们确实知道可能性最小的结果是什么（人口在未来几个世纪维持在最高水平，只有极小的波动），但我们并不知道巅峰过后的下降过程是逐渐的还是突然的、是线性的还是指数的，也不知道全球人口增长的完整历史曲线是接近对称（正态）分布还是高度偏斜。

这些长期趋势（最开始，人口在几千年里保持着低速增长；在之后的人口转型过程中，增长率先是达到前所未有的高水平，然后下降到更替水平以下；此外，富裕国家与许多低收入国家之间的差异持续存在）会转化为有序的增长模式吗？人口增长轨迹是否本就太不规则？正如第 1 章已经阐明的那样，最早在国家层面探索人口增长的长期轨迹的开创性研究得出的结论是：S 型曲线可以为描述人口增长过程的尝试提供最佳拟合（Verhulst 1838, 1845）。另外，我还通过韦吕勒的两个原始案例（比利时和法国），说明了这种方法在长期预测中的局限性：在某些情况下，拟合效果非常好；在另一些情况下，它也会导致较大的误差。此外，显然没有一种先验方法可以确定预测的结果可能属于哪个类别。到 20 世纪末，比利时的人口（1,025 万）仅比韦吕勒的预测值高出约 8%，但法国的人口（6,091 万）比韦吕勒曲线在 1845 年得出的预测值高出 52%。

如前所述，韦吕勒的发现被莫名其妙地忽略了几十年，直到 20 世纪 20 年代才开始受到广泛的关注和应用，这首先要归功于珀尔和里德的研究（Pearl and Reed 1920）。美国的实际人口数据与逻辑斯蒂增长模型之间的密切对应关系使珀尔和里德确信，该国的人口增长曲线已经越过了拐点：他们非常精确地将出现拐点的时间定在了 1914 年 4 月 1 日，此时的美国人口为 9,863.7 万。他们由此得出结论认为，相对较低的增长过程即将到来，"除非有某些未知的、在这个国家的历史上从未出现过的因素发挥作用，使人口增长率上升"。但他们随后立即指出，"不可能存在这类偶然因素"（Pearl and Reed 1920, 284）。根据他们的计算，美国的人口极限将达到 1.97274 亿（正如第 1 章所述），大约是 20 世纪 20 年代初的实际人口的 2 倍（Pearl and Reed 1920, 285）。

不过在现实中，发生了不止一个意外事件。这再次证明对增长曲线进行拟合是一项安全而有趣的回顾性工作，但它在评估未来的长期发展方面高度不确定。在 20 世纪 30 年代的大萧条期间，出生率有所下降；但二战后的婴儿潮（1945—1965 年）使美国人口在一代人的时间里就增长了 1/3；到 1970 年，美国人口达到了 2.032 亿，略高于 1920 年预测的最大值。随后，（与欧洲和日本相比）相对较高的生育率和迅猛的（合法与非法的）移民潮相结合，使美国人口在 40 年中增加了 1 亿以上。2010 年，美国人口达到了 3.087 亿，比珀尔 1920 年预测的最大值还要高出 56%。

在回顾了雷蒙德·珀尔（Raymond Pearl）的《人口增长生物学》（*The Biology of Population Growth*）之后，赖特正确地指出：

> 然而，如果事实证明，各国人口确实如珀尔所描述的那样，是通过不同周期的叠加来实现增长的，那么它将倾向于表明，人口的增长与瓶中的果蝇的增长完全不同。总体而言，人口曲线的形式可能仅仅反映了人类适应自然的能力的进步。对新思想的产业化应用的发展过程很有可能被视为叠加在先前的产业状态之上。从生物学的角度来看，这种变化将改变人口数量曲线的上限。问题在于，当前的人口究竟是正在向着遥远的极限发展（这种极限极少发生变化）还是始终接近其上限（上限本身仍在不断地发生周期性变化）。我们不必完全排斥其中某一个观点，全盘接受另一个观点。但无论如何，只根据数年的推断进行的预测，其合理性似乎非常值得怀疑。（Wright 1926, 495）

如果使用时间跨度最大的可靠的实际人口增长序列，我们能否提高逻辑斯蒂函数对长期人口增长的预测的准确性？我使用了美国（自 1790 年起）、日本（自 1872 年起）和法国（自 1700 年起）的人口增长序列，所有这些轨迹都与对称逻辑斯蒂曲线高度吻合（美国和日本的 R^2 为 0.99，法国的 R^2 为 0.96）。在所有情况下，逻辑斯蒂函数对 2050 年的人口的预测值都要高于基于标准人口模型得出的最佳近期预测值。这一点并不奇怪：如前所述，从韦吕勒的预测开始，即使是那些能够达到最佳拟合的逻辑斯蒂曲线，从长远来看也会偏离实际。

最大的误差（至少 20%，最多 30%）将发生在日本：按照逻辑斯蒂曲线的预测，日本人口到 2050 年将增加到 1.3 亿以上。但实际上，日本人口自 2008 年以来一直在减少。日本做出的最佳预测是，到 2050 年，日本的人口将约为 1 亿，联合国的预测则是约 1.07 亿。在 21 世纪初，日本是世界上人口数量排名第 10 的国家。到 2050 年，日本的人口数量顶多排全球第 15 位，位于越南之后，土耳其之前（UN 2004）。按照逻辑斯蒂曲线，到 2050 年法国人口将仅仅略高于 7,500 万，联合国预测的数字则是 7,100 万。美国人口将达到约 4.22 亿，美国人口调查局的预测则是 3.98 亿：按绝对值计算，这 6% 的差异也等于 2015 年澳大利亚的人口总量。

鉴于全球人口在前现代时期增长非常缓慢，在 1850 年后又开始突飞猛进，因此所有用于描述全球人口长期增长的曲线（无论是从公元前 10000 年开始，还是从公元元年开始）基本都是由一条近乎平坦的线开始延伸，继而突然变成一个陡峭的 J 形。对于这些曲线的最佳拟合仍然是逻辑斯蒂函数，但目前距离拐点还很远。将 1700—2015 年的逻辑斯蒂增长曲线向前延展，结果表明全球人口到 2050 年将达到 120 亿，到 2100 年将达到 220 亿；拐点要到 2105 年才会出现，全球人口将在 2300 年之前达到约 450 亿的渐近值（图 5.5）。不过，如前所述，这只是一个计算过程，（如果人类在 2300 年仍然存在，）实际人口总数将有很大不同，我们几乎可以肯定它将远低于逻辑斯蒂曲线的估值。

城　市

城市的建立和发展首先得益于周边地区的农业盈余。但是，有一些城市从古代开始就已经参与了长途贸易。如今，大型现代化城市的能源和物质代谢都建立在真正的全球化的基础上，燃料、食品、原材料和工业制

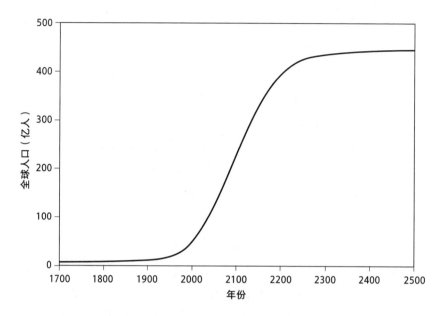

图 5.5 1700—2500 年，全球人口的增长曲线。逻辑斯蒂曲线的拐点将出现在遥远的 2105 年，渐近值为 452 亿

成品都在全球范围内展开交易。反过来，城市一直在通过生产和提供如今最重要的商业、金融、管理、教育和娱乐服务来回报这种日益增长的能源和物质依赖，这些服务都能产生可观的收入，其影响力和吸引力能从本地扩大到全国范围，乃至大陆范围和全球范围。城市在创造文化、确定商业重心、影响政治发展、提供高素质劳动力、决定时尚品位和促进创新等方面也具有决定性的影响（Geddes 1915; Chandler 1987; Modelski 2003; Norwich 2009; Lees 2015）。

大约 6,000 年前，第一批城市出现在近东的新月沃地（Fertile Crescent），当时该地区的空气相对湿润，可以支持定居耕作（Lawrence et al. 2016）。城市增长的整个过程始于苏美尔文明，它最古老的城市埃利都（Eridu）出现在公元前 5,000 年之前，随后又出现了拉尔萨（Larsa）、巴德-提比拉（Bad-tibira）、西帕尔（Sippar）、乌鲁克（Uruk）、启什（Kish）、乌尔（Ur）、尼普尔（Nippur）和拉格什（Lagash）。然而，在青铜时代初期之后，一些城市群仍保持着快速发展，即使此时空气中的水分已经开始减少。公元前 2000 年以后，城市化开始与气候脱钩。正是在这批城市中，即从公元前 3200 年的苏美尔乌鲁克开始，人类有了最古老的、刻在湿陶土板上的楔形文字，这是历史上最早的文字记录。公元前 1900 年以后，美索不达米亚平原上的权力中心转移到了巴比伦，巴比伦的统治者征服了美索不达米亚南部的大多数城市，并最终进一步将权力扩张到了今天的土耳其、黎凡特和埃及地区。同样，印度、中国或（更晚的）中美洲和南美文明的兴起与演变，也与其不断发展的城市息息相关（Chandler 1987）。

然而，在考察古代城市时，我们应该牢记戴维斯的告诫：

> 由于考古学证据都是零碎的，所以城市在古代世界的影响经常被夸大。考古学家们尤其倾向于将任何人类定居点都称为"城市"，即使那里只有几条街道和一两栋公共建筑。当然，不将城镇误认为城市肯定有一定的道理。此外，重点不仅在于少数城镇或城市的出现，还在于它们作为整个社会的一部分所扮演的角色。因此，即使地中海沿岸以及南亚和西亚的某些特定地区在公元前时期就出现了许多城镇和一些城市，但它们的规模以及居住人口所占的比例都严重受限。（Davis 1955, 429）

虽然量化城市的增长似乎比追踪全国人口的增长要容易得多，但这种相对优势是最近才有的，这一点有些出人意料。因为在古希腊罗马时代或中世纪，针对城市的人口普查并不见得比全国人口普查更为普遍。诚然，在被城墙圈定的区域内重建人口总数的误差必定远小于全国人口估值的误差，但人口统计中的主要不确定因素仍然存在。因此，即使对于那些拥有相对丰富的书面记录和考古证据的城市而言，城市化过程中的历史增长（和下降）轨迹也仅仅是近似的（Pasciuti and Chase-Dunn 2002）。

在城市和城镇之间，或者在（更重要的）城市与非城市居住区之间，并不存在一种可以被普遍接受的量化差异。国家统计部门使用的临界值几乎没有任何意义，因为它们的变化范围很广，跨越了一个数量级：这个临界值在加拿大可以低至 1,000 人，在秘鲁甚至可以低至 100 多人，在日本需要高达 5 万人，而在中国，人口密度必须超过每平方千米 1,500 人这一特定阈值才可能被认定为城市（UN 2016）。最早的人口聚居点的规模不超过今天的一座小镇。公元前 7000 年，土耳其新石器时代最早的城市之一恰塔霍裕克（Çatalhöyük）拥有大约 1,000 人；而公元前 4000 年的苏美尔城市乌鲁克约有 5,000 人（Davis 1955; Çatalhöyük Research Project 2017）。到了青铜时代（公元前 3500—前 1700 年），城市的人口规模上升了一个数量级，其中最大的城市拥有数以万计的人口——公元前 2600 年，印度河流域的摩亨佐·达罗（Mohenjo-daro）的人口达到了 4 万左右，乌鲁克的人口则达到了 8 万。到了古典时代，城市的人口规模又增加了一个数量级："城市宇宙"网站（Metrocosm）描绘了这些城市交替出现的顺序（Metrocosm 2017）。

莫里斯研究了希腊城市在公元前 1 千纪中的增长情况并得出结论，直至公元前 525—前 500 年，如果年景够好，甚至像雅典（当时约有 2 万人）和科林斯这样的重要中心城市也可以通过腹地的粮食生产养活自己。而在之后的大多数年份，这些城市都需要通过进口粮食来维持自身的运转（Morris 2005）。在古典时代的希腊，城市是行政中心，其增长通常取决于从遥远的征服活动中获得的收益，这一现实最终限制了它们的扩张。后来欧洲的那些生产型城市的增长是由社会转型和经济转型支撑起来的，相比之下，古典时代的希腊城市并未经历这些转型（Morris 2005）。雅典的城墙之内的面积仅有 215 公顷（其中一半以上用于住房，且几乎没有证据表明城墙外有大量人口居住）。在古典时代，雅典的人口数量在大约公元前 430 年达到了 4 万的峰值。

在希腊化时代，亚历山大是最大的城市。狄奥多曾报告说那里有 30 万自由民（Diodorus 60BCE），斯特拉博则声称那里的居民总共有 50 万人（Strabo 24BCE）（如果是这样的话，亚历山大城就比罗马城还大），公元 1 世纪初记载的人口数字甚至要更大。罗马城的面积（奥勒良城墙内的部分）为 15 平方千米，赫尔曼森假设其中一半都是住宅建筑（Hermansen 1978）。其中的近 1,800 栋建筑是罗马富人的居所（被称为 domus），其平均面积达到了 675 平方米，总占地面积为 1.2 平方千米。

穷人居住的公寓（被称为 insulae）则占据了剩余 6.25 平方千米的面积（Smil 2010c），这种公寓的数量约为 2.5 万栋，每栋公寓的平均面积达到了 250 平方米，人均住宅面积约为 8 平方米，总共容纳了 80 万人。这证明了，那个经常被引用的论述（罗马城在公元 1 世纪拥有接近 100 万人）可能非常接近实际情况（虽然我们没有任何关于当时的情况的可靠人口普查数据）。

　　主要农作物单产较低、年产量波动幅度较大，加上通过陆路廉价大规模运输粮食和原材料的手段的匮乏，共同限制了所有早期定居点的增长。古典时代最大的城市（雅典、科林斯、锡拉丘兹、阿格里真托、迦太基、罗马）都可以通过船只和海运获得补给，这并不是巧合。罗马的 100 万居民每年需要大约 3,000 万莫迪（modii，古罗马容量单位）或 20 万吨的谷物（Garnsey 1988），几乎所有这些谷物都是从埃及和北非运来的（Rickman 1980; Temin 2001）。再加上进口的橄榄油和葡萄酒，罗马每年运输的食品达到了大约 25 万吨。这些粮食的总量过于庞大，人们根本不可能将它们从意大利半岛其他偏远地区运过来。

　　长安（今天的西安）作为中国 13 个朝代［包括与罗马共和国晚期和罗马帝国初期处于同一时期的汉朝（公元前 206—公元 220 年）］的首都，在规模上可以媲美罗马城。但在公元 1 千纪，唯一可能拥有超过 100 万居民的城市是阿拔斯王朝的哈里发（Abbasid Caliphate）统治下的巴格达。巴格达城的人口规模在 10 世纪达到了 120 万的峰值，之后这座城市逐渐衰落，最终因 1258 年的蒙古人入侵而遭到彻底破坏。即使欧洲开始重新将自身整合成相对繁荣的政治实体，那里的城市规模仍然不大。

　　14 世纪初，欧洲大陆上人口最多的城市是巴黎（超过 20 万人）、米兰（超过 15 万人）和热那亚（大约 10 万人）。中世纪晚期，世界上最大的城市是杭州、北京（都至少有 40 万人）、开罗（规模与前两座城市相近）和拔都萨莱（人口多达 60 万）。拔都萨莱是 1240 年拔都可汗（Batu Khan）在俄罗斯伏尔加河下游地区建立起的短命城市，是当时金帐汗国的首都。在接下来的 5 个世纪里，北京仍然是主要的人口大城。但到了 1800 年，北京的人口（110 万）与江户幕府（1603—1868 年）的首都江户（现在的东京）大致相同；而伦敦的第一次官方人口普查显示，1801年伦敦的人口也达到了 1,011,157 人（Naito 2003）。

巴蒂的"等级钟"（rank clock，对全球范围内人口排名前 100 的城市的名次变化进行长期研究）提供了一个很好的工具，使我们得以便捷地追踪最大的人类聚集区的人口增长、延续和下降情况（有时甚至是无法预料的上升）（Batty 2006）。在全球排名方面，公元前 430 年排名全球前 50 的城市到 2000 年没有任何一座跻身该行列。1453 年奥斯曼帝国征服君士坦丁堡之后，在中世纪晚期排名全球前 50 的城市中，只有 6 座在半个世纪后依然能够位列前 50 名。在公元前 430 年之后的很长一段时间内，中国少数几座城市的人口规模长期位列全球前 50 名：苏州在这项排名中保持了 2,158 年，南京保持了 2,080 年，武昌保持了 1,850 年。而罗马在该排名中保持了 1,530 年；巴黎则在经历人口指数增长之后，在该排名中保持了 525 年。

1790—2000 年，美国先后有 266 座不同的城市曾进入过前 100 名。1840 年，美国的城市数量首次达到 100 座，但到了 2000 年，这 100 座城市中仅剩 21 座仍然位列前 100 名。等级钟显示，半数的城市花了 105 年进入前 100 名或从前 100 名中消失，每 10 年平均变动 7 位。虽然在 1790年，只有 5% 的美国人口居住在最初的 24 座进入前 100 名的城市，但到了 2000 年，排名前 100 的大都市区容纳了美国 20% 的人口。英国城市的增长则更加稳定：在 1901 年位列前 100 名的大城市中，有 73 座在一个世纪之后仍然位列前 100 名。巴蒂得出的结论是，英国在 1901 年之前就已基本锁定了当前的城市格局，变化主要发生在 20 世纪五六十年代快速的郊区化过程中（Batty 2006）。

政府的形式对前现代城市的发展有着很大的影响。德隆与施莱费尔分析了公元 1000—1800 年西欧最大的那些城市的发展情况，并提供了统计学证据，说明了绝对君主制对城市的发展起到了阻碍作用，因为这类政府征收高额赋税，阻碍了工商业的发展（De Long and Shleifer 1993）。欧洲的历史学家们可能会赞扬西班牙、法国和普鲁士的王权统治，因为它们为 19 世纪的民族国家奠定了基础。然而，"对比利时人民而言，成为哈布斯堡帝国的臣民没有任何好处；对于伊比利亚人来说，费迪南德和伊莎贝拉的婚姻也不值得高兴"（De Long and Shleifer 1993, 35）。随着君主立宪制在英国的建立，城市开始繁荣发展，1650—1800 年间，英国新增了 30 多万城市居民。在专制政府的统治下，这一点很难想象。

城市化

城市化（人口从农村向城市大规模迁移的过程）直到 18 世纪才试探性地出现在一些国家。最值得注意的是，伦敦的人口从 1700 年的 60 万增长到了 1801 年的 110 万，但这一过程要到 19 世纪才发生真正的变革：到 1901 年，伦敦的人口已经达到了 650 万，在 100 年间增长了 5 倍（Demographia 2001）。在同一时期，巴黎的人口增长甚至更快，从 54.8 万增长到了约 400 万；纽约的人口从 1800 年的 6 万出头增长到 1900 年的 343 万（增长了近 60 倍）；江户（东京）的人口也从 68.5 万增长到约 150 万。然而，直到 20 世纪初，在全世界范围内，农村人口的数量仍是压倒性的，只有约 9% 的人居住在人口超过 2 万的城市中，只有约 5% 的人居住在人口超过 10 万的城市里。

随后的全球城市人口增长过程高度接近逻辑斯蒂增长，其拐点出现在 1968 年。到 1960 年，全世界有 1/3 的人口居住在城市；到 2007 年底之前，这一比例已超过 50%；到 2015 年，这一比例已达到约 54%。相应的逻辑斯蒂曲线（拐点出现在 1969 年）预测，到 2050 年，城市常住人口的比例将达到 61%；联合国的预测值则是 66%（图 5.6）。1790 年之后美国城市人口的增长也非常接近逻辑斯蒂曲线（拐点出现在 1910 年）；到 1919 年，美国城市人口的比例已超过 50%；1975 年达到了 75%；2015 年达到了 81.6%，非常接近曲线的渐近值（2050 年，约 84%）（图 5.7）。多数国家都在经历城市化进程，整个过程历时数十年，城市人口的占比从 20% 上升到 50%：在全球范围内，这一过程历时近 90 年；即使在美国（城市化发展最快的社会之一），这一过程也历时近 60 年。

中国是最大的例外。在 1949 年共产党建立政权之前，全国只有 9% 的人口（大约 5,000 万）居住在城市。到 27 年后的 1976 年，即毛泽东去

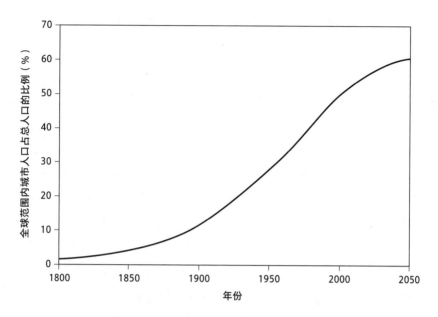

图 5.6　1800—2050 年，全球范围内城市人口占总人口的比例。图表根据联合国的各种统计数据绘制而成。逻辑斯蒂曲线的拐点出现在 1969 年，渐近值为 70.9%

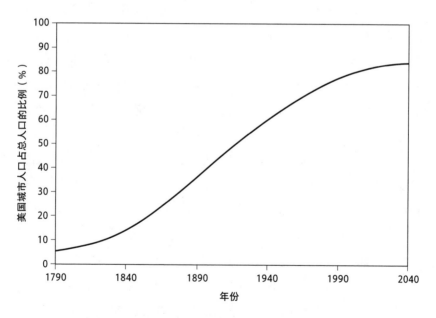

图 5.7　自 1790 年以来美国城市人口占总人口的比例。图表根据美国人口调查局（USBC 1975）和随后的《美国统计摘要》（*Statistical Abstract*）中的数据绘制而成。逻辑斯蒂曲线的拐点出现在 1910 年，渐近值为 87.2%

世时，这一比例刚刚翻一番，达到了 18%（UN 1969; NBS 2000）。1980
年之后，由于邓小平的改革开放，贫穷的农民得以迁徙到城市，寻找新的
工厂、建筑业和服务业工作。新政策与过去那种控制国内迁徙的政策有
根本性的区别，导致人口异常迅速地从农村涌向城市。到 2000 年，36%
的中国人居住在城市；到 2015 年，这一比例达到了 57.6%。城市人口的
比例从 20% 提高到 50% 仅用了 20 年。这一过程也是历史上规模最大的
人口迁移过程（图 5.8）。1980 年，中国城市居民总数为 1.9 亿；而到了
2017 年，这一数字已升至近 8 亿。城市人口增长了 6.1 亿，甚至比美国和
巴西（世界排名第 3 和第 4 的人口大国）的人口总和还要略高一些。

图 5.8　上海陆家嘴金融贸易区的发展是 1990 年之后中国快速的城市化的缩影。
图片来自维基媒体

　　人们普遍认为，城市化是经济发展的代名词，当缺乏具体数据时，
城市化率和城市的绝对规模是评估经济增长和人均经济水平的指标。然
而在前现代时期，也发生过没有经济增长（或对大多数新城市居民来说，
增长带来的经济收益很低）的城市化。最近，在 20 世纪最后几十年，这

一现象在许多低收入国家也越来越明显，在许多超大城市，比如达卡（Dacca）和金沙萨（Kinshasa），世界上的一些最贫困的地区越来越多地出现（Jedwab and Vollrath 2014）。

但总的来说，大城市的经济重要性（以及随之而来的社会和环境问题）已经成为不争的事实，由于存在着这样的密切关联，我们可以根据城市标度效应来预测关键的经济变量。贝当古和洛博在考察法国、德国、意大利、西班牙和英国的一些城市时，使用了一种新的对城市功能区的统一定义，他们发现总人口（x 轴）与城区总面积、国内生产总值、就业人口总数和专利数都呈双对数分布，而且都符合理论预期（对于指数范围在0.9—1.1 之间的直线有着相当好的拟合）（Bettencourt and Lobo 2016）。不过，由于每个国家的大城市数量都相对较少，因此他们还无法据此得出令人信服的定性结论。

长期以来，欧洲小国林立（欧洲人口最多的现代政治体——德国——直到 1871 年才统一），因此这块大陆上缺少非常大的城市。不过（与其他所有大洲一样），大型城市也拥有与其数量不成比例的经济活动和创造力，其影响力远超不断扩大的城市的范围。2016 年，联合国列出了 512 座人口超过 100 万的城市（UN 2016）。其中，约有 85% 的城市（436 座）的人口在 100 万—500 万之间，有 45 座城市的人口在 500 万—1,000 万之间，剩余 31 座超大城市的人口超过了 1,000 万（更详细的内容请参考本节后半部分）。此外，还有 551 座城市的人口在 50 万—100 万之间，全球近一半的城市居民居住在人口不到 50 万的城市。尽管在整个非洲和亚洲，小城市的人口在增长，甚至某些城市的人口增长速度还非常快，但在许多欧洲国家、俄罗斯的亚洲部分和日本，城市居民的数量却在下降。

不过在国家层面，相比于城市人口数量下降带来的经济和社会后果，小城市的持续扩张和超大城市的兴起引发的利弊更受关注。城市的增长有许多可量化的结果，其中的一些已被称为（并非严格物理意义上的）定律（Batty 2013）。我将简要介绍马歇尔定律（Marshall's law）、冯·蒂嫩定律（von Thünen's law）和托布勒定律（Tobler's law）。在本节靠后的部分，我将更详细地讨论齐夫的逆幂定律，它将城市等级与人口规模关联到了一起（Zipf 1949）。

处在增长过程中的城市在生产率、人均收入和累积财富方面的增长速度简直不成比例，这种情况可以归因于集聚现象（phenomenon of agglomeration），马歇尔最早意识到它的重要性（在节省运输成本、客户与供应商的互动、劳动力的汇集以及知识的交流方面，大大小小的企业都受益于规模经济和范围经济）（Marshall 1890）。很多经济分析对马歇尔定律进行了研究和阐述，这些分析侧重于运输成本以及增长中的城市所特有的共享、匹配和学习的机会（Krugman 1991; Galeser 2010; Behrens et al. 2014; Duranton and Kerr 2015）。

这些现实远比任何自然优势（如深水港或某个山谷中的人流汇集的地方）更为重要，这些自然优势在过去可能曾经发挥过一定的作用，但现在似乎只能解释当今产业价值的约 1/4（Ellison and Glaeser 1997）。集聚经济反映了人口密度与高工资、人均经济总产值和劳动生产率之间的紧密联系（Ciccone and Hall 1996）。人口密度与高房价之间的联系虽然在某些城市十分明显，但并不那么普遍。城市群在思想的孕育和传播方面一直扮演着举足轻重的角色，这一过程最终也带来了知识经济的兴起（Mokyr 2002）。正如马歇尔在他的经典论述中对信息溢出效应的重要性做出的评价那样，在城市中，"贸易的秘密不再神秘，它们就在那里"，等待每一个公司通过更好的实践和知识分享，从合作伙伴和竞争对手那里学习（Marshall 1890, 271）。

人们已经从多个角度研究过这一过程（Jacobs 1970; Romer 1986; Krugman 1991; Glaeser et al. 1992; Mokyr 2002, 2017）。这些研究会关注知识的积累，它们不仅使得原始发明机构受益，还能惠及其他企业，甚至能促进其他行业的发展；它们也关注人力资本投资的重要性、实体资本和非实体知识的协同作用、创新溢出效应在促进经济增长中的作用，以及城市在促进和传播这些变化时的关键作用。不过，这一过程的细节会随着集聚的阶段而发生变化。例如，关于 1956—1987 年美国 170 个城市的分析表明，对新兴领域来说，创新比行业内的知识外溢效应更加重要，尤其是在那些发展相当成熟的城市（Glaeser et al. 1992）。

企业的集聚（或配套）也是集中化过程的重要组成部分。首先是工业企业的集聚，然后是服务型企业的集聚。华尔街（金融服务）、硅谷（电子和软件）和好莱坞（娱乐）是最著名的 3 个案例，它们说明了相互配套和空间集聚将带来经济收益。这种集聚最重要的两个优势在于：一、人们能够在不改变居住地的情况下更换工作；二、劳动力市场的配置效率得到了提高。深圳是中国电子组装产业的枢纽，位于广东和香港的交界处，它可能是现代全球制造业中企业配套收益的最好例证。

值得注意的是，不论是 1950 年之后廉价长途运输（首先是大型散货船和油轮，然后是海上贸易中的集装箱船，以及集装箱化的柴油或电力铁路运输、长途卡车运输等）的兴起，还是 1980 年以后廉价的即时通信、信息和数据共享服务的迅速推广，都没有削弱集聚化的过程。城市化已经遍及拉丁美洲、亚洲和非洲的部分地区，一些古老的工业和服务业聚集区以全球金融活动中心的面目重新登场。纽约和伦敦就是两个典型的案例。同样引人注目的是，随着集聚效应而闻名的一系列拥堵成本（人群、生活成本、交通、噪音、污染）仍不足以遏制增长的趋势。即使在一些因为这些问题的组合而闻名的城市（包括亚洲的北京、新德里、孟买、卡拉奇和非洲的开罗、拉各斯、金沙萨），情况也是如此。

前工业时代的城市依赖周边地区提供的食物和燃料，通常会被分割成包含各种人口密度和经济活动的不同区域，这些区域的特性由各自到城市中心的距离和运输成本（非线性地）决定。德国经济学家约翰·海因里希·冯·蒂嫩（Johann Heinrich von Thünen）最早以严格的方式描述了这种关系（von Thünen 1826）。不过，他的模型有一些根本的局限性：它只适用于农业和依赖薪材的前工业社会的各种收获生物质（木材、牧草）的产业。此外，他还假设了一座建立在完全平坦的土地上的孤立的城市，此地土壤质量稳定，周围都是荒野。

这种简化的理想模型中形成了 4 个同心圆，从事不同的经济活动：第 1 个是距离城市最近的乳制品生产区和蔬菜种植区；第 2 个是木材和薪柴生产区；第 3 个是谷物生产区；第 4 个是畜牧业区域。在现代社会，城市中已经很少有农业区的痕迹了，廉价的大规模运输在很大程度上消解了距离的重要性。就连乳制品和新鲜蔬菜都有可能来自偏远地区，甚至来自别的大陆。不过，从人口密度和平均租金的下降来看，"城市"的属性随着离市中心或中央商务区的距离的延长或运输成本的增长而呈非线性下降的规律仍然非常明显。

随着城市的发展，城市与城市的互动既取决于它们不断增长的规模，也取决于互相之间的距离。第二个变量受限于托布勒定律，即"一切事物都与其他事物相关，但距离近的事物比距离远的事物更相关"（Tobler 1970, 236）。然而，就像冯·蒂嫩定律一样，这种显而易见的常识在全球化的经济中也经历了许多变化。两座位于不同大陆的城市可能在经济、通信和旅行方面互有联系，这种联系的强度甚至可能与它们各自和本国内部距离相对较近的其他大都市区的联系不相上下。

巴蒂还声称，城市会在规模扩大的同时变得更加"绿色"，亦即它们的发展变得更加可持续（Batty 2013）。这种说法可能是正确的，因为更高的人口密度能够使更高效的交通运输方案（城市内部密集的地铁网络和大城市之间的快速轨道交通）更经济，这些方案在人口密度低的小地方是很不经济的。格莱泽则以一种纯粹积极的方式展现了城市的优势，他的著作《城市的胜利：我们最伟大的发明如何使我们变得更富有、更智能、更绿色、更健康、更快乐》（*Triumph of the City: How Our Greatest Invention Makes Us Richer, Smarter, Greener, Healthier, and Happier*）在书名里堆砌了大量褒义词（Glaeser 2011）。

这种热情的概括也是一种带有误导性的简化。最重要的是，它甚至没有对如下事实做出暗示：城市是我们的文明中最复杂、最密集的（熵增的）耗散结构（Bristow and Kennedy 2015）。人口和经济活动的空前集中，使得城市需要源源不断地得到数量巨大且不断增长的能源（满足其高功率密度需求）、食物（维持史无前例的人群聚集）和原材料（建造、维护和更新大量的基础设施，涵盖供水、道路排水处理和垃圾处理）。城市化带来的资源需求是巨大的，因为随着人口向城市迁移，人均消费率也在一路上升甚至飙升（Smil 2015c）。

相比于农村的平均水平，城市中资源密集型的肉类和水果等食物的消费水平通常至少要高出 50%。在人均用水量方面，城市通常比农村高出数倍。城市家庭卫生间单次冲厕消耗的水量为 20 升，这个数字甚至超过了没有卫生设施的干旱农村地区的人们每天饮用和做饭的水量。即使在水资源匮乏但迅速走向现代化的中国，城市用水量也是农村用水量的 2 倍（Yu et al. 2015）。此外，在家用电器（炉灶和冰箱都是现代高层公寓的标配）和日常消费品的需求方面，城市的人均水平也比农村高出数倍。

城市的人均总能源需求明显高于小城镇或乡村，因为城市里的高层住宅、家庭、工业和交通用电需求，远远更高的汽车保有量，以及广泛的公共交通都需要大量能源供给（Parikh and Shukla 1995; Zhao and Wang 2015）。城市化也改变了能源使用的构成。在印度，将近 90% 的农村家庭使用柴火做饭，但在城市，这一比例只有 30%。另外，在比哈尔邦，只有 10% 的农村家庭能够用上电，但在高度城市化的哈里亚纳邦（新德里周边）和旁遮普邦，能用上电的家庭的比例超过了 90%。在人均用电量方面，印度的城市几乎是农村的 2 倍（Woodbridge et al. 2016）。

在中国开始现代化建设之初，城市的平均能源需求是农村的 5 倍。尽管农村的初级能源使用量迅速增长，城乡差距有所减小，但到 2010 年，中国城市居民的平均能源消费水平仍然比农村高出 50%（Chu et al. 2016）。不过由于大城市的多样性，我们难以对能量和物质的流动情况加以概括。肯尼迪等人发现，就人均使用量而言，2010 年消费水平最高和最低的大城市的差异为：钢铁 35 倍，能源 28 倍，水 23 倍，水泥 6 倍，平均每人制造的废弃物的差距最大可达 19 倍（Kennedy et al. 2015）。一般而言，住宅密度高和能量消耗密度高是所有大城市的两个共同属性。

早在古希腊罗马时代和中世纪，由城墙围起来的城市的拥挤程度已经达到令人难以置信的程度。1365 年巴黎人口普查的可靠数据表明，此处的人口密度超过了每平方千米 6 万人。即使这座城市的范围延伸到了城墙之外，它仍然是世界上人口最密集的地区之一，平均人口密度达到了每平方千米 2.1 万人。相比之下，那不勒斯的人口密度是每平方千米 2.5 万人，孟买为每平方千米 3 万人，马尼拉为每平方千米 4 万人。在亚洲那些超大城市人口最密集的区域，人口密度通常高达每平方千米 5 万人。而在美国人口最稠密的大都市区——洛杉矶，平均人口密度只有每平方千米 1,000 人。假设按年龄和性别加权平均，保守估计人们的体重平均值为每人 45 千克，那么如果人口密度超过每平方千米 5 万人，就相当于人类活体生物量的密度达到了 2 千克每平方米，这种密集程度是任何社会性哺乳动物都无法比拟的，要比东非最富饶的大草原上的大型食草有蹄类动物（羚羊、牛羚、长颈鹿、斑马）的季节性生物量峰值密度高出 3 个数量级（Smil 2013a）。

为了满足现代城市的能源需求，人们需要以极高的可靠性供应数量前所未有的燃料和电力，它们不仅要满足家庭和工业需求，还要为不间断运行的重要基础设施（供电系统、污水泵）或每天运行 18 个小时以上的公共服务（地铁和通勤火车通常只在清晨的几个时间段内停止运行）提供动力。现代城市的独特性体现为其能源需求的规模和高度集中的性质。在现代建筑消耗的总能量（大部分为电力和天然气）功率密度（每年每个单位面积内的能量流量，通常以瓦每平方米表示）方面，气候温和地带的节能型独立住宅的功率密度不到 10 瓦每平方米，1990 年后（质量更好的）美国双层房屋的平均功率密度为 30—40 瓦每平方米，温带气候环境中较老旧（1980 年之前）的 20 层办公楼的平均功率密度则接近 800 瓦每平方米（Smil 2015c）。纽约的城市测绘数据显示，曼哈顿中部一些高楼林立的街区的功率密度高达 900 瓦每平方米，金融区、中部城区的南部、格林威治村和东区的功率密度通常为 400—500 瓦每平方米（Howard et al. 2012）。

炎热气候环境中的高层住宅建筑（如今在亚洲和拉丁美洲的新兴城市十分常见）的能量消耗功率密度与之类似（Smil 2015c）。香港数十年来一直在建造这样的房屋，这里最大的公共住宅区——葵涌——拥有 16 座 38 层的塔楼，按照地基面积计算，其功率密度（每层的消耗量将近 25 瓦每平方米）约为 950 瓦每平方米。现在，能量消耗功率密度最高的是波斯湾地区的国家，那里的高层酒店的功率密度高达 2,000 瓦每平方米。迪拜最高的建筑哈利法塔（Burj Khalifa，高 828 米，共 160 层）按其地基面积计算，能量消耗功率密度高达 6,250 瓦每平方米（Smil 2015c）。作为比较，即使在迪拜，入射太阳光的年平均辐射量也只有 215 瓦每平方米（Islam et al. 2009）。要能够可靠地满足如此高度集中的能源需求，唯一的方法是将一切电气化。

此外，尽管每年有数千万来自农村的移民持续迁往城市，他们大多居住在不合标准的临时住所（往往是你能想象到的最糟糕的贫民窟），但为了安置新的城市居民，新住房的建设速度不可避免地达到了空前的水平。相应地，人们需要扩展工程网络（供水和供电、污水处理、交通基础设施），建设新的工厂和办公室，提供卫生和社会服务。而在中国，由于城市化进程延后了，兴建大量新建筑的浪潮密集地涌来。相比于有关新建房屋的数量或每年增加的住宅面积的统计数据，混凝土使用量更能说明中国的城市化强度：一个最令人惊讶的事实是，中国最近每 3 年使用的混凝土总量比美国在整个 20 世纪用于基础设施、住房和交通运输设施建设的混凝土总量还要多（Smil 2014b）。

不可避免地，城市化的发展会导致人均资源消耗量变得更高、更集中，从而带来相应的环境负担。城市的增长必然导致城市区域的扩张，这是一种普遍现象，我们可以通过卫星图像（现在几乎是实时的）进行研究（Bhatta 2010）。城市的扩张造成的影响恰恰发生在我们最不能失去的生态系统中。撇开人类最初的定居点不谈，大城市几乎都出现在沿海地区，现代的廉价大规模海上运输业的兴起加强了这种区位优势。2017 年，在全球最大的 20 座超大城市中，有 14 座位于沿海低地。根据麦格拉纳汉等人的计算，在 21 世纪初，沿海城市的生态系统容纳了全球近 15% 的城市居民，尽管此类生态系统的面积仅占大陆面积的约 3%（McGranahan et al. 2005）。在所有城市人口中，占比最高的人群（超过 1/3）生活在被耕地生态系统包围的城市，这些城市的扩张又导致了耕地面积的缩小。

城市的扩张导致了自然植被大量消失、生物多样性丧失、可居住环境碎片化、优质耕地减少、水流系统遭到破坏（溪流被迫进入混凝土槽甚至彻底消失），以及干旱地区的地下水使用过度。北京的发展一直是一个令人特别担忧的例子。这座城市早在一个世代之前就出现了供水不足的情况，但其人口在 1990—2015 年间仍然增长了一倍以上，使得这里的地下水资源供应变得更加紧张（Zhou et al. 2012）。目前，由于采用了常见的污水一级处理和二级处理，各大城市最严重的水污染已经基本被消除。此外，除了中国和印度（这两个国家仍高度依赖燃烧煤炭），在世界上大多数地方，严重的空气颗粒污染已基本消失，取而代之的是季节性的高浓度光化学烟雾。不过，在华北平原，这两种形式的空气污染依然存在：2010—2015 年，北京的细颗粒物（直径小于 2.5 微米）浓度一再比世界卫生组织建议的最大值高出 50 倍（Chen et al. 2015）。

　　城市热岛效应是由建筑物、工业活动和交通运输释放的能量造成的，并且会由于大面积的不透水面（屋顶、道路、停车场）而加剧，因为这些不透水面的高热容和低反射率有助于产生更强的空气对流。此外，受限的空气流通（特别是在城市的高层建筑区域）会减弱辐射冷却过程，并产生比潜热通量更大的显热损失（Stewart 2011）。在城市热岛效应的影响下，城区的平均温度通常要比城市周边的乡村地区高出 2 摄氏度，峰值差异最大可达 8 摄氏度。影响这种效应的因素还包括局部和顺风方向的云量、降水、雷暴天气的增加和相对湿度、风速、由遮阴引起的水平日照的下降。城市热岛效应还促进了光化学烟雾的形成，还会导致夏季热浪期间的意外死亡数量上升（Wong et al. 2013）。2003 年 8 月，巴黎的热浪导致了近 1.5 万人死亡。根据预测，中东大部分地区的夏季温度将逐渐升至 50 摄氏度，并能在几天甚至几周内保持在这一水平，因此这里面临的威胁越来越大（Lelieveld et al. 2016）。

　　城市的发展还导致了大量不透水面（ISAs）的出现，它们包括屋顶和经过铺砌的表面（道路、人行道和停车场）以及地面上储存的各种材料。这些区域没有任何植被，还会阻碍水的吸收。这些区域在大型降水事件中会形成大量径流；同时，它们也会减少水生生物的多样性和丰富度。美国（本土的 48 个州）不透水面区域的面积估值从 9 万平方千米（USGS 2000）增长到了 2000 年的 14.1 万 ±4 万平方千米（Churkina et al. 2010）。后一个数值甚至比希腊的国土面积还要大。21 世纪初，通过卫星对夜间照明亮度的观测得出的全球不透水面的总面积约为 58 万平方千米，占地球表面积的 0.43%，相当于肯尼亚或马达加斯加的国土面积（Elvidge et al. 2007）。

在这些负面环境影响中，某些影响会随着城市的进一步发展而减弱。例如，中国正在快速开通新的地铁和拓展旧的交通网络，这些措施将减少交通拥堵；将能源供应从煤炭转向天然气和电力也有助于改善空气质量。然而，许多负面的社会影响［从房价投机和对土地升值的预期，到移民规模超过城市在基本保障水平上容纳新移民的能力（这个问题在非洲新兴城市尤为严重，这些地方的贫民窟正在不断扩大），再到低收入家庭缺乏可负担的住房］在许多新兴的超大城市只会继续增加。

最有可能的情况是，到 2050 年，全球城市人口将增加 25 亿，其中仅 3 个国家（印度、中国和尼日利亚）就将贡献近 40% 的增长。考虑到尼日利亚最大的城市拉各斯目前的环境状况（很高的住宅密度、近乎永久性的交通拥堵、空气污染和水污染），我们很难想象该市的预期人口在 2015—2050 年翻一番将引发怎样的后果。拉各斯的增长反映出了城市化过程中的一个关键趋势，即城市人口越来越多，似乎没有尽头。这些城市最终覆盖的区域将等于或大于许多小国家，其中的人口却比大多数欧盟国家还要多。这类大规模人口聚集区被称为超大城市，它们的扩张最终会导致数个城市合并到一起。我们最好将其描述为城市群（agglomeration），或者按照格迪斯的说法，将其描述为集合城市（conurbation）（Geddes 1915）。美国东北部的波士顿-华盛顿城市带是第一个城市群，而且也许仍然是最著名的案例（Gottmann 1961）。

超大城市

通常来说，大城市和超大城市之间的分界线是 1,000 万居民。然而无论如何划分，我们都必须将超大城市当作一种功能单位来研究，而不是仅仅根据官方的行政划分来研究。我们只需关注最早的两座超大城市——纽约和东京，就可以看出这两种划分方式的区别。纽约市（包括以曼哈顿为中心的 5 个行政区）的总面积为 789 平方千米，2016 年的人口为 854 万。纽约大都市统计区（New York Metropolitan Statistical Area）的面

积为 17,405 平方千米，人口约为 2,050 万。范围更广的纽约联合统计区
（Combined Statistical Area，简称 CSA）的面积超过 34,493 平方千米（大
于比利时，略小于中国的台湾岛），2016 年的人口接近 2,400 万（USDC
2012）。纽约联合统计区（包括新泽西州最大的 5 座城市、康涅狄格州的
6 座城市和宾夕法尼亚州的 5 个县）是美国东北大都市带的重要组成部分。
这个大都市带包括 11 个州的 4 个联合统计区，面积约为 13 万平方千米，
人口接近 5,000 万，贡献了美国国内生产总值的 1/5（Scommegna 2011）。

　　东京的情况则要复杂得多，有多达 8 种不同的定义。一些定义是
行政性的，另一些则是出于规划的目的，以功能或日常通勤范围来界定
的。限制性最强的概念是 23 个区（ku，以前是旧城区的范围），这些区
的总面积为 621.9 平方千米，2016 年的人口为 925.6 万。东京府（Tokyo
prefecture，不包括太平洋上的小岛和偏远岛屿）占地 1,808 平方千米，
2015 年的人口为 1349.1 万。如果排除二战时期的人口下降，东京府范围
内的人口增长一直遵循对称逻辑斯蒂曲线，拐点出现在 1932 年，目前的
人口也已经达到渐近水平（图 5.9）。

　　最广泛的定义是日本首都圈（National Capital Region），它的范围包
括整个关东平原（位于太平洋和长野县之间，伊豆半岛以北和福岛县以
南），面积约为 36,900 平方千米，2015 年的人口接近 4,400 万。我以绘制
图表的方式追溯了东京大都市圈（Tōkyō daitoshi ken）人口增长的历史，
该地区是由通勤线路的连接来定义的，包括以新宿区政府大楼为中心、
方圆 70 千米的市区范围（TMG 2017）。这一地区的人口从 1920 年的近
1,000 万增长到 1940 年的 1,270 万，自二战以来一直在增长，2000 年达
到了 3,300 万，2017 年达到近 3,900 万：对应的人口增长曲线是一条对称
逻辑斯蒂曲线，拐点出现在 1971 年。这条曲线表明，如今东京大都市圈
的总人口已经非常接近极限水平。不过，日本的人口下降情况可能很快就
会非常明显，即使在东京也是如此：到 2030 年，东京大都市圈的人口不
但不会继续小幅增长，反而会下降几个百分点。

　　中国将原属四川省的重庆提升为全国 4 个直辖市之一（其他的 3 个
分别是北京、天津和上海），在法律意义上（de jure）创造了世界上最大

的城市，其面积超过了 8.2 万平方千米，略大于捷克共和国，稍小于奥地利（Chongqing Municipal Government 2017）。不过，位于四川东部的这

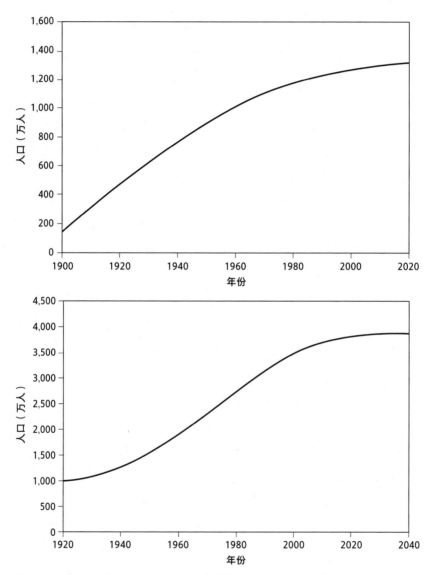

图 5.9 上图显示的是 1900—2020 年东京府人口数量的增长情况，符合逻辑斯蒂曲线，其拐点出现在 1932 年，渐近值为 1,380 万。下图显示的是东京大都市圈的人口自 1920 年以来的增长情况，符合逻辑斯蒂曲线，其拐点出现在 1971 年，渐近值为 3,880 万。图表根据日本统计局（SB 1996）和 www.metro.tokyo.jp（TMG 2017）的数据绘制而成

片地区的大部分都是农村，由 26 个区、12 个县和 1,200 多个乡镇组成。重庆市辖区内的人口已超过 3,000 万，但市区的面积不到 500 平方千米，人口不足 900 万。中国更有资格声称自己拥有世界上最大的城市群——位于香港以北的广东省珠江三角洲地区。到 2015 年，这一区域内的常住人口约为 6,500 万，总面积约为 5.6 万平方千米。

在超大城市兴起之前，前工业时代全球最大的城市大多都在亚洲：1500 年，亚洲的大城市数量占全球的八成，到 1825 年仍占六成。但后来，西方国家的城市化进程改变了排名：到 1900 年，全球最大的城市有九成位于欧洲和美国（Jedwab and Vollrath 2014）。然而，这种转变只是暂时的。到 1950 年，排名前 10 的城市中位于欧洲和美国的只有 5 座，到 2010 年仅剩 1 座（纽约）。如果按照拓展后的功能性定义，在 1950 年，纽约和东京是世界上仅有的两座超大城市。1/4 个世纪之后，墨西哥城也加入了该行列。在接下来的 25 年里，榜单上的城市数量增幅最快：2000 年，超大城市的数量为 18 座；到 2015 年底，超大城市增至 29 座；到 2016 年，超大城市的数量将达到 31 座（UN 2016）。

东京在该榜单上仍处于领先地位，我们可以将东京与全球的其他城市做比较，从而更好地理解其非凡的规模。2017 年，拥有近 3,900 万人口的东京大都市圈相当于世界排名第 36 的国家（在全世界 233 个国家和地区中），其人口比澳大利亚多出近 60%，比加拿大多出数百万人，几乎是土耳其人口规模的一半。2017 年东京的人口也略多于德国南部和中部 6 个州的人口总和，后者的总面积约为 166,000 平方千米，而东京的面积只有 13,572 平方千米，也就是说，前者的平均人口密度约为后者的 12 倍。另外，也没有任何其他城市能创造如此高的经济产值（纽约市排名第 2，比东京低 20% 左右）：东京贡献了日本国民生产总值的近 40%，其经济产值几乎达到了德国的一半！

在光鲜背后，东京市也有其阴暗面：生活成本高企；拥挤的住房比例很高；郊区与市区之间的通勤漫长且拥挤；在某些以前属于重工业区的地方，土壤和地下水受到污染；固体废弃物的处理和回收遇到了挑战。然而幸运的是，东京之所以出类拔萃，是因为它避免或解决了某些在其他超大城市十分常见的问题，其中一些方面十分突出：东京的犯罪率比其他任何超大城市都要低；得益于高效率的车辆、液化天然气和核电，东京的空气（在 20 世纪 70 年代末之前一直受到严重污染）质量相对较好；东京的地铁系统以及东京与周边城市的铁路连接都十分出色——无论是密度、频率还是可靠性。

在全球城市排名方面，紧跟在东京后面的是新德里、上海、孟买、圣保罗、北京和墨西哥城。2015 年，在全球的 31 座超大城市中，有 24 座位于低收入国家［这些国家被联合国称为“全球南方”（global "South"）］，其中有 18 座位于亚洲。在这些城市中，6 座在中国，5 座在印度。纽约作为西方最大的城市，排名全球第 10；莫斯科作为欧洲最大的城市，排名全球第 22；巴黎排名第 25。这也是欧洲在全球范围内的重要性不断下降的又一个例证。考虑到它们现在的规模，大多数超大城市的年增长率低于城市化人口的总体增长率，这一点不足为奇。城市人口的总体增长率在 2010—2015 年下降到了约 2%（20 世纪 50 年代初曾达到 3% 以上），富裕国家约为 0.76%，最贫穷的国家能达到近 4%。卡拉奇、新德里、达卡、广州和拉各斯是 20 世纪 90 年代以来人口增长最快的超大城市，年平均增长率都超过了 3%；其次是孟买、伊斯坦布尔、北京和马尼拉（Canton 2011）。根据联合国的预计，到 2030 年还将出现 10 座超大城市，分别为亚洲的 6 座（包括巴基斯坦的拉合尔、印度的海得拉巴和艾哈迈达巴德）、非洲的 3 座（约翰内斯堡、达累斯萨拉姆、罗安达）和哥伦比亚的波哥大。

随之而来的拥挤既是特定环境和历史条件的产物，也是现代城市化的综合力量的结果。如果按照整个都市区的面积来计算人口密度（以“人每平方千米”为单位），纽约的人口密度极低（不到 2,000），东京和北京的人口密度略高一些（约为 5,000），雅加达和伊斯坦布尔的人口密度相对较高（约为 10,000），拉各斯（约为 15,000）和巴黎（超过 20,000）的人口密度非常高，孟买（高于 30,000）和达卡（约为 45,000）的人口密度极高。当然，所有这些城市都包括许多较小的地段、街区或行政区，其人口密度要更高。许多人口不足 1,000 万的城市的某些区域也可能达到这样高的人口密度：在香港九龙人口最多的区域——观塘（以前的机场跑道以东）——人口密度达到了约 57,000 人每平方千米（ISD 2015）。

不同的超大城市处在截然不同的发展阶段：伦敦和纽约都是发展成熟的大都市，新德里、卡拉奇或拉各斯则是住房和经济活动都在迅速扩张的人口聚集区。所有超大城市（无论处于哪个发展阶段）都面临着令人担忧的收入不平等、低收入家庭生活条件恶劣以及基础设施匮乏且衰败（公共交通最为明显）等挑战。此外，低收入国家那些新兴的超大城市还面临着严重（甚至相当严重）的环境问题（包括人口拥挤、空气污染、水污染和固体废物处置）、高失业率（广泛存在的地下经济可以缓解这个问题）以及公共安全问题。超大城市还会面临超大风险（megarisk，这是由世界上最大的再保险公司之一慕尼黑再保险集团提出的概念）。由于人口和基础设施的空前集中以及经济活动和财富的空前积累，在重大自然灾害、恐怖袭击或战争面前，超大城市的保险赔付金额也是空前的（Munich Re 2004; Allianz 2015）。

为了确保所有高层建筑、地铁、工业和大量的服务商业房地产不受损失，再保险公司非常乐意接收这样的新业务。不过，他们也必须考虑到，超大城市潜在的损失远超其他任何地区可能面临的损失。因为，一次时间有限的故障（比如主要的地铁线路停运、高层建筑失火、房屋倒塌等）就会迅速造成大面积混乱，并转化为巨大的经济损失，其总和可能远远超过任何保险总额：1995 年的日本神户大地震造成的经济损失超过 1,000 亿美元，但由保险覆盖的损失仅有约 30 亿美元。另外，正如慕尼黑再保险集团指出的那样，由于"许多超大城市注定要遭受重大自然灾害的冲击"，因此长期风险要严重得多（Munich Re 2004, 4）。

地震和旋风（飓风或台风）是最普遍的风险。但在一些超大城市，热浪、风暴潮（海平面上升加剧）和火山喷发也可能造成重大伤亡。高层建筑越来越多，摩天大楼火灾的风险也随之增加：正如 2017 年伦敦格伦费尔大厦（Grenfell Tower）火灾事故所表明的那样，火势一旦开始蔓延，就很难得到控制。鉴于现代全球经济之间的相互联系（无论是在商品、旅行、信息方面还是在资金流方面），再也没有从严格意义上仅仅属于某一地的超大城市事故：东京或北京（都是相对容易发生此类事件的城市）的大地震可能引发全球经济衰退；为了减少潜在的流行病的大范围传播（导致航班停运），不同大陆上原本联系紧密的超大城市的日常生活和经济水平可能遭受打击。

现在看来，全球第一座人口超过 5,000 万的巨型城市的诞生似乎只是个时间问题。2015 年，在全球的 233 个国家和地区中，只有 27 个国家和地区的人口规模超过这样一座城市。它的人口数量比西班牙或哥伦比亚还要多，甚至与韩国（2016 年的世界第 11 大经济体）相当。不过，我们需要用一些更好的术语来描述人与经济活动的这种集聚现象。大城市由越来越大、连绵不断的建筑群（或运输线路、材料和产品处理区域以及公共走廊）组成，但它们并不是（实际上不可能是）具有单一中心的经典城市，那些单一中心往往是城市生活的真正中心，包括中央商务区、政府机关和主要的文化设施。东京已经形成了多中心结构。尽管银座可能仍然被视为传统意义上的市中心，但新宿的摩天大楼要密集得多；新宿、涩谷和池袋则拥有东京（乃至世界上）最繁忙的火车站，东京站仅排名第 8（Japan Today 2013）。

城市与位序–规模法则

在任何历史时期，城市都有一个共性：按人口规模排序，它们会显示出令人惊讶的分布规律。我们可以用一个简单的数学公式来表示这条规律（这个公式虽然不是很完美，但在许多情况下是非常准确的）：排名第 n 的城市的人口数量是最大的城市的 1/n，这就意味着城市的人口规模分布遵循幂率规则，幂指数非常接近−1。齐夫最初绘制的美国都市区排序图（根据 1940 年的人口普查）以城市排序为横轴，城市人口为纵轴（Zipf 1949, 375；参见第 1 章，图 1.27）。

理想的逆幂律关系在线性图上将产生一条平滑的曲线，在双对数图上则会呈现为一条直线。我们应该注意到，在后续的许多关于幂律的文章中，原来的齐夫布局图都颠倒了，人口的对数被放在了横轴上。一些文章还使用了自然对数（ln），而不是十进制对数（log）。因此，1 万—1,000 万之间的人口数并不在 4—7（它们的十进制对数值）之间，而是（大约）

在 9—16（它们的自然对数值）之间。有些文章甚至使用了错误的图表，把人口总数的十进制对数值标记成自然对数值。

为了弄清楚齐夫式的城市位序–规模分布的真实情况，人们已经分析了许多全国性的、大陆性的和全球性的数据集。蒋等人的工作也许是对齐夫定律在全球不同城市的适用程度的最佳说明，因为他们并没有使用常规的人口统计数据（这些数据不可避免地受到人口普查或行政定义的影响），而是使用夜间卫星图像来提取 1992 年、2001 年和 2010 年的约 3 万个自然定居点的数据（Jiang et al. 2015）。他们发现，齐夫定律在全球层面非常有效，在大陆层面（非洲除外）几乎也是有效的，但在国家层面（不论是在不同国家，还是在同一国家的不同时期）并不适用。

然而他们认为，因为该定律适用于全球范围内的完整城市集，所以单个大陆或单个国家的观测结果并不适合用来测试其有效性。此外，他们还发现这一定律也反映在各个国家的城市数量上，最大的国家的城市数量是第二大的国家的城市数量的 2 倍，依此类推。弗卢施尼克等人在一项类似的研究（这项研究使用了某个版本的城市聚类算法，从卫星图像上获得城市土地覆盖区域，并将其与人口数据的点状信息相结合）中发现，在全球范围内，齐夫定律更适用于城市群的区域，而非相应的人口数量（Fluschnik et al. 2016）。

不过，我们如果以标准方式分析全球数据（即将分析建立在已发布的城市人口数据而非通过夜间图像确定的自然集聚规模的基础上），就会发现分布的极端右尾并不遵循齐夫定律（Luckstead and Devadoss 2014）。东京大都市圈的人口接近 3,900 万，如果严格按照齐夫定律，排名第 2 的城市的人口应该不足 2,000 万。然而在 2017 年，有 2 座城市（雅加达和上海）的人口都超过了 3,000 万，至少有 3 个大都市区的人口约为 2,500 万（新德里、卡拉奇和北京）。不过，对于人口不足 2,000 万的城市（对数值为 7.3），齐夫定律的适用性相当好。

在国家层面，蒋等人的工作仅仅证实了他们之前或之后的许多分析所发现的问题（Jiang et al. 2015）。苏分析了 73 个国家的城市规模数据，发现其中 53 个国家的数据都偏离了齐夫定律（Soo 2005）。城市规模排名最接近齐夫定律的主要国家包括伊朗、墨西哥、尼日利亚、巴基斯坦、菲律宾和越南，而偏离最多的国家包括比利时、法国、肯尼亚、荷兰、沙特阿拉伯和瑞士。他在针对 26 个国家的城市群（而非城市）进行拟合度测试时发现，巴西、墨西哥、印度、印度尼西亚和英国几乎完美符合倒数分布，澳大利亚和南非对指数为−1 的幂律分布的依从性最低。

肖万等人分析过美国、巴西、中国和印度等国家的那些人口超过 10 万的城市群的数据（Chauvin et al. 2017）。在加拜和易卜拉欣莫夫的工作（Gabaix and Ibragimov 2011）之后，肖万等人使用了−0.5 这一级别的对数，以便更好地估计幂律分布的系数。美国的拟合情况非常好（系数为−0.91），巴西的拟合情况则要更好。相比之下，中国的系数与美国的系数相同，但它掩盖了曲线两端强烈的非线性特征，尤其是中国大城市的人口少于齐夫定律的预测值，这是幂律分布中的一种常见的重尾分布的案例（数据低于预期的指数分布）。这种特殊情况可能是中国在过去有意采取措施限制大城市的增长，并在 1990 年之后对大城市的扩张加以控制的结果。印度的分布曲线两端也都有弯曲，但拟合度比中国的要高一些。

毫不奇怪，贝当古和洛博证实，西欧最大的城市系统（德国、法国、英国、意大利、西班牙）的情况都不遵循齐夫定律（Bettencourt and Lobo 2016）。德国由于长期处于分散治理状态，因此缺乏规模足够大的城市；法国和英国则有着长期的集权统治历史，因此各自拥有一座非常大的城市（巴黎和伦敦）和一些较小的二级城市；西班牙城市的情况更接近幂律规则，但马德里和巴塞罗那都太大了，因此并不遵循齐夫定律。幂律规则也并非在全欧洲范围内都适用：如果适用，那么欧洲最大的城市将拥有5,800 万人口，第二大和第三大城市将分别拥有 2,900 万和 1,900 万人口。不过，通过使现有的大都市区加速发展来创造这样规模的都市是不可能的，也是不合适的。即使人口动力学允许这样的增长，它也只会加剧欧盟内部本已十分严重的地区不平等。

巴蒂通过他的图表式的等级钟引入长期的历史观点，为城市幂律分布的研究提供了有效的修正（Batty 2006）。连续绘制 1790—2000 年美国城市排名和人口规模的变化，结果呈现为一种相对稳定的负指数拟合。但是，随着城市排名进入和超出前 100 名，这种拟合完全掩盖了不同城市潜在的增长和下降动态。巴蒂正确地总结道，幂律分布在不同时间段内的稳定性，常常会掩盖排名顺序的动荡和变化。后者会"破坏位序-规模法则的普遍性：在微观层面，这些等级钟反映了城市和文明在很多时候、很多尺度上的不断上升和下降"（Batty 2006, 592）。

幂律分布是如何产生的？对于这一问题，至今尚无令人满意的答案（Ausloos and Cerquetti 2016）。优先连接（preferential-attachment）过程或许是一种公认的解释（Newman 2005）：这是一种富者愈富的机制，那些最大的城市吸引了远超比例的大量人口流入，进而形成遵循幂律的尤尔-西蒙（Yule-Simon）分布（Simon 1955）。什克洛认为，齐夫曲线是由排序过程本身的细节引起的，与底层系统没有紧密的联系（Shyklo 2017）。加拜则坚信，它是遵循类似增长过程的必然结果，因此"经济分析的任务从解释令人惊讶的齐夫定律退回到了研究更普通的吉布拉定律（Gibrat's law）"（Gabaix 1999, 760）。

吉布拉定律的正式定义是：增长过程的概率分布与实体的初始绝对规模无关，无论是公司［正如吉布拉最初描述的（Gibrat 1931）］还是城市，都符合对数正态分布（Saichev et al. 2010）。根据加拜的研究，大多数影响增长过程的因素的效果都会随着城市规模的增加而减弱（因为在规模更大的城市，经济韧性、教育程度、警务水平以及税收都要更高）。因此，在城市规模分布的前半部分，差异往往是最小的（Gabaix 1999）。相反，小城市的增长更容易受到各种条件的影响，从而产生更大的差异和更小的齐夫指数。

这种推论过程似乎很合理，但我已引用的许多研究都表明，偏离指数 -1 的情况在大城市和分布在左尾的小城市同样明显。因此，齐夫定律和等级标度定律都只在一定范围内有效（Chen 2016）。奥斯卢斯和切尔奎蒂曾指出，像齐夫定律的幂函数这样的简单双曲线定律通常不足以描述位序-规模关系，即便它们适用于许多可靠的城市排名，我们也不能将其视为普遍法则。基于理论观点，他们也提出了一种替代性的理论分布（Ausloos and Cerquetti 2016）。不过我认为，为了验证复杂的城市增长过程是否可以用齐夫定律来解释，克里斯泰利等人的研究是最好的选择（Cristelli et al. 2012）。

正如前文已经解释的那样，用于定义分析集的标准会对结果造成关键影响。克里斯泰利等人曾总结道，"许多真实的系统并未显示出真正的幂律行为，因为它们是不完整的，或者不具备幂律出现所需的条件"（Cristelli et al. 2012, 1）。因此，样本的连贯性（适当的标度）具有决定性影响。因为一般而言，真正符合齐夫定律的集合的子集或此类集合的并集都不遵循齐夫定律。将研究对象进行拆分与分解（或合并与聚合），会改变其排序。如果我们的研究对象是受制于变量的人工事物（例如城市），这种情况就会经常发生。

于是，在每个欧盟国家的城市规模方面，齐夫定律都基本（大致）适用；但在整个欧盟范围内，这一定律就完全失效了。美国的情况恰恰相反，整个国家范围的城市排序几乎符合齐夫定律，但个别州组成的子集却不符合该定律。这种区别反映了这样一个事实：欧洲的城市作为国家体系的一部分，发展了几个世纪，而美国那种更迅速的扩张是在一个经济统一的国家范围内实现的。克里斯泰利等人认为，在全球范围内，当前的城市系统尚未达到使各个大都市区真的需要为有限的资源而相互竞争的状态（Cristelli et al. 2012）。换句话说，全球人口还没有充分实现全球化，目前还无法形成一个连贯的综合体系。在这样一种体系中，位序–规模的分配将遵循幂律规则，而不是像现在这样大幅偏离幂律规则。

帝 国

最早的国家只不过是一些由主要城市扩张而来的领地。出于经济生存或自我防御的需要，这些大型城市逐渐多多少少直接控制了一些领土。其中部分实体（尤其是美索不达米亚平原和中国北方的一些政权）的存续时间相对较长（达到数个世纪），但它们的边界都相当有限（且定义非常宽松）。在经历了早期的扩张之后，这些国家的领土面积几乎不再（甚至完全不再）增长。相比之下，后来的一些城邦国家（例如腓尼基人和古希腊人建立的城邦国家）能够在距其核心地区数百千米的地方建立沿海殖民地，从而将自身的力量向远方投射，但这种点状的、以商业活动区的形式存在的领地并不在领土扩张型国家的范畴之内。

在古希腊、中国或中美洲历史的早期阶段，相互毗邻的城市以及后来的小型城邦国家的共存、竞争和冲突往往会造成长期的敌意和持久的僵持局面，这就使得我们几乎没有机会研究有组织的社会的长期增长过程。但在不久之后，规模更大的、有组织的实体就开始维持自身的存在，或开始了时间跨度极大的扩张和征服。关于这些增长过程的许多引人入胜的记载保留了下来。这些实体被贴上了帝国的标签。尽管这一称呼在直觉上似乎一目了然，但在试图评估其增长过程之前，我们仍然需要澄清以下问题：帝国究竟是什么？我们应该如何衡量它们？哪些国家或非国家实体可以被称为帝国？衡量帝国增长的最佳变量或组合又是什么？

使用"由皇帝或女皇统治的国家"给帝国下定义，是一种差强人意的同语反复。塔格佩拉给出的帝国的定义是："对于任何大型主权政治实体来说，只要其组成部分并不具备主权，不论其内部结构或官方名称是怎样的，它都是帝国。"（Taagepera 1978, 113）按照这种定义，我们也可以说加拿大是一个帝国，因为联邦议会曾一度承认魁北克省是加拿大境内的一个国家，但它对自身的事务不曾有过专属控制权。我认为施罗德说得很对："帝国实际上指的是一个有组织的政治实体对另一个与之分离且与之不同的实体所行使的政治控制……其基本核心是政治性的：一个实体对另一个实体的关键政治决策拥有最终裁量权。"（Schroeder 2003, 1）这一定义也清楚地表明，一个帝国并不一定需要皇帝，甚至不需要一个强人。

帝国这个名词起源于一个简单的概念：统治权（imperium）。它指的是命令或统治的权力，曾经为罗马帝国皇帝所有，后来为罗马共和国的执政官和裁判官所有。直到公元 1 世纪下半叶，这个词的含义才真正变成我们所理解的那样，指一个控制着广阔领土的强大国家：罗马人民的统治权（imperium populi Romani）指的是"罗马人对其他民族所行使的权力"（Lintott 1981, 53）。早在罗马帝国（imperium Romanum）崛起之前，符合这样一种定义的政治实体已经存在了几千年，它们包括美索不达米亚、埃及、印度和中国的一系列帝国。帕提亚帝国、萨珊帝国、秦帝国与汉帝国都是与罗马帝国处于同一时代的政治实体（前两个帝国也是罗马帝国的敌人）。在后来的诸多帝国中，拜占庭帝国因其持久和官僚系统的不透明而成为"错综复杂"的代名词，穆斯林的帝国和蒙古帝国因其迅速崛起而闻名，奥斯曼帝国经历了漫长的衰落过程，俄罗斯帝国不断地向东扩张，大英帝国对海洋拥有绝对的统治权，苏维埃帝国会无情压制不同意见。

巴菲尔德在对帝国进行分类时，引入了一种有用的层级结构（Barfield 2001）。初级帝国（primary empire，以罗马帝国或中国的王朝为例）都是通过征服大片（次大陆或大陆那样的级别的）领土而建立的，由大量（至少数百万）人口和多样化的民族组成。次级（影子）帝国（secondary empire）的形式包括那些能够通过向邻近的初级帝国施压而获得贡品的政治实体（数千年来，中国的草原和沙漠边境地区的游牧民族建立的国家都擅长这样做），也包括那些依靠相对较小的力量和有限的领土控制，却能获取巨大经济利益的海上贸易帝国（没有哪个国家能够比荷兰更好地掌握这一策略）（Ormrod 2003; Gaastra 2007）。

帝国的起源与扩张

自从有文字记录以来，就已有了帝国。布兰肯由此得出结论："人类的大部分历史都有大型正式帝国的特征。"（Blanken 2012, 2）历史学家们自然非常关心许多大帝国的形成与扩张以及衰落与消亡。这种兴趣点由来已久。关于罗马帝国的衰亡，最著名的历史论述《罗马帝国衰亡史》（*The History of the Decline and Fall of the Roman Empire*）的最后一卷出版于200 多年前（Gibbon 1776–1789）。在有关帝国历史的研究中，最常见的话题包括帝国的起源、意识形态、军事行动、与邻国的互动（通过冲突或商业交流）以及文化和技术影响。

在最近的一般性著作中，具有代表性的包括阿尔科克等人（Alcock et al. 2001）、斯托莱等人（Stoler et al. 2007）、达尔文（Darwin 2008）、帕森（Parson 2010）、布兰肯（Blanken 2012）以及伯班克和库珀（Burbank and Cooper 2012）的著作；也有许多书籍探讨了个别帝国的历史。毫不奇怪，注意力分布并不均匀。相比于帕提亚帝国和萨珊帝国（位于罗马帝国的东方，是它的两个劲敌），罗马帝国一直受到了更多的关注，近期的相关工作包括希瑟（Heather 2006）和比尔德（Beard 2007, 2015）的作品。对亚洲帝国的研究远比对美洲帝国的研究广泛得多。相比于在 1800 年之前就已达到顶峰的西班牙帝国和葡萄牙帝国，大英帝国和俄罗斯帝国（它们的兴起和衰落塑造了现代世界）引发了更多的研究。

人们曾多次尝试找出帝国的崛起背后的普遍原理。目前，已经确定下来的主要推动因素既包括蓄意的侵略和先发制人的扩张，也包括经济剥削和文化与文明方面的动机（宗教和政治理由）。帝国的衰亡也是常见的研究主题，对此，人们给出了 3 种最常见的解释：无力抵抗外部压力（既包括直接的武装攻击，也可能是大量的移民涌入）；内部衰败（包括经济和道德因素）；环境退化（那些追寻清晰的决定论故事的人最青睐此种解释）。罗林斯（Rollins 1983）和德曼特（Demandt 1984）对有关罗马帝国的灭亡的那些解释做了汇总，罗列了 200 多条不同的理由。我只关心那些有关帝国的起源、延续和衰亡的主要结论。

图尔钦声称，他建构的帝国生成模型能够解释公元前 3000—公元1800 年间的 60 多个巨型帝国 90% 的成因（Turchin 2009）。他的"镜像帝国"（mirror-empires）模型建立在东亚地区（帝国集中度最高的地区）可观测到的帝国动力学因素的基础之上。该模型的主要动力是游牧民族和定居农业民族之间的对抗性互动，这些互动迫使游牧政权和农业政权扩大规模，从而扩大各自的军事实力。靠近大草原边境的地理位置是形成大型帝国的最重要的推动因素：在旧世界，90% 的大帝国起源于撒哈拉沙漠与戈壁沙漠之间的地带。

从青铜时代的商朝以来，中华帝国连续不断的兴衰成败给这一模型提供了最具说服力（也最独特）的案例。值得注意的是，在中国历史上十多个大一统的帝国组织中，除了 1 个例外（明朝建立于 1368 年，定都南京），其余的全部起源于北方。

图尔钦的模型有助于解释欧亚大陆那些前现代帝国的崛起，但它缺乏普遍有效性。他的古代帝国生成模型无法解释某些帝国的形成，最明显的例子包括亚洲的热带帝国（南印度、高棉）以及横跨高山平原（阿尔蒂普拉诺高原）和亚马孙热带森林的印加帝国；它也无法解释欧洲的那些大帝国或 20 世纪奉行扩张主义的国家的崛起。图尔钦的研究还忽视了所有的海洋帝国。最合理的解释是，所有这些帝国（西班牙、葡萄牙、荷兰、法国、英国）的崛起时间都在 1800 年（他的研究的截止日期）之前，但鼎盛时期却是在 1800 年之后。然而西班牙帝国的情况并非如此，它在 1800 年后就开始瓦解（墨西哥、哥伦比亚和智利于 1810 年独立，委内瑞拉和巴拉圭也于 1811 年独立）。

用于解释帝国形成的"镜像帝国"模型也无法解释纳粹德国、20 世纪 30 年代和 40 年代初奉行军国主义的日本以及苏维埃帝国的崛起。阿莱西奥提醒我们，通过购买或租借（而不是通过武装冲突）来获得领土一直是帝国扩张的重要方法，但常常被忽视了（Alessio 2013）。此外，并非所有帝国都是以国家的形式出现的。英国东印度公司（East India Company，于 1600 年在伦敦成立）与荷兰东印度公司（Vereenigde Oost-Indische Compagnie，简称 VOC，于 1602 年成立）分别控制着印度次大陆的大部分地区（1757—1858 年）和今天的印度尼西亚（Keay 1994; Gaastra 2007）。

井上等人关注中期的上升和下降序列，从而确定帝国的规模发生显著变化的时期（Inoue et al. 2012）。这些上升趋势被定义为帝国持续增长的时期，这一时期会产生一个新的高峰，比先前的高点至少高出 1/3。相比之下，上升周期则是周期性趋势中较小的上升时期。暂时的上升趋势结束后，会再次出现之前那种较低的常态，这被视为一次潮涌。类似地，下行趋势是正常的上升-下降序列的一部分，但下行的幅度会明显低于先前的低点。持续的崩溃会导致新的深层低点，而且会成为至少两个周期内的常态。下行过程往往会在上升过程溃退之后出现。

井上等人的这些分析是在世界体系（一个国际性的体系，也是一个由相互交战和相互结盟的政治体交织而成的网络）的框架内进行的（Chase-Dunn and Hall 1994; Wallerstein 2004）。他们的分析主要集中于世界上的 4 个区域里的政治 / 军事网络，即美索不达米亚、埃及、南亚和东亚；他们的分析还关注不断扩张的中央系统区，包括波斯帝国、罗马帝国、穆斯林的帝国、蒙古帝国和大英帝国（Inoue et al. 2012）。在比较了这 5 个跨政体的网络的周期和波动频率之后，他们惊讶地发现其中的相似性比差异性更多，一共发现了 22 次上升趋势和 19 次下行趋势。

然而，他们只发现了 3 个持续的、系统性的崩溃案例：中央系统区的伊斯兰阿拉伯帝国后期的崩溃、东亚区的东汉王朝末年的崩溃，以及南亚区笈多王朝末期的崩溃。崩溃的数量如此之少，是因为他们的研究对象都是相互作用的政治体（国际体系），而非独立封闭的政治体。他们的比较研究还表明，从长远来看，周期的频率有所增加，但是上升和下行的频率并没有表现出长期的变化趋势：下行趋势的频率并没有降低，这表明社会的韧性并未随着社会文化的复杂性和规模的增长而增长，这一点与通常的假设恰好相反。

帝国的扩张通常始于一些最初范围有限的核心区域。后来，它们逐渐发展成一个个大型中央集权实体，幅员辽阔，容纳了众多讲不同的语言、从属于不同文化的居民。这个定义涵盖了大量政治实体：从明确建立的帝国结构（比如罗马帝国或大英帝国）到一战时期在俄罗斯帝国崩溃后由苏维埃社会主义共和国联盟重新组建的事实上的帝国，再到苏联取得二战的胜利后直接和间接控制的东欧和中欧的 6 个国家（这也是事实上的帝国扩张）。

中央集权可以表现为不同的模式。个人独裁（而且权力往往可以被继承）可以被视为一种默认模式，这种统治方式有时表现为公开的个人独裁，有时表现为与之关系密切的顾问为独裁者提供指导，还有一些时候则是一群拥有权力的参与者通过协商制衡达成不同程度的共识（这是欧洲中世纪和近代早期神圣罗马帝国处理帝国事务的常见方式）。长期统治很常见，无论是由一个家族（哈布斯堡家族在 1438—1740 年一直是神圣罗马帝国的统治者，并且在 1918 年之前一直是奥地利帝国和后来的奥匈帝国的统治者）还是由一群政治精英（从 1953 年斯大林去世到 1991 年苏联解体，也许是这种执政方式的最好例证）来统治。

帝国的增长

在可以用来追踪帝国的增长与延续的衡量标准中，最具启发性的标准是量化其经济实力。不过，正如下一节有关经济增长的内容所表明的，即使在拥有大量国家范围的和国际范围的统计数据的今天，这个标准也是值得商榷的。国家数据往往是零散的，即使二战前的工业化国家的数据也普遍是不完整的。某些国家的经济数据已经得到了重建（取得了不同程度的成功），一般可追溯到19世纪，在少数情况下甚至可以追溯到18世纪下半叶。但对于更早的政治实体，我们找不到任何可靠的经济数据。追踪帝国增长的另一个最佳选择是使用人口数据：有两个理由可以解释为什么我们能够用人口的多少而非领土的大小来衡量前现代帝国的实力。

在所有的前工业社会（即使在那些相对依赖畜力和风帆、水车、风车这3种前工业时代主要能量转换器的社会），人类的肌肉都是最重要的原动力。因此，他们的综合能力决定了和平时期的作物种植、采矿、手工生产和建设的水平，以及在战时对进攻或防御部队进行动员的能力。一个帝国的潜在实力虽然并不完全取决于人口规模，但一定与人口规模密切相关。人口比领土重要的第2个理由是，在前现代社会，勘测许多珍贵的自然资源、以经济实惠的方式开采这些资源并将其转化为有用的产品的能力都是有限的。

如果拥有更大的领土，帝国控制这些资源的可能性也就更大。然而几千年来，这些资源的存在本身并未带来任何好处。相比之下，更多的人口能使开采过程变得更容易。然而，如前所述，关于前现代社会的人口增长，实际上并没有可靠的、定期的、符合人口普查性质的数据留存下来，甚至以百年为间隔的数据都没有。因此，我们无法使用足够可靠的时间序列，依靠不断变化的人口数据来追溯帝国的增长轨迹。留给我们的最容易获取的衡量帝国增长的标准只剩下领土范围，我们将以此追踪帝国的崛起（和灭亡），尽管这一标准在许多方面都存在问题。

帝国的控制线（该术语描述了从有效的直接治理到通过代理人的统治，再到定期平定反抗并最终撤军的一系列行动）往往是不确定的，许多征服在本质上也是短暂的，这也许是将领土范围当作衡量标准时会碰到的两个最常见的复杂因素。许多帝国在边界地区实行的控制多种多样，从自然的或人为的屏障（主要的河流和山脉，中国和罗马的石制城墙或土墙）

到不确定的统治造成的多孔地区。在许多情况下，帝国刻意地仅仅对与主要贸易路线相连的城镇加以控制，而放松对道路联结较少的腹地的控制。这种现象在非洲和中亚的内陆地区都很常见。罗马的边界也很好地说明了这样一种不确定性。

短暂的大规模征服在古代和现代历史中都很常见。最著名的备受推崇的古代案例也许是亚历山大的军队闪击旁遮普平原后又退回波斯的军事行动。亚历山大大帝的军队在哗变之前，于公元前 326 年向东最远推进到了比亚斯河（Hyphasis，也称希达斯佩斯河），此处与他的阿吉德王朝老家马其顿的直线距离接近 5,000 千米。这一距离是柏林至斯大林格勒的直线距离的 2 倍多，希特勒的军队正是在斯大林格勒遭遇了决定性的失败。中世纪最瞩目的例子是蒙古的扩张：1279 年，从地图上看，蒙古帝国的最大控制范围从西伯利亚的太平洋海岸延伸到了波罗的海。不过，要想知道成吉思汗的后人实际统治的区域究竟有多大（除几个核心区域和主要的通讯及贸易路线），我们只能靠猜测。

现代的最佳范例是 1941 年 12 月日本帝国在偷袭珍珠港之后的短暂扩张。日本在 1931—1945 年占据着中国东北，在 1937—1945 年占领了中国东部的大部分地区以及越南、柬埔寨、泰国、缅甸，在 1942—1945 年 9 月的不同月份又占领了几乎整个印度尼西亚。不过，日本向东北方向进军的时间则特别短。1942 年 6 月，日军占领了阿留申群岛的阿图岛和基斯卡岛（Morrison 1951）。这两座岛屿成了日本帝国最东端的前哨和入侵美国领土的立足点，也为它绘制夸张的控制区地图提供了理由。然而，日本对这两座岛屿的占领只持续了一年多：在美军歼灭阿图岛驻军之后，1943 年 7 月 28 日，日本海军撤离了驻守基斯卡岛的部队。

在古代，长途运输和通信不仅缓慢又昂贵，而且很不可靠，这就导致统治者难以管理遥远的领土。此外，领土面积越大，边境线（或过渡区）也就越长，帝国的防御工作也就更为费力。这种勉强控制的领土不会带来明显的经济利益，却会因为防御困难而给帝国带来负担。几乎持续不断的边界冲突就充分说明了这一点，这种冲突导致罗马帝国在几个世纪里不断衰落，并最终解体。在这方面，最好的例子是罗马在大不列颠最北端的防线（图5.10）、罗马与日耳曼的边界防线，以及抵御对契亚省（今天的罗马尼亚）和叙利亚的入侵的工事。

在古代帝国宣称拥有的地区中，许多仅仅处于名义上的控制之下，因为它们仍然由地方统治阶级控制着。有些地方仅仅会不定期地出现帝国军队。

我们也可以通过比较那些宣称拥有几乎相同大小领土的帝国的领土面积，说明将领土的范围当作衡量帝国增长的标准存在怎样的缺陷。大英帝国和蒙古帝国在巅峰时期的疆域面积都达到了约3,300万平方千米。然而，只要对这两个帝国的性质和持续时间有基本的了解，我们就能立即知道，仅从这种空间上的对等推导出的任何结论都充满了误导性。经过250多年的逐步扩张，大英帝国的疆域面积在一战之后达到了顶峰，它将非洲的那些以前属于德国殖民地的地区收入了囊中。尽管相比于被统治的人口，英国公民和军事人员的数量通常很少，但帝国政府仍能有效地控制这些地区。即便经历了严重的失败，帝国政府仍然能够维持统治并恢复权威（Williamson 1916; Ferguson 2004; Brendon 2008）。当然，印度是最好的例证：印度公务员系统约有1,000名成员，他们控制着约3亿人（Dewey 1993），而1857年5月到1859年7月之间的大规模政变在短短两年内就被扑灭了（David 2003）。

图5.10　公元122年之后修建的哈德良长城，起自泰恩河，一直延伸到索尔韦湾畔鲍内斯，在接近3个世纪的时间里，哈德良长城一直是罗马帝国最北端的据点。图片来自英国遗产网站（English Heritage）

相比之下，蒙古帝国曾经拥有世界上最大的连续统治区，但这个类似国家的政治实体只持续了数十年。相比于延伸到极西和极南之地的最大领土，蒙古帝国长期有效控制的范围其实很小（Curtis 2005）。成吉思汗于 1206 年统一蒙古各部，此后，蒙古帝国在不到 60 年的时间里达到了最大规模。然而它多次闪电般迅速的扩张也伴随着闪电般的退却，在建立后的短短 3 代人的时间内，它最终分裂成了 4 个庞大的独立实体（金帐汗国、察合台汗国、伊利汗国和元帝国）。我们只要追溯大英帝国的发展，就会发现它取得的所有领地最终都会由帝国中央政府集权管理。因此，相比于编年式地记载由蒙古骑兵的反复进军和撤退标记的一个短暂的帝国，对大英帝国的研究是一个截然不同的课题。

所有这些情况都意味着，我们可以相当精确地追踪某些帝国的领土扩张情况，总误差可能不超过 10%—15%。罗马人在公元前 3 世纪和 4 世纪征服意大利，随后将帝国的版图扩张到了伊比利亚半岛和高卢地区，好战的阿拉伯帝国在 7 世纪不断扩张，清王朝在 17 世纪和 18 世纪末挺进中亚地区，这些都是有据可查的关于此类增长的范例。在许多其他情况下，对这种领土扩张（和缩小）过程的还原都会得到令人满意的总体趋势，但如果我们讨论的是实际控制（对某个地方实行有效统治或仅仅平定此地的叛乱）的领土范围，总误差会更大一些。而在其他情况下，对领土范围的计算只能得到一些近似值，甚至十分随意。

当一个庞大的帝国试图占领一块战略价值和经济价值都很高，但面积相对较小的领土，就会面临一个特殊的问题：虽然地图上的国土面积的增长微不足道，但这种扩张会带来许多深远的影响。1945 年以后苏联的扩张（本身是古代俄罗斯帝国扩张的小型复制）就是这种增长的最佳例证。在收复波罗的海三国并占领了 1939 年之前属于波兰的大部分领土后，于 1945 年取得二战胜利的苏联是到此时为止世界上最大的国家，领土面积达到 2,240 万平方千米。随后，它又将政治和经济控制扩大到波兰全境、民主德国、捷克斯洛伐克、匈牙利、罗马尼亚、保加利亚和阿尔巴尼亚。这一系列行动虽然只使这个帝国的版图扩大了不到 5%（差不多刚好 100 万平方千米），却将苏联的影响力史无前例地推进到了欧洲心脏地区（柏林和布拉格都在维也纳西北不远的地方），并使自身重要的经济和技术实力得到了增强。

在比较帝国的领土范围时，最能说明问题的方式是比较帝国控制的全球无冰土地（约 1.34 亿平方千米）的份额。到 1900 年，大英帝国控制了全球无冰土地总量的 23%，俄罗斯帝国和中国最后一个王朝——清朝则各自占据了约 10%。相比之下，罗马帝国在领土最大时仅控制了全球 3% 的无冰土地，同一时期的汉帝国控制的份额就超过了它。到公元 100 年，汉帝国的最大面积约为 650 万平方千米，占全球无冰土地总量的近 5%。帕提亚帝国（早期罗马在东方最强大的敌人）在公元前最后一个世纪中期拥有更大的领土。到公元 4 世纪结束之前，后期罗马帝国和晋朝的领土面积被不断扩张的萨珊帝国超越。显然，后世对罗马帝国的持久迷恋，以及帝国对后来的西方乃至世界历史的持久且多方面的影响，最主要的原因并不是罗马的领土大小。

如果在全球范围内进行比较，罗马帝国的领土面积（即使在最大时）根本无法排进前 20。即使与同一时期的其他帝国相比，它的领土面积也并不是最大的。在牢记这些事项的同时，我们还必须承认，追踪帝国领土的增长绝不仅仅是一项曲线拟合练习。对相对广泛的领土的控制是古代帝国的一个主要特征，这些帝国促成了文明的第一次伟大进步。在此基础上，又诞生了中央集权政体。这些政体在中世纪、近代早期和工业化时期以前所未有的规模整合了大片土地（乃至半个大陆）。我们必须避免得出简单化的结论，但可以通过关注帝国的兴衰，将领土面积当作衡量帝国实力的相对可靠的标准，从而获取许多世界历史动态。

对帝国兴衰的定量研究是最近才出现的。1931 年，哈特在一本关于社会进步的技术的著作中，用一章的内容讨论了帝国的加速发展过程（Hart 1931）。他通过比较从埃及到大英帝国这 6 个帝国的可能控制区域得出结论：帝国的规模是呈指数增长的。1945 年，哈特又在一篇关于逻辑斯蒂式社会趋势的论文中，绘制了一条关于亚洲陆上帝国面积纪录的曲线（Hart 1945）。一年后，凯勒又发表了一篇有关各国增长曲线的更详细的调查，研究重点是罗马帝国的兴衰（Keller 1946）。在我对这些自然的和社会的增长模式的研究中，这些开创性的论文以及随后的所有分析所确定的帝国崛起轨迹都符合 S 型增长曲线，这一点毫不奇怪。

塔格佩拉（Taagepera）是最早对几个主要帝国的增长曲线进行系统分析的学者。他借鉴了哈特的工作（Hart 1945），但并不知道凯勒的进一步分析工作（Keller 1946）。塔格佩拉追溯了罗马帝国、奥斯曼帝国、俄罗斯帝国以及美国的领土扩张过程（Taagepera 1968）。在接下来的 10 年里，他又进行了更广泛的研究，其内容涵盖了公元前 3000—前 600 年（Taagepera 1978）以及公元前 600—公元 600 年（Taagepera 1979）41 个帝国的兴起-衰退曲线。他为这些研究收集的领土数据被后来的研究人员在分析中反复使用（Chase-Dunn et al. 2006; Turchin 2009; Arbesman 2011; Marchetti and Ausubel 2012; Yaroshenko et al. 2015）。这样一来，原始数据中集中存在的一些夸大和近似的情况（因为他使用了历史地图集之中的地图来测量面积，所以空间分辨率较低）在后来的研究中也长期存在。

这种（往往不可避免的）误差可能会影响某些增长轨迹的部分内容，但不会改变帝国增长动力学的基本结论。对于为什么帝国的增长（极端复杂性的表现）与细菌或植物幼苗的生长遵循相同的规则，塔格佩拉给出了最佳解释：

> 与向日葵的细胞相比，我们可能高估了人类社会所涉及的额外复杂性。简单的逻辑斯蒂曲线可以同时应用在向日葵和帝国这两种事物上，原因在于复杂系统并非在所有方面都是复杂的。尤其需要注意的是，对于政治科学和历史学来说，更简单的物理学和生物学定律依然有效……（Taagepera 1968, 174）

帝国领土的扩张一般都遵循 S 型轨迹，这一点毫无疑问，但在扩张速度上，现实与预期常常存在巨大差异。扩张期（从新政体的形成或第一次展开扩张行动开始算）可能只有几十年。波斯帝国（阿契美尼德王朝）在不到 60 年的时间里（公元前 580—前 525 年）征服了印度河与希腊之间的大部分土地。在成吉思汗及其继任者的领导下，蒙古帝国向西的大部分扩张也是在大约 60 年里（公元 1200—1260 年）完成的。穆斯林的早期征服造就了一个疆域广阔的哈里发国家（从阿富汗到葡萄牙，从里海到也门），整个过程历时一个多世纪（公元 622—750 年）。不过，扩张期长达几个世纪的情况也并不罕见。

相比于扩张的速度，帝国的寿命显然能够更好地衡量它在历史上的成功。然而，能够将对广袤领土的严密控制与自身经济实力的逐步提高相结合的长寿帝国已成为遥远的过去。阿贝斯曼对 41 个帝国的分析表明，帝国的寿命不到两个世纪的情况最为常见，存续 200—400 年的概率几乎减半，存续 400—600 年的概率又下降了 80% 以上；所有这些帝国的平均预期寿命约为 220 年（Arbesman 2011）。最长寿的 3 个帝国都出现在古代早期，分别是美索不达米亚的古埃兰帝国（延续了 10 个世纪）、埃及的新王国与古王国（各自延续了 5 个世纪），它们都在公元前 1000 年之前达到成熟阶段（古埃兰帝国在公元前 1600 年左右，埃及的古王国和新王国分别在公元前 2800 年左右和公元前 1500 年左右）。

20 世纪的两个具有侵略性的极权主义帝国的延续时间则相对较短。从 1917 年 11 月 7 日的十月革命到 1991 年 12 月解体，苏联延续了约 74 年。德意志第三帝国（1934 年 9 月，希特勒在纽伦堡的一次集会上宣称，它将决定德国人"下一个千年"的生活方式）仅仅延续了 12 年零 3 个月（从 1933 年 1 月 30 日希特勒成为德国总理开始，到 1945 年 5 月 8 日德国正式投降为止）（Kershaw 2012）。

我将通过比较对世界历史造成最大影响的两个帝国结束本节的探讨。罗马帝国的多方面遗产一直是造就、维持和改变西方文明的关键因素，中华帝国（尽管经历了许多兴衰）却表现出了惊人的持久性、适应性和连续性。此外，由于中国全新的经济实力，如今的中国比以往任何时候都拥有更大的全球影响力。

罗马帝国与中华帝国

罗马人对自己的帝国的重要性及其疆域面积充满了信心。维吉尔（Virgil）在《埃涅阿斯纪》（*The Aeneid*）（第 1 卷，第 278 行）中描述了朱庇特对罗马人的神话承诺：我所赐予的，是一个无垠的帝国（imperium sine fine dedi）。值得注意的是，一些观察者发现这种夸张的诗意承诺具有一定的说服力。甚至在罗马人征服马其顿和埃及之前，波里比阿（Polybius）就在他的《通史》（Histories）中发问：谁不想知道罗马人是如何"史无前例、极其成功地将几乎整个人类世界都置于他们的唯一政府的统治之下的"？公元 14 年，人们将"神圣奥古斯都的功业"（Res gestae divi Augusti）的字样刻在了罗马的两根铜柱上，确认了"他将整个世界置于罗马帝国的统治之下"。公元 2 世纪，安东尼·庇护（Antoninus Pius）称自己为全世界的主宰（dominus totius orbis）。然而，现实情况却并没有那么令人印象深刻，我们也很难确定当时的情况究竟如何。

现代的罗马行省地图显示，这些地区横跨北非，从地中海沿岸延伸至内陆。然而，它们的最南端也只不过延伸到了当今的阿尔及利亚、突尼斯、利比亚和埃及境内的某些地区。实际上，罗马人的势力范围仅仅能够从努米底亚的部分地区（今天的阿尔及利亚和突尼斯海岸最东端）进一步向内陆扩张，那里的百人屯（centuration，分配给退役的罗马军团士兵的定居点）组成了连续的居民区，从地中海沿岸一直延伸到距离海边约 200 千米的内陆（Smil 2010c）。

在更遥远的内陆地区，撒哈拉沙漠仍是一个不可逾越的障碍，直到人们从阿拉伯半岛引入骆驼。这一过程始于公元前 2 世纪和前 1 世纪的埃及与苏丹，然后向西缓慢发展。最终，西非的跨撒哈拉贸易在几个世纪后才出现（Bulliet 1975）。除了军屯区和一些前沿防御阵地，罗马帝国的实际控制范围仅仅延伸到狭窄的沿海平原。在一些偏远省份，这样的定居点和哨所大多只能提供点状的和线性的控制，其控制范围也仅限罗马人的基地和连接它们的道路，无法覆盖周围的大多数乡村。罗马的毛里塔尼亚-廷吉塔纳省（Mauretania Tingitana，包括今天的阿尔及利亚沿海地区和阿特拉斯山脉以北的摩洛哥中部和北部，并非现代的毛里塔尼亚）是帝国在边缘地区进行统治的另一个绝佳示例：此地的大多数领土之所以是"罗马帝国"的疆土，仅仅因为当地统治者与罗马结盟，而不是因为当地存在着任何广泛的罗马人定居点，也不是因为罗马人直接对此地进行了军事占领。

　　类似的夸大领土范围的现象也出现在了其他地方。比如罗马帝国的版图就包括了尼罗河三角洲与河谷以外的埃及大片地区，帝国最东端的领土控制线也高度不确定，而且频繁发生变化。罗马人至少曾 4 次在今天的叙利亚东部建立起一个美索不达米亚省，但他们从未获得对该地区的永久控制权（Millar 1993）。尽管公元 117 年的罗马帝国地图显示，它的控制范围一直延伸到了波斯湾的最北端，但它其实从未拥有过美索不达米亚平原（今天的伊拉克南部）。事实上，图拉真（Trajan）于公元 116 年抵达了波斯湾（Sinus Persicus）的岸边。根据迪奥·卡修斯（Dio Cassius）的说法，图拉真（看着一艘驶往印度的船时）感到了遗憾，因为他已不再年轻，无法继承亚历山大大帝的东征事业。而他在美索不达米亚南部建立的从属国翌年便不复存在。

　　因此，人们通常认为罗马帝国的最大面积是公元 2 世纪初的 500 万平方千米左右；塔格佩拉及其后续研究者则采纳了 460 万平方千米这一数字（Taagepera 1968）；根据我最乐观的估计，它的最大面积应该是 450万平方千米。我还算过，根据保守估计，罗马人所知道的有人居住的地区（oikoumene）也至少有 3,200 万平方千米，这就意味着罗马帝国的最大范围还不到地中海文明所知道的古代世界面积的 15%（Smil 2010c）。与它处于同一时代的强大的东亚帝国——汉帝国——到公元 100 年已控制了650 万平方千米的土地，一个世纪后仍控制着约 450 万平方千米的土地。

　　这些成就远远不足以让罗马帝国成为他们的整个世界（totius orbis）的主宰者。虽然罗马帝国和汉帝国的总人口大致相当——都在 6,000 万左右（Hardy and Kinney 2005），但汉帝国无疑拥有更具创新性的技术和更强大的经济实力。罗马帝国的寿命并不比同一时期的其他帝国长多少：它存续了 503 年，汉帝国存续了 427 年，萨珊帝国存续了 425 年。然而，这些事实并不会掩盖罗马帝国统一地中海世界并建立一个中央集权国家的功绩。结合文字记录和考古发现，我们能够高度确定地还原帝国的增长情况及其最远的控制范围（Talbert 2000）。

　　罗马帝国最北端的控制线在安东尼长城（Vallum Antonini）以北，沿着福斯河与克莱德河之间的峡谷，跨越整个苏格兰（Fields 2005）。它在欧洲大陆上的长期边界则是沿着莱茵河、美因河与多瑙河建立的，日耳曼尼亚的大部分地区、整个波希米亚以及斯洛伐克都在帝国的统治范围之外。帝国最东部的省份包括潘诺尼亚省（主要包括今天的匈牙利）和达契亚省（今天的罗马尼亚西部和中部，公元 106 年被图拉真征服），东部边界延伸至多瑙河三角洲北部的黑海（Pontus Euxinus）。安那托利亚（小亚细亚，今天的土耳其）是罗马帝国的一部分。然而，尽管罗马人反复尝试将美索不达米亚北部并入帝国的版图，但他们只能取得暂时的成功，之后一次又一次地被帕提亚帝国或后来的萨珊帝国击退。

叙利亚曾是罗马帝国的一个行省，但罗马人对阿拉伯半岛的控制仅限于红海边的狭长沿海地带。在埃及的尼罗河三角洲和尼罗河谷地以外的地方，罗马人也控制了几处绿洲、尼罗河和红海的米奥斯赫尔墨斯港（Myos Hormos，靠近今天的埃及南部城市库赛尔）与贝雷尼克港（Berenike，驶向印度的出发地）之间的道路。在今天的利比亚，帝国的控制范围仅限于沿海平原；而在突尼斯和阿尔及利亚的部分地区，罗马人的一些定居点延伸到了更远的内陆；最西部的行省——毛里塔尼亚-廷吉塔纳则从未被帝国牢牢控制。不过，试图划定清晰的边界是一种罔顾历史的努力，因为罗马人试图控制的是人口和城镇，而非由精确划定的边界框定的疆域（Isaac 1992）。

虽然存在着一些著名的城墙，比如罗马的边界墙（limes，见图 5.10），但帝国的领土范围通常只通过一些模糊的描述或不常使用的标记来确定。帝国的目标并不是控制境内的所有领土，而是通过在少数守备城镇部署有限的部队或依靠盟友的军队（后一种情况更为常见）确保对帝国的充足监管。然而在少数地区，情况恰恰相反：在这些地区，罗马军团冒险越过边界，长期驻留在这种前沿阵地。这种渗透的最著名的案例之一处于阿拉伯北部希贾兹（Hijaz）的恶劣环境之中：第三昔兰尼加军团（Legio III Cyrenaica）当时的主要基地是波斯特拉（Bostra，位于今天的约旦东北部），但在此地东南方约 900 千米之外的玛甸·沙勒遗址（Medain Saleh，又名 Hegra）曾出土由他们留下的铭文（Bowersock 1983; Millar 1993; Young 2001）。

罗马在公元前 5 世纪开始慢慢走上帝国之路（罗马共和国的第一次

战争发生在公元前 437—前 426 年），一开始扩张到了伊特鲁里亚人的地盘。仅仅一个世纪之后，罗马共和国在拉丁战争中取得胜利，随后才获得对意大利中部的控制权。在取得萨莫奈战争（公元前 298—前 290 年）的胜利后，罗马的控制范围扩张到了东南沿海地区，但卡拉布里亚、西西里和波河河谷仍在它的控制范围之外。布匿战争的结果是罗马的领土首次实现大幅扩张。到公元前 146 年战争结束时，罗马控制了整个意大利、伊比利亚半岛的大部分地区、南地中海沿岸（迦太基、昔兰尼加）、马其顿以及希腊的部分地区。

　　小亚细亚和叙利亚在公元前 66 年并入罗马的版图。在恺撒征服高卢（公元前 51 年）后，罗马共和国控制了超过 200 万平方千米的土地。在接下来的 65 年中，随着埃及（公元前 30 年）和几乎整个地中海南部沿海地区被征服，今天的比利时、荷兰以及德国部分地区也并入了罗马的版图，再加上罗马向东扩张到了巴尔干地区，一直来到黑海沿岸，罗马的总面积增加了 2/3。公元 14 年奥古斯都（他在公元前 27 年成为罗马帝国的第一任元首）去世时，罗马帝国控制了约 350 万平方千米的土地。随后的一系列扩张（包括不列颠、达契亚、亚美尼亚、美索不达米亚）使帝国版图不断扩大，到公元 2 世纪图拉真统治初期，罗马的控制范围达到了约 430 万（也许是 450 万）平方千米的巅峰。

　　从共和国的诞生到图拉真的统治，罗马的最大控制范围的增长轨迹能够很好地与逻辑斯蒂曲线吻合。但逻辑斯蒂增长一般是许多简单或复杂的生物体的增长过程，罗马的例子只能说明用这种定量模型进行预测是多么无效。如果在公元 2 世纪初图拉真统治期间（他于公元 117 年去世），罗马的一位希腊数学家知道如何计算帝国领土增长的逻辑斯蒂曲线（从公元前 509 年共和国建立算起），高度拟合的结果一定会使他相信这就是准确的预测结果。那么他所预见的帝国版图不会无休止地增长，而是将停留在大约 500 万平方千米的平台期（图 5.11）。

　　尽管面临着许多挑战，但直到公元 390 年，罗马帝国仍然控制着图拉真时代（在这个时代，它控制的领土面积达到了巅峰）的领土面积的近 90%，尽管许多边界地区正在变得越来越不稳定。之后，在外部压力和内

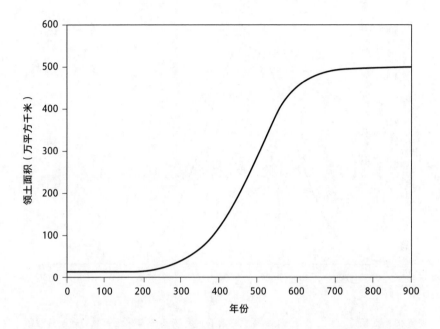

图 5.11 公元前 509—公元 117 年罗马共和国与罗马帝国的领土面积增长过程，隐含的未来发展轨迹建立在逻辑斯蒂拟合的基础之上。图表根据塔格佩拉（Taagepera 1979）的资料和本书作者基于塔尔伯特（Talbert 2000）的资料计算出的面积数据绘制而成。横轴上的 0 年对应于现实中的公元前 509 年

部矛盾的作用下，罗马帝国迅速解体，解体后的西罗马帝国在公元 476 年灭亡。东罗马帝国（公元 330 年，帝国的首都从罗马迁至君士坦丁堡）不仅幸存了下来，而且在 6 世纪中叶（在查士丁尼皇帝和他的主要将领弗拉菲乌斯·贝利萨留斯的领导下）甚至暂时重新控制了意大利、达尔马提亚和北非及西班牙的部分地区（Gregory 2010）。在短暂的扩张之后，东罗马帝国的势力范围也缩小了。但在公元 476 年西罗马帝国末代皇帝罗穆卢斯（Romulus）被废黜之后，东罗马帝国在地中海东部（处在不断变化中的）大片地区的统治延续了近 1,000 年：君士坦丁堡直到 1453 年 5 月才被奥斯曼帝国的侵略者占领。我们对罗马的扩张和衰退（从公元前 509 年罗马共和国的建立到公元 1453 年君士坦丁堡的陷落）的轨迹进行拟合，就能得到一条近似的正态曲线，它的右尾被拉长，这表明拜占庭帝国的寿命至少"被延续"了 700 年，而这 700 年几乎就是它的大部分寿命（图 5.12）。

相比之下，中华帝国的领土扩张过程并不完全与 S 型曲线相吻合

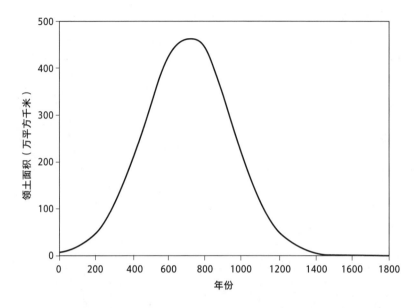

图 5.12 公元前 509—公元 1453 年罗马共和国与罗马帝国领土面积的增长过程以及东罗马帝国领土面积的逐渐收缩过程。图表根据塔格佩拉（Taagepera 1979）的资料和本书作者基于塔尔伯特（Talbert 2000）的资料计算出的面积数据绘制而成。横轴上的 0 年对应于现实中的公元前 509 年

（Tan 1982–1988）。中国的第 1 个王朝（夏朝，约公元前 2070—前 1600 年）的领土面积只有约 10 万平方千米。到公元前 1100 年，商朝（公元前 1600—前 1046 年）已将领土扩张到约 125 万平方千米。短命的秦朝（公元前 221—前 206 年）的面积达到了约 200 万平方千米。其后的汉朝（公元前 206—公元 220 年）与罗马帝国处在同一时期，但它的面积在公元 100 年之前就超过了罗马，达到了 650 万平方千米。隋朝（公元 581—618 年）的面积又减少了一半以上，只有约 300 万平方千米。在唐朝（公元 618—907 年）的统治下，帝国的国土面积再次扩张，达到了 540 万平方千米。随后的另一个短命王朝——由蒙古人建立的元朝（公元 1271—1368 年）将亚洲内陆的大部分草原地区纳入了帝国的统治之下，从而将领土面积短暂扩大至 1,150 万平方千米。

随着明朝（公元 1368—1644 年）的建立，汉人重新统治中国，这也意味着汉朝的边界在本质上得到了恢复。由满族人建立的王朝（清朝，中

国最后一个王朝，公元 1616—1911 年）则继续向西推进，最终征服的领土面积在 1790 年达到了约 1,310 万平方千米，超过了元朝的最大面积，到 1880 年，它控制的面积仍有约 1,150 万平方千米。中华帝国的长寿是无与伦比的，不同的王朝在这片动荡的土地上持续统治了 3,500 多年。该帝国几乎一直能够控制黄河中下游核心地区，且大多数人口总是使用相同的语言。更了不起的是，这种持续统一的特征继续保持到了现在。

在经历了近 40 年的后帝国主义动荡时期（包括长期的内战和日本侵略）之后，1949 年 10 月成立了中华人民共和国，只有台湾（在 1895 年被割让给日本）仍然被国民党控制。在经历了 27 年的文化和经济曲折历程之后，邓小平让中国走上了改革开放的道路，1980—2017 年，中国的国内生产总值（按 2010 年的美元价格计算）从约 3,000 亿美元提高到 10.2 万亿美元（World Bank 2018）。就购买力平价而言，中国已经是世界上最大的经济体。

因此，相比于寻找与帝国扩张时期最接近的数学模型，帝国的长期适应性是一个更吸引人的话题。罗马与中华帝国的对比则为我们提供了一些具有揭示性的特点。这两个帝国都必须面对旷日持久的来自外族的压力，但罗马屈服于这些压力，中华帝国却能最终吸收它们。尽管这两个帝国都不得不依靠庞大的军队来防卫脆弱的边界，但各自的机制有所不同：罗马将权力下放给军队，如此一来，罗马的将军们既是最高权力的捍卫者，又是竞争者；相比之下，中华帝国的统治则依赖自上而下的官僚机构，将军们的权力受到限制（Zheng 2015）。我们可以通过对比罗马帝国时期和秦汉时期的权力转移，对这些事实加以说明：罗马的权力变动有62% 都涉及军事继承，而在中华帝国，世袭继承占了 87%。

这两个帝国都不得不考虑新宗教对统治权力的争夺，但基督教的胜利并没有阻止罗马帝国的灭亡（实际上甚至可能加速了它的灭亡），而在中华帝国，佛教（以及后来的伊斯兰教和基督教）从未拥有基督教在罗马那样崇高的地位。语言的历史是另一个关键的差异：尽管在西罗马帝国灭亡后，拉丁语作为教会、法律、编年史和严肃的书写语言继续存活了 1,000 年以上，但在日常使用中，它逐渐被罗曼语族的各种语言取代；

而中华帝国的语言和表意文字系统一直都非常稳定。1911 年结束帝制之后，直到 20 世纪 50 年代，中华人民共和国仅仅对汉字做了一些小的简化。显然，中国文化力量的融合具有很强的向心力，罗马的那种融合则更为离心。

经　济

　　如前所述，在现代著作中，没有哪个形容词与本书主题词——"增长"相结合的频率比"经济的"一词更高。虽然"经济增长"作为一个术语已经不再像 20 世纪 60 年代那样至关重要，但如今它出现的频率仍然极高。公众关注的焦点不断流转，对经济增长的关注却是一以贯之的，关于国内生产总值（衡量经济增长的最常见的指标）的新闻报道和研究也不可忽视。此外（如前所述），在那些富裕的西方经济体中，它们如今几乎总是带着一点焦虑色彩：国内生产总值的增长率似乎总是可以（或者应该?）更高一些，才能让经济学家、政治家和知情的公民们感觉更好一点。

　　本节的大部分内容将追踪那些有关经济增长的系统性研究。这些内容将从对国内生产总值的一些关键描述开始，虽然国内生产总值是一个既方便又富有揭示性的概念，但它的误导性同样明显。之后，我将通过论述（总的或人均的）年变化率或实际的（通常是由于通货膨胀而进行调整之后的）货币来追溯国家和全球经济的长期增长轨迹。最后，我将考察经济增长的动态，关注其根源、前提、原因、启动、促进和阻碍。但在此之前，我将考察必需的基本物理条件和增长的结果，即现在常常被忽视（或故意被忽视）的能量和物质流动。如今的人们在看待经济增长过程时，只考虑货币这样一个不充分的衡量标准，就好像它不需要能量，也不需要物质的抽象变化。

　　尽管经济学家们长期忽视能量的作用，但从基本的物理学（热力学）角度来看，所有经济活动都是一些简单的或连续的、旨在生产特定的产品或服务的能量转换过程。这就是我要追溯全球初级能源（所有燃料和所有非热能形式的能源，对于电能，我们则用一个统一的倍数将其转换成科学单位焦耳）的使用量、主要燃料（煤炭、原油、天然气）的增长以及发电量的增长的原因。它们的数值大小是衡量整体经济活动水平的最佳物理替代指标之一。当然，粮食是所有能量投入中最基本的类型，因此我将回溯农业增长的基本过程，例如耕地和草场的扩张以及谷物和肉类的产量。

基本材料投入的种类变得越来越多，已经成为经济现代化的典型标志之一。在近代早期（1500—1800 年），即使那些经济表现最好的国家（18 世纪的英国和清代中国）也大多仍以木制经济（木制房屋、船舶、马车和工具）为主，在建筑行业，以大量（但变化很大的）石头和砖块（在欧洲很常见，在东亚很少见）为辅；金属、玻璃和陶瓷制品（从盔甲到精美的瓷器）的使用量则非常有限。直到 19 世纪，人们才开始大量使用廉价的钢铁和水泥，铝的工业化生产也是在这时首次实现的。氨（所有含氮肥料的基础）合成技术、塑料生产技术以及后来的以硅为原材料的固态电子产品合成法则直到 20 世纪才问世。我将通过考察木材、钢铁、铝、水泥、氨、塑料和硅的全球消费量，追踪这些材料的多样化的最显著的趋势。

能源投入

传统经济的主要能量来源是生物质燃料（木材、木炭、稻草、粪便）和生物动力（人力、畜力），非生物动力（来自水和风）只占极小的一部分。从罗马帝国的巅峰时期到欧洲中世纪晚期的约 1,000 年里，这些能源投入的人均使用量变化极为缓慢。我的计算表明，在罗马帝国统治的鼎盛时期，所有形式的能源的人均年消费量至少为 18 吉焦（Smil 2010c）。加洛韦等人则估计，1300 年伦敦的人均燃料消费量约为 25 吉焦（Galloway et al. 1996）。在 16 世纪和 17 世纪，水车和风车在近代早期的欧洲变得越来越重要。到 17 世纪中期，英国成了首个以煤炭为主要燃料的国家。但直到 19 世纪，欧洲其他地区、亚洲和新成立的美国仍以木制经济为主（Smil 1017a）。

传统经济仅仅依靠风力和水力的微小贡献，就将自己从对光合作用每年的产物的依赖中解放了出来（Wrigley 2010; Smil 2017a）。里格利发现了一个耐人寻味的悖论：这种解放是"通过获取在一定地质时间内积累的光合作用产物而实现的，正是作为一种能源的煤炭的使用量不断增长，为我们提供了一条绕开固有限制的路径"（Wrigley 2011, 2）。在 19 世纪，全球所有初级能源（所有的传统生物质燃料和化石燃料）消耗量的上升略高于1倍，从1800年的20艾焦（EJ，1艾焦等于10^{18}焦耳）上升到1900年的44艾焦，煤炭所占的份额从1800年的不到2%上升到1900年的47%（Smil 2017a）。

在20世纪，全球所有初级能源〔包括所有燃料、一切形式的初级电力（水电、核电、风力发电、太阳能发电）和所有的现代生物燃料（伐木后的残渣、生物乙醇、生物柴油）〕的消耗量几乎整整增长了8倍，达到了391艾焦，其中化石燃料（原油居首，煤炭和天然气紧随其后）占到了总量的80%。到2015年，全球初级能源消耗总量再度增长了34%，这在很大程度上是因为中国经济的飞速发展。全球能源生产增长率的变化遵循着一些可预测的轨迹，已经逐渐开始从化石燃料开采技术或发电技术诞生后最初几十年的那种高水平（一开始，年增长率可达到10%这一数量级，且不同年份之间波动较大）降了下来，随着总产出的增加和波动范围的缩小，最近的年增长率一般不到4%（Höök et al. 2012）。

传统生物质燃料的份额从1900年的近50%下降到2015年的不足8%。不过，由于我们无法准确地监测所有供应量，因此国际标准统计数据往往将其排除在外，只计算现代化石燃料、生物燃料和初级电力的供应量。这些商业能源的消耗量从1800年的不到0.5艾焦上升到1900年的约22艾焦。在四舍五入之后，1900—2000年各种初级能源的全球消耗数据变化情况如下：初级能源（包括传统生物质燃料）的消耗量增长了8倍，传统生物质燃料增长了1倍，商业能源增长了15倍，化石燃料增长了13倍，煤炭增长了3.7倍，原油增长了137倍，天然气增长了374倍，电力（包括热力发电）增长了约500倍，水电增长了近300倍。

1800年以来全球所有初级能源（包括所有传统的植物质燃料）的消耗量与一条对称四参数逻辑斯蒂曲线高度吻合，这条曲线的拐点出现在1992年，它还预测2100年的总能量消耗将达到约690艾焦，非常接近渐近值（图5.13，上图）。1800年以来全球化石燃料和初级电力的供应则形成了另一条逻辑斯蒂曲线，其拐点出现在2000年，预计到2050年，总消费量将达到约655艾焦（图5.13，下图）。相比之下，埃克森

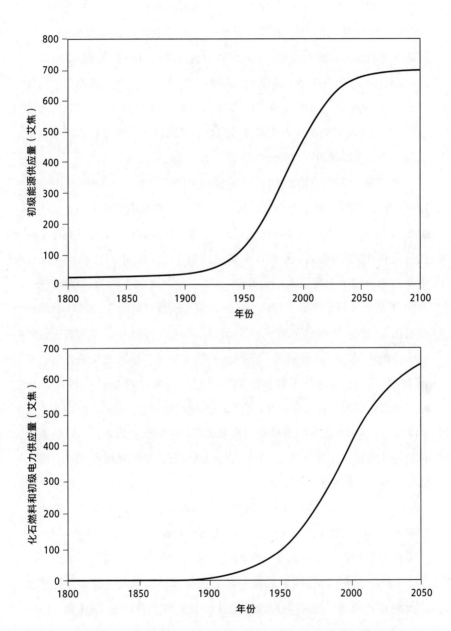

图 5.13 1800 年以来全球初级能源（包括传统生物质燃料）供应量的增长（上图）和 1800 年以来的化石燃料和初级电力供应量的增长（下图）。数据来自斯米尔的著作（Smil 2017b）

美孚公司和国际能源机构对 2040 年的预测值都要高于建立在长达 215 年（1800—2015 年）的全球消费历史基础之上的逻辑斯蒂曲线的预测值：逻辑斯蒂曲线的预测值为 617 艾焦，埃克森美孚的预测值则高达 740 艾焦（ExxonMobil 2016）。我们如果仔细观察 3 种主要的化石燃料消费量的发展轨迹（1800 年以来的煤炭、1870 年以来的原油和 1890 年以来的天然气），就会发现它们都接近逻辑斯蒂拟合，然而基于这些方程的预测似乎没有一个能与近期的表现评估相吻合。

原油的商业开采始于 1846 年的俄国（巴库油田）与 1856 年的美国（宾夕法尼亚州）。在整个 20 世纪，全球原油产量几乎增长了 200 倍，其中的大部分增长发生在 1950—1973 年，低油价刺激了二战后正处于现代化进程中的欧洲、北美和日本对原油的需求（Smil 2017a）。欧佩克推动的两轮油价上涨（国际油价在 1973—1974 年翻了两番，在 1979—1980 年几乎又翻了两番）导致需求陷入停滞或增长放缓：2000 年的原油产量比 20 世纪 80 年代的水平还低 20%，但到了 2015 年，由于快速走向现代化的中国对原油的需求不断增长，因此全球产量又增长了 20%。基于 1870—2015 年的开采数据绘制的逻辑斯蒂曲线的拐点出现在 1969年，曲线还表明，从长期来看，全球的产量不会再出现进一步的增长（图5.14）。这与所有标准的长期预测都形成了鲜明对比：例如，国际能源机构的新政策情景预计，到 2040 年，全球原油开采量还将增长 12%，埃克森美孚对这一年的预测则将再增加 20%。此外，只有在坚持相关政策（到2050 年，将大气二氧化碳浓度限制在 450ppm 之内）的情况下，原油的需求才有可能下降（IEA 2018; ExxonMobil 2016）。

在第二次世界大战之前，天然气开采大部分都是美国人的生意。但在 1950—2000 年，随着苏联的产量超过美国，加拿大、挪威、荷兰和澳大利亚也成为主要的生产国，全球的天然气产量增长了 11 倍（Smil2015b）。1870 年之后的全球天然气开采量的逻辑斯蒂曲线在 1994 年达到拐点，根据这条曲线的预测，2050 年的产量仅比 2015 年的水平高出 25%（图 5.15）。这个数字似乎低估了可能性最大的开采量。水平井钻井技术和水力压裂法使美国再次成为世界上最大的天然气生产国。此外，从长期

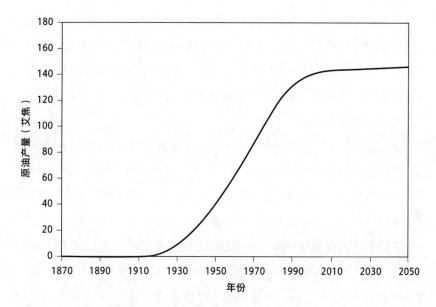

图 5.14　1870 年以来的全球原油产量。数据来自斯米尔的著作（Smil 2017b）

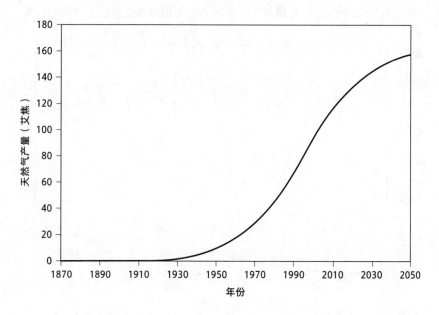

图 5.15　1870 年以来的全球天然气开采量。数据来自斯米尔的著作（Smil 2017b）

来看，它也愿意成为世界上最大的液化天然气出口国。俄罗斯和中国的天然气产量的增长，卡塔尔和澳大利亚的液化天然气出口量的增加，以及伊朗进入全球液化天然气市场，将大大提高全球的天然气产量：因此，埃克森美孚公司预计，全球天然气产量在 2015—2040 年间将增长 50%；国际能源机构的新政策情景也做出了类似的预测，他们预计，到 2040 年全球天然气产量将增长 46%。

相比之下，我们将 1800—2015 年全球煤炭开采量的逻辑斯蒂曲线（近期的轨迹已经因为中国的产量翻了两番而变得扭曲）拉长，就有可能大幅高估最有可能的产量：按照曲线的预测，2050 年全球煤炭总产量将比 2015 年高出约 75%（图 5.16），然而这种可能性非常低。中国是迄今为止全球最大的煤炭生产国（2016 年，中国的煤炭产量占全球总产量的一半），但对中国煤炭产量的预测各有不同，从小幅增长到大幅下降不等。至少在 2047 年之前，印度都将以煤炭为主要燃料（Government of India 2017）。然而在其他地方，由于人们对全球变暖的担忧，以及天然气在发电行业中迅速取代煤炭，煤炭未来的使用量将受到很大的限制。煤

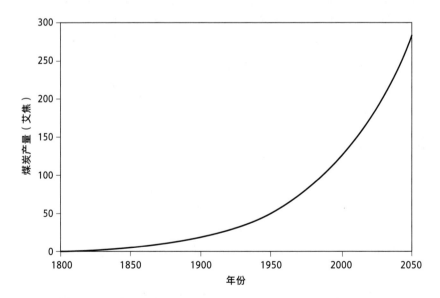

图 5.16　1800 年以来全球煤炭产量的增长。相比于原油和天然气产量的那种与未来的趋势高度吻合的逻辑斯蒂曲线，煤炭产量的增长曲线显然会与未来的实际趋势发生偏离。数据来自斯米尔的著作（Smil 2017b）

炭是碳密集度最高的燃料，煤炭燃烧排放的二氧化碳为大约 90 克每兆焦（燃料燃烧每释放 1 兆焦的热量的同时释放的二氧化碳的重量），相比之下，天然气的二氧化碳排放量要低 25%，仅为 68 克每兆焦。因此，美国的煤炭发电量在 2005 年仍然几乎占全部发电量的一半，到 2016 年则仅占 30%。在此期间，美国的二氧化碳排放量下降的速度比其他任何富裕经济体（包括对光伏发电和风力发电进行大量补贴的德国）都要快。

在经历二战期间的产量高峰之后，美国的煤炭产量从 1945 年开始下降。然而，两个主要市场（家庭供暖和铁路运输）的煤炭需求随后的下降却被动力煤发电需求的不断增长抵消，导致煤炭开采量在接下来的 60 年里不断增长。到 2008 年，美国的煤炭年产量已经略高于 10 亿吨（10.63 亿吨）。不过，考虑到天然气占比的上升以及煤炭出口机会的减少，我们几乎可以肯定，这个数字将成为历史最高值：到 2016 年，美国煤炭产量将下降到 6.605 亿吨，也就是说在短短 8 年内下降了 38%（USEIA 2017a）。中国的煤炭开采量在 2013 年达到 39.7 亿吨的峰值，到 2016 年下降了近 15%，但在随后的 2017 年和 2018 年再次上升。就在全球主要经济体正试图加快从煤炭向碳密集度较低的燃料或可再生能源过渡的同时，美国、中国、印度和澳大利亚的煤炭开采量的长期趋势仍然很不确定，只有英国的煤炭开采已经完成了自己的历史使命（见第 6 章）。

商业发电始于 1882 年，直到 20 世纪头 10 年仍然受到各种限制。在商业发电刚开始的几十年中，规模还比较小的水力发电项目的发电量几乎与燃煤电厂的发电量一样多。但到了 20 世纪 20 年代，燃煤发电已经占据主导地位：1950 年，燃煤发电占到了总发电量的近 2/3，在 2015 年则几乎刚好占 66%。总发电量在 1920—1950 年增长了近 6 倍［从 0.13 拍瓦时（PWh，1 拍瓦时等于 10^{15} 瓦时）增长到 0.858 拍瓦时］，在随后的 1950—1980 年继续按照相同的速度增长（1980 年，总发电量达到了 7.069 拍瓦时）。1980 年以后，增长开始放缓，与此同时逻辑斯蒂曲线开始形成（拐点出现在 2005 年）。到 2015 年，全球发电量达到了约 24 拍瓦时（图 5.17）。按照逻辑斯蒂曲线的预测，到 2050 年，全球发电量将达到约 35 拍瓦时，也就是说在未来的 35 年里还要增长 45% 左右。

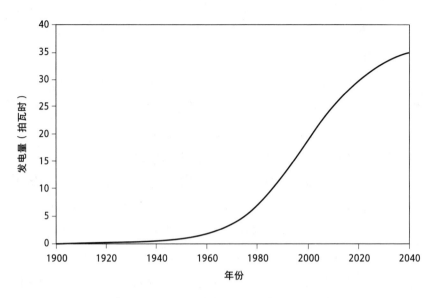

图 5.17　1900 年以来全球的发电量增长轨迹。数据来自斯米尔的著作（Smil 2017b）和英国石油公司的资料（BP 2017）

　　1950—1980 年，水力发电量几乎增长了 4 倍，大型水坝也成为当时社会现代化的重要组成部分。后来，人们认为它们会带来环境风险，但中国、印度和巴西一直在继续建设水电站。1980—2010 年，全球水力发电量几乎又翻了一番。水力发电量的逻辑斯蒂增长曲线的拐点直到 2009 年才出现，根据曲线的预测，到 2050 年水力发电量还将继续增长近 50%（图 5.18）。核电的普及速度要比火力发电或水力发电快得多。在一开始的缓慢增长（1956 年 10 月，核电最早在英国实现商业化）之后，核能发电量在 1960—1980 年增长了 200 倍以上。在 1970 年计划的所有发电站完工后，20 世纪 80 年代的发电量几乎增长了 2 倍。那是一段令人印象深刻的指数增长期：1957—1980 年，核能发电量的年平均增长率接近 29%，而在 1957—1990 年，年平均增长率仍高达 23%。

　　1979 年美国的三哩岛核事故和 1985 年苏联切尔诺贝利核电站的灾难性核泄漏给全球的核电发展前景蒙上了一层阴影，不过这些事件并非核电增长放缓的决定性因素。在三哩岛核事故中，核电站并未发生任何辐射泄漏；如果苏联的核反应堆是按照西方标准所要求的封闭结构设计的，那么切尔诺贝利核电站的灾难将产生截然不同的后果。新电站的建造成本超支

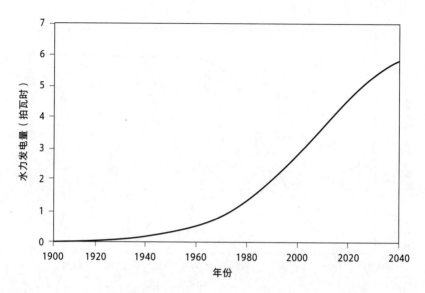

图 5.18　1900 年以来全球的水力发电量增长轨迹。数据来自斯米尔的著作（Smil 2017b）和英国石油公司的资料（BP 2017）

和电力需求增长放缓是导致西方国家核电前景晦暗的最重要因素。不过，日本、中国、印度、韩国甚至俄罗斯都未放弃其庞大的核电扩张计划，这些国家都在继续建设核电站。在新世纪，核能发电量的提高在很大程度上得益于发电能力的大幅提高。但到了 2010 年，核能发电量仅比 2000 年的水平高出 7% 左右，而 2015 年的发电量实际上还有所下降（2011 年福岛第一核电站发生事故之后，日本关停了国内所有核电站）。

　　人们对核电增长的最初预期被证明过于乐观了。于是，国际原子能机构将其在 1980 年所做的预测（到 2000 年核能发电量超过 700 吉瓦）下调到 2005 年的 503 吉瓦（Semenov et al. 1989）。实际上，2015 年的核能发电量只有 376 吉瓦。我们使用 1956—1990 年全球核电扩张的逻辑斯蒂曲线进行预测，结果 2015 年的核能发电量预测值仅比实际发电量低 7% 左右，对于一项长达 25 年的预测来说，这是一个非常出色的结果。基于 1956—2015 年的实际数据，重复拟合曲线的练习，我们将得到另一条拟合良好的逻辑斯蒂曲线，拐点出现在 1985 年，预测 2030 年的发电量仅会增长 4%。这表明核电的发展已达到饱和（图 5.19）。

　　这项结论受到了核电近期的衰退和停滞的影响，所以看起来可能有

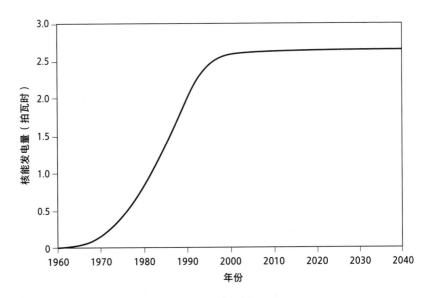

图 5.19 1960 年以来全球核能发电量的增长轨迹。数据来自斯米尔的著作（Smil 2017b）和英国石油公司的资料（BP 2017）

些过于悲观了。但实际的前景可能更加糟糕，因为欧盟和北美的核电几乎没有任何增长的苗头（这些地方的所有老式核反应堆都将在 2050 年之前停止运行），而亚洲的核电扩张可能无法弥补欧盟和北美的下降。2017年，有 15 个国家的 60 座核反应堆正在建设，但 2017 年正在运行的 440 座核反应堆中，有 130 多座将在 2035 年之前关停（WNA 2017）。相比之下，按照国际原子能机构最新的长期预测，2030 年的核能发电量将至少比 2015 年的水平高出 24%（低估值），最多可能高出 86%（高估值）（IAEA 2016）。较高的估值不太需要考虑，因为它可能是国际原子能机构一厢情愿的长期预测的又一例证。最后的实际结果很有可能再次接近逻辑斯蒂曲线的预测值。

　　将初级能源使用总量或发电总量的增长转化为人均供应量的增长轨迹并不是一件复杂的工作，但由此得出的人均比率需要详加解释。由于全球能源使用量的分布高度不均，因此高收入国家和低收入国家的人均年消费量存在着数量级的差异：美国的人均值为 285 吉焦，德国为 160 吉焦，中国为 95 吉焦，印度为 27 吉焦，埃塞俄比亚为 21 吉焦（World Bank

2018）。2015 年的全球人均水平约为 80 吉焦（1900 年仅为 27 吉焦），远超数十亿亚洲和非洲居民的可用供应量，但又远低于约 15 亿富裕人口（包括中国、印度、印度尼西亚和巴西等国家最富有的人群）的平均水平。不同国家之间存在着巨大差异，富裕的城市家庭的平均水平也远超贫穷的农村家庭。

粮食生产

显然，粮食是最不可或缺的能源形式，但现代经济研究从未将其视为一种能源。本书第 2 章详细介绍过主要农作物产量的增长和家畜生产力的变化。在本小节，我将重点介绍粮食生产中的关键投入的增长，这些投入不仅使我们得以养活不断增长的全球人口，还能逐渐提高食物的营养水平，也就是提供更多的供应储备和更高质量的平均饮食（蛋白质和微量营养素含量更高）。尽管前文已经描述过典型单产的增长，但仅靠生产率的提高并不能充分满足总人口的增长带来的需求提高。在全球范围内，耕地和用于放养家畜（主要是牛）的牧草地面积都有大幅提高。

对 1700 年以后全球的耕地和牧草地面积的重建显示，它们的轨迹可以极好地与逻辑斯蒂曲线相吻合，其拐点都出现在 20 世纪 20 年代（PBL 2010）。全球的耕地（可耕作的土地和永久性的作物用地）面积从 1700 年的约 2.6 亿公顷增长到 2000 年的近 15 亿公顷，拟合轨迹还表明，到 2050 年，全球耕地面积将至少再增加 10%，达到约 16.5 亿公顷（图 5.20）。全球耕地面积在 19 世纪下半叶的迅速增长是美国、加拿大、阿根廷、俄罗斯和中国部分地区大规模改造草原的结果：美国耕地面积的变化轨迹是对此过程的最佳说明（图 5.21）。牧草地的扩张是一个更为广泛的过程，其总面积从 1700 年的 5 亿公顷增长到 2000 年的 35 亿公顷：牧草地面积的飞速增长过程也始于 19 世纪，当时亚洲、非洲特别是拉丁美洲出现了大规模的将森林改造为牧场的过程。逻辑斯蒂曲线表明，牧草地的面积到 2050 年还将进一步增长（图 5.22）。

不过，现代粮食生产之所以能够大幅增长，决定性因素是能源投入的转变：粮食生产系统从一个完全由太阳能驱动的系统转变成了一个混合

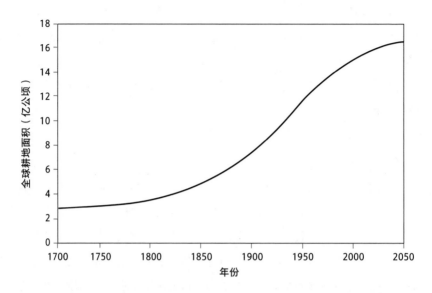

图 5.20 1700—2050 年全球耕地面积的增长情况。逻辑斯蒂曲线的拐点出现在 1876 年，当前的总面积只比渐近值小 5%。数据来自荷兰环境评估署（PBL 2010）和联合国粮农组织（FAO 2018）

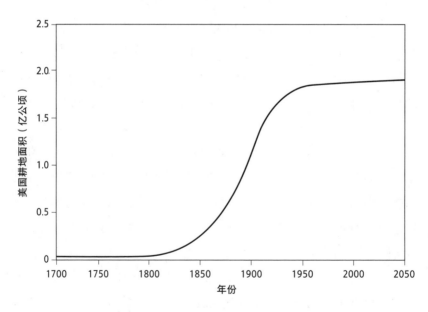

图 5.21 1700—2050 年美国耕地面积的增长情况。逻辑斯蒂曲线的拐点出现在 1876 年，近期的数值已经非常接近渐近值。数据来自荷兰环境评估署（PBL 2010）和联合国粮农组织（FAO 2018）

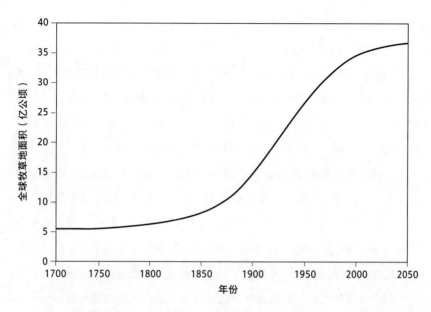

图 5.22　全球牧草地面积的增长情况。逻辑斯蒂曲线的拐点出现在 1923 年，当前的总面积只比渐近值小 10%。数据来自荷兰环境评估署（PBL 2010）和联合国粮农组织（FAO 2018）

能源系统，这种混合能源系统重度依赖人为转换产生的越来越多的能量投入。所有传统农业都拥有相同的能量基础，因为它们完全依靠光合作用将太阳辐射转化为能量。所有的食物和动物饲料都是由植物的光合作用产生的，而这些食物和饲料又进一步维持了农业生产中的人力和畜力劳动。将植物残渣和动物与人类的排泄物回收，可以为土壤补充肥力。农用铁器（镰刀、长柄大镰刀、犁铧等）则是由以木炭为燃料的高炉冶炼出的金属制成的（Smil 2017a）。

　　与传统农业不同，现代农业需要人为输入大量的能量，从而对不可或缺的由太阳驱动的光合作用加以补充。这些人为的能量投入主要来自化石燃料和初级电力。我们可以将其分为直接的和间接的外部能量补贴，第一类包括现代农业中用于操作田间机器和加工机械的所有燃料和电力，第二类包括用于生产农业机械和化学品（炼铁的焦炭、合成氨的碳氢化合物、杀虫剂以及除草剂）的化石能源投入。相比于这些主要的能量消耗，研发新的作物品种所需的能量（用于支持基础育种研究和田间工作）相对较少，但如今同样不可或缺。

我对现代农业中的能量投入过程进行了重建，结果表明，在 20 世纪（在此期间全球人口总共增长了 2.7 倍，总收成面积则仅增长约 40%），这种人为的能量补贴增长了近 130 倍，从仅仅 0.1 艾焦增至近 13 艾焦（Smil 2017a）。它们形式多样，许多产业和服务都使用这些能量来支撑作物的生产和动物的繁育。农业中使用最多的能量是液体燃料（柴油、汽油）和电力，前者被用来驱动田间的农作物加工机械（主要是拖拉机、联合收割机）和卡车，后者主要为抽水泵和喷洒装置供电，还被用于烘干谷物。

在间接能量投入方面，最主要的两种是用于生产肥料（合成氨以及提取和加工磷酸盐和钾）的天然气和电力，其余的还包括用于生产农用机械和组件（从拖拉机到灌溉管道）以及合成杀虫剂和除草剂所需的各种能源。如今，现代农业的机械化几乎已经完成，所有的田间任务都可以由机器完成。灌溉的面积仍在扩大：在 20 世纪，全世界得到灌溉的田地总面积大约增长了 4 倍，从不到 5,000 万公顷增加到超过 2.5 亿公顷，到 2015 年又增长到了 2.75 亿公顷（FAO 2018）。也就是说，2015 年全球的田地中约有 18% 得到了灌溉（大部分都在亚洲），大约一半的灌溉用水来自从水井里抽出的水，剩余的部分则来自河流和湖泊。从地下很深的含水层抽水通常是种植过程中能量成本最高的活动。

氮是提高农作物单产所需的最重要的常量营养素。在传统农业中，氮的供应受限于有机物（作物残渣以及人类和动物的粪便）的回收。智利的硝酸盐（于 1809 年发现）是氮肥的第一种无机替代物，但直到 1909 年弗里茨·哈伯（Fritz Haber）发明了合成氨技术，人们才能够在农业中大量使用廉价的氮肥。在卡尔·博施（Carl Bosch）的领导下，这项技术在 1913 年实现商业化（Smil 2001）。在全球范围内，氮肥的生产进展缓慢，直到二战之后才取得重大进展。当时，新生产技术大大降低了合成氨的能量成本（每合成 1 吨氨所需的能量在 1913 年是 100 吉焦，到 20 世纪 90 年代已经降到了 30 吉焦以下）。

全球范围内的氮肥消费量从 2000 年的 8,500 万吨增长到 2015 年的 1.15 亿吨，其完整轨迹（1913—2015 年）与拐点出现在 1982 年的对称逻辑

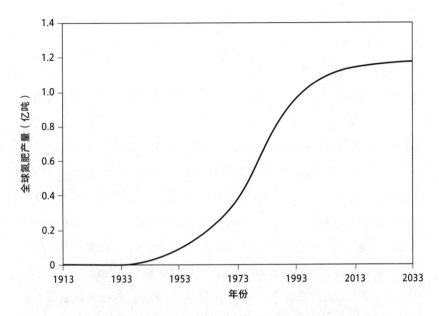

图 5.23 1913 年以来全球氮肥产量的增长情况。这又是一条十分接近渐近值的逻辑斯蒂曲线。数据来自斯米尔的著作（Smil 2001）和联合国粮农组织的资料（FAO 2018）

斯蒂曲线高度吻合，2015 年的消费量已经非常接近渐近值（图 5.23）。这种较高的能量投入也会带来丰厚的回报。在全球范围内，合成氨的能量消耗仅占总能量消耗的 1%，然而氮肥的使用为当前的全球粮食供应贡献了约 40% 的产量，在中国的农作物收成中也贡献了约 50% 的产量。反过来说，每 5 个人中就有 2 个人（在中国则是每 2 个人中有 1 个人）得益于哈伯-博施氨合成工艺而获得了足够的粮食。

这些直接的和间接的人为能量投入的增长导致粮食生产发生了革命性的变化：它使新的杂交短茎谷物品种得以发挥其固有的大部分增长潜力（关于作物产量的增长情况，参见第 2 章）。衡量粮食生产进展的最好的指标是主粮作物（小麦、水稻、玉米、大麦、黑麦、燕麦、高粱）的总收成。全球主粮总产量在 20 世纪增长了近 4 倍（从不到 4 亿吨增长到 18.6亿吨），并在 2015 年创下了 25.1 亿吨的新纪录（Smil 2013a; FAO 2018）。1900 年以后的增长轨迹与一条拐点出现在 1992 年的逻辑斯蒂曲线高度吻合，根据这条曲线的预测，2050 年的主粮产量将达到约 30 亿吨（图

5.24）。而如果以能量来衡量，全球粮食作物（主粮、豆类、块茎、产糖作物、产油作物、蔬菜和水果）的总收成在整个 20 世纪增长了 5 倍，远超全球人口的增长幅度（2.7 倍）。

如果将 1900 年的全球农作物收成按比例平均分配给每个人，那么每个人所能分配到的量仅仅略高于人类的基本需求水平。显然，如此一来，用农作物来饲养动物的能力就会受限。此外，不同的人群获得食物的机会是不平等的，这导致了广泛的营养不良，在某些地区，这种情况甚至经常引发饥荒。由于农作物收成在 20 世纪增长了 5 倍，每人每天可获得的食物能量约为 2,800 千卡。由于在计算平均值的时候，婴儿、儿童和老人（这些人群的能量需求远低于成年劳动力）也算了进去，因此成年人的实际人均消费量超过了每天 3,000 千卡，高收入国家的平均值甚至要更高，这就导致了大量的（约 40%）食物浪费。相比之下，低收入国家营养不良人口的比例也在下降，这种营养不良并不是因为粮食供应不足，而是因为这些人获得食物的机会有限。

一旦有了更好的收成，人们也就能够将更多的农作物当作饲料饲养动物（在全球范围内，用于饲养禽畜的作物约占作物总产量的 35%，而

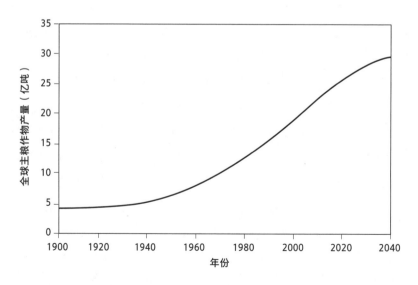

图 5.24　1990 年以来全球主粮作物的产量增长情况。数据来自斯米尔的著作（Smil 2013a）和联合国粮农组织的资料（FAO 2018）

在富裕国家，这一比例为 50%—60%），也能够增加肉、蛋、奶的消费（Smil 2013a）。全球肉类产量（红肉和家禽肉）从 1950 年的不到 0.5 亿吨增加到 2000 年的 2.3 亿吨，到 2015 年已超过 3 亿吨（FAO 2018）。这项指标的发展轨迹表明，逻辑斯蒂曲线仍处于早期阶段，根据曲线的预测，2050 年的肉类产量将达到 6 亿吨。根据联合国粮农组织的预测，全球肉类产量将会出现成倍增长，但我认为，这可能是机械式预测的又一案例。真实的情况是，几乎所有富裕国家的平均肉类摄入量都已经处于停滞或下降状态，中国的情况则是已接近饱和，印度不太可能达到中国的水平，非洲的增长速度则可能比预期更慢。

材料投入

一位勤奋的经济新闻读者就算连续多天阅读新闻，也可能看不到关于构成现代文明物理基础的材料的任何信息。然而，它们每年在全球范围内的流动量高达数千万吨（许多工业化学品）或数亿吨（塑料和前文提到的主要用于生产化肥的氨），甚至数十亿吨（钢铁、水泥）。人们往往忽视了这些作为世界物质基础的原材料，而且这种忽视正在进一步强化，原因在于人们普遍认为去物质化（dematerialization）的世界正在形成。这种印象是由微芯片上的元器件集成度的不断增加引起的，摩尔定律捕捉到了这个过程，它是如今的电子世界小型化甚至绝对去物质化的基础。

每当一种依赖最新款微处理器的新产品问世，其性能的增长或成本的下降都会与摩尔定律的预测保持高度同步。计算机的处理速度（每秒执行的指令数）显然遵循这一定律，计算的成本甚至下降更快（自 20 世纪 70 年代后期以来，每年大约下降 50%）。相机芯片的成本（每 1 美元对应的像素数）下降速度几乎与计算成本的下降一样快。自 20 世纪 90 年代初以来，磁存储（magnetic storage）的容量（存储介质的记录密度）每年的增长幅度达到了 50% 以上。与硅和半导体相关的其他领域也已经出现了性能迅速翻倍或成本下降的情况：自 20 世纪 70 年代末以来，发光二极管的效率（每 1 瓦电力对应的流明数）每年增长大约 30%，也就是说每 3.3 年翻一番；光伏电池的成本（峰值情况下每 1 瓦电力对应的美元数）最近则每年下降大约 20%。

这些进步造成了一种意外的效果，即人们对技术进步速度的普遍预期越来越高。这是一个明显的以部分代替了整体（pars pro toto）的错误，或者按照我的说法，是一种"摩尔诅咒"（Smil 2015a）。如今，人们普遍认为一切技术都会快速发展，比如在短时间内提高电池的能量密度或实现 3D 打印活体器官。这些进步也使得人们对去物质化的发展前景产生了不切实际的期望。得益于摩尔定律，在计算能力方面，这一趋势确实令人印象深刻：自 1981 年以来，每个单位的随机存取存储器的重量下降了 9 个数量级（Smil 2014a）。不过，这个例子也很特殊，因为我们并不能轻易地将电子世界的趋势套用在有着大量物质需求的现实世界。在核心基础设施建设、超大城市的扩张以及车辆、飞机或家用电器的制造方面，都没有出现（因为也不可能出现）任何类似摩尔定律的进步，就连 1 个数量级的下降（在保持性能的同时，新产品的重量变成前代产品的 1/10）都不常见。

尽管这些投资和收购活动中的许多都受益于相对的去物质化进程（得益于强度更高的钢铁、新型复合材料或更好的整体设计），但在宏观层面，并未出现绝对的去物质化：

> 无论是普通消费品还是强大的原动机，单个产品的重量都在逐渐下降（成本也随之下降），因此在使用范围不断扩大的同时，它们也能被部署在更重（性能更强、空间更大、更舒适）的机器上。不可避免地，这会导致人们对组件原材料的需求急剧上升，即使针对不断增长的人口和企业进行了调整，情况仍是如此。（Smil 2014b, 131）

美国汽车的情况可以很好地说明这种趋势。发动机设计的进步带来了质量功率比的不断下降，使其成为相对去物质化的最佳范例。20 世纪 20 年代初，在市场上占据主导地位的福特 T 型车发动机的质量功率比为 15.3 克每瓦；而在近 100 年后，最好的福特汽车发动机的质量功率比不到 1 克每瓦，在不到一个世纪的时间里下降了 94%，这一点令人印象深刻。不过，美国汽车的平均功率和平均质量却在不断增长，结果就是，两种趋势互相抵消了。如前所述（参见第 3 章），汽车发动机的平均额定功率呈线性增长。T 型车的功率仅为 15 千瓦，但自从 2003 年以来，美国新生产的汽车平均功率已经超过了 150 千瓦，而且在 2015 年创下了 171 千瓦的新纪录。在 21 世纪第 2 个 10 年，汽车的平均功率已经接近 T 型车的 12 倍，这种情况抵消了质量功率比的下降所带来的相对去物质化的全部收益（Smil 2014b; USEPA 2016b）。

此外，乘用车也普遍变得更重了。1908 年，T 型车的初代版本仅重 540 千克；30 年后，另一款畅销车——福特 74 型车的重量为 1,090 千克。1975 年，当美国环境保护署（USEPA）开始监测新售出的汽车的关键参数时，新车的平均重量已经达到了 1,842 千克。20 世纪 70 年代的汽油价格上涨使汽车平均重量出现了暂时的下降，但随着 SUV 的问世和轻型卡车的逐渐普及，车辆变重的趋势在 80 年代后期又回归了。到 2004 年，美国新乘用车的平均重量已经略高于 1975 年。而到 2015 年，平均重量仅仅下降了约 2%（USEPA 2016b）。

于是，2015 年美国汽车的平均重量约为福特 T 型车重量的 3.6 倍。即使汽车的年销量在这一个多世纪里保持不变，发动机或整车设计的任何去物质化（比如使用较轻的铝、镁和塑料代替钢）也未能带来绝对的去物质化。更何况汽车的年销量实际上增长了 3 个数量级，从只有 4,000 辆增长到约 1,900 万辆，这就给原材料供应带来了巨大的新需求。一个世纪后，美国的经历正在中国重演。中国在 2009 年成为全球最大的汽车市场，自 2013 年以来，中国国内市场上每年售出的乘用车超过 2,000 万辆（NBS 2016）。

钢铁一直是（而且如今仍然是）汽车制造所使用的主要金属，也是房屋（尤其是高层建筑和摩天大楼）、道路、隧道、桥梁、铁路、机场、港口的建造和各种工业机械、运输机械以及家用产品的制造必不可少的结构和加固材料（Smil 2016b）。不过，这种金属是在最近几十年才占据主导地位的。在前工业社会，钢铁是一种稀有且昂贵的材料，人们主要通过费力的渗碳工艺，用锻铁冶炼钢铁，并常常用它们来制造武器和高品质的器皿。直到 1870 年，全球钢铁产量仍未超过 50 万吨。另外，只要钢铁冶炼仍然依赖木炭供能，那么钢铁产量就很有限。

几百年来，以木炭为基础的钢铁冶炼过程的效率逐步提高（在中世纪的欧洲，每生产 1 个单位的铁水需要 20 个单位的木炭，但到了 18 世纪后期，1 个单位的铁水只需要 8 个单位的木炭）。不过，为现代大规模钢铁生产开辟道路的根本变化是用焦炭取代木炭。焦炭炼铁的实践始于 1709 年的英格兰，但直到 1750 年才兴起（Smil 2016b）。贝塞麦转炉炼钢法的出现（1856 年）才真正标志着廉价钢铁时代的到来。此后不久，人们开始广泛采用平炉。在 20 世纪 50 年代氧气顶吹转炉炼钢法（图 5.25）迅速征服市场之前，平炉炼钢法一直是主要的炼钢方式。

全球钢铁产量在 1900 年接近 3,000 万吨，在二战初期又达到了约 1.4 亿吨。战后，基础设施、建筑、运输和家电等方面的需求使钢铁年产量达到 7 亿吨。全球钢铁产量在经历了 20 年的停滞和缓慢增长之后，又因为中国钢铁产业的飞速发展而重新开始增长：到 2010 年，全球钢铁产量

图 5.25　全球的钢铁生产都是由氧气顶吹转炉（比如图中的位于杜伊斯堡的蒂森克虏伯钢铁厂中的设备）主导的。图片来自维基媒体

已超过 14 亿吨，到 2015 年已超过 16 亿吨，其中 2/3 是中国生产的（图 5.26）。逻辑斯蒂曲线可以很好地拟合这一过程，但它所预测的未来轨迹（全球钢铁产量在 2050 年达到 40 亿吨，并且在未来几个世纪内都不会出现拐点）并不是一些可达成的成就。所有高收入国家的钢铁需求都陷入了停滞或正在下降，而中国的需求目前已接近饱和。尽管印度和撒哈拉以南非洲还有大量需求未得到满足，但在 2050 年之前，全球钢铁产量无论如何也不会再增加一倍（Smil 2016b）。

如今，钢铁的年产量与石料（其中约 90% 为碎石，约 10% 为块石）的年产量大致相当，只有建筑用砂（2016 年美国建筑用砂的产量约为 10 亿吨；而在全球产量方面，我们并没有可靠的统计数据，但我估计全球总产量约为 40 亿吨）、水泥（2015 年的全球总产量为 41 亿吨）和砖块（全球总产量估计约为 45 亿吨）的年产量超过了它们。其中，水泥的全球年产量从 1950 年的约 1.3 亿吨（主要是美国）增长到 2000 年的 18 亿吨和 2017 年的 41 亿吨（USGS 2017b；图 5.27）。1986 年，中国成为全球最大的水泥生产国，目前中国的水泥产量占全球总产量的近 60%（2017 年为 24 亿吨）。

从历史的角度来看，中国水泥消费量的飞速增长是最好的指标。美国在整个 20 世纪的水泥消费总量约为 45.6 亿吨。相比之下，在 2008—2010 年的短短 3 年内，中国的水泥消费量就达到了 49 亿吨。此外，中国在 2009—2011 年还使用了多达 55 亿吨的水泥来生产混凝土（NBS 2016）。全球水泥产量增长轨迹的早期阶段与逻辑斯蒂曲线相吻合，但根据该曲线的预测，2050 年全球的水泥产量将达到 200 亿吨以上，但事实上这种可能性极小，因为 20 世纪 90 年代以后的快速增长是由中国的特殊需求驱动的。中国较快的经济增长刺激了这一需求，延迟了的城市化进程和大量的基础设施投资又进一步刺激了这一需求。但在印度或撒哈拉以南非洲（水泥产量最有可能出现大幅增长的两个地区），这些刺激因素的组合不太可能重新出现。

要想维持现代经济增长，人们不仅需要提取大量的矿物元素和化合物，还需要创造新的合成材料。相比于铁、铝或铜的产量，许多元素的总

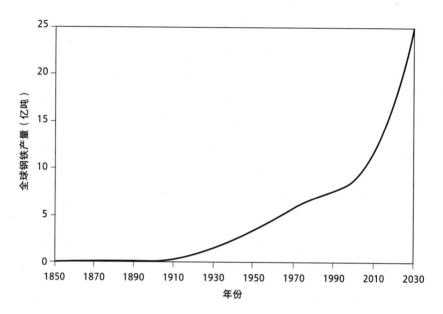

图 5.26 1850 年以来的全球钢铁产量。数据来自斯米尔的著作（Smil 2016b）

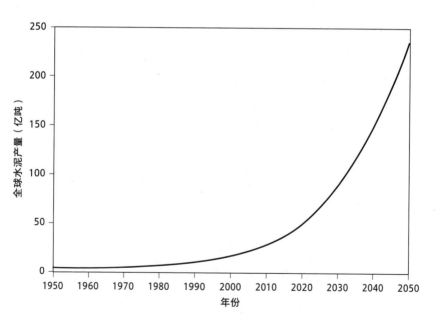

图 5.27 1950 年以来的全球水泥产量。数据来自斯米尔的著作（Smil 2014b）

提取量很低，但它们的作用（如微电子电容器中的钽和小型强力磁铁中的钕）不可或缺。我们可以看到这样一个案例：一种在开采量方面与主要金属相比微不足道的元素，却能为 1950 年之后的时代赋予一个恰当的名称。根据克里斯蒂安·汤姆森的说法，我们可以在石器时代、青铜时代和铁器时代之后加上一个硅时代（Silicon Age）（Christian Thomsen 1836），它始于 1954 年，德州仪器在这一年发布了第一款硅晶体管产品，随后，集成电路和微处理器接踵而来（参见本书第 4 章"电子产品"一节）。

硅元素的储量十分丰富，因为二氧化硅（SiO_2）是地壳中最重要的矿物质。这种矿物质的传统用途是制造玻璃（约占所有原材料的 70%），后来它们也被应用于冶金工业［比如生产硅铁合金（硅元素的含量为 15%—90%）］和化学合成工业（主要是生产硅胶）。冶金行业每年的硅产量占了该元素全球年产量（从 1950 年的 100 万吨增长到 2015 年的 760 万吨）的 80%（USGS 2017b），但这些硅元素最终只有一小部分被用来生产高级金属。全球电子级多晶硅的产量从 2000 年的刚刚超过 1.8 万吨增长到了 2012 年的约 2.8 万吨。它们当中的约 1/3 经过晶化和切割，最终会被用于生产硅晶片（制造微芯片的原材料）。

生产高纯度的硅是一项挑战。用于生产太阳能光伏电池和半导体的硅只占我们使用的硅的一小部分。然而，制造光伏电池的硅的纯度需要达到 99.9999%—99.999999%（6—8 个"9"），用于制造微芯片的电子级硅的纯度甚至必须达到 99.9999999%—99.999999999%（9—11 个"9"）。用于制造半导体的硅晶片的出货量从 2000 年的略高于 350 万平方米增长到 2016 年的 690 万平方米（SEMI 2017）。统计数据显示，全球每年的半导体销售额从 1976 年（有全球数据的头几年）的不到 40 亿美元增长到 2000 年的约 2,000 亿美元，并在 2016 年达到了约 3,400 亿美元（SIA 2017）。自 1996 年以来，销售额的年平均增长率达到了 4.8%。1976—2016 年全球半导体元器件销售额的完整轨迹与逻辑斯蒂曲线高度吻合，拐点出现在 1997 年，如今似乎已经非常接近渐近值（图 5.28）。

要想说明某些新材料的能源成本极高，半导体硅材料就是一个很好的例子（用于制造最新款飞机的复合材料是另一个例子）。在复杂的生产

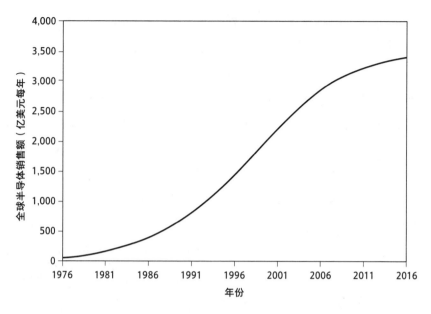

图 5.28 1976—2016 年全球半导体元器件的销售额。数据来自美国半导体行业协会的资料（SIA 2017）

环节，电力消耗是最主要的能源消耗，从将石英制成硅开始，到产出微芯片硅晶片为止，电力消耗至少达到 2.1 兆瓦时每千克。即使仅仅依靠水力发电，能量消耗也至少需要 7.6 吉焦每千克；如果通过燃烧化石燃料发电，那么制造成品硅晶片的总能量消耗将比水电高出近 2 倍，达到 20 吉焦每千克以上。相比之下，生产初级钢（由铁矿石冶炼而成的生铁）的能量消耗约为 25 兆焦每千克，初级铝的能量消耗则约为 200 兆焦每千克，这就意味着生产纯硅的能量成本是铝的 100 倍、钢的 800 倍。也就是说，只生产少量的高能耗新材料也会造成大量能源需求。

通过关于能源投入、粮食生产和原材料投入这 3 个小节的简短讨论引出经济增长的话题是一个审慎的选择。我打算强调如今在经济抽象领域经常被忽视的"要事优先"原则，并强调那些复杂的物理现实在货币层面的评估是多么不完美。迄今为止，粮食生产是这种扭曲评估的最好例证。对七国集团（G7）任何一个成员国的国内生产总值来说，农业做出的贡献都不到 2%，因此经济学家们将其视为一项微不足道的事业，并痴迷于对谷歌（Google）或脸书（Facebook）做出最新的估值。

需要有人提醒他们的是，虽然一个富裕的、拥有高生产力的经济体完全有可能在不具备任何农业产出的情况下成为未来世界的主宰者（就像 1998 年或 2004 年以前那样），但如果不持续进行粮食生产，即使一个拥有强大的粮食储备能力的最富裕的经济体，其食物储备也将在几个月内耗尽。同理，这些经济学家也可能认为钢铁产业是一种古老的工业，一项高成本、低附加值的活动。但如果没有持续且廉价的优质钢铁供应，现代经济的任何部分（包括所有服务业、电子和数据管理行业）都不可能存在（Smil 2016b）。

在追踪抽象的经济增长（人们往往将经济增长归结为某些总体的衡量指标，比如以年化率表示的国内生产总值和人均国内生产总值，这也是现代经济学家们特别推崇的一个指标）的轨迹时，我将从宏观的、长期的视角出发，首先考察过去的全球估值和近期更准确的全球总值，并对世界上一些主要经济体的国家发展趋势进行长时段的历史重建。在此之后，我才会通过考察人口增长、人口结构转型、投资、能源投入、教育、技术创新和总体政治环境等各种驱动因素的作用，来研究增长的关键因素和增长相关性。

量化经济增长

考虑到现代经济的复杂性，只有一项涵盖了广泛内容的综合指标才能反映它们的增长。如今，我们普遍采用的一项指标是国内生产总值。人们经常提及它的定义，这个定义看起来十分简单直接：在指定时间段内（在国家报告中以月或季度为单位，国际比较则通常使用年为单位），一个国家在自己境内生产的所有产品和提供的所有服务的货币价值。不过，通过衡量国内生产总值的增长来确定其增长率到底是令人失望还是令人满意是一个固有的难题，人们很晚才开始对其进行系统性的实践。

关于国内生产总值的统计工作最早可追溯到 20 世纪 30 年代，当时美国国会委托西蒙·库兹涅茨（Simon Kuznets）估算美国的国民收入（Kuznets 1934）。约翰·梅纳德·凯恩斯（John Maynard Keynes）划定了国内生产总值的统计范围，他的方法后来成了 1944 年布雷顿森林协定建立的国际金融机构的一个关键工具，并首次广泛应用于二战后不断发展的经济体（Coyle 2014）。不久之后人们就会发现，如同每一种综合指标一样，国内生产总值也有许多缺点。但是，尽管有人建议对国内生产总值进行调整，也有人提出了一些替代方案，但国内生产总值作为评估国民经济成就和经济增长率的主要标度的地位已经十分稳固。

问题始于货币的选择。在计算长期增长率时，为了获得所需的、可用于比较的数值，我们必须使用考虑到通货膨胀并加以调整后的恒值货币来表示国内生产总值。而为了得到恒值货币，我们又需要对价格的变化进行连续、可靠和广泛的监控。如果通货膨胀率保持在较低水平（从 21 世纪初开始，西方的情况就经常是这样），那么不计算恒值货币可能只会造成很小的差异。然而，在通货膨胀率较高的时期（在 20 世纪 80 年代，西方的通货膨胀率曾达到两位数），不对货币进行一定的调整就可能导致严重的数据失真。

即使一些国家有能力提供各种数据统计服务，它们计算的国内生产总值也常常存在很大的不确定性。修订频率和幅度就是最好的例证。兹韦恩博格发现，1994—2013 年，在经济合作与发展组织（OECD）18 个成员国的季度同比增长率（与上一年同一季度的国内生产总值相比的增长率）方面，1 年后平均修正绝对值达到了 0.36%，2 年后为 0.5%，3 年后为 0.61%；日本的 3 年平均修正绝对值高达 0.93%（Zwijnenburg 2015）。而在此期间，最初计算的增长率为 1%—3%，因此，这种修正显然十分关键。

在最基本的层面，要想进行恰当的国内生产总值核算，我们就需要对经济加以定义，也就是划定核算的范围。由于在国内生产总值核算问世之初，制造业仍是国民经济的主导产业（在 20 世纪 50 年代，制造业在国内生产总值中的占比为 30%—40%），因此对制造业产出的监测的划分更为细致（与今天的主导产业——服务业相比）。服务业本身是一系列高度多元化的经济活动，在许多富裕国家，服务业在国内生产总值中占到了 70%—80%。因此，对最终的所有商品和服务进行计算，看似能够相当全面地为经济活动下定义，但事实并非如此。

我们就算非常确定地知道一个国家由货币交易定义的经济规模，除非也能知道非货币交易活动的趋势，否则我们仍然难以为了计算实际的长期增长率而进行适当的调整。因为虽然非货币交易活动在整体经济中所占的份额甚至可能在数十年内都相当稳定，但随着经济的增长或衰退，它的份额也可能上升或下降。此外，就其结构而言，国内生产总值这一概念也无法反映非货币交易（以物易物）、无偿劳动（例如家庭成员或亲戚朋友提供的家务或儿童保育服务）或在现代经济流动监控之外进行的金融交易。这些金融交易有意避开管控，或将自己隐藏起来，人们通常称其为非正规经济、影子经济、地下经济或黑市经济。

物物交换经济在所有前工业社会都十分普遍，但在如今的现代经济中已经基本不复存在。无偿服务却一如既往地重要，各种未披露的交易也在蓬勃发展。家务劳动一直未被计入国内生产总值，尽管随着时间的推移，大多数家务劳动都会变得越来越容易，但在富裕社会，随着人口老龄化和预期寿命的不断提高，照顾老年人所花费的无偿时间也会更多。有趣的是，按照英国国家统计局的估计，当 2014 年英国的国内生产总值达到1.8 万亿英镑时，无偿劳动的价值将达到 1 万亿英镑（Athow 2016）。如果仅仅计算商品买卖，我们就会漏掉许多重要的经济活动。尤其是在现代经济中，电子信息和数字产品生产的份额正在不断上升：互联网服务供应商收取月费，使用户几乎能够无限制地访问任何可能的信息类别，但搜索新闻或参与社交媒体的边际成本几乎为零，因此这些活动并没有包括在标准核算当中。

要想了解黑市经济的规模，我们只能靠估计。但在 20 世纪的最后几十年，黑市经济在整体经济产量中所占的份额不断增长（Lippert and Walker 1997）。21 世纪初，黑市经济的规模在富裕国家约占官方国内生产总值的 15%，在低收入国家约占官方国内生产总值的 1/3，在墨西哥、菲律宾和尼日利亚，黑市经济的比例高达 40% 以上（Schneider 2003）。现有的最佳研究表明，即使在一些普遍治理良好、腐败程度很低的最富裕的国家，黑市经济也绝对不能忽略不计。欧盟对黑市经济的全面研究表明，2015 年所有欧盟成员国的黑市经济平均比例为 18.3%，从卢森堡的8.3% 到保加利亚的 30.6% 不等，德国和法国的比例分别为接近 12.2% 和

12.3%（Schneider 2015）。施奈德等人在一项较早的、针对162个国家的研究中发现，黑市经济的平均占比在2007年为31%，最小值和最大值分别是瑞士的8.2%和玻利维亚的62.6%（Schneider et al. 2010）。

　　我们可以通过许多比较来说明这些估值的不确定性。在一项针对德国黑市经济的更深入的研究中，施奈德与比恩比较了使用不同方法（包括比较支出与收入之间的差异、比较官方公布的就业与实际就业之间的差异、采纳一种货币需求方法以及一系列其他调查方法）得出的8种研究结果，发现在2000—2005年，德国黑市经济在官方国内生产总值中所占的比例最小可能为1%，最大可能为15%—16%（Schneider and Buehn 2016）。施奈德等人估计，2006年印度的黑市经济占官方国内生产总值的21%，印度政府委托执行的一份机密报告（已向媒体披露）则认为，印度黑市经济接近官方国内生产总值的75%（Mehra 2014）。加拿大统计局声称，2013年该国的黑市经济仅占官方国内生产总值的2.4%，而且这一比例自2002年以来就一直保持不变（Statistics Canada 2016）——（如果属实，）这真是一个了不起的事实。施奈德则将加拿大2015年的黑市经济占比测定为10.3%，与澳大利亚相当（Schneider 2015）。

　　此外，国内生产总值几乎完全无法描述性质上的进步。几十年来，贝尔电话公司一直为美国消费者提供一种标准的黑色旋转号盘电话机，之后是按键拨号电话机和各种各样的电子电话机，最后是移动电话和智能手机。用于购买这些物品或支付租赁费用的连续支出并没有告诉我们，不断变化的设计中体现出了截然不同的性质。当然，汽车也是如此：现代汽车的价值越来越多地体现在电子零部件上，因此它们也属于机电产品，而不仅仅是机械设备。此外，这个结论也适用于居住环境和长途旅行（适用的程度有所不同）。在速度和舒适性方面，在1955年乘坐由螺旋桨驱动的"星座"客机与在2015年乘坐波音787客机的价格是相同的，但它们提供的乘坐体验却有着巨大差别。

　　国内生产总值并不是一个衡量经济总产出的可靠指标，就生活质量和实际的富裕程度而言，它绝对是一个劣质的指标。从长远来看，国内生产总值数字最根本的失败就是忽略了由经济活动引起的各种形式的环境恶化，并将有限的资源的消耗视作当前财富的增长。当然，这些财富增长完全是不可持续的。因为一个社会想要存续下去，就必须得到足够的资源支撑，这些资源来自生物多样性和光合作用物种中储存的自然资本。维持自然资本也需要许多不可或缺的环境服务，包括土壤更新、森林和湿地保水等（Smil 1994; 2013a）。

值得注意的是，经济学家们将这些关键遗漏项称为"环境外部性"（environmental externalities）：选择这个概念本身就能说明问题，因为一直以来，环境因素都不是经营成本的组成部分，而且我们难以为其定价。重大进展大多都是 20 世纪 50 年代后才出现的，但大部分外在因素远未实现内部化。减少空气污染是将以前的外在因素进行内部化的一个很好的案例，它反映了人们试图通过付出更高的代价换取更清洁的环境。1950 年后，大型发电厂开始安装静电除尘器，它们可以去除超过 99% 的颗粒污染。这是此类努力的首次大规模实践之一，成功地消除了煤炭燃烧过程中产生的可见的颗粒物空气污染（USEPA 2016a）。下一步，人们从 20 世纪 70 年代开始大规模采用烟气脱硫技术，这大大降低了酸雨的风险。这项技术首先在欧洲和北美投入使用，然后传入中国。不过，去除颗粒物和硫会使发电成本提高约 10%。

然而，大多数外在因素仍然没有被考虑到。在众多负面影响中，这些因素的成本在产品定价中完全被忽视了，比如密集的成行种植（玉米或大豆这两种主要的谷类和豆类）会引发大范围土壤侵蚀，侵蚀的速率普遍有所提高，进而导致单产下降；过度使用氮肥会导致水生环境富营养化，进而导致沿海水域形成死水区；光化学烟雾对健康的影响和其他物质损害如今在所有大城市都已十分普遍；大规模种植单一作物品种和砍伐热带森林等行为也造成了生物多样性的迅速丧失。

最大的外在因素仍然未被考虑在内：燃烧化石燃料和人为的土地利用变化导致了全球相对迅速变暖（对流层的平均温度上升 2 摄氏度以上），这会带来巨大代价（IPCC 2014）。但在这种情况下，人们至少有一个合理的借口，即温室气体浓度上升引起的变化过程非常复杂，因此我们难以用货币来衡量各种相互作用和反馈。特别是某些地区、国家和产业会因气温升高和水循环加速而获得各种好处，况且这些影响中还有许多在未来几十年并不会表现出来（因此在当前的评估中，它们的影响会大打折扣）。

因此，许多环保主义者和一些经济学家所支持的碳税政策，在很大程度上只不过是将正在蔓延、即将来临的全球变暖的影响的未知部分以任意（且非常粗略）的形式进行内部化。但这些都不是新问题。库兹涅茨就曾充分意识到了这些缺陷（显然，它们不仅包括全球变暖的影响，还包括总体的环境外部影响和其他被忽略的投入）。他曾提出"谁能为国家的河流进行估值"或"谁能对家庭主妇的技能和能力进行定价"之类的问题。他建议从国民收入估算中减去这些非福利的外部性的项目，这种想法比最近的对国内生产总值进行重新定义的大多数呼吁更为激进。

在此，他的兴趣点值得详细引述。

笔者本人希望看到，在已经开始的国民收入估算工作中，人们并没有将过去流行的市场地位作为社会生产力判断的基础。在估算国民收入时，应当从总数中除去那些代表非福利的部分，从更开明的社会哲学而不是营利社会的角度看，这种方式具有很大的价值。这种估算方式将从目前的国民收入中减去所有的军备开支、大部分的广告支出、大量的金融和投机活动支出，以及可能最重要的（如果我们从正确的角度来理解）——那些为了克服困难而付出的部分，也就是我们的经济文明中隐含的成本。按照通常的估算方式，我们在城市文明、地铁、昂贵的住房等方面的所有巨额支出，都是以它们在市场上产生的净产品价值来计算的，但这并不真正代表国家中的个人所享受到的净福利。从个人的角度来看，它们是维持生计所需的一种"必要的恶"（换句话说，它们主要是事务性支出，而非生活支出）。显然，将这些项目从国民收入估算中剔除出去非常困难，但一旦采用这种做法，国民总收入将能够更好地衡量国家福利，以便我们在不同年份、不同国家之间进行比较。（Kuznets 1937, 37）

对于国内生产总值的诸多不足之处，经济学家们提出了各种修正建议，包括使用可比较的市场价格来评估家庭杂务（或按照完成任务所用的时间来制定影子价格）和对环境恶化的影响进行量化，许多批评者甚至呼吁进行更激进的重新定义，或放弃国内生产总值核算并采用全新的估算方法（Nordhaus and Tobin 1972; Zolotas 1981; Daly and Cobb 1989; Costanza et al. 2009; World Economic Forum 2017）。在所有情况下，修正估算方式的目标都是量化经济发展满足社会需求（获得充足的营养、住房、人身自由以及较高的环境质量）的程度，而不是衡量市场交易的规模。

例如，戴利和科布就提出了一种可持续的人均经济福利指数，这项指数考虑到了通勤、交通事故、城市化、水污染、空气污染、噪声污染、农田和湿地的损失、不可再生资源的消耗以及评估长期环境损害所带来的一系列成本（Daly and Cobb 1989）。根据他们的计算，1976—1986 年，尽管人均国内生产总值的增长幅度刚好突破了 20%，但经济福利指数却下降了 10%。如今，世界银行认为，衡量财富是一种更好的方法。他们的一项综合研究通过量化 1995—2014 年的自然资本、人力资本以及国外净资产，完成了这项评估（Lange et al. 2018）。

自然资本包括对森林、农田、牧场和底土的估值，但基于个人一生中的总收入（根据众多家庭调查）来衡量的人力资本才是这项财富指数中最重要的组成部分。显然，人力资本财富的估值与人均国内生产总值密切相关。因此，这项新指标是旧指标的一个克隆体，它表明 1995—2014 年全球人均总财富的年平均增长率为 1%，而中高收入国家的年平均增长率为 4%。所有这些尝试纠正国内生产总值的缺陷的做法有一个共同点：如果能够将生物多样性的丧失和人类导致的气候变化对生物圈的影响等根本性影响进行货币化，那么我们对自然资本或环境服务的估值就会有很大的不同。

正如第 1 章所述，还存在着一场用衡量幸福、快乐或对生活的主观满意度的手段来取代国内生产总值的辩论，比如不丹实际上就在使用国民幸福指数（Gross National Happiness index）。伊斯特林对国内生产总值和幸福感之间的联系做了初步调查，他正确地指出，基于经济状况而做出的对富裕国家与贫穷国家之间的幸福感差异的预测并没有得到国家之间的比较结果的支持（Easterlin 1974）。在美国，富裕人群比低收入人群更幸福；但也有许多低收入国家的公民比一些富裕国家的公民更幸福。随后的和近期的许多研究都证实，人均国内生产总值水平与个人幸福感之间并不存在紧密的联系（Diener et al. 1997; Bruni and Porta 2005）。根据《2017年世界幸福报告》，全世界幸福感排名前25位的国家不仅包括富裕的瑞士、加拿大和瑞典，也包括哥斯达黎加、巴西和墨西哥，乌拉圭排在法国之前，日本排在尼加拉瓜之后（Helliwell et al. 2017）。

另外，很明显，虽然国内生产总值可以持续增长，但幸福感（或对生活的满意度）却是一个有着明显的上限的变量，它不可能与不断提高的人均收入或财富水平之间持续保持相关。来自32个国家的证据表明，随着整个社会都能接受更好的教育、获得更高的收入，人们的主观幸福感也会增强（Zagórski et al. 2010）。然而，这两个变量之间的确存在着很强的联系，只不过不成正比（Coyle 2011）。我们很难想象，绝大多数人群（无论他们是非常幸福还是不幸福）会对经济零增长或经济活动下降引发的消费和就业水平的大幅缩减表示欢迎。因此，用幸福指数取代国内生产总值，似乎只不过是引入了另一个存在问题的衡量标准。

最后，一个多世纪以来，某些学者一直在提倡使用基于能量的估值代替基于货币的估值（Ostwald 1909; Soddy 1926; Odum 1971）。从基本能量的角度来看，这一选择是不容置疑的。但在实践中，它却有其自身的一系列缺点。所有单一的价值理论当中都存在着对罗斯所谓的文明的复杂性和事物的关联性（Rose 1986）的选择性忽视，这就使得它们难以接受现实的考验。"将所有与能量无关的事情简单地视为某能量转换过程，并根据其体现的能量含量来定价，都是在将复杂且多面的现实强行压缩成疑点重重的单维度指标。"（Smil 2008, 344）国内生产总值显然是一个有缺陷的概念，尽管一些替代方案能提供更好的洞察视角，但到目前为止，它们当中没有任何一个可以被看作拥有决定性的优势。

长期视角下的经济增长

当我们尝试重建经济增长的长期趋势时，现代国内生产总值核算过程中遇到的所有问题都有可能被放大。一个显而易见的问题是，当我们将国内生产总值的概念应用在这样一个社会，它的大量（如果不是大多数）劳动力来自被奴役或被贩卖的成人和儿童，它的主要财富来自反复的武装侵略、抢劫和强制没收，那么这到底意味着什么？甚至在人们刚刚步入早期现代社会之后，我们仍然缺乏相应的手段，对易于测量的农业和工业产出绩效进行标准化的实时监控（这种做法要等到 19 世纪才真正开始）。此外，在人口增长、作物收成、粮食供应、矿物开采和手工制品等方面，我们要么一无所知，要么只能得到一些不规则的可疑数字，只有这些关键替代指标才能够充当估算经济表现的合理基础。

　　然而，习惯于对经济现象进行抽象和汇总的经济学家们并没有被这些情况吓倒，在经济史研究中，许多研究使用国内生产总值概念的方法几乎与其在评估现代经济进步时一样简单。此外，他们在这样做时却并没有试图提醒读者，这种回顾性操作涉及一些根本的不确定性，以及基于高度可疑的量化进行任何归纳得出的结果都会导致的内在不可靠性。对于这些努力，我们可以期待的最好结果就是使人们能够感知经济活动正确的变化幅度和长期方向，然后标记出下降、停滞和缓慢增长的过程或特定的时间和地点。

　　没有什么比将现代欧洲（或更具体地说，欧洲最发达的那些经济体）与帝制时代的中国（或江南地区，位于长江以南的中国最富裕的地区）进行对比更能说明重建过去的经济表现所带有的缺陷了。得益于安德烈·贡德·弗兰克（Andre Gunder Frank 1998）和彭慕兰（Kenneth Pomeranz 2000）的工作，人们已经普遍认为，直到 18 世纪末，中国都比西欧富裕，或者至少与西欧一样富裕。直到 19 世纪初，得益于持续不断的工业化，欧洲才取代了长期以来由中国占据的主导地位；工业化还为这两个地区后续发展的巨大分歧做出了解释。弗兰克认为，与人们普遍秉持的观点相反，全球化的经济在 1400—1800 年就已存在（Frank 1998）。在抛弃了中世纪晚期和近代的欧洲中心论之后，我们只会得到一个结论：世界经济曾经主要集中在亚洲，尤其是以围绕着中国的贸易、商品和市场为中心；因此，与弗兰克的书名相呼应，1980 年后中国重新占据全球经济的主要地位，无非是一种"再东方化"（ReOrient）。

彭慕兰的目标则是驳斥"欧洲在工业化之前就已经比世界上其他国家更为富裕"的普遍论调，因为他认为"甚至早在 18 世纪末，日本、中国和东南亚部分地区的平均收入就极有可能与西欧国家一样高，甚至可能比后者更高"（Pomeranz 2000, 49）。他还强调，中国的土地分配更为平均，这意味着收入分配更为平等。17 世纪一个典型的中国农村家庭在食物上所花费的支出在家庭总支出中所占的比例，与 18 世纪后期英国的一个农民家庭和工匠家庭的食物支出在家庭总支出中所占的比例大致相同。同时，欧洲之所以克服了发展的限制，要归功于它向外的扩张（通过开发新世界的资源），而非任何内部因素。

但是，麦迪逊对人均国内生产总值的重建工作却得出了截然不同的结论：在公元纪年之初，中国的人均收入比欧洲低了约 20%；在公元 1 千纪末期，中国仅比欧洲高出约 7%；到 1300 年，中国只领先 4%；到 1700 年，中国已经落后欧洲 35%；到 1949 年，经过几代人的内战和日本的侵略，中国大陆实现了统一（台湾地区除外），这一差距进一步扩大，中国落后欧洲约 80%（Maddison 2007）。此外，根据中国的大量历史文献，最新的评估表明，甚至在更早的时候，经济表现就与预期有所不同。

布罗德贝里等人重建了 10 世纪到 1850 年中国、英格兰（英国）、荷兰、意大利、西班牙和日本的人均国内生产总值，并得出结论，中国的人均国内生产总值在北宋时期（960—1127 年）达到顶峰，当时中国的国内生活水平位列世界之巅（Broadberry et al. 2014）。随后，中国的人均国内生产总值在明代（1368—1644 年）和清代（1616—1911 年）持续下降。到 1300 年，中国人的生活水平已经落后于意大利（尽管长江三角洲地区的生活条件可能仍然接近欧洲最富裕的地区）；到 1400 年，中国人的生活水平已经落后于英格兰与荷兰；到 1750 年，中国的人均国内生产总值不再高于日本，只能达到英国的 40%；而在 100 年后，这一差距扩大到了约 80%。

由于这些相互矛盾的结论，因此将历史国内生产总值的重建结果视为一种近似的趋势指标是一种值得怀疑的做法。但这些研究有一个共同的结论：前工业时代的国内生产总值增长都非常缓慢，人均年增长率仅有 1% 的零头。根据现有的最佳历史重建结果，1090—1850 年英国的国内生产总值年平均增长率为 0.18%，1348—1850 年荷兰的国内生产总值年平均增长率为 0.2%（van Zanden and van Leeuwen 2012），而 1270—1850 年西班牙的国内生产总值年平均增长率仅为 0.03%，小到几乎可以忽略不计。1300—1913 年，意大利中部和北部的人均国内生产总值几乎没有增长（Malanima 2011），而中国经济在 1020—1850 年甚至平均每年下降了 0.1%（Broadberry et al. 2014）。同样，根据麦迪逊的那份被广泛引用的公元 1—2030 年的世界经济量化数据，没有任何一个欧洲国家的人均国内生产总值增长率在 1500—1820 年超过 0.2%；在随后的 1820—1870 年，西欧经济的年平均增长率为 0.98%，而在 1870—1913 年，西欧的国内生产总值年平均增长率为 1.33%；美国在这两个时间段的国内生产总值年平均增长率分别为 1.34% 和 1.82%；日本在这两个时间段的国内生产总值年平均增长率分别为 0.19% 和 1.48%，其中日本的经济现代化始于 1868 年明治维新后不久（Madison 2007）。

由于我们拥有大量关于英国的历史信息，再加上英国在经济现代化方面也居于先锋位置，因此布罗德贝里等人以真正长远的眼光重建了英国近 6 个世纪以来的经济增长模型（Broadberry et al. 2015），克拉夫茨和米尔斯则将重建序列进一步扩展至 2013 年，并提供了额外的解释（Crafts and Mills 2017）。他们的工作成果可以归纳为以下几点：英国经济的长期增长过程是一个有着分段趋势的平稳过程，尽管会随机波动，但总会恢复到趋势线之上；在 17 世纪 60 年代之前，英国的人均国内生产总值基本没有增长（1663 年之前的年平均增长率为 0.03%），但此后出现了两次加速；年平均增长率在 17 世纪末上升到约 0.8%，到 18 世纪下降到不足 0.3%，然后在 1822 年后又升至 1% 左右。值得注意的是，增长过程并未出现任何逆转。工业革命是英国标志性的经济突破，极大地提高了人均国内生产总值的实际增长率，还对工业产出的增长造成了更加令人印象深刻的影响。

传统观点认为，英国工业革命作为一项基础广泛的进步，带来了相对可观的增长率。这一观点在 20 世纪 80 年代得到了大幅修正（C. Harley 1982; Crafts 1985）。最新的观点认为，技术的快速进步和生产率的迅猛增长带来的加速发展仅限于相对较少的几个领域。工业化发展十分迅速，经济增长却相对温和，这种矛盾被解释为农业刚刚开始引入资本主义带来的影响和蒸汽机在数十年内对生产率增长的影响都比较有限（Crafts 2005）。对实际的年度国内生产总值增长率的重建表明，英国经济的年平均增长率在 1700—1760 年只有 0.7%，随后稳定增长到 1760—1801 年的 1%，在接下来的 30 年里为 1.9%，再然后增长至 1831—1873 年的 2.4%。超过一半的增长是由全要素生产率的提升贡献的；资本深化的贡献约占 20%；农业则没有任何贡献。

英国工业革命的前几十年与蒸汽机的发明和改进紧密相关，但克拉夫茨证明了这种机器并没有为英国在 1830 年之前的经济增长做出多大贡献，直到 1850 年后，随着高压设计被广泛采用，它们的潜力才能发挥出来（Crafts 2004）。因此，蒸汽机要到 19 世纪下半叶（瓦特的著名专利诞生一个世纪后）才对生产率的增长造成最显著的影响。蒸汽机的发明、最初的部署、改进以及最终的经济收益又导致了一个更基本的问题，这个问题已经困扰了许多代学者：工业革命为什么是由英国领导的？

艾伦的简单解释［"简而言之，工业革命之所以发生在 18 世纪的英国，是因为英国在这方面下了本钱。"（Allen 2009, 2）］之所以具有说服力，是因为他表明了，英国（不同于海峡对岸的欧洲国家）的廉价资本、更廉价的能源以及相对较高的工资组合在一起，使人们有可能承担开发那些基本发明（诸如蒸汽机和使用焦炭冶炼铁矿石）所需的高昂的固定成本。不过，莫基尔反驳了艾伦的说法。他的结论是，英国之所以成为工业革命的领导者，是因为它利用了自身的天赋，即"有赖于启蒙运动的强大协同作用：知识领域出现了培根式的科学方法，再加上人们认识到了更好的制度可以创造更好的激励"（Mokyr 2009, 122）。

简而言之，莫基尔的结论将获取利润的动机、人们的知识背景以及英国的制度环境视为工业革命的主要推动力。艾伦认为启蒙运动充其量只是一个边际因素，莫基尔则认为它是决定性因素。克拉夫茨的解释则更接近真实情况：这两种观点并不相互排斥，它们最终可能被视为互补的因素（Crafts 2010）。在任何情况下，利润和启蒙运动无论多么重要，仍然只是可以用来解释增长的两个因素。某些特定的历史环境超出了利润的影响范围，而且严格来说也不受启蒙运动的影响，它们可能会（至少暂时地）将国家的发展轨迹引向不同的方向。要想说明两个相关的国家如何走上不同的现代化道路，对比英国与荷兰的发展轨迹或许是最好的选择（de Vries 2000）。

1800 年之前，这两个国家都受益于远比欧洲其他国家更高的农业生产率，与此同时，它们的农业和非农业部门之间的生产率差距也很小。随后，英国的经济结构经历了从农业生产转向工业生产的彻底转变，荷兰经济在 19 世纪的转变则非常缓慢。这种差异源于人口增长。英国的人口在1720—1815 年间翻了一番，到 1870 年又翻了一番。自 1760 年以来，英国就一直是粮食净进口国，通过工业出口为不断增长的粮食进口提供资金。正如德弗里斯所说的那样，"在这种情况下，工业出口增加了，同时人们也会说，工业出口必须增加"（de Vries 2000, 462）。

人口压力使英国经济摆脱了农业。相比之下，19 世纪初的荷兰缺少这种刺激。荷兰人口增长缓慢且农业产出持续增长，因此它也就成了向英国出口粮食的主要国家。农业、商业和某些工业的结合，足以创造所谓的 19 世纪的神秘增长——一个在 17 世纪就已经建立了实质上的现代经济的国家却没能成为现代工业世界的创造者。直到 20 世纪，荷兰才成为现代工业世界的创造者，彼时它也经历了非常快速的人口增长。德弗里斯用这个重要的例子来强调持续的线性经济增长模型并不适用，他还"呼吁人们使用一种更具历史性的、摆脱了现代主义僵化特征的现代增长模型"（De Vries 2000, 464）。

我们在讨论罗斯托构想的经济增长阶段的普遍性顺序时，应该牢记这些提醒，因为一个社会是从传统结构开始，逐步发展到具备经济腾飞的先决条件，然后在经济爆发式增长之后逐渐走向成熟，并最终进入大众消费时代的。毫不奇怪，罗斯托选择了英国作为其国民经济发展顺序的通用范本（Rostow 1960）。但我们仔细追溯英国历史就会发现，除了将英国的经验视作所有发展中国家共同遵循的僵化模板，他的描述更加细致入微（Ortolano 2015）。英国的经济进步曾经是（但也不是）现代经济增长的典型案例，因为其中总是有着重要的国家特质。此外，基于世界上首个通过逐步实现工业化来完成经济现代化的国家而创建的模型并不适用于起步较晚并快速走向现代化的国家（特别是二战后的东亚国家）。

由于有关 19 世纪经济发展的信息质量更高，因此对这一时期的国内生产总值的重建可以很好地再现西欧国家和美国（以及不久之后的俄罗斯和日本）的经济腾飞过程。1913—1950 年，西欧的人均国内生产总值年增长率下降至 0.76%，美国的则降至 1.61%。但到了 1950—1973 年，西欧的人均国内生产总值年增长率达到了创纪录的 4.05%，美国的也达到了 2.45%，而日本的数据最令人惊叹，达到了 8.06%（Maddison 2007）。在 20 世纪余下的时间里，所有发达国家的经济增长率均有所下滑，西欧和美国的人均增长率均略低于 2%，日本的数值则略高于 2%。与此同时，世界上人口最多的两个国家却经历了前所未有的增长。印度的人均年增长率约为 3%；中国的数值则超过了 5%，这要得益于 20 世纪 70 年代末开始的快速的现代化。

通过使用恒定货币价格来追踪人均国内生产总值的增长，我们得以衡量一个国家从贫困到繁荣再到最终实现不同程度的富裕的连续增长过程。美国的人均国内生产总值（以 2009 年的不变美元价格计算）在 19 世纪增长了 3 倍（达到约 6,000 美元），在 20 世纪又增长了近 6.5 倍，达到了 44,750 美元，在 21 世纪的前 15 年里又增长了 15% 左右（Johnston and Williamson 2017）。在 1960—2010 年的 50 年间，随着美国大众普遍（但不平等地）分享了发展的福利，美国人均国内生产总值增长了近 3 倍（约 2.8 倍，达到了人均 4.8 万美元）。在从第二次世界大战后的废墟发展成为全球第二大经济体的过程中，日本的人均国内生产总值增长了 3 倍（达到了 390 万日元）。随着中国成为世界第二大经济体，中国的人均国内生产总值增长了近 24 倍（达到近 3.9 万元人民币）。

正如预期的那样，这些国家的国内生产总值长期增长轨迹（以恒定货币价格来表示）非常符合对称的逻辑斯蒂曲线，但各自的拐点分布范围很广，这反映了不同国家特有的条件，也说明它们各自处在不同的经济发展阶段。法国和日本的国内生产总值增长曲线的拐点都出现在近 40 年前（日本在 1979 年，法国在 1981 年），这表明它们到 2050 年才会停止增长（图 5.29）。美国的国内生产总值增长曲线的拐点出现在 1996 年，与 2015年相比，到 2050 年预计还将再增加约 30%。中国的国内生产总值增长曲线的拐点则出现在 2016 年，到 2050 年，考虑到通货膨胀因素加以调整后的国内生产总值可能是 2015 年的 2 倍（图 5.29）。

今天的人们为了评估实际的生活水平，往往将这些成就转化为购买力平价（PPP），从而对不同国家的水平加以比较。如果说基于汇率的比较会造成误导（它们可能适用于资金流动，但不适用于食品或非贸易商品），那么基于购买力平价的比较（通过购买相同数量的商品或服务，将一种货币与另一种货币关联起来）同样并不完美。为了使比较有意义，我们必须将比较的篮子做得非常大，但这就意味着两个完全相同的篮子是很难实现的：如果是这样，这种指标就会忽略（至少会严重扭曲）不同国家具体的、性质上的差异，比如一个国家的饮食和消费特点、期望和偏好。

一种粮食可能在某个国家是人们的主食，在另一个国家却从未有人食用过（比如在尼日利亚常见的高粱和在埃塞俄比亚常见的苔麸，在西班牙或日本则根本没有人消费）。一个经济体的首选肉类（比如美国的牛肉）在另一个经济体中可能被严禁食用（比如在信奉印度教的印度）。在美国，篮子中的教育部分也必须包括高等教育的费用（目前，在该年龄段的所有学生中，有一半以上的人可以读大学，而且高等教育的费用一直在稳步增长，这种情况经常导致学生背上沉重的贷款），但在尼日尔或马拉维，获得大学学位仍是一件十分奢侈的事。另一方面，由于工资低廉，即使根据购买力平价进行了调整，低收入国家的劳动密集型服务通常也更加便宜。

一个显而易见的一般结论是，对购买力平价进行比较在那些生活习惯和期望相似、经济结构也相似的国家应该是最有效的：没有哪一对国家完美符合要求，但美国和加拿大或法国和德国是相对接近这种理想方式的较好的范例，但就连如此相似的经济体之间的比较仍然并不容易。显然，

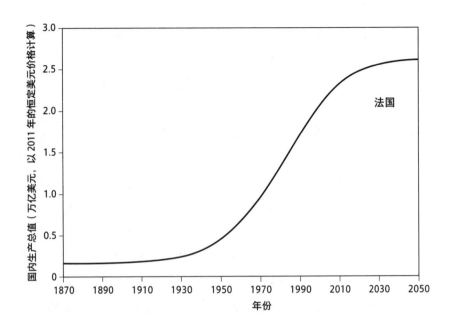

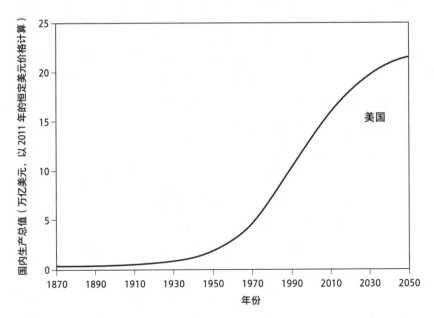

图 5.29 4 个主要经济体（1870 年之后的法国、日本和美国，以及 1950 年之后的中国）国内生产总值的逻辑斯蒂增长过程和未来的预期（以 2011 年的恒定美元价格计算）。数据来自世界银行（World Bank 2018）

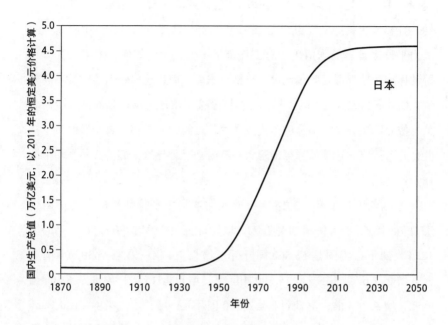

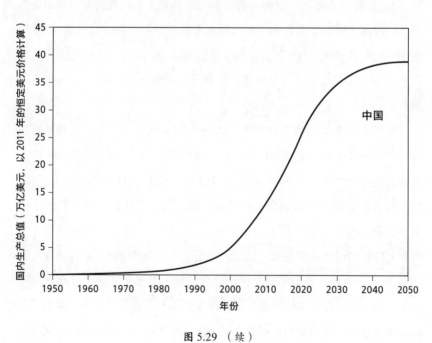

图 5.29 （续）

美国和中国的比较（乃至美国和埃塞俄比亚的比较）当然充满了不确定性，且容易犯错。世界银行在 2005 年调整其估算方法时，将中国基于购买力平价来计算的国内生产总值下调了 40%。无论如何，基于购买力平价的详细比较都需要收集庞大的价格数据库，而且这些数据还需要不断升级（Callen 2017）。可以预料，富裕国家按照市场价格计算的国内生产总值与按照购买力平价估算的国内生产总值之间的差异相对较小，但对于一些低收入国家，这项差异可能很大，有时甚至会导致他们的实际平均生活质量被高估。

考虑到上述事实，2016 年按照人均购买力平价计算的各国国内生产总值的绝对值（稍稍四舍五入，以国际元计）和 1990—2016 年的增长倍数如下：美国是 56,500 国际元，增长 1.4 倍；欧盟是 39,600 国际元，增长 1.6 倍；中国是 15,500 国际元，增长近 15 倍；印度是 6,600 国际元，增长近 5 倍；尼日利亚是 5,900 国际元，增长了 2 倍（World Bank 2018）。值得注意的是，1990 年印度和尼日利亚的人均购买力平价国内生产总值都高于中国，尼日利亚的人均水平甚至是中国的 2 倍！ 2016 年的全球平均水平实际上与中国的平均水平比较接近。另外，全球范围内的人均收入不平等程度正在逐渐降低，这在很大程度上要归功于中国的经济增长。

莫阿佐斯等人追踪了 1820 年以来全球收入的变化，他们发现那时的收入在很大程度上呈正态分布，世界上的大多数人都生活在我们如今所定义的极端贫困线之下（Moatsos et al. 2014）。基于 2011 年的购买力平价，根据最新的全球收入数据定义的极端贫困线被重新评估为每天收入 1.90 美元或每年收入约 700 美元（Ferreira et al. 2015）。随着经济的发展，收入分配的平均值一直在提高，但收入分配不平等的程度也一直在加深。到 1975 年，全球收入分配明显有两个峰值，第 1 个分布峰处于极端贫困线以下，第 2 个分布峰（反映的是富裕国家的收入）比第 1 个几乎高出一个数量级。然后，随着整个亚洲特别是中国的经济增长，这种模式再次发生转变，接近正态分布，其分布峰远高于贫困线。

然而，媒体报道最多、人们也最感兴趣的，并不是人均值的增长率，而是整个经济体名义上的或实际的（考虑到通货膨胀的因素而加以调整后的）季度或年度国内生产总值的增长率：这项数值一旦被认为低于预期，就会让经济学家们感到担忧，一旦开始升高，又会让他们欣喜若狂。这种对孤立的简单商数的吹捧是不理性的。正如我在第 1 章提到的那样，20 世纪 50 年代初美国经济的平均年增长率（以实际货币价格计算）接近 5%，这种增长的累积收益使得 1.6 亿公民中的每个人的收入都增加了约 3,500 美元。而在 21 世纪第二个 10 年的前半部分（年平均增长率为 2%），这种累积收益使得 3.17 亿人口中的每个人的收入增加了 4,800 美元。这就意味着最近的"缓慢"增长大大优于过去的"快速"增长，这也是基数扩大的必然结果。

然而，主流观点似乎并没有受到这种数学论证的影响。最好的证据是，对于中国官方统计数据反复宣称的国内生产总值增长率接近 10%，经济学家和新闻媒体都表示出了钦佩之情。根据中国国家统计局的数据，中国的国内生产总值年平均增长率（按固定价格计算）在 20 世纪 90 年代为 9.92%，在 21 世纪的前 10 年达到了 11.6%（NBS 2016）。不可避免地，这样的增长速度无法长期维持下去。2010—2015 年，中国国内生产总值的增长有所放缓，年增长率下降至约 7.6%。这里需要补充一点：实际上，在 21 世纪头 10 年，中国经济并没有实现两位数的平均增长。对于这一点，简单的解释是中国的总体经济数据（特别是国内生产总值数据）不如美国、日本和欧盟的生产数据那么可靠（Koch-Weser 2013; Owyang and Shell 2017）。

不过，使用卫星对 20 世纪 70 年代以来各地区的夜晚光照强度进行长期观测或许是一种最具启发性的方式（由于其客观性和难以造假）。事实证明，这种亮度是衡量经济活动的一个很好的替代性指标，而且（在考虑了人口密度之后）它与收入水平有着良好的关联。亨德森等人使用各个国家的夜间亮度来估算 188 个国家和地区的经济活动变化情况（Henderson et al. 2012）。他们将官方的国内生产总值增长率与夜晚光照强度的增长率进行比较后发现，1992—2006 年中国报告的国内生产总值增长速度几乎是光照强度的 2 倍。

在中国崛起之前，日本是经济快速增长的典范：日本的国内生产总值在 1953 年就达到了二战前的水平；尽管其年增长率峰值超过了 10%，但它在 1955—1965 年的国内生产总值年平均增长率（实际值）为 8.3%，在 1965—1975 年的数值为 7.9%；然后在 1975—1985 年，受到欧佩克两轮石油价格上涨的影响，日本（进口的原油和天然气几乎占该国消费量的 100%）经济的年平均增长率仅为 4.3%。韩国试图通过迅速的经济扩张来效仿其强大的对手（及前宗主国）：1966—1999 年，韩国的国内生产总值年增长率曾一度超过 10%，但 10 年里的平均值仍保持在 10% 以下（World Bank 2018）。

为了解释 20 世纪的美国在技术和经济上的领导地位，德隆列举了 3 个主要因素，其中包括在教育领域的特殊投入、巨大的市场规模以及非凡的自然资源禀赋（尤其是能源储备）（DeLong 2002）。第 1 个因素为美国培养了比其他任何一个富裕国家都要多的高中毕业生和大学毕业生。此外，在更加一体化的欧盟出现之前，没有哪个开放市场拥有与美国相近的经济规模或允许存在类似规模的经济。能源供应方面，在 1983 年（中国成为领头羊）之前，美国一直是世界上最大的煤炭生产国；在 1976 年（苏联成为领头羊）之前，美国一直是世界上最大的原油生产国；在 1983 年（由于苏联的进步）之前，美国一直都是世界上最大的天然气生产国。此外，我还必须补充一点，由于水平钻井和水力压裂技术的广泛应用，美国最近已经夺回了在原油生产和天然气生产方面的领先地位。

美国的统计数据使我们得以重建长达两个多世纪的经济增长过程，它的国内生产总值实际（考虑到通货膨胀的情况加以调整，以 2009 年的美元价格计算）年平均增长率从 19 世纪上半叶的 3.88% 增长到下半叶的 4.31%，相应的人均增长率分别为 0.85% 和 1.89%（Johnston and Williamson 2017）。在 20 世纪前 40 年的经济增长放缓期间，1901—1929 年的国内生产总值年平均增长率为 2.85%（人均 1.2%），而 20 世纪 30 年代（前几年的经济急剧下滑）的经济水平仍有增长，国内生产总值年平均增长率为 2.08%（人均 1.38%）。

第二次世界大战之后，1945—1973 年美国经济的实际年平均增长率为 3.25%（人均 1.73%），然后西方经济体就受到了欧佩克将原油价格提高 4 倍的影响。可即便如此，在下一个 10 年里，美国经济的年平均增长率仍保持在略高于 3% 的水平，随后在 1986—2016 年显著下降至 2.55%（人均 1.54%）；而在 21 世纪前 16 年，美国经济的年平均增长率仅为 1.86%（人均 1.01%）。这些长期的平均值掩盖了短期内的大幅波动，以及周期性的商业波动。1854—2009 年，美国经历了 33 个商业周期，平均每 4.7 年一个周期，但频率一直在下降：1854—1919 年，商业周期每 4 年一次；1919—1945 年之间的周期为 4.3 年一次；到了 1945—2009 年，每个周期延长至 5.8 年。每个周期从峰值到低谷的收缩期会持续 17.5 个月，从低谷到新峰值的扩张期平均持续近 39 个月（NBER 2017）。

鉴于美国仍是世界上最大的经济体（在使用汇率进行比较时），因此它的经济增长放缓也反映在了全球的增长趋势上。全球经济产出每 10 年的增长率峰值能够很好地反映这一点：它们从 20 世纪 60 年代的 6.66% 下降到 70 年代的 5.35%、80 年代的 4.65% 和 90 年代的 3.67%（World Bank 2018）。2010 年 4.32% 的高点是一个例外，因为此时世界经济刚刚从二战之后最严重的衰退中复苏；2011 年之后的增长率则保持在 3% 以下。

历史事件会对长期的经济发展造成重要影响，但令人难以置信的是，相关的研究却直到最近才出现。其中最重要的关注点集中于殖民统治的影响（西班牙和英国的前殖民地之间的对比最为明显）和当前制度的起源，尤其是影响金融事务的法律设计（Engerman and Sokoloff 1994; Acemoglu et al. 2002）。纳恩对这些研究做了总结，强调了如下矛盾：历史的重要性是不可否认的，但我们无法持续描述其重要因果关系的确切联系，留给我们的仍是一些亟待解决的难题（Nunn 2009）。

经济增长可能意味着，就算超额完成了五年计划所设定的目标，人民的生活水平可能也只是得到了些许改善，就像曾经的苏联一样。相反，经济增长应该带来更高的生活水平，应该缓解而不是加剧传统社会所特有的收入不平等。生活水平可以用多种方式来衡量。它们可以简化为一些单一变量指标，也可以通过这些指标来追踪。这些指标可以是与货币相关的（例如人均收入或平均可支配收入）、与身体相关的（例如婴儿死亡率，其下降速度与生活质量或平均预期寿命的提高密切相关），也可能是个人的看法（生活满意度、幸福感）。如前所述，在描述生活质量的改善时，人类发展指数一直是最常用的指标。无论选择哪种标准来衡量生活水平，西方国家的全国平均水平都显示出了长期的稳定增长（从19世纪末开始起飞），并在1950年后出现了一些明显的改善。

二战后的可靠数据表明，富裕国家的人均收入符合各自特定的对称逻辑斯蒂曲线。1950—2016年，美国的人均收入翻了两番，拐点直到1995年才出现，预计到2050年将进一步增长20%。相比之下，日本的人均收入在同一时期增长了15倍，但拐点在1982年就已经出现，并且到2050年进一步增长的空间可能不足10%（图5.30）。令人惊讶的是，中国的人均收入也表现出了与逻辑斯蒂增长几乎完美拟合的特点，自1950年以来增长了19倍，其拐点出现在2012年之前（与国家抚养比的上升趋势相吻合）。增长曲线表明，到2050年中国的人均收入还有60%的增长空间，按照绝对值算，这仅仅意味着人均年收入达到22,500美元。

如果忽略股票市场的长期年化收益率，那么关于经济长期增长的任何讨论都是不完整的。我们必须用长远的眼光去看待问题，因为市场会经历反复的波动，从而导致更长时间的低速增长。自1900年以来，美国道琼斯指数在1905—1925年和20世纪60年代末—80年代末经历了两次最长的停滞（Macrotrends 2017; FedPrimeRate 2017）。在20世纪，主要股票市场的实际年化收益率范围从意大利的2.1%、德国的2.8%到加拿大的5.9%、美国的6.3%、澳大利亚的7.4%不等（Dimson 2003）。法国市场的平均回报率为3.1%，日本为4.1%，英国为5.2%，从长远来看，所有国家的股市表现都远胜于长期和短期债券的表现。

经济增长的原因

事实证明，为经济增长找原因并确定其持久性所需的关键因素与提出一个足够准确的经济增长总量的量化指标同样具有挑战性。当然，这并不罕见，我们经常能够见到许多类似的研究也未能查明复杂现象背后的原因。历史学家们试图通过各种原因来解释罗马帝国的衰亡，包括过度的

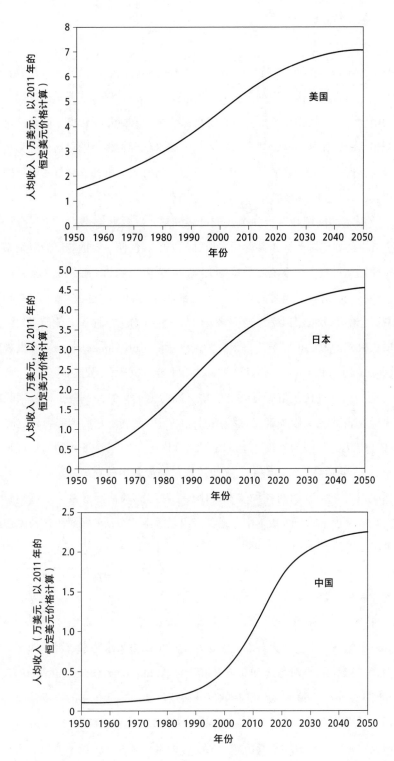

图 5.30　1950 年以来美国、日本和中国的人均收入增长过程。数据来自世界银行（World Bank 2018）

军事扩张（帝国扩张）、货币贬值、蛮族入侵和道德败坏，等等。甚至有一本书专门将此类因素罗列了出来（Rollins 1983）。现代营养学建议同样令人困惑，因为所谓的最能有效地降低患病概率和过早死亡概率的食谱是完全相反的，比如高碳水化合物摄入与零碳水化合物摄入的对比，或完全不摄入任何微量营养素（维生素、矿物质）与每天大量补充微量营养素的对比。

更根本的问题在于，如今我们已经知道，在这些案例中，仅仅分析数量有限的原因都等同于某种预先设定的失败。任何一个拥有研究复杂系统（无论是自然生态系统还是具备生产力的人类农业和工业系统）背景的人，都不会试着将对系统的根源、前提和原因的解释简化为少数几个主导因素。但两个多世纪以来，经济学家们却一直在努力这样做。他们寻找经济增长根源的方法可以被简单地分为确定近因（proximate cause）和发现根因（ultimate reason），但这两种方法都不能解决所有问题。

他们的这种传统解释是如此狭隘，因为他们只关注一些近因。增长理论的新古典主义版本就是这种还原论的完美案例。它们的解释建立在一些理想化的模型的基础之上，在很大程度上忽略了经济活动的物理环境——最明显的就是忽略了能源使用量这种最基本的物理变量，也没有对历史以及复杂互动的各种技术、社会、法律、政治因素给予足够的重视。在增长理论的高级版本中，经济产出是资本、劳动和衡量可用技术水平的量度的函数（Solow 1957）。该模型强调了资本积累如何产生经济增长，人口增长率、技术增长率和资本贬值率如何决定储蓄率，所有这些变量均被视为外生变量。

在 20 世纪 50 年代发表的早期经济增长研究中，最大的惊喜之一是，产出的增长中有很大一部分无法用生产中的投入水平来解释，即不能用劳动（工作的小时数）和资本来解释（Abramovitz 1956; Solow 1957; Kendrick 1961）。这些无法解释的部分必定反映出生产技术的进步，如今它们已被称为全要素生产率（total factor productivity，TFP）或（因为这些研究并未考虑到有助于经济增长的全部因素）多要素生产率增长（这种说法更准确，但却更少被人使用）。

在现代经济体中，全要素生产率——包括创新、技术进步和更重要的知识落地水平的影响——的增长对劳动生产率增长的贡献远大于人均资本投入增长的贡献。此外，在三大关键增长因素中，全要素生产率通常（但不总是）占据最大的份额（Shackleton 2013）。新一轮的增长研究始于 20 世纪 80 年代，着重于研究内生的增长因素，尤其是技术进步和人力资本（教育、卫生）的提高，还包括新技术的传播、政府的政策（影响商业便利、税收、基础设施升级或维护）和人口变化（人口结构转变、抚养比、老龄化）等。

对于全球经济来说，美国从 1800 年的一个微不足道的国家变成 1900 年的全球领导者，这完美地说明，寻求更高利润的尝试，不仅基于经验的改进，还基于对前所未有的新生基础技术的认识所产生的创新以及历史的特殊性（1865 年之前奴隶制在南部占主导地位、能源储备极其丰富、北部以城市经济为基础的增长），它们共同决定了该国独特的增长轨迹。通过比较不同时期计算出的增长因素，我们可以回溯基于知识的技术进步的重要性。在 19 世纪上半叶，资本和劳动力贡献了美国 95% 的年增长率，全要素生产率的贡献则仅占 5%。在南北战争期间，美国的全要素生产率依然保持在较低水平，但肯德里克的重建结果显示，制造业中的全要素生产率的年增长率在 19 世纪 70 年代为 0.86%，在 80 年代为 1.94%，在 90 年代为 1.12%（Kendrick 1961）。

这些数值均高于 20 世纪 30 年代的平均水平，这清晰地证明了 19 世纪末的经济进步是以知识为基础的（Smil 2005; Field 2009）。在南北战争之后的 250 年间，非农业私营部门的全要素生产率的平均增长率为每年 1.6%—1.8%，而 20 世纪最显著的增长浪潮并不是由 1970 年后的信息技术和通信技术带来的：它始于 19 世纪初，然后在大萧条期间达到顶峰（其影响一直延续到 20 世纪 70 年代）；电力技术、电话、汽车和新型化学品的大量应用是主要的增长来源。在 20 世纪上半叶（1913—1950 年），美国的全要素生产率占它的整体增长的一半，而在 1950—1973 年，这一份额的变动幅度很小（Crafts and O'Rourke 2013）。此外，与人们普遍认为的前所未有的进步相反，在 20 世纪 90 年代和 21 世纪前 10 年，全要素生产率的增长不超过 1%—1.5%，这在历史上都是非常罕见的。

阿布拉莫维茨的研究表明，自 1870 年以来，劳动力和资本的组合在美国经济人均净产出的增长方面仅占 10%，在劳动生产率的增长中也仅占 20%（Abramovitz 1956）。索洛总结道，在 1909—1949 年，美国经济每小时的工作总产值翻了一番，其中 88% 的增长应该归功于技术进步（Solow 1957）。丹尼森为美国在 1929—1982 年之间的经济增长做出过以下分类：55% 是由于知识的进步，16% 是由于资源分配的改善（劳动力从农业到工业的转移），18% 是由于经济规模的增长（Denison 1985）。由于后两个部分在很大程度上都可以被算作技术进步的影响，因此丹尼森的调查结果将至少 3/4 的经济增长归因于技术创新。索洛在他的诺贝尔奖获奖演说中总结了这些现实情况，他认为"对于单位劳动投入的产出，其长期增长率……从最广泛的意义上来说，完全取决于技术进步的速度"（Solow 1987）。

克拉夫茨评价了 20 世纪几个主要经济体的经济增长，他着重强调了几个主要的概括性事实（Crafts 1999）。首先是人均国内生产总值都出现了大幅增长：俄罗斯增长了 2 倍多；中国从极低的水平开始，增长了 3 倍；英国增长了 3 倍；美国几乎增长了 5 倍；而日本增长了约 16 倍（全要素生产率贡献的份额从 1913—1950 年的 32% 增加到 1950—1973 年的 39%，然后在 1973—1999 年回落到 26%）。其次，第二次世界大战之后的国内生产总值年增长在 1950—1973 年之间异常迅速（美国和英国的平均增长率约为 2.5%，联邦德国的增长率为 5%，日本的增长率为 8%），全要素生产率贡献了其中主要的增长部分（1950 年之前，资本的贡献占主导地位）。在随后的增长放缓期间，全要素生产率的重要性也有所下降，但人们的生活水平（以人类发展指数来衡量）却有了显著提高。尤其是日本的人类发展指数增长了约 1.5 倍，达到了美国和英国的水平。

所有针对全要素生产率的早期研究都将技术进步视为一个外生变量（来自外部的各种创新最终被企业采用），这显然是一种站不住脚的单向解释，它忽略了企业内部正在进行的学习过程和反馈。阿罗是第一位提出内生经济增长模型的经济学家，这种模型认为技术变革源于经济体内的前序行动，用于创新的资源也在不断增加（Arrow 1962）。这一概念在 20 世纪 80 年代成了标准模型（Romer 1990）；但琼斯却指出，虽然从事研发的美国科学家的人数大幅增加（作为技术创新的一项指标），然而相比于前 40 年的经济增长，这种增加却并没有为经济带来相似的增益（Jones 1995）。

德洛和泽特试图解释这种相关性的缺失（De Loo and Soete 1999）。他们指出了一个事实：研发工作越来越关注产品的差异化，而不是产品（或过程）的创新，前者可以改善消费者的福利，对经济增长却没有任何帮助。大卫指出了不同历史时期之间的类比：微处理器的创新未能在 20 世纪 80 年代为生产率提供显著的刺激；在第一批发电厂投产数十年后，在 20 世纪 20 年代之前，电气化对经济增长的影响也非常有限。美国生产率的年增长率在 1973—1995 年始终低于 1.5%，但在 20 世纪 90 年代后期却出现反转，当时的年增长率达到了 2.5%，几乎与 1960—1973 年之间的年增长率相同。

戈登将他的一系列研究编撰成一部全面的著作，在这部著作中，他对经济增长研究中的索洛式基本假设提出了质疑，这种假设认为增长是一个持续不断的过程（Gordon 2000, 2012, 2016）。另外，与普遍印象相反，戈登还证明了，在许多方面广受吹捧的"新经济"［由于微处理器性能的发展（符合摩尔定律），计算、信息处理和电信技术的长足进步带来的经济效益］并不能与过去的一些伟大发明相提并论。

从长期来看，在 1750 年之前，世界上的主要经济体几乎都没有增长。随后，一些先进的经济体（即最富裕的西方）开始加速增长，比如 1750 年后的英国和一个世纪后的美国。这种增长在 20 世纪中叶达到顶峰，此后增速一直在下降。这就引出了一个离经叛道的问题：发达经济体的增长率可能进一步下降到什么水平？戈登给出的答案是，1870—1900 年的第二次工业革命（电力、内燃机、自来水、室内卫生间、通讯、娱乐的出现，以及石油开采和化学工业的萌芽）造成的影响远大于第一次工业革命（1750—1830 年，出现了蒸汽机和铁路）和第三次工业革命（始于 1960 年，并且还在不断发展，以计算机、网络和移动电话为标志）带来的影响

（Gordon 2016）。

第二次工业革命在很大程度上促成了生产率在 1890—1972 年之间 80 多年的相对快速增长。而在 1945 年后，一旦先前的基础技术进步带来的一系列衍生技术（从空调和喷气式客机到州际公路）开始带来附加收益，生产率的增长就在 1973 年之后放缓了，虽然在 1996—2004 年之间又有了短暂的增长。通过仔细研究技术创新的性质和影响，我在关于 20 世纪的创造和变革的两部著作中提出了非常相似的论点（Smil 2005, 2006b）。我对增长时期的划分略有不同，因为我认为 1860—1913 年是一个独特的历史时期，后来可能再也没有类似的进步了。

我们可能再也无法看到像第一次世界大战之前的 50 年里那样接连不断的技术进步（电力、内燃机、汽车、动力飞行、化学合成）了。正如戈登指出的那样，2000 年以后的技术进步集中在娱乐和通信设备上，人们热情地采用和广泛部署它们，但这并没有从根本上改变任何劳动生产率（实际上，"社交媒体"带来的令人上瘾的干扰还可能降低劳动生产率）或生活水平。从这一点上来说，这些技术进步无法与电力、内燃机和现代医疗保健等方面的根本性创新所引发的变革相提并论（Gordon 2016）。从历史和技术的角度来看，我也强调了同样的事实（Smil 2006b）。

最新的统计数据清楚地表明，总体而言，生产率（尤其是美国的生产率）增长放缓的趋势是非常真实的现象。1987—2004 年，美国劳动生产率平均增长了 2.1%，2004—2014 年的增幅仅为 1.2%，2011 年后的增幅仅为 0.6%，其中，在 2015 年底至 2016 年上半年这 3 个季度中，生产率实际上有所下降（BLS 2017）。这是一个令人担忧的趋势，因为在未来 50 年里，随着所有成熟经济体都将出现人口老龄化，第二个主要的增长要素（劳动力供应的扩张）将大幅下降（降幅将高达 80%）。一些经济学家认为，以现代服务业为主导产业的经济体的生产率越来越难以衡量，而我们的数据未能反映其实际进展。另一些人则认为需求和（尽管低利率）投资机会的短缺是阻碍增长的主要因素。还有一种解释认为，增长放缓主要是由于新技术的运用与实现生产率方面的收益之间存在时间差（Manyika et al. 2017）。在所有这些解释中，可能只有部分或大部分是有效的。

展望未来，戈登认为，即使未来的创新继续保持与当前相似的速度，也会出现 6 种不利因素降低长期增长率：不断变化的人口结构、不断变化的教育、日益加剧的不平等、全球化的影响、能源和环境的挑战，以及消费者和政府的债务负担（Gordon 2016）。戈登那种挑衅性的"减法实践"的结论是，除最富有的 1% 的人以外，未来几年甚至数十年内，人均年消费量的增长率都可能降至 0.5% 以下。不可避免地，这样的诠释和担忧受到了批评（特别是来自正席卷世界的人工智能革命的倡导者们的批评）。但我们不得不再等十年左右（几年的时间看不出发展趋势），才能得出结论：一种可能是，对提升劳动生产率而言，新的电子世界将令人失望；另一种可能是，它的延迟影响正在带来巨大变化，并将开创生产率增长的新时代。

乔尔·莫基尔（Joel Mokyr）对经济增长的最终原因进行了最持久的调查。他强调了知识的重要性，认为知识是西方经济崛起的关键原因（Mokyr 2002）。在他的最新著作中，他将现代经济的起源追溯到了所谓的"文人共和国"（"Republic of Letters"）（Mokyr 2017）。在从 1500 年到启蒙运动末期的近现代欧洲，它为思想创造的市场蓬勃发展。同时，政治上的分裂也为知识分子的研究提供了支持，这是当时其他任何国家（包括工业技术纯熟的中国）都不具备的前提条件。根据莫基尔的观点，经济增长的起源更多地与带启发性的推理（德西德里厄斯·伊拉斯谟、弗朗西斯·培根和艾萨克·牛顿）有关，而不是与任何独特的技术或商业习惯有关。同样，也有关于这种欧洲起源论的其他解释，值得注意的是艾伦的研究（Allan 2009）。但毫无疑问，将经济增长的驱动力简化为机器和利润，将是一种极端的还原论观点。

增长之间的互动

我认同格罗斯曼和埃尔普曼的观点，即最好不要对经济增长的根本原因做出任何具体的推断，因为它所涉及的因素在复杂的系统内会动态地联系起来，使人为构建的"外生–内生"的二分法显得非常刻意（Grossman and Helpman 1991）。因此，用宽泛定性的结论来解释经济增长的根源和生产力来源，要比按照各种特定来源对增长进行分配更加可取。但不幸的是，研究增长根源的最常见的方法是将各种关键因素视为外生输入物，统一纳入单一回归方程之中。

基卜里特乔格鲁和蒂博戈鲁指出，这些方法"只考虑到了从特定经济（以及最近出现的非经济）回归因子到人均实际产出增长的单向因果关系，而忽略了大多数因素的内生性"。另外，他们还得出结论，"经济增长的本质过于复杂，无法通过估算单一变量回归方程来理解"（Kibritcioglu and Dibooglu 2001, 1）。这两条结论都是正确的。他们通过将一系列因素分为9类［资本和劳动力、技术、人口、地理（包括气候）、文化、机构、收入分配、政府政策、宏观经济稳定性］，将这几类因素在经济增长过程中可能的相互作用进行了大有助益的图形化总结，并将长期增长解释为这些因素与经济增长本身之间多向互动的净结果。

在可能的55种互动中，有23种是强双向的，有5种是弱双向的，还有23种是单向的，只有4种很弱或者可以忽略不计的互动。这种指标矩阵提供了一种有用的工具，能够帮助我们理解各种解释性理论。新古典主义理论通过关注资本和劳动之间的联系来解释增长，凯恩斯认为，几乎所有的行动都受限于政府的政策。地理决定论将气候和土壤甚至大陆的形状以及人口增长相互关联起来。内生增长理论首先关注技术进步与经济增长之间的相互作用。其他理论则将制度安排（包括法治和低水平腐败）视为经济增长的主要推动力。

已经有太多理论详细研究了个体因素与经济增长之间的特定联系，以至于我们无法系统地加以综述。相比之下，我选择了几个关键因素（包括能源、教育、健康、人口变化、贸易、收入不平等和腐败），然后对它们的重要性做了简短的评估。它们中的每一个在促进或阻碍经济增长方面都发挥了重要的作用，但也只能发挥有限的作用。将它们视为整个拼图中的零散的部分，有助于解释为什么一些国家的表现要比另一些国家好得多，为什么一些经济体能够长期增长，另一些经济体却尚未腾飞，即使后者与一些已经富裕的国家相比甚至具备某些更有利的经济发展前提。

能量在经济增长中的基础性作用是显而易见的：所有生产活动都需

要能量转换，但主流的经济学家们从来没有意识到这一点，罗伯特·艾尔斯（Robert Ayres）比任何人都更能揭露他们的理解中的根本弱点。

> 经济学概念……对于热力学定律在生产活动的物理过程中的影响没有任何系统认知。经济学中有一个推论，几乎值得成为一个独立的思维误区：因为能量成本在经济中所占的份额很小，所以可以忽略不计……就像工业产出可以仅仅由劳动力和资本生产一样，能量似乎也仅仅是一种资本形式（而不需要开采提取），也可以通过劳动力和资本来生产……经济学教育中缺少一条基本真理：能量是宇宙的全部，所有事物都是以某种形式表现出来的能量。经济体系在本质上是一个系统，它将作为一种资源的能量提取出来，并进行加工和转化，使其变成产品和服务中的另一些能量。（Ayres 2017, 40）

艾尔斯令人信服地表明了，工业革命开始以来的经济增长主要是由相对廉价且能量密度高的化石燃料的发现与开采导致的能源成本的下降推动的（Ayres and Warr 2009; Ayres and Voudouris 2014; Ayres 2016）。在康德拉季耶夫理论（Kondratiev 1926）的基础上，熊彼特提出了有关西方商业周期的经典论述，说明了新型能源和新原动机是如何导致周期性投资加速的（Schumpeter 1939）。根据康德拉季耶夫的分析，周期性投资的第一次加速（1787—1817 年）恰逢煤炭开采量增长和固定式蒸汽机首次投入使用的时期，第二次加速（1844—1875 年）是由于蒸汽机在铁路和轮船上的部署以及钢铁冶炼技术的进步（贝塞麦转炉），第三次加速（1890—1920 年）是由商业发电的广泛发展以及电动机在工业生产中代替蒸汽的机械驱动装置而导致的。

这些加速期的中心点的时间间隔为 40—56 年，二战后的一系列研究也证实了这种约 50 年一次的波动的存在，特别是与技术发明有关的经济周期的反复出现（Marchetti 1986a; Vasko et al. 1990; Allianz 2010; Bernard et al. 2013）。后康德拉季耶夫周期的上升趋势出现在 1939—1974 年（第 4 个周期）以及 1984—2008 年（第 5 个周期，电子周期），由计算、信

息和电信技术主导（Grinin et al. 2016）。采用新型初级能源的早期阶段与
重大创新时期的开始有着很好的相关性。此外，在一种令人着迷的反馈机
制中，经济萧条似乎是创新活动的诱因：上一次全球性的重大经济危机
（20世纪30年代）为我们带来了燃气轮机（喷气发动机）、荧光灯、雷
达、核能等基础性的技术进步（Mensch 1979）。

也有一些经济浪潮已经得到了确认，其中包括基钦周期（Kitchin
cycle，3—5年）和库兹涅茨周期（Kuznets cycle，平均15—25年），
但康德拉季耶夫长波周期（平均持续时间为40—60年，通常被简化为
55—56年）既是最常被引用的，也是最常被质疑的。西奥多·莫迪斯
（Theodore Modis）坚持认为，各种各样的人为和自然现象（从银行倒闭
和凶杀案到飓风和太阳黑子活动）都能与康波周期形成共振。然而，我们
只要仔细审视他的表述，就会发现这些现象与康波周期的相关性各不相同
（从明显到微弱），对他的表述加以修正，得到的结论应该是，"按照科学
标准，这些观察涉及的所有定量分析的置信度都很差，我们应该允许批评
者质疑这些周期的存在"（Modis 2017, 63）。

福卡奇通过分析康德拉季耶夫的原始数据和最新、时间跨度最长的
可用经济序列（他们的整个数据集从未进行谐波分析），证实了这一结论
（Focacci 2017）。他总结道，维持原始假设似乎非常困难，"比起针对真
实现象的解释性指标和可信证据，这种预设周期应该更多地被视为'技术
性拟合程序'"（Focacci 2017, 281）。结论是令人信服的：确实存在着跨
度为40—60年的周期性经济模式，但在没有任何有力的证据表明存在更
大的规律性，而且缺乏统一解释的情况下，我们最好不要将康德拉季耶夫
长波周期拔高为一种拥有预测功能的现实镜像。

在针对许多经济体的国家级研究中，国内生产总值的增长与能源消
耗的趋势以及经济体的能源强度（焦耳与美元之比，J/$）趋势都已经得
到了分析，但这些分析的结果还需要详加解释。在整个20世纪，全球初
级能源使用量（不包括所有加工损失和非燃料用途的使用量）增长了近8
倍，全球经济产出则增长了18倍以上，这就意味着"能源/产出"弹性
小于0.5，但各国的具体情况有很大的不同：在这项数值方面，日本高度

接近 1，中国是 0.6，美国则不到 0.4。历史分析证实了能源强度下降的普遍趋势。在 1850 年之前，英国的能源强度随着蒸汽机和铁路的问世而上升。加拿大和美国的能源强度在六七十年之后也经历了类似的上升，其中，美国的能源强度在 1920 年前达到了峰值。日本的能源强度在 1970 年之前一直在上升，中国的能源强度在 1980 年之前也一直在上升。

现代经济体能源强度下降的原因在于：一、经济发展早期阶段的基础设施建设所需的能源密集型资本投入的重要性日益降低；二、燃料燃烧和电力转换的效率不断提高；三、能源强度更低的服务业（零售、教育、金融）在国内生产总值中所占的份额越来越大。根据考夫曼的观点，现代经济体的能源强度在 1950 年之后下降的主要原因是能源使用的构成以及主要商品和服务的类型发生了变化，而非技术的进步（Kaufmann 1992）。

如果在特定年份对比所有国家的情况，人均国内生产总值与能源使用量之间极高的相关性（超过 0.9）就能够进一步证实能源与国内生产总值增长之间的紧密联系。但是，一旦我们研究的是更多同质化的国家组合，这种联系就会被大大削弱。一个国家要想变得富裕，就必须大幅提高能源的使用量；但不同富裕国家之间的能源消耗量（无论是按国内生产总值计算还是人均计算）差异很大，这就使得国内生产总值与能源消耗的相关性变得非常低。根本不存在一个特定的用于生产相同（或非常相似）的人均国内生产总值的能源使用量。例如，2016 年德国和澳大利亚的人均国内生产总值几乎相同（按购买力平价计算，两者的人均国内生产总值分别为 48,100 美元和 48,900 美元），但后者的人均能源使用量却比前者高出近 45%。与此同时，澳大利亚和韩国的人均能源使用量几乎相同，但前者的人均国内生产总值却比后者高出近 30%。

更重要的是，尽管许多富裕国家的人均初级能源使用量在二三十年里一直保持不变，但实际人均国内生产总值却在增长。在美国，2016 年的人均能源使用量比 1979 年（几十年来的峰值）低 15% 左右，但实际人均国内生产总值在这几十年里增长了近 80%（FRED 2017）。同样地，自 20 世纪 80 年代以来，在其他富裕国家也出现了人均初级能源使用量与国内生产总值增长脱钩的现象。不过，我们必须指出，这几十年来能源与国内生产总值的相对脱钩，恰好与能源密集型产业从富裕国家转移到亚洲（特别是中国）处于同一时间段。这种产业转移缩小了我们能观察到的能源与国内生产总值脱钩的现象的范围。

教育对现代经济增长起到了促进作用，这似乎是不言而喻的。盖洛曾得出结论，在 19 世纪的最后 30 年，教育领域的投资是导致西欧国家生育率下降的最重要的因素（Galor 2011），这一点不足为奇。在校儿童（6—14 岁）比例的上升与出生率的下降密切相关（Wrigley and Schofield 1981）。盖洛和莫阿夫将西欧人口转型的开端追溯到人力资本需求的增长，这种转变更多是质量上的（少子化）而不是数量上的，同时也会与其他趋势（尤其是预期寿命的提高）互相加强（Galor and Moav 2002）。在现实中，这种转变表现为教育改革（小学义务教育）、成年劳动者和童工之间的薪资差距日益扩大以及在法律层面限制和废除童工。相比之下，在亚洲国家，由于对熟练劳动力的需求不足，加上预期寿命增长缓慢，这种转变被推迟了。

德隆强调了教育在后发现代化国家扮演的角色以及研究性工作对发达经济体的作用：

> 在适应世界经济工业核心国家的发明和创新并因地制宜地进行改进方面，具有较高教育水平的后发经济体的成功率很可能更高。因此，教育似乎是在工业核心国家之外成功实现经济增长的关键政策。在工业核心国家内部，假如没有更好的技术，投资产生的资本存量收益就会迅速递减。研发的投入往往占据总投资的 1/5。净投资的一半以上是……对知识的投资，而不是机械、设备、建筑和基础设施方面的投资。（DeLong 2002, 144）

显然，健康是人类福利的一项直接来源，也是提高收入水平的一个关键因素，因为健康影响到了劳动生产率和退休储蓄，并决定了当前的寿命。埃利克和卢伊最早研究了健康与经济增长之间的互动关系（Ehrlich and Lui 1991），结果很明显，健康状况（以预期寿命或其他各种指标来衡量）是后续经济增长的重要因素（Barro 2013）。布卢姆和坎宁却发现，关于健康对经济增长的影响，正面和反面的宏观经济证据同时存在；在人口转型发生之前，生存率的提高带来的后果可能抵消健康带来的收益（Bloom and Canning 2008）。巴尔加瓦等人发现，在低收入国家，成年人的生存率对经济增长率的影响相对较小（Bhargava et al. 2001）。前者每增加 1%，后者相应地增加约 0.05%。但这种情况应该与他们的另一项研究结果进行对比：投资与国内生产总值的比值每增加 1%，国内生产总值会相应地增加 0.014%。

人口转型最终会对经济增长造成 3 重影响（Galor 2011）。首先，人口增长率的下降缓解了对持续增长的资本存量的稀释，也减轻了基础设施的负担，提高了资源和服务的人均分配量。其次，生育率的下降导致资源在很大程度上被重新分配，从关注数量（大量儿童注定贫穷，无法接受教育）过渡到关注质量（少数儿童得到更好的照顾，总是能够接受基础教育，且教育水平越来越高）。最后，生育率的下降也会带来年龄分布的变化，进而暂时使从事经济活动的人口占据较高的比例，然后转化为更高的人均生产率。

对人口转型的前因后果的探索得出了一些明显的结论和一些错误的主张。贝克尔认为，生育率的下降是工业化过程中收入增加的结果（Becker 1960）。然而，并非整个西欧的情况都是如此：西欧那些人均收入有明显差距的国家的生育率在同一时期（19 世纪 70 年代）都明显开始了下降。对 1870 年西欧各国国内生产总值的最佳估计表明，当时德国的人均国内生产总值仅为英国的 60% 左右，瑞典和芬兰的人均国内生产总值分别仅为英国的 40% 和 30%（Maddison 2007）。尽管收入水平存在着巨大差距，但在人口转型的最初几十年，西欧国家的人均收入增长率却十分接近（都介于 1.2%—1.6% 之间）。

人口转型的一个重要后果被称为"人口红利"（demographic dividend），它最早是在东亚经济体中被发现的（Bloom et al. 2000）。儿童健康状况的改善（首先是存活率上升，然后是新生儿数量减少）、存活下来的儿童健康水平的提高和儿童得到的教育资源质量的提高导致了人力资本上涨，再加上低生育率提高了女性在经济中的参与度，这些因素相结合，增加了劳动力供应，进而推动了经济飞速增长。

如果这些新生人群能够有效地参与就业，所在国家的经济表现就会明显变得更好，1950 年后的日本和韩国以及 1990 年后的中国的情况已经证明了这一点。相反，人口老龄化对经济增长的影响绝大多数是负面的（McMorrow and Roeger 2004）。人口老龄化减小了税基，降低了国家的人均税收，纳税人群的平均税负由此变得更高，抚养比也会相应地上升。在 21 世纪上半叶，这几项比率在富裕国家通常会翻一番，甚至可能使现有的养老金计划破产，除非尽快上调缴费额或降低偿付额；老年保健的需求则将达到空前的程度。

现代人对经济全球化的追求在很大程度上应该归因于一种普遍的信念，即开放贸易将促进经济增长，限制贸易则将抑制经济增长。国际贸易在经济增长中的作用是显而易见的，它在 1870 年前后开始崛起，后因第一次世界大战而中断。然而，只有克拉辛和米廖尼斯的一项新分析（这项分析涵盖了 62 个国家，这些国家在 1870—1948 年占据了全球国内生产总值的 90%）反映了国际贸易份额的增长与下降多么富有戏剧性（Klasing and Milionis 2014）。他们发现，国际贸易所占的份额比之前的纪录高出近 40%，从 1870 年的约 18% 上升到 1913 年的 30%，到 1932 年又崩溃到 10%，到 1949 年只恢复到 16%。直到 1974 年，世界贸易的开放水平再次达到 1913 年的纪录。随后的上升过程导致国际贸易的占比在 2008 年达到了 60.93% 的峰值（World Bank 2018）。一条拐点出现在 1988 年的逻辑斯蒂曲线能够为这一过程提供最佳（适度）长期拟合（1870—2015 年），这条曲线还表明，未来将几乎没有进一步的增长（图 5.31）。

开放市场的好处是欧盟的主要原则之一。欧盟是世界上最大的经济体，也是高度外向型的。它毫不怀疑，开放的市场（包括来自国外的直接投资）将为欧洲及其合作伙伴带来更多经济增长和更多更好的就业机会。欧盟委员会的结论是，如果 2014 年正在进行的所有自由贸易谈判都能够成功，新的经济架构将使欧盟的国内生产总值增长 2% 以上，相当于增加

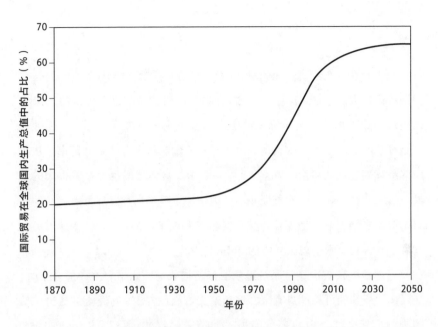

图 5.31 自 1870 年以来，国际贸易在全球经济产出中的占比。数据来自克拉辛和米廖尼斯（Klasing and Milionis 2014）以及世界银行（World Bank 2018）的资料

了一个像奥地利或丹麦这样体量的经济体（European Commission 2014）。对具体措施的选择会影响最终的结论。布塞和柯尼格尔指出，贸易量与国内生产总值（贸易开放度）的比值并不能充分体现贸易对人均国内生产总值的影响，使用进出口总量在滞后总国内生产总值中的占比，能够更好地反映贸易对经济增长的积极的和重大的影响（Busse and Königer 2012）。

也许我们能够通过仔细研究罗德里格斯和罗德里克公布的证据，得出关于贸易对经济增长的影响的最佳总结。他们发现，过分夸大有利于贸易开放的系统性证据，会导致人们产生过度的期待，还会干扰可能带来更大收益的体制改革。他们的结论是：

根据标准的比较优势基础，贸易自由化从总体上可能会使贸易双方都受益；没有任何人能够提供充分的证据和理由来质疑这一点。我们质疑的是如下观点，这个观点已经变得越来越普遍：融入世界经济是一种促进经济增长的强大力量，可以有效地替代发展战略。

（Rodriguez and Rodrik 2000, 318）

新古典主义经济增长模型意味着，只有当所有经济体在本质上完全相同或高度相似，人均国内生产总值才会长期趋同：起点较低的国家将以更快的速度增长，富裕国家的资本回报率则将下降。实际上，这种趋同是有条件的，因为经济表现取决于各种变量（从生育率到储蓄率，从政府的政策到创新的机会），这些变量在各个经济体之间也存在着很大的差异。结果，贫穷和饱受战争摧残的韩国仿照了日本那种发展重点行业的模式（首先是轻工业和造船业，然后是汽车和电子产品），于是得到了迅速发展，尼日利亚则呈现出异常的衰退和停滞。

当库兹涅茨首次尝试系统地解决经济增长与收入平等之间的联系时，他强调"所知的可靠信息有限，这篇论文可能包含 5% 的经验信息和 95% 的推测，其中部分内容还可能被一厢情愿的想法污染"（Kuznets 1955, 26）。不过，他根据对美国、英国和德国的少量样本数据进行分析得出的一般结论（或如他所说，是一个初步的有根据的猜测）是，收入的相对分配一直在朝着平等的方向发展。这种趋势最有可能始于一战之前，但自从 20 世纪 20 年代以来才尤为明显。随后，人们可以根据更可靠的统计数据，考虑努力重建历史数据序列，导致对收入不平等的评估变得更加准确和细致，但这些研究的结果仍然取决于数据的质量和分析的技术。

从全球的角度来看，最明显的趋势是北美和西欧国家在整个 20 世纪继续领先世界其他地区，即便中国在 1980 年以后经历了快速增长（这使得它远远领先于以前与其处在同一水平的国家，包括印度和尼日利亚），西方国家与其他国家之间的收入差距也没有大幅缩小。全球的不平等程度（未按人口加权）在 1950—1975 年似乎没有多大变化，在 20 世纪最后 25 年反而有所加深（Milanovic 2012）；尽管人口加权的趋势表明，从 20 世纪 60 年代后期开始，国民收入出现了明显的趋同，但这几乎完全归功于中国在 1980 年之后的崛起。如果没有中国的崛起，全球不平等的程度在 1950—2000 年就几乎不会有什么变化。

同时，下行国家的数量也有所增加。在 1960 年，只有 25 个国家的人均国内生产总值低于最差的西方国家的 1/3，但到 2000 年，这样的国家的数量增加到了将近 80 个。在这种令人不快的增长中，非洲占了大部分，但在亚洲和拉丁美洲国家，城市贫民窟（现代不平等的标志）的范围也在扩大（图 5.32）。这种不平等加剧的最显著的后果就是米拉诺维奇所谓的"中产阶级的空心化"（"the emptiness in the middle"）的出现（Milanovic 2002, 92）。到 20 世纪末，全球只有不到 4% 的人口生活在人均收入达到"中产阶级"标准（按照购买力平价计，人均收入达到 8,000—20,000 美元）的国家，80% 的人口的收入水平比该标准的下限还要低。

最近，不平等的加剧及其原因和后果引起了广泛的关注（Milanovic 2012; Piketty 2014; Zucman 2014; Dabla-Norris et al. 2015; Alvaredo et al. 2017; Scheidel 2017）。美国的数据常常被用来确定 20 世纪不平等程度发生变化的 3 个阶段。在第 1 阶段，20 世纪 30 年代的经济危机和第二次世界大战的结合，使高收入人群的收入集中度降低了一半以上。1928 年，最富有的 1% 的家庭的收入在全民收入中的占比为 28%，而到了 1950 年，这项数值下降到了刚刚超过 10%。第 2 阶段仅仅持续了 30 多年，到 20 世纪 70 年代后期，广泛的繁荣进一步使前 1% 的家庭的收入所占的份额

图 5.32 委内瑞拉首都加拉加斯的佩塔雷贫民窟是贫民窟发展的典型案例。图片来自维基媒体

下降到了 10% 以下，收入差距并没有扩大。在第 3 阶段，随着经济增长放缓，中低收入家庭的收入明显也有所放缓，高收入家庭的收入却持续增长，于是情况发生了变化。皮凯蒂等人得出的结论是，自 1960 年以来，美国前 1% 的家庭的收入所占的份额增加了 2/3，自 1980 年以来则已经翻了一番（Piketty et al. 2018）。

这一结论被广泛报道，它是建立在个人纳税申报单的基础之上的。不过，奥滕和斯普林特却认为这些估计存在偏差，因为它们没有考虑到税基的变化、收入来源的缺失和重大社会变化。因此，由他们调整过的估值呈现出了截然不同的结果（Auten and Splinter 2018）。虽然联邦个人所得税的最高税率从 1960 年的 91% 下降至 2015 年的 39.6%，但由于税基扩大的改革和避税工具的减少使用，前 1% 的人群的有效税率实际上从 14% 提高到了 24%，后 90% 的人群缴纳的税款则有所下降。这表明总体税收累进率有所提高，并导致美国收入最高的 1% 人群的收入所占的份额仅有小幅增长。

同时，皮凯蒂总结的美国经历的那种趋势（不平等程度在二战前得到缓解，在二战结束直到 20 世纪 80 年代基本不变，然后持续加剧）也出现在了加拿大、英国、意大利，以及后苏联时代的俄罗斯，那里的不平等程度加剧的情况尤为严重（WWID 2018）。与收入相比，财富（家庭财产和金融资产的总净值）分配不平等的情况更为严重。到 2016 年，不超过 3% 的美国家庭拥有美国一半以上的财富，前 1% 的家庭拥有 39% 的财富，前 0.5% 的家庭拥有约 33% 的财富，而底层 90% 的家庭只拥有 23% 的财富（Stone et al. 2017）。经济全球化是造成这种情况的原因之一：开放贸易虽然增加了总收入，但也加剧了收入不平等（Antràs et al. 2017）。

腐败拉高了经营成本，造成了资源浪费和效率低下，使贫困永久化，侵蚀了公共信任，破坏了法治，并最终损害了国家的合法性。腐败的表现形式包括贿赂、盗窃公共资产和赞助等，从普遍存在的低水平腐败到极为严重的对国家资源的掠夺，不一而足。世界银行和世界经济论坛估计，腐败的全球成本占世界经济产出的 5% 以上，仅受贿一项的成本每年就超过 1 万亿美元（OECD 2014）。即使按照最保守的估计，随着时间的流逝，腐败对经济产出增长的影响累积起来，也意味着经济产出会遭受巨大损失。在许多发展中国家，腐败造成的损失可能超过当前国内生产总值的100%。不过，腐败与经济增长之间并没有一种简单的普遍联系。

东亚的经济增长和腐败的关系可能更多地与经济发展阶段有关，而不是与特定的文化或地区特征有关。根据拉米雷斯的研究，19 世纪 70 年代初美国（当时该国的实际人均收入按 2005 年的美元价值计算约为 2,800美元）的腐败程度是 1996 年的中国（达到相近的经济水平）的 7—9 倍；1928 年的美国（人均收入为 7,500 美元）的腐败程度与 2009 年的中国（达到相近的经济水平）相当（Ramirez 2014）。如果拉米雷斯是正确的，这就意味着与美国的历史经验相比，中国最近的腐败还没有达到令人震惊的程度，而且随着经济的进一步发展，它必然还会下降。

门德斯和赛普尔韦达将研究样本限制在那些被视为自由国家的经济体（因此并不包括从中国到沙特阿拉伯等一系列经济体），发现腐败的增长最大化水平明显大于 0；在现实中，腐败的低概率有利于经济增长，高概率则不利于经济增长（Méndez and Sepúlveda 2006）。对于高水平腐败所带来的影响，莫也提出了一些见解（Mo 2001）。他的回归分析表明，腐败水平每上升 1%，经济增长率就将下降约 0.72%，或者腐败指数每增加 1 个单位，经济增长率就将下降约 0.5%，其中腐败引起的政治动荡是造成经济增长放缓的主要原因。我们必须承认，在某些情况下或在经济发展的某些阶段，腐败水平的下降可能是因为其他因素，也可能与令人满意的国内生产总值增长有关。同时，我坚持认为，腐败无法为获取稳定的经济发展、社会正义和国家权力的合法性提供最佳手段。

最后，比约恩斯科夫和库里尔德-克利特加德在一项更不寻常的分析中评估了一个传统的假设，即共和制国家的经济增长应该比君主制国家更快，共和国改革后的过渡成本也应该更低。但是，他们针对 1820—2000年之间 27 个国家的 10 年增长率的回归研究表明，这两种形态的国家的经济增长没有明显差异，就改革的增量而言也没有任何差异（Bjørnskov and Kurrild-Klitgaard 2014）。根据这条证据，共和国似乎并不比君主制国家更有利于经济增长。

文　明

矛盾的是，对于世界上最复杂的人为系统的增长，本书所涵盖的讨论无法成为一项长期研究。因为在本节中，我已经从那些比较容易探讨且具有启示性的发展指标，逐步过渡到对一些新的变化的讨论。我们很难令人满意地（无论是通过一小部分可量化的变量，还是通过更复杂的指标和综合估值）将这些新的变化表述出来（无论我们是否拥有必要的原始信息）。虽然人口的增长受到许多驱动力的影响，但我们可以通过研究关键的生命统计数据和存活率（预期寿命）来准确地加以追踪。对于城市而言，我们只需追踪两个变量（人口和面积）的发展轨迹，就可以找到决定其实体增长的关键因素。此外，对于最近的历史，我们还可以通过对于经济数据的描述进行补充说明。

正如前文已经详述的那样，衡量国民经济的增长仍是一项巨大的挑战。这不仅因为最常用的变量（国内生产总值）只提供了部分且可疑的内容，还因为在日益一体化的全球经济中，"国民经济"一词的含义也值得重新考量。此外，现在还没有一种明显更优越、能够被普遍接受且易于量化的替代指标来取代不尽如人意的国内生产总值。即便如此，比起评估那些已灭绝的文明的增长或量化全球化的多方进展，量化现代经济的增长还是要容易得多。

正如所有关于复杂概念的研究一样，在关于文明的研究中，困难同样始于如何定义我们要分析的对象。古拉丁语"共同体"（civilitas）最初相当于另一个更古老的希腊语概念"政治"（politiké，即市民治理，意味着对城市事务的管理）。法国的启蒙运动首先使用了这个"大词"，但法国思想家们赋予它的定义的范围非常广泛。最早提及这个词的出版物是米拉波（Mirabeau）的《人民之友》（*L'ami des hommes*），书中指出，"毫无疑问，宗教是人类第一个和最有用的制动装置：它是文明的第一个春天"（La religion est sans contredit le premier et le plus utile frein de l'humanité: c'est le premier ressort de la civilisation）（Mirabeau 1756, 192）。我们就算同意这样一个有争议的说法，又将如何使用它来追溯文明的发展历程呢？

1771 年，《特雷武词典》（*Dictionnaire de Trévoux*）将"文明"定义

为一个法学术语，在这里，它指的是一种正义的行为，意在将刑事审判变为民事审判。这种定义通过将文明与野蛮和原始性进行对比，将其纳入一个长期的历史视角来看待。但是，我们又该如何将这一概念转化为世俗文明发展的指标呢——特别是考虑到那些可能造成 20 世纪司法程序扭曲的案例？

最终，该术语被广泛使用，既能描述结果［尽可能广泛地描述特定（无论是现存的还是已经灭绝的）社会的生活方式］又能描述过程（文明扩散并演进成更复杂的社会、经济和技术规范）。莫林对这一过程印象深刻，他曾指出："文明本身拥有一种扩张的力量，它在人群中传播，通过书籍、贸易、会面来传达：它像热量一样，通过接触传播。"（Morin 1854, 3）这种单一的观点是种种统一的、被人们普遍接受的观点之一，它与不同的、不相容的或彻底对抗性的文明多元论形成鲜明对比。转向文明多元论迫使我们拟定标准（不可避免地，这些标准是任意的），将简单社会与更复杂的文明区分开来，并要求我们为更进一步的细分做好争论的准备。显然，"基督教文明"或"伊斯兰文明"这样的标签掩盖了复杂的现实，使我们忽视了其传统中存在的仇恨和大规模暴力（天主教徒与新教徒之间的对抗，伊斯兰教逊尼派与什叶派之间的对抗）。

不过，历史学家们一直在努力，而且他们提出了真正现代的、看似全面的定义。法国 20 世纪最著名的历史学家费尔南·布罗代尔（Fernand Braudel）对一系列特定结果做出了广泛的描述：

> 正如人类学家们所说的，文明首先是一个空间，一片"文化区域"。在这个空间内……你必须想象各种各样具备文化特征的"物品"，从房屋的形式、建筑的材料、屋顶的设计，到制造羽毛箭头之类的技艺、方言或当地族群、烹饪的口味、特定的技术、信仰的结构、做爱的方式，甚至可以是指南针、纸张和印刷机。（Braudel 1982, 202）

不过，布罗代尔和大多数历史学家一样，忽略了使所有这些物品和活动成为真实的东西所需的关键要素 —— 能量。房屋、屋顶、羽毛箭头或纸不会凭空出现（ex nihilo），信仰也不会，它必须经由食物哺育并在礼拜场所进行庆祝才能诞生。贝特朗·比诺什［Bertrand Binoche，他编写了一本《文明的歧义》（Les équivoques de la civilisation），专门研究"文明"一词的模糊性］给出了一个更为明确的定义："从目前的意义上讲，文明是代表特定社会状态的一系列特征，它仅仅从技术、知识、政治和道德的角度出发，不含任何价值判断。"（Binoche 2005, 57）

然而，不只是法语定义的多样性对于理解文明的含义没有助益。泰恩特在没有给这个术语下定义的前提下，就陷入了关于文明崩溃的讨论（Tainter 1988）。而在本书中，我在讨论到生物圈的循环和文明时，选取了最基本的生物物理学方法，将文明描述为生物圈的复杂子系统，依赖生物圈所提供的多种物品和服务。现代高能文明在替代、修改和操纵自然物品方面非常成功，但它仍然像以前的所有不发达的文明一样，依赖生物圈提供的各种服务（Smil 1997）。虽然这可能是一个相当全面的生物物理学定义，但我们在描述这一现实对象时，仍然必须确定众多的构成变量。我们希望对这些变量进行量化，以便评估长期的增长、停滞或衰退。

在这一点上，本书的耐心读者将看到，前几章已经涉及了现代文明的许多组成部分（从人口和粮食生产到能源的使用，以及各种技术构造和人造物）的增长。它们被视为能够反映一系列进步的关键指标，我们能否将它们综合起来，构建一个衡量人类文明发展的复合标准？在理想的情况下，我们需要通过量化文明复杂性的进步过程（它包含了我们这个物种的进化过程及最近的文明史）来完成这个目标。我们应该从类人猿追溯到智人，从在小规模合作团体中生存的觅食者追溯到第一批作物种植者和城市居民，从主要由人力和畜力以及燃烧生物质燃料驱动的悠久的古代文明追溯到逐步往城市聚集的工业社会，最终追溯至高度网络化的全球文明。我们能否穿越时间和空间，衡量和绘制社会的发展图？

衡量进步

衡量文明进步的方法之一是追踪不断发展的社会中越来越多的角色

（不断推进的劳动分工）。角色的社会学（无论是稳定的性别和文化角色，还是通过社会分工获得的角色）随着米德（Mead 1934）、林顿（Linton 1936）、莫雷诺（Moreno 1951）和帕森斯（Parsons 1951）等人的开创性工作而成为一个引人注目的研究课题。但这种衡量标准存在着很大的问题：如何有效地量化职业机会的涌现？如何评估在不断变化的社会阶梯上取得的成功？我们是应该使用详细的职位描述来区分不同社会角色，还是应该通过收入的增长抑或个人满意度来做到这一点？

这样的职业分工或社会分工是真正的进步的标志吗？社会能够真正从看似不断增多的职业专业化中受益吗？在这些新角色出现的同时，社会往往也会丧失一些宝贵的、灵活的技能，例如自己种植食物或修理各种小型机器的能力。另外，很显然，仅仅通过职业角色的增加来衡量复杂性的提高并不总是可取。我们可以列举出几十种职业，它们的存在恰恰证明了现代文明遭遇了令人遗憾的功能失调，而不是取得了令人钦佩的成就。专门为犯罪组织辩护的整个律师事务所，以及为处理恐怖袭击而花费巨资培训和装备的特殊武器与战术部队（SWAT）只是众多突出的例子中的两个。

无论具体指标有哪些优缺点，最能说明问题（也最能站得住脚）的社会发展衡量标准必须结合许多元素，也就是说，它必须是一个复合指标。伊恩·莫里斯（Ian Morris）试图在《西方将主宰多久》（*Why the West Rules—For Now*）一书的续作中实现这一目标（Morris 2011），但为了更细微地把握这种增长，他针对西方与东方，计算了两套不同的社会发展指标（Morris 2013）。他的划分方式遵循了历史进程，西方的发展前沿从西南亚（美索不达米亚）逐步转移至地中海、欧洲，最后是北美；东方文明则源自黄河流域，并最终扩展到整个东亚和东南亚，最新的前沿地区则是日本和中国的华东地区。

莫里斯的社会发展指数"是技术、生存、组织和文化成就的复合指标，人们通过这些成就来喂养、穿衣、定居和繁殖，或解释周遭的世界，或解决共同体内的争端，或以牺牲其他共同体为代价扩大自身的力量，又或者努力使自己不受他人扩大权力的企图的影响"，或者更简而言之，它是"衡量某个共同体在世界上完成事情的能力的一种标准"（Morris 2013，

15）。他的社会发展指数有 4 个组成部分，包括能量获取能力、社会组织能力（以城市的增长来衡量）、战争动员能力以及信息技术能力（以技术的进步以及信息手段的速度和范围来衡量）。他计算了每一项的具体得分和 4 个项目的综合得分（从公元前 14000 年以来每 1,000 年一次，从公元前 1500 年以来每 100 年一次）。

即使对于这种构思巧妙的指数，我们也可以质疑其构成是否合理。更重要的是，量化历史趋势始终是具有挑战性的，往往也是不可能的。对于任何一个稍稍熟悉这 4 个变量信息的可用性和可靠性的人来说，要追溯到 1.7 万年前，很明显，除 1800 年以前的部分条目外，其他所有条目中的大部分都是基于最佳（但经常是间接的）线索得出的。莫里斯欣然承认了这些限制，并解释了量化的局限性。但即使如此，我还是认为最终的数字甚至比他所承认的更加不确定，也更具争议性。我将仅仅通过获取能量的能力来说明这一点，因为直到 1800 年，这项单一指标在最终的社会发展指数中的贡献占了 80% 以上。

莫里斯根据库克提出的一个简化框架（Cook 1971）估算了获取能量的能力，但库克大大高估了西方在 19 世纪之前的能量消耗。于是，莫里斯将公元 100 年每人每天的平均能量消耗定为 31,000 千卡，每年约 47 吉焦，相比之下，2000 年全球每人每年的平均能量消耗不超过 65 吉焦。这意味着在 19 个世纪之内，人均能量消耗的增幅不到 40%，每年的增长率只有微不足道的 0.07%。实际上，我对公元 2 世纪罗马帝国的最佳估值是每人每年的消耗量不超过 20 吉焦（Smil 2010c）。莫里斯认为，西方国家的人均能量消耗在 1800 年为每天 38,000 千卡（每年 58 吉焦）；而在近代早期的欧洲社会，最可靠的能源需求调查显示，在 1800 年，人均能量消耗量（包括食物和饲料）约为 17 吉焦，差不多比莫里斯的估值低了 70%（Kander et al. 2013）。即使将能量消耗更高的美国考虑在内进行加权平均，西方世界 1800 年的人均能量消耗量也不超过每年约 25 吉焦。

莫里斯估计，2000 年西方国家每人每天的能量消耗为 230,000 千卡（每年约 350 吉焦），但这一总量仅能反映美国的情况。在美国，每人每天平均消耗的食物、动物饲料、所有商业燃料和电力达到了约 239,000 千卡（每人每年 365 吉焦），而在欧洲，每人每天的能量消耗仅为 111,000 千卡。因此，西方国家每人每天的能量消耗在经过加权平均之后约为 160,000 千卡（每人每年 244 吉焦），比莫里斯的报告值低 30%。这些已经是社会发展指数的组成部分中拥有可用数据的部分了，它们可以被准确地计算，并且从根本上要比城市规模（拉各斯是可取的发展方向吗？）和按技能将人群进行划分都更具揭示性。更不用说将战争动员能力作为社会发展指数的重要组成部分进行评估了，因为这项指标一定同样充满争议性。

无论如何，正如莫里斯所构建的，西方的社会综合发展指数从公元前 14000 年的 4.36 上升到公元 100 年的 43.3；之后，这项指数长期在 28—41 之间波动，直至 1700 年；到 1900 年，这项指数翻了两番（达到了 170.24）；2000 年，这项指数达到了 906.37（Morris 2013）。能量获取能力、战争动员能力和信息技术能力各贡献了 250，社会组织能力则贡献了 156。东方世界的社会综合发展指数在 1800 年之前几乎没有变化，到 1900 年时也仅仅维持在 71，但到 2000 年则上升到了 564.83（Morris 2013）。总而言之，莫里斯的社会发展指数从史前时代到罗马时代或汉代上升了一个数量级，在后来的近 2,000 年中一直停滞不前，在 1700 年后又增长了 19 倍（西方）和 12 倍（东方）。

我们还可以使用其他的综合发展指标，但对这些指标进行历史重建将带来更多疑点，有时候这种重建工作完全不可行。如前所述，自 2010 年以来每年发布的人类发展指数（Human Development Index）可以通过假设合理的预期寿命以及教育和识字率指标（显然，教育和识字率直到最近几个世纪才有明显的变化，而在更早的时候，大规模文盲是一种普遍现象）将预测向未来延展。此外，通过采用高度可疑的估计（用"猜测"更加准确），我们也可以追溯几千年前的人均国内生产总值数值。

而对于 2013 年才推出的社会进步指数（Social Progress Index），试图得出一些有意义的历史数据完全是不现实的。这一指数衡量了联合国 17 个可持续发展目标中的 16 个，并反映了 169 个指标中的 131 个，其中包括人类的基本需求（营养、水、卫生）、基础福利（获取知识、环境质量）以及机会（包括人权和自由）（SPI 2018）。这一指数旨在监测各个国家的进步情况，而非衡量过去的主要文明的进步，也不是要为全球的发展情况提供一项合适且具备参考性的指标。

另外，我们就算能够计算出一个相当准确的可用于描述文明的平均进步程度的指数，仍将面临另一项艰巨的任务：对于各种定居社会，我们应该怎样对生活水平差距和收入差距加以调整，从而使结果更有意义？最近，对经济不平等现象的普遍性的研究不仅证实了这些差距的长期普遍存在，还证明了它们的史前渊源 —— 科勒等人已经追溯到了新石器时代，农业在那时就已经开始造成财富差距（Kohler et al. 2017）。另外，这些研究还揭示了另一个事实：在大多数经济增长时期，这些差距都呈扩大趋势，只有在暴力冲突时期，差距才会呈现出缩小的趋势（Scheidel 2017）。即使在世界上的一些最公平的社会，群体和群体间的差距、个人和个人间的差距都远远不能忽略不计。这就导致所有的汇总型平均指标要与其他类似的非分化的估值相比才有意义。

特定的倍数

通过构建各种精心设计的综合指标来衡量文明的进步，可能并不是应对挑战的最佳方式。主要原因是，在任何试图衡量文明进步的宽泛指标中，各个组成部分的增长率都大相径庭，它们的长期增幅往往相差多个数量级。基于这些异质变量来计算综合指标显然是有问题的，尤其是我们没有任何不带偏见的方法来衡量它们各自的重要性。相比于爆炸性武器破坏力的巨大增长（跨越多个数量级），幅度相对较小但对人们的生存至关重要的日平均粮食供应量的增长又该如何衡量呢？为粮食供应和武器赋予相等的权重，与认为通信技术进步的权重大于收入差距缩小的权重一样可疑。但与此同时，我们并没有现成的理由可以为这些变量赋予不同的权重。

这就是我认为在评估文明的成就和能力的增长时，最有说服力的方式是简单地比较那些可以被可靠地量化的关键倍数的原因。当然，用倍数来反映长期增长的主要缺点是，我们无法了解特定过程的中间轨迹（某些增长是渐进的，某些增长则集中在最近一段时间内）。但是，这种方式允许我们使用相同的标准来比较多种变量，由于缺少中间观测值，我们无法构建这些变量的详细发展轨迹，但其起点和终点的已知数据具有足够高或足够完美的精度。当然，本书的相关章节已经追踪了这些特定增长轨迹。

我将以升序的形式回顾这些关键倍数，从那些由于受到生物物理限制而必然只能获得极小或很有限的长期收益的变量开始。它们包括身高、牲畜的能力、作物产量、人均粮食供应量和平均居住面积等增长倍数有限的变量。在结束本章之前，我将回顾多个方面的进步，它们在整个文明的生命周期内具有无穷大的发展潜力，其中最明显的例子是计算能力和通信能力，当然也包括武器的破坏力。

不过在此之前，我还需要指出更多注意事项。在比较技术和生产率的进步时，当我们考察的是峰值能力（例如长途运输的最大速度）或典型（特有）能力（例如主食谷物的平均产量）的增长，倍数可以传达准确的印象。而在处理经济事务和消费事项时，我们只能使用人均值，不可避免地，平均值就不那么有说服力了。收入、能源供应、食物获取量或生活条件通常会呈现为偏态分布或双峰分布，在这种情况下，通过计算或假设得出的平均值（尽管我们经常使用）并不具有代表性，特别是在社会经济高度不平等的国家。

相对增益最小的变量包括人类的生长和表现、主粮作物的收成以及日常食物供应。平均身高的比较只能提供近似的结果，因为我们没有充足的、具有代表性的前现代数据样本。根据赫尔曼努森的研究，在最大冰河期之前（旧石器时代，公元前 16000 年），欧洲男性既苗条又高（平均身高 179 厘米），在随后的新石器时代，他们的平均身高下降至不足 165 厘米，然后保持在 165—170 厘米之间，直到 19 世纪末（Hermanussen 2003）。一个世纪后，欧洲男性的身高平均值上升到 175—180 厘米（Marck et al. 2017），在过去一个世纪中产生了约 0.06 倍的小幅增长。

在 20 世纪（我们缺乏更早的可比数据）的男子田径运动成绩方面，800 米跑的成绩仅提高了 16%，跳高成绩提高了约 30%，铅球成绩提高了约 75%；女性的成绩提升幅度则更大一些（Marck et al. 2017）。自从有组织的国际比赛（第一届现代奥林匹克运动会于 1896 年在雅典举行）开始以来，人类身体表现增长的近似倍数（视项目而定）为 0.15—0.75（男性）和 0.35—1.5（女性）。此外（如前所述），从 20 世纪 80 年代开始，这些表现明显都已经到了平台期。

最早的时候，野生小麦每公顷的收成只有几百千克，最多只有约 500 千克每公顷。即使到了 19 世纪的最后几十年，大平原上种植的小麦的平均产量也只有 1 吨每公顷左右。最近，全球的平均水平约为 3.5 吨每公顷，欧洲的平均产量为 4 吨每公顷，西欧则达到了 6 吨每公顷（FAO 2018）。这就意味着第一批栽培植物从刚开始出现到发展成为现代品种，产量的增长倍数大约达到了一个数量级（6—11 倍）。在美洲原始社会，人们采用园艺和游耕的方式种植天然（未经过改良育种的）玉米品种，收成约为 1 吨每公顷。相比之下，如今中美洲的玉米收成平均水平不到 3.5 吨每公顷，北美的平均水平约为 11 吨每公顷（FAO 2018），其增长倍数范围大约在 3—10 之间，最多也达到了一个数量级。中国早期（汉代）的水稻种植产量一般为 0.9—1.3 吨每公顷，最近的产量在 6—7 吨每公顷之间，增长倍数为 4—6。

在传统社会，大多数成年人每天都需要从事中度或重度体力劳动，平均每人每天需要 2,300—2,600 千卡的热量，虽然最佳食物供应量能够满足这一需求，但在通常情况下，每个人能获得的食物供应却面临着 10%—20% 的短缺，导致许多人营养不良、发育迟缓，甚至过早死亡。经过改良的作物品种、化肥和农药的使用、灌溉以及田间作业的机械化共同作用，提高了作物单产，从第一产业和第二产业向强度更低的第三产业的转变进一步降低了粮食的平均需求量。因此，现代富裕社会（日本是一个明显的例外）普遍粮食过剩，造成浪费，欧洲和北美每人每天的平均食物供应量不仅超过了 3,000 千卡，甚至超过了 3,500 千卡；相比之下，与身体健康相适应的每人每天的摄入量（这一数值还会随着老年人口比例的上升而下降）约为 2,000—2,300 千卡。因此，与食品有关的倍数的走势正好相反：与前工业时代相比，每人每天的平均粮食需求下降了 10%—20%（增长倍数约为 -0.2—-0.1），富裕国家的平均粮食供应量则上升了 30%—40%（增长倍数为 0.3—0.4）。

年度能量供应的最佳数据如下。史前时代的能量供应（包括食物和明火烹饪所用的燃料）为人均 5—6 吉焦；罗马人（将所有用途的能量加在一起）的能量供应约为每人 20 吉焦；到 1800 年，西方国家（欧洲和北美）的平均值不超过每人 25 吉焦；到 2000 年，所有富裕国家的人口加权平均值为 240 吉焦（Smil 2010c, 2017a; Kander 2013）。通过这方面的进展来衡量西方文明的进步（能量的根本重要性可以证明这一选择的正确性），我们将看到，在工业时代来临之前，人均能量摄取量提高了约 5 倍，然后到 2000 年，人均值又增加了大约一个数量级。因此，从史前时代到今天，人均能量供应几乎增长了 50 倍。

然而，这种进步也带有一定的误导性，因为它衡量的是总能量投入，而不是实际有用的能量转换效率。能量转换效率的提高已经成为人类进步的关键标志之一。燃烧木材生出明火来烹饪，有用的热量可能不到木材能量的 5%；现在的家用燃气炉的效率则超过了 95%。役畜或勤劳的人类能将饲料或食物中 15%—20% 的能量转化为有用的机械能，大型柴油机的效率则为 50%，电动机的效率甚至超过了 90%。根据我的最佳估计，总能量供应的平均转换效率（考虑到全部的使用范围）从古代的不超过 10% 上升到 1900 年的 20%，然后到 2000 年已经接近 50%（Smil 2017a）。在考虑到平均转换效率的 4 倍增长之后，从史前时代算起，西方世界在有用能量获取量方面的总收益将达到约 250 倍。这一结果是通过更简单的计算得出的，与莫里斯描述的西方社会总体发展指数的增长倍数相吻合。

我们可以通过戈德史密斯对罗马人均收入的估计（Goldsmith 1984）推断出跨越两千年的经济增长，他的估算也得到了弗里耶对生活年金的分析（Frier 1993）的支持。罗马平均每人每年的消费约为 380 塞斯特提 ①，麦迪逊对这一数值进行了调整和换算，按购买力平价算，这一数值相当于人均国内生产总值为 570 国际元（1990 年的标准），或者按照 2015 年的货币价值计算，约为 1,000 美元（Maddison 2007）。相比之下，2015 年美国的购买力平价人均国内生产总值是 57,000 美元，意大利是 36,000 美

---

① Sestercii，一种罗马货币。——译者注

元。这表明从罗马时期到现在，人均国内生产总值增长了大概40—60倍。我们可以通过估算包括住宅在内的家庭财产的总质量，从而得出另一种评估长期收益的方法。门泽尔的一本记录性质的摄影集（Menzel 1994）为这种经过了简化（仅考虑总质量，而不涉及材料的质量和耐用性的改善）但具有揭示意义的衡量标准提供了极好的视觉说明。

史前时代那些居住在洞穴里的采集者们每人拥有的财物通常少于10千克，超过20千克的情况更少（包括衣服、碗、工具、武器）。在江户幕府时代的日本，一个五口之家居住在木制的家庭住房（minka）中，从事水稻和大麦种植，其人均财产（房屋、棚子、工具、衣服、垫子、被褥、厨具等）加起来约为1吨，比门泽尔的摄影集中展示的20世纪90年代海地一个贫穷农村家庭的人均财产稍多一些。相比之下，美国的一个四口之家居住在配有中等大小家具的房子里，房中配有一些寻常的电器设备（空调、电视、火炉、冰箱），还有两辆普通尺寸的汽车，他们所需要的生活材料加在一起约为人均10吨，房屋及其内容占总量的80%—85%。因此，从史前时代以来，平均每人拥有的物质的典型增长倍数已达到3个数量级；如果从前工业时代（自给自足的农耕时代）算起，增长倍数则是1个数量级。

个人流动性的增长已经成为现代增长的一个关键标志。在常见的陆上移动速度方面，从步行（5千米每小时）到高速列车（300千米每小时），最快的标准速度的增长达到了约60倍。对于所有商业化运输工具（从以6千米每小时行进的马车到以900千米每小时飞行的喷气式飞机）而言，最快的标准速度已经提高了约150倍。不过，大多数日常通勤者（使用私家车、公共汽车和城郊火车）的典型移动速度一般在50—100千米每小时之间，这就导致增长的总倍数下降到了10—20。此外，正如第4章所述，在许多美国城市，使用汽车通勤的有效速度甚至可能比无障碍步行更低。

不过，与下面这两类进步相比，上述所有增长倍数都会显得微不足道：破坏性力量的增长和我们的通讯、信息和计算能力的增长。战争能力的惊人增长证明了什么才是我们的文明优先考虑的事项，这一点令人遗憾（Smil 2017a）。古代战争中士兵射出的箭的动能约为 15 焦耳，江户幕府的武士熟练使用的武士刀的动能为 75 焦耳，艾布拉姆斯主战坦克发射的贫铀弹的动能则达到了 6 兆焦，差距达到了 5 个数量级（100,000 倍）。爆炸物释放的总破坏力则已经增长了 7 个数量级：长崎原子弹释放了 92.4 太焦的能量，手榴弹爆炸释放的能量则只有 2 兆焦，两者相差 4,670 万倍。如果我们将手榴弹与苏联核武库中最强大但从未使用过的氢弹（1961 年 10 月 30 日在新地岛上空测试的"沙皇炸弹"的爆炸能量为 209 拍焦）进行比较，差距将达到 11 个数量级（1,000 亿倍）。

不过，数量级最大的增长是我们获取信息（文本信息和视觉信息）的能力的增长。从史前的采集者或古代地中海那些无法接触任何文字或视觉资料的文盲奴隶到互联网时代和手机时代的普罗大众，人们能接触到的信息的增长几乎是无限的。古罗马有一些令人惊叹的图书馆，其中最大的图书馆可容纳数千卷藏书。但是，即使我们做出宽松的假设，假设这座图书馆里一共有 3,000 卷手抄书，每卷的数据量有 1 兆字节，那么一座大型罗马图书馆也只能存储约 3 吉字节的信息。在公元时代之初，全球信息存储量（绝大多数为手抄书）的正确估值应该在 10 吉字节这个数量级上，而且不太可能超过 50 吉字节。

按照莱斯克的估计，美国国会图书馆藏书的信息量为 20 太字节，再加上照片集、地图集以及电影和音频记录，总信息存储量将达到约 3 拍字节（Lesk 1997）。到 20 世纪末，全球存储的模拟信息的总量至少比美国国会图书馆的数据量多出 1,000 倍，达到了约 3 艾字节，比两千年前的数据量高出 8 个数量级（1 亿倍）。即使在 1997 年（信息存储方式正从模拟存储转向数字存储，网页数量每年的增长达到一个数量级），这种比较仍是不充分的。莱斯克曾认为，互联网用户的数量最终可能会增长到 10 亿（"但不会更多"），信息总存储量可能只会增加到 800 太字节。

二十多年后的我们回头去看，会发现他的估计低到了可笑的程度。2014 年，互联网主机的数量首次超过 10 亿台；早在 2005 年，总信息量就已经达到 100 艾字节（比莱斯克估计的最终总量高出 5 个数量级）。到 2007 年，人类文明能够存储（使用最好的压缩算法）的信息达到了 290

艾字节，其中 94% 以数字的形式呈现（Hilbert and López 2011）。到 2016 年，全球存储设备供应量超过了 16 泽字节，比 2,000 年前的信息存储量高出 11 个数量级，增长了 3,200 亿倍（Seagate 2017）。一旦增长的倍数达到 10^9 或 10^{11}，在估算时犯一两个数量级的错误似乎都不重要了。与公元时代之初相比，现在我们的知识库实际上可能扩大了 1 万亿倍，而不"仅仅"是数千亿倍。另外，无论如何，到 2025 年，存储的信息总量有望再增加一个数量级（Seagate 2017）。

这也许是对文明进步最简单的单段总结，也是对最重要的增长的简明汇总。由于大量的能源补贴，今天的农作物单产已经比早期农业高出一个数量级，使我们能够保证可靠、充足的粮食供给；与此同时，浪费的情况也大量出现。主要由于婴儿死亡率的大幅下降和细菌感染得到有效控制，人们的平均预期寿命已经增长了近 2 倍。如今，最快的大众旅行速度是步行速度的 50—150 倍。富裕国家的人均经济产出约为古代水平的 100 倍。人均使用的可用能源则比古代水平高出 200—250 倍。武器的破坏力已经增长了多个（5—11 个）数量级。此外，一个普通人能够访问的信息量基本是无穷大的，而整个人类文明范围内的信息存储量将很快比 2,000 年前高出 1 万亿倍。

不过，这些进步也有着最令人担忧的反面 —— 对生物圈的巨大伤害。其中最显著的是人类索取植物的范围：天然林区的面积已经从冰后期的巅峰水平下降了约 20%，这主要是温带和热带地区的森林砍伐活动所致；同时，耕地面积不断扩大，已覆盖了地球表面约 11% 的土地；每年的作物种植消耗的生产力已接近生物圈初级生产力的 20%（Smil 2013a）。其他主要的全球性问题还包括自然土壤侵蚀加剧；原始的荒野地区范围不断缩小，成为一个个孤立的片段；生物多样性的快速丧失（尤其是在物种最丰富的生物群落中）。然后是最重要的全球性问题：自 1850 年以来，我们通过燃烧化石燃料，向大气中排放了近 300Gt 碳（Boden and Andres 2017）。对流层二氧化碳浓度从 280ppm 上升到 2017 年底的 405ppm，整个生物圈都处在人为的全球变暖过程当中（NOAA 2017）。

这些事实清楚地表明，人类的优先事项并不是通过不断增强的能力来保护生物圈或确保所有新生儿都能有体面的前景，或将生活的不平等降低到可忍受的水平。与我们在生产能力和防护能力上的提高相比，我们宁愿不成比例地集中精力增强武器的破坏能力。我们甚至更看重扩展大规模获取和存储信息以及将其用于即时通信的能力。这些做法的结果现在看起来不光有些令人生疑，同时在许多方面的后果显然适得其反。

第 6 章

增长之后

陷入衰退还是继续增长

增长之后将是什么？问题的答案取决于讨论的主题和纳入考量的时间跨度。在我们试图总结后增长轨迹的类型学之前，随着增长的终结而产生的可能性比我们想象的要更为多样。在生物圈中，极端事件的范围从短寿命微生物个体的近乎瞬间死亡（许多短寿命无脊椎动物的死亡时间也只是略长一点而已）到生命以集体的形式延续下去。细胞凋亡（apoptosis，一种程序性死亡）以及生物个体在有机层面的消失（身体被分解，化合物和元素被循环利用）都只是物种在漫长的进化时间内恒久保持的一部分特性。对细菌和古核生物菌落而言，进化的时间跨度与行星的年龄处在同一数量级。当今的微生物的起源可以追溯到 39.5 亿年前的拉布拉多的沉积岩，田代等人在里面发现了生物质石墨的痕迹（Tashiro et al. 2017）。

对于某些高等生物而言，这种恒久过程的进行方式是如此保守，以至于今天活着的个体的外观和功能都与亿万年前高度一致。美洲鲎（Limulus polyphemus，现已被列为濒危物种）是这种保守进化的少数几个著名案例之一（IUCN 2017a）。很少有脊椎动物的寿命比人类更长。长寿的动物包括几种鱼类、鲨鱼、鲸以及象龟。其中，格陵兰睡鲨（Somniosus microcephalus）可能是寿命最长的脊椎动物：已知的年龄最大的格陵兰睡鲨活了 392 ± 120 岁（Nielsen et al. 2016）。不过，一般的脊椎动物（尤其是哺乳动物）不仅会朝着高级的行为进化，还会朝着更长的寿命进化，我们人类这个物种就从这种进化中获得了相当可观的收益（Neill 2014）。

许多能量转换器、人造物和制造技术的生命周期都具有正态分布的特点，其范围从近乎完美的钟形曲线到不对称（或间断）的下降趋势不等，下降过程会因为历史或国家的特殊性而加快或减慢。因此，在这些增长达到顶峰之后，出现了相当有序的下降过程，下降的速度与（有时并不遥远的）上升过程的普遍收益密切相关。我将描述一些值得注意的案例，它们都既包括已完结的增长过程（对应的产品或实践已不复存在），也包括在不同阶段逐渐下降的过程。

没有多少人对传统的小麦收获程序或古老的炼钢技术的消亡感兴趣。相反，关于人口、城市、社会、帝国、经济和文明的衰落与灭亡的研究从来未曾过时。突然的或暴力的结束——包括锡拉火山喷发（影响古代米诺斯文化）、8世纪和9世纪古玛雅文明的灭亡、1917年罗曼诺夫王朝的崩溃——特别引人关注。权力结构的崩溃是历史的常态，长期存在的帝国或人为组织的民族国家消失不见的戏码一直都在上演，但"经济崩溃"这个术语却是现代的一种夸张说法。不同于帝国和国家，现代经济并不会停止存在，它们只会经历严重的产出下降，造成困难、饥饿和死亡，还可能经历长时间的恢复过程。

在第1章中，我曾告诫道，不要在预测人造物、过程和系统的增长轨迹时随意使用逻辑斯蒂曲线。然而，如果我们要预测基于正态分布的衰退和灭亡过程，那么它就有了用武之地。鉴于生命的周期性分布无处不在，不仅其发展形态呈现为钟形，其实际数字和理想的数学表达式之间也经常表现出近乎完美的对应关系，因此这种规律性似乎给我们提供了一种出色的预测工具，这一点不足为奇。我们可以在紧凑型磁带或CD光碟的销量达到顶峰后，立即非常准确地预测它们未来的命运。但是，即使正态曲线的下降斜率已经确定，进一步的下降趋势也高度可预测且不可避免，我们仍应谨慎行事：机械地遵循这一轨迹可能造成一些重大失误。

最近，有关这种（可理解的）失误的最重要的案例或许是将正态分布曲线机械地应用于美国的原油开采。M. 金·哈伯特（M. King Hubbert）

由此而闻名，他正确地预测了美国的原油产量将在 1970 年达到的峰值（Hubbert 1956），他的预测似乎能保持一段时间。你如果在 1980 年输入美国在整个 20 世纪的原油开采数据并由此估算 2008 年的预期产量，得到的数值与 2008 年的实际数值之间的误差将仅为 6%，因为美国的原油开采量在此期间会按照长期预测那样保持下滑（图 6.1，上图）。但 2008 年是一个转折点，因为水平钻井和水力压裂法的创新结合，美国能够开采丰富的含烃页岩油，随后的产量开始迅速增长。

2015 年美国的原油产量（如果按照正态曲线的下降趋势发展，它将恢复到 1940 年的水平）比 2008 年的历史低点高出近 90%，仅比 1970 年的开采量纪录低 2%。由此产生了一条新的双峰曲线（图 6.1，下图）。美国石油产业命运的这一巨大逆转不仅导致其原油进口量大幅下降，还使美国解除了（2015 年 12 月）已经有 40 年历史的原油出口禁令（Harder and Cook 2015）。迄今为止，美国已经是世界上最大的成品油出口国，它还加大了原油销售力度：到 2018 年 11 月，美国的原油出口量超过了进口量，领先于除沙特阿拉伯和伊拉克以外的所有欧佩克成员国。就在十年前，美国还被视为产量稳定下降的石油生产国，而如今，它完全有资格加入欧佩克！

我将再举一个很好的例子来说明使用看似预设正常的正态曲线进行预测会带来怎样的危险。这个例子是大伦敦地区的人口增长过程，归功于 1801 年以来每 10 年一次的人口普查，我们可以可靠地绘制出其增长曲线（Morrey 1978; GLA 2015）。对 1801—1981 年的最佳数据进行拟合，结果呈现为一条近乎完美的高斯曲线（$R^2=0.991$），曲线的顶峰出现在 20 世纪 40 年代，人口峰值接近 900 万。根据曲线的预测，到 2050 年，大伦敦地区的人口将仅剩约 210 万（图 6.2，上图）。但如果将 1981 年之后 20 年（全球城市大规模移民和国际化的时代）的人口数据添加到轨迹中，最佳拟合就变成了一条四参数逻辑斯蒂曲线，拐点出现在 1877 年，根据曲线的预测，21 世纪上半叶大伦敦地区的人口将稳定在 800 万左右（图 6.2，下图）。

增长之后会发生什么？这个问题的答案包含一个连续的范围，既有

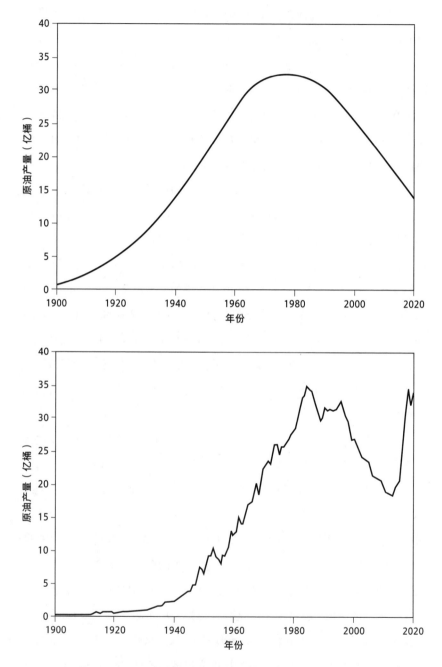

图 6.1 根据 1900—1980 年的数据得出的美国原油开采量的预计曲线图（上图）和 1900—2018 年的实际表现（下图）。数据来自美国人口调查局（USBC 1975）和美国能源信息署（USEIA 2019）的相关资料

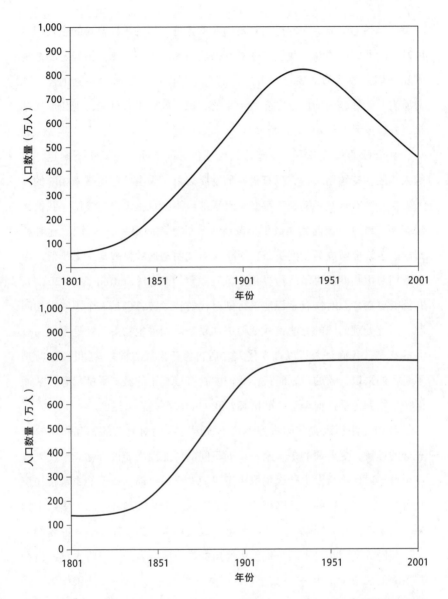

图 6.2　基于 1801—1981 年的人口普查数据得出的大伦敦地区人口数量的最佳拟合（上图）和 1801—2001 年大伦敦地区的实际人口数量变化轨迹（下图）。数据来自莫里（Morrey 1975）和大伦敦市政府（GLA 2019）的资料

相当普遍和十分规则的结果（这些结果易于量化，且在很大程度上可预测），也有一些会呈现出许多特质、与特定时间和空间高度相关的结果（它们代表一系列不确定性和未知因素的集合）。许多增长现象都属于第

一类，包括即将被屠宰的成熟家畜的典型体重、集约耕种收获的主粮产量以及学龄儿童的身高，我们能够对其做出高度准确的预测。不确定的结果则比我们一般认为的要更加普遍，而且（正如近期美国的碳氢化合物革命所表明的那样）即使存在着数十年的共识，最后仍然可能出现相反的结果，并造成重大影响。

从全球的角度来看，没有什么比现代高能文明的命运更不确定，它的人口还在持续增长，它仍有极高的物质需求，仍会给环境带来相应的巨大影响。所有这些长期趋势都必将有意地或不由自主地走向终结。我们无法指望"奇点"提前到来或更早改造火星的地貌而得到"拯救"。这种科幻故事也许能够成为新闻头条，对于应对文明遭遇的挑战却毫无价值。由于我们对生物圈的可承受边界仍然只有大致的概念（Steffen et al. 2015），我们需要在什么时候有意识地进行划时代的技术转移也是一个不确定的问题，因此处理问题的方法也就变得更加复杂。如果生物圈已经处于压力过大的状态，我们是否可以在 5 代人之后再修正发展方向？ 21 世纪中叶是不是我们采取行动的最晚时机？我们能否接近真正的星球平衡状态，从而保护生物圈免受任何全球性的破坏？我们的转型是否太迟？

我们无法预测实际的进程，这不仅因为我们对复杂的相互作用缺乏充分的理解，更重要的是未来一系列不同的可能性未能被排除。一代人或一个世纪以后将会发生什么仍取决于我们的干预行动。错误的决定将加快衰落和灭亡，谨慎的行动则可能极大地限制对生物圈和社会的大多数（如果不是全部）有害影响。激进的行事方式或许可以为全球文明开辟新的前景。我们的文明在过去两个世纪中经历的增长所带来的结果将决定人类在接下来的两个世纪中——甚至可能是未来的几千年中——能否作为一个物种繁荣下去。

有机体的生命周期

最简单的生命体［没有细胞核的单细胞生物（原核生物），包括细菌和古核生物（一种存在于许多陆地和水生环境中的古老生物域）］能够通过快速分裂使物种延续下去，但单个细胞会在分裂后迅速死亡（除了那些可以在很长一段时间内处于隐生状态的物种）。所有原核生物都能迅速分裂（分裂周期通常以分钟为单位），并迅速生长，因此"寿命"的概念对它们与对动植物来说存在着本质的不同。大多数单细胞生物的寿命都十分短暂。蓝藻是海洋中最丰富的单细胞光合作用生物，属于原绿球藻（Prochlorococcus）中的一种，平均寿命不到两天。

　　远洋杆菌（Pelagibacter ubique）是一种更丰富的微生物，但它们是一种化能异养生物，通过消耗溶解在海洋中的死亡有机物质而生存；它们还以拥有最小基因组的自生生物而闻名（Giovannoni et al. 2005）。无论在任何时刻，存在于海洋中的所有单细胞光合作用者的总质量（通常被称为现存生物量）平均只有约 30 亿吨碳。但这些浮游植物细胞快速的生命轮回意味着海洋光合作用每年的净初级生产力（480 亿吨碳）几乎与陆地生态系统（560 亿吨碳）一样高，后者储存的植物量可能比海洋高 200 倍（Houghton and Goetz 2008）。此外，许多原核生物［以及另一些微生物，包括缓步动物（Tardigrada），比如微型的（0.1—1.5 毫米）水熊（Jönsson and Bertolani 2001）］都可以进入隐生状态，从而在极端环境中长期维持生命（最长可达亿年），因为在隐生状态下，它们具备保护性的孢子内部的所有新陈代谢过程都暂停了（Clegg 2001; Wharton 2002；图 6.3）。

　　因此，许多古核生物和细菌的生长轨迹可以被简明地描述为单个细胞先经历分裂后迅速死亡的过程，物种或群落（微生物群落通常包括由许多古核生物和细菌物种组成的复杂集合，在极端环境中通常也是如此）却无比长寿。在某些情况下，原核生物的迅速再生几乎以不变应万变，将出现在 30 亿年前的世界上最古老的物种保存了下来。相比之下，具备光合作用能力的大型生物的生命周期则与之大不相同。正如前文（第 2 章）已经解释过的，有几种树可以存在 1,000 多年，但这些寿命最长的陆生生物在实现这一壮举时，身体中的大部分细胞都已经进入死亡状态。

　　树木的大多数植物量都以纤维素和木质素的形式被锁定在结构聚合物和细胞壁中，这些组织都不是活的，但它们对于支撑和保护树木、传导水分以及溶解营养物质必不可少。由于活体组织（韧皮部）和死亡组织（木质部）之间存在渐变过渡，因此划定形成层（生成木质的地方）的径

图 6.3 缓步动物是一种近乎坚不可摧的生命形态，它们可以进入隐生状态。图片来自维基媒体

向范围并不容易。尽管有一些薄壁组织的细胞可以存活数月、数年，甚至数十年，但活体生物量在森林总生物量中所占的比例几乎肯定不超过15%（Smil 2013a）。因此，树木的生长轨迹可以被简单地描述成"为确保生物体的结构完整性以及某些物种非凡的高度和寿命而进行的短寿命细胞的大规模生产"。

对于植物、动物和人类来说，即使质量或身高的整体增长已经停止，细胞的再生仍能使器官和生物体存活较长的时间。然而，某些关键器官的细胞可以在生物的整个生命周期里持续存活，它们要么无法在后续的生长过程中更新，要么只拥有最低的更新率。我们可以通过测量现代人脱氧核糖核酸中的 ^{14}C 水平来精确判定人体组织中的细胞的寿命（Spalding et al. 2005）。肠道内的细胞存活时间不超过 5 天，红细胞能存活 4 个月，但成年人身体细胞的平均寿命为 7—10 年，骨骼细胞的平均寿命为 15 年左右。细胞的再生能使器官和生物体（包括许多大脑组织）保持活力。但是，对从成年人大脑枕叶皮层提取的脑细胞进行的分析表明，其基因组脱氧核糖核酸的 ^{14}C 水平与该个体的年龄相对应，这说明人类在出生后就没有产生新的脑皮质神经细胞。

针对 ^{14}C 的研究也使我们得以确定人类心肌细胞的寿命（Bergmann et al. 2009, 2015）。几乎所有心肌细胞都是在子宫内部生成的，其最终数目（$3.2 \times 10^9 \pm 0.75 \times 10^9$）在出生后的一个月内就确定了下来，而且在人的一生中一直保持不变。它们的更新率非常低，还会随着年龄的增长而变得更低：心肌细胞的最高更新率在人的生命最初的 10 年中为 0.8%，到 75 岁时则只有 0.3%；约 80% 的心肌细胞在 10 岁以后将永远不会改变（无论最终寿命有多长）。相比之下，心脏内皮细胞和间充质细胞的数量在成年之后还会增加。因此，心肌细胞的生长轨迹可以被简单地描述为：它们的总量在出生前就已经几乎完全确定；它们的大小会一直增长至青春期结束之前；它们可以稳定运行数十年（衰亡和再生非常有限），直至最终的死亡。

琼斯等人收集了一系列有关相对死亡率的数据，并按照年龄（从开始生育的平均年龄开始，到只有 5% 的成年物种还存活的年龄为止）对它们做了标准化处理（Jones et al. 2014）。他们最令人惊讶的发现是，死亡率的增长（和生育率的下降）随年龄增长的可预测模式并不遵循某种常态，这些模式不仅包括预测当中的增长趋势，还包括恒定不变的、驼峰形的、弓形的趋势，以及在长寿命和短寿命物种里都可以见到的下降趋势。人类相对死亡率的特征是在成熟的早期几乎不会上升，之后会随着年龄的增长而急剧上升（图 6.4）。死亡率在生命后期陡然上升的其他物种还包括水蚤、孔雀鱼、八哥以及狮子。

狒狒和鹿的相对死亡率变化轨迹则要平缓得多，8—20 岁的黑猩猩的死亡率仅仅略高于线性趋势。淡水鳄和普通蜥蜴的成熟死亡率趋势接近线性，而且偏离的幅度较小。另一些物种，如大乳头水螅（Hydra magnipapillata）、红鲍、白颈燕和大杜鹃的相对死亡率轨迹则比较平坦或

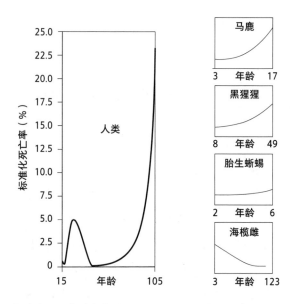

图 6.4 不同物种的死亡率随年龄的变化而变化的曲线。图表根据琼斯等人的资料
（Jones et al. 2014）中的数据并加以简化绘制而成

接近平坦。像红珊瑚、网叶栎、沙漠龟和海榄雌（图 6.4）这样的物种，
其死亡率反而会随年龄的增长而略微下降。但对于大多数物种或量化种内
变异来说，我们缺乏相应的数据，因此无法给出任何的概括性结论。

在动物的成长过程中，成熟期通常不会延续很久，相反，成长过程
常常会以突然死亡而结束。当然，这就是大部分动物所要经历的常态，它
们的寿命因捕食而缩短；每年有数十亿只禽类和哺乳动物被屠宰，以满足
人类对肉食的需求。最近的数据显示，全球每年屠宰的动物包括约 600 亿
只鸡、15 亿头猪和 3 亿头牛（FAO 2018）。有些动物早在成熟之前就会
被宰杀。野猪的预期寿命长达 20 年；在自然环境下生活的野猪的典型寿
命为 10—12 年；即使在捕食率较高的生态系统中，它们的平均寿命也可
以达到 6 年。相比之下，如今人类密集饲养的肉猪在 5—6 个月大时就会
被宰杀，乳猪［烤乳猪（cochinillo asado）是西班牙人最喜欢的菜式］则
通常在出生后的 4—5 周内就会被屠宰（Frayer 2013）。

相比于家养禽畜寿命的大幅下降，人类寻求更高的预期寿命的努力
已经取得了一些显著成果。与拥有类似体重的动物或其他灵长类动物相

比，人类的寿命尤为漫长。猪的寿命可以达到 20 年；雌性黑猩猩的寿命可以达到 40 年；人类圈养的猩猩寿命可以超过 60 年，但平均寿命约为 40 年。2015 年，以国家来区分，国民平均寿命最高的国家是日本（83.7 岁）和瑞士（83.4 岁）（WHO 2016）。早在 2015 年，日本的百岁老人数量就超过了 6 万（Japan Times 2015）。延长人类预期寿命尤其值得注意的地方在于，一旦机体的旺盛生长期结束，健康个体的成熟期如今可以延续数十年，在这数十年里，基本的身心功能可以保持下去，几乎不会出现明显的恶化。

对某些人来说，成年时的体重（波动范围很小）可以维持半个世纪以上。人类也在不断突破自身的体能极限：最年长的珠穆朗玛峰登顶者有 80 岁；85 岁的马拉松运动员可以在 4 小时内完成马拉松比赛（Longman 2016）；92 岁的参赛者完成马拉松比赛用时不到 6 小时。在精神层面取得成就的年龄也变得更高了：金格拉斯等人的一项基于魁北克省教授们的大量样本的研究表明，仍活跃在学术界（在发表论文）的教授们平均每年发表的论文数量在 50—70 岁之间仅仅略有下降；另外，自 1950 年以来，诺贝尔奖得主的平均年龄增长了 13 岁（Gingras et al. 2008）。

不过，在成年后还能拥有很长的寿命并非一种普遍现象。至少有 25 个非洲国家的综合预期寿命低于 60 岁；俄罗斯男性的平均预期寿命不仅比中国男性短，甚至比印度男性更短：2010—2015 年，这 3 国的男性平均预期寿命分别为 64.6 岁、74.2 岁和 66.2 岁（UN 2017）。每年仍有数千万人过早死亡，来不及完成自己的成长过程。仍有大量婴儿在出生后的第 1 年内死去：在撒哈拉沙漠地区和撒哈拉以南非洲的某些国家（马里、乍得、尼日尔、安哥拉），在每 1,000 名活产婴儿中，满 1 岁前死亡的案例接近 100 例；相比之下，印度约为 40 例，埃及约为 20 例。只有一个人口大国（日本）如今的婴儿死亡率低于 2‰，这是现代社会所能达到的最佳水平（PRB 2016）。如今，全球每年约有 500 万婴儿在满 1 岁之前死亡。甚至在那些最富裕的国家，刚刚成年的年轻人（20—24 岁）每年也会有成百上千例死亡。在美国，每 100 万名年轻男性中，约有 1,400 人会由于各种原因（主要是事故、吸毒或自杀）而死亡（Blum and Qureshi 2011）。

即使没有任何特定的疾病，人体的重要器官也会长期面临特别高的压力。如果用归一化的熵压力来衡量（将身体其余部分的压力设定为1），心脏长期面临的压力值为37，肾脏为34，大脑为17，肝脏为15（Annamalai and Silva 2012）。因此，心脏承受着最高的压力。毫无疑问，不论对于男性还是女性，心脏疾病都是死亡的主要原因（在美国，心脏疾病致死的案例约占死亡案例总数的1/4），冠心病是其中最常见的类型（CDC 2017）。由于这些原因以及其他的限制性因素（第2章中已经做出概述），我们不太可能在不久的将来看到人类寿命出现进一步的实质性增长。支持该结论的最有说服力的证据之一来自马克等人的工作（Marck et al. 2017）。他们绘制了20世纪初以来男性和女性的最大死亡年龄以及男性和女性奥林匹克运动员的最大年龄的变化曲线。前两个变量在20世纪几乎没有显示出任何变化，这有力地证明了115—120岁是人类寿命的上限。直到20世纪70年代，奥林匹克运动员的最大年龄才显示出可观的增长，但此后也一直稳定在100岁左右（Marck et al. 2017）。

人造物和人为过程的衰退

一直以来，我们都依赖于许多从未发生质变（无论是基本设计还是外观）的人造物（自从它们以某种经过优化的形式征服了各个市场之后），尽管这一点并没有引起媒体的关注，也没有新的出版物强调它们的不可或缺性。同样地，在工业和制造业中，许多过程的有效运转依然取决于锯、研磨、抛光、铸造、退火和焊接之类的古老技术。如果用时间来衡量，它们明显的稳定性不只能够以代际为单位（例如变压器），甚至能够以百年或千年为单位（量产的螺钉）。在这类经久不衰的产品中，皮带扣是一个很好的例子：使用脱蜡铸造工艺制造金属皮带扣已经有超过5,000年的历史了。当然，制造皮带扣的材料和生产工艺已经有了多次升级，但由于它们的功能和可靠性，基本的设计和制造流程一直保持不变。

在我们的生活必需品中，有很多都是耐用产品，它们的细分市场往往非常小（平均每个家庭在半个世纪里会购买多少把锤子？）。另一些必需品则是为了满足新的市场需求而大量生产的。充电式便携电子设备的爆炸式增长导致了一种老式人造物产量出现新增长的最佳（且完全隐蔽的）案例。现在的情况是，我们发现全球范围内的小型变压器的数量都出现了空前的增长，它们将电网中的高压（日本为 100 伏，北美为 120 伏，中国为 220 伏，德国为 230 伏）交流电转换为供手机和平板电脑使用的 5 伏直流电或供笔记本电脑使用的 12—19 伏直流电。到 2017 年，这类小型变压器的年产量达到了约 20 亿台（Smil 2017d）。

这种惊人的增长并不需要产品的基本设计发生任何变更，但需要持续的小型化。然而，也有许多历史悠久的产品仅仅实现了数量的增长，而没有质的变化。在此类产品的长期发展轨迹中，增长率往往略有波动（我们可以设想一下，一股新的消费品浪潮导致了对螺钉和其他紧固件的新需求），但它们的年产量不会很快达到峰值，不规则的缓慢增长才是常态。相比之下，许多技术的增长结束后，发展轨迹都遵循着两种类似的长时间稳定趋势。

其中一种趋势是，在达到增长极限之后的几十年或几代人的时间里，它们的数量基本维持在峰值水平，几乎没有任何变化。20 世纪 20 年代末推出的经典的黑色巴克莱特（Bakelite）旋转号盘有线电话将发射器和接收器组合在同一单元中，电话的标准被它长期垄断，在接下来的 40 年中，这种电话一共生产了数亿台（图 6.5）。按钮拨号电话要到 1963 年才被推向市场。在 20 世纪 60 年代，电话的颜色也开始发生改变，还出现了许多新的形状（Smil 2006b）。于是，电话的发展曾长期处在停滞期，但一旦离开那个阶段，现代工业中最快的连续增长浪潮（便携式电话、手机、智能手机）便出现了。

在另一种情况下，一项技术的性能可能在达到最高水平之后开始下降，并稳定在一个更低的水平，油轮的吨位或大型蒸汽涡轮发电机的容量就是这样。最大的原油油轮是建于 1979 年的"海上巨人"号（*Seawise Giant*），之后被扩建至超过 56 万载重吨（dwt）。它在战争中遭到损坏，后被修复并改名为"亚勒维京"号（*Jahre Viking*，1991—2004 年），被卡塔尔当作海上卸油船使用，最后于 2009 年被出售给印度拆船企业（Konrad 2010）。从技术上讲，建造一艘达到 100 万载重吨的油轮是可行的，但

图 6.5　黑色的巴克莱特电话。图片来自网站 oldphoneworks.com

"海上巨人"号是一个特例。到 2015 年，只有两艘超大型原油运输船（44.1 万载重吨）仍在使用。由于各种原因（停靠和卸货的便利性、运河的可通过性、保险的费用、路线的灵活性），世界上大多数原油都是通过大型原油运输船（16 万—32 万载重吨）运输的，这些船的装卸量为 190 万—220 万桶（USEIA 2014）。

　　同样地，由于经历了二战后的强劲增长，到 1965 年，美国最大的蒸汽涡轮发电机的装机容量达到了 1,000 兆瓦（Driscoll et al. 1964）。当时的电力需求每 10 年翻一番，许多机构开始订购 600—800 兆瓦的发电机组。然而，随后电力需求的下降以及系统稳定性方面的考虑（一般来说，在设备突然停止运行的情况下，为了保持电力系统的稳定性，最大的发电单位不应该超过总容量的 5%）导致涡轮发电的常见装机容量有所下降。在 1970 年之后的大多数发电装置中，涡轮发电机和燃气轮机的安装容量都在 50—250 兆瓦之间（Smil 2003）。

　　新技术的发展有时会导致成熟但已过时的技术异常迅速地走向终结。

然而，在许多情况下，已存在的人造物和人为过程的衰退都遵循正态曲线。本书仅举几个重要的例子对这种呈现为高斯曲线的过程加以说明，它们包括能源开采（煤炭开采）、原动机（农场马匹和蒸汽机车）、大规模生产的消费品（唱片）和工业流程（美国钢铁产业中的平炉）。此外，我还将讨论一种处于完全不同的领域但确实是世界上最具破坏力的人造物——苏联（俄罗斯）的核弹头——的库存量变化情况。

我们如今拥有两条完整的煤炭生产轨迹，其中荷兰人结束煤炭开采的时间比英国人早了 40 年（图 6.6）。撇开二战的影响，荷兰的轨迹类似于一条比较平缓的正态曲线，但由于 20 世纪 60 年代人们在格罗宁根发现了一块巨大的天然气田，廉价而丰富的可用天然气导致该国迅速关停煤矿，因此煤炭开采量骤然下降（Smil 2017a）。英国煤炭开采量的完整曲线（准确的数据可追溯到 18 世纪初）反映了世界上许多大规模采煤国家的特点，1913 年的峰值（当时有 110 万名矿工在 3,000 多座矿山上开采了约 2.9 亿吨煤炭）与 20 世纪 50 年代中期的峰值之间的波动主要是战争、罢工和经济下行的结果。

英国全国的煤炭产量在 20 世纪 50 年代仍能超过 2 亿吨，在 1980 年仍有 1.3 亿吨。不过，1984 年旷日持久的煤矿工人罢工和天然气的采用加速了煤炭开采的消亡。到 2000 年，英国的煤炭开采量下降到 3,100 万吨，煤矿工人也只剩 1.1 万人。英国最后一个深井矿（北约克郡的凯灵利煤矿）于 2015 年 12 月关停，英国一千多年的煤炭开采史就此结束（Hicks and Allen 1999; DECC 2015; Moss 2015）。如果没有各种破坏性因素，完整的轨迹将接近一条略微不对称的钟形曲线，大部分产量都将集中在 1860—2000 年（图 6.6）。与煤炭产业不同，英国的钢铁产业仍持续存在，但其年产量已降至峰值的 1/3 左右，发展轨迹（也受到经济衰退和战争造成的许多波动的影响）符合正态分布（图 6.7）。

钢铁产业的创新浪潮导致了两条不对称的钟形曲线的出现：贝塞麦转炉炼钢法（第一种现代炼钢方法，于 19 世纪 70 年代问世）在 1880 年迅速征服市场，后来又被平炉炼钢法迅速取代，后者在 20 世纪 60 年代之前长期主宰美国钢铁产业（Smil 2016b）。美国的钢铁产量与正态分布轨

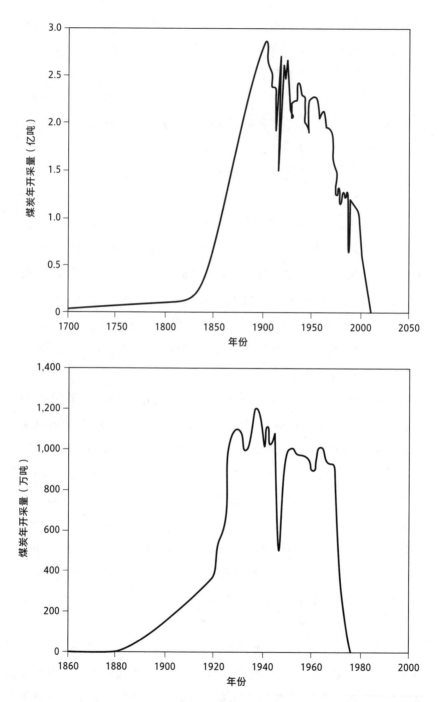

图 6.6　英国（上图）与荷兰（下图）煤炭开采量的完整发展轨迹。图表根据德容（de Jong 2004）和英国能源与气候变化部（DECC 2015）的数据绘制而成

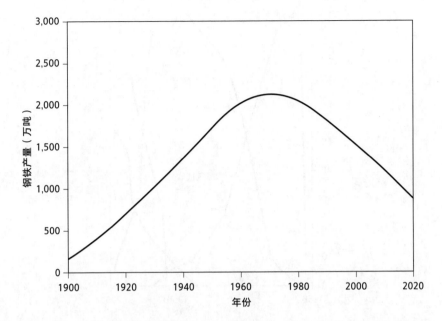

图 6.7 1900—2020 年的英国钢铁产量。产量的波动反映了经济下行、经济增长和战争的影响。因此，正态曲线并不能很好地拟合整个过程（$R^2=0.79$）。产量的峰值出现在 1970 年，2015 年的产量比 1936 年更低。数据来自 https://visual.ons.gov.uk/the-british-steel-industry-since-the-1970s/

迹之间的偏移（1910—1930 年快速扩张，1970 年之后快速下降）反映了 19 世纪初美国的钢铁需求出现了异常的升高，也与 20 世纪 60 年代后期氧气顶吹转炉炼钢法的问世有关（图 6.8）。如今，在西方国家，这一替代过程都已完成。在北美、欧盟或日本的任何地方，都已经没有正在运转的平炉了（WSA 2017）。

没有任何一种生物原动机所经历的历史变化比马匹经历的变化更为巨大。美国的历史数据使我们得以追踪这一方面的发展轨迹：美国挽马的数量从 1850 年的不到 200 万匹增长到 1915 年 2,150 万匹的峰值（此外，还有 500 万头骡子），然后到 1940 年降至 1,000 万匹，紧接着在 1960 年继续下降到 300 万匹（USBC 1975；图 6.9）。蒸汽机车于 19 世纪 30 年代初在英国首次亮相，之后不久就被美国引进。美国蒸汽机车的总量在 1890 年之前达到了 3 万辆，然后在短短 20 年内翻了一番；下降过程始于 20 世纪 20 年代后期，柴油发动机就是那时问世的；到 1960 年，美国仍

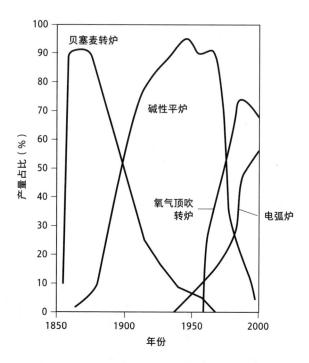

图 6.8　1850—2000 年美国钢铁产业的变迁。数据来自斯米尔的著作（Smil 2005）和国际钢铁协会的资料（WSA 2017）

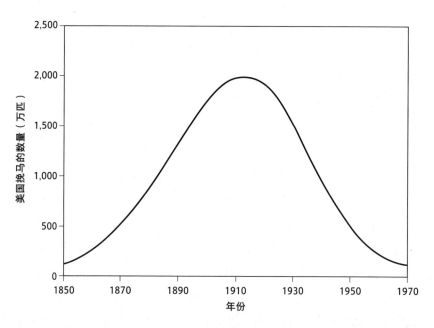

图 6.9　1850—1970 年美国挽马的数量，整条发展轨迹接近正态曲线。数据来自美国人口调查局（USBC 1975）

在运行的蒸汽机车总共不到 400 辆（USBC 1975；图 6.10）。

亚洲所有中等收入和低收入国家的汽车保有量都仍在快速增长，但美国乘用车的总量已经呈现出明显的饱和迹象。如果增长轨迹遵循预期的高斯拟合，那么到 2100 年，美国的乘用车总量将不超过 6,500 万辆，而 2015 年的实际总量接近 1.9 亿辆（图 6.11）。未来的自动驾驶汽车有着能够按需供应的便捷性，可能导致这种下降趋势进一步加快。不过，我怀疑这项创新落地的时间点将比现在人们普遍认为的要晚得多。但我们可以肯定，在那些正经历快速的人口下降的国家（尤其是日本），汽车保有量的下降幅度将更大。

我们再来看看小型消费品的情况，美国的详细数据使我们得以追溯音乐存储方式迭代浪潮的整个过程。黑胶唱片（1948 年推出的单曲唱片和慢转密纹唱片）的年销量在 1978 年达到了 5.31 亿张的峰值，到 1999 年下降到不足 1,000 万张，到 2004 年进一步下降到 500 万张，但随后在 2016 年又重新增长到 1,720 万张（RIAA 2017）。欧洲和美国分别在 1963

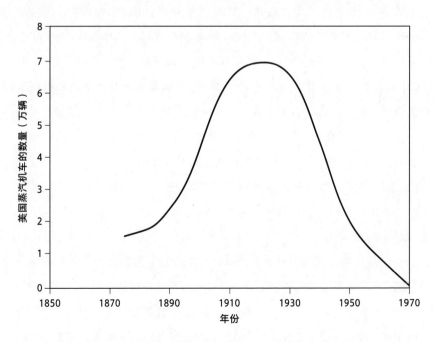

图 6.10 美国蒸汽机车的数量：1876—1967 年这 90 年的轨迹非常接近高斯曲线。数据来自美国人口调查局（USBC 1975）

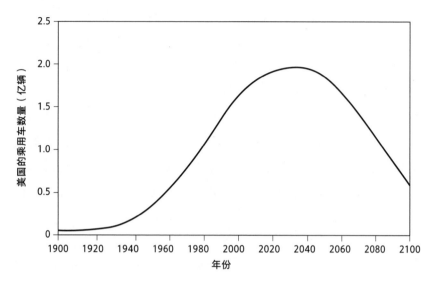

图 6.11 美国乘用车数量的历史发展轨迹，可以与正态曲线很好地拟合，峰值出现在 2030 年附近。数据来自美国人口调查局（USBC 1975）和后续的《美国统计摘要》

年和 1964 年推出了盒式磁带，其年销量峰值出现在 1988 年，到 2005 年基本停止销售。CD 光盘于 1984 年被推向市场，其销量在 1999 年达到峰值，到 2016 年，作为 3 种相继出现的音频存储技术中的最后一种，CD 光盘的年销量下降至不足 1 亿张。光盘销量的上升和下降都遵循正态曲线。最后，这种技术又因为音乐下载服务的出现而走向了衰落（图 6.12）。音乐下载服务的主导地位持续的时间则更加短暂。美国的音乐下载量在 2012 年达到了 15 亿次的峰值，然后在 2016 年回落到略高于 8 亿次。随着在线流媒体播放服务取代了音乐下载，另一条明显的高斯曲线迅速形成：2016 年，流媒体音乐的收入达到了音乐下载收入的 2 倍以上（RIAA 2017 年）。

　　但在某些情况下，商业上的消亡并不意味着旧的技术、工艺或机器的绝对终结：技术停滞不前，会导致正态分布中出现很长但难以注意到的不对称右尾。现存的大多数蒸汽机车都被保存在博物馆里，但一小部分仍在某些度假乐园中充作游乐设施。即使在富裕的西方国家，仍有一些小型农场在继续使用马匹。尽管日本在 1980 年关闭了最后一家平炉冶铁工

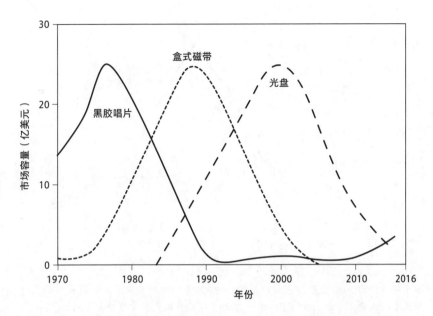

图 6.12 美国音乐内容销售行业中相继出现的正态曲线：黑胶唱片被盒式磁带取代，后来磁带又被光盘取代，再后来光盘又几乎被音乐下载服务和更新的流媒体完全消灭。数据来自美国唱片业协会（RIAA 2017）

厂，西方在最近一代人的时间里也不再使用平炉，但这种过时的工艺在后苏联时代的乌克兰仍然存在。2000 年，该国生产的钢铁仍有近一半是由平炉生产的，到 2015 年这一比例仍然接近 23%（WSA 2017）。

两个超级核大国核弹头数量的变化趋势遵循两种不同的模式（Norris and Kristensen 2006）。苏联（俄罗斯）的发展轨迹形成了一条近乎完美且尖锐的正态曲线，其核弹头数量在 1986 年达到了 4 万枚的峰值。由于苏联解体，其核弹头数量随后几乎立即下降到双边条约规定的水平。相比之下，美国的核弹头数量在 20 世纪 50 年代最初的增长要快于苏联（在 1967 年达到 32,040 枚的峰值），随后逐步下降，形成了一条高度不对称的轨迹（图 6.13）。当然，与冶铁的平炉或蒸汽机车不同，核弹头仍然大量存在。2017 年，美国和俄罗斯已部署的核弹头总数接近 4,000 枚，除非发生概率极小的全球核裁军，否则我们所能看到的右尾会一直延伸下去。

由于统计方式的影响，许多曾经普遍存在的人造物的发展轨迹往往

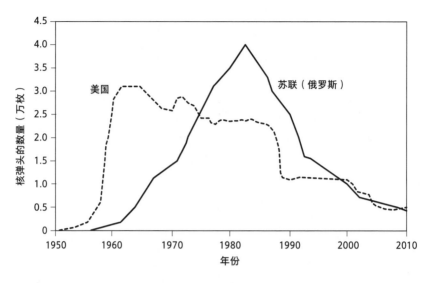

图 6.13　1953—2010 年，美国和苏联（俄罗斯）的核弹头数量。数据来自诺里斯和克里斯滕森（Norris and Kristensen 2006）以及美国武器管理协会（Arms Control Association 2017）

有着长长的右尾。由于洲际贸易不再使用帆船，也没有任何一家造船厂会建造最新样式的"飞剪"快船，因此商业帆船的消亡是必然的。然而，海军仍然使用帆船来训练；同时，在温暖海域的小规模巡航中，帆船也越来越受欢迎。一些实践和产品已不再具有任何经济意义，却可以作为古老的例外而生存下去：有些人仍然通过手工铸剑，也仍然有蹄铁匠 —— 但现在有多少人理解颈轭、马额缰或臀甲等（在 20 世纪初仍然很常见的）词语的含义？

　　最后，在结束有关人造物和人为过程的讨论之前，有一段关于摩尔定律走向终结的内容。微芯片设计的稳步发展推动了行业的持续进步，但我们应该清楚，这一过程始终伴随着物理上的和经济上的限制：在 IBM 的最新设计中，5 纳米工艺的晶体管宽度只相当于大约 20 个硅原子，新设备的制造成本如今大概在百亿美元这个量级上（Rupp and Selberherr 2011; Rojas 2012; IBM 2017; Dormehl 2018）。但这并不意味着摩尔定律会戛然而止，增长速度的下降幅度将取决于我们可以做出的其他调整：推出更好的算法和软件，研制更专业的芯片，使用新材料和新的（三维）构型，以及在更遥远的未来部署可能的光子计算和量子计算。费曼的名言"微观世界拥有无垠的空间"（There's Plenty of Room at the Bottom）（Feynman 1959）仍然有效。

人口与社会

许多人口密度低的游牧社会都已经消亡了，他们放羊、牧马或养牛的地方没有留下任何持久的印记。相比之下，传统农业社会［大多要依赖毁林开荒（在地中海地区和中国北方地区比较常见，规模巨大）、大型梯田和复杂的灌溉设施，以及人口密度越来越大的永久定居点］的消亡过程更容易被追溯。尽管农作物和人造物的碳定年方法相当可靠，因此对这些社会的衰落或消亡时间点的评估会受到严格限制，但确定社会衰落或突然崩溃的原因仍是一项极具挑战性的任务。关于玛雅社会崩溃的争议（Culbert 1973; Webster 2002）是这种持续的不确定性的一个绝佳案例。相比之下，古代早期的多数大城市至少留下了一些考古证据，到了古代末期和中世纪，物质方面的情况还能通过日益丰富的书面记录得到补充，于是，我们有可能对城市的发展轨迹进行准确的重建。

人　口

尽管我们无法准确地预测全球的情况，但对于那些生育率极低、人口不仅正在快速老龄化而且实际上还在减少的国家，我们的预测结果具有相当高的可信度。这种人口转型会引发许多社会性的和经济性的后果。正在出现的人口赤字要么通过总抚养比［15—64 岁（在许多国家，更精确的数字是 20—69 岁）的从事经济活动的人口数量与所有被抚养者（0—15 岁和 65 岁以上）的人口数量之比］来表示，要么通过老年人抚养比（65 岁以上的人口数量与 16—56 岁的人口数量之比）来表示。到 2050 年，欧盟的老年抚养比将上升到 51%，这是因为 65 岁以上仍从事经济活动的人数将直接减半。如果将经合组织成员国视作一个整体，到 2016 年，即将离开劳动力市场（60—64 岁）的人口数量将超过即将进入劳动力市场（20—24 岁）的人口数量。

  如果将不太可能出现的生育率回升排除在外，就只剩两种方法可以扭转这种人口赤字扩大的趋势，并降低抚养比：一是适龄劳动青年的大规模移民（不加选择地大规模引入难民并不一定能满足这一条件，因为儿童和未受技能培训的妇女也占了很大的比例）；二是延长工作时间。因为社会老龄化和区域性人口下降对经济和社会的影响将普遍地与国家和地区性的特有的问题结合在一起，所以我们无法预测所有可能的结果。

  第一类问题包括养老金的保障、适当的医疗保健供给、应对数量前所未有的精神疾病患者以及分布广泛的基础设施维护等方面的问题。发展异常迅速的区域性老龄化加上日益扩大的收入差距，又将引发另一些特殊的问题。今天的某些假设在将来可能会被证明是错误的。更长的工作时间可能不足以防止养老金制度的崩溃。即使大多数人愿意工作至超过正常退休年龄的岁数，医疗服务和某些需要体力劳动（即使已经高度机械化）的职业仍然会出现劳动力短缺现象。此外，一个由老年人统治的世界未必会更加和平（Longman 2010）。

  生育率的下降（而非死亡率的变化）是当代人口老龄化（Lee and Zhou 2017）和老年抚养比上升的主要原因。然而老龄化趋势的复杂性也会给人口预测带来不确定性。例如，根据一项针对西欧国家80岁以上的人口数量的预测（置信度达到95%），到2050年老龄人口在总人口中的占比为5.5%—20.7%，到2100年为4.8%—5%，这是一个惊人的巨大差异（Lutz et al. 2008）。日本一直处在大规模老龄化浪潮的最前沿，这股浪潮已经席卷了几乎所有富裕国家。日本的平均生育率在20世纪50年代初达到了战后的峰值水平（2.75），到70年代末则已经下降至生育更替水平以下。日本的总人口在2008年达到了1.2808亿的峰值，到2017年10月已降至1.277亿。

  要想扭转这种人口趋势，日本只能采纳大规模的、加拿大式或澳大利亚式的移民策略，每年接纳数十万新移民。虽然目前日本做出这种选择的可能性极低，但在更遥远的未来，我们并不能将其完全排除。对日本未来的人口下降幅度的预测也在不断变化。在21世纪初，根据官方预测，日本到2025年将有大约1.21亿人，到2050年只有大约1亿人（NIPSSR

2002）。而根据 2012 年的预测，日本到 2060 年有 8,674 万人（65 岁以上人口占总人口的 40%）。2017 年的预测则认为 2065 年的日本人口为 8,808 万（NIPSSR 2017）。

使用这些预测数据来绘制日本 1872—2065 年的人口发展轨迹，结果可以很好地与正态曲线相拟合（$R^2=0.965$）。曲线的延长部分预测，2100 年的日本人口约为 5,800 万，相当于该国在 20 世纪 20 年代初的人口。整体的人口下降趋势只是人口老龄化和人口缩减过程的一部分：65 岁及以上人口的比例将从 2000 年的不到 20% 上升到 2050 年的 35%，届时日本的年龄–性别人口结构将只有一个狭窄的底部，整体轮廓呈棍棒状，这将与 20 世纪末的桶形以及 20 世纪 30 年代和 50 年代初的经典宽底金字塔形构成鲜明对比（图 6.14）。

日本的人口老龄化可能引发的最惊人的结果是，到 2050 年该国 80 岁及以上的人口可能比 14 岁以下的儿童更多，日本社会将成为世界上第一个真正的老年社会（UN 2017）。在漫长的人类进化过程中，将首次出现人口比例如此不平衡的情况。这种新的人口现实造成的一系列社会经济后果是不言而喻的 —— 但没有任何一个社会已经做好应对的准备，尤其是那些仍然拒绝任何大量移民的国家和社会。

欧盟的人口预计在 2025 年之前将一直保持增长，然后开始下降。但包括爱沙尼亚、拉脱维亚、匈牙利、保加利亚和罗马尼亚在内的几个欧盟成员国的人口在 20 世纪八九十年代就已经达到顶峰，到 2050 年，它们和欧盟其他国家的人口总量都将大幅下降（与 2015 年相比）。保加利亚的人口预计将减少 28%，罗马尼亚的人口将减少 22%，波兰和爱沙尼亚的人口将减少 14%，希腊和葡萄牙的人口将减少 11%，德国的人口将减少 8%（UN 2017）。正如德梅尼指出的那样，只有当欧洲是一个岛屿，而不是一个被高生育率邻国的巨大人口压力包围的大陆，人们才能平静地考虑一个人口日益减少和老龄化的欧洲的命运（Demeny 2003）。在欧盟的南方和东南腹地，大西洋和印度之间有 27 个完全伊斯兰化的或主要由穆斯林人口组成的国家。2015 年，这些国家的总人口约为 8 亿，而欧盟总人口为 5.08 亿，但这些伊斯兰国家的总和生育率为 2.8，欧盟的总和生育率

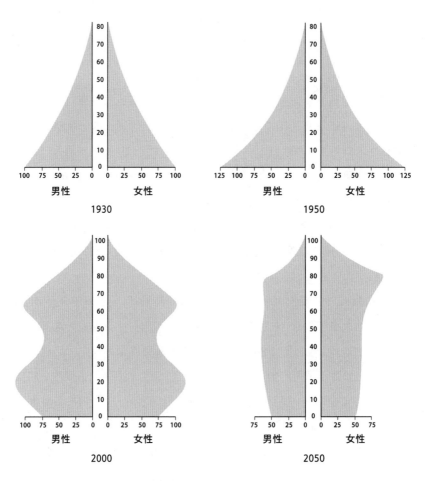

图 6.14 1930 年、1950 年、2000 年和 2050 年日本的年龄–性别人口结构。图表根据斯米尔的著作（Smil 2007）中提供的数据并加以简化绘制而成

只有 1.6（World Bank 2017）。

　　最近，从伊斯兰文明腹地向欧洲的移民潮已经是欧洲大陆一千多年来规模最大的一次人口涌入（Smil 2010a）。正如 2016 年突然涌入德国的移民、从北非流入意大利和西班牙的移民潮以及瑞典（相对）创纪录的移民数量所表明的那样，移民现象已经开始对社会和政治造成重大影响。一些欧盟成员国拒绝接收难民，以前在难民问题上相对宽容的德国、意大利和法国对移民的态度也开始变得强硬。不过，这些可能只是序幕。到 2080 年，欧盟的人口（不含移民）预计将减少约 6,000 万人，总人口将下降到不足 4.5 亿（Eurostat 2015），欧洲的穆斯林人口将增加到 13 亿以上。

根据预测，俄罗斯的人口也将出现明显的下降（2015—2050 年的降幅将接近 10%）。俄罗斯的总和生育率在总体上是下降的，从 20 世纪 50 年代初的 2.8 左右降至 21 世纪初的堪堪 1.25（在此期间，只有在 20 世纪 80 年代有过暂时的上升），到 2016 年仅略微上升至 1.46。俄罗斯的人口从 1991 年底苏联解体时的约 1.4 亿增长至 2017 年的约 1.44 亿（增长的部分主要来自苏联那些前加盟共和国的移民），根据联合国的中等变量预测，2050 年俄罗斯人口将是 1.327 亿（UN 2017）。在这个过程中，最引人注目的部分是俄罗斯男性低到令人沮丧的预期寿命。

20 世纪 60 年代后期，由于健康水平的提高和营养的改善，俄罗斯人的综合预期寿命有所提高，与欧盟的平均水平的差距缩小到了 4 岁以内。但到了 20 世纪末，由于男性的生活前景黯淡，差距又扩大到 12 岁以上。2000—2005 年，俄罗斯男性在出生时的预期寿命不到 59 岁，尽管在 2010—2015 年又重新上升至近 64 岁。然而（如前文所述），这个数值不仅低于中国的平均水平（略高于 73 岁），甚至低于印度的水平（UN 2017）。

一方面是人口的下降，另一方面则是老年抚养比的上升。1960—2015 年，美国的老年抚养比从 15% 上升到了 22%（每个老人对应 4.5 个劳动力），日本的老年抚养比则从 9% 飙升至 43%，并且在 2050 年（具体情况取决于人口假设）至少可以达到 60%，至多可能高达 82%（每个退休人员对应 1.2 个劳动力）（UN 2017）。由于中国的快速老龄化，2050 年的老年抚养比可能会超过 40%，而在 2015 年这一比例仅为 13%。这一转变是中国经济始料未及的。

不过，这些案例的集合仍然不能说明所有情况，因为不同国家的人口下降过程有着巨大的地区性差异。在富裕国家的地区性人口下降案例中，最有说明意义的是民主德国（德意志民主共和国，存在于 1949—1990 年的国家）和日本本州岛东北（Tohoku）地区近代的人口变化情况。除德国首都及其周边地区以外，尽管西部一些地区的人口总体变化继续保持小幅增长，但在可预见的几十年内，以前属于民主德国的各个地区都将出现人口流失。同样，日本东北地区的年轻人几十年来一直都在向首都圈和其他南方大城市迁移，2011 年 3 月的福岛核事故进一步加速了该地区的人口减少和老龄化进程。

从非常久远的角度来看，全球人口的发展轨迹又是怎样的呢？如果以 16,000 年为尺度［从公元前 8000 年（农业和定居文明大约就诞生在这一时期）到公元 8000 年］，我们就会发现，1500 年之前的人口发展轨迹是一条几乎平坦的直线，然后开始变成缓慢上升的斜坡，到 1850 年后，坡度变得更陡峭。然而，我们所不知道的是，未来的情况到底是人口部分地或以某种类似的方式快速下降（尽管不一定对称）到一个新的、能让文明延续数千年的水平，还是人类自我毁灭，又或者是人类由于行星或宇宙的力量而走向灭亡。

城　市

在城市到达巅峰之后，它们的历史可以被分为多个类别，它们的特征在于巅峰之后的生存时间的长短以及消亡的方式（逐渐衰落、崩溃或遭受暴力破坏）。许多古老的城市（包括人类文明早期的著名定居点，如两河流域的埃利都、乌鲁克和拉加什，它们大多是一些由泥砖和石块搭建的定居点）在完全被摧毁或几乎被摧毁之前，都存续了数千年之久。乌鲁克和拉加什如今只剩下一堆瓦砾，尼尼微（Nineveh）被挖掘出的城墙也只有一部分得到了重建。在萨达姆·侯赛因（Saddam Hussein）的统治下，人们在巴比伦的废墟上进行了大规模的重建。但随后在被美军占领时，该地区又遭受了进一步的破坏（AP 2006）。

一些城市在几乎完全消失之前，曾成功地抵御了连续多次入侵。梅尔夫（Merv，位于今天的土库曼斯坦）是能够反映出这种韧性的一个突出案例：它于 1789 年被布哈拉汗国（Emir of Bukhara）夷为平地之前，曾经在古希腊、阿拉伯、土耳其、蒙古和乌兹别克的入侵中幸存了下来（WHS 2017）。还有一些城市只经历了相对短暂的辉煌，随后就被摧毁或废弃了：旧萨莱和新萨莱——蒙古金帐汗国在（伏尔加河下游阿斯特拉罕东北部）阿赫图巴河上连续建立的两个首都 —— 也许是这种短暂存在的最佳案例，后者在 1556 年被夷为平地。

　　某些城市在被消灭之后，立即出现了截然不同的继任者：西班牙入侵者抹去了阿兹特克文明的大部分印记，并将特诺奇蒂特兰城转变为了自身文化的形象。但这座城市仍然处在同一个地方，有着同样的物理脆弱性：由于离两座火山［波波卡特佩特火山（Popocatépetl）和伊斯塔西瓦特尔火山（Iztaccíhuatl）］太近，此地容易反复发生大地震，地震导致特斯科科湖（Texcco，特诺奇蒂特兰就位于湖心的一个岛上，后来它被西班牙人排干了）湖底土壤液化，反过来又进一步加重了地震的影响。因此，墨西哥谷地中的那座现代大都市（2017 年，墨西哥城的人口超过 2,100万）就是蒙特祖玛湖城居民的直系后裔（Calnek 2003）。

　　还有很多例子可以说明，某些一度辉煌的城市在各自所属的国家里失去统治地位或丧失之前的重要地位以后，仍能作为大型定居点幸存下来，甚至能够在新的限制条件下继续繁荣发展。有两个伟大的东方都城是这一发展的绝佳案例，即中国的西安（古代的长安）和日本的京都（Stavros 2014）。如今，作为陕西省省会的西安市拥有约 1,400 万人口，是中国第 9 大都市区。除了拥有丰富的文化资源，它也是中国航空航天和软件行业的先进城市。京都是日本第 7 大城市，几乎和神户一样大。它虽然以寺庙、花园和工艺品而闻名，但也拥有京瓷（电子产业）、任天堂（游戏产业）和欧姆龙（自动化领域）等大公司的总部。

　　也有一些城市先经历了长期的衰退甚至接近瓦解（在许多情况下，这个过程长达几个世纪），然后明显开始复苏。罗马无疑是这一类别中最突出的案例（Hibbert 1985）。在公元纪年之前的 5 个世纪里，共和制的罗马城在各个城邦中稳步崛起，随后的罗马帝国又统治地中海世界长达 3个世纪。帝国首都东迁（公元 330 年）之后，罗马帝国进入了一个长期（一千多年）的边缘化存续期（Krautheimer 2000）。然后，这座城市开始成为文艺复兴和巴洛克式建筑的伟大中心，开始慢慢走出漫长的停滞状态。但直到 19 世纪后期（这座城市成为于 1870 年统一的意大利的首都），罗马城的人口仍然远低于帝国晚期的人口数量。随后的指数增长过程使罗马的人口在 20 世纪 80 年代初刚好超过 280 万。之后，经过一段短暂的小幅下降，罗马的人口到 2016 年再次达到 280 万。

到 21 世纪初，城市的衰落再次成为欧洲的一个重要问题。因为这种现象影响到了欧洲大陆的大部分地区，特别是所有东南欧国家（尤其是罗马尼亚、保加利亚和阿尔巴尼亚）、波罗的海国家、西班牙西北部和葡萄牙以及德国大部分地区。一张优秀的交互式地图以高分辨的方式记录了 2001—2011 年发生在所有欧盟国家和土耳其的这种人口下降（以及一些持续增长）过程（Berliner Morgenpost 2015）。拉脱维亚、立陶宛和保加利亚的城镇正在迅速衰落（有些城镇每年的人口下降幅度超过 2%）。在原来的民主德国的范围内，只有首都（柏林）的一些郊区出现了人口增长；相比之下，人口减少的情况不仅发生在那些人口不足 10 万的城市和一些人口超过 20 万的工业化中心城市（开姆尼茨、哈勒），甚至也能影响到莱比锡和德累斯顿这样的历史名城，这两座城市在 2016 年的人口总数分别比二战前少了约 20% 和 12%。

日本的人口在较小的城市下降得最快（在某些地方可以追溯到 20 世纪 70 年代）。但是，日本第 2 大城市大阪现在的人口比 1960 年少了约 15%，日本南部最著名的工业城市北九州的人口也已经在 1980 年达到巅峰。与苏联刚刚解体时相比，俄罗斯的人口到 2050 年将减少 1/4（1991 年为 1.48 亿，2050 年预计为 1.11 亿）。2015 年，俄罗斯有 319 个在苏联时代建设或扩建的单一工业城镇正面临着经济崩溃的危险，这将带来大规模的社会混乱，因为这些地方的人口占了俄罗斯总人口的约 10%（Moscow Times 2015）。最近，甚至一些大城市的人口也开始下降，其中就包括下诺夫哥罗德和萨马拉，它们分别是俄罗斯的第 4 大和第 5 大城市。

社会、国家和帝国

那些并不以国家的形式组织起来的更简单的社会或国家（无论大小）和帝国（按照更广泛的社会文化意义，而不是作为一个特定的政治实体来理解）的后增长类型学与城市相似。不少社会、国家和帝国在达到巅峰之后迅速瓦解；另一些在停止增长以后仍然能够存续下去，它们最终的衰落期比上升期漫长得多；还有一些由于政治阴谋和军事征服而不复存在，或者在实力被大幅削减以致其地位变得无足轻重的情况下幸存下来，只有当外部环境变化再度对它们有利，或者它们再度踏上领土或经济扩张之路，它们才会复兴。

社会迅速消亡的例子（从小岛屿到大帝国）也比比皆是。拉帕努伊岛（Rapa Nui，也称复活节岛）的后增长之谜可能是最悠久的案例。一个社会是如何在只有很少量居民的情况下竖立起数百个摩艾石像（moai，岛上的那些尺寸惊人的人像石雕）的呢？戴蒙德给出的解释被广泛引用，他将复活节岛上的社会崩溃归因于不计后果的森林砍伐活动（Diamond 2011）。这种解释也许能够让不加批判的读者和电视观众感到满意，但亨特认为波利尼西亚鼠才是破坏智利酒椰子棕榈林的元凶（Hunt 2006）。同时，普利斯顿等人估计，要想养活 17,000 多人，在岛上的旱地里种植甘薯就够了（Puleston et al. 2017）。因此，复活节岛上最终的人口崩溃不是由森林砍伐或饥荒引发的，而是由传染病暴发（在 1722 年岛民与欧洲人第一次接触之后）和人口奴役造成的。米德尔顿曾在一系列关于古代文明崩溃之谜的论述中回顾过这段历史（Middleton 2017）。

在最近的历史中，相对常见的现象是一些国家解体并变成若干更小的民族政治实体，整个过程经常是充满暴力的（孟加拉国于 1971 年从巴基斯坦独立出去；南斯拉夫从 1991 年 6 月开始解体，最终变成了 5 个新国家），但有时也可以是和平的（捷克斯洛伐克于 1993 年解体）。但是，巨大的规模（领土或人口）并不能防止突然（或相对突然）的崩溃，在西方的文化叙事中，帝国和文明的兴衰史占有突出地位。一系列著名作品［比如吉本对罗马帝国的衰亡的经典分析（Gibbon 1776—1789）、关于中华帝国的长期辉煌和康熙盛世的著作（Spence 1988），以及斯宾格勒首次应用的、以一种具备感染力的方式对西方文明进行的剖析叙述（Spengler 1918）］的经久不衰就反映了这一点。吉本关于罗马帝国衰亡史的著作在 19 世纪末和 20 世纪初的欧洲引起了强烈共鸣，因为彼时的大英帝国和法兰西帝国正值顶峰。

泰恩特对崩溃的定义包含了一系列现有基本规范的突然全面丧失：

> 从根本上说，崩溃是一种达到既定水平的社会政治复杂性的突然的、明显的丧失。一个复杂社会在崩溃时，会突然变成一些更小、更简单、阶层分化更小、社会分化更小的组织。专业化程度降低，中央集权减弱。信息流减少，人与人之间的交易和互动减少，个人和团体之间的协调度也会变低。经济活动也因此下降到相应的水平，艺术和文学作品的数量也将下降，然后往往是一个接踵而来的黑暗时代。（同时，）人口通常也会下降，而对于那些幸存的人来说，已知世界的疆域将会缩小。（Tainter 1988, 193）

除了一些无法避免的例外，这个定义很好地描述了最近的各种社会崩溃。尤其是在应用于 1917 年俄罗斯帝国的瓦解时，该定义在各个方面几乎达到了完美契合，除了关于中央集权减弱的说法（仅仅适用于革命之后最早的几个混乱的月份）和艺术的衰落以及由之而来的黑暗时代降临的说法（当时不乏各种新的创意活动）。相比之下，虽然苏联（欧亚大陆上的一个高度集权的、事实上的帝国）的解体导致了经济活动和人口的大幅下降，但它终结了苏共控制和宣传的时代，带来了个人自由和（尽管有持续的中心化趋势）更自由的信息流动。

关于一个形成强大国家或持久帝国的文明完全消亡的想法虽然一直很流行，但通常与现实不符，因为语言可能继续存在：例如，即使最初的玛雅文明早在几个世纪前就已消失，但在今天的中美洲，仍然有 100 万人说玛雅语言。更普遍地说，正如社会历史学的主要支持者所概述的那样，许多文化特性和信仰会持续发挥其影响力（Sorokin 1957）。事实上，皮季里姆·索罗金（Pitirim Sorokin）的出生地（沙皇俄国）就是这种连续性的极好例证。俄罗斯的东正教文化似乎曾经被共产主义革命和随后对这一古老宗教的大规模迫害彻底消灭，但今天的俄罗斯依然充斥着革命之前的旧时代的象征，国家权力与旧宗教结盟（重建或新建各种宏伟的教堂），旧日的担忧和恐惧毫无疑问一直都存在。

　　罗马文明的崩溃，一次最重要且不断被研究的崩溃，是一个更好的案例。罗马文明具有明显的连续性，因为它的部分特征被神圣罗马帝国保留了近一千年（962—1806 年）。经过长时间的权力去中心化和两次世界大战，它逐渐以欧盟的形式回归一统。罗马条约（Treaty of Rome）的签署（1957 年 3 月 25 日）最终导致了欧洲联盟的成立，它最终扩张到欧洲曾经属于罗马帝国的每一个角落，只有瑞士是唯一的例外。在罗马帝国逐渐被外族接管之后的 1,500 年里，其经久不衰的组成部分包括国家制度和法律结构（许多国家的议会制度都有参议院和议员，并受到罗马民法的影响）、建筑风格、庞大的语言遗产（不仅包括所有的罗曼语族语言，还有一半以上的英语单词来自拉丁语或希腊化拉丁语），以及许多文化共性和共同的政治态度。

　　相比之下，也有一些帝国只经历了短暂的（仅仅跨越几十年或几年的）扩张，尽管这些扩张有着巨大的破坏性。这些帝国可能迅速覆灭，看似不可战胜的力量会缩回扩张前的边界里，并受到很大程度的限制，甚至在几年内就不复存在。拿破仑的欧洲帝国就是最好的例子之一：在 1812 年 7 月入侵俄国之前，它的领土面积到达了巅峰：此时，它直接控制着欧洲大陆西边的大部分地区，还间接控制着其余地区的大部分，其控制范围一直延伸到俄国和奥斯曼帝国的西部边界。拿破仑的帝国在莫斯科的灾难性撤退中遭受了巨大挫折（1812 年 12 月，最初有 42.2 万人的远征军只剩约 1 万人渡过立陶宛的尼曼河），然后又在滑铁卢遭遇失败；1814 年 3 月 31 日，俄国军队占领了巴黎（Leggiere 2007）。从俄国逃离仅仅 3 年后，拿破仑就不得不在圣赫勒拿岛等待死亡。

　　19 世纪另一个突出的案例是洪秀全领导的太平天国起义。从 1850 年开始，这位自称上帝之子的领袖和他的追随者们征服了中国南方的大片地区，但到 1864 年，这场起义就结束了（Spence 1996）。尽管英属印度已经瓦解了几十年（也许从 1857 年的兵变起算，已经有近一个世纪了），但其 1947 年的最终崩溃发生得过于迅速，对人群的仓促划分造成了巨大灾难（Khan 2007）。日本和德国的侵略则是这种短暂（但极具破坏性）的增长和快速崩溃的最佳现代案例。

日本对成为一个帝国的追求始于 1894—1895 年对清朝的侵略（吞并台湾），下一步是 1905 年的吞并朝鲜。1931 年，日本军队占领中国东北，仅仅 6 年后，日军又开始进攻华北和华东地区。1941 年 12 月的偷袭珍珠港（图 6.15）和对东南亚大部分地区的占领，将日本帝国的控制范围从缅甸扩展到太平洋的热带环礁，从寒冷多雾的阿留申群岛扩展到新几内亚。它的领土面积在 1942 年初达到巅峰。到 1944 年底，日本仍然控制着被它征服的土地中的大部分 —— 但毁灭性的失败旋踵而至，最终，日本于 1945 年 9 月 2 日签署投降书：帝国的冒险行动持续了几乎整整 50 年（Jansen 2000）。

希特勒的"千年帝国"则只持续了 12 年，它的崩溃远远快于它的崛起（Shirer 1990; Kershaw 2012）。希特勒于 1933 年 1 月成为德国总理。1938 年 3 月，德国军队吞并奥地利。1938 年 9 月，捷克斯洛伐克被肢解。

图 6.15 短命的日本帝国的兴衰：1941 年 12 月 7 日，由于日本的鱼雷和炸弹袭击，美国海军西弗吉尼亚号战列舰正在珍珠港内下沉。照片来自美国国会图书馆

1939 年 8 月，波兰遭到入侵。但德国人的征服行动仅仅在 3 年后就到头了，1942 年 10 月，德国控制的领土从法国的大西洋沿岸延伸到高加索地区，从挪威扩展至希腊。这一切在 30 个月内（从 1942 年 10 月到 1945 年 5 月）彻底烟消云散。这是一次剧烈而彻底的崩溃，一个一开始十分强大的政治实体以及它的领导层试图实现的、极具危险性的关于新生德国的社会态度和文化规范一并消散了。

还有一个相当引人注目的案例：一个曾经拥有更广泛的领土和更强大的力量的苏联帝国在没有发生任何暴力事件（除了 1991 年 8 月 19 日至 21 日的一场流产的政变，策划者们希望将戈尔巴乔夫赶下台，整个政变过程中只死了 3 个人）的情况下就走向了终结。在从 1989 年 4 月（发生在波兰）到 1989 年底的一系列多米诺骨牌式事件中，苏联的欧洲领土（自二战结束以来，事实上一直处于苏联的控制之下）重获独立：柏林墙于 11 月 9 日倒塌，索非亚和布拉格的共产主义政权分别于 11 月 10 日和 28 日垮台，布加勒斯特的共产主义政权则于 12 月 22 日终结（Fowkes 1995）。

1990 年，苏联共产党对苏联的控制逐步减弱。俄罗斯于 1990 年 6 月宣布拥有主权，并且是在有限适用苏联法律的情况下宣布拥有主权的。于是在 1991 年 12 月 8 日，帝国不可避免地解体了，在一个最不可能的地方举行的一次会议上，这一过程被合法化。人们在波兰边境旁、位于白俄罗斯境内的欧洲大陆最后一片原始森林中的一个狩猎小屋中解散了一个帝国（Plokhy 2014）。相比之下，正如第 5 章详细描述过的那样，如果只看西半部分，罗马帝国的衰落就是一次跨越几个世纪的事件，但如果我们将东部（拜占庭）帝国的长期衰落考虑在内，整个事件的时间跨度就变成了大约 1,000 年。

考虑到结果的多样性，阿贝斯曼的分析定量地确认了一些事实，即每个帝国的存在都是非常独特和清晰的，帝国（包括那些统治时间超过 3,000 年的政治实体）寿命的整体分布遵循指数分布，帝国的崩溃速度与其寿命并无关系（Arbesman 2011）。因此，就其行为而言，帝国很像一些灭绝概率与寿命无关、在演化过程中保持不变的物种（Van Valen 1973）。人们借用刘易斯·卡罗尔（Lewis Carroll）的《爱丽丝镜中奇遇记》（*Through the*

Looking Glass）中的同名角色（她解释说："现在，在这里，你看，你必须竭尽全力，才能保持在原地。"），将这一现象称为"红皇后效应"（Red Queen effect）：长寿并不是一种优势，生存需要不断适应、进化和增殖，一切都是为了在面对竞争物种或敌对群体（无论是游牧掠夺者、邻国、遥远的国家或其他已经存在的帝国）的攻击时保持自己的地位。

奥斯曼帝国也许是长期衰退的最佳案例，波兰则是民族复兴最著名的案例之一。奥斯曼帝国建立于 1299 年，在经历了大约 3 个世纪的逻辑斯蒂增长之后，它的领土面积达到了巅峰（约 430 万平方千米）。随后，它又经历了 3 个多世纪的衰落，直到 1922 年完全解体（Gündüz 2002; Barkey 2008）。波兰于 10 世纪建国，在最终的扩张之后，它（在 1619 年的德乌利诺停战协定之后，以波兰－立陶宛联邦的形式）控制的领土最终从波罗的海延伸到乌克兰南部，从西里西亚延伸到斯摩棱斯克（Zamoyski 2012）。在不到两个世纪后，波兰又先后 3 次被俄国、普鲁士和奥地利瓜分（1772—1795 年），之后便不复存在。然而，它在第一次世界大战之后重新诞生，并在第二次世界大战的占领和破坏中重新崛起。彼时，波兰的领土形态发生了巨大变化，斯大林夺走了它的东部领土，却又以从德国夺取的新土地在西部对其加以补偿。

迄今为止，中国的复兴是现代复兴过程中最显著的案例。经过数千年的领土扩张，中华帝国成了世界第二大帝国（领土面积仅次于俄罗斯帝国）。直到近代初期（直到 18 世纪末），它仍是世界上最大的经济体。中国大国地位的衰落始于 1842 年第一次鸦片战争的失败。这个不愿沿着日本的路线进行现代化的国家，在日本开始现代化不到 40 年后（1895 年）就被日本打败了。它的最后一个王朝于 1912 年土崩瓦解，从此它的命运飘忽不定，直到 1949 年共产党重新建立新中国。

直到 1979 年，随着邓小平重新工作，中国才开始恢复其大国地位。到 2014 年，按照购买力平价计算国内生产总值，中国已经再次成为世界上最大的经济体（World Bank 2017）。但中国领导人不应该忽视二战后日本的历史带来的教训：没有任何其他可比的例子能够说明，一个国家能够如此迅速地从一个经济快速增长、制造能力超群、出口强劲、备受推崇的社会活力典范，转变为经济长期低迷、被众多难题困扰的脆弱社会，而这些问题也没有现成的解决方案。日本的发展轨迹具有普遍意义。我们可以对各种替代方案做出预测和加以组合，但我们难以真正理解人口下降之后经济增长极低或无增长的经济体，除非它们已经存在一段时间。对于新的后增长社会所要面临的挑战，1989 年后的日本已经率先演示了一遍，我们已经无法对这个国家新的经济现实和明显不可逆转的人口衰退进行切分。

日本作为衰退研究的对象

因此，日本是第一个这样的现代大型富裕社会：它在经历几十年的经济和人口高速增长之后就要做出前所未有的调整。许多欧洲国家很快就会步日本的后尘，但鉴于日本的经济规模以及它对全球贸易的重要性，因此它是一个特别值得研究的案例，可以帮助我们了解一个社会在经济和人口达到峰值之后的发展情况。在第 1 章（处理指数增长）中，我曾提到，在从二战的毁灭中恢复过来后，日本实现了快速的经济发展。到 20 世纪 80 年代中期，由于日本的声望以及人们对其技术卓越性和经济活力的普遍认可，傅高义（Ezra Vogel）曾提出的"日本第一"的预测几乎成为现实（Vogel 1979）。

这个新兴的经济超级大国的成就在太平洋两岸引起了强烈的且在意料之中的、两种完全相反的情绪。索尼公司联合创始人兼董事长盛田昭夫与著名政治家、当时的日本自民党领导人候选者石原慎太郎于 1989 年出版的一本颇具挑衅意味的书《日本可以说不》（*The Japan That Can Say No*）也许是其中最为直言不讳的（Morita and Ishihara 1989）。这本书提出了世界在总体上依赖日本的创新（特别是日本的半导体技术）的说法，也斥责了美国低劣的商业行为，并赞扬了日本高尚的道德和行为。美国人并没有坚定地面对这一挑战，因为他们似乎失去了集体精神，而且有太多领导人开始相信，日本确实可以成为世界经济的领导者（Smil 2013b）。

美国人的反应也体现出了对日本崛起的恐惧，一些国会议员幼稚地砸毁东芝牌电子产品，国会甚至要求日本汽车制造商"自愿"进行出口限制。美国还对从电视机到电脑磁盘等一系列进口的日本电子产品征收 100% 的关税。1987 年，国会开始资助半导体制造技术战略联盟（Sematech），这是一个新的工业政府财团，联合了美国最大的 14 家半导体公司，目的是防止日本在这种关键经济领域不可避免地成为主导者。不过，即使一个中立的观察者也不得不同意，日本在 20 世纪 80 年代的经济增长和活力是足够真实的，这一点从他们销售的越来越多的高质量产品和获得的巨额贸易顺差便可见一斑；此外，他们也拥有异常高的储蓄率、不断升值的货币，以及清洁、安全、运转良好的城市。

在日经指数达到峰值的 20 周年纪念日，我曾写道：

> 我永远不会忘记 20 世纪 80 年代后期日本给人的印象，它的力量达到了顶峰，更重要的是它的自信和傲慢。在 1988 年和 1989 年，地球上没有任何一个地方比得上东京的银座。人们可以看到，在日本公司的全球利润和日本的货币购买力飙升的共同推动下，银座能有那么多漂亮的大型梅赛德斯轿车和加长轿车、衣着优雅的人群，以及无比自由的消费。不过没有任何人能够想到，在短短几年后，这个闪亮而富裕的、前景无限的时代将被人们称为泡沫经济（baburu ekonomi）时代。（Smil 2009, 6）

然而，衰落比增长更为壮观。日本的国内生产总值在 20 世纪 60 年代增长了近 1.5 倍，在 70 年代又增长了 50%，而到了 80 年代，即使日本已经成为世界第二大经济体，它的国内生产总值却再次实现了 50% 的增长。1989 年 12 月 29 日，日本最重要的股票市场指数——日经 225 指数达到了 38,915.87 点的历史最高点。也就是说，它在过去的 10 年中上涨了近 5 倍，在过去的 6 年中几乎翻了两番。当泡沫经济开始收缩，股票指数下跌一开始曾被误认为是市场的暂时调整。日经 225 指数在 1990 年 3 月跌破 30,000 点，然后仅仅回升了两个月，就继续一路下跌。它在 1990 年跌去了近 40%，1995 年 1 月跌破了 15,000 点，2001 年 9 月跌破了 10,000 点（Nikkei 225 2017；图 6.16）。正如麦考马克曾经（夸张地，与之前的

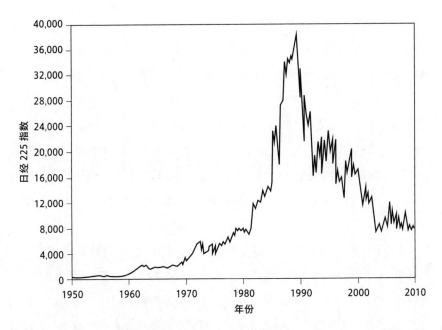

图 6.16　1950—2010 年，日经 225 指数的平均值。数据来自网站 https://fred.stlouisfed.org/series/NIKKEI225

奉承形成鲜明对比地）指出的那样，日本从世界第一到归零，只用了不到 10 年的时间（McCormack 1996）。

到了新世纪，情况并未出现根本性的缓解。在遭遇全球经济衰退之前，日经 225 指数在 2007 年 7 月曾成功地增长至 17,000 点以上，然后在反复的下跌和波动性的复苏后，在 2019 年初勉强超过 20,000 点，但仍远低于 30 年前的峰值！日经 225 指数的下跌并不是经济衰退的特殊标志。20 世纪 90 年代上半叶，日本全国 6 大城市的市区土地价格下跌了 50%，到 2005 年仅为泡沫时代价格水平的 25%。日本的制造业开始转移到中国；英特尔（而不是日立或三菱）仍然是世界上最大的半导体制造商和半导体行业的全球领导者。2016 年，美国公司占据了全球半导体市场 48% 的份额。同一年，在 20 世纪 80 年代后期成为全球半导体市场领头羊的日本公司的出货量仅占全球出货量的 11%（SIA 2017）。

此外，日本虽然在 20 世纪七八十年代依赖一批可靠且优质的制造商（主要是汽车公司和电子科技公司）而实现了经济崛起，但它的部分公司的产品质量一直未能达到人们的期望（Smil 2013b）。自 2000 年以来，越来越多的日本公司开始售出不合格甚至危险的产品（数百万个高田安全气囊可能是后者中最引人注目的案例），然后承认了曾经伪造检验数据。这些公司包括东丽工业（纺织品和化学品）、汽车制造商日产和斯巴鲁，以及最著名的神户钢铁和三菱材料，全球的飞机、火车、汽车和发电厂都在使用由它们生产的零件和设备（Wells 2017）。日本国内生产总值的增长因此迅速放缓：在整个 20 世纪 90 年代，日本国内生产总值增长了不到12%，而到了 21 世纪头 10 年，日本国内生产总值只增长了不到 8%（World Bank 2017）。

关于长期的国内生产总值增长（1870—2015 年）的逻辑斯蒂拟合（以 2011 年的国际元计算的购买力平价；见图 5.29）的结果表明，日本面临着长期的经济增长放缓甚至停滞。这种经济疲软很快引发了显著的社会性转变，包括流浪者人数明显增加、以前标准的终身就业制普遍丧失，以及年轻劳动力的劳动参与率有所下降。就在二战后最严重的全球经济危机即将结束的 2011 年 3 月，日本遭受了包括东北地震、大规模海啸和福岛第一核电站 3 座核反应堆的灾难性故障在内的一系列打击。虽然在这些灾难性事件发生之前，福岛和岩手县内陆的许多小村庄唯一的本地产业只有蔬菜种植以及手工炭和小木制品的生产，但这一系列挫折仍然给该地区带来了巨大的社会和经济影响。

日本政府领导人更替频繁，他们的改革承诺与日本面临的巨大挑战相去甚远，因此，他们未能提供任何有效的解决方案。在 20 世纪 80 年代曾经推动日本发展的独特竞争优势组合已经不复存在。也许最重要的是，1989 年之后的经济衰退持续了很长一段时间，以至于人们将其与日本的人口下降混为了一谈（图 6.17）。日本的人口不仅正在迅速走向老龄化[如今，日本显然正在成为老龄化程度最严重的社会（NIPSSR 2002）]，而且在经历了 10 年的低速增长之后已经开始下降。正如前文已经指出的，到 2017 年秋天，日本人口下降到了 1.277 亿，在 6 年内减少了近 130 万（SB 2017b），而 2018 年的人口下降数量创下了 44.9 万的新纪录。

日本的人口数量在 2017 年排名全球第 11，到 2100 年则大概只能勉

图 6.17　一张拍摄于 2009 年 4 月的照片，一位老人站在东京市政大楼的顶层俯瞰整个城市。在他的一生当中，这个国家从战败的废墟中崛起，成为一个备受尊敬甚至惧怕的经济大国，但随后又马上掉入了经济衰退和人口下降的陷阱。图片由本书作者拍摄

强挤进前 30（UN 2017）。从长期来看，这种人口萎缩对日本制造业的影响可能相对有限。虽然适合从事这类工作的年轻人群体的规模将越来越小，但随着日本追随（滞后 10—20 年）欧盟和美国的脚步，明显走上去工业化的道路，其大量生产能力已经转移到海外，机器人化的持续发展将不断提高生产率：这种自动化率先在日本成为现实，迄今为止，日本国内已经部署了数量最多的工业机器人，还有好几家日本公司都是全球工厂自动化的领先推动者。

　　不过，对于日本那种令人羡慕的公共交通基础设施、食品生产和医疗保健系统来说，人口萎缩的不利影响是无法避免的。日本的交通网络虽然密集，但正在老化，它们的使用率将继续保持在较高水平，因此需要仔细维护。对于这一点，如下事实可能是最好的说明：在通勤高峰期，时速高达 300 千米的快速列车离开东京主站的时间间隔只有 3 分钟，每年

的平均延迟不到 1 分钟（Smil 2014a）。交通网络的维护和重建工作已经高度机械化，但仍然需要大量体力劳动，而老年劳动者并不适合从事这些工作。

日本农民的平均年龄已经超过了 67 岁，几乎所有农村地区的人口都在减少（许多村庄只剩下少数老年居民）。日本那种典型的小规模农场并不适合通过部署大型田间机械进行机械化作业。此外，日本已经是所有主要经济体中粮食自给率最低的国家。以总体膳食能量供应量来衡量，如今日本的粮食自给率只有 38%（1965 年曾超过 70%），甚至低于瑞士和韩国等依赖粮食进口的国家。与完全实现粮食自给自足的美国、加拿大或澳大利亚相比，日本的粮食自给情况完全是另一种类型（Smil and Kobayashi 2012; Japan Press Weekly 2018）。随着人口的老龄化，医疗保健人员和其他工人的短缺势必会变得更加严重，而且似乎还没有简单的解决办法。2018 年通过的一项新法案有助于日本社会正式接受外国工人，但他们想要获得日本永久居留权仍然很困难。

日本在巅峰过后的故事是如此深刻，再加上此前的崛起也曾令人眼花缭乱，前后 10 年的对比便显得更加鲜明。盛田昭夫于 1999 年去世，他未能目睹索尼从一家备受赞誉、全球领先的电子产品制造商陷入经营不佳的困境。2019 年初，索尼公司的股票价值仅为 2000 年 2 月的峰值水平的 1/3 左右，该公司一再裁员，丧失了高信用评级，而且在十多年来一直没有推出一款获得全球性成功的产品。石原慎太郎曾长期担任东京都知事（1999—2012 年），但他竞选议员连任失败，还不断发表挑衅性言论。但是，一个坚定自信的日本（能够自己制定规则，可以对整个世界——特别是美国说不）如今似乎只是一个可笑的幻象。

然而，对于日本经济增长的后果以及接下来还会发生什么，问题的答案并不简单。有许多标签——停滞、长期衰退、逐渐瓦解、逐渐腐烂、破旧蔓延、回归更现实的期望——可以用来描述日本 1989 年后的经济、社会和人口发展轨迹，但这些描述并不能构成完整的结论。当日本因其高经济增长率和强大的制造业实力而广受赞誉的时候，与其他富裕国家相比，日本的住房条件仍然很差。实际上，虽然这种情况在最近一代人的时间内有所改善，但新的担忧（废弃房产的数量增加）正成为一个普遍的现实：2018 年，日本约有 1,000 万套空置的房屋和公寓，预计到 2030 年，空置房屋总数将增至 2,000 万套。

回顾过去，最引人注目的不是某项特定统计数据的下降，而是今天与过去和预期表现的对比。法国和英国的经济问题似乎并不明显，因为在 20 世纪 80 年代，已经没有人会认为法国或英国将成为未来世界的领头羊，也没有人会将意大利视为经济活力和惊人创造力的典范。尽管现在日本的经济和人口结构可能大势已去，但它仍然是世界第三大经济体（无论是以名义货币还是以购买力平价货币计算其经济总量），其人均国内生产总值（在进行购买力平价调整之后）与法国或英国大致相当（World Bank 2018）。

在日经 225 指数达到峰值的 20 周年纪念日，我曾写道：

> 国家兴衰不止，它们能够在不同（且不可预测）的时间段内保持战略主导地位或经济优势……日本寻求全球经济主导地位的过程持续了大约 40 年……在最后阶段，日本在经济领域与美国的对抗使得人们对它产生了极大且夸张的信心，对美国韧性的本质与美国做出反应的有效性产生了深切的担忧和自我怀疑……随着日本进入一个新的（真正未知的）人口和经济时代，〔我们可以看到〕它并不会发生内爆并变成一个功能失调的政治实体。如果以过去二十年为鉴，〔人们会认为〕日本可能无法出色地管理其衰退过程，但我相信，它终将找到应对新挑战的方法，而且不会造成任何严重的全球性干扰……另外，它也不会失去其应得的地位，即仍然保持社会的良好运作。（Smil 2009, 5–6）

接下来几十年的发展，将说明我犯了多大的错。

经　济

暂时的受阻（通常相对短暂，有时会持续多年）是现代经济增长中反复出现的一项特征。在主要经济体中，20世纪生产率下降幅度最大的案例包括 1929—1933 年的全球经济衰退导致美国的国内生产总值（以不变货币计算）下降了 26%、日本的国内生产总值从 1939 年的战前高峰到 1946 年的战后低谷下降了 51%（仍然以不变货币计算），以及德国的国内生产总值在 1944—1945 年下降了 29%（Harrison 2000）。从这种衰退中复苏往往需要花费数年：美国的国内生产总值到 1936 年才恢复 1929 年的水平，日本的经济表现直到 1953 年才超过战前水平。

不过，没有任何一个现代经济体会经历长期且不间断的衰退。如果出现了这样的情况，我们可以将其视为史无前例的新趋势，因为即使是停滞不前的经济体，其糟糕的表现中也夹杂着增长期。以本国货币计算，日本经济在 1975—1995 年增长了 2 倍多（从 153 万亿日元至 512.5 万亿日元），在 1995—2015 年却只增长了不到 4%（达到 535.5 万亿日元），从急速的线性上升期迅速过渡到延续一代人的停滞期（World Bank 2017）。然而，即使在后 20 年中，日本经济在总体上停滞不前、波动不定，但只在 9 年里出现了下降，另外 11 年里略有增长，也就是说，日本经济并未经历不间断的长期衰退。

主要国家和世界经济的未来将会怎样？对此，一些经济学家重建了历史轨迹，还发现了逻辑斯蒂曲线的形成，但他们搁置了进一步的探索。例如，博雷托斯将全球经济增长拟合成一条逻辑斯蒂曲线，其整个周期约为两个世纪，这条曲线预计，全球经济最终会在 22 世纪初达到饱和水平（Boretos 2009）。但主流的经济论文都不会谈论发展的饱和，经济学家们大多会假设未来与过去的情况类似，因为人类无穷无尽的创造力将能够支撑几代人的增长。

几十年来，经济学家们不断做出预测，如今所有大型国际经济组织（包括国际货币基金组织、经合组织、联合国和世界银行）都能提供全球范围、地区范围和国家范围的预测报告。短期预测（1—4 年）是最常见的，但也有一些预测将时间范围拉长到中长期（5—10 年），甚至还有一些预测的时间范围超过了一代人。世界银行为其所有成员国提供短期国内生产总值预测，而经合组织的最新预测只是一种指数曲线的延伸，这条曲线的年增长率为 2.5%：它的起点是约 11 万亿美元的全球经济产出（按 2010 年购买力平价计算），它还预测，这项数值在 2018 年将达到约 76 万亿美元，到 2060 年将达到 221 万亿美元。

　　类似的轨迹还将持续多久：10 年、1 个世纪还是 1 个千纪？当然，大多数经济学家都有一个现成的答案，因为他们认为并不存在一个增长之后的阶段：人类的创造力将不断推动经济增长，今天的人们似乎无法克服的问题总能够被解决，尤其是一些技术乐观主义者坚信，财富的创造将逐渐与不断增长的能源和物质需求脱耦。莫基尔满怀信心地认为，一种近乎奇迹般的转变即将发生，其范围从转基因作物（能够承受全球变暖，制造自身所需的营养物质，并保护自身免受虫害）到材料科学革命不等，"相比之下，20 世纪的合成物质看起来可能就和石器时代的产物一样"（Mokyr 2014）。2018 年 6 月，《科技纵览》（Spectrum IEEE）杂志的一期关于创新的特刊收集了一些对即将到来的技术奇迹的描述，也对我的批评（Smil 2018b）做出了（不那么快的）回应。

　　许多关于全能人工智能即将实现的说法，进一步强化了这种丰饶未来的观点。由于计算机和机器人的发展以及人工智能能力的提升，人们预计大量现有的工作岗位将在未来被淘汰〔面临此类被替代的风险的岗位比例高达 50%（Frey and Osborne 2015）〕，但经济仍将持续增长。然而，机器人将如何确保生产原材料的安全供应，又将如何获得能量？机器人能够组织自己的基础设施供应和金属与矿物的开采吗？它们会不会自行设计和部署可再生电力及其长距离高压输电、变电和配电？

　　我们的某一类设备在本质上就是一些强大的便携式迷你机器人，而且它们的数量已经接近全球饱和水平：每部手机都是一台计算机，其处理能力比两代人之前的固定式设备高出几个数量级——如今，手机的保有量已经达到数十亿部，每年有超过 15 亿部这种复杂的设备（由铝、塑料、玻璃和贵金属制成）被丢弃不用。显然，在 21 世纪末之前，在一颗即将容纳 100 亿人口的星球上，这种趋势不可能一直延续下去。因此，审视经济增长之后可能会发生什么，不仅是一种迷人的猜测，还应该是我们在考虑如何延长现代文明的寿命时的关键因素。

讨论经济增长却不考虑能源和物质投入的做法与物理定律相悖：到2100年，新增的数十亿人对食物、住房、教育和就业的基本需求将导致大量的能源和物质投入。诚然，这些投入的相对强度（能量与质量之比或质量与质量之比）会低于今天的平均水平，但绝对总量将（随着人口的持续增长而）持续增长，换句话说，虽然这些投入的增长幅度不大，但总量仍然相当可观。沃德等人证实了这一真理，他们通过历史数据和建模做出预测："国内生产总值的增长最终不可能与材料和能源使用量的增长脱钩，这进一步明确表明了国内生产总值的增长不可能无限持续下去。"（Ward et al. 2016, 10）这一结论使得任何提倡以增长为导向的政策都具有很强的误导性，因为这些政策默认这种脱钩和国内生产总值的持续增长都是可能的。

谈论任何迫在眉睫的循环经济实践同样带有误导性。现代经济建立在大量线性的能量流动、化肥、其他农用化学品以及水资源的基础之上，这些条件都是食物生产所必需的。另外，维持工业活动、交通运输和服务业所需的能量和材料数量都要更加庞大。对能量的再利用就意味着熵减，对农业用水的再利用则意味着所有的蒸发蒸腾气体和田间径流都需要被捕获，而这两种关键因素的循环利用是不可能实现的。此外，高强度（大于总量的80%）、大规模的材料回收（尤其是建筑垃圾、塑料和电子垃圾）仍然难以实现（除了某些国家能针对某些金属实现一定程度的回收利用）。

戴利总结了地球上的经济持续增长所必需的3个条件：经济体不是一个有限且非增长的生物物理系统的开放子系统；经济体的增长集中在非物质层面；热力学定律不适用（Daly 2009）。但在现实中，没有任何一个条件能够被其他设计所满足、实现或替代——因此，我们很容易认同肯尼思·博尔丁（Kenneth Boulding）的看法。他指出（在此，他并没有放过他的经济学家同行），"在这个从根本上有限的星球上，任何一个相信哪怕一种物质会无限增长的人要么是个疯子，要么是个经济学家"（引自US Congress 1973, 248）。

博尔丁也是新经济思想的早期支持者之一，他在介绍"牧童经济"

（cowboy economy）和"太空人经济"（spaceman economy）之间的区别时说：

> 牧童象征着无边无际的平原，也与鲁莽、剥削、浪漫和暴力行为有关，这是开放社会的特征。相应地，未来的封闭经济也许可以被称为"太空人"经济，在这种经济中，地球变成了一艘宇宙飞船，任何资源（无论是会被开采还是会被污染）的储备都是有限的。因此，人类必须在一个循环的生态系统中找到自身的位置，让自己能够不断地复制物质的形态，即使必需一定的能量输入。
>
> 对消费的态度最能反映这两种经济的差异。在牧童经济中，消费被视为好事，生产也是一样……相比之下，在太空人经济中，吞吐量绝不是一项必要条件，而是确实应当被视为需要最小化而非最大化的东西……这种观点对经济学家来说非常陌生，因为在这种观点之下，生产和消费都是坏事而不是好事……（Boulding 1966, 7-8）

在 20 世纪六七十年代，人们开始讨论经济增长的成本和持续增长的可取性等问题，关于稳态经济的争论也开始出现（Boulding 1964, 1966; Mishan 1967; Daly 1971）。关于经济增长之后的景象，这一时期最广为流传、最有影响力的分析工作是《增长的极限》（*The Limits to Growth*）（Meadows et al. 1972）。这项简短的研究是杰伊·弗里斯特（Jay Forrester）关于动态系统的工作（Forrester 1971）的一个改版，它对1900—1970 年的历史数据进行建模，考虑到了人口、资源（包括能源）、工业和粮食产出、污染、投资和健康之间的全球互动。"标准"世界模型的运行需要假设现有的世界体系不出现重大变化，它预测人均粮食供应和人均工业产值都会在 2000 年之后不久达到峰值。

之后，就会是异常陡峭的下降过程：

> 随着资源价格的上涨和矿产的枯竭，获取资源必定需要越来越多的资本，因此用在未来的增长上的投入就会进一步减少。到最后，

> 投资速度跟不上贬值的速度，工业基础将率先崩溃，随后是依赖工业投入（比如化肥、农药、医院实验室、计算机，尤其是机械化能源）的服务业和农业系统的衰退。在短期内，由于人口年龄结构和社会调整进程的滞后，人口数量会持续增加，从而使得形势更为严峻。当死亡率因食物和卫生服务的匮乏而上升，人口最终会开始减少。（Meadows et al. 1972, 124）

随着不可再生资源的枯竭，超负荷与崩溃是不可避免的。虽然报告的结论认为，对这些事件的确切时间做出预测没有意义，但可以肯定的是，如果不进行重大调整，增长将在 2100 年之前停止。我知晓用于构建弗里斯特 DYNAMO 模型的编程语言，所以逐行解码了该模型（这并不是一项非常困难的任务，因为他们的世界模型代码不到 150 行），然后很快发现了许多不可靠的简化和带有误导性的假设。当我看到一些关键变量（比如不可再生资源和污染）时，那种惊讶的情绪让人难以忘怀，好像那些种类繁多的矿产资源（从相对丰富和高度可替代的矿物，到不可替代且相当稀有的元素）和所有形式的污染（短寿命的大气气体与长寿命的放射性废物）都被混为了一谈，成为一种单一的因素，与其他复杂变量相互产生作用。

这份报告的 30 年修订版得出的结论与之前的结论基本一致：人类社会正处于超负荷状态，但施行明智的政策可以大大减少随之而来的损失和苦难（Meadows et al. 2004）。另一项回顾性分析发现，标准模型在 30 年后仍未偏离现实（Turner 2008）——但通过对刚刚提到的不同变量进行实际量化来断言这一结论如何进行，却是难以理解的。最初的报告和后续所有的受到它的启发的研究都强调了那些显而易见的观点（比如指数增长是不可能的，生物圈的流量和容量是有限的），但它们极度简化的建模方法依然无法对全球范围内新涌现的复杂性进行细致入微的分析——这些研究的本质是一种劝诫，根据一些确凿的证据和一些可疑的假设呼吁人类社会做出改变。因此，它的一些结论是确凿的，另一些结论则值得怀疑。

在这份报告之后，许多类似的研究对生物圈的容量和自然资源的可用性进行了调查，希望以此弄清楚它们能否支撑经济的进一步增长：有些结论认为，未来是丰饶的，持续的增长几乎不会受到限制（Simon 1981; Simon and Kahn 1984）；另一些结果则反映了作者们对地球承载能力的担忧，这种担忧导致了生态经济学之类的新学科的兴起（Daly 1980; Costanza 1997; Daly and Farley 2010; Martínez-Alier 2015）。这最终导致某些人群不仅开始倡导无增长的经济，甚至试图主张降低总体经济产出，并笨拙地为其贴上"去增长"经济的标签。一些书的书名很好地传达了这些情感，它们包括《生活在极限之内》（*Living within Limits*, Hardin 1992）、《超越增长》（*Beyond Growth*, Daly 1996）、《没有增长的繁荣》（*Prosperity without Growth*, Jackson 2009）、《从生物经济学到去增长》（*From Bioeconomics to Degrowth*, Georgescu-Roegen and Bonaiuti 2011）、《知足经济学》（*The Economics of Enough*, Coyle 2011）以及《去增长：新时代的语言》（*Degrowth: A Vocabulary for a New Era*, D'Alisa et al. 2014）。然而事实上，没有任何一个经济体正走在这样的道路上。

如前所述，自 20 世纪 90 年代以来，已经有了许多关于矿产资源开采极限（尤其是全球石油产量即将面临的极限）的研究（Deffeyes 2003）——此外，鉴于石油在全球范围内的经济重要性，这些研究也涵盖了那些不可避免的和永久性的经济衰退。我曾将这一思想浪潮称为新的灾变论邪教，并认为那些鼓吹石油产量即将达到峰值的人"故意抛出危言耸听的观点，因为他们将无可争辩的事实与复杂现实的夸张描述混合到一起，并且忽略所有不符合他们先入为主的结论的事实，以便他们发表对现代文明的讣告"（Smil 2006a，22）。即使在十几年后，全球石油产量仍在缓慢上升，世界油价也保持在相对低位。

所有这些担忧都因人口持续增长的新预期而变得更加紧迫，这种新预期与早先的结论（全球人口不太可能超过 90 亿）不同。新的预期估计，到 2050 年，全球人口将达到 97 亿（UN 2017）。解决这些问题的常规方法侧重于"可持续发展"的概念。随着《世界环境与发展委员会报告：我们共同的未来》（*The Report of the World Commission on Environment and Development: Our Common Future*）的发布，这个概念进入了公众讨论的范围，这份报告也被广泛称为《布伦特兰报告》（*Bruntland Report*），以主持该委员会的挪威前首相的名字命名（WCED 1987）。

从那时起，这个形容词就成了我们在描述人类理想行为时最常误用的例子之一。这份报告对可持续发展过程的定义非常宽泛：

> 可持续发展是这样一种发展方式，它要既能满足当代人的需求，又不损害满足后代人的需求的能力。它包含两个关键概念：一是"需求"的概念，特别是世界上的穷人们的基本需求，应该给予最高级别的优先权；二是根据技术状态和社会组织形式，对环境资源满足当前和未来需求的能力施加的限制。（WCED 1987, 41）

在这里，所有的关键变量都没有得到定义："当代人的需求"是什么？它们是要符合美国、欧盟、日本、孟加拉国或刚果的期望，还是要符合某个委员会编造的平均水平？就连对"基本需求"的定义也是有争议的：如果只用满足身体和精神发育所需的营养来定义（需要多少能量，3种常量营养素各自需要多少克，以及需要多少微量营养素），它们的定义就很简单；但如果考虑到报酬丰厚的就业、富足的生活条件、广泛的教育以及个人发展和休闲的机会，那它们的定义就要复杂得多。

此外，这份报告还明确指出它的目标是全球性的：

> 因此，经济和社会发展的目标必须根据所有国家（不论是发达国家还是发展中国家，不论是市场导向型国家还是中央计划型国家）的可持续性来定义。诠释方式可能有所不同，但都必须具有某些一般性特征，还必须源自对可持续发展的基本概念和实现可持续发展的广泛战略框架的共识。

不过，鉴于富裕国家、中等收入国家和低收入国家之间的差距，世界上的人们很难就"某些一般特征"或"广泛的战略框架"达成共识，从而实现可持续发展。

对全球过度变暖（对流层的平均温度上升 2 摄氏度以上）的担忧进一步强化了有限增长或"可持续"增长的受支持程度。对许多人来说，2008 年和 2009 年的经济衰退是二战后最严重的经济危机，似乎是全球经济衰退的起点。虽然这场危机在计划之外，但人们对它并不意外。海因伯格辩称，"现在事实已经证明，2007 年……的确是这样的一年，这一年就算不是'万物的巅峰'，那么也至少是'许多事物的巅峰'"（Heinberg 2010, xv）。他的书的副标题是"在衰落的世纪保持清醒"（*Waking Up to the Century of Declines*）。他明确列举了全球经济活动和全球能源消耗的"顶峰"以及原油产量和全球航运的高峰。

但实际上，所有这些"顶峰"都已经被大幅超越了。2008 年和 2009 年的暂时性经济低迷之后的大多数增长都相当可观。到 2017 年，全球经济产出相比于 2007 年增长了 60%（IMF 2017）；从 2007 年到 2016 年，全球初级能源消耗量增长了 14%，原油供应增长了 11%，海运货物总量增长了 25%（UNCTAD 2017）。显然，对于未来可能的成就来说，这些都不是可靠的指标——但它们又一次证明，对复杂事物进行定量预测是徒劳的。与此同时，毫无疑问，自 1973 年（二战后史无前例的快速增长就在此时结束）以来，世界经济的能源效率明显有所提高，材料强度相对降低。与此同时，人口继续增长，富裕国家的消费进一步增加，整个亚洲（尤其是中国）经济的快速发展，已经让全球的能源和材料需求实现了相对强劲的绝对增长。

从相对数据（每个单位的经济产出）来看，全球经济已经实现了转向，可持续程度已经变得更高。但从绝对数据来看，全球经济增长还没有放缓的迹象，去增长则仍然只是生态经济学家们热衷谈论的一个话题，而非任何公司或政府的指导性原则。因此，对于物质增长将于何时结束以及会如何结束，以便我们建立一个不崇拜持续的消费增长的新社会，我们只能做出推测，因为没有任何一个国家曾承诺会走上这样的道路。在此类讨论公开化的两代人的时间之后，经济学的正统路线仍然是持续增长（经济学家们特别推崇 21 世纪头 10 年中国的那种创纪录的高增长率），没有其他更合理的模式。事实上，对永恒增长的崇拜在某些方面得到了加强。因为我们如今得到了这样的承诺：真正神奇的解决方案将通过技术变革而实现。这种变革很快就将达到难以想象的奇点，它是一种"增长率呈指数增长的指数增长"的结果。

坚持阅读这本书（书中满是关于受限增长、约束和限制的事实与论点）的耐心读者，也许会对这一特定结果的可能性提出一些怀疑，因此，这里我有必要重提本书序言里曾提到的库兹韦尔预测的关键结论：

> 对技术史的分析表明，技术变革是指数级的……我们不会在 21 世纪只经历 100 年的进步——它更像是两万年的进步（以今天的速度）。……指数增长的增长率甚至也呈指数增长。在几十年内，机器智能将超越人类智能，导致"奇点"的出现——它代表人类历史结构的断裂，因为技术变革是如此迅速而深刻。其后的影响包括生物和非生物智能的融合、基于软件的不朽人类，以及在宇宙中以光速向外扩展的超高水平智能。（Kurzweil 2001, 1）

如果这一结论是正确的，本书的写作就将是一个巨大的错误，因为我们很快会开始光速增长。（我敦促那些受过哪怕一点科学教育的人停下来思考一下，这种增长在现实中意味着什么？）提出这些预测的人，每天都在吞下大量的药丸，以确保自己能活着看到奇点的到来：最新的预测认为，机器将在 2029 年达到人类的智能水平，而奇点将在 2045 年正式成为现实（Kurzweil 2017）。莫迪斯在评阅库兹韦尔的书时曾写道："随着科幻小说的发展……我更喜欢文学散文……少一些这样的科学。"（Modis 2006, 112）我相信，作为理性人，我们必须假设不存在由奇点驱动的技术性救赎，因为我们的知识不会出现任何形式的光速增长。我同意的是如下说法："根据今天的证据，单纯依靠科技的出路看起来不太可行……留给我们的唯一解决方案是在各个层面、在全球范围、从根本上改变我们的行为。简而言之，我们迫切地需要减少消费，而且是大幅削减"（Emmott 2013, 184–186）。

因此，让我们回到出发点：即使是那些平均富裕水平相对较高、消费明显过度甚至有明显浪费的社会，也没有任何一个在采取任何经过深思熟虑的、有效的措施来探索增长率非常低或无增长的发展道路。这意味着我已经可以回答这样的问题：经济增长之后会发生什么？对此，我只需划定考虑的规模和时间跨度。答案是多样的，其中的一种可能是世界上的大多数经济体在几年到几十年内将继续增长，还有一种可能是出现某种全球性的非自发衰退——即全球范围内长时间的经济紧缩。随后，最好的结果也只不过是世界经济以极低的增长率断断续续地复苏，最坏的情况则是持续地逐步下降，没有任何复苏。这种去增长过程不是人们选择的结果，而是对（经济、开采、消费、环境）累积过剩做出的反应。

现代文明

在数千年的缓慢而不稳定的发展之后，现代文明在最近两个世纪中有了前所未有的增长，涵盖了人口、粮食生产、基础设施以及采掘、制造、运输和通信技术的增长。这一转型时期充斥着各种真正难以想象的变化。现代性一直是增长的代名词，它带来的回报是巨大的、全方位的。如果我们知道马尔萨斯曾经对地球的人口承载能力和全球人口未来的增长预期做出过怎样的低估，这一成就会显得更加了不起。

1800 年，全球的人口数量约为 9 亿。随后，它不仅在 19 世纪持续指数增长，用 110 年的时间翻了一番，达到 18 亿，还（正如前文已经解释过的）在 20 世纪进一步加速增长，双曲线增长导致它在接下来的 60 年内又翻了一番，达到了 36 亿；此后，增长稍有放缓，但再次翻一番甚至只用了不到 45 年，2017 年的全球人口为 73 亿。同时，能获得充足的食物、接受良好的教育、生活舒适、拥有这么长的平均预期寿命的人口达到了前所未有的比例。此外，我们还拥有了一系列技术手段，能够解决剩余人群的营养不良问题，并提高所有社会最贫困阶层的生活水平。

不过，科学观点并不能清楚地预测未来的情况。乌托邦主义（现在被套上了一层名为"技术乐观–电子技术–人工智能"的外衣）和灾难主义（一种新型的马尔萨斯主义，与自然资源枯竭、生物圈的破坏、持续的经济增长能力不足有关）不仅是不同意见者的矛盾见解和情绪的标签，而且正确地描述了现代科学研究主流中并存的不同观点。几十年来，各种被大众视为各自领域最可靠的信息来源的历史悠久的学术期刊一直在传播这些互相矛盾的信息，即使到了 21 世纪，我也没有发现这些极端主张之间有任何缓和的迹象。

我们能否期待即将到来的丰饶时代？届时，"农民们可以养活一个无限的世界"（Fuglie 2013, 26）、"经济产出与环境无关"（Hatfield-Dodds et al. 2015）、人们能够使用丰富而且可无限延展的材料"像我们现在播放音乐或电影一样轻易变出各种物体"（Ball 2014, 40）之类的设想能否成真？还是说，我们是否认同人类必须在 21 世纪开始削减垃圾的产生（Hoornweg et al. 2013），并认真对待即将因为多种矿产资源的枯竭而到来的"万物极限"（Heinberg 2010; Klare 2012）？那么，我们是应该冷静地看待大众消费的未来，还是应该相信越来越不祥的预期？或者，我们可以写一本新书，用一些新的标签来重新表述这两种截然相反的观点。我们是应该听从先知关于环境危机的警告还是忽视他们？也许未来的拯救就来自那些富有创造力的巫师（Mann 2018）。

增长带来了许多显而易见的好处，它让生活变得更轻松（各种机器和小工具使人们的家务劳动负担比一个世纪前轻松许多），也用各种（通常还是一次性的）工业制造的垃圾零件给人们带来（无论多么短暂的）满足和喜悦。相比之下，损失一些个人舒适感和无形的利益并不重要，尽管许多人很看重它们。对我自己而言，这些事物可能包括在幽静的林间小路上散步，看银河将星空一分为二，独自站在画作《宫娥》（*Las Meninas*）前慢慢欣赏……对于想要获得第一种体验的人来说，偏远的北方森林是个很好的选择，这里也是躲避光污染的最好去处。然而，你除非能在下班后包场参观普拉多博物馆，否则只能在早上排队第一个进入，并直接快步走到 12 号展厅，才有可能独自站在委拉斯开兹（Velázquez）令人惊叹的《宫娥》面前。只消几分钟，这里就会挤满来自上海或大阪的游客。

对于大众消费中固有的个人（真实的和感知的）收益和负担，我们不可能做出有意义的成本-效益分析，因为对于这两种影响，我们并没有一个共同的衡量标准。对这个问题的判断会变成一场关于价值观的讨论。

不过，尽管可能具有一定的挑战性，对全球经济增长和大众消费的整体收益和损失的评估却仍然引起了无可争辩的担忧，首当其冲的就是维持生物圈宜居性而产生的代际义务。同样地，技术乐观主义者并没有受到此类担忧的干扰，他们将最近的去物质化趋势视为进入新世界的关键转变。

相对的去物质化有助于保持一定的高增长率（特别是在消费电子行业），绝对的去物质化却又是另一回事。大众消费（通过购买物品的人数来计算）也总是（无论是通过能源还是原材料的投入来衡量）会增加物质的消耗。现代电子产品惊人的小型化（以及随之而来的去物质化）程度往往会引起争论，但这些争论之所以出现，其实是因为使用了错误的假设。智能手机可能的确小巧轻便，但其生产过程中的能源和材料投入却大得惊人。以下是我根据最佳的可用数据，对 2015 年各种产品所包含的隐形能量的计算结果（Smil 2016a）。

不可避免地，从绝对值来看，一辆汽车的质量是一部智能手机的10,000 倍（1.4 吨：140 克），前者比后者包含的能量自然多得多，但全球总量方面的比较又截然不同。2015 年，全球手机销量达到了 19 亿部，笔记本电脑销量为 6,000 万台，平板电脑销量为 2.3 亿台（Gartner 2017）。它们的总质量约为 55 万吨，按照保守估计，平均每部手机包含的能量为0.25 吉焦，每部笔记本电脑为 4.5 吉焦，每部平板电脑为 1 吉焦（Wu et al. 2010; Anders and Andersen 2010），那么制造这些设备需要约 1 艾焦的初级能量。

相比之下，生产一辆乘用车（大部分质量是钢、铝和塑料）需要近100 吉焦的能量（Volkswagen 2010），这就意味着 2015 年售出的 7,200 万辆汽车包含了约 1 亿吨重的机械，能量约为 7 艾焦。也就是说，2015 年全球售出的汽车的总重量是便携式电子产品的 180 倍，但生产这些汽车所需的能量只有便携式电子设备的 7 倍。此外，便携式电子设备的寿命很短，平均只有 2 年，生产这些设备平均每年消耗的能量约为 0.5 艾焦；乘用车则可以使用 10 年，平均每年的能量消耗约为 0.7 艾焦。也就是说，每年生产汽车消耗的能量仅比生产便携式电子设备多出 40%！结论是惊人的：即使这种近似计算在相反的方向上出现 50% 的误差（生产汽车的能量消耗比我想象的要多，生产电子设备所需的能量比我想象的要少），二者的全球总数仍将保持在同一个数量级。此外，最大的可能是，它们之间的差异不会超过 2 倍。

当然，这些设备的运行消耗的能源又大不相同。美国一辆紧凑型乘用车在其服务的 10 年内会消耗约 500 吉焦的汽油，这个数字是生产这辆车的能源成本的 5 倍。一部智能手机每年仅消耗 4 千瓦时的电力，在其工作的 2 年内，消耗的能量不到 30 兆焦。换句话说，如果手机充电的电力来自核裂变或光伏电池，那么它在其工作 2 年内消耗的电力只有生产这部手机所需的能源成本的 3%，如果手机充电的电力来自煤炭，那么这一比例约为 8%。然而，网络通信的用电成本已经很高了，而且还在持续上涨。2013 年，美国的数据中心消耗了约 91 太瓦时的电力，占美国总发电量的 2.2%，预计到 2020 年这一比例将增至约 3.5%。从全球范围来看，2012 年信息和通信网络的用电需求占全球发电量的近 5%；到 2020 年，这一比例将接近 10%。总体而言，手机虽然小巧，但它们消耗的能量却并非微不足道的，因此也在环境中留下了痕迹。

如果我们考察的是现代基础设施、建筑以及如今已经必不可少的各类人造物（从化肥到涡轮机），那么我们甚至看不到一丁点去物质化的趋势。有两个关键因素在早期阻碍了这些行业在全球范围的能源需求和材料消耗的下降。首先是全球人口的持续增长导致了更高的粮食和能源产出需求，并对扩大工业生产提出了明显的要求。但更重要的现实是，即使在世界上最富裕的社会，人均物质消费的需求仍然远未达到饱和。另外，富裕国家的成就对所有经济发展程度较低的社会都产生了强大的吸引力：最近，中国新富起来的人在奢侈品消费方面已经全面超越了美国，就是这种效应的完美例证。

期望这种需求早日结束是不现实的，因为物质消费的增长是一种普遍而持久的现象：欲望的对象会改变，欲望却依然存在。慕克吉的研究表明，在富商和贵族群体中，个人消费的增长始于近代早期（Mukerji 1983）。在 16 世纪，他们的家中开始摆满绘画、进口地毯、茶具和软垫椅子——甚至在 17 世纪之前，就已经有越来越多的消费品开始进入农民和工人的家中。在现代人的需求清单上，地毯和茶具可能排在靠后的位置，但替代它们的是由全球供应链（需要稀有矿物、复杂的工业流程和密集的运输网）生产的各种能源密集型产品。话说回来，如果未来仅在非物质成就方面有所增长，我们能体现出多大的创造性？

技术乐观主义者们确信，技术手段（针对那些已经出现的和未来将要出现的关键问题）甚至可以应对那些看似棘手的挑战。几种错误类型不同的不切实际的期望总是会影响人们对技术进步的预期。早期的炒作和替代性炒作的错误结合可能是其中最常见的一种，最近的案例包括宣称全球能源供应可以迅速脱碳，以及最有名的第四次工业革命的设想，这种设想承诺"将从根本上改变我们的生活、工作和联系方式。就其规模、范围和复杂性而言，这种转变将有别于人类以往所经历的任何事情"（Schwab 2016, 1）。对于它们将带来何种影响的误判也很常见，新技术和新工艺在经济、环境和社会方面造成的影响，往往会被低估或被天真地描述为无害的，还会被认为是易于管理的。

但我们也要怀疑历史观点。我依然认同之前的结论，即第一次世界大战之前那两代人的时期是历史上最杰出的创新时期，这一时期的贡献远比最近两代人的进步更为重要（Smil 2005）。类似地，弗格森拒绝相信技术乐观主义的炒作，因为他将人类社会近期的与过去的成就进行对比，发现了一条"简单的历史教训：信息更多更快本身并不好，知识并不总是解药，网络效应也并不总是积极的"（Ferguson 2012, 2）。相比之下，莫基尔强调进步不是一种自然现象，而是一项相对较新的人类发明，同时，如果没有技术进步，情况"总是会更糟"（Mokyr 2016）。归根结底，这取决于生物圈支持不断增长、消费能力越来越强的人口的能力。

然而，在那些创造出越来越大的信息流和越来越先进的通信技术的人心目中，生物圈的不可替代性和退化并不是需要关心的问题。甚至库兹韦尔在关于无限增长的预言中也从未提及它们。相比之下，由于种种无法解决的环境问题，埃利克夫妇在第一次发出世界末日的警告半个世纪之后，再度为我们这颗行星的未来做出了最黯淡的预测："过去，环境问题曾导致无数文明的崩溃。现在，首次出现了全球崩溃的可能性。人口过剩、富人的过度消费、穷人对技术的迷信都是主要的驱动因素；而激烈的文化变革则是避免灾难的主要希望。"（Ehrlich P. R. & Ehrlich A. H. 2013, 1）

相比之下，我们不难想象这样一个截然不同的场景，虽然它的可能性不大，但绝非完全不可能：非洲的生育率下降速度远超预期；印度的人口增长迅速放缓；世界其他地区的人口数量陷入停滞或开始下降；老龄人口消费下降，这一点符合相对去物质化的趋势，减轻了生物圈的负担；经济增长放缓，能源转换和存储方面的进步使我们能够转向廉价的全电动或氢能源经济。届时，自然生态系统将开始回归，就像欧洲和北美部分地区的森林生态那样。我希望目前的一切难题都能尽快得到解决 —— 但作为一个负责任的理性的人，我们不能简单地坐等小概率事件的发生。

同时，我们也没有必要变成灾变论者，以此去看待所谓的相反的大结局：由于一般性产品和大众消费品的增长，我们持续不断地危害地球生命的行为、人口的增长以及欲望的增加将造成进一步的破坏，我们将失去现有的一切。增长造成的整体环境成本仍在上升，因为它们的影响范围非常广泛。其中某些影响主要是情感和偏好问题，另一些影响则带来了遗憾和不便，改变了人们某些方面的感知和享受，乃至人类的整体健康，但它们尚未危及文明的存续。

如前所述，黑暗的消失（光污染）是这一类别中最重要的一个例子：它不仅破坏了天文观测并导致数亿人无法看见浩瀚的银河，还影响了生态系统以及（由于昼夜节律的中断）动物和人类的健康。此外，它显然以一种极其浪费的方式增加了能源消耗（IDA 2017；图 6.18）。不过，如果这只是人类对生物圈的唯一干扰，我们的生活虽然确实会受到负面影响，但文明的未来不会遭受根本的损害。不幸的是，有太多的人为干扰，虽然在两三代人之前，严重的后果还只是局部的或区域性的，但随着强度的增加和影响的结合，它们如今已经变成了全球性问题。

人们已经通过日益全面的生物圈监测，充分证明了这些影响。多亏了安装在地球轨道观测卫星上的传感器，我们现在已经（足够充分地）了解了人类活动对陆地和水域生态系统的整体损害。没有任何一个大型生物

图 6.18 从太空拍摄的夜间地表图像。图像表明，人造光污染的范围与西欧和中欧的人口密集区达到了惊人的一致。图片来自美国航空航天局

群落（无论是热带或温带的草原和森林还是苔原和湿地）能够免遭人类的大规模破坏或（至少）改造。一些过程可以追溯到数千年前，另一些过程的影响虽然相对较弱，却从 20 世纪 50 年代开始以前所未有的速度增强。海洋则受到各种变化的影响，包括对流层变暖所产生的热量在海洋中的慢慢储存（Wang et al. 2018）、微塑料颗粒的大量累积（GESAMP 2015），以及开放水域和沿海水域含氧量的下降（Breitburg et al. 2018）。

具备可靠供应能力的淡水资源在某些地区已经减少到令人担忧的程度，特别是在人口稠密的亚洲，作物种植严重依赖灌溉，而喜马拉雅冰川是主要的水源。卫星测量的地球重力变化表明，印度北部的地下水由于大规模抽取而大量损失（Tiwari et al. 2009）；咸海几乎完全消失了（Usmanova 2013）；在美国的玉米带、世界上生产率最高的农田的地底下，奥加拉拉含水层的地下水位持续下降（USGS 2017a）；世界上大多数含水层都已经受到农药和除草剂残留物、硝酸盐以及重金属的污染。

从地质时间的尺度来看，按照当下这种全球生物多样性丧失的速度，它可能已经相当于地球上的第 6 次大规模灭绝浪潮。这种说法绝非夸大其词（Barnosky et al. 2011）。根据我的计算，全球野生哺乳动物的数量在

整个 20 世纪减少了一半（大象的数量减少了 90%），驯养动物的数量增加了 2 倍多，全球人口数量增加了 3 倍多（Smil 2013a）。人类和被人类驯养的动物不断将所有野生物种推向边缘境地。达里蒙特等人分析了一个包含 2,125 个野生动物种群的数据库，发现人类摄取的成年动物（即动物物种的繁殖资本）的生物质是其他捕食者摄取量的 14 倍——人类俨然是一种不可持续的"超级捕食者"（Darimont et al. 2015）。一些昆虫也在消失：最重要的是，在好几个地区，一些野生的和受管理的传粉媒介（蜜蜂）一直都在减少，这种转变可能会对许多作物造成巨大影响（Potts et al. 2016）。

冲积地区优质耕地的流失和自然海岸线的破坏（两者都是为了容纳不断发展的城市、工厂和交通连接）并没有成为紧迫的头条新闻，但它们显然已经严重到了会对我们供养自身的能力造成威胁的程度。如今，中国的人均耕地面积甚至低于孟加拉国，但由于人口太多，中国无法完全依赖进口养活全部人口。即使中国是世界上唯一的粮食进口国，全球市场上的粮食也无法满足中国每年对大米、小麦和玉米的需求：2017—2018 年，全球的精米、小麦和玉米贸易量约为 3.8 亿吨，而中国现在每年的粮食收成约为 5.7 亿吨（FAO 2018; USDA 2017b）。不断扩大的人类定居点导致连续荒野区的面积大幅下降，残存的大型森林绝大多数集中在俄罗斯、加拿大和巴西这 3 个国家（Potapov et al. 2008）。

在所有这些担忧中，有一些可以追溯到几代人之前。但在最近，它们与不断加剧的人为气候变暖的影响相比都已经黯然失色。全球变暖是一种真正具有全球性影响力的环境变化。研究者们重建了化石燃料燃烧（以及水泥生产中的少量排放）在全球范围内的碳排放过程，这项研究是从 17 世纪中叶的 300 万吨碳开始的：1863 年，全球碳排放达到 1 亿吨碳；1927 年，排放量首次达到 10 亿吨碳；50 年后，总排放量超过 50 亿吨碳；2015 年的排放量略低于 100 亿吨碳，即差不多 360 亿吨二氧化碳（Marland et al. 2017）。全球碳排放的发展轨迹与拐点出现在 2010 年的对称逻辑斯蒂曲线非常接近，根据它的预测，2050 年的排放量将达到大约 170 亿吨碳（图 6.19）。美国在 1800 年之后的碳排放量在短期内显示出了一些明显的偏离逻辑斯蒂曲线的趋势，但它在 1967 年也达到了拐点，而

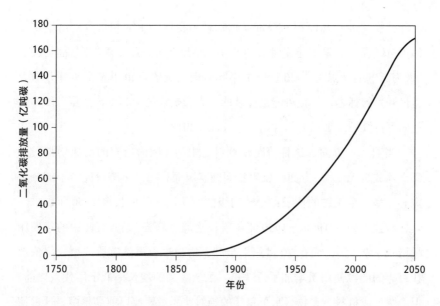

图 6.19　1750—2050 年的全球二氧化碳排放量（以其中所含的碳的重量计算）。数据来自马兰等人（Marland et al. 2017）

且未来很可能不会明显高于最近的水平。

　　逻辑斯蒂增长曲线表明，全球二氧化碳排放量只会稍微上升，这要得益于世界各国为减少二氧化碳排放而做的努力，如 2016 年的《巴黎协定》所要求的那样，对全球平均温度相对于前工业化时代的上升幅度加以限制，将其保持在 2 摄氏度以内（UNFCCC 2015）。在美国，与能源有关的碳排放量实际上已经有所下降。全球碳排放量在 2014—2016 年几乎没有发生变化——但到 2017—2018 年又恢复了增长（IEA 2018）。长期前景依然是不明朗的；毕竟，巴黎会议的一个关键结论是"由国家自主贡献产生的……总温室气体排放水平不一定会低于 2 摄氏度的控制线，2030 年的排放量预计将达到 550 亿吨"（UNFCCC 2015, 3）。也就是说，2030 年的排放量将可能比 2015 年的实际水平高出 50% 以上，这甚至比逻辑斯蒂曲线预测的 2050 年的排放量还要高！

　　许多此类担忧使人们重新呼吁（第一次呼吁是在 1992 年）保护环境（Ripple et al. 2017）。呼吁者们指出，一些主要趋势，包括人类和反刍类牲畜的数量、二氧化碳排放量以及对流层温度的增加与淡水资源的储量、海洋捕捞量、森林面积和脊椎动物物种丰富度的下降相结合，给生物圈的可持续发展带来了越来越大的威胁。相比之下，尼尔森试图说服我们，"人为影响的特点是在 20 世纪下半叶出现大减速。20 世纪下半叶并非人类世开始的标志，但很可能是显著的人为影响终结的起点，甚至可能是人类向可持续的未来过渡的开始"（Nielsen 2018, 1）。

当然，一方面，这种情况是意料之中的（因为所有的高速增长最终都必须放缓），另一方面，就生物圈的状况而言，这一结论完全不能令人宽心。举一个关键的例子：全球初级能源使用量的增长自 1950 年以来一直在减速，但在 1900—1950 年（增长呈加速趋势），所有能源的年使用量增长了 2.3 倍，而在 20 世纪下半叶，增长过程虽然有所放缓，但依然让每年的能源使用量增加了近 3 倍。虽然今天的增长率低于两代人以前，但能源（或材料、食物、水）每年的绝对使用量要比以前高得多，这种情况无法减轻生物圈的负担。

与此同时，就生物圈的恶化水平而言，在令人担忧但可接受的程度和可能引发灾难性后果的程度之间，并不存在某个简单的单一阈值。但基于我们对生物圈的状态与文明的命运之间的动态联系的理解，结论是清晰的：所有朝着恶化的方向发展的趋势如果不能被逆转，也必须尽早被遏制。即使全球人口继续增长，地球边界内的生活也可能是美好的。但是，如果没有从根本上重组食物供给系统，目前的全球转变将对经济战略带来重大挑战（O'Neill et al. 2018）。

我们不可能在保护功能良好的生物圈的同时，使其与常规的经济准则保持一致。这种要求类似于设置一台永动机，因为永动机不用考虑任何与资源相关的可持续性问题，也不会给环境带来过度的压力。大多数经济学家要么不知道，要么对我们在文明与生物圈协同作用的理解方面所取得的进步不屑一顾——但他们仍然垄断着话语权，叙述着那些在物理上不可能实现的持续增长的故事。而这些叙述正在指导着政府和企业的决策。

另外，有些人似乎对这种经济增长的永动机还不满足，他们相信奇点即将到来。这是一个更加不可能成真的主张，因为这种设想本身就建立在电子产品的增长能够持续加速的假设的基础之上。一小部分经济学家、许多历史学家、环保主义者和复杂系统的研究者并不同意这样的言论：他们承认，在有限的星球上，无限增长显而易见是荒谬的、不可信的，但与临时补救措施以及最终的长期解决方案所需的普遍性和规模相比，我们迄今为止所采取的措施都是微不足道的，在很大程度上甚至是无效的。

后　记

　　发生在地球上的自然生长总会受限。宇宙可能正在膨胀 —— 并且可能正在加速膨胀（Nielsen et al. 2016），但地球拥有的元素数量有限，它接收和处理的能量也是有限的，而且只能支持有限度的人为干预。在不断扩张的板块缝隙之间，旧的海洋地壳在幽深的海沟中俯冲插入地幔，从而为岩浆形成新地壳腾出空间。造山之力隆起的山脉受到地形构造本身的限制，也受到侵蚀之力的控制。生物体的生长速度各不相同，从起源到死亡，各自遵循各自的轨迹：一些物种的生长遵循有限指数曲线，其他物种的生长则符合各种 S 型曲线（从对称逻辑斯蒂函数到更复杂的函数不等）。大多数生物都是在成熟期就达到整个生长过程的最大质量和最大体型的：由于生物的死亡而结束的无限生长并不常见。

　　生物的生长成熟期长短不一，比如微生物和海洋浮游生物的生长成熟期为几分钟或几天，一年生植物的成熟期为几个月，一些长寿树种则需要几十年、几百年甚至几千年才能生长成熟。异养生物的生长通常受到更多的限制，除了少数几种动物，人类的寿命比其他任何动物都要长。虽然某些动物和许多大型树木在成熟期之后能够继续生长，但它们的生命会因捕食、侵扰或环境破坏而终结。同样，整个生态系统能够逐渐演化出最大的物种复杂度和最高的光合生产率，达到巅峰状态，这种状态可能还会维持相当长的时间（10^3—10^6 年），直到被气候变化（导致干旱、火灾或洪水）、地质构造剧变（大陆隆起、巨型火山喷发、大地震、海啸）甚至小行星撞击破坏或改变。

生物个体不可能无限增长。所有的超生物群落——从广义上讲，包括空间有限的植物和动物群落（草地、池塘）以及覆盖陆地大部分区域的生物群落（北方森林、热带雨林、稀树草原）——也不可能无限增长。无生命的人造物（无论是简单的工具还是复杂的机器、能量转换器或城市）的增长与生物的增长遵循相同的受限过程（通常是一些近乎完美的逻辑斯蒂曲线）。但人口的增长似乎违背了这种预期的模式：有好几代人的增长模式是双曲线型的——但这一阶段必定会结束，自 20 世纪 60 年代后期以来，新的 S 型曲线正在形成。

相比之下，现代文明包含了各种各样的活动，还将一系列行为制度化。这些活动和行为都受到持续增长概念的驱使，无论是特定的技术性能、人均收入还是全球经济。单个设备或系统的增长遵循受限增长模式，但有人向我们保证，对此我们无须担心，因为不间断的创新总会开启新的增长点，并使增长过程维持下去。绝大多数国家的政策负责人都是经济学家、律师和技术乐观主义者，所以他们并不怀疑这种说法。但与此同时，他们又很少考虑到生物圈对于人类社会生存的必要性。毫不奇怪，没有哪个政府在制定政策时会考虑到生物圈。没有哪个政府会主张将温和、低迷的经济增长作为优先事项。即使在世界上最富裕的国家，也没有哪个大型政党认真考虑过调整经济增长的步伐。

即使我们表明了这些现实情况，选民们呼吁增长放缓（如果不是终结）或至少保持现状的意愿又能有多强烈呢？近来无处不在的可持续发展的口号又是另一回事：可持续发展的定义仍然很模糊。（它的空间和时间尺度是怎样的？）在很多具体情况下，我们甚至无法确定可持续增长是否已经实现，换句话说，就连目标本身都还是模糊不清的。但是，如果我们认为当下最好的稳定状态完全不够，如果维持在今天的产出水平之上可能不足以使人类目前的文明社会状态存续上千年，那结果又会怎样？技术乐观主义者们的电梯能否永不停歇地上升？

另一个更加难以想象的目标是，我们不仅要为增长设限，还要求特意降低发展的水平和表现（或者用不准确的新词来表述，使其转向"负增长"或"去增长"）。有多少人会认真对待这种倒退方案呢？名词本身就反映了我们的困境：在长期沉迷于不断的进步之后，将倒退作为文明成就的一项指标似乎是不切实际的。这样做会造成无法调和的冲突，或者更准确地说，会带来一种我们尚未找到有效解决方案（假设存在）的挑战。

持续的物质性增长不可能实现，因为那样的话，我们就需要越来越多地开采地球上的无机和有机资源，同时导致生物圈的有限存量和功能日益退化。去物质化（用更少的材料做更多的事）也无法帮助我们突破这种限制。迄今为止，去物质化只是一种相对现象：在制造每个单位的最终产品或实现每项期望的性能时，我们使用的钢材或能源都已经有所减少。但随着全球人口从19世纪头10年的10亿增长到2018年的75亿，随着生活水平和人均需求的提高，虽然相对去物质化现象已经越来越普遍，我们对地球上的材料和生物圈的资源的总体需求却在不断增长（Smil 2013a）。认识到这些现实会引导我们得出一些明显的反库兹韦尔式结论，尽管对于任何可能的全球经济长期停滞、无法控制的社会衰退或真正的灾难性变化，我们仍然难以准确预测其时机和细节。

如果我们的担忧仅限于那几种可以通过技术手段轻松应对的环境退化问题，比如1950年以后我们在城市废水处理、颗粒物和二氧化硫排放的治理等方面的成功措施，又比如通过立法取缔氯氟烃来阻止对平流层臭氧的进一步破坏（这是此类措施中最引人注目的一项成就）（The Ozone Hole 2018），未来的景象就将有很大的不同。不幸的是，令人担忧的问题有很多，经过数十年的努力，我们仍然未能抑制许多最普遍的环境退化，而成功做到这一点是扭转当前的不利趋势的必要前提。

这一系列现象包括：深层含水层的枯竭（人们抽取含水层的水，主要用于效率极低的作物灌溉）和热带潮湿气候地区（生物圈中物种多样性最丰富的区域）的森林砍伐；全球范围内的过度土壤侵蚀缓慢但稳步地降低了农田的生产能力；生物多样性的持续丧失（无论是由于森林砍伐、城市化的扩大还是对传统药物的需求）；海洋面临的攻击则是多方面的，从对海洋食物链顶端物种的过度捕捞到如今海水中无处不在的塑料微粒（GESAMP 2015）。

对全球快速变暖（按照现在通常的定义，指的是对流层平均温度比1850 年之前的平均值高出 2 摄氏度以上）的担忧只是一种不可调和的冲突的最新、最突出的表现，这种冲突发生在追求持续的经济增长与生物圈有限的环境负担能力之间（IPCC 2014）。这个问题也很好地证明了那种方法简易、成本低廉的技术修复手段的局限性：到 2015 年底，即使世界各国都完成了在巴黎商定的减少温室气体排放的所有目标，那么到 2050年，对流层温度的平均增幅仍将远高于 2 摄氏度（UNFCCC 2015）——而联合国政府间气候变化专门委员会（IPCC）的最新目标是将人为因素引起的温度升高幅度控制在 1.5 摄氏度以内（IPCC 2018），这个目标几乎肯定超出了我们的技术和经济能力。但全球变暖并不是唯一严重的问题。对于人类还能在哪些自然环境中对生物多样性造成多大的破坏而不引发灾难，我们也无法给出答案。如果全球人口数量长期（超过 5,000 年）维持在较高的水平，那么我们几乎肯定会遇到一些物质层面的瓶颈。仅凭人类的意愿（或者应该是错觉？），我们可能无法成功地突破行星本身施加的限制。"也许人类的命运就是拥有短暂但炽热、刺激且奢侈的生命，而非拥有漫长、平静、如同植物人般的存在。让其他在精神上没有雄心壮志的物种——比如阿米巴虫（变形虫）——继承仍旧阳光普照的地球吧。"（Georgescu-Roegen 1975, 379）但我们必须尝试，为此我们需要新的愿景。"没有异象，民就放肆"（《旧约·箴言》29：18）是一句古老的谚语，既夸张又富有洞察力。圣经中的另一条告诫从道德的角度指出了行动的必要性："人若知道行善，却不去行，这就是他的罪了。"（《新约·雅各书》4：17）

我们可能无法得知正确行事的每一个细节，但正确行事的方向是明确的：在维护人类尊严的同时确保生物圈的宜居性。如果我们能够在保存自身种族的同时，将对与我们共享生物圈的其他有机生命的伤害尽可能降到最低，这就是排除了罪恶、做了正确的事。鉴于挑战的范围之广，我们描述愿景的形容词（比如激进、大胆）和描述政策与日常实践的许多必要

变化的词语（比如根本性转变、前所未有的调整）都是容易理解的。本书
描述了许多种增长过程，它们可能是描述这些过程的有用指标。但正如
我曾反复强调的，它们绝不应该被错误地视为某种特定的预测。对现代文
明在未来几代人或几个世纪后的状态做预测仍是一项不可能的任务。即使
对近期的预测也注定失败：几乎可以肯定的是，无论如何精心设计，在
2018年构想2100年的世界，比在1936年构想2018年的世界更具误导性。

　　不过，如果我们是在总结过去的实践［追求尽可能高的经济增长率，
向数十亿人推广过度消费的文化，仅仅将生物圈视为商品和服务的汇集
地，我们只需索取（并将其用作垃圾场）而无须受罚］，那么结论就要可
靠得多：我们必须进行激进的改变。这种看法并没有什么新意。贺拉斯
（Horace）在两千年前就曾在《讽刺诗集》（Satires）中写道："凡事皆有
度量，过也好，不及也好，均不能保持正常状态。"（Est modus in rebus,
sunt certi denique fines quos ultra citraque nequit consistere rectum.）在两
千年后，这已不仅仅是一句道德劝诫。

　　如果不在行星尺度上设置这样的限制，我们就无法保证文明的长期
延续。我相信，我们必须立刻从根本上舍弃长期以来建立的使增长最大化
和促进物质消费的模式，再拖延一个世纪都是不可能的。在2100年之前，
现代文明社会必须采取重大措施，才能确保生物圈的长期宜居性。

附录一

专有名词与单位的缩写

A	安培	FAO	联合国粮食及农业组织
AC	交流电	FBL	反馈回路
bhp	制动马力	flops	每秒浮点运算次数
身体质量指数	身体质量指数	g	克
C_3	含 3 个碳原子的分子	GB	吉字节
C_4	含 4 个碳原子的分子	GDP	国内生产总值
cd	坎德拉	GE	通用电气公司
CD	光盘	Gha	吉公顷
CIMMYT	国际玉米小麦改良中心	GHz	吉赫兹
cm	厘米	GJ	吉焦耳
二氧化碳	二氧化碳	Gm	吉米
DC	直流电	GPP	总初级生产力
dwt	载重吨	GPS	全球定位系统
EB	艾字节	Gt	吉吨
EJ	艾焦耳	Gt C	吉吨碳
ETOPS	双引擎飞机的延程运行性能标准	Gt C/year	吉吨碳每年
		Gt 二氧化碳	吉吨二氧化碳
EU	欧洲联盟	GW	吉瓦特

GWe	吉瓦特电	μm	微米
GWp	峰值吉瓦特	MB	兆字节
h	小时	Mha	兆公顷
ha	公顷	Mhz	兆赫兹
HDI	人类发展指数	MIPS	每秒处理的百万级的机器
hp	马力		语言指令数
Hz	赫兹	MJ	兆焦耳
IAEA	国际原子能机构	mL	毫升
IDI	包容性发展指数	mm	毫米
IRRI	国际水稻研究所	Mm^2	百万平方米
ISA	不透水面	Mm^3	百万立方米
J	焦耳	mol	摩尔
K	开尔文	MPa	兆帕斯卡
kB	千字节	mph	英里每小时
kcal	千卡	MSOPS	每秒每百万次等效标准操作
kg	千克	Mt	百万吨
kHz	千赫兹	Mt C	百万吨碳
kJ	千焦耳	MVA	兆伏安
km	千米	MW	兆瓦特
kN	千牛	MW_e	兆瓦电
kPa	千帕斯卡	MW_p	峰值兆瓦特
kW	千瓦	N	氮
kWh	千瓦时	NEP	净生态系统生产力
L	升	NH_3	氨
lbs	磅	NPP	净初级生产力
lbs/in^2	每平方英寸磅数	O_2	氧气
LED	发光二极管	OECD	经济合作与发展组织
lm/W	流明每瓦	OLED	有机发光二极管
LNG	液化天然气	OPEC	石油输出国组织，欧佩克
LP	黑胶唱片	ops	每秒运算次数
m	米	PB	拍字节

PDCAAS	蛋白质消化率校正的氨基酸评分	TB	太字节
		TFP	全要素生产率
pH	氢离子浓度指数	TFR	总和生育率
pkm	人公里	TJ	太焦耳
ppm	百万分之	T/W	推重比
PPP	购买力平价	TWh	太瓦时
PV	光伏发电	TWh/year	每年的太瓦时数
P&W	普拉特惠特尼公司	UK	英国
PWh	拍瓦时	UN	联合国
R_A	自养呼吸	US	美国
R_H	异养呼吸	V	伏特
RAM	随机存取存储器	VPD	饱和水汽压差
rpm	转每分钟	W	瓦特
s	秒	W/m^2	每平方米瓦特数
SAD	物种丰度分布	Wh	瓦时
Si	硅	WH/kg	每千克瓦时数
SI	国际单位制	WHO	世界卫生组织
SUV	运动型多用途车	WWI	第一次世界大战
t	吨，公制吨	WWII	第二次世界大战
t C/ha	每公顷包含的碳的吨数	ZB	泽字节

附录二

科学单位以及它们的倍率和分率

基本国际单位

量	名称	符号
长度	米	m
质量	千克	kg
时间	秒	s
电流	安培	A
温度	开尔文	K
物质的量	摩尔	mol
光照强度	坎德拉	cd

本书使用的其他单位

量	名称	符号
面积	公顷	ha
	平方米	m^2
电势	伏特	V
能量	焦耳	J

续表

量	名称	符号
力	牛顿	N
质量	克	g
	吨	t
功率	瓦特	W
压强	帕斯卡	Pa
温度	摄氏度	℃
体积	立方米	m^3

国际单位制中的倍率

前缀	缩写	科学计数法
十（deka）	da	10^1
百（hecto）	h	10^2
千（kilo）	k	10^3
兆（mega）	M	10^6
吉（giga）	G	10^9
太（tera）	T	10^{12}
拍（peta）	P	10^{15}
艾（exa）	E	10^{18}
泽（zetta）	Z	10^{21}
尧（yotta）	Y	10^{24}

国际单位制中的分率

前缀	缩写	科学计数法
分（deci）	d	10^{-1}
厘（centi）	c	10^{-2}
毫（milli）	m	10^{-3}
微（micro）	μ	10^{-6}
纳（nano）	n	10^{-9}

续表

前缀	缩写	科学计数法
皮（pico）	p	10^{-12}
飞（femto）	f	10^{-15}
阿（atto）	a	10^{-18}
仄（zepto）	z	10^{-21}
幺（yocto）	y	10^{-24}

参考文献

Aarestrup, F. 2012. Get pigs off antibiotics. *Nature* 486:465–466.

ABB. 2016. ABB wins orders of over $300 million for world's first 1,100 kV UHVDC power link in China. http://www.abb.ca/cawp/seitp202/f0f2535bc7672244c1257ff5 0025264b.aspx.

Abraham, T. 2005. *Twenty-First Century Plague: The Story of SARS*. Baltimore, MD: Johns Hopkins University Press.

Abramovitz, M. 1956. Resource and output trends in the United States. *American Economic Review Papers and Proceedings* 46:5–23.

ABS (American Bureau of Shipping). 2014. Guide for propulsion systems for LNG carriers. https://preview.eagle.org/eagleExternalPortalWEB/ShowProperty/BEA%20 Repository/Rules&Guides/Current/112_PropulsionSystemsforLNGCarriers/Pub112_ LNG_Propulsion_GuideDec05.

Acemoglu, D., et al. 2002. Reversal of fortune: Geography and institutions in the making of the modern world income distribution. *Quarterly Journal of Economics* 117:1231–1294.

Adame, P., et al. 2014. Diameter growth performance of tree functional groups in Puerto Rican secondary tropical forests. *Forest Systems* 23:52–63.

Adamic, L. A. 2000. Zipf, power-laws, and Pareto—a ranking tutorial. http://www. hpl.hp.com/research/idl/papers/ranking/ranking.html.

Adams, H. [1904] 1919. A law of acceleration. In H. Adams, *The Education of Henry Adams*. New York: Houghton Mifflin, ch. 34.

Adams, H. [1909] 1920. The rule of phase applied to history. In H. Adams and B. Adams, *The Degradation of the Democratic Dogma*. New York: Macmillan, pp. 267–311.

Adams, J. 1993. *Ocean Steamers: A History of Ocean-Going Passenger Steamships 1820–1970*. London: New Cavendish Books.

Adams, R., et al. 2016. *Are CEOs Born Leaders? Lessons from Traits of a Million Individuals*. Helsinki: Aalto School of Business.

AHDB (Agriculture and Horticulture Development Board). 2015. ADAS final 2015 harvest summary. https://cereals.ahdb.org.uk/markets/market-news/2015/october/09/adas-final-harvest-summary-report-2015.aspx.

Aiello, L. C., and P. Wheeler. 1995. The expensive-tissue hypothesis. *Current Anthropology* 36:199–221.

Airbus. 2014. EASA certifies A350 XWB for up to 370-minute ETOPS. http://www.airbus.com/newsevents/news-events-single/detail/easa-certifies-a350-xwb-for-up-to-370-minute-etops/.

Alcock, S. E., et al., eds. 2001. *Empires, Perspectives from Archaeology and History*. Cam- bridge: Cambridge University Press.

Alessio, D. 2013. '... territorial acquisitions are among the landmarks of our history': The buying and leasing of imperial territory. *Global Discourse* 3:74–96.

Alexander, B. T. 2000. *The U.S. Homebuilding Industry: A Half-Century of Building the American Dream*. Cambridge, MA: Harvard University Press.

Allen, R. 1978. *Pictorial History of KLM*. Worthington: Littlehampton Book Services.

Allen, R. C. 2005. English and Welsh agriculture, 1300–1850: Output, inputs, and income. https://www.nuffield.ox.ac.uk/users/Allen/unpublished/AllenEandW.pdf.

Allen, R. C. 2009. *The British Industrial Revolution in Global Perspective*. Cambridge: Cambridge University Press.

Allianz. 2010. *The Sixth Kondratieff—Long Waves of Prosperity*. Frankfurt am Main: Allianz. https://www.allianz.com/content/dam/onemarketing/azcom/Allianz_com/migration/media/press/document/other/kondratieff_en.pdf.

Allianz. 2015. *The Megacity State: The World's Biggest Cities Shaping Our Future*. Munich: Allianz.

Alroy, J. 1998. Cope's rule and the dynamics of body mass evolution in North American mammals. *Science* 280:731–734.

Alstom. 2013. Alstom commissions world's most powerful hydroelectric units at Xiangjiaba hydro power plant, in China. http://www.alstom.com/press-centre/2013/7/alstom-commissions-worlds-most-powerful-hydroelectric-units-atxiangjiaba-hydro-power-plant-in-china/.

Alvaredo, F., et al. 2017. *Global Inequality Dynamics: New Findings from WID.world.* Cambridge, MA: National Bureau of Economic Research.

Ambrose, S. H. 1998. Late Pleistocene human population bottlenecks: Volcanic winter, and the differentiation of modern humans. *Journal of Human Evolution* 34:623–651.

Ambrose, S. H. 2003. Did the super-eruption of Toba cause a human population bottleneck? Reply to Gathorne-Hardy and Harcourt-Smith. *Journal of Human Evolution* 45:231–237.

AMSC (American Superconductor Corporation). 2012. SeaTitanTM 10 MW wind tur- bine. http://www.amsc.com/documents/seatitan-10-mw-wind-turbine-data-sheet/.

Amthor, J. S. 1998. Perspective on the relative insignificance of increasing atmospheric CO_2 concentration to crop yield. *Field Crops Research* 58:109–127.

Amthor, J. S., and D. D. Baldocchi. 2001. Terrestrial higher plant respiration and net primary production. In J. Roy et al., eds., *Terrestrial Global Productivity*. San Diego: Academic Press, pp. 33–59.

Anders, S. G., and O. Andersen. 2010. Life cycle assessments of consumer electronics—Are they consistent? *International Journal of Life Cycle Assessment* 15:827–836.

Anderson, B. D. 2003. *The Physics of Sailing Explained*. Dobbs Ferry, NY: Sheridan House.

Andrews, A., and M. Pascoe. 2008. *Clifton Suspension Bridge*. Bristol: Broadcast Books.

Anglaret, P. 2013. Nuclear power plants: The Turbine Island. http://www.sfen.org/sites/default/files/public/atoms/files/2013-philippe_anglaret_alstom_the_turbine_island.pdf.

Angus, J. 2011. The remarkable improvements in Australian mixed farming. http://www.ioa.uwa.edu.au/ data/assets/pdf_file/0006/1519566/John-Angus-Presentation.pdf.

Annamalai, K., and C. Silva. 2012. Entropy stress and scaling of vital organs over life span based on allometric laws. *Entropy* 14:2550–2577.

Antão, L. H., et al. 2017. Prevalence of multimodal species abundance distributions is linked to spatial and taxonomic breadth. *Global Ecology and Biogeography* 26:203–215.

Anthony, D. W. 2007. *The Horse, the Wheel, and Language: How Bronze-Age Riders from the Eurasian Steppes Shaped the Modern World*. Princeton, NJ: Princeton University Press.

Antràs, P., et al. 2017. Globalization, inequality and welfare. *Journal of International Economics* 108:387–412.

AP (Associated Press). 2006. U.S. admits military damaged Babylon ruins. http://www.nbcnews.com/id/12316998/ns/world_news-mideast_n_africa/t/us-admits-military-damaged-babylon-ruins/#.Whsk7zGWx9A.

AquaBounty. 2017. Our salmon. http://aquabounty.com/our-salmon/.

Arbesman, S. 2011. The life-spans of empires. *Historical Methods* 44:127–129.

Arms Control Association. 2017. Nuclear weapons: Who has what at a glance. https:// www.armscontrol.org/factsheets/Nuclearweaponswhohaswhat.

Armstrong, R. 1969. *The Merchantmen*. London: Ernest Benn.

Arnold, D. 2002. Fitting a logistic curve to data. https://www.math.hmc.edu/~depillis/PCMI2005WEBSITE/logistic_REDWOODS.pdf.

Arrow, K. 1962. Economic Welfare and the Allocation of Resources for Invention. In: *The Rate and Direction of Inventive Activity: Economic and Social Factors*, Princeton University Press, pp. 609–626.

Asao, S., et al. 2015. Variation in foliar respiration and wood CO_2 efflux rates among species and canopy layers in a wet tropical forest. *Tree Physiology* 35:148–159.

ASCE (American Society of Civil Engineers). 2017. *2017 Report Card for America's Infrastructure*. https://www.infrastructurereportcard.org/wp-content/uploads/2016/10/2017-Infrastructure-Report-Card.pdf.

Ashby, T. 1935. *The Aqueducts of Ancient Rome*. Oxford: Oxford University Press.

ASME (American Society of Mechanical Engineers). 1980. The Pioneer Zephyr. https://www.asme.org/wwwasmeorg/media/ResourceFiles/AboutASME/Who%20We%20Are/Engineering%20History/Landmarks/58-Pioneer-Zephyr-1934.pdf.

ASME. 1988. *The World's First Industrial Gas Turbine Set at Neuchâtel (1939)*. New York: ASME. http://www.asme.org/history/brochures/h135.pdf.

ASME. 2017. Philo 6 steam-electric generating unit. https://www.asme.org/about-asme/who-we-are/engineering-history/landmarks/228-philo-6-steam-electric-generating-unit.

Asseng, S., et al. 2014. Rising temperatures reduce global wheat production. *Nature Climate Change* 5:143–147.

Assmann, E. 1970. *The Principles of Forest Yield Study: Studies in the Organic Production, Structure, Increment and Yield of Forest Stands*. Oxford: Pergamon Press.

ATAG (Air Transport Action Group). 2010. *Beginner's Guide to Aviation Efficiency*. Geneva: ATAG.

Athow, J. 2016. Economics revision. *The Economist*, May 24, 2016, p. 12. https://www.economist.com/letters/2016/05/14/letters-to-the-editor.

Atlas Historique de Paris. 2016. *La croissance de Paris*. http://paris-atlas-historique.fr/8.html.

Auerbach, F. 1913. Das Gesetz der Bevölkerungskonzentration. *Petermanns Geographische Mitteilungen* 59:73–76.

Ausloos M., and R. Cerqueti. 2016. A universal rank-size law. *PLoS ONE* 11(11): e0166011. doi:10.1371/journal.pone.0166011.

Auten, G., and D. Splinter. 2018. Income inequality in the United States: Using tax data to measure long-term trends. http://davidsplinter.com/AutenSplinter-Tax_Data_and_Inequality.pdf.

Aviagen. 2014. *Ross Broiler Management Handbook*. http://en.aviagen.com/assets/Tech _Center/Ross_Broiler/Ross-Broiler-Handbook-2014i-EN.pdf.

Axelsen, J. B., et al. 2014. Multiannual forecasting of seasonal influenza dynamics reveals climatic and evolutionary drivers. *Proceedings of the National Academy of Sciences of the USA* 111:9538–9542.

Ayres, R. 2016. *Energy, Complexity and Wealth Maximization*. Cham: Springer.

Ayres, R. 2017. Gaps in mainstream economics: Energy, growth, and sustainability. In S. Shmelev, ed., *Green Economy Reader: Lectures in Ecological Economics and Sustainability*. Berlin: Springer, pp. 39–54.

Ayres, R., and V. Voudouris. 2014. The economic growth enigma: Capital, labour and useful energy? *Energy Policy* 64:16–28.

Ayres, R., and B. Warr. 2009. *The Economic Growth Engine: How Energy and Work Drive Material Prosperity*. Cheltenham: Edward Elgar.

Babcock & Wilcox. 2017. 150 years of industry firsts. https://www.babcock.com/en/about/history.

Bacaër, N. 2011. *A Short History of Mathematical Population Dynamics*. London: Springer.

Bagnall, R. S., and B. W. Frier. 1994. *The Demography of Roman Egypt*. Cambridge: Cambridge University Press.

Bai, J., et al. 2014. *Does Economic Growth Reduce Corruption? Theory and Evidence from Vietnam*. Boston: National Bureau of Economic Research.

Bain, R. 2015. The 7 graphs that tell you everything you need to know about lighting. http://luxreview.com/article/2015/07/7-graphs-that-tell-you-everythingyou-need-to-know-about-lighting.

Bak, P. 1996. *How Nature Works: The Science of Self-Organized Criticality*. New York: Copernicus.

Baldridge, E., et al. 2016. An extensive comparison of species-abundance distribution models. *PeerJ* 4: e2823. doi.10.7717/peerj.2823.

Baldwin, G. C. 1977. *Pyramids of the New World*. New York: G. P. Putnam's Sons.

Ball, P. 2014. Infinitely malleable materials. *IEEE Spectrum* (June):40–44.

Ballal, D., and J. Zelina. 2003. Progress in aeroengine technology (1939–2003). *Journal of Aircraft* 41:43–50.

Banavar, J. R., et al. 2010. A general basis for quarter-power scaling in animals. *Proceedings of the National Academy of Sciences of the USA* 107:15816–15820.

Banks, R. B. 1994. *Growth and Diffusion Phenomena: Mathematical Frameworks and Applications*. Berlin: Springer.

Baranyi, J. 2010. *Modelling and Parameter Estimation of Bacterial Growth with Distributed Lag Time*. Szeged, Hungary: University of Szeged.

Barfield, T. J. 2001. The shadow empires: Imperial state formation along the Chinese- Nomad frontier. In S. E. Alcock et al., eds., *Empires: Perspectives from Archaeology and History*, Cambridge: Cambridge University Press, pp. 10–41.

Barker, G. 2009. *The Agricultural Revolution in Prehistory: Why Did Foragers Become Farmers?* Oxford: Oxford University Press.

Barkey, K. 2008. *Empire of Difference: The Ottomans in Comparative Perspective*. Cambridge: Cambridge University Press.

Barnosky, A. D., et al. 2011. Has the Earth's sixth mass extinction already arrived? *Nature* 471:51–57.

Barro, R. J. 2013. Health and economic growth. *Annals of Economics and Finance* 14-2(A):305–342.

Barrow, J. D. 2012. How Usain Bolt can run faster—effortlessly. *Significance* 9:9–12.

Barry, J. M. 2005. *The Great Influenza*. New York: Penguin.

Bashford, A. 2014. *Global Population: History, Geopolitics, and Life on Earth*. New York: Columbia University Press.

Bassham, J. A., and M. Calvin. 1957. *The Path of Carbon in Photosynthesis*. Englewood Cliffs, NJ: Prentice Hall.

Bassino, J. 2006. The growth of agricultural output, and food supply in Meiji Japan: Economic miracle or statistical artifact? *Economic Development and Cultural Change* 54:503–521.

Baten, J., and M. Blum. 2012. Growing tall but unequal: New findings and new back- ground evidence on anthropometric welfare in 156 countries, 1810–1989. *Economic History of Developing Regions* 27:sup1, S66–S85. http://dx.doi.org/10.1080/20780389.2012.657489.

Baten, J., and M. Blum 2014. Human height since 1820. In J. L. van Zanden et al., eds., *How Was Life? Global Well-Being since 1820*, Paris: OECD, pp. 117–137.

Bates, K. T., et al. 2015. Downsizing a giant: Re-evaluating *Dreadnoughtus* body mass. *Biology Letters* 11:20150215.

Batt, R. A. 1980. *Influences on Animal Growth and Development*. London: Edward Arnold.

Batty, M. 2006. Rank clocks. *Nature* 444:592–596.

Batty, M. 2013. An outline of complexity theory. http://www.spatialcomplexity.info/files/2013/02/Complexity-Lecture-1.pdf.

Bazzaz, F., and W. Sombroek, eds. 1996. *Global Climate Change and Agricultural Production*. Chichester: Wiley.

BCRC (Beef Cattle Research Council). 2016. Optimizing feedlot feed efficiency. http://www.beefresearch.ca/research-topic.cfm/optimizing-feedlot-feed-efficiency-8.

Beard, A. S., and M. J. Blaser. 2001. The ecology of height. *Perspectives in Biology and Medicine* 45:475–498.

Beard, M. 2007. *The Roman Triumph*. Cambridge, MA: Belknap Press.

Beard, M. 2015. *SPQR: A History of Ancient Rome*. New York: Liveright Books.

Beaver, P. 1972. *A History of Tunnels*. Secaucus, NJ: Citadel Press.

Bebar, J. 1999. Wall Street's record century. *CNN Money*, December 31. http://money.cnn.com/1999/12/31/markets/markets_newyork/.

Becker, G. S. 1960. An economic analysis of fertility. In Universities-National Bureau, ed., *Demographic and Economic Change in Developed Countries*. Princeton, NJ: Prince- ton University Press. pp. 209–240.

Behar, D. M., et al. 2008. The dawn of human matrilineal diversity. *American Journal of Human Genetics* 82: 1130–1140.

Behrens, K., et al. (2014. Productive cities: Sorting, selection, and agglomeration. *Journal of Political Economy* 122:507–553.

Behrman, R. E., and A. S. Butler, eds. 2007. *Preterm Birth: Causes, Consequences, and Prevention*. Washington, DC: National Academy Press.

Belmont Stakes. 2017. Past winners. https://www.belmontstakes.com/history/past-winners/.

Beloch, K.1886. *Die Bevölkerung der griechischen-römischen Welt*. Leipzig: Duncker & Humblot.

Benford, F. 1938. The law of anomalous numbers. *Proceedings of the American Philosophical Society* 78:551–572.

Bengtsson, B., and G. Johansson. 2000. The treatment of growth hormone deficiency in adults. *Journal of Clinical Endocrinology & Metabolism* 85:933–937.

Bennett, M. K. 1935. British wheat yield per acre for seven centuries. *Economic History* 3(10):12–29.

Benson, R. B. J., et al. 2014. Rates of dinosaur body mass evolution indicate 170 million years of sustained ecological innovation on the avian stem lineage. *PLoS Biology* 12(5):e1001853.

Benton, M. J. 1979. Ectothermy and the success of dinosaurs. *Evolution* 33: 983–997.

Bergman, B. 2013. Trichodesmium—a widespread marine cyanobacterium with unusual nitrogen fixation properties. *FEMS Microbiology Reviews* 37:286–302.

Bergmann, O., et al. 2009. Evidence for cardiomyocyte renewal in humans. *Science* 324:98–102.

Bergmann, O., et al. 2015. Dynamics of cell generation and turnover in the human heart. *Cell* 161:1566–1575.

Berliner Morgenpost. 2015. Where the population of Europe is growing—and where it's declining. https://interaktiv.morgenpost.de/europakarte/#5/47.857/15.688/en.

Bernard, L., et al. 2013. *Time Scales and Mechanisms of Economic Cycles*. Amherst: University of Massachusetts Press.

Berndt, E. R., and N. J. Rappaport. 2001. Price and quality of desktop and mobile personal computers: A quarter-century historical overview. *American Economic Review* 91:268–273.

Berry, P. M., et al. 2015. Historical analysis of the effects of breeding on the height of winter wheat (*Triticum aestivum*) and consequences for lodging. *Euphytica* 203:375–383.

Bertillon, J. 1894. *Essai de statistique comparée du surpeuplement des habitations à Paris et dans les grandes capitales européennes*. Paris: Imprimerie Chaix.

Besselink, I. J. M., et al. 2011. Evaluation of 20000 km driven with a battery electric vehicle. European Electric Vehicle Congress, Brussels, Belgium, October 26–28, 2011.

Bettencourt, L. M. A., and J. Lobo. 2016. Urban scaling in Europe. *Journal of the Royal Society Interface* 13:20160005. doi.org/10.1098/rsif.2016.0005.

Betz, A. 1926. *Wind-Energie und ihre Ausnutzung durch Windmühlen*. Göttingen: Vandenhoeck & Ruprecht.

Bhargava, A., et al. 2001. Modeling the effects of health on economic growth. *Journal of Health Economics* 20:423–440.

Bhatta, B. 2010. *Analysis of Urban Growth and Sprawl from Remote Sensing Data*. Berlin: Springer.

Binoche, B. 2005. *Les équivoques de la civilisation*. Paris: Champ Vallon.

Biraben, J.-N. 2003. The rising numbers of humankind. *Population et Sociétés* 394:1–4.

Birch, C. P. D. 1999. A new generalized logistic sigmoid growth equation compared with the Richards growth equation. *Annals of Botany* 83:713–723.

Bjørnskov, C., and P. Kurrild-Klitgaard. 2014. Economic growth and institutional reform in modern monarchies and republics: A historical cross-country perspective 1820–2000. *Journal of Institutional and Theoretical Economics* 170:453–481.

Blanchard, Y., et al. 2013. The cavity magnetron: Not just a British invention. *IEEE Antennas and Propagation Magazine* 55:244–254.

Blanken, L. J. 2012. *Rational Empires: Institutional Incentives and Imperial Expansion*. Chicago: University of Chicago Press.

Blatchford, R. A., et al. 2012. Contrast in light intensity, rather than day length, influences the behavior and health of broiler chickens. *Poultry Science* 91:1768–1774.

Blaxter, K. 1986. Bioenergetics and growth: The whole and the parts. *Journal of Animal Science* 63(suppl. 2): 1–10.

Bliss, C. I. 1935. The calculation of the dosage mortality curve. *Annals of Applied Biology* 22:134–167.

Blöchl, E., et al. 1997. *Pyrolobus fumarii*, gen. and sp. nov., represents a novel group of archaea, extending the temperature limit for life to 113°C. *Extremophiles* 1:14–21.

Block, L. 2003. *To Harness the Wind: A Short History of the Development of Sails*. Annap- olis, MD: Naval Institute Press.

Bloom, D. E., et al. 2000. Population dynamics and economic growth in Asia. *Population and Development Review* 26(suppl.):257–290.

Bloom, D. E., and D. Canning. 2008. *Population Health and Economic Growth*. Washington, DC: World Bank.

BLS (Bureau of Labor Statistics). 2017. Labor productivity growth since the Great Recession. https://www.bls.gov/opub/ted/2017/labor-productivity-growth-since-the-great-recession.htm.

Blue, L., and T. J. Espenshade. 2011. Population momentum across the demographic transition. *Population and Development Review* 37:721–747.

Blum, R. W., and F. Qureshi. 2011. *Morbidity and Mortality among Adolescents and Young Adults in the United States*. https://www.jhsph.edu/research/centers-and-institutes/center-for-adolescent-health/_images/_pre-redesign/az/US%20Fact%20Sheet_FINAL.pdf.

Blumberg, A. A. 1968. Logistic growth rate functions, *Journal of Theoretical Biology* 21:42–44.

Bocquet-Appel, J. P. 2011. When the world's population took off: The springboard of the Neolithic demographic transition. *Science* 333:560–561.

Bocquet-Appel, J. P., and O. Bar-Yosef. 2008. *The Neolithic Demographic Transition and Its Consequences*. New York: Springer Science and Business Media.

Boden, T., and B. Andres. 2017. Global CO2 emissions from fossil-fuel burning, cement manufacture, and gas flaring: 1751–2014. http://cdiac.ess-dive.lbl.gov/ftp/ndp030/global.1751_2014.ems.

Boeing. 2013. World class supplier quality. http://787updates.newairplane.com/787-Suppliers/World-Class-Supplier-Quality.

Bogin, B. 1999. Evolutionary perspective on human growth. *Annual Review of Anthro- pology* 28:109–153.

Bokma, F. 2004. Evidence against universal metabolic allometry. *Functional Ecology* 18:184–187.

Bokma, F., et al. 2016. Testing for Depéret's rule (body size increase) in mammals using combined extinct and extant data. *Systematic Biology* 65:98–108.

Bonan, G. B. 2008. Forests and climate change: Forcings, feedbacks, and the climate benefits of forests. *Science* 320:1444–1449.

Bongaarts, J. 2006. How long will we live? *Population and Development Review* 32:605–628.

Bongaarts, J., and R. A. Bulatao, eds. 2000. *Beyond Six Billion: Forecasting the World's Population*. Washington, DC: NRC.

Bonneuil, N. 2005. History and dynamics: Marriage or *mésalliance*? *History and Theory* 44:265–270.

Bono, P., and C. Boni. 1996. Water supply of Rome in antiquity and today. *Environmental Geology* 27:126–134.

Bontemps, J.-D., et al. 2012. Shifts in the height-related competitiveness of tree species following recent climate warming and implications for tree community composition: The case of common beech and sessile oak as predominant broadleaved species in Europe. *Oikos* 21:1287–1299.

Boom Technology. 2017. The future is supersonic. https://boomsupersonic.com/.

Boretos, G. P. 2009. The future of the global economy. *Technological Forecasting and Social Change* 76:316–326.

Borlaug, N. 1970. *The Green Revolution, Peace, and Humanity*. Nobel lecture, December 11. https://www.nobelprize.org/prizes/peace/1970/borlaug/lecture/.

Boteler, R., and J. Malinowski. 2015. The impact of the integral horsepower amended rule. http://www.nema.org/Communications/Documents/NEMA-Integral-HP-Rule-Webinar.pdf.

Boukal, D. S., et al. 2014. Life-history implications of the allometric scaling of growth. *Journal of Theoretical Biology* 359:199–207.

Boulding, K. E. 1964. in *The Meaning of the 20th Century: The Great Transition*. New York: Harper & Row.

Boulding, K. 1966. The economics of the coming spaceship Earth. In H. Jarrett, ed., *Environmental Quality in a Growing Economy*, Baltimore, MD: Resources for the Future/Johns Hopkins University Press, pp. 3–14.

Bourgeon, L., et al. 2017. Earliest human presence in North America dated to the last glacial maximum: New radiocarbon dates from Bluefish Caves, Canada. *PLoS ONE* 12(1):e0169486. doi:10.1371/journal.pone.0169486.

Bourneuf, G. 2008. *Workhorse of the Fleet*. Houston: American Bureau of Shipping.

Bowditch, H. P. 1891. The growth of children studied by Galton's percentile grades. In *22nd Annual Report of the State Board of Health of Massachusetts*. Boston: Wright & Potter, pp. 479–525.

Bowersock, G. W. 1983. *Roman Arabia*. Cambridge, MA: Harvard University Press.

Bowman, D. M. J. S., et al. 2013. Detecting trends in tree growth: Not so simple. *Trends in Plant Science* 18:11–17.

Boyd, W. 2003. Making meat: Science, technology, and American poultry production. *Technology and Culture* 42:631–664.

BP (British Petroleum). 2017. *BP Statistical Review of World Energy*. London: BP.

Brandstetter, T. 2005. 'The most wonderful piece of machinery the world can boast of': The water-works at Marly, 1680–1830. *History and Technology* 21:205–220.

Braudel, F. 1982. *On History*. Chicago: University of Chicago Press.

Brazier, M. A. B., ed. 1975. *Growth and Development of the Brain: Nutritional, Genetic, and Environmental Factors*. New York: Raven Press.

Breitburg, D., et al. 2018. Declining oxygen in the global ocean and coastal waters.

Science 359:eaam7240. doi:10.1126/science.aam7240.

Brendon, P. 2008. *The Decline and Fall of the British Empire, 1781–1997*. New York: Vintage Books.

Brice, G. 1752. *Description de la Ville de Paris, et de tout ce qu'elle contient de plus remar- quable*. Paris: Librairies Associés.

Bridgemeister, 2017. Suspension bridges of USA. http://www.bridgemeister.com/list. php?type=country&country=usa.

Brissona, N., et al. 2010. Why are wheat yields stagnating in Europe? A comprehensive data analysis for France. *Field Crops Research* 119:201–212.

Bristow, D., and C. Kennedy 2015. Why do cities grow? Insights from nonequilibrium thermodynamics at the urban and global scales. *Journal of Industrial Ecology* 19:211–221. http://www2.lse.ac.uk/economicHistory/whosWho/profiles/ sbroadberry.aspx.

Broadberry, S., et al. 2014. *China, Europe and the Great Divergence: A Study in Historical National Accounting, 980–1850*. London: London School of Economics. http://eh.net/eha/wp-content/uploads/2014/05/Broadberry.pdf.

Broadberry, S., et al. 2015. *British Economic Growth, 1270–1870*. Cambridge: Cambridge University Press.

Brody, S. 1945. *Bioenergetics and Growth*. New York: Reinhold.

Bronson, D. R., and S. T. Gower. 2010. Ecosystem warming does not affect photosynthesis or aboveground autotrophic respiration for boreal black spruce. *Tree Physiology* 30:441–449.

Brown, D. 1998. The Sulzer diesel engine centenary. *Schip & Werf de Zee* (November):57–60.

Brown, J. H., and G. B. West, eds. 2000. *Scaling in Biology*. Oxford: Oxford University Press.

Brown, J. H., et al. 2004. Toward a metabolic theory of ecology. *Ecology* 85:1771–1789.

Bruneau, B. G., ed. 2012. *Heart Development*. Cambridge, MA: Academic Press.

Bruni, L., and P. L. Porta. 2005. *Economics and Happiness*. New York: Oxford University Press.

Brunt, L. 2015. *Weather Shocks and English Wheat Yields, 1690–1871*. Bergen, Norway: Institutt for Samfunnsøkonomi.

Bryc, W. 1995. *The Normal Distribution: Characterizations with Applications*. Berlin: Springer.

BTS (Bureau of Transportation Statistics). 2017. National transportation statistics. https://www.rita.dot.gov/bts/sites/rita.dot.gov.bts/files/publications/national_trans portation_statistics/index.html.

Buan, P., and Y. Wang. 1995. Comparison of the modified Weibull and Richards growth function for developing site index equations. *New Forests* 9:147–155.

Buchanan, R. L., et al. 1997. When is simple good enough: A comparison of the Gompertz, Baranyi, and three-phase models for fitting bacterial growth curves. *Food Microbiology* 14:313–326.

Bulliet, R. W. 1975. *The Camel and the Wheel*. Cambridge, MA: Harvard University Press.

Burbank. J., and F. Cooper. 2012. *Empires in World History: Power and the Politics of Difference*. Princeton, NJ: Princeton University Press.

Burchfiel, B. C., and E. Wang, eds. 2008. *Investigations into the Tectonics of the Tibetan Plateau*. Boulder, CO: Geological Society of America.

Burkhart, H. E., and M. Tomé. 2012. *Modeling Forest Trees and Stands*. Berlin: Springer.

Burness, G. P., et al. 2001. Dinosaurs, dragons, and dwarfs: The evolution of maximal body size. *Proceedings of the National Academy of Sciences of the USA* 98:14518–14523.

Burns, B. 2018. Edison's electric pen. http://electricpen.org/ep.htm.

Burstall, A. F. 1968. *Simple Working Models of Historic Machines*. Cambridge, MA: MIT Press.

Busse, M., and J. Königer. 2012. *Trade and Economic Growth: A Re-examination of the Empirical Evidence*. Hamburg: Hamburg Institute of International Economics.

Butler, T. 2014. Plague history: Yersin's discovery of the causative bacterium in 1894 enabled, in the subsequent century, scientific progress in understanding the disease and the development of treatments and vaccines. *Clinical Microbiology and Infection* 20:202–209.

Butt, N., et al. 2014. Relationships between tree growth and weather extremes: Spatial and interspecific comparisons in a temperate broadleaf forest. *Forest Ecology and Management* 334:209–216.

Butzer, K. W. 1976. *Early Hydraulic Civilization in Egypt*. Chicago: University of Chicago Press.

Cactus Feeders. 2017. Feeding a hungry world. http://www.cactusfeeders.com/.

Cailleux, A. 1951. L'homme en surexpansion. *Bulletin de la Société Préhistorique Fran- caise* 48(1–2):62–70.

Cailliet, G. M., et al. 2006. Age and growth studies of chondrichthyan fishes: The need for consistency in terminology, verification, validation, and growth function fitting. *Environmental Biology of Fishes* 77:211–228.

Calderini, D. F., and G. A. Slafer.1998. Changes in yield and yield stability in wheat during the 20th century. *Field Crops Research* 57:335–347.

Caldwell, J. C. 2006. *Demographic Transition Theory*. Dordrecht: Springer.

Callen, T. 2017. Purchasing power parity: Weights matter. http://www.imf.org/external/pubs/ft/fandd/basics/ppp.htm.

Calnek, E. 2003. Tenochtitlan-Tlatelolco: The natural history of a city. In W. T. Sand- ers et al., eds., *El Urbanismo en Mesoamérica/Urbanism in Mesoamerica*, vol. 1. Mexico City: Instituto Nacional de Antropología e Historia, pp. 149–202.

Calow, P. 1977. Conversion efficiencies in heterotrophic organisms. *Biological Reviews* 52:385–409.

Calvin, M. 1989. Forty years of photosynthesis and related activities. *Photosynthesis Research* 211:3–16.

Cameron, N., and B. Bogin. 2012. *Human Development and Growth*. Cambridge, MA: Academic Press.

Cames, M., and E. Helmers. 2013. Critical evaluation of the European diesel car boom—global comparison, environmental effects and various national strategies. *Environmental Sciences Europe* 25. https://doi.org/10.1186/2190-4715-25-15.

Campbell, B. M. S. 2000. *English Seigniorial Agriculture, 1250–1450*. Cambridge: Cam- bridge University Press.

Campbell, B M. S., and M. Overton. 1993. A new perspective on medieval and early modern agriculture: Six centuries of Norfolk farming c.1250–c.1850. *Past and Present* 141:38–105.

Campbell, I. C. 1995. The lateen sail in world history. *Journal of World History* 6: 1–23.

Campbell, J. E., et al. 2017. Large historical growth in global terrestrial gross primary production. *Nature* 544:784–787.

Campion, D. R., et al., eds. 1989. *Animal Growth Regulation*. Berlin: Springer.

Canadell, J. G., et al. 2007. Saturation of the terrestrial carbon sink. In J. G. Canadell et al., eds., *Terrestrial Ecosystems in a Changing World*. Berlin: Springer, pp. 59–78.

Canalys. 2007. 64 million smart phones shipped worldwide in 2006. https://www.canalys.com/static/press_release/2007/r2007024.pdf.

Canning, D., et al. 2015. *Africa's Demographic Transition: Dividend or Disaster?* Wash- ington, DC: World Bank.

Canton, J. 2011. The extreme future of megacities. *Significance* (June):53–56.

CARC (Canadian Agri-Food Research Council). 2003. *Recommended Code of Practice for the Care and Handling of Farm Animals: Chickens, Turkeys and Breeders from Hatchery to Processing Plant*. Ottawa: CARC.

Carder, A. 1995. *Forest Giants of the World: Past and Present*. Markham, ON: Fitzhenry & Whiteside.

Carneiro, R. L., and D. F. Hilse. 1966. On determining the probable rate of population growth during the Neolithic. *American Anthropologist* 68:177–181.

Carroll, C. 1982. National city-size distributions: What do we know after 67 years of research? *Progress in Human Geography* 6:1–43.

Carroll, J. 2007. Most Americans "very satisfied" with their personal lives. http://news.gallup.com/poll/103483/most-americans-very-satisfied-their-personal-lives.aspx.

Carr-Saunders, A. M. 1936. *World Population: Past Growth and Present Trends*. Oxford: Clarendon Press.

Carter, R. A. 2000. *Buffalo Bill Cody: The Man behind the Legend*. New York: John Wiley.

Carter, R. A. 2006. Boat remains and maritime trade in the Persian Gulf during the sixth and fifth millennia BC. *Antiquity* 80:52–63.

Cartier, M. 2002. La population de la Chine au fil des siècles. In I. Attané, ed., *La Chine au seuil de XXIe siècle: Questions de population, questions de socié*té. Paris: Institut National d'Études Démographiques, pp. 21–31.

Casciato, D. A., et al. 1975. Growth curves of anaerobic bacteria in solid media. *Applied Microbiology* 29:610–614.

Case, A., and C. Paxson. 2008. Stature and status: Height, ability, and labor market outcomes. *Journal of Political Economy* 116:499–532.

Case, T. J. 1978. On the evolution and adaptive significance of postnatal growth rates in the terrestrial vertebrates. *Quarterly Review of Biology* 53:243–282.

Casella, R. M., and I. Wuebber. 1999. *War Emergency Pipeline (Inch Lines)*. HAER No. TX-76. Washington, DC: Historic American Engineering Record. http://lcweb2.loc.gov/master/pnp/habshaer/tx/tx0900/tx0944/data/tx0944data.pdf.

Casson, L. 1951. Speed under sail of ancient ships. *Transactions and Proceedings of the American Philological Association* 82:136–148.

Casson, L. 1971. *Ships and Seamanship in the Ancient World*. Princeton, NJ: Princeton University Press.

Casterline, J. B., and J. Bongaarts. 2017. *Fertility Transition in Sub-Saharan Africa*.

New York: Population Council.

Çatalhöyük Research Project. 2017. History of the excavations. http://www. catalhoyuk.com/project/history.

Cavaleri, M. A., et al. 2006. Wood CO2 efflux in a primary tropical rain forest. *Global Change Biology* 12:2442–2458.

Cavallini, F. 1993. Fitting a logistic curve to data. *College Mathematics Journal* 24:247–253.

CDC (Centers for Disease Control and Prevention). 2010. Growth charts. https:// www.cdc.gov/growthcharts/.

CDC. 2011. Life expectancy at birth, at age 65, and at age 75, by sex, race, and Hispanic origin: United States, selected years 1900–2010. https://www.cdc.gov/ nchs/data/hus/2011/022.pdf.

CDC. 2012. Body measurements. http://www.cdc.gov/nchs/fastats/body-measure ments.htm.

CDC. 2013. *Antibiotic Resistance Threats in the United States, 2013.* https://www.cdc. gov/drugresistance/pdf/ar-threats-2013-508.pdf.

CDC. 2016. Developmental milestones. http://www.cdc.gov/ncbddd/actearly/mile stones/.

CDC. 2017. Leading causes of death. https://www.cdc.gov/nchs/fastats/leading-causes-of-death.htm.

CEHA (Canadian Environmental Health Atlas). 2016. SARS outbreak in Canada. http://www.ehatlas.ca/sars-severe-acute-respiratory-syndrome/case-study/sars-outbreak-canada.

Chambers, J. Q., et al. 2004. Respiration from a tropical forest ecosystem: Partitioning of sources and low carbon use efficiency. *Ecological Applications* 14: S72-S88.

Chan, M. 2009. World now at the start of 2009 influenza pandemic. http://www. who.int/mediacentre/news/statements/2009/h1n1_pandemic_phase6_20090611/ en/.

Chanda, A., et al. 2008. Convergence (and divergence) in the biological standard of living in the USA, 1820–1900. *Cliometrica* 2:19–48.

Chandler, T. 1987. *Four Thousand Years of Urban Growth: An Historical Census.* Lewiston, NY: St. David's University Press.

Chang, S., et al. 2003. Infection with vancomycin-resistant *Staphylococcus aureus* containing the *vanA* resistance gene. *New England Journal of Medicine* 348:1342–1347.

Chaplain, M. A. J., et al. 1999. *On Growth and Form: Spatio-temporal Pattern Formation in Biology*. New York: John Wiley.

Chapuis, A., and E. Gélis. 1928. *Le monde des automates: Étude historique et technique*. Paris: E. Gélis.

Chase-Dunn, C., and T. D. Hall. 1994. The historical evolution of world-systems. *Sociological Inquiry* 64:257–280.

Chase-Dunn, C., et al. 2006. *Upward Sweeps of Empire and City Growth since the Bronze Age*. Riverside, CA: Institute for Research on World-Systems.

Chauvin, J. P., et al. 2017. What is different about urbanization in rich and poor countries? Cities in Brazil, China, India and the United States. *Journal of Urban Economics* 98:17–49.

Chen, W., et al. 2015. Air quality of Beijing and impacts of the new ambient air quality standard. *Atmosphere* 6:1243–1258.

Chen, Y. 2015. Power-law distributions based on exponential distributions: Latent scaling, spurious Zipf's law, and fractal rabbits. *Fractals*, 23. https://doi.org/10.1142/S0218348X15500097.

Chen, Y. 2016. The evolution of Zipf's law indicative of city development. *Physica A* 443:555–567.

Chesnais, J.-C. 1992. *The Demographic Transition: Stages, Patterns, and Economic Impli- cations*. Oxford: Oxford University Press.

Chesner, C. A., et al. 1991. Eruptive history of Earth's largest Quaternary caldera (Toba, Indonesia) clarified. *Geology* 19:200–203.

Chiba, L. I. 2010. *Swine Production Handbook*. http://www.ag.auburn.edu/~chibale/swineproduction.html.

Chilvers, B. L., et al. 2007. Growth and survival of New Zealand sea lions, *Phocarctos hookeri*: Birth to 3 months. *Polar Biology* 30:459–469.

Ching, F. D. K., et al. 2011. *A Global History of Architecture*. Hoboken, NJ: John Wiley & Sons.

Chongqing Municipal Government. 2017. Comprehensive market situation. http://en.cq.gov.cn/.

Chorley, G. P. H. 1981. The agricultural revolution in Northern Europe, 1750–1880: Nitrogen, legumes, and crop productivity. *Economic History* 34:71–93.

Chu, W., et al. 2016. A survey analysis of energy use and conservation opportunities in Chinese households. In B. Su and E. Thomson, eds., *China's Energy Efficiency and Conservation*. Berlin: Springer, pp. 5–22.

Chumlea, W. C., et al. 2009. First seriatim study into old age for weight, stature and

BMI: The Fels longitudinal study. *Journal of Nutrition, Health & Aging* 13:3–5.

Churkina, G., et al. 2010. Carbon stored in human settlements: The coterminous United States. *Global Change Biology* 16:135–143.

CIA (Central Intelligence Agency). 2017. The world factbook. ttps://www.cia.gov/ library/publications/the-world-factbook/ https://www.cia.gov/library/publications/ resources/the-world-factbook/index.html.

Ciccone, A., and R. E. Hall. 1996. Productivity and the density of economic activity. *American Economic Review* 86:54–70.

CISCO. 2017. The zettabyte era: Trends and analysis. https://webobjects.cdw.com/ webobjects/media/pdf/Solutions/Networking/White-Paper-Cisco-The-Zettabyte-Era-Trends-and-Analysis.pdf.

Clark, D., and D. B. Clark, 1999. Assessing the growth of tropical rain forest trees. *Ecological Applications* 9:981–997.

Clark, G. 1991. Yields per acre in English agriculture, 1250–1850: Evidence from labour inputs. *Economic History Review* 44:445–460.

Clark, G. 2008. *A Farewell to Alms: A Brief Economic History of the World*. Princeton, NJ: Princeton University Press.

Clark, G. T. 2009. Advanced construction techniques: Tunnels and shafts. http:// courses.washington.edu/cm510/tunneling.pdf.

Clarke, A. 2014. The thermal limits to life on Earth. *International Journal of Astrobiology* 13:141–154.

Clarkson, C., et al. 2017. Human occupation of northern Australia by 65,000 years ago. *Nature* 547:306–310.

Clauset, A., et al. 2009. Power-law distributions in empirical data. *SIAM Review* 51: 661–703.

Clavering, E. 1995. The coal mills of Northeast England: The use of waterwheels for draining coal mines, 1600–1750. *Technology and Culture* 36:211–241.

Clegg, J. S. 2001. Cryptobiosis—a peculiar state of biological organization. *Comparative Biochemistry and Physiology B* 128:613–624.

Clerk, D. 1909. *The Gas, Petrol, and Oil Engine*. London: Longmans, Green.

Clio Infra. 2017. Height. https://clio-infra.eu/Indicators/HeightGini.html.

CNI (Confederação Nacional da Indústria). 2012. *Forest Plantations: Opportunities and Challenges for the Brazilian Pulp and Paper Industry on the Path of Sustainability*. Brasília: CNI.

Cochran, P. H. 1979. *Site Index and Height Growth Curves for Managed Even-Aged*

Stands of Douglas-Fir East of the Cascades in Oregon and Washington. Portland, OR: US Department of Agriculture.

Cohen, J. E. 1995. *How Many People Can the Earth Support?* New York: Norton.

Cole, T. J. 2012. The development of growth references and growth charts. *Annals of Human Biology* 39:382–394.

Comin, D., and B. Hobijn. 2004. Cross-country technology adoption: Making the theories face the facts. *Journal of Monetary Economics* 51:39–83.

Compoundchem. 2015. Recycling rates of smartphone metals. http://www.com poundchem.com/wp-content/uploads/2015/09/Recycling-Rates-of-Smartphone-Elements.pdf.

Conder, J. 2016. fit_logistic (t,Q). *MathWorks.* https://www.mathworks.com/matlab central/fileexchange/41781-fit-logistic-t-q-.

Congdon, J. D., et al. 2013. Indeterminate growth in long-lived freshwater turtles as a component of individual fitness *Evolutionary Ecology* 27:445–459.

Conner, M. 2001. *Hans von Ohain: Elegance in Flight.* Reston, VA: American Institute of Aeronautics and Astronautics.

Connor, P. 2011. Railway passenger vehicle capacity. http://www.railway-tech nical. com/Infopaper%202%20Railway%20Passenger%20Vehicle%20Capac ity %20v1. pdf.

Cook, E. 1971. The flow of energy in an industrial society. *Scientific American* 225(3): 135–142.

Coomes, D. A., and R. B. Allen, 2009. Testing the metabolic scaling theory of tree growth. *Journal of Ecology* 97:1369–1373.

Coren. L. R. 1998. *The Evolutionary Trajectory: The Growth of Information in the History and Future of Earth.* Boca Raton, FL: CRC Press.

Corner, E. J. H. 1964. *The Life of Plants.* London: Weidenfeld & Nicolson.

Costanza, R., et al. 1997. *An Introduction to Ecological Economics.* Boca Raton, FL: St. Lucie Press and International Society for Ecological Economics.

Costanza, R., et al. 2009. *Beyond GDP: The Need for New Measures of Progress.* Boston: Boston University Press.

Cotterell, B., and J. Kamminga. 1990. *Machines of Pre-industrial Technology.* Cambridge: Cambridge University Press.

Cox, M. M., and J. R. Battista 2005. Deinococcus radiodurans—the consummate survivor. *Nature Reviews. Microbiology* 3:882–892.

Coyle, D. 2011.*The Economics of Enough.* Princeton, NJ: Princeton University Press.

Coyle, D. 2014. *GDP: A Brief but Affectionate History*. Princeton, NJ: Princeton University Press.

Crafts, N. F. R. 1985. *British Economic Growth during the Industrial Revolution*. Oxford: Clarendon Press.

Crafts, N. 1999. Economic growth in the twentieth century. *Oxford Review of Economic Policy* 15:18–34.

Crafts, N. 2004. Steam as a general purpose technology: A growth accounting perspective. *Economic Journal* 114:338–351.

Crafts, N. 2005. The first industrial revolution: Resolving the slow growth/ rapid industrialization paradox. *Journal of the European Economic Association* 3:525–534.

Crafts, N. F. R. 2010. Explaining the first Industrial Revolution: Two views. *European Review of Economic History* 15:153–168.

Crafts, N., and T. Mills. 2017. Six centuries of British economic growth: A time-series perspective. *European Review of Economic History* 21:141–159.

Crafts, N., and K. H. O'Rourke. 2013. Twentieth century growth. https://www.economics.ox.ac.uk/materials/papers/12884/Crafts%20O%27Rourke%20117.pdf.

Cramer, J. S. 2003. *Logit Models from Economics and Other Fields*. Cambridge: Cambridge University Press.

Cristelli, M., et al. 2012. There is more than a power law in Zipf. *Scientific Reports* 2:812. doi:10.1038/srep00812.

Croft, T., ed. 1922. *Steam-Engine Principles and Practice*. New York: McGraw-Hill.

Croizé, J.-C. 2009. Politique et configuration du logement en France (1900–1980). Paris: Sciences de l'Homme et Société, Université Paris Nanterre.

Croppenstedt, A., and C. Muller. 2000. The impact of farmers' health and nutritional status on their productivity and efficiency: Evidence from Ethiopia. *Economic Development and Cultural Change* 48:475–502.

Crosby, A. W. 1989. *America's Forgotten Pandemic: The Influenza of 1918*. Cambridge: Cambridge University Press.

Crow, J. F. 1998. 90 years ago: The beginning of hybrid maize. *Genetics* 148:923–928. doi:10.1126/science.132.3436.1291.

CSO (Central Statistical Office). 1975. *The Population of Finland*. http://www.cicred.org/Eng/Publications/pdf/c-c15.pdf.

CTBUH (Council on Tall Buildings and Human Habitat). 2011a. The tallest 20 in 2020: Entering the era of the megatall. http://www.ctbuh.org/TallBuildings/HeightStatistics/BuildingsinNumbers/TheTallest20in2020/tabid/2926/language/en-US/Default.aspx.

CTBUH 2011b. What do you think is the single biggest limiting factor that would prevent humanity creating a mile-high tower or higher? http://www.ctbuh.org/Tall Buildings/VideoLibrary/VideoInterviews/VideoInterviews2011AwardsSymposium/ CompilationInterviewQuestion1/tabid/3027/language/en-GB/Default.aspx.

CTBUH. 2018. Height & statistics. http://www.ctbuh.org/TallBuildings/ HeightStatistics/tabid/1735/language/en-US/Default.aspx.

Cuenot, F. 2009. CO2 emissions from new cars and vehicle weight in Europe: How the EU regulation could have been avoided and how to reach it? *Energy Policy* 37:3832–3842.

Culbert, T. P., ed. 1973. *The Classic Maya Collapse.* Albuquerque: University of New Mexico Press.

Cuntz, M. 2011. A dent in carbon's gold standard. *Science* 477:547–548.

Curtis, M., ed. 2005. *The Mongol Empire: Its Rise and Legacy.* London: Routledge.

Dabla-Norris, E., et al. 2015. *Causes and Consequences of Income Inequality: A Global Perspective.* Washington, DC: International Monetary Fund.

Dalby, W. E. 1920. *Steam Power.* London: Edward Arnold.

D'Alisa, G., et al., eds. 2014. *Degrowth: A Vocabulary for a New Era.* London: Routledge.

Dalrymple, D. G. 1986. *Development and Spread of High-Yielding Rice Varieties in Devel- oping Countries.* Washington, DC: USAID.

Daly, H. E., ed. 1971. *Toward a Stationary-State Economy.* San Francisco: W. H. Freeman.

Daly, H. 1980. *Economics, Ecology, Ethics: Essays Toward a Steady-State Economy.* San Francisco: W. H. Freeman.

Daly, H. 1996. *Beyond Growth.* Boston: Beacon Press.

Daly, H. E. 2009. From a failed growth economy to a steady-state economy. United States Society for Ecological Economics lecture, June 1. http://ppc.uiowa.edu/sites/ default/files/sites/default/files/uploads/daly_failed_growth_economy.pdf.

Daly, H. E., and J. B. Cobb Jr. 1989. *For the Common Good: Redirecting the Econ- omy Toward Community, the Environment, and a Sustainable Future.* Boston: Beacon Press.

Daly, H., and J. Farley. 2010. *Ecological Economics: Principles and Applications.* Wash- ington, DC: Island Press.

Damuth, J. 2001. Scaling of growth: Plants and animals are not so different. *Proceed- ings of the National Academy of Sciences of the USA* 98:2113–2114.

Darimont, C. T., et al. 2015. The unique ecology of human predators. *Nature* 349:

858–860.

Darling, K. 2004. *Concorde*. Marlborough: Crowood Aviation.

Darwin, C. 1861. *On the Origin of Species by Means of Natural Selection*. New York: D. Appleton.

Darwin, J. 2008. *After Tamerlane: The Rise and Fall of Global Empires, 1400–2000*. New York: Bloomsbury.

Daugherty, C. R. 1927. The development of horse-power equipment in the United States. In C. R. Daugherty et al., *Power Capacity and Production in the United States*. Washington, DC: US Geological Survey, pp. 5–112.

Davenport, C. B. 1926. Human growth curve. *Journal of General Physiology* 10(2): 205–216.

David, P. 1990. The dynamo and the computer: An historical perspective on the modern productivity paradox. *American Economic Review* 80:355–361.

David, S. 2003. *The Indian Mutiny*. New York: Penguin.

Davis, J. 2011. Mercedes-Benz history: Diesel passenger car premiered 75 years ago. http://www.emercedesbenz.com/autos/mercedes-benz/classic/mercedes-benz-history-diesel-passenger-car-premiered-75-years-ago/.

Davis, J., et al. 2018. *Transportation Energy Data Book*. Oak Ridge, TN: Oak Ridge National Laboratory.

Davis, K. 1945. The world demographic transition. *Annals of the American Academy of Political and Social Science* 237:1–11.

Davis, K. 1955. The origin and growth of urbanization in the world. *American Journal of Sociology* 60:429–437.

Davis, K. 1967. Population policy: Will current programs succeed? *Science* 158:730–739.

Davis, S. C., et al. 2016. *Transportation Energy Data Book: Edition 35*. Oak Ridge, TN: Oak Ridge National Laboratory. http://cta.ornl.gov/data/tedb35/Edition35 _Full_ Doc.pdf.

Day, T., and P. D. Taylor. 1997. Von Bertalanffy growth equation should not be used to model age and size at maturity. *American Naturalist* 149:381–393.

Dean, R., et al. 2012. The top 10 fungal pathogens in molecular plant pathology. *Molecular Plant Pathology* 13:414–430.

de Beer, H. 2004. Observations on the history of Dutch physical stature from the late-Middle Ages to the present. *Economics and Human Biology* 2:45–55.

de Beer, H. 2012. Dairy products and physical stature: A systematic review and meta- analysis of controlled trials. *Economics and Human Biology* 10:299–309.

de Beer, J. 2013. *Transparency in Population Forecasting: Methods for Fitting and Projecting Fertility, Mortality and Migration.* Chicago: University of Chicago Press.

de Buffon, G.-L. L., Comte. 1753. *Histoire naturelle. Supplément: Tome quatrième.* Paris: Imprimerie Royale.

DECC (Department of Energy & Climate Change). 2015. Historical coal data, 1853–2014. https://www.gov.uk/government/statistical-data-sets/historical-coal-data-coal-production-availability-and-consumption-1853-to-2014.

Deffeyes, K. S. 2001. *Hubbert's Peak: The Impending World Oil Shortage.* Princeton, NJ: Princeton University Press.

De Gans, H. A. 1999. *Population Forecasting 1895–1945: The Transition to Modernity.* Dordrecht: Kluwer Academic.

De Graaf, G., and M. Prein. 2005. Fitting growth with the von Bertalanffy growth function: A comparison of three approaches of multivariate analysis of fish growth in aquaculture experiments. *Aquaculture Research* 36:100–109.

de Jong, T. P. R. 2004. Coal mining in the Netherlands: The need for a proper assessment. *Geologica Belgica* 7:231–243.

DeLong, B. 2002. *Macroeconomics.* Burr Ridge, IL: McGraw-Hill Higher Education.

De Long, B., and A. Shleifer. 1993. *Princes and Merchants: European City Growth before the Industrial Revolution.* Cambridge, MA: National Bureau of Economic Research.

De Loo, I., and L. Soete. 1999. *The Impact of Technology on Economic Growth: Some New Ideas and Empirical Considerations.* Tokyo: UNU-MERIT Research.

Demandt, A. 1984. *Der Fall Roms: Die Auflösung des römischen Reiches im Urteil der Nachwelt.* Munich: C. H. Beck.

Demeny, P. 2003. Population policy dilemmas in Europe at the dawn of the twenty-first century. *Population and Development Review* 29:1–28.

Demeny, P. 2004. Population futures for the next three hundred years: Soft landing or surprises to come? *Population and Development Review* 30(3):507–517.

Demographia. 2001. Greater London, Inner London and Outer London: Population and density history. http://demographia.com/dm-lon31.htm.

de Moivre, A. 1738. *The Doctrine of Chances.* London: H. Woodfall.

Denison, E. F. 1985. *Trends in American Economic Growth 1929–1982.* Washington, DC: Brookings Institution.

Denny, M. 2007. *Ingenium: Five Machines That Changed the World.* Baltimore, MD: Johns Hopkins University Press.

Denny, M. W. 2008. Limits to running speed in dogs, horses and humans. *Journal of Experimental Biology* 211:3836–3849.

de Onis, M., et al. 2011. Prevalence and trends of stunting among pre-school children,1990–2020. *Public Health Nutrition*. doi:10.1017/S1368980011001315.

Depéret, C. J. J. 1907. *Les transformations du monde animal*. Paris: Flammarion.

des Cars, J. 1988. *Haussmann: La gloire du second Empire*. Paris: Perrin.

Desgorces, F.-D., et al. 2012. Similar slow down in running speed progression in species under human pressure. *Journal of Evolutionary Biology* 25:1792–1799.

Devezas, T. C., et al. 2005. The growth dynamics of the Internet and the long wave theory. *Technological Forecasting and Social Change* 72:913–935.

Devine, W. D. 1983. From shafts to wires: Historical perspective on electrification. *Journal of Economic History* 43:347–372.

de Vries, J. 2000. Dutch economic growth in comparative-historical perspective, 1500–2000. *De Economist* 148:443–467.

Dewey, C. 1993. *Anglo-Indian Attitudes: The Mind of the Indian Civil Service*. London: Bloomsbury.

Diamond, J. 2011. *Collapse: How Societies Choose to Fail or Succeed*. New York: Penguin Books.

Dickey, P. S. 1968. *Liberty Engine 1918–1942*. New York: Random House.

Dickinson, H. W. 1939. *A Short History of the Steam Engine*. Cambridge: Cambridge University Press.

Dickmann, D. I. 2006. Silviculture and biology of short-rotation woody crops in temperate regions: Then and now. *Biomass and Bioenergy* 30:696–705.

Dieffenbach, E. M., and R. B. Gray. 1960. The development of the tractor. In US Department of Agriculture, *Power to Produce: 1960 Yearbook of Agriculture*, Washington, DC: USDA, pp. 24–45.

Diener, E., et al. 1997. Recent findings on subjective well-being. *Indian Journal of Clinical Psychology* 24:25–41.

Diesel, E. 1937. *Diesel: Der Mensch, das Werk, das Schicksal*. Hamburg: Hanseatische Verlagsanstalt.

Diesel, R. 1893. *Theorie und Konstruktion eines rationellen Wärmemotors zum Ersatz der Dampfmaschinen und der heute bekannten Verbrennungsmotoren*. Berlin: Julius Springer.

Diesel, R. 1903. *Solidarismus: Natürliche wirtschaftliche Erlösung des Menschen*. Munich. Reprint Augsburg: Maro, 2007.

Diesel, R. 1913. *Die Entstehung des Dieselmotors*. Berlin: Julius Springer.

Di Giorgio, C., et al. 1996. Atmospheric pollution by airborne microorganisms in the city of Marseilles. *Atmospheric Environment* 30:155–160.

Dillon, M. E., and M. R. Frazier. 2013. Thermodynamics constrains allometric scaling of optimal development time in insects. *PLoS ONE* 8(12):e84308. doi:10.1371/journal.pone.0084308.

Dimson, E. 2003. Triumph of the optimists. (Lecture following E. Dimson et al., *Triumph of the Optimists*, Princeton, NJ: Princeton University Press, 2002.) Arrowstreet Capital, London.

Dinda, S., et al. 2006. Height, weight and earnings among coalminers in India. *Economics and Human Biology* 4:342–350.

Dodds, P. S., et al. 2001. Re-examination of the "3/4-law" of metabolism. *Journal of Theoretical Biology* 209:9–27.

Doe, H. 2017. *The First Atlantic Liner: Brunel's SS Great Western*. Stroud: Amberley.

Dolan, B., ed. 2000. *Malthus, Medicine and Morality: Malthusianism after 1798*. Amster- dam: Rodopi.

Dolgonosov, B. M. 2010. On the reasons of hyperbolic growth in the biological and human world systems. *Ecological Modelling* 221:1702–1709.

Donald C. M., and J. Hamblin. 1976. The biological yield and harvest index of cereals as agronomic and plant breeding criteria. *Advances in Agronomy* 28:361–405.

Dong, X., et al. 2016. Evidence for a limit to human lifespan. *Nature* 538:257–259.

Dormehl, L. 2018. Computers can't keep shrinking, but they'll keep getting better. *Digital Trends*. https://www.digitaltrends.com/computing/end-moores-law-end-of-computers/.

Drewry, C. S. 1832. *A Memoir of Suspension Bridges: Comprising The History of Their Origin and Progress*. London: Longman.

Driscoll, J. M., et al. 1964. Design of 1000-MW steam turbine-generator unit for Ravenswood No 3. *Journal of Engineering for Power* 86(2):209–218.

Duan-yai, S., et al. 1999. Growth data of broiler chickens fitted to Gompertz equation. *Asian-Australian Journal of Animal Science* 12:1177–1180.

Duddu, P. 2013. The 10 biggest hydroelectric power plants in the world. http://www.power-technology.com/features/feature-the-10-biggest-hydroelectric-power-plants-in-the-world/.

Dumpleton, B., and M. Miller. 1974. *Brunel's Three Ships*. Melksham: Colin Venton.

Duncan-Jones, R. 1990. *Structure and Scale in the Roman Economy*. Cambridge: Cambridge University Press.

Dunsworth, H. M., et al. 2012. Metabolic hypothesis for human altriciality. *Proceedings of the National Academy of Sciences of the USA* 109:15212–15216.

Durand, J. D. 1974. *Historical Estimates of World Population: An Evaluation*. Philadelphia: University of Pennsylvania, Population Center.

Duranton, G., and W. R. Kerr. 2015. *The Logic of Agglomeration*. Cambridge, MA: Harvard Business School. http://www.hbs.edu/faculty/Publication%20Files/16-037_ eb512e96-28d6-4c02-a7a9-39b52db95b00.pdf.

Dyson, T., et al., eds. 2005. *Twenty-First Century India: Population, Economy, Human Development, and the Environment*. Oxford: Oxford University Press.

Easterlin, R. A. 1974. Does economic growth improve the human lot? Some empirical evidence. In P. A. David and M. W. Reder, eds., *Nations and Households in Economic Growth: Essays in Honor of Moses Abramovitz*. New York: Academic Press, pp. 89–125.

Economist. 2016. The immigration paradox. *The Economist*, July 16, p. 48.

Edison, T. A. 1884. *Electrical Indicator: Specification Forming Part of Letters Patent No. 307,031, Dated October 21, 1884*. Washington, DC: US Patent Office.

Edmonds, R. L., ed. 1982. *Analysis of Coniferous Forest Ecosystems in the Western United States*. New York: Van Nostrand Reinhold.

Edwards, N. T., and P. J. Hanson. 2003. Aboveground autotrophic respiration. In P. J. Hanson and S. D. Wullschleger, eds., *North American Temperate Deciduous Forest Responses to Changing Precipitation Regimes*. New York: Springer, pp. 48–66.

Eeckhout, J. 2004. Gibrat's law for (all) cities. *American Economic Review* 94: 1429–1451.

Ehrlich, I., and F. T. Lui, 1991. Intergenerational trade, longevity, and economic growth. *Journal of Political Economy* 99:1029–1059.

Ehrlich, P. 1968. *The Population Bomb*. New York: Ballantine Books.

Ehrlich, P. R., and A. H. Ehrlich. 2013. Can a collapse of global civilization be avoided? *Proceedings of the Royal Society B* 280:20122845. http://dx.doi.org/10.1098/ rspb.2012.2845.

EIU (Economist Intelligence Unit). 2011. *Building Rome in a Day: The Sustainability of China's Housing Boom*. London: EIU. http://www.excellentfuture.ca/sites/default/ files/Building%20Rome%20in%20a%20Day_0.pdf.

Ejsmond, M. J., et al. 2010. How to time growth and reproduction during the vegetative season: An evolutionary choice for indeterminate growers in environments. *American Naturalist* 175:551–563.

Elias, D. 2000. *The Dow 40,000 Portfolio: The Stocks to Own to Outperform Today's Leading Benchmark*. New York: McGraw Hill.

Ellis, H. 1977. *The Lore of the Train*. New York: Crescent Books.

Ellison, G., and E. Glaeser. 1997. Geographic concentration in U.S. manufacturing industries: A dartboard approach. *Journal of Political Economy* 105: 889–927.

Elphick, P. 2001. *Liberty: The Ships That Won the War*. Annapolis, MD: Naval Institute Press.

Elvidge, C. D., et al. 2007. Global distribution and density of constructed impervious surfaces. *Sensors* 7:1962–1979.

Ely, C. 2014. Life expectancy of electronics. https://www.cta.tech/News/Blog/Articles/2014/September/The-Life-Expectancy-of-Electronics.aspx.

eMarketer. 2017. eMarketer updates US time spent with media figures. https://www.emarketer.com/Article/eMarketer-Updates-US-Time-Spent-with-Media-Figures/1016587.

Emmott, S. 2013. *Ten Billion*. New York: Vintage Books.

Emporis. 2017. Cities with most skyscrapers. https://www.emporis.com/statistics/most-skyscraper-cities-worldwide.

Enberg, K., et al. 2008. *Fish Growth*. Bergen, Norway: University of Bergen.

Enders, J. C., and M. Remig. 2014. *Theories of Sustainable Development*. London: Routledge.

Engerman, S. L., and K. L. Sokoloff. 1994. *Factor Endowments: Institutions, and Dif- ferential Paths of Growth among New World Economies: A View from Economic Historians of the United States*. Boston: National Bureau of Economic Research.

Enquist, B. J., et al. 1998. Allometric scaling of plant energetics and population den- sity. *Nature* 395:163–165.

Enquist, B., et al. 1999. Allometric scaling of production and life-history variation in vascular plants. *Nature* 401:907–911.

Enquist, B. J., et al. 2007. A general integrative model for scaling plant growth, carbon flux, and functional trait spectra. *Nature* 449:218–222.

Erdkamp, P. 2005. *The Grain Market in the Roman Empire*. Cambridge: Cambridge University Press.

Erickson, G. M., et al. 2004. Gigantism and comparative life-history parameters of tyrannosaurid dinosaurs. *Nature* 430:772–775.

Erlande-Brandenburg, A. 1994. *The Cathedral: The Social and Architectural Dynamics of Construction*. Cambridge: Cambridge University Press.

Eshed, V., et al. 2004. Has the transition to agriculture reshaped the demographic structure of prehistoric populations? New evidence from the Levant. *American Journal of Physical Anthropology* 124:315–329.

Espe, M. B., et al. 2016. Estimating yield potential in temperate high-yielding, direct- seeded US rice production systems. *Field Crops Research* 193:123–132.

Estoup, J. 1916. *Les gammes stenographiques*. Paris: Gauthier-Villars.

Eugster, E. 2015. Gigantism. *Endotext*. http://www.ncbi.nlm.nih.gov/books/NBK 279155/.

Euler, L. 1748. *Introductio in analysin infinitorum*. Lausanne: Marcum-Michaelem Bos- quet & Socios.

European Commission. 2014. *Trade and Investment 2014*. Brussels: EC. http://trade. ec.europa.eu/doclib/docs/2014/january/tradoc_152062.pdf.

European Commission. 2016. Hormones in meat. http://ec.europa.eu/food/safety/ chemical_safety/meat_hormones/index_en.htm.

Eurostat. 2015. Demographic balance, 1 January 2015–1 January 2080 (thousands) PF15.png. http://ec.europa.eu/eurostat/statistics-explained/index.php/File: Demographic_balance,_1_January_2015_%E2%80%93_1_January_2080_ (thousands)_PF15.png.

Eurostat. 2017a. Population on 1 January. http://ec.europa.eu/eurostat/tgm/table. do ?tab=table&init=1&language=en&pcode=tps00001&plugin=1.

Eurostat. 2017b. Total fertility rate, 1960–2015 (live births per woman). http:// ec.europa.eu/eurostat/statistics-explained/index.php/File:Total_fertility_rate,_1960 %E2%80%932015_(live_births_per_woman)_YB17.png.

Evans, D. S. 2004. The growth and diffusion of credit cards in society. *Payment Card Economics Review* 2:59–76.

EWEA (European Wind Energy Association). 2016. *Wind Power 2015 European Statistics*. http://www.ewea.org/fileadmin/files/library/publications/statistics/EWEA-Annual-Statistics-2015.pdf.

ExxonMobil. 2016. The outlook for energy: A view to 2040. http://corporate. exxonmobil.com/en/energy/energy-outlook.

Facebook. 2018. Stats. https://newsroom.fb.com/company-info/.

Fairbairn, W. 1860. *Useful Information for Engineers*. London: Longmans.

Fairchild, B. D. 2005. Broiler production systems: The ideal stocking density? http:// www.thepoultrysite.com/articles/322/broiler-production-systems-the-ideal-stocking-density/.

Falchi, F., et al. 2016. The new world atlas of artificial night sky brightness. *Science*

Advances 2:1–25.

Falk, M., et al. 2008. Flux partitioning in an old-growth forest: Seasonal and interan- nual dynamics. *Tree Physiology* 28:509–20.

FAO (Food and Agriculture Organization). 2015a. *Global Forest Resources Assessment 2015*. Rome: FAO. http://www.fao.org/3/a-i4793e.pdf.

FAO. 2015b. *The State of Food Insecurity*. Rome: FAO. http://www.fao.org/hunger/en/.

FAO. 2015c. *Yield Gap Analysis of Field Crops: Methods and Case Studies*. Rome: FAO.

FAO. 2018. Faostat. http://www.fao.org/faostat/en/#data.

Faraday, M. 1839. *Experimental Researches in Electricity*. London: Richard and John Edward Taylor.

Faure, A. 1998. Les couches nouvelles de la propriété: Un peuple parisien à la conquête du bon logis à la veille de la Grande Guerre. *Le Mouvement Social* 182: 53–78.

FedPrimeRate. 2017. Dow Jones Industrial Average history. http://www.fedprimerate.com/dow-jones-industrial-average-history-djia.htm.

Fekedulegn, D., et al. 1999. Parameter estimation of nonlinear growth models in for- estry. *Silva Fennica* 33:327–336.

Felton, N. 2008. Consumption spreads faster today. http://www.nytimes.com/imagepages/2008/02/10/opinion/10op.graphic.ready.html.

Ferguson, N. 2004. *Empire: How Britain Made the Modern World*. London: Penguin.

Ferguson, N. 2012. Don't believe the techno-utopian hype. *Newsweek*, July 30. http://www.newsweek.com/niall-ferguson-dont-believe-techno-utopian-hype-65611.

Fernández-González, F. 2006. *Ship Structures under Sail and under Gunfire*. Madrid: Universidad Politécnica de Madrid.

Ferreira, A. A. 2012. Evaluation of the growth of children: Path of the growth charts. *Demetra* 7:191–202.

Ferreira, F. H. G., et al. 2015. *A Global Count of the Extreme Poor in 2012: Data Issues, Methodology and Initial Results*. Washington, DC: World Bank Group.

Ferrer, M. L., and T. Navarra. 1997. *Levittown: The First 50 Years*. Mount Pleasant, SC: Arcadia.

Feynman, R. 1959. There's plenty of room at the bottom. https://pdfs.semanticscholar.org/1bc8/21e55e3b381eaba62bb02c861b9cb5273309.pdf.

Field, A. J. 2009. US economic growth in the Gilded Age. *Journal of Macroeconomics* 31:173–190.

Fields, N. 2005. *Rome's Northern Frontier AD 70–235*. Wellingborough: Osprey.

Finarelli, J. A., and J. J. Flynn. 2006. Ancestral state reconstruction of body size in the Caniformia (Carnivora, Mammalia): The effects of incorporating data from the fossil record. *System Biology* 55:301–313.

Finucane, M. M., et al. 2011. National, regional, and global trends in body mass index since 1980: Systematic analysis of health examination surveys and epidemiological studies with 960 country-years and 9.1 million participants. *Lancet* 377:557–567. doi:10.1016/S0140–6736(10)62037–5.

Fish, J. L., and C. A. Lockwood. 2003. Dietary constraints on encephalization in primates. *American Journal of Physical Anthropology* 120:171–181.

Fisher, J. C., and R. H. Pry. 1971. A simple substitution model of technological change. *Technological Forecasting and Social Change* 3:75–88.

Fleming, J. A. 1934. *Memories of a Scientific Life*. London: Marshall, Morgan & Scott.

Flichy, P. 2007. *Understanding Technological Innovation: A Socio-Technical Approach*. Northampton, MA: Edward Elgar.

Flink, J. J. 1988. *The Automobile Age*. Cambridge, MA: MIT Press.

Floud, R., et al. 2011. *The Changing Body: Health, Nutrition, and Human Development in the Western World since 1700*. Cambridge: Cambridge University Press.

Fluschnik, T., et al. 2016. The size distribution, scaling properties and spatial organization of urban clusters: A global and regional percolation perspective. *International Journal of Geo-Information* 5: 110. doi:10.3390/ijgi5070110.

Flying Scotsman. 2017. British train national treasure. http://www.flyingscotsman.org.uk/.

FNAIM (Fédération National de l'Immobilier). 2015. *Le logement en France*. Paris: FNAIM.

Focacci, A. 2017. Controversial curves of the economy: An up-to-date investigation of long waves. *Technological Forecasting and Social Change* 116:271–285.

Fogel, R. W., 2004. *The Escape from Hunger and Premature Death, 1700–2100*. New York: Cambridge University Press.

Fogel, R. W. 2012. *Explaining Long-Term Trends in Health and Longevity*. Cambridge: Cambridge University Press.

Foley, R. A., and P. C. Lee. 1991. Ecology and energetics of encephalization in hominid evolution. *Philosophical Transactions of the Royal Society of London, B* 334:223–232.

Forbes. 2017. The world's billionaires. https://www.forbes.com/billionaires/#623b87b2251c.

Forrester, J. 1971. *World Dynamics*. Cambridge, MA: Wright-Allen Press.

Foster. D. R., ed. 2014. *Hemlock: A Forest Giant on the Edge*. New Haven, CT: Yale Uni- versity Press.

Foster, D. R., and J. D. Aber. 2004. *Forests in Time: The Environmental Consequences of 1,000 Years of Change in New England*. New Haven CT: Yale University Press.

Fouquet, R. 2008. *Heat, Power and Light: Revolutions in Energy Services*. London: Edward Elgar.

Fowkes, B. 1995. *Rise and Fall of Communism in Eastern Europe*. London: Palgrave Macmillan.

Fraas, L. M. 2014. *Low-Cost Solar Electric Power*. Berlin: Spinger.

Frank, A. G. 1998. *ReOrient: Global Economy in the Asian Age*. Berkeley, CA: University of California Press.

Franke. J. 2002. The Benson boiler turns 75: The success story of a steam generator. *Siemens Power Journal Online* (May). https://www.energy.siemens.com/nl/pool/hq/ power-generation/power-plants/steam-power-plant-solutions/benson%20boiler/ The _Benson_Boiler_Turns_75.pdf.

Franke, J., and R. Kral. 2003. Supercritical boiler technology for future market condi- tions. https://www.energy.siemens.com/hq/pool/hq/power-generation/ power-plants/steam-power-plant-solutions/benson%20boiler/Supercritical_Boiler_ Technology_for _Future_Market_Conditions.pdf.

Frayer, L. 2013. A farm-to-table delicacy from Spain: Roasted baby pig. https://www. npr.org/sections/thesalt/2013/09/04/218959923/a-farm-to-table-delicacy-from- spain-roasted-baby-pig.

Fréchet, M. 1941. Sur la loi de répartition de certaines grandeurs géographiques. *Journal de la Societé de Statistique de Paris*, 82:114–122.

FRED. 2017. Gross domestic product. https://fred.stlouisfed.org/series/GDP.

Freer-Smith, P., et al. 2009. *Forestry and Climate Change*. Wallingford: CABI.

Frey, C., and M. Osborne. 2015. *Technology at Work: The Future of Innovation and Employment*. Oxford: Citi and Oxford Martin School.

Frier, B. W. 1993. Subsistence annuities and per capita income in the early Roman Empire. *Classical Philology* 88:222–230.

Frier, B. W. 2000. Demography. In A. K. Bowman et al., eds., *The Cambridge Ancient History*, vol. 11: *The High Empire, A.D. 70–192*, 2nd ed. Cambridge: Cambridge Uni- versity Press, pp. 787–816.

Frillmann, K. 2015. Call the mega-plumbers: The world's longest pipe needs fixing. http://www.wnyc.org/story/call-mega-plumbers-fixing-longest-pipe-world-/.

Fu, Q., and C. Land. 2015. The increasing prevalence of overweight and obesity of children and youth in China, 1989–2009: An age–period–cohort analysis. *Population Research Policy Review* 34:901–921.

Fuglie, K. 2013. Why the pessimists are wrong. *IEEE Spectrum* (June):26–30.

Future Beef. 2016. Feed consumption and liveweight gain. https://futurebeef.com.au/knowledge-centre/feedlots/beef-cattle-feedlots-feed-consumption-and-liveweight-gain/.

Gaastra, F. S. 2007. *The Dutch East India Company*. Zutpen: Walburg Press.

Gabaix, X. 1999. Zipf's law for cities: An explanation. *Quarterly Journal of Economics* 114:739–767.

Gabaix, X., and R. Ibragimov. 2011. Rank-1/2: A simple way to improve the OLS esti- mation of tail exponents. *Journal of Business & Economic Statistics* 29:24–39. http://dx.doi.org/10.1198/jbes.2009.06157.

Galleon, D., and C. Reedy. 2017. Kurzweil claims that the singularity will happen by 2045. *Futurism*, October 5. https://futurism.com/kurzweil-claims-that-the-singularity-will-happen-by-2045/.

Galloway, J. A., et al. 1996. Fuelling the city: Production and distribution of fire-wood and fuel in London's region, 1290–1400. *Economic History Review* 49:447–472.

Galor, O. 2011. *The Demographic Transition: Causes and Consequences*. Cambridge, MA: National Bureau of Economic Research.

Galor, O., and O. Moav. 2002. Natural selection and the origin of economic growth. *Quarterly Journal of Economics* 117:1133–1191.

Galton F. 1876. On the height and weight of boys aged 14, in town and country public schools. *Journal of Anthropological Institute of Great Britain and Ireland* 5:174–181.

Galton, F. 1879. The geometric mean, in vital and social statistics. *Proceedings of the Royal Society* 29:365–367.

Gao, C. Q., et al. 2016. Growth curves and age-related changes in carcass characteris- tics, organs, serum parameters, and intestinal transporter gene expression in domes- tic pigeon (*Columba livia*). *Poultry Science* 95:867–877.

Gardiner, R., and R. W. Unger, eds. 2000. *Cogs, Caravels, and Galleons: The Sailing Ship 1000–1650*. Oxford: Oxford University Press.

Garnsey, P. 1988. *Famine and Food Supply in the Graeco-Roman World*. Cambridge: Cambridge University Press.

Gaston, K., et al. 2005. The structure of global species–range size distributions: Rap-tors and owls. *Global Ecology and Biogeography* 14:67–76.

Gaudart, J., et al. 2010. Demography and diffusion in epidemics: Malaria and Black Death spread. *Acta Biotheoretica* 58:277–305.

Gauss, C. F. 1809. *Theoria motus corporum coellestium*. Hamburg: F. Perthes & I. H. Besser.

GE (General Electric). 2017a. Arabelle steam turbines for nuclear power plants. https://www.gepower.com/steam/products/steam-turbines/arabelle.html.

GE. 2017b. Evolution series locomotives. https://www.getransportation.com/loco motive-and-services/evolution-series-locomotive.

GE. 2017c. 9HA.01/.02 gas turbine (50 Hz). https://www.gepower.com/gas/gas-turbines/9ha.

Geddes, P. 1915. *Cities in Evolution: An Introduction to the Town Planning Movement and to the Study of Cities*. London: Williams & Norgate.

Gelband, H., et al. 2015. *The State of the World's Antibiotics*. Washington, DC: Center for Disease Dynamics, Economics and Policy.

Gell-Mann, M. 1994. *The Quark and the Jaguar: Adventures in the Simple and the Complex*. New York: W. H. Freeman.

Georgescu-Roegen, N. 1975. Energy and economic myths. *Southern Economic Journal* 41:347–381.

Georgescu-Roegen, N., and M. Bonaiuti, eds. 2011. *From Bioeconomics to Degrowth: Georgescu-Roegen's 'New Economics' in Eight Essays*. London: Routledge.

Gerhold, D., ed. 1996. *Road Transport in the Horse-Drawn Era*. Aldershot: Scholar Press.

Gerland, P., et al. 2014. World population stabilization unlikely this century. *Science* 346:234–237.

Gerrard, D. E., and A. L. Grant. 2007. *Principles of Animal Growth and Development*. Dubuque, IA: Kendall Hunt.

GESAMP (Joint Group of Experts on Scientific Aspects of Marine Environmental Protection). 2015. *Microplastics in the Ocean*. http://web.tuat.ac.jp/~gaia/item/GESAMP.pdf.

Gewin, V. 2003. Genetically modified corn—environmental benefits and risks. *PLoS Biology* 1:15–19.

Gewirtz, D. A., et al. 2007. *Apoptosis, Senescence and Cancer*. Totowa, NJ: Humana Press.

Gibbon, E. 1776–1789. *The History of the Decline and Fall of the Roman Empire*. London: Strahan & Cadell.

Gibbon, R. 2010. *Stephenson's Rocket and the Rainhill Trials*. London: Shire.

Gibrat, R. 1931. *Les inégalités économiques*. Paris: Librairie du Recueil Sirey.

Giegling, F., et al., eds. 1964. *Chronologisch-thematisches Verzeichnis sämtlicher Tonwerke Wolfgang Amade Mozarts*. Wiesbaden: Breitkopf & Härtel.

Gies, F., and J. Gies. 1995. *Cathedral Forge and Waterwheel: Technology and Invention in the Middle Ages*. New York: Harper.

Gignoux, C. R., et al. 2011. Rapid, global demographic expansions after the origins of agriculture. *Proceedings of the National Academy of Sciences of the USA* 108:6044–6049.

Gillespie, S. 2002. Evolution of drug resistance in *Mycobacterium tuberculosis*: Clinical and molecular perspective. *Antimicrobial Agents and Chemotherapy* 46:267–274.

Gilliver, M. A., et al. 1999. Antibiotic resistance found in wild rodents. *Nature* 401:233–234.

Gingras, Y., et al. 2008. The effects of aging on researchers' publication and citation patterns. *PLoS ONE* 3(12):e4048. doi:10.1371/journal.pone.0004048.

Giovannoni, S. J., et al. 2005. Genome streamlining in a cosmopolitan oceanic bacterium. *Science* 309:1242–1245.

GLA (Greater London Authority). 2015. *Population Growth in London, 1939–2015*. London: GLA.

Glaeser, E. L., ed. 2010. *Agglomeration Economics*. Chicago: University of Chicago Press.

Glaeser, E. L. 2011. *Triumph of the City: How Our Greatest Invention Makes Us Richer, Smarter, Greener, Healthier, and Happier*. New York: Penguin.

Glaeser, E. L., et al. 1992. Growth in cities. *Journal of Political Economy* 100:1126–1152.

Glancey, J. 2016. *Concorde: The Rise and Fall of the Supersonic Airliner*. London: Atlantic Books.

Glazier, D. S. 2006. The 3/4-power law is not universal: Evolution of isometric, ontogenetic metabolic scaling in pelagic animals. *BioScience* 56:325–332.

Glazier, D. S. 2010. A unifying explanation for diverse metabolic scaling in animals and plants. *Biological Reviews* 85:111–138.

Gliozzi, A. S., et al. 2012. A novel approach to the analysis of human growth. *Theoretical Biology and Medical Modelling* 9:1–15.

Global Footprint Network. 2017. Global Footprint Network. https://www.footprint

network.org/.

Glynn, J. 1849. *Rudimentary Treatise on the Construction of Cranes and Machinery for Raising Heavy Bodies, for the Erection of Buildings, and for Hoisting Heavy Goods.* London: John Weale.

GNH Centre. 2016. The story of GNH [Gross National Happiness]. http://www. gnhcentrebhutan.org/what-is-gnh/the-story-of-gnh/.

Godwin, W. 1820. *Of Population: An Enquiry Concerning the Power of Increase in the Numbers of Mankind, Being an Answer to Mr. Malthus's Essay on That Subject.* London: Longman, Hurst, Rees, Orme & Brown.

Gog, J. R., et al. 2014. Spatial transmission of 2009 pandemic influenza in the US. *PLoS Computational Biology* 10(6):e1003635. doi:10.1371/journal.pcbi.1003635.

Gold, S. 2003. *The Development of European Forest Resources, 1950 to 2000.* Geneva: United Nations. https://www.unece.org/fileadmin/DAM/timber/docs/efsos/03-sept/ dp-d.pdf.

Gold, T. 1992. The deep, hot biosphere. *Proceedings of the National Academy of Sciences of the USA* 89:6045–6049.

Goldsmith, R. W. 1984. An estimate of the size and structure of the national product of the early Roman Empire. *Review of Income and Wealth* 30:263–288.

Goldstein, E., et al. 2011. Estimating incidence curves of several infections using symp- tom surveillance data. *PLoS ONE* 6(8):e23380. doi:10.1371/journal. pone.0023380.

Goldstein, J. R., and G. Stecklov. 2002. Long-range population projections made simple. *Population and Development Review* 28:123–141.

Golitsin, Y. N., and M. C. Krylov. 2010. *Cell Division: Theory, Variants and Degradation.* Hauppauge, NJ: Nova Science.

Golley, J., and F. Whittle. 1987. *Whittle: The True Story.* Washington, DC: Smithsonian Institution Press.

Gómez, J. M., and M. Verdú. 2017. Network theory may explain the vulnerability of medieval human settlements to the Black Death pandemic. *Scientific Reports* 7:43467. doi:10.1038/srep43467.

Gómez-García, E., et al. 2013. A dynamic volume and biomass growth model system for even-aged downy birch stands in south-western Europe. *Forestry* 87:165–176. http://forestry.oxfordjournals.org/content/early/2013/11/26/forestry.cpt045. full.pdf.

Gompertz, B. 1825. On the nature of the function expressive of the law of human mortality, and on a new mode of determining the value of life contingencies. *Philo-*

sophical Transactions of the Royal Society of London 123:513–585.

Gordon, R. J. 2000. Does the "New Economy" measure up to the great inventions of the past? *Journal of Economic Perspectives* 14:49–74.

Gordon, R. J. 2012. *Is U.S. Economic Growth Over? Faltering Innovations Confront the Six Headwinds*. Cambridge, MA: National Bureau of Economic Research.

Gordon, R. J. 2016. *The Rise and Fall of American Growth*. Princeton, NJ: Princeton University Press.

Gottmann, J. 1961. *Megalopolis: The Urbanized Northeastern Seaboard of the United States*. New York: Twentieth Century Fund.

Government of India. 2017. Draft national energy policy. http://niti.gov.in/writereaddata/files/new_initiatives/NEP-ID_27.06.2017.pdf.

Gowin, E. B. 1915. *The Executive and His Control of Men*. New York: Macmillan.

Grady, J. M., et al. 2014. Evidence for mesothermy in dinosaurs. *Science* 344: 1268–1272.

Graf, R. J. 2013. Crop yield and production trends in Western Canada. http://www.pgdc.ca/pdfs/wrt/Crop%20Yield%20Trends%20FINAL.pdf.

Granatstein, V. L., et al. 1999. Vacuum electronics at the dawn of the twenty-first century. *Proceedings of the IEEE* 87:702–716.

Granéli, E., and J. T. Turner, eds. 2006, *Ecology of Harmful Algae*. Berlin: Springer.

Grassini, P., et al. 2013. Distinguishing between yield advances and yield plateaus in historical crop production trends. *Nature Communications* 4:2918 doi:10.1038/ncomms3918.

Green, D. 2011. *Means to an End: Apoptosis and Other Cell Death Mechanisms*. Cold Spring Harbor, NY: Cold Spring Harbor Laboratory Press.

Greenpeace Canada. 2008. *Turning Up the Heat: Global Warming and the Degradation of Canada's Boreal Forest*. Toronto, ON: Greenpeace Canada.

Gregory, P. J., and S. Nortcliff, eds. 2013. *Soil Conditions and Plant Growth*. Hoboken, NJ: Wiley-Blackwell.

Gregory, T. E. 2010. *A History of Byzantium*. Oxford: Wiley-Blackwell.

Griebeler, E. M. 2013. Body temperatures in dinosaurs: What can growth curves tell us? *PLoS ONE* 8(10):e74317. doi:10.1371/journal.pone.

Grinin, L., et al. 2016. *Kondratieff Waves in the World System Perspective*. Cham: Springer International.

Gross, J. 2004. *A Normal Distribution Course*. Bern: Peter Lang.

Grossman, G. M., and E. Helpman. 1991. Trade, knowledge spillovers, and growth. *European Economic Review* 35:517–526.

Groth, H., and J. F. May, eds. 2017. *Africa's Population: In Search of a Demographic Dividend*. Berlin: Springer.

Grübler, A. 1990. *The Rise and Fall of Infrastructures: Dynamics of Evolution and Technological Change in Transport*. Heidelberg: Physica.

GSMArena. 2017. All mobile phone brands. http://www.gsmarena.com/makers.php3.

Gündüz, G. 2002. The nonlinear and scaled growth of the Ottoman and Roman empires. *Journal of Mathematical Sociology* 26:167–187.

Gunston, B. 1986. *World Encyclopedia of Aero Engines*. Wellingborough: Patrick Stephens.

Gunston, B. 2006. *The Development of Jet and Turbine Aero Engines*. Sparkford: Haynes.

Guo, D., et al. 2015. Multi-scale modeling for the transmission of influenza and the evaluation of interventions toward it. *Scientific Reports* (March). doi:10.1038/srep08980.

Gust, I. D., et al. 2001. Planning for the next pandemic of influenza. *Review in Medical Virology* 11:59–70.

Gutenberg, B., and C. F. Richter. 1942. Earthquake magnitude, intensity, energy and acceleration. *Bulletin of the Seismological Society of America* 32:163–191.

GYGA (Global Yield Gap and Water Productivity Atlas). 2017. *Global Yield Gap Atlas*. http://www.yieldgap.org/.

Haensch, S., et al. 2010. Distinct clones of *Yersinia pestis* caused the Black Death. *PLoS Pathogens* 6(10):e1001134. doi:10.1371/journal.ppat.1001134.

Halévy, D. 1948. *Essai sur l'accélération de l'histoire*. Paris: Self.

Hall, E. C. 1996. *Journey to the Moon: The History of the Apollo Guidance Computer*. Washington, DC: American Institute of Aeronautics and Astronautics.

Hall, M., et al. 2004. *Cell Growth: Control of Cell Size*. Cold Spring Harbor, NY: Cold Spring Laboratory Press.

Hameed, Z., and J. Vatn. 2012. Important challenges for 10 MW reference wind turbine from RAMS perspective. *Energy Procedia* 24:263–270.

Hamilton, B. 2000. East African running dominance: What is behind it? *British Journal of Sports Medicine* 34:391–394.

Hamilton, N. R. S., et al. 1995. In defense of the –3/2 boundary rule: A re-evaluation of self-thinning concepts and status. *Annals of Botany* 76:569–577.

Hampton, J. 1991. Estimation of southern bluefin tuna Thunnus maccoyii growth parameters from tagging data using von Bertalanffy models incorporating individual variation. *Fishery Bulletin U.S.* 89:577–590.

Hanley, S. B. 1987. Urban sanitation in preindustrial Japan. *Journal of Interdisciplinary History* 18:1–26.

Hanley, S. B. 1997. *Everyday Things in Premodern Japan*. Berkeley: University of California Press.

Harder, A., and L. Cook. 2015. Congressional leaders agree to lift 40-year ban on oil exports. *Wall Street Journal*, December 16. https://www.wsj.com/articles/congressional-leaders-agree-to-lift-40-year-ban-on-oil-exports-1450242995.

Hardin, G. 1992. *Living within Limits: Ecology, Economics and Population Taboos*. New York: Oxford University Press.

Hardy, G., and A. B. Kinney. 2005. *The Establishment of the Han Empire and Imperial China*. Westport, CT: Greenwood Press.

Hargrove, T., and W. R. Coffman. 2006. *Rice Today* (October–December):35–38. http://www.goldenrice.org/PDFs/Breeding_History_Sept_2006.pdf.

Harley, C. K. 1982. British industrialization before 1841: Evidence of slower growth during the Industrial Revolution. *Journal of Economic History* 42:267–289.

Harley, E. T. 1982. *Pennsy Q Class*. Hicksville, NY: N.J. International.

Harpending, H. C., et al. 1993. The genetic structure of ancient human populations. *Current Anthropology* 34:483–496.

Harris, K., and R. Nielsen 2017. Where did the Neanderthals go? *BMC Biology* 15:73 doi:10.1186/s12915-017-0414-2.

Harrison, M., ed. 2000. *The Economics of World War II: Six Great Powers in International Comparison*. Cambridge: Cambridge University Press.

Hart, E. B., et al. 1920. The nutritional requirements of baby chicks. *The Journal of Biological Chemistry* 52:379–386.

Hart, H. 1931. *The Technique of Social Progress*. New York: Henry Holt.

Hart, H. 1945. Logistic social trends. *American Journal of Sociology* 50:337–352.

Hassan, A., ed. 2017. Food security and child malnutrition: The impact on health, growth and well-being. Toronto, ON: Apple Academic Press.

Hassen, A. T., et al. 2004. Use of linear and non-linear growth curves to describe body weight changes of young Angus bulls and heifers. *Animal Industry Report*: AS 650, ASL R1869. http://lib.dr.iastate.edu/ans_air/vol650/iss1/28.

Hatch, M. D. 1992. C4 photosynthesis: An unlikely process full of surprises. *Plant Cell Physiology* 4:333–342.

Hatfield-Dodds, S., et al. 2015. Australia is 'free to choose' economic growth and falling environmental pressures. *Nature* 527:49–53.

Haub, C. 1995. How many people have ever lived on Earth? *Population Today* (February):5.

Hauspie, R., et al. 2004. *Methods in Human Growth Research*. Cambridge: Cambridge University Press.

Havenstein, G. B. 2006. Performance changes in poultry and livestock following 50 years of genetic selection. *Lohmann Information* 41:30–37.

Hawks, J., et al. 2000. Population bottlenecks and Pleistocene human evolution. *Molecular Biology and Evolution* 17:2–22.

He, L., et al. 2012. Relationships between net primary productivity and forest stand age in U.S. forests. *Global Biogeochemical Cycles* 26(3). doi:10.1029/2010GB003942.

Heather, P. 2006. *The Fall of Roman Empire: A New History of Rome and the Barbarians*. New York: Oxford University Press.

Hecht, G. 2009. *The Radiance of France*. Cambridge, MA: MIT Press.

Hecht, J. 2018. Undersea data monster. *IEEE Spectrum* 55:36–39.

Hector, K. L., and S. Nakagawa. 2012. Quantitative analysis of compensatory and catch-up growth in diverse taxa. *Journal of Animal Ecology* 81:583–593.

Heeren, F. 2011. Rise of the titans. *Nature* 475:159–161.

Heim, N. A., et al. 2015. Cope's rule in the evolution of marine animals. *Science* 347:867–870.

Heinberg, R. 2010. *Peak Everything: Waking Up to the Century of Declines*. Gabriola Island, BC: New Society.

Helliwell, J. F., et al., eds. 2017. *World Happiness Report 2017*. New York: Center for Sustainable Development.

Henderson, J., et al. 2012. Measuring economic growth from outer space. *American Economic Review* 102:994–1028.

Hendricks, B. 2008. WP1B4 Up-scaling. Paper presented at EWEC2008. www.upwind.eu/.../EWEC2008%20Presentations/Ben%20Hendriks.pdf.

Henig, R. M. 2001. *The Monk in the Garden: The Lost and Found Genius of Gregor Mendel, the Father of Genetics*. Boston: Houghton Mifflin Harcourt.

Herbert R. A., and R. J. Sharp, eds. 1992. *Molecular Biology and Biotechnology of Extremophiles*. Glasgow: Blackie.

Hermansen, G. 1978. The populations of Rome: The regionaries. *Historia* 27:129–168.

Hermanussen, M. 2003. Stature of early Europeans. *Hormones* 2(3):175–178.

Hern, W. M. 1999. How many times has the human population doubled? Comparison with cancer. *Population and Environment* 21:59–80.

Hertz, H. 1887. Über sehr schnell elektrische Schwingungen. *Annalen der Physik* 21:421–448.

Hibbert, C. 1985. *Rome: The Biography of a City*. London: Penguin Books.

Hicks, J., and G. Allen. 1999. *A Century of Change: Trends in UK Statistics since 1900*. London: House of Commons Library. http://www.parliement.uk/commons/lib/research/rp99/rp99-111.pdf.

Hilbert, M., and P. López. 2011. The world's technological capacity to store, communicate, and compute information. *Science* 332:60–65.

Hill, D. 1984. *A History of Engineering in Classical and Medieval Times*. La Salle, IL: Open Court.

History of Bridges. 2017. The world's longest bridge—Danyang–Kunshan Grand Bridge. http://www.historyofbridges.com/famous-bridges/longest-bridge-in-the-world/.

Hjelm, B., et al. 2015. Diameter–height models for fast-growing poplar plantations on agricultural land in Sweden. *Bioenergy Research* 8:1759–1768.

Hobara, S., et al. 2014. The roles of microorganisms in litter decomposition and soil formation. *Biogeochemistry* 118:471–486.

Hochberg, Z. 2011. Developmental plasticity in child growth and maturation. *Frontiers in Endocrinology* 2:41 doi:10.3389/fendo.2011.00041.

Hodge, A. T. 2001. *Roman Aqueducts and Water Supply*. London: Duckworth.

Hoegemeyer, T. 2014. *History: Corn Breeding and the US Seed Industry*. Lincoln: Univer- sity of Nebraska Press. http://imbgl.cropsci.illinois.edu/school/2014/11_THOMAS _HOEGEMEYER.pdf.

Hogan, W. T. 1971. *Economic History of the Iron and Steel Industry in the United States*. 5 vols. Lexington, MA: Lexington Books.

Hone, D. W., and M. J. Benton. 2005. The evolution of large size: How does Cope's Rule work? *Trends in Ecology and Evolution* 20:4–6.

Höök, M., et al. 2012. Descriptive and predictive growth curves in energy system analysis. *Natural Resources Research* 20:103–116.

Hoornweg, D., et al. 2013. Waste production must peak this century. *Nature* 502:

615–617.

Hoppa, R. D., and C. M. Fitzgerald. 1999. *Human Growth in the Past: Studies from Bones and Teeth*. Cambridge: Cambridge University Press.

Horikoshi, K. 2016. *Extremophiles: Where It All Began*. Tokyo: Springer.

Horikoshi, K., and W. D. Grant, eds. 1998. *Extremophiles: Microbial Life in Extreme Environments*. New York: Wiley-Liss.

Hossner, K. L. 2005. *Hormonal Regulation of Farm Animal Growth*. Wallingford: CABI.

Houghton, R. A., and S. J. Goetz. 2008. New satellites help quantify carbon sources and sinks. *Eos* 89:417–418.

Howard, B., et al. 2012. Spatial distribution of urban building energy consumption by end use. *Energy and Buildings* 45:141–151.

HSBEC (Honshu-Shikoku Bridge Expressway Company). 2017. Akashi Kayoko Bridge. http://www.jb-honshi.co.jp/english/bridgeworld/bridge.html.

HSCIC (Health and Social Care Information Centre). 2015. *Statistics on Obesity, Physical Activity and Diet England 2015*. London: HSCIC.

Huang, L. 2013. Optimization of a new mathematical model for bacterial growth. *Food Control* 32:283–288.

Hubbert, M. K. 1956. Nuclear energy and the fossil fuels. (Paper presented at the Spring Meeting of the Southern District Division of Production, American Petroleum Institute, San Antonio, March 7–9.) http://www.hubbertpeak.com/hubbert/1956/1956.pdf.

Hughes, A. 2006. *Electric Motors and Drives*. Oxford: Elsevier.

Hughes, D. E. 1899. Researches of Professor D. E. Hughes, F.R.S., in electric waves and their application to wireless telegraphy, 1879–1886. In J. J. Fahie, *A History of Wireless Telegraphy*. London: Blackwood, Appendix D, pp. 305–316.

Humphreys, W. F. 1979. Production and respiration in animal communities. *Journal of Animal Ecology* 48:427–453.

Humphries, M. O. 2013. Paths of infection: The First World War and the origins of the 1918 influenza pandemic. *War in History* 21:55–81.

Hunt, R. J. 2011. *The History of the Industrial Gas Turbine (Part 1 The First Fifty Years 1940–1990)*. Bedford: Institution of Diesel and Gas Turbine Engineers. http://www.idgte.org/IDGTE%20Paper%20582%20History%20of%20The%20Industrial%20Gas%20Turbine%20Part%201%20v2%20%28revised%2014-Jan-11%29.pdf.

Hunt, T. L. 2006. Rethinking the fall of Easter Island. *American Scientist* 94:412–419.

Hunter, L. C., and L. Bryant. 1991. *A History of Industrial Power in the United States,*

1780–1930, vol. 3: *The Transmission of Power*. Cambridge, MA: MIT Press.

Hurnik, F., et al. 1991. *Recommended Code of Practice for the Care and Handling of Farm Animals: Beef Cattle*. Ottawa: Agriculture and Agri-Food Canada.

Hutchinson, J. R., et al. 2011. A computational analysis of limb and body dimensions in Tyrannosaurus rex with implications for locomotion, ontogeny, and growth. *PLoS ONE* 6(10):e26037.

Hwang, K., and M. Chen. 2017. *Big-Data Analytics for Cloud, IoT and Cognitive Computing*. New York: John Wiley & Sons.

Hydrocarbon Technology. 2017. West-East Gas Pipeline Project. https://www. hydrocarbons-technology.com/projects/west-east/.

Hydro-Québec. 2017. Power transmission in Québec. http://www.hydroquebec. com/learning/transport/grandes-distances.html.

IAEA (International Atomic Energy Agency). 2016. *Energy, Electricity and Nuclear Power Estimates for the Period up to 2050*. Vienna: IAEA. http://www-pub.iaea.org/ MTCD/Publications/PDF/RDS-1-36Web-28008110.pdf.

IATA. 2016. IATA forecasts passenger demand to double over 20 years. http://www. iata.org/pressroom/pr/Pages/2016-10-18-02.aspx.

IBM. 2017. 5 nanometer transistors inching their way into chips. https://www.ibm. com/blogs/think/2017/06/5-nanometer-transistors/.

ICAO (International Civil Aviation Organization). 2016. *Annual Report 2016*. https:// www.icao.int/annual-report-2016/Pages/default.aspx.

ICCT (International Council on Clean Transportation). 2016. *European Vehicle Market Statistics*. Berlin: ICCT.

Ichihashi, R., and M. Tateno. 2015. Biomass allocation and long-term growth patterns of temperate lianas in comparison with trees. *New Phytologist* 207:604–612.

ICOLD (International Commission on Large Dams). 2017. *World Register of Dams*. http://www.icold-cigb.net/GB/world_register/world_register_of_dams.asp.

IDA (International Dark-Sky Association). 2017. Light pollution. http://www. darksky.org/light-pollution/.

IEA (International Energy Agency). 2018. *Global Energy and CO2 Status Report, 2017*. Paris: IEA. http://www.iea.org/geco/.

Iizumi, T., and N. Ramankutty. 2016. Changes in yield variability of major crops for 1981–2010 explained by climate change. *Environment Research Letters* 11:034003.

Illich, I. 1974. *Energy and Equity*. New York: Harper & Row.

IMF (International Monetary Fund). 2017. IMF data mapper. http://www.imf.org/

external/datamapper/PPPGDP@WEO/OEMDC/ADVEC/WEOWORLD.

Imre, A., and J. Novotný. 2016. Fractals and the Korcak-law: A history and a correction. *European Physical Journal H* 41:69–91.

Inoue, H., et al. 2012. Polity scale shifts in world-systems since the Bronze Age: A comparative inventory of upsweeps and collapses. *International Journal of Comparative Sociology* 53:210–229.

INSEE (Institut National de la Statistique et des Études Économiques). 1990. *Annuaire rétrospectif de la France: 1948–1988*. Paris: INSEE.

Intel. 2017. Intel's first microprocessor. https://www.intel.com/content/www/us/en/history/museum-story-of-intel-4004.html.

Intel. 2018a. Moore's law and Intel innovation. http://www.intel.com/content/www/us/en/history/museum-gordon-moore-law.html.

Intel. 2018b. Intel chip performs 10 trillion calculations per second. https://newsroom.intel.com/news/intel-chip-performs-10-trillion-calculations-per-second/#gs.FLHXhMuI.

International Poplar Commission. 2016. *Poplars and Other Fast-Growing Trees—Renewable Resources for Future Green Economies*. Rome: FAO.

IPCC (Intergovernmental Panel on Climate Change). 2014. *Climate Change 2014: Synthesis Report*. Geneva: IPCC. http://www.ipcc.ch/report/ar5/syr/.

IPCC. 2018. *Global Warming of 1.5 °C*. https://www.ipcc.ch/sr15/.

IRRI (International Rice Research Institute). 1982. *IR36: The World's Most Popular Rice*. Los Baños: IRRI. http://books.irri.org/IR36.pdf.

Isaac, B. 1992. *The Limits of Empire: The Roman Army in the East*. Oxford: Oxford University Press.

ISC (Internet System Consortium). 2017. ISC Internet domain survey. https://www.isc.org/network/survey/.

ISD (Information Services Department, Hong Kong). 2015. Population. https://www.gov.hk/en/about/abouthk/factsheets/docs/population.pdf.

Ishimoto, M., and K. Iida. 1939. Observations sur les séismes enregistrés par le micro-séismographe construit dernièrement. *Bulletin of the Earthquake Research Institute, University of Tokyo* 17:443–478.

Islam, M. D., et al. 2009. Measurement of solar energy radiation in Abu Dhabi, UAE. *Applied Energy* 86:511–515.

ITTO (International Tropical Timber Organization). 2009. *Encouraging Industrial Forest Plantations in the Tropics*. Yokohama: ITTO.

IUCN (International Union for the Conservation of Nature). 2017a. Limulus polyphemus. http://www.iucnredlist.org/details/11987/0.

IUCN. 2017b. Mellisuga helenae. http://www.iucnredlist.org/details/22688214/0.

Jackson, T. 2009. *Prosperity without Growth: Economics for a Finite Planet*. London: Earthscan.

Jacobs, J. 1970. *The Economy of Cities*. New York: Vintage.

Jamison, D. T., et al., eds. 2006. *Disease Control Priorities in Developing Countries*. Washington, DC: World Bank.

Jang, J., and Y. H. Jang. 2012. Spatial distributions of islands in fractal surfaces and natural surfaces. *Chaos, Solitons & Fractals* 45:1453–1459.

Jansen, M. 2000. *The Making of Modern Japan*. Cambridge, MA: Belknap Press.

Jansen, T., et al. 2002. Mitochondrial DNA and the origins of the domestic horse. *Proceedings of the National Academy of Sciences of the USA* 99:10905–10910.

Japan Press Weekly. 2018. Japan's food self-sufficiency rate remains below 40%. http://www.japan-press.co.jp/modules/news/index.php?id=11673.

Japan Times. 2015. Japan's centenarian population tops 60,000 for first time. http://www.japantimes.co.jp/news/2015/09/11/national/japans-centenarian-population-tops-60000-first-time/#.V4-SDjFTGUk.

Japan Today. 2013. The 51 busiest train stations in the world—all but 6 located in Japan. https://japantoday.com/category/features/travel/the-51-busiest-train-stations-in-the-world-all-but-6-located-in-japan.

Jaskelioff, M., et al. 2011. Telomerase reactivation reverses tissue degeneration in aged telomerase deficient mice. *Nature* 469:102–106.

JBS Five Rivers Cattle Feeding. 2017. JBS Five Rivers Cattle Feeding LLC. https://fiveriverscattle.com/pages/default.aspx.

Jedwab, R., and D. Vollrath. 2014. Urbanization without growth in historical perspective. *Explorations in Economic History* 58:1–21.

Ji, C., and T. Chen. 2008. Secular changes in stature and body mass index for Chinese youth in sixteen major cities, 1950s–2005. *American Journal of Human Biology* 20:530–537.

Jiang, B., et al. 2015. Zipf's law for all the natural cities around the world. *International Journal of Geographical Information Science* 29:498–522.

Johnson, A. M. 1956. *The Development of American Pipelines 1862–1906*. Westport, CT: Greenwood Press.

Johnson, N. P., and J. Mueller. 2002. Updating the accounts: Global mortality of the

1918–1920 "Spanish" influenza pandemic. *Bulletin of the History of Medicine* 76:105–115.

Johnson. W., et al. 2012. Eighty-year trends in infant weight and length growth: The Fels Longitudinal Study. *Journal of Pediatrics* 160:762–768.

Johnston, L., and S. H. Williamson. 2017. What was the U.S. GDP then? Measuring worth. http://www.measuringworth.org/usgdp/.

Jones, C. I. 1995. R&D-based models of economic growth. *Journal of Political Economy* 103:759–784.

Jones, H. 1973. *Steam Engines*. London: Ernest Benn.

Jones, O. R., et al. 2014. Diversity of ageing across the tree of life. *Nature* 505: 169–173.

Jones, R. C. 2011. *Crossing the Menai: An Illustrated History of the Ferries and Bridges of the Menai Strait*. Wrexham: Bridge Books.

Jönsson, K. I., and R. Bertolani. 2001. Facts and fiction about long-term survival in tardigrades. *Journal of Zoology* 255:121–123.

Jordan, E. O. 1927. *Epidemic Influenza: A Survey*. New York: American Medical Association.

Joyner, M. J., et al. 2011. The two-hour marathon: Who and when? *Journal of Applied Physiology* 110:275–277.

JR Central. 2017. About the shinkansen. https://global.jr-central.co.jp/en/company/about_shinkansen.

Kadlec, C. W., and R. J. Acampora. 1999. *Dow 100,000: Fact or Fiction*. New York: New York Institute of Finance.

Kahm, M., et al. 2010. Grofit: Fitting biological growth curves with r. *Journal of Statistical Software* 33:1021.

Kander, A. 2013. The second and third industrial revolutions. In A. Kander et al., *Power to the People: Energy in Europe over the Last Five Centuries*. Princeton, NJ: Princeton University Press, pp. 249–386.

Kander, A., et al. 2013. *Power to the People: Energy in Europe over the Last Five Centuries*. Princeton, NJ: Princeton University Press.

Kaneda, T., and C. Haub. 2011. How many people have ever lived on Earth? http://www.prb.org/Publications/Articles/2002/HowManyPeopleHaveEverLivedonEarth.aspx.

Kantar World Panel. 2015. Apple's replacement opportunity is far from over. https://www.kantarworldpanel.com/global/News/Apples-Replacement-Opportunity-is-Far-From-Over.

Kapitsa, S. P. 1992. Matematicheskaya model' rosta naseleniya mira.. *Matematiches-koye Modelirovaniye* 4(6):65–79.

Karkach, A. S. 2006. Trajectories and models of individual growth. *Demographic Research* 15:347–400.

Kaspari, M., et al. 2008. Multiple nutrients limit litterfall and decomposition in a tropical forest. *Ecology Letters* 11:35–43.

Kato, C., et al. 1998. Extremely barophilic bacteria isolated from the Mariana Trench, Challenger Deep, at a depth of 11,000 meters. *Applied and Environmental Microbiology* 64:1510–1513.

Katsukawa, Y., et al. 2002. Indeterminate growth is selected by a trade-off between high fecundity and risk avoidance in stochastic environments. *Population Ecology* 44:265–272.

Kaufmann, R. K. 1992. A biophysical analysis of the energy/real GDP ratio: Implications for substitution and technical change. *Ecological Economics* 6:35–56.

Kawashima, C. 1986. *Minka: Traditional Houses of Rural Japan.* Tokyo: Kodansha.

Keay, J. 1994. *The Honourable Company: A History of the English East India Company.* London: Macmillan.

Keith, D. 2013. *A Case for Climate Engineering.* Cambridge, MA: MIT Press.

Keith, H., et al. 2009. Re-evaluation of forest biomass carbon stocks and lessons from the world's most carbon-dense forests. *Proceedings of he National Academy of Sciences of the USA* 106:11635–11640.

Keller, J. D. 1946. Growth curves of nations. *Human Biology* 18:204–220.

Kelly, J. 2006. *The Great Mortality: An Intimate History of the Black Death, the Most Devastating Plague of All Time.* New York: Harper Perennial.

Kelly, M., and C. Ó Gráda. 2018. *Speed under Sails during the Early Industrial Revolution.* London: Center for Economic Policy Research.

Kempf, K. 1961. *Electronic Computers within the Ordnance Corps.* Aberdeen Proving Ground, MD: US Army Ordnance Corps.

Kendrick, J. W. 1961. *Productivity Trends in the United States.* Princeton, NJ: Princeton University Press.

Kennedy, C. A., et al. 2015. Energy and material flows of megacities. *Proceedings of the National Academy of Sciences of the USA* 112:5985–5990.

Kentucky Derby. 2017. Kentucky Derby winners. https://www.kentuckyderby.com/history/kentucky-derby-winners.

Kershaw, I. 2012. *The End: The Defiance and Destruction of Hitler's Germany, 1944–*

1945. New York: Penguin.

Keyfitz, N., and W. Flieger. 1971. *Population: Facts and Methods of Demography*. San Francisco: W. H. Freeman.

Keyfitz, N., and W. Flieger. 1991. *World Population Growth and Aging: Demographic Trends in the Late Twentieth Century*. Chicago: University of Chicago Press.

Khan, Y. 2007. *The Great Partition: The Making of India and Pakistan*. New Haven, CT: Yale University Press.

Khodaee, G. H., and M. Saeidi. 2016. Increases of obesity and overweight in children: An alarm for parents and policymakers. *International Journal of Pediatrics* 4:1591–1601.

Kibritcioglu, A., and S. Dibooglu. 2001. *Long-Run Economic Growth: An Interdisciplinary Approach*. Urbana-Champaign: University of Illinois at Urbana-Champaign Press.

Kiewit. 2017. Verrazano narrows bridge dehumidification. http://www.kiewit.com/ projects/transportation/bridge/verrazano-narrows-bridge-dehumidification.

Kilbourne, E. D. 2006. Influenza pandemics of the 20th century. *Emerging Infectious Diseases* 12:9–14.

Killen, S. S., et al. 2010. The intraspecific scaling of metabolic rate with body mass in fishes depends on lifestyle and temperature. *Ecology Letters* 13:184–193.

Killingray, D., and H. Phillips. 2003. *The Spanish Influenza Pandemic of 1918–19: New Perspectives*. London: Routledge.

Kimura, D., ed. 2008. *Cell Growth Processes: New Research*. New York: Nova Biomedical Books.

Kingsley, M. C. S. 1979. Fitting the von Bertalanffy growth equation to polar bear age-weight data. *Canadian Journal of Zoology* 57:1020–1025.

Kingsolver, J. G., and D. W. Pfennig. 2004. Individual-level selection as a cause of Cope's Rule of phyletic size increase. *Evolution* 58:1608–1612.

Kint, J., et al. 2006. Pierre-François Verhulst's final triumph. In M. Ausloos and M. Dirickx, eds., *The Logistic Map and the Route to Chaos: From the Beginnings to Modern Applications*. Berlin: Springer, pp. 3–11.

Kirk, D. 1996. Demographic transition theory. *Population Studies* 50:361–387.

Kitterick, R., et al., eds. 2013. *Old Saint Peter's, Rome*. Cambridge: Cambridge University Press.

Klare, M. 2012. The end of easy everything. *Current History* 111(741):24–28.

Klasing, M. J., and P. Milionis. 2014. Quantifying the evolution of world trade,

1870–1949. *Journal of International Economics* 92:185–197.

Kleiber, M. 1932. Body size and metabolism. *Hilgardia* 6: 315–353.

Kleiber, M. 1961. *The Fire of Life*. New York: John Wiley.

Klein, H. A. 1978. Pieter Bruegel the Elder as a guide to 16th-century technology. *Scientific American* 238(3):134–140.

Kludas, A. 2000. *Record Breakers of the North Atlantic: Blue Riband Liners 1838–1952*. London: Chatham.

Klümper, W., and M. Qaim. 2014. A meta-analysis of the impacts of genetically modified crops. *PLoS ONE* 9(11):e111629. doi:10.1371/journal.pone.0111629.

Knizetova, H., et al. 1995. Comparative study of growth curves in poultry. *Genetics Selection Evolution* 27:365–375.

Koch, G. W., et al. 2004. The limits to tree height. *Nature* 428:851–854.

Koch, G. W., et al. 2015. Growth maximization trumps maintenance of leaf conduc- tance in the tallest angiosperm. *Oecologia* 177:321–331.

Koch-Weser, J. N. 2013. *The Reliability of China's Economic Data: An Analysis of National Output*. https://www.uscc.gov/sites/default/files/Research/TheReliabilityof China%27sEconomicData.pdf.

Koehler, H. W., and W. Oehlers. 1998. 95 years of diesel-electric propulsion: From a makeshift solution to a modern propulsion system. (Paper presented at the 2nd Inter- national Diesel Electric Propulsion conference, Helsinki, April 26–29, 1998.)

Koepke, N., and J. Baten. 2005. The biological standard of living in Europe during the last two millennia. *European Review of Economic History* 9:61–95.

Koepke, N., and J. Baten. 2008. Agricultural specialization and height in ancient and medieval Europe. *Explorations in Economic History* 45:127–146.

Kohler, H.-P., et al. 2002. The emergence of lowest-low fertility in Europe during the 1990s. *Population and Development Review* 28:641–680.

Kohler, T. A., et al. 2017. Greater post-Neolithic wealth disparities in Eurasia than in North America and Mesoamerica. *Nature* doi:10.1038/nature24646.

Komlos, J. 1995. *The Biological Standard of Living in Europe and America, 1700–1900*. Aldershot: Variorum.

Komlos, J. 2001. On the biological standard of living of eighteenth-century Ameri- cans: Taller, richer, healthier. *Research in Economic History* 20:223–248.

Kondratiev, N. D. 1926. Die langen Wellen der Konjunktur. *Archiv für Sozialwissen- schaft und Sozialpolitik* 56:573–609.

Konrad, T. 2010. MV Mont, Knock Nevis, Jahre Viking—world's largest supertanker.

gCaptain, July 18. http://gcaptain.com/mont-knock-nevis-jahre-viking-worlds-largest-tanker-ship/#.Vc3zB4dRGM8.

Kooijman, S. A. L. M. 2000 *Dynamic Energy and Mass Budgets in Biological Systems*. Cambridge: Cambridge University Press.

Korčák, J. 1938. Deux types fondamentaux de distribution statistique. *Bulletin de l'Institut International de Statistique* 3:295–299.

Korčák, J. 1941. Přírodní dualita statistického rozložení. *Statistický Obzor* 22:171–222.

Körner, C., et al. 2007. CO2 fertilization: When, where, how much? In J. G. Canadell et al., eds., *Terrestrial Ecosystems in a Changing World*, Berlin: Springer, pp. 9–21.

Korotayev, A., et al. 2006. *Introduction to Social Macrodynamics: Compact Macromodels of the World System Growth*. Moscow: URSS.

Koyama, K., et al. 2017. A lognormal distribution of the lengths of terminal twigs on self-similar branches of elm trees. *Proceedings of the Royal Society B* 284(1846):20162395. doi:10.1098/rspb.2016.2395.

Kozłowski, J., and M. Konarzewski. 2004. Is West, Brown and Enquist's model of allometric scaling mathematically correct and biologically relevant? *Functional Ecology* 18:283–289.

Kozłowski, J., and A. T. Teriokhin. 1999. Allocation of energy between growth and reproduction: The Pontryagin Maximum Principle solution for the case of age- and season-dependent mortality. *Evolutionary Ecology Research*, 1: 423–441.

Kraikivski, P. 2013. *Trends in Biophysics: From Cell Dynamics Toward Multicellular Growth Phenomena*. Waretown, NJ: Apple Academic Press.

Krautheimer, R. 2000. *Rome: Profile of a City, 312–1308*. Princeton, NJ: Princeton Uni- versity Press.

Kremer, M. 1993. Population growth and technological change: One million BC to 1990. *Quarterly Journal of Economics* 108:681–716.

Kretschmann, H. J., ed. 1986. *Brain Growth*. Basel: S. Karger.

Krøll Cranes. 2017. K10000: The most profitable solution for heavy lifts. http://www.krollcranes.dk/media/k-10000.pdf.

Kron, G. 2005. Anthropometry, physical anthropology, and the reconstruction of ancient health, nutrition, and living standards. *Historia* 54:68–83.

Krugman, P. 1991. *Geography and Trade*. Cambridge, MA: MIT Press.

Kruse, T. N., et al. 2014. Speed trends in male distance running. *PLoS ONE* 9(11): e112978. doi:10.1371/journal.pone.0112978.

Kuczmarski, R. J., et al. 2002. 2000 CDC growth charts for the United States: Methods and development. *Vital and Health Statistics* 11(246):1–190.

Kullinger, K. 2009. High-megawatt electric drive motors. https://www.nist.gov/sites/default/files/documents/pml/high_megawatt/4_2-Approved-Kullinger.pdf.

Kunsch, P. L. 2006. Limits to success. The Iron Law of Verhulst. In M. Ausloos and M. Dirickx, eds., *The Logistic Map and the Route to Chaos: From the Beginnings to Modern Applications*. Berlin: Springer, pp. 29–51.

Kurtz, M. J., and A. Schrank. 2007. Growth and governance: Models, measures, and mechanisms. *Journal of Politics* 69:538–554.

Kurzweil, R. 2001. The law of accelerating returns. http://www.kurzweilai.net/the-law-of-accelerating-returns.

Kurzweil, R. 2005. *The Singularity Is Near*. New York: Penguin.

Kurzweil, R. 2017. Kurzweil Accelerating Intelligence. http://www.kurzweilai.net/.

Kushner, D. 2009. *Levittown: Two Families, One Tycoon, and the Fight for Civil Rights in America's Legendary Suburb*. New York: Walker.

Kuznets, S. 1934. *National Income 1929–1932*. (A report to the U.S. Senate, 73rd Con- gress, 2nd session.) Washington, DC: US Government Printing Office.

Kuznets, S. 1937. National income and capital formation, 1919–1935. In M. Fried-man, ed., *Studies in Income and Wealth*. Washington, DC: National Bureau of Eco-nomic Research, vol. 1, pp. 35–48.

Kuznets, S. 1955. Economic growth and income inequality. *American Economic Review* 65:1–28.

Kyoto-machisen. 2017. Kyo-machiya (Kyoto traditional townhouses). http://kyoto-machisen.jp/fund_old/english/pdf/machiya_design.pdf.

Lagercrantz, H. 2016. *Infant Brain Development: Formation of the Mind and the Emer-gence of Consciousness*. Berlin: Springer.

Laherrère, J., and D. Sornette. 1998. Stretched exponential distributions in nature and economy: "Fat tails" with characteristic scales. *European Physical Journal B* 2:525–539.

Laird, A. K. 1967. Evolution of the human growth curve. *Growth* 31:345–355.

Lamb, J. P. 2007. *Evolution of the American Diesel Locomotive*. Bloomington: Indiana University Press.

Lampl, M. 2009. Human growth from the cell to the organism: Saltations and inte-grative physiology. *Annals of Human Biology* 36:478–495.

Lampl, M., et al. 1992. Saltation and stasis: A model of human growth. *Journal of*

Science 28:801–803.

Landau, S. B., and C. W. Condit. 1996. *Rise of the New York Skyscraper, 1865–1913.* New Haven, CT: Yale University Press.

Landry, A. 1934. *La révolution démographique: Études et essais sur les problèmes de la population.* Paris: INED-Presses Universitaires de France.

Lange, G.-M., et al., eds. 2018. *The Changing Wealth of Nations.* Washington, DC: World Bank Group.

Laplace, P. S. 1774. Mémoire sur la Probabilité des Causes par les évènemens. *Mémoires de Mathematique et de Physique,* Presentés à l'Académie Royale des Sciences, Par Divers Savans & Lus Dans ses Assemblées, Tome Sixième, 1774, pp. 621–656.

Laplace, P. S. 1812. *Théorie analytique des probabilités.* Paris: Courcier.

Larson, A. 2017. World's most-efficient combined cycle plant: EDF Bouchain. *Power,* September 1, pp. 22–23.

Lartey, A. 2015. What would it take to prevent stunted growth in children in sub-Saharan Africa? *Proceedings of the Nutrition Society* 74:449–453.

Laurin, M. 2004. The evolution of body size, Cope's rule and the origin of amniotes. *Systematic Biology* 53:594–622.

Lavery, B. 1984. *The Ship of the Line,* vol. 2: *Design, Construction and Fittings.* Annapo- lis, MD: Naval Institute Press.

Lavoie, M., and E. Stockhammer. 2013. *Wage-Led Growth: An Equitable Strategy for Economic Recovery.* London: Palgrave Macmillan.

Lawrence, D., et al. 2016. Long term population, city size and climate trends in the Fertile Crescent: A first approximation. *PLoS ONE* 11(3):e0152563. doi:10.1371/ journal.pone.0152563.

Lawrence, T. L., et al., eds. 2013. *Growth of Farm Animals.* Wallingford: CABI.

Lefebvre, L. 2012. Primate encephalization. *Progress in Brain Research* 195:393–412.

Lee, J., and J. Mo. 2011. Analysis of technological innovation and environmental performance improvement in aviation sector. *International Journal of Environmental Research and Public Health* 8:3777–3795.

Lee, R. D., and D. S. Reher, eds. 2011. *Demographic Transition and Its Consequences.* New York: Population and Development Review.

Lee, R., and Y. Zhou. 2017. Does fertility or mortality drive contemporary population aging? The revisionist view revisited. *Population and Development Review* 43:285–301.

Lee, S., and N. Wong. 2010. Reconstruction of epidemic curves for pandemic influenza A (H1N1) 2009 at city and sub-city levels. *Virology Journal* 7:321. http://www. virologyj.com/content/7/1/321.

Lees, A. 2015. *The City: A World History*. Oxford: Oxford University Press.

Leggiere, M. V. 2007.*The Fall of Napoleon: The Allied Invasion of France, 1813–1814*. Cambridge: Cambridge University Press.

Lehner, M. 1997. *The Complete Pyramids*. London: Thames & Hudson.

Leigh, S. R. 1996. Evolution of human growth spurts. *American Journal of Physical Anthropology* 101:455–474.

Leigh, S. R. 2001. Evolution of human growth. *Evolutionary Anthropology* 10:223–236.

Lelieveld, J., et al. 2016. Strongly increasing heat extremes in the Middle East and North Africa (MENA) in the 21st century, *Climatic Change* 137:245–260. doi:10.1007/ s10584-016-1665-6.

Leonard, W. R., et al. 2007. Effects of brain evolution on human nutrition and metabolism. *Annual Review of Nutrition* 27:311–327.

Lepre, J. P. 1990. *The Egyptian Pyramids*. Jefferson, NC: McFarland.

Le Quéré, C., et al. 2013. The global carbon budget 1959–2011. *Earth System Science Data* 5:165–185.

Lesk, M. 1997. How much information is there in the world? https://courses. cs.washington.edu/courses/cse590s/03au/lesk.pdf.

Lesthaeghe, R. 2014. The second demographic transition: A concise overview of its development. *Proceedings of the National Academy of Sciences of the USA* 111: 18112–18115.

Lesthaeghe, R., and L. Neidert. 2006. The second demographic transition in the United States: Exception or textbook example? *Population and Development Review* 32:669–698.

Lesthaeghe R., and D. van de Kaa. 1986. Twee demografische transities? In D. van de Kaa and R. Lesthaeghe, eds., *Bevolking: Groei en krimp*, Deventer: Van Loghum Slaterus, pp. 9–24.

Leyzerovich, A. S. 2008. *Steam Turbines for Modern Fossil-Fuel Power Plants*. Lilburn, GA: Fairmont Press.

Li, H., et al. 2005. Lack of evidence for 3/4 scaling of metabolism in terrestrial plants. *Journal of Integrative Plant Biology* 47:1173–1183.

Li, N., et al. 2009. Functional mapping of human growth trajectories. *Journal of Theo- retical Biology* 261:33–42.

Li, X., et al. 2015 Which games are growing bacterial populations playing? *Journal of the Royal Society Interface* 12:20150121.

Li, X., et al. 2016. Patterns of cereal yield growth across China from 1980 to 2010 and their implications for food production and food security. *PLoS ONE* 11(7):e0159061. doi:10.1371/journal.pone.0159061.

Liebherr. 2017. Products. https://www.liebherr.com/en/dnk/products/construction-machines/tower-cranes/top-slewing-cranes/top-slewing-cranes.html.

Lifson, N., and R. McClintock. 1966. Theory of use of the turnover rates of body water for measuring energy and material balance. *Journal of Theoretical Biology* 12:46–74.

Lima-Mendez, G., and J. van Helden. 2009. The powerful law of the power law and other myths in network biology. *Molecular Biosystems* 5:1482–1493.

Limpert, E. 2001. Log-normal distributions across the sciences: Keys and clues. *BioScience* 51:341–352.

Lin, M., and P. Huybers. 2012. Reckoning wheat yield trends *Environmental Research Letters* 7:1–6.

Linton, R. 1936. *The Study of Man*. New York: Appleton Century Crofts.

Lintott, A. 1981. What was the 'Imperium Romanum'? *Greece & Rome* 28:53–67.

Lippert, O., and M. Walker, eds. 1997. *The Underground Economy: Global Evidence of Its Size and Impact*. Vancouver: Fraser Institute.

Lippi, G., et al. 2008. Updates on improvement of human athletic performance: Focus on world records in athletics. *British Medical Bulletin* 87:7–15.

Litton, C. M., et al. 2007. Carbon allocation in forest ecosystems. *Global Change Biol- ogy* 13: 2089–2109.

Liu, T., et al. 2001. *Asian Population History*. Oxford: Oxford University Press.

Livi-Bacci, M. 2000. *The Population of Europe*. Oxford: Wiley-Blackwell.

Livi-Bacci, M. 2012. *A Concise History of World Population*. Oxford: Wiley-Blackwell.

Lloyd, J., and G. D. Farquhar. 2008. Effects of rising temperatures and [CO2] on the physiology of tropical forest trees. *Philosophical Transactions of the Royal Society B* 363:1811–1817.

Lloyd-Smith, J. O., et al. 2005. Superspreading and the effect of individual variation on disease emergence. *Nature* 438:355–359.

Lobell, D. B., et al. 2014. Greater sensitivity to drought accompanies maize yield increase in the U.S. Midwest. *Science* 344:516–519.

Longman, J. 2016. 85-year-old marathoner is so fast that even scientists marvel.

New York Times, December 28. https://www.nytimes.com/2016/12/28/sports/ed-whitlock-marathon-running.html.

Longman, P. 2010. Think again: Global aging. *Foreign Policy* (November):52–58.

Lonsdale, W. M. 1990. The self-thinning rule: Dead or alive? *Ecology* 71:1373–1388.

Lotka, A. J. 1926. The frequency distribution of scientific productivity. *Journal of the Washington Academy of Sciences* 16:317–324.

Lubbock J. 1870. *The Origin of Civilisation and the Primitive Condition of Man*. London: Longmans, Green.

Luckstead, J., and S. Devadoss. 2014. Do the world's largest cities follow Zipf's and Gibrat's laws? *Economics Letters* 125:182–186.

Ludy, L. V. 1909. *A Practical Treatise on Locomotive Boiler and Engine Design, Construction, and Operation*. Chicago: American Technical Society.

Luknatsskii, N. N. 1936. Podnyatie Aleksandrovskoi kolonny v 1832. *Stroitel'naya Promyshlennost'* (13):31–34.

Lumpkin, T. A. 2015. How a gene from Japan revolutionized the world of wheat: CIMMYT's quest for combining genes to mitigate threats to global food security. In Y. Ogihara et al., eds., *Advances in Wheat Genetics: From Genome to Field*. Berlin: Springer, pp. 13–20.

Lundborg, P., et al. 2014. Height and earnings: The role of cognitive and noncognitive skills. *Journal of Human Resources* 49:141–166.

Luo, J., et al. 2015. Estimation of growth curves and suitable slaughter weight of the Liangshan pig. *Asian Australian Journal of Animal Science* 28:1252–1258.

Lutz, W., et al. 2001. The end of world population growth. *Nature* 412:543–545.

Lutz, W., et al. 2004. *The End of World Population Growth in the 21st Century: New Chal- lenges for Human Capital Formation and Sustainable Development*. London: Earthscan.

Lutz, W., et al. 2006. The low-fertility trap hypothesis: Forces that may lead to further postponement and fewer births in Europe. *Vienna Yearbook of Population Research* 4:167–192.

Lutz, W., et al. 2008. The coming acceleration of global population aging. *Nature* 451:716–719.

Luyssaert, S., et al. 2007. CO_2 balance of boreal, temperate, and tropical forests derived from a global database. *Global Change Biology* 13:2509–2537.

Luyssaert, S., et al. 2008. Old growth forests as global carbon sinks. *Nature* 455:213–215.

Lyon, A. 2014. Why are normal distributions normal? *British Journal for the Philosophy of Science* 65:621–649.

Ma, J., et al. 2015. Gross primary production of global forest ecosystems has been overestimated. *Scientific Reports* 5:10820. doi:10.1038/srep10820.

MacArthur, R. H., and E. O. Wilson. 1967. *The Theory of Island Biogeography*. Princeton, NJ: Princeton University Press.

Macieira-Coelho, A., ed. 2005. *Developmental Biology of Neoplastic Growth*. Berlin: Springer.

Macrotrends. 2017. Dow Jones—100 year historical chart. http://www.macrotrends. net/1319/dow-jones-100-year-historical-chart.

Maddison, A. 2007. *Contours of the World Economy, 1–2020 AD*. Oxford: Oxford University Press.

Magurran, A. E. 1988. *Ecological Diversity and Its Measurement*. London: Croom Helm.

Mahaffey, J. A. 2011. *The History of Nuclear Power*. New York: Facts on File.

Mahmoud, K. M. 2013. *Durability of Bridge Structures*. Boca Raton, FL: CRC Press.

Maino, J. L., et al. 2014. Metabolic constraints and currencies in animal ecology: Reconciling theories for metabolic scaling. *Journal of Animal Ecology* 83:20–29.

Maitra, A., and K. A. Dill. 2015. Bacterial growth laws reflect the evolutionary impor- tance of energy efficiency. *Proceedings of the National Academy of Sciences of the USA* 112:406–411.

Malanima, P. 2011. The long decline of a leading economy: GDP in Central and Northern Italy, 1300–1913. *European Review of Economic History* 15:169–219.

Malthus, T. 1798. *An Essay on the Principle of Population*. London: J. Johnson. http:// www.esp.org/books/malthus/population/malthus.pdf.

Malthus, T. R. 1807. *An Essay on the Principle of Population*. London: J. Johnson.

Malyshev, D. A., et al. 2014. A semi-synthetic organism with an expanded genetic alphabet. *Nature* 509:385–388.

Manary, M., et al. 2016. Protein quality and growth in malnourished children. *Food and Nutrition Bulletin* 37:S29–S36.

Mandelbrot, B. 1967. How long is the coast of Britain? Statistical self-similarity and fractional dimension. *Science* 156:636–638.

Mandelbrot, B. 1975. Stochastic models for the Earth's relief, the shape and the fractal dimension of the coastlines, and the number-area rule for islands. *Proceedings of the National Academy of Sciences of the USA* 72:3825–3828.

Mandelbrot, B. 1977. *Fractals: Form, Chance and Dimension*. San Francisco: Freeman.

Mandelbrot, B. B. 1982. *The Fractal Geometry of Nature*. New York: Freeman.

MAN Diesel. 2007. MAN Diesel Sets New World Standard. https://pdfs. semanticscholar.org/b85a/f0ad9b92e1ff3797672805dadce123e2a6cf.pdf.

MAN Diesel. 2018. *Two-stroke Low Speed Engines*. https://powerplants.man-es.com/ products/two-stroke-low-speed-engines.

Mann, C. C. 2018. *The Wizard and the Prophet: Two Remarkable Scientists and Their Dueling Visions to Shape Tomorrow's World*. New York: Knopf.

Mansfield, J., et al. 2012. Top 10 plant pathogenic bacteria in molecular plant path. *Molecular Plant Pathology* 13:614–629.

Manyika, J., et al. 2017. *The Productivity Puzzle: A Close Look at the United States*. New York: McKinsey Global Institute.

Marc, A., et al. 2014. Marathon progress: Demography, morphology and environment. *Journal of Sports Sciences* 32:524–532.

Marchetti, C. 1977. Primary energy substitution models: On the interaction between energy and society. *Technological Forecasting and Social Change* 10:345–356.

Marchetti, C. 1985. *Action Curves and Clockwork Geniuses*. Laxenburg: International Institute for Applied Systems Analysis. http://pure.iiasa.ac.at/2627/1/WP-85-074. pdf.

Marchetti, C. 1986a. Fifty-year pulsation in human affairs. *Futures* 18:376–388.

Marchetti, C. 1986b. *Stable Rules in Social and Economic Behavior*. Laxenburg: International Institute for Applied Systems Analysis. http://www.cesaremarchetti.org/ archive/scan/MARCHETTI-066.pdf.

Marchetti, C., and J. H. Ausubel. 2012. Quantitative dynamics of human empires. *International Journal of Anthropology* 27:1–62.

Marchetti, C., and N. Nakicenovic. 1979. *The Dynamics of Energy Systems and the Logis- tic Substitution Model*. Laxenburg: International Institute for Applied Systems Analysis.

Marck, A., et al. 2017. Are we reaching the limits of *Homo sapiens*? *Frontiers in Physiology* 8 doi:10.3389/fphys.2017.00812.

Marfan Foundation. 2017. What is Marfan syndrome? http://www.marfan.org/ about/marfan.

Marine Log. 2017. *Selandia* (1912). http://www.marinelog.com/docs/cen2.html.

Marković, D., and C. Gros. 2014. Power laws and self-organized criticality in theory and nature. *Physics Reports* 536:41–74.

Marks, E. C. R. 1904. *The Construction of Cranes and Other Lifting Machinery.* Manchester: Technical Publishing Company.

Marland, G., et al. 2017. Global, regional, and national fossil-fuel CO2 emissions. http://cdiac.ess-dive.lbl.gov/trends/emis/overview.html.

Marquet, P. A., et al. 2005. Scaling and power-laws in ecological systems. *Journal of Experimental Biology* 208:1749–1769.

Marshall, A. 1890. *Principles of Economics.* London: Macmillan.

Martin, P. 1991. *Growth and Yield Prediction Systems.* Victoria, BC: Ministry of Forests.

Martin, T. C. 1922. *Forty Years of Edison Service, 1882–1922: Outlining the Growth and Development of the Edison System in New York City.* New York: New York Edison Company.

Martínez-Alier, J., ed. 2015. *Handbook of Ecological Economics.* Cheltenham: Edward Elgar.

Martin-Silverstone, E., et al. 2015. Exploring the relationship between skeletal mass and total body mass in birds. *PLoS ONE* 10(10):e0141794. doi:10.1371/journal.pone.0141794.

Martorell, R., and F. Haschke. 2001. *Nutrition and Growth.* Philadelphia: Lippincott Williams & Wilkins.

Maruyama, S., and S. Nakamura. 2015. The decline in BMI among Japanese women after World War II. *Economics and Human Biology* 18:125–138.

Mather, A. S. 2005. Assessing the world's forests. *Global Environmental Change* 15:267–280.

Mathews, J. D., et al. 2007. A biological model for influenza transmission: Pandemic planning implications of asymptomatic infection and immunity. *PLoS ONE* 2(11):e1220. doi:10.1371/journal.pone.0001220.

Mathews, T. J., and B. E. Hamilton. 2014. First births to older women continue to rise. *NCHS Data Brief* 152:1–8.

Matthies, A. L. 1992. Medieval treadwheels: Artists' views of building construction. *Technology and Culture* 33:510–547.

Mattison, J. A., et al. 2012. Impact of caloric restriction on health and survival in rhesus monkeys: The NIA study. *Nature* 489:318–321.

Maxwell, J. C. 1865. A dynamical theory of the electromagnetic field. *Philosophical Transactions of the Royal Society London* 155:495–512.

Maxwell, J. C. 1873. *A Treatise on Electricity and Magnetism.* Oxford: Clarendon Press.

May, R. M. 1981. Patterns in multi-species communities. In R. M. May, ed., *Theoretical Ecology: Principles and Applications*. Oxford: Blackwell, pp. 197–227.

Mayer, S., and P. Mayer. 2006. Connections to World War I. In D. A. Herring, ed., *Anatomy of a Pandemic: The 1918 Influenza in Hamilton*. Hamilton, ON: Allegra, pp. 18–30.

Mazor, S. 1995. The history of the microcomputer—Invention and evolution. *Proceedings of the IEEE* 83:1601–1608.

McAdam, J. L. 1824. *Remarks on the Present System of Road Making; With Observations, Deduced from Practice and Experience*. London: Longman.

McAlister, D. 1879. The law of geometric mean. *Proceedings of the Royal Society* 29:367–376.

McAllister, B. 2010. *DC-3: A Legend in Her Time: A 75th Anniversary Photographic Tribute*. Boulder, CO: Roundup Press.

McCormack, G. 1996. *The Emptiness of Japanese Affluence*. Armonk, NY: M. E. Sharpe.

McCullough, M. E. 1973. *Optimum Feeding of Dairy Animals: For Milk and Meat*. Athens: University of Georgia Press.

McEvedy, C., and R. Jones. 1978. *Atlas of World Population History*. London: Allen Lane.

McGowan, A. P. 1980. *The Century before Steam: The Development of the Sailing Ship, 1700–1820*. London: Stationary Office.

McGranahan, G., et al. 2005. Urban systems. In R. Hassan et al., eds., *Ecosystems and Human Well-Being: Current Status and Trends*. Washington DC: Island Press, pp. 795–825.

McIver, D. J., and J. S. Brownstein. 2014. Wikipedia usage estimates prevalence of influenza-like illness in the United States in near real-time. *PLoS Computational Biology* 10(4):e1003581. doi:10.1371/journal.pcbi.1003581.

McKay, R. C. 1928. *Some Famous Sailing Ships and Their Builder, Donald McKay*. New York: G. P. Putnam's Sons.

McKechnie, A. E., and B. O. Wolf. 2004. The allometry of avian basal metabolic rate: Good predictions need good data. *Physiological and Biochemical Zoology* 77:502–521.

McKendrick, A. G., and M. Kesava Pai. 1911. The rate of multiplication of micro-organisms: A mathematical study. *Proceedings of the Royal Society of Edinburgh* 31:649–655.

McMahon, S. M., et al. 2010. Evidence for a recent increase in forest growth.

Proceed- ings of the National Academy of Sciences of the USA 107:3611–3615. www. pnas.org/cgi/doi/10.1073/pnas.0912376107.

McMahon, T. 1973. Size and shape in biology. *Science* 179:1201–1204.

McMahon, T., and J. T. Bonner. 1983. *On Size and Life*. New York: W. H. Freeman.

McMorrow, K., and W. Roeger. 2004. *The Economic and Financial Market Consequences of Global Aging*. New York: Springer.

McNab, B. K. 2009. Resources and energetics determined dinosaur maximal size. *Proceedings of the National Academy of Sciences of the USA* 106:12184–12188.

Mead, D. J. 2005. Forests for energy and the role of planted trees. *Critical Reviews in Plant Sciences* 24:407–421.

Mead, G. H. 1934. *Mind, Self, and Society*. Chicago: University of Chicago Press.

Meadows, D. J., et al. 1972. *The Limits to Growth*. New York: Universe Books.

Meadows, D., et al. 2004. *Limits to Growth: The 30-Year Update*. White River Junction, VT: Chelsea Green.

Meeker, M. 2017. Internet trends 2017—code conference. http://www.kpcb.com/internet-trends.

Mehra, P. 2014. Black economy now amounts to 75% of GDP. http://www.thehindu.com/news/national/black-economy-now-amounts-to-75-of-gdp/article6278286.ece ?homepage=true#lb?ref=infograph/0/.

Mehrotra, S., and E. Delamonica. 2007. *Eliminating Human Poverty: Macroeconomic and Social Policies for Equitable Growth*. London: Zed Books.

Melhem, Z. 2013. *Electricity Transmission, Distribution and Storage Systems*. Sawston: Woodhead.

Méndez, F., and F. Sepúlveda. 2006. Corruption, growth and political regimes: Cross- country evidence. *European Journal of Political Economy* 22:82–98.

Mensch, G. 1979. *Stalemate in Technology*. Cambridge, MA: Ballinger.

Menzel, P. 1994. *Material World: A Global Family Portrait*. San Francisco: Sierra Club.

Menzes, M., et al. 2003. Annual growth rings and long-term growth patterns of man- grove trees from the Bragança peninsula, North Brazil. *Wetlands Ecology and Manage- ment* 11:233–242.

Metrocosm. 2017. The history of urbanization, 3700 BC–2000 AD. http://metrocosm.com/history-of-cities/.

Meyer, F. 1947. *l'Accélération évolutive*. Paris: Librairie des Sciences et des Arts.

Meyer, F., and J. Vallee. 1975. The dynamics of long-term growth. *Technological Fore-*

casting and Social Change 7:285–300.

Meyer, P. S., et al. 1999. A primer on logistic growth and substitution: The mathematics of the Loglet Lab software. *Technological Forecasting and Social Change* 61:247–271.

Meynen, P. G. 1968. *Thomas Robert Malthus, His Predecessors and Contemporary Critics.* New York: New York University Press.

Michaletz, S. T., et al. 2014. Convergence of terrestrial plant production across global climate gradients. *Nature* 512:39–43.

Michelet, J. 1872. *Histoire du XIXe siècle.* Paris: G. Baillière.

Middleton, G. D. 2017. *Understanding Collapse: Ancient History and Modern Myths.* Cambridge: Cambridge University Press.

Mihhalevski, A., et al. 2010. Growth characterization of individual rye sourdough bacteria by isothermal microcalorimetry. *Journal of Applied Microbiology* 110:529–540.

Milanovic, B., ed. 2012. *Globalization and Inequality.* Cheltenham: Edward Elgar.

Millar, F. 1993. *The Roman Near East 31 BC–AD 337.* Cambridge, MA: Harvard University Press.

Millward, D. J. 2017. Nutrition, infection and stunting: The roles of deficiencies of individual nutrients and foods, and of inflammation, as determinants of reduced linear growth of children. *Nutrition Research Reviews* 30:50–72.

Minetti, A. E. 2003. Efficiency of equine express postal systems. *Nature* 426:785–786.

Ministry of Forestry. 1999. *How to Determine Site Index in Silviculture.* Victoria, BC: Ministry of Forestry.

Mirabeau, V. R. 1756. *L'ami des hommes, ou Traité de la population.* Avignon.

Miranda, L. C. M., and C. A. S. Lima. 2012. Trends and cycles of the internet evolution and worldwide impacts. *Technological Forecasting and Social Change* 79:744–765.

Mishan, E. F. 1967. *Costs of Economic Growth.* New York: Praeger.

Mitchell, B., ed. 1998. *International Historical Statistics.* London: Palgrave Macmillan.

Mitzenmacher, M. 2004. A brief history of generative models for power law and log- normal distributions. *Internet Mathematics* 1:226–251.

Miyamoto, M. 2004. Quantitative aspects of Tokugawa economy. In A. Hayami, O. Satō and R.P. Toby, eds., *Emergence of Economic Society in Japan, 1600–1859,* vol. 1 of *The Economic History of Japan: 1600–1990.* Oxford: Oxford University Press, pp. 36–84.

Mo, P. H. 2001. Corruption and economic growth. *Journal of Comparative Economics* 29:66–79.

Moatsos, M., et al. 2014. Income inequality since 1820. In J. L. van Zanden et al., eds., *How Was Life? Global Well-Being since 1820*. Paris: OECD, pp. 199–215.

Modelski, G. 2003. *World Cities: –3000 to 2000*. Washington, DC: FAROS 2000.

Modern Power Systems. 2010. Full steam ahead for Flamanville 3 EPR turbine island construction. http://www.modernpowersystems.com/features/featurefull-steam-ahead-for-flamanville-3-epr-turbine-island-construction/.

Modis, T. 1992. *Predictions: Society's Telltale Signature Reveals the Past and Forecasts the Future*. New York: Simon & Schuster.

Modis, T. 2005. The end of the internet rush. *Technological Forecasting and Social Change* 72:938–943.

Modis, T. 2006. The singularity is near: When humans transcend biology-Discussions. *Technological Forecasting and Social Change* 73:104–112.

Modis, T. 2017. A hard-science approach to Kondratieff's economic cycle. *Technological Forecasting and Social Change* 122:63–70.

Mohler, C. L., et al. 1978. Structure and allometry of trees during self-thinning of pure stands. *Journal of Ecology* 66:599–614.

Mokyr, J. 2002. *The Gifts of Athena: Historical Origins of the Knowledge Economy*. Princeton, NJ: Princeton University Press.

Mokyr, J. 2009. *The Enlightened Economy: An Economic History of Britain 1700–1850*. New Haven, CT: Yale University Press.

Mokyr, J. 2014. The next age of invention: Technology's future is brighter than pessimists allow. *City Journal* 24:12–21. https://www.city-journal.org/html/next-age-invention-13618.html.

Mokyr, J. 2016. Progress isn't natural. *The Atlantic*, November 17. https://www.theatlantic.com/business/archive/2016/11/progress-isnt-natural-mokyr/507740/.

Mokyr, J. 2017. *A Culture of Growth: The Origins of the Modern Economy*. Princeton, NJ: Princeton University Press.

Monaco, A. 2011. Edison's Pearl Street Station recognized with milestone. http://theinstitute.ieee.org/tech-history/technology-history/edisons-pearl-street-station-recognized-with-milestone810.

Monecke, S., et al. 2009. Modelling the black death. A historical case study and implications for the epidemiology of bubonic plague. *International Journal of Medical Microbiology* 299:582–593.

Monod, J. 1949. The growth of bacterial cultures. *Annual Review of Microbiology*

3:371–394.

Monroe, M., and F. Bokma. 2010. Little evidence for Cope's Rule from Bayes- ian phylogenetic analysis of extant mammals. *Journal of Evolutionary Biology* 23: 2017–2021.

Moore, G. E. 1965. Cramming more components onto integrated circuits. *Electronics* 38(8):114–117.

Moore, G. E. 1975. Progress in digital integrated electronics. *Technical Digest, IEEE International Electron Devices Meeting*, 11–13.

Moore, G. E. 2003. No exponential is forever: But "Forever" can be delayed! (Paper presented at IEEE International Solid-State Circuits Conference, San Francisco.) http://ieeexplore.ieee.org/document/1234194/.

Mora, C., et al. 2011. How many species are there on Earth and in the ocean? *PLoS Biology* 9(8):e1001127. doi:10.1371/journal.pbio.1001127.

Moravec, H. 1988. *Mind Children*. Cambridge, MA: Harvard University Press.

Moreno, J. L. 1951. *Sociometry, Experimental Method and the Science of Society: An Approach to a New Political Orientation*. Boston: Beacon House.

Morens, D. M., and A. S. Fauci. 2007. The 1918 influenza pandemic: Insights for the 21st century. *Journal of Infectious Diseases* 195:1018–1028.

Morgan, D. O. 2007. *The Cell Cycle: Principles of Control*. London: New Science Press.

Morin, R. 1854. *Civilisation*. Saumur: P. Godet.

Morison, S. E. 1951. *Aleutians, Gilberts and Marshalls, June 1942—April 1944*. New York: Little, Brown.

Morita, A., and S. Ishihara. 1989. *"No" to ieru Nihon* (The Japan That Can Say No). Tokyo: Konbusha. English translation: http://mohsen.banan.1.byname.net/content/republished/doc.public/politics/japan/publication/japanSaysNo/japanSaysNo.pdf.

Moritz, L. A. 1958. *Grain-Mills and Flour in Classical Antiquity*. Oxford: Clarendon Press.

Morrey, C. R. 1978. *The Changing Population of the London Boroughs*. London: Greater London Council.

Morris, I. 2005. *The Growth of Greek Cities in the First Millennium BC*. Stanford, CA: Stanford University Press.

Morris, I. 2011. *Why the West Rules—For Now: The Patterns of History, and What They Reveal about the Future*. New York: Picador.

Morris, I. 2013. *The Measure of Civilization: How Social Development Decides the Fate of Nations*. Princeton, NJ: Princeton University Press.

Morrison, J. L., and M. D. Morecroft, eds. 2006. *Plant Growth and Climate Change.* Oxford: Blackwell.

Moscow Times. 2015. Russian single-industry towns face a crisis. *Moscow Times,* July 22. https://themoscowtimes.com/articles/russian-single-industry-towns-face-crisis-48457.

Moss, A. 2015. Kellingley mining machines buried in last deep pit. *BBC News,* Decem- ber 18. http://www.bbc.com/news/uk-england-york-north-yorkshire-35063853.

Mukerji, C. 1983. *From Graven Images: Patterns of Modern Materialism.* New York: Columbia University Press.

Muller, G., and K. Kauppert. 2004. Performance characteristics of water wheels. *Jour- nal of Hydraulic Research* 42:451–460.

Müller, W. 1939. *Die Wasserräder.* Detmold: Moritz Schäfer.

Muller-Landau, H. C., et al. 2006. Testing metabolic ecology theory for allome- tric scaling of tree size, growth and mortality in tropical forests. *Ecology Letters* 9:575–588.

Mumby, H. S., et al. 2015. Distinguishing between determinate and indeterminate growth in a long-lived mammal. *BMC Evolutionary Biology* 15:214.

Munich Re. 2004. Megacities—megarisks: Trends and challenges for insurance and risk management. http://www.preventionweb.net/files/646_10363.pdf.

Murphy, G. I. 1968. Patterns in life history phenomena and the environment. *American Naturalist* 102:52–64.

Murray, T. 2011. *Rails across Canada: The History of Canadian Pacific and Canadian National Railways.* Minneapolis, MN: Voyageur Press.

Myhrvold, N. P. 2013. Revisiting the estimation of dinosaur growth rates. *PLoS ONE* 8(12):e81917.

Myhrvold, N. P. 2015. Comment on "Evidence for mesothermy in dinosaurs." *Science* 348:982.

Nafus, M. G. 2015. Indeterminate growth in desert tortoises. *Copeia* 103:520–524.

NAHB (National Association of Home Builders). 2017. New single-family home size trends lower. http://eyeonhousing.org/2017/08/new-single-family-home-size-trends-lower/.

Naito, A. 2003. *Edo, the City That Became Tokyo: An Illustrated History.* Tokyo: Kodansha.

Nakicenovic, N., and A. Grübler, eds. 1991. *Diffusion of Technologies and Social Behav- ior.* Berlin: Springer-Verlag.

Nasdaq. 2017. Nasdaq Composite Index. http://www.nasdaq.com/markets/nasdaq-composite.

Natale, V., and A. Rajagopalan. 2014. Worldwide variation in human growth and the World Health Organization growth standards: A systematic review. *British Medical Journal Open* 4:e003735. doi:10.1136/bmjopen-2013–003735.

Natanson, L. J., et al. 2006. Validated age and growth estimates for the shortfin mako, *Isurus oxyrinchus*, in the North Atlantic ocean. *Environmental Biology of Fishes* 77:367–383.

Naudts, K., et al. 2016. Europe's forest management did not mitigate climate warming. *Science* 351:597–600.

Nautical Magazine. 1854. Rapid sailing. In *The Nautical Magazine and Naval Chronicle for 1854: A Journal of Papers on Subjects Connected with Maritime Affairs*. London: Simpkins, Marshall, pp. 399–400.

Navigant. 2015. *Adoption of Light-Emitting Diodes in Common Lighting Applications*. https://energy.gov/sites/prod/files/2015/07/f24/led-adoption-report_2015.pdf.

NBA (National Basketball Association). 2015. NBA starting lineups ranked by height. http://nba-teams.pointafter.com/stories/8626/nba-starting-lineups-ranked-height.

NBER (National Bureau of Economic Research). 2017. US business cycle expansions and contractions. http://www.nber.org/cycles.html.

NBS (National Bureau of Statistics of China). 2000. *China Statistical Yearbook 2000*. Beijing: NBS.

NBS. 2016. *China Statistical Yearbook 2016*. Beijing: NBS. http://www.stats.gov.cn/tjsj/ndsj/2016/indexeh.htm.

NCBA (National Cattlemen's Beef Association). 2016. Growth promotant use in cattle production. http://www.explorebeef.org/cmdocs/explorebeef/factsheet_growthpromo tantuse.pdf.

NCC (National Chicken Council). 2018 *US Broiler Performance*. https://www.national chickencouncil.org/about-the-industry/statistics/u-s-broiler-performance/.

NCD Risk Factor Collaboration (NCD-RisC). 2016. A century of trends in adult human height. *eLife* 5:e13410. doi:10.7554/eLife.13410.

Needham, J. 1965. *Science and Civilization in China*, vol. 4: *Physics and Physical Technology*, part 2: *Mechanical Engineering*. Cambridge: Cambridge University Press.

Neill, D. 2014. Evolution of lifespan. *Journal of Theoretical Biology* 358:232–245.

Nesteruk, F. Y. 1963. *Razvitie gidroenergetiki SSSR* (Development of Hydroenergy in the USSR). Moscow: Academy of Sciences of the USSR.

Newall, P. 2012. *Cunard Line: A Fleet History*. Longton: Ships in Focus.

Newbold, K. B. 2006. *Six Billion Plus: World Population in the Twenty-First Century*. Lanham, MD: Rowman & Littlefield.

Newcomb, S. 1881. Note on the frequency of use of the different digits in natural numbers. *American Journal of Mathematics* 4:39–40.

Newman, M. E. J. 2005. Power laws, Pareto distributions and Zipf's law. *Contemporary Physics* 46(5):323–351. doi:10.1080/00107510500052444.

Newson, L., and P. J. Richerson. 2009. Why do people become modern: A Darwinian mechanism. *Population and Development Review* 35:117–158.

NGA (National Gallery of Art). 2007. *Painting in the Dutch Golden Age: A Profile of the Seventeenth Century*. Washington, DC: NGA.

Nguimkeu, P. 2014. A simple selection test between the Gompertz and Logistic growth models. *Technological Forecasting and Social Change* 88:98–105.

Nichol. K. L., et al. 2010. Modeling seasonal influenza outbreak in a closed college campus: Impact of pre-season vaccination, in-season vaccination and holidays/breaks. *PLoS ONE* 5(3):e9548. doi:10.1371/journal.pone.0009548.

Niel, F. 1961. *Dolmens et menhirs*. Paris: Presses Universitaires de France.

Nielsen, J., et al. 2016. Eye lens radiocarbon reveals centuries of longevity in the Greenland shark (*Somniosus microcephalus*). *Science* 353:702–704.

Nielsen, R., et al. 2017. Tracing the peopling of the world through genomics. *Nature* 541:302–310.

Nielsen, R. W. 2015. Hyperbolic growth of the world population in the past 12,000 years. http://arxiv.org/ftp/arxiv/papers/1510/1510.00992.pdf.

Nielsen, R. W. 2018. Mathematical analysis of anthropogenic signatures: The Great Deceleration, https://arxiv.org/pdf/1803.06935.

Nikkei 225. 2017. Historical data (Nikkei 225). http://indexes.nikkei.co.jp/en/nkave/archives/data.

Niklas, K. J., and B. J. Enquist. 2001. Invariant scaling relationships for interspecific plant biomass production rates and body size. *Proceedings of the National Academy of Sciences of the USA* 98:2922–2927.

NIPSSR (National Institute of Population and Social Security Research). 2002. *Popula- tion Projections for Japan: 2001–2050. With Long-Range Population Projections: 2051—2100*. http://www.ipss.go.jp/pp-newest/e/ppfj02/ppfj02.pdf.

NIPSSR. 2017. Projection: Population and household. http://www.ipss.go.jp/site-ad/index_english/population-e.html.

NOAA (National Oceanic & Atmospheric Administration). 2017. Recent monthly average Mauna Loa CO2. https://www.esrl.noaa.gov/gmd/ccgg/trends/.

Noguchi, T., and T. Fujii. 2000. Minimizing the effect of natural disasters. *Japan Rail- way & Transport Review* 23:52–59.

Nordhaus, W. D. 1998. *Do Real-Output and Real-Wage Measures Capture Reality? The History of Lighting Suggests Not.* New Haven, CT: Cowless Foundation for Research in Economics at Yale University.

Nordhaus, W. D. 2001. *The Progress of Computing.* New Haven, CT: Yale University Press. http://www.econ.yale.edu/~nordhaus/homepage/prog_083001a.pdf.

Nordhaus, W., and J. Tobin. 1972. Is growth obsolete? In National Bureau of Economic Research, *Economic Growth.* New York: Columbia University Press, pp. 1–80.

Noren, S. R., et al. 2014. Energy demands for maintenance, growth, pregnancy, and lactation of female Pacific walruses (*Odobenus rosmarus divergens*). *Physiological and Biochemical Zoology* 87:837–854.

Norris, R. S., and H. M. Kristensen. 2006. Global nuclear stockpiles, 1945–2006. *Bulletin of the Atomic Scientists* 62(4):64–66.

Norwich, J. J. ed. 2009. *The Great Cities in History.* London: Thames & Hudson.

Notestein, F. W. 1945. Population—The long view. In T. W. Schultz, ed., *Food for the World.* Chicago: University of Chicago Press, pp. 36–57.

Novák, L., et al. 2007. Body mass growth in newborns, children and adolescents. *Prague Medical Report* 108:155–166.

NRC (National Research Council). 1994. *Nutrient Requirements of Poultry,* 9th rev. ed. Washington, DC: NRC.

NRC. 1998. *Nutrient Requirements of Swine,*10th rev. ed. Washington, DC: NRC.

NRC. 1999. *The Use of Drugs in Food Animals: Benefits and Risks.* Washington, DC: NRC.

NRC. 2000a. *Beyond Six Billion: Forecasting the World's Population.* Washington, DC: National Academies Press.

NRC. 2000b. *Nutrient Requirements of Beef Cattle: Seventh Revised Edition: Update 2000.* Washington, DC: NRC.

NREL (National Renewable Energy Laboratory). 2018. Research cell efficiency records. https://www.nrel.gov/pv/assets/pdfs/pv-efficiency-chart.20181221.pdf.

Nsoesie, E. O., et al. 2014. A Dirichlet process model for classifying and forecasting epidemic curves. *BMC Infectious Diseases* 14:1–12.

Nunn, N. 2009. The importance of history for economic development. *Annual*

Review of Economics 1:65–92.

NXP Semiconductors. 2016. Window lift and relay based DC motor control reference design using the S12VR. https://www.nxp.com/docs/en/reference-manual/DRM 160.pdf.

O'Dea, J. A., and M. Eriksen. 2010. *Childhood Obesity Prevention: International Research, Controversies and Interventions.* Oxford: Oxford University Press.

Odum, H. T. 1971. *Environment, Power, and Society.* New York: John Wiley.

OECD (Organisation for Economic Co-operation and Development). 2014. The ratio- nale for fighting corruption. https://www.oecd.org/cleangovbiz/49693613.pdf.

OECD. 2016. *The Governance of Inclusive Growth.* Paris: OECD.

OECD. 2018. GDP long-term forecast. https://data.oecd.org/gdp/gdp-long-term-forecast.htm.

Oeppen, J., and J. W. Vaupel. 2002. Broken limits to life expectancy. *Science* 296: 1029–1031.

Ogden, C. L., et al. 2012. Prevalence of obesity and trends in body mass index among US children and adolescents, 1999–2010. *Journal of the American Medical Association* 307:483–490.

Ogden, C. L., et al. 2016. Trends in obesity prevalence among children and adolescents in the United States, 1988–1994 through 2013–2014. *Journal of the American Medical Association* 315:2292–2299.

Okamura, S. 1995. *History of Electron Tubes.* Amsterdam: Ios Press.

Oliveira, F. F., and M. A. Batalha. 2005. Lognormal abundance distribution of woody species in a cerrado fragment. *Revista Brasileira Botanica* 28:39–45.

Olshansky, S. J. 2016. Measuring our narrow strip of life. *Nature* 538:175–176.

Ombach, G. 2017. Challenges and requirements for high volume production of electric motors. http://www.sae.org/events/training/symposia/emotor/presentations/2011/GrzegorzOmbach.pdf.

O'Neil, D. W., et al. 2018 A good life for all within planetary boundaries. *Nature Sustainability* 1:88–95.

Onge, J. M. S., et al. 2008. Historical trends in height, weight, and body mass: Data from U.S. Major League Baseball players, 1869–1983. *Economics and Human Biology* 6:482–488.

Onoda, S. 2015. Tunnels in Japan. *Japan Railway & Transport Review* 66:38–51.

Onywera, V. O. 2009. East African runners: Their genetics, lifestyle and athletic prowess. *Medicine and Sport Science* 54:102–109.

Ormrod, D. 2003. *The Rise of Commercial Empires: England and the Netherlands in the Age of Mercantilism, 1650–1770.* Cambridge: Cambridge University Press.

Ort, D. R., and S. P. Long. 2014. Limits on yields in the Corn Belt. *Science* 344:484–485.

Ortolano, G. 2015. The typicalities of the English? Walt Rostow, the stages of economic growth, and modern British history. *Modern Intellectual History* 12:657–684.

Osepchuk, J. M. 2015. Births of technologies do not always occur at times of invention or discovery. *IEEE Microwave Magazine* (May):150–160.

Osram Sylvania. 2009. Light source efficacy over time comparison. https://www.slideshare.net/sodhi/ArchLED2008SSLEnergyLegislative2.

Ostwald, W. 1890. Über Autokatalyse. *Berichte über die Verhandlungen der Königlich-Sächsischen Gesellschaft der Wissenschaften zu Leipzig, Mathematisch-Physische Classe* 42:189–19.

Ostwald, W. 1909. *Energetische Grundlagen der Kulturwissenschaften.* Leipzig: Alfred Kröner.

Overton. M. 1984. Agricultural productivity in eighteenth-century England: Some further speculations. *Economic History Review* 37:244–251.

Owens, J. N., and H. G. Lund. 2009. *Forests and Forest Plants.* Oxford: EOLSS.

Ozone Hole. 2018. http://www.theozonehole.com/.

Pardo, S. A., et al. 2013. Avoiding fishy growth curves. *Methods in Ecology and Evolution.* doi:10.1111/2041-210x.12020.

Pareto, V. 1896. *Cours d'Économie Politique: Professé à l'Université de Lausanne,* vol. 1. Lausanne: F. Rouge.

Parikh, V., and J. Shukla. 1995. Urbanization, energy use and greenhouse effects in economic development: Results from a cross-national study of developing countries. *Global Environmental Change* 5:87–103.

Parkin, T. G. 1992. *Demography and Roman Society.* Baltimore, MD: Johns Hopkins University Press.

Parks, J. R. 2011. *A Theory of Feeding and Growth of Animals.* Berlin: Springer.

Parson, T. H. 2010. *The Rule of Empires: Those Who Built Them, Those Who Endured Them, and Why They Always Fall.* Oxford: Oxford University Press.

Parsons, C. A. 1911. *The Steam Turbine.* Cambridge: Cambridge University Press.

Parsons, R. H. 1936. *The Development of Parsons Steam Turbine.* London: Constable.

Parsons, T. 1951. *The Social System*. London: Routledge & Kegan Paul.

Pasciuti, D., and C. Chase-Dunn. 2002. *Estimating the Population Sizes of Cities*. Riverside, CA: Institute for Research on World-Systems. http://irows.ucr.edu/research/citemp/estcit/estcit.htm.

Pastijn, H. 2006. Chaotic growth with the logistic model of P.-F. Verhulst. In M. Ausloos and M. Dirickx, eds., *The Logistic Map and the Route to Chaos: From the Beginnings to Modern Applications*. Berlin: Springer, pp. 13–28.

PBL (Planbureau voor de Leefomgeving). 2010. Land use data. http://themasites.pbl.nl/tridion/en/themasites/hyde/landusedata/index-2.html.

PCA. 2017. Highways. http://www.cement.org/concrete-basics/paving/concrete-paving-types/highways.

Pearl, R. 1924. *Studies in Human Biology*. Baltimore, MD: Williams & Wilkins.

Pearl, R., and L. J. Reed. 1920. On the rate of growth of the population of the United States since 1790 and its mathematical representation. *Proceedings of the National Academy of Sciences of the USA* 6:275–288.

Pearson, K. 1924. Historical note on the origin of the normal curve of errors. *Biometrika* 16:402–404.

Peeringa, J., et al. 2011. Upwind 20MW Wind Turbine PreDesign. https://www.ecn.nl/publicaties/PdfFetch.aspx?nr=ECN-E--11-017.

Pekkonen, M., et al. 2013. Resource availability and competition shape the evolution of survival and growth ability in a bacterial community. *PLoS ONE* 8(9):e76471. doi:10.1371/journal.pone.0076471.

Peláez-Samaniegoa, M. R. 2008. Improvements of Brazilian carbonization industry as part of the creation of a global biomass economy. *Renewable and Sustainable Energy Reviews* 12:1063–1086.

Peleg, M., and M. G. Corradini. 2011. Microbial growth curves: What the models tell us and what they cannot. *Critical Reviews in Food Science and Nutrition* 51:10 917–945. doi:10.1080/10408398.2011.570463.

Peñuelas, J., et al. 2011. Increased water-use efficiency during the 20th century did not translate into enhanced tree growth. *Global Ecology and Biogeography* 20:597–608.

Pepper, I. L., et al. 2011. *Environmental Microbiology*. Boston: Academic Press.

Perrin, L., et al. 2016. Growth of the coccolithophore *Emiliania huxleyi* in light- and nutrient-limited batch reactors: Relevance for the BIOSOPE deep ecological niche of coccolithophores. *Biogeosciences* 13:5983–6001.

Perry, J. S. 1945. The reproduction of the wild brown rat (*Rattus norvegicus*

Erxleben). *Journal of Zoology* 115:19–46.

Petruszewycz, M. 1973. L'histoire de la loi d'Estoup-Zipf: Documents. *Mathématique et Science Humaines* 44:41–56.

Pew Research Center. 2015. Americans' Internet access: 2000–2015. http://www. pewinternet.org/2015/06/26/americans-internet-access-2000-2015/.

PHAC (Public Health Agency of Canada). 2004. *Renewal of Public Health in Canada.* http://www.phac-aspc.gc.ca/publicat/sars-sras/naylor/index-eng.php.

Phillips, J. D. 1999. *Earth Surface Systems: Complexity, Order and Scale.* Malden, MA: Blackwell.

Phys.org. 2015. Unveiling of the world's smallest and most powerful micro motors. https://phys.org/news/2015-05-unveiling-world-smallest-powerful-micro.html.

Piketty, T. 2014. *Capital in the 21st Century.* Cambridge, MA: Harvard University Press.

Piel, G. 1972. *The Acceleration of History.* New York: Random House.

Pietrobelli, A., et al. 1998. Body Mass Index as a measure of adiposity among children and adolescents: A validation study. *Journal of Pediatrics* 132:204–210.

Pietronero, L., et al. 2001. Explaining the uneven distribution of numbers in nature: The laws of Benford and Zipf. *Physica A* 293:297–304. https://www.researchgate. net/publication/222685079_Explaining_the_uneven_distribution_of_numbers_in _ nature_The_laws_of_Benford_and_Zipf.

Pinto, C. M. A., et al. 2012. Double power law behavior in everyday phenomena. *Chaotic Modeling and Simulation* 4:695–700.

Pioneer. 2017. Corn seeding rate considerations. https://www.pioneer.com/home/ site/us/agronomy/library/corn-seeding-rate-considerations/.

Pittman, K. J., et al. 2016. The legacy of past pandemics: Common human mutations that protect against infectious disease. *PLoS Pathogens* 12(7):e1005680. doi:10.1371/journal.ppat.1005680.

Plank, L. D., and J. D. Harvey. 1979. Generation time statistics of *Escherichia coli* B mea- sured by synchronous culture techniques. *Journal of General Microbiology* 115:69–77.

Plasson, R., et al. 2011. Autocatalysis: At the root of self-replication. *Artificial Life* 17:219–236.

Plokhy, S. 2014. *The Last Empire: The Final Days of the Soviet Union.* London: Oneworld.

Plutarch. 1917. *Lives*, vol. 5. Trans. B. Perrin. Cambridge, MA: Harvard University Press.

Pokorný, M. 2014. *Pražský hrad*. Bratislava: Slovart.

Polly, P. D., and J. Alroy. 1998. Cope's Rule. *Science* 282:50–51.

Pomeranz, K. 2000. *The Great Divergence: China, Europe, and the Making of the Modern World Economy*. Princeton, NJ: Princeton University Press.

Pontzer, H., et al. 2009. Biomechanics of running indicates endothermy in bipedal dinosaurs. *PLoS ONE* 4(11):e7783.

Pontzer, H., et al. 2016. Metabolic acceleration and the evolution of human brain size and life history. *Nature* 533:190192.

Poot, J., and M. Roskruge, eds. 2018. *Population Change and Impacts in Asia and the Pacific*. Berlin: Springer.

Pope, F. L. 1891. The inventors of the electric motor. *Electrical Engineer* 11(140): S. 1–5; (141): S. 33–39.

Poston, D. L., and D. Yaukey, eds. 1992. *The Population of Modern China*. Berlin: Springer.

Potapov, P. A., et al. 2008. Mapping the world's intact forest landscapes by remote sensing. *Ecology and Society* 13(2):51. htttp://www.ecologyandsociety.org/vol13/iss2/art51/.

Potter, C., et al. 2008. Storage of carbon in U.S. forests predicted from satellite data, ecosystem modeling, and inventory summaries. *Climatic Change* 90:269–282.

Potts, S. G., et al. 2016. Safeguarding pollinators and their values to human well-being. *Nature* 540:220–228.

Pratt & Whitney. 2017. JT9D Engine. http://www.pw.utc.com/JT9D_Engine.

PRB (Population Reference Bureau). 2016. Life expectancy at birth, by gender, 1970 and 2014. http://www.prb.org/DataFinder/Topic/Rankings.aspx?ind=6.

Prentice, M. B., and L. Rahalison. 2007. Plague. *Lancet* 369(9568):1196–207.

Preston, F. W. 1948. The commonness and rarity of species. *Ecology* 29:254–283.

Pretzsch, H. 2006. Species-specific allometric scaling under self-thinning: Evidence from long-term plots in forest stands. *Oecologia* 146:572–583.

Pretzsch, H. 2009. *Forest Dynamics, Growth and Yield: From Measurement to Model*. Berlin: Springer.

Price, C. A., et al. 2012. Testing the metabolic theory of ecology. *Ecology Letters* 15:1465–1474.

Price, D. J. de S. 1963. *Little Science, Big Science*. New York: Columbia University Press.

Price, T. D., and O. Bar-Yosef. 2011. The origins of agriculture: New data, new ideas. *Current Anthropology* 52(S4):S163–S174.

Prost, A. 1991. Public and private spheres in France. In A. Prost and G. Vincent, eds., *A History of Private Life*, vol. 5. Cambridge, MA: Belknap Press, pp. 1–103.

Psenner, R., and B. Sattler. 1998. Life at the freezing point. *Science* 280:2073–2074.

Puleston, C. O., et al. 2017. Rain, sun, soil, and sweat: A consideration of population limits on Rapa Nui (Easter Island) before European contact. *Frontiers in Ecology and Evolution* 5:69. doi: 10.3389/fevo.2017.00069.

Quetelet, A. 1835. *Sur l'homme et le développement de ses facultés*, vol. 2. Paris: Bachelier.

Quetelet, A. 1846. *Lettres a S. A. R. le duc régnant de Saxe-Cobourg et Gotha: Sur la théorie des probabilités*. Brussels: M. Hayez.

Quince, C., et al. 2008. Biphasic growth in fish, I: Theoretical foundations. *Journal of Theoretical Biology* 254:197–206.

Radford, P. F., and A. J. Ward-Smith. 2003. British running performances in the eighteenth century. *Journal of Sports Sciences* 21:429–438.

Radiomuseum. 2017. Radiola Superheterodyne AR-812 "Semi-Portable." http://www.radiomuseum.org/r/rca_superheterodyne_ar812.html.

Raftery, A. E., et al. 2012. Bayesian probabilistic population projections for all countries. *Proceedings of the National Academy of Sciences of the USA* 109:13915–13921.

Raimi, R. A. 1976. The first digit problem. *American Mathematical Monthly* 83:521–538.

Ramankutty, N., and J. A. Foley. 1999. Estimating historical changes in global land cover: Croplands from 1700 to 1992. *Global Biogeochemical Cycles* 13:997–1027.

Ramirez, C. D. 2014. Is corruption in China "out of control"? A comparison with the US in historical perspective. *Journal of Comparative Economics* 42:76–91.

Rankine, W. J. M. 1866. *Useful Rules and Tables Relating to Mensuration, Engineering Structures and Machines*. London: G. Griffin.

Raoult, D., et al. 2013. Plague: History and contemporary analysis. *Journal of Infection* 66:18–26.

Rea, M. S., ed. 2000. *IESNA Handbook*. New York: Illuminating Engineering Society of North America.

Recht, R. 2008. *Believing and Seeing: The Art of Gothic Cathedrals*. Chicago: University of Chicago Press.

Reed, H. S., and R. H. Holland. 1919. The growth rate of an annual plant

Helianthus. *Proceedings of the National Academy of Sciences of the USA* 5:135–144.

Reed, L. J., and J. Berkson. 1929. The application of the logistic function to experimental data. *Journal of Physical Chemistry* 33:760–779.

Reich, P. B., et al. 2006. Universal scaling of respiratory metabolism, size and nitrogen in plants. *Nature* 439:457–461.

Reid, A. H., et al. 1999. Origin and evolution of the 1918 "Spanish" influenza virus hemagglutinin gene. *Proceedings of the National Academy of Sciences of the USA* 96:1651–1656.

Reineke, L. H. 1933. Perfecting a stand density index for even-aged forests. *Journal of Agricultural Research* 46:627–638.

Reinhard. M. R., et al. 1988. *Histoire générale de population mondiale*. Paris: Montchrestien.

Reinsel, D., et al. 2018. *The Digitization of the World: From Edge to Core*. https://www.seagate.com/files/www-content/our-story/trends/files/idc-seagate-dataage-whitepaper.pdf.

Reisner, A. 2017. Speed of animals: Horse. http://www.speedofanimals.com/animals/horse.

Reitz, L. P., and S. C. Salmon. 1968. Origin, history and use of Norin 10 wheat. *Crop Science* 8:686–689.

Reymer, A., and G. Schubert. 1984. Phanerozoic addition rates to the continental-crust and crustal growth. *Tectonics* 3:63–77.

Reynolds, J. 1970. *Windmills and Watermills*. London: Hugh Evelyn.

Reynolds, T. S. 2002. *Stronger Than a Hundred Men: A History of the Vertical Water Wheel*. Baltimore, MD: Johns Hopkins University Press.

Rhodes, J. 2017. Steam vs. diesel: A comparison of modern steam and diesel in the Class I railroad environment. http://www.internationalsteam.co.uk/trains/newsteam/modern50.htm.

RIAA (Recording Industry Association of America). 2017. U.S. sales database. https:// www.riaa.com/u-s-sales-database/.

Richards, D. C. 2010. *Relationship between Speed and Risk of Fatal Injury: Pedestrians and Car Occupants*. London: Department of Transport.

Richards, F. J. 1959. A flexible growth function for empirical use. *Journal of Experimental Botany* 10(29):290–300.

Richardson, J. 1886. *The Compound Steam Engine*. Birmingham: British Association for the Advancement of Science.

Richardson, L. F. 1948. Variation of the frequency of fatal quarrels with magnitude. *Journal of the American Statistical Association* 43:523–46.

Richerson, P. J., et al. 2001. Was agriculture impossible during the Pleistocene but mandatory during the Holocene? A climate change hypothesis. *American Antiquity* 66:387–411.

Richter, C. F. 1935. An instrumental earthquake magnitude scale. *Bulletin of the Seismological Society of America* 25(1–2):1–32.

Ricklefs, R. E. 2010. Embryo growth rates in birds and mammals. *Functional Ecology* 24:588–596.

Rickman, G. 1971. *Roman Granaries and Store Buildings*. Cambridge: Cambridge University Press.

Rickman, G. E. 1980. The grain trade under the Roman Empire. *Memoirs from the American Academy in Rome* 36:261–276.

Rinehart, K. E. 1996. Environmental challenges as related to animal agriculture—Poultry. In E. T. Kornegay, ed., *Nutrient Management of Food Animals to Enhance and Protect the Environment*. Boca Raton, FL: Lewis, pp. 21–28.

Ringbauer, J. A., et al. 2006. Effects of large-scale poultry farms on aquatic microbial communities: A molecular investigation. *Journal of Water and Health* 4:77–86.

Ripple, W. J., et al. 2017. World scientists' warning to humanity: A second notice. *BioScience* 67:1026–1028. https://doi.org/10.1093/biosci/bix125.

Rivera, M., and E. Rogers. 2006. Innovation diffusion, network features, and cultural communication variables. *Problems and Perspectives in Management* 2:126–135.

Rizzo, C., et al. 2008. Scenarios of diffusion and control of an influenza pandemic in Italy. *Epidemiology & Infection* 136:1650–1657.

Robert, L., et al. 2008. Rapid increase in human life expectancy: Will it soon be limited by the aging of elastin? *Biogerontology* 9:119–133.

Robertson, T. B. 1908. On the normal rate of growth of an individual, and its biochemical significance. *Archiv für Entwicklungsmechnik der Organismen* 25:581–614.

Robertson, T. B. 1923. *The Chemical Basis of Growth and Senescence*. Montreal: J. B. Lippincott.

Roche, A. F., and S. S. Sun. 2003. *Human Growth: Assessment and Interpretation*. Cambridge: Cambridge University Press.

Roche, D. 2000. *A History of Everyday Things: The Birth of Consumption in France, 1600–1800*. Cambridge: Cambridge University Press.

Rodriguez, F., and D. Rodrik. 2000. Trade policy and economic growth: A skeptic's guide to the cross-national evidence. https://drodrik.scholar.harvard.edu/files/dani-rodrik/files/trade-policy-economic-growth.pdf.

Roff, D. A. 1980. A motion for the retirement of the von Bertalanffy function. *Cana- dian Journal of Fisheries and Aquatic Science* 37:127–129.

Rogers, E. 2003. *Diffusion of Innovations*. New York: Free Press.

Rogin, L. 1931. *The Introduction of Farm Machinery*. Berkeley: University of California Press.

Rojas, R. 2012. Gordon Moore and his law: Numerical methods to the rescue. *Documenta Mathematica · Extra Volume* ISMP 2012: 401–415.

Rollins, A. 1983. *The Fall of Rome: A Reference Guide*. Jefferson, NC: McFarland.

Rolt, L. T. C., and J. S. Allen. 1997. *The Steam Engine of Thomas Newcomen*. Cedar-burg, WI: Landmark.

Romaní, A. M., et al. 2006. Interactions of bacteria and fungi on decomposing litter: Differential extracellular enzyme activities. *Ecology* 87(10):2559–69.

Romer, P. M. 1986. Increasing returns and long run growth. *Journal of Political Economy* 94:1002–1037.

Romer, P. M. 1990. Endogenous technological change. *Journal of Political Economy* 98:S71–S102.

Rosen, W. 2007. *Justinian's Flea: Plague, Empire, and the Birth of Europe*. New York: Viking.

Rosenthal, N., and R. P. Harvey, eds. 2010. *Heart Development and Regeneration*. Cambridge, MA: Academic Press.

Roser, M. 2017. Human height. https://ourworldindata.org/human-height/.

Ross, B. 2016. *The Madoff Chronicles: Inside the Secret World of Bernie and Ruth*. Burbank, CA: Kingswell.

Ross, D. G. 2012. *The Era of the Clipper Ships: The Legacy of Donald McKay*. Lexington, KY: Create Space.

Rostow, W. W. 1960. *The Stages of Economic Growth: A Non-communist Manifesto*. Cambridge: Cambridge University Press.

Rubin, H. 2011. *Future Global Shocks: Pandemics*. Paris: OECD.

Rubner, M. 1883. Über den einfluss der Körpergrösse auf Stoff- und Kraftwechsel. *Zeitschrift für Biologie* 19:535–562.

Ruff, C. 2002. Variation in human body size and shape. *Annual Review of Anthropology* 31:211–32.

Rupp, K., and S. Selberherr. 2011. The economic limit to Moore's law. *IEEE Transactions on Semiconductot Manufacturing* 24(1):1–4.

Russell, N. 2002. The wild side of human domestication. *Society & Animals* 10:285–302.

Rüst, C. A., et al. 2013. Analysis of performance and age of the fastest 100-mile ultra- marathoners worldwide. *Clinics* 68:605–611.

Ruttan, V. W. 2000. *Technology, Growth, and Development: An Induced Innovation Perspective*. Oxford: Oxford University Press.

Ryan, M. G., et al. 1996. Comparing models of ecosystem function for temperate conifer forests. In A. I. Greymeyer et al. eds., *Global Change: Effects on Coniferous Forests and Grasslands*. New York: John Wiley, pp. 313–361.

Ryder, H. W., et al. 1976. Future performance in footracing. *Scientific American* 224(6):109–119.

Saichev, A. I., et al. 2010. *Theory of Zipf's Law and Beyond*. Berlin: Springer.

Santarelli, E., et al. 2006. Gibrat's Law: An overview of the empirical literature. In E. Santarelli, ed., *Entrepreneurship, Growth, and Innovation: The Dynamics of Firms and Industries*. New York: Springer, pp. 41–73.

Sapkota, A. R., et al. 2007. What do we feed to food-producing animals? A review of animal feed ingredients and their potential impacts on human health. *Environmental Health Perspectives* 115:663–668.

Saunders-Hastings, P. R., and D. Krewski. 2016. Reviewing the history of pandemic influenza: Understanding patterns of emergence and transmission. *Pathogens* 5(4):66; doi:10.3390/pathogens5040066.

Savage, C. I. 1959. *An Economic History of Transport*. London: Hutchinson.

Savery, T. 1702. *Miner's Friend; Or, An Engine to Raise Water by Fire*. London: S. Crouch.

SB (Statistics Bureau, Japan). 1996. *Historical Statistics of Japan*. http://www.stat.go.jp/english/data/chouki/.

SB. 2006. Stature by age and sex. http://www.stat.go.jp/english/data/chouki/24.htm.

SB. 2017a. *Japan Statistical Yearbook*. Tokyo: SB. http://www.stat.go.jp/english/data/handbook/pdf/2017all.pdf.

SB. 2017b. Monthly report: June 1, 2017 (final estimates), November 1, 2017 (provisional estimates). http://www.stat.go.jp/english/data/jinsui/tsuki/index.htm.

SBB (Schweizerische Bundesbahnen). 2017. "Switzerland through and through" The north-south Gotthard corridor. https://company.sbb.ch/content/dam/sbb/de/pdf/

sbb-konzern/medien/hintergrund-dossier/Gotthard/Basispraesentation_Gotthard_TP_KOM_PONS_en_2016.pdf.

Scanes, C. G., ed. 2003. *Biology of Growth of Domestic Animals*. Ames: Iowa State Press.

Scaruffi, P. 2008. Highest mountains in the world. http://www.scaruffi.com/travel/tallest.html.

Scheidel, W. 2007. *Roman Population Size: The Logic of the Debate*. Stanford, CA: Princeton/Stanford Working Papers in Classics.

Scheidel, W. 2017. *The Great Leveler: Violence and the History of Inequality from the Stone Age to the Twenty-First Century*. Princeton, NJ: Princeton University Press.

Scherbov, S., et al. 2011. The uncertain timing of reaching 8 billion, peak world population, and other demographic milestones. *Population and Development Review* 37:571–578.

Schmandt, J., and C. H. Ward. 2000. *Sustainable Development: The Challenge of Transi- tion*. Cambridge: Cambridge University Press.

Schmidt-Nielsen, K. 1984. *Scaling: Why Is Animal Size So Important?* Cambridge: Cambridge University Press.

Schneider, F. 2003. The development of the shadow economies and shadow labour force of 21 OECD and 22 transition countries. *CESifo DICE Report* 1:17–23.

Schneider, F. 2015. Size and development of the shadow economy of 31 Euro- pean and 5 other OECD countries from 2003 to 2015: Different developments. http://www.econ.jku.at/members/Schneider/files/publications/2015/ShadEc Europe31.pdf.

Schneider, F., and A. Buehn. 2016. *Estimating the Size of the Shadow Economy: Methods, Problems and Open Questions*. Bonn: IZA.

Schneider, F., et al. 2010. *Shadow Economies All over the World: New Estimates for 162 Countries from 1999 to 2007*. Washington, DC: World Bank.

Schneider, G. E. 2014. *Brain Structure and Its Origins: In Development and in Evolution of Behavior and the Mind*. Cambridge, MA: MIT Press.

Schoch, T., et al. 2012. Social inequality and the biological standard of living: An anthropometric analysis of Swiss conscription data, 1875–1950. *Economics and Human Biology* 10:154–173.

Schoppa, R. K. 2010. *Twentieth Century China*. Oxford: Oxford University Press.

Schram, W. 2017. Green and Roman siphons. http://www.romanaqueducts.info/siphons/siphons.htm.

Schroeder, P. 2003. Is the U.S. an empire? *History News Network https://historynewsnetwork.org/article/1237*.

Schtickzelle, M. 1981. Pierre-François Verhulst (1804–1849). *Population* 3:541–555.

Schumpeter, J. A. 1939. *Business Cycles: A Theoretical, Historical, and Statistical Analysis of the Capitalist Process*. New York: McGraw–Hill.

Schurr, S. H. 1984. Energy use, technological change, and productive efficiency: An economic-historical interpretation. *Annual Review of Energy* 9:409–425.

Schurr, S. H., and B. C. Netschert. 1960. *Energy in the American Economy 1850–1975*. Baltimore, MD: Johns Hopkins University Press.

Schurr, S. H., et al. 1990. *Electricity in the American Economy: Agent of Technological Progress*. New York: Greenwood Press.

Schwab, K. 2016. The Fourth Industrial Revolution: What it means, how to respond. *World Economic Forum*, January 14. https://www.weforum.org/agenda/2016/01/the-fourth-industrial-revolution-what-it-means-and-how-to-respond/.

Schwartz, J. J., et al. 2005. Dating the growth of oceanic crust at a slow-spreading ridge. *Science* 310:654–657.

Schwarz, G. R. 2008. *The History and Development of Caravels*. College Station: Texas A&M University Press.

Scommegna, P. 2011. U.S. megalopolises 50 years later, http://www.prb.org/Publications/Articles/2011/us-megalopolises-50-years.aspx.

Scotti, R. A. 2007. *Basilica: The Splendor and the Scandal: Building St. Peter's*. New York: Plume.

Seagate. 2017. Data Age 2025: The evolution of data to life-critical. https://itupdate.com.au/page/data-age-2025-the-evolution-of-data-to-life-critical.

Sedeaud, A., et al. 2014. Secular trend: Morphology and performance. *Journal of Sports Sciences* 32:1146–1154. doi: 10.1080/02640414.2014.889841.

Seebacher, F. 2003. Dinosaur body temperatures: The occurrence of endothermy and ectothermy. *Paleobiology* 29:105–122.

Sellers, W. I., et al. 2013. March of the titans: The locomotor capabilities of sauropod dinosaurs. *PLoS ONE* 8(10):e78733.

Semenov, B., et al. 1989. Growth projections and development trends for nuclear power. *IAEA Bulletin* 3:6–12.

Semenzato, P., et al. 2011. Growth prediction for five tree species in an Italian urban forest. *Urban Forestry & Urban Greening* 10:169–176.

SEMI. 2017. Silicon shipment statistics. http://www.semi.org/en/MarketInfo/SiliconShipmentStatistics.

Shackell, N. L., et al. 1997. Growth of cod (*Gadus morhua*) estimated from markrecapture programs on the Scotian Shelf and adjacent areas. *ICES Journal of Marine Science* 54:383–398.

Shackleton, R. 2013. *Total Factor Productivity Growth in Historical Perspective*. Washington, DC: Congressional Budget Office.

Shaman, J., et al. 2010. Absolute humidity and the seasonal onset of influenza in the continental United States. *PLOS Biology* https://doi.org/10.1371/journal.pbio.1000316.

Shapiro, A.-L. 1985. *Housing the Poor of Paris 1850–1902*. Madison: University of Wis- consin Press.

Sharif, M. N., and K. Ramanathan. 1981. Binomial innovation diffusion models with dynamic potential adopter population, *Technological Forecasting and Social Change* 20:63–87.

Sharif, M. N., and K. Ramanathan. 1982. Polynomial innovation diffusion models. *Technological Forecasting and Social Change* 21:301–323.

Shestopaloff, Y. K. 2016. Metabolic allometric scaling model: Combining cellular transportation and heat dissipation constraints. *Journal of Experimental Biology* 219:2481–2489.

Shi, P. J., et al. 2014. On the 3/4-exponent von Bertalanffy equation for ontogenetic growth. *Ecological Modelling* 276:23–28.

Shinbrot, M. 1961. Doomsday. (Letter to the editor.) *Science* 133:940–941.

Shipman, P. 2013. Why is human childbirth so painful? *American Scientist* 101:426–429.

Shirer, W. L. 1990. *The Rise and Fall of the Third Reich*. New York: Simon & Schuster.

Shockley, W., and H. J. Queisser. 1961. Detailed balance limit of efficiency of p-n junction solar cells. *Journal of Applied Physics* 32:510–519.

Shortridge, R. W. 1989. Francis and his turbine. *Hydro Power* (February):24–28.

Shugart, H., et al. 2003. *Forests & Global Climate Change: Potential Impacts on U.S. Forest Resources*. Arlington, VA: Pew Center on Global Climate Change.

Shull, C. M. 2013. *Modeling Growth of Pigs Reared to Heavy Weights*. Urbana-Champaign: University of Illinois at Urbana-Champaign Press.

Shyklo, A. E. 2017. Simple explanation of Zipf's mystery via new rank-share distribu- tion, derived from combinatorics of the ranking process. https://ssrn.com/abstract =2918642.

SIA (Semiconductor Industry Association). 2017. *2017 Factbook*. http://go.semicon ductors.org/2017-sia-factbook-0-0-0.

Sibly, R. M., and J. H. Brown. 2009. Mammal reproductive strategies driven by off-spring mortality-size relationships. *American Naturalist* 173:E185–E199.

Siegel, K. R., et al. 2014. Do we produce enough fruits and vegetables to meet global health need? *PLOS ONE* 9(8):e10405.

Siemens. 2017a. Pioneering and proven: H-Class Series power plants. https://www.energy.siemens.com/hq/en/fossil-power-generation/power-plants/h-class-series/h-class-series-power-plants.htm.

Siemens. 2017b. SGT5–8000H heavy-duty gas turbine (50 Hz). https://www.siemens.com/global/en/home/products/energy/power-generation/gas-turbines/sgt5-8000h.html#!/.

Sillett, S. C., et al. 2010. Increasing wood production through old age in tall trees. *Forest Ecology and Management* 259:976–994.

Sillett, S. C., et al. 2015. Biomass and growth potential of *Eucalyptus regnans* up to 100 m tall. *Forest Ecology and Management* 348:78–91.

Silva, L. C. R., and M. Anand. 2013. Probing for the influence of atmospheric CO2 and climate change on forest ecosystems across biomes. *Global Ecology and Biogeography* 22:83–92.

Silver, C. 1976. *Guide to the Horses of the World*. Oxford: Elsevier Phaidon.

Simon, H. A. 1955. On a class of skew distribution functions. *Biometrika*. 42: 425–440.

Simon, J. 1981. *The Ultimate Resource*. Princeton, NJ: Princeton University Press.

Simon, J., and H. Kahn, eds. 1984. *The Resourceful Earth*. Oxford: Basil Blackwell.

Simonsen, L., et al. 2013. Global mortality estimates for the 2009 influenza pandemic from the GLaMOR project: A modeling study. *PLoS Medicine* 10:e1001558.

Sims, L. D., et al. 2002. Avian influenza in Hong Kong 1997–2002. *Avian Diseases* 47:832–838.

Singularity.com. 2017. Resources. http://www.singularity.com/charts/page17.html.

Sitwell, N. H. 1981. *Roman Roads of Europe*. New York: St. Martin's Press.

Sivak, M., and O. Tsimhoni. 2009. Fuel efficiency of vehicles on US roads: 1936–2006. *Energy Policy* 37:3168–3170.

Šizling, A. L., et al. 2009. Invariance in species-abundance distributions. *Theoretical Ecology* 2:89–103.

Skyscraper Center. 2017. 100 tallest completed buildings in the world by height to architectural top. https://www.skyscrapercenter.com/buildings.

Smayda, T. J. 1997. Harmful algal blooms: Their ecophysiology and general relevance to phytoplankton blooms in the sea. *Limnology and Oceanography* 42:1137–1153.

Smeaton, J. 1759. An experimental enquiry concerning the natural power of water and wind to turn mills, and other machines, depending on a circular motion. *Philosophical Transactions of the Royal Society of London* 51:100–174.

Smil, V. 1994. *Global Ecology*. London: Routledge.

Smil, V. 1996. *Environmental Problems in China: Estimates of Economic Costs*. Honolulu, HI: East-West Center.

Smil, V. 1997. *Cycles of Life*. New York: Scientific American Library.

Smil, V. 1999. Crop residues: Agriculture's largest harvest. *BioScience* 49:299–308.

Smil, V. 2000. *Feeding the World*. Cambridge, MA: MIT Press.

Smil, V. 2001. *Enriching the Earth*. Cambridge, MA: MIT Press.

Smil, V. 2002. *The Earth's Biosphere*. Cambridge, MA: MIT Press.

Smil, V. 2003. *Energy at the Crossroads*. Cambridge, MA: MIT Press.

Smil, V. 2005. *Creating the Twentieth Century*. New York: Oxford University Press.

Smil, V. 2006a. Peak oil: A catastrophist cult and complex realities. *World Watch* 19:22–24.

Smil, V. 2006b. *Transforming the Twentieth Century*. New York: Oxford University Press.

Smil, V. 2007. The unprecedented shift in Japan's population: Numbers, age, and prospect. *Japan Focus* 5(4). http://apjjf.org/-Vaclav-Smil/2411/article.html.

Smil, V. 2008. *Energy in Nature and Society*. Cambridge, MA: MIT Press.

Smil, V. 2009. Two decades later: Nikkei and lessons from the fall. *The American*, December 29.

Smil, V. 2010a. *Global Catastrophes and Trends*. Cambridge, MA: MIT Press.

Smil, V. 2010b. *Prime Movers of Globalization*. Cambridge, MA: MIT Press.

Smil, V. 2010c. *Why America Is Not a New Rome*. Cambridge, MA: MIT Press.

Smil, V. 2013a. *Harvesting the Biosphere*. Cambridge, MA: MIT Press.

Smil, V. 2013b. *Made in the USA*. Cambridge, MA: MIT Press.

Smil, V. 2013c. *Should We Eat Meat?* Chichester: Wiley Blackwell.

Smil, V. 2014a. Fifty years of the *Shinkansen*. *Asia-Pacific Journal: Japan Focus*, Decem- ber 1. http://apjjf.org/2014/12/48/Vaclav-Smil/4227.html.

Smil, V. 2014b. *Making the Modern World*. Chichester: Wiley.

Smil, V. 2015a. Moore's curse. *IEEE Spectrum* (April):26.

Smil, V. 2015b. *Natural Gas*. Chichester: Wiley.

Smil, V. 2015c. *Power Density*. Cambridge, MA: MIT Press.

Smil, V. 2016a. Embodied energy: Mobile devices and cars. *Spectrum IEEE* (May):26. http://ieeexplore.ieee.org/stamp/stamp.jsp?arnumber=7459114.

Smil, V. 2016b. *Still the Iron Age*. Oxford: Elsevier.

Smil, V. 2017a. *Energy and Civilization*. Cambridge, MA: MIT Press.

Smil, V. 2017b. *Energy Transitions*. Santa Barbara, CA: Praeger.

Smil, V. 2017c. *Oil: A Beginner's Guide*. London: Oneworld.

Smil, V. 2017d. Transformers, the unsung technology. *Spectrum IEEE* (August):24.

Smil, V. 2018a. February 1878: The first phonograph. *Spectrum IEEE* (February):24.

Smil, V. 2018b. It'll be harder than we thought to get the carbon out. *Spectrum IEEE* (June):72–75.

Smil, V., and K. Kobayashi. 2012. *Japan's Dietary Transition and Its Impacts*. Cambridge, MA: MIT Press.

Smith, D. R. 1987. The wind farms of the Altamont Pass. *Annual Review of Energy* 12:145–183.

Smith, F. A., et al. 2016. Body size evolution across the Geozoic. *Annual Review of Earth and Planetary Sciences* 44:523–553.

Smith, K. 1951. *The Malthusian Controversy*. London: Routledge.

Smith, N. 1980. The origins of the water turbine. *Scientific American* 242(1):138–148.

Smith, R. D., and J. Coast. 2002. Antimicrobial resistance: A global response. *Bulletin of the World Health Organization* 80:126–133.

Smock, R. 1991. Gas turbine, combined cycle orders continue. *Power Engineering* 95(5):17–22.

Snacken, R., et al. 1999. The next influenza pandemic: Lessons from Hong Kong, 1997. *Emerging Infectious Diseases* 5:195–203.

Sobotka, T. 2008. The diverse faces of the Second Demographic Transition in Europe. *Demographic Research* 19:171–224.

Soddy, F. 1926. *Wealth, Virtual Wealth and Debt: The Solution of the Economic Paradox*. London: George Allen & Unwin.

Sohn, K. 2015. The value of male height in the marriage market. *Economics and Human Biology* 18:110–124.

SolarInsure. 2017. Top 5 largest solar power plants of the world. https://www.solarinsure.com/largest-solar-power-plants.

Solow, R. M. 1957. Technical change and the aggregate production. *Review of Economics and Statistics* 39:313–320.

Solow, R. M. 1987. Growth theory and after. http://nobelprize.org/nobel_prizes/economics/laureates/1987/solow-lecture.html.

Soo, K. T. 2005. Zipf's Law for cities: A cross-country investigation. *Regional Science and Urban Economics* 35:239–263.

Sorokin, P. 1957. *Social and Cultural Dynamics*. Oxford: Porter Sargent.

Spalding, K. L., et al. 2005. Retrospective birth dating of cells in humans. *Cell* 122: 133–143.

Speakman, J. R. 1997. *Doubly Labelled Water: Theory and Practice*. Berlin: Springer.

Speer, J. H. 2011. *Fundamentals of Tree Ring Research*. Tucson: University of Arizona Press.

Spence, J. D. 1988. *Emperor of China: Self-Portrait of K'ang-Hsi*. New York: Vintage.

Spence, J. D. 1996. *God's Chinese Son: The Taiping Heavenly Kingdom of Hong Xiuquan*. New York: W. W. Norton.

Spengler, O. 1918. *Der Untergang des Abendlandes*. Vienna: Braumüller.

SPI (Social Progress Imperative). 2018. Index to action to impact. https://www.socialprogress.org/.

Spillman, W. J., and E. Lang. 1924. *The Law of Diminishing Returns*, part 1: *The Law of the Diminishing Increment*. Chicago: World Book.

Spurr, S. H. 1956. Natural restocking of forests following the 1938 hurricane in Cen- tral New England. *Ecology* 37:443–451.

Stanhill, G. 1976. Trends and deviations in the yield of the English wheat crop during the last 750 years. *Agro-Ecosystems* 3:1–10.

Stanton, W. 2003. *The Rapid Growth of Human Populations 1750–2000*. London: Multi-Science.

The State of Obesity. 2017. Adult obesity in the United States. http://stateofobesity.org/adult-obesity/.

Statistics Canada. 2016. Statistics Canada Study on the Underground Economy in Canada, 1992–2013. https://www.canada.ca/en/revenue-agency/news/newsroom/fact-sheets/fact-sheets-2016/statistics-canada-study-on-underground-economy-canada-1992-2013.html.

Staub, K., et al. 2011. Edouard Mallet's early and almost forgotten study of the average height of Genevan conscripts in 1835. *Economics & Human Biology* 9:438–442.

Staub, K., and F. J. Rühli. 2013. "From growth in height to growth in breadth": The changing body shape of Swiss conscripts since the late 19th century and possible endocrine explanations. *General and Comparative Endocrinology* 188:9–15.

Stavros, M. 2014. *Kyoto: An Urban History of Japan's Premodern Capital*. Honolulu: University of Hawaii Press.

SteamLocomotive.com. 2017. The "largest" steam locomotives. http://www.steam locomotive.com/misc/largest.php.

Steckel, R. H. 2004. New light on the "Dark Ages": The remarkably tall stature of northern European men during the medieval era. *Social Science History* 28: 211–229.

Steckel, R. H. 2007. A pernicious side of capitalism: The care and feeding of slave children. https://www.researchgate.net/publication/228923215_A_Pernicious_Side_ of_Capitalism_The_Care_and_Feeding_of_Slave_Children.

Steckel, R. H. 2008. Biological measures of the standard of living. *Journal of Economic Perspectives* 22:129–152.

Steckel, R. H. 2009. Heights and human welfare: Recent developments and new directions. *Explorations in Economic History* 46:1–23.

Steffen, W., et al. 2015. Planetary Boundaries: Guiding human development on a changing planet. *Science* 347(6223):1259855.

Steinhoff, M. 2007. *Influenza: Virus and Disease, Epidemics and Pandemics*. Baltimore, MD: Johns Hopkins University Press.

Stephenson, N. L., et al. 2014. Rate of tree carbon accumulation increases continuously with tree size. *Nature* 507:90–93.

Stetter, K. O. 1998. Hyperthermophiles: Isolation, classification, and properties. In K. Horikoshi and W. D. Grant, eds., *Extremophiles: Microbial Life in Extreme Environments*. New York: Wiley-Liss, pp. 1–24.

Stewart, I. D. 2011. A systematic review and scientific critique of methodology in modern urban heat island literature. *International Journal of Climatology* 31:200–217.

Stoler, A. L., et al., eds. 2007. *Imperial Formations*. Santa Fe, NM: SAR Press.

Stone, C., et al. 2017. *A Guide to Statistics on Historical Trends in Income Inequality*. Washington, DC: Center on Budget and Policy Priorities. https://www.cbpp.org/ research/poverty-and-inequality/a-guide-to-statistics-on-historical-trends-in- income-inequality.

Stravitz, D. 2002. *The Chrysler Building: Creating a New York Icon, Day by Day*. Princeton, NJ: Princeton Architectural Press.

Studzinski, G. P. 2000. *Cell Growth, Cell Differentiation and Senescence: A Practical*

Approach. Oxford: Oxford University Press.

Stumpf, M. P. H., and M. A. Porter. 2012. Critical truths about power laws. *Science* 335:665–666.

Subramaniam, A., et al. 2002. Detecting Trichodesmium blooms in SeaWiFS imagery. *Deep-Sea Research: Part II* 49:107–121.

Svefors, P., et al. 2016. Stunted at 10 years: Linear growth trajectories and stunting from birth to pre-adolescence in a rural Bangladeshi cohort. *PLoS ONE.* doi:10.1371/journal.pone.0149700.

Swain, G. F. 1885. General introduction. In *Reports on the Water-Power of the United States.* Washington, DC: USGPO, pp. xi–xxxix. https://babel.hathitrust.org/cgi/pt?id=uc1.c2532640;view=1up;seq=7.

Szreter, S. 1993. The idea of demographic transition and the study of fertility change: A critical intellectual history. *Population and Development Review* 19:659–701.

Taagepera, R. 1968. Growth curves of empires. *General Systems* 13:171–176.

Taagepera, R. 1978. Size and duration of empires: Growth-decline curves, 3000 to 600 B.C. *Social Science Research* 7:180–196.

Taagepera, R. 1979. Size and duration of empires: Growth-decline curves, 600 B.C. to 600 A.D. *Social Science History* 3:115–138.

Taagepera, R. 2014. A world population growth model: Interaction with Earth's carrying capacity and technology in limited space. *Technological Forecasting and Social Change* 82:34–41.

Tainter, J. 1988. *The Collapse of Complex Societies.* Cambridge: Cambridge University Press.

Talbert, R. J. A., ed. 2000. *Barrington Atlas of the Greek and Roman World.* Princeton, NJ: Princeton University Press.

Tallgrass Energy. 2017. Rockies Express Pipeline. http://www.tallgrassenergylp.com/Operations_REX.aspx.

Tan, Q. 1982–1988. *Zhōngguó lìshǐ dìtú jí (The Historical Atlas of China).* Beijing: China Cartographic.

Tanner, J. M. 1962. *Growth and Adolescence.* Oxford: Blackwell Scientific.

Tanner, J. M. 2010. *A History of the Study of Human Growth.* Cambridge: Cambridge University Press.

Tashiro, T., et al. 2017. Early trace of life from 3.95 Ga sedimentary rocks in Labrador, Canada. *Nature* 549:516–518.

Tate, K. 2012. NASA's Mighty Saturn V Moon Rocket Explained. https://www.space.com/18422-apollo-saturn-v-moon-rocket-nasa-infographic.html.

Taubenberger, J. K., and D. M. Morens. 2006. 1918 influenza: The mother of all pandemics. *Emerging Infectious Diseases* 12:15–22.

Taylor, B. 2017. Charles E. Taylor: The man aviation history almost forgot. https://www.faa.gov/about/office_org/field_offices/fsdo/phl/local_more/media/CT%20Hist.pdf.

Taylor, P., et al. 2006. Luxury or necessity? Things we can't live without: The list has grown in the past decade. http://www.pewsocialtrends.org/files/2010/10/Luxury.pdf.

Taylor, S. 2016. *The Fall and Rise of Nuclear Power in Britain*. Cambridge: Cambridge University Press.

Techradar.com. 2017. Best CPUs and processor deals from AMD and Intel in 2017. http://www.techradar.com/news/computing-components/processors/best-cpu-the-8-top-processors-today-1046063.

Teck, R. M., and D. E. Hilt. 1991. *Individual-Tree Diameter Growth Model for the Northeastern United States*. Radnor, PA: Northeastern Forest Experiment Station.

Teir, S. 2002. *The History of Steam Generation*. Helsinki: Helsinki University of Technology.

Teixeira, C. M. G. L., et al. 2014. A new perspective on the growth pattern of the wandering albatross (*Diomedea exulans*) through DEB theory. *Journal of Sea Research* 94:117–127.

Temin, P. 2001. A market economy in the early Roman empire. *The Journal of Roman Studies* 91:169–181.

Tesla, N. 1888. *Electro-magnetic Motor. Specification forming part of Letters Patent No. 391,968, dated May 1, 1888*. Washington, DC: US Patent Office. http://www.uspto.gov.

Thaxton, J. P., et al. 2006. Stocking density and physiological adaptive responses of broilers. *Poultry Science* 85:344–351.

Thomlinson, R. 1975. *Demographic Problems: Controversy over Population Control*. Encino, CA: Dickenson.

Thompson, D. W. 1917. *On Growth and Form*. Cambridge: Cambridge University Press.

Thompson, D. W. 1942. *On Growth and Form: A New Edition*. Cambridge: Cambridge University Press.

Thompson, M. 2010. Corliss centennial engine. http://newsm.org/steam-e/corlisscentennial-engine/.

Thompson, W. S. 1929. Population. *American Journal of Sociology* 34:959–975.

Thomsen, C. J. 1836. *Ledetraad til nordisk oldkyndighed, udg. af det Kongelige nordiske oldskrift-selskab*. Copenhagen: S. L. Møllers.

Thomsen, P. M., ed. 2011. *The U.S. EU Beef Hormone and Poultry Disputes*. New York: Nova Science.

Thurston, R. H. 1886. *History of the Steam Engine*. New York: D. Appleton.

Tiwari, V. M., et al. 2009. Dwindling groundwater resources in northern India, from satellite gravity observations. *Geophysical Research Letters* doi: 10.1029/2009GL039401 12(6):e0178691. https://doi.org/10.1371/journal.pone.0178691.

Tjørve, K. M. C. and E. Tjørve. 2017. The use of Gompertz models in growth analyses, and new Gompertz-model approach: An addition to the Unified-Richards family. *PLoS ONE* 12(6):e0178691. https://doi.org/10.1371/journal.pone.0178691.

TMG (Tokyo Metropolitan Region). 2017. The structure of the Tokyo Metropolitan Government (TMG). http://www.metro.tokyo.jp/ENGLISH/ABOUT/STRUCTURE/structure02.htm.

Tobler, W. 1970. A computer movie simulating urban growth in the Detroit region. *Economic Geography*, 46(Supplement): 234–240.

Tollefson, J. 2014. Tree growth never slows. *Nature* (January). doi:10.1038/nature.2014.14536.

Tollenaar, M. 1985. What is the current upper limit of corn productivity? In *Proceedings of the Conference on Physiology, Biochemistry and Chemistry Associated with Maximum Yield Corn, St. Louis, MO*. http://www1.biologie.uni-hamburg.de/b-online/library/maize/www.ag.iastate.edu/departments/agronomy/yield.html.

Top 500. 2017. The list. https://www.top500.org/lists/2017/06/.

Toselli, S., et al. 2005. Growth of Chinese Italian infants in the first 2 years of life. *Annals of Human Biology* 32: 15–29.

Transneft'. 2017. Istoria. http://www.transneft.ru/about/story/.

Transparency International. 2017. *Corruption Perceptions Index 2016*. https://www.transparency.org/news/feature/corruption_perceptions_index_2016.

Trautman, J. 2011. *Pan American Clippers: The Golden Age of Flying Boats*. Boston: Boston Mills Press.

Trumbore, S. 2006. Carbon respired by terrestrial ecosystems—recent progress and challenges. *Global Change Biology* 12:141–153.

Tsoularis, A. 2001. Analysis of logistic growth models. *Research Letters in the Informa-*

tion and Mathematical Sciences 2:23–46.

Tumanovskii, A. G., et al. 2017. Review of the coal-fired, over-supercritical and ultra- supercritical steam power plants. *Thermal Engineering* 64(2):83–96.

Tupy, M. L. 2012. Why iPhone 5 and Siri are good for capitalism. http://www.cato.org/blog/miracle-iphone-or-how-capitalism-can-be-good-environment.

Turchin, P. 2009. A theory for formation of large empires. *Journal of Global History* 4:191–217.

Turnbough, B. 2013. 12 Billion electric motors to be shipped in consumer products by 2018. https://technology.ihs.com/485065/12-billion-electric-motors-to-be-shipped-in-consumer-products-by-2018.

Turner, G. 2008. *A Comparison of Limits to Growth with Thirty Years of Reality.* Canberra: CSIRO.

Turner, J., et al. 2005. *The Welfare of Broiler Chickens in the European Union.* Petersfield: Compassion in World Farming Trust. http://www.ciwf.org.uk/includes/documents/cm_docs/2008/w/welfare_of_broilers_in_the_eu_2005.pdf.

Turner, M. E., et al. 1976. A theory of growth. *Mathematical Biosciences* 29:367–373.

Turner, M. J., et al. 1998. *Fractal Geometry in Digital Imaging.* San Diego: Academic Press.

UCS (Union of Concerned Scientists). 2001. *Hogging It: Estimates of Antimicrobial Use in Livestock.* Washington, DC: UCS.

Ulijaszek, S. J., et al., eds. 1998. *The Cambridge Encyclopedia of Human Growth and Development.* Cambridge: Cambridge University Press.

Ulrich, W., et al. 2010. A meta-analysis of species–abundance distributions. *Oikos* 119:1149–1155.

UN (United Nations). 1969. *Growth of the World's Urban and Rural Population, 1920–2000.* New York: UN.

UN. 1990. *The World at Six Billion.* New York: UN.

UN. 2000. *Forest Resources of Europe, CIS, North America, Australia, Japan and New Zea- land (Industrialized Temperate\Boreal Countries).* Geneva: UN.

UN. 2001. *World Population Prospects The 2000 Revision.* http://www.un.org/esa/population/publications/wpp2000/highlights.pdf.

UN. 2004. *World Population to 2300.* New York: UN. http://www.un.org/esa/population/publications/longrange2/WorldPop2300final.pdf.

UN. 2014. *World Urbanization Prospects.* New York: UN. https://esa.un.org/unpd/wup/publications/files/wup2014-highlights.Pdf.

UN. 2016. *The World's Cities in 2016.* http://www.un.org/en/development/desa/population/publications/pdf/urbanization/the_worlds_cities_in_2016_data_booklet.pdf.

UN. 2017. *World Population Prospects: 2017 Revision.* https://esa.un.org/unpd/wpp/.

UNCTAD (United Nations Conference on Trade and Development). 2017. *Review of Maritime Transport 2017.* Geneva: UNCTAD. http://unctad.org/en/PublicationsLibrary/rmt2017_en.pdf.

UNDP (United Nations Development Programme). 2016. *Human Development Report 2016.* New York: UNDP. http://hdr.undp.org/sites/default/files/2016_human_development_report.pdf.

UNESCO (United Nations Educational, Scientific and Cultural Organization). 2016. Harmful Algal Bloom Programme. http://hab.ioc-unesco.org/index.php?option=com _content&view=article&id=5&Itemid=16.

UNESCO. 2018. UIS statistics. http://data.uis.unesco.org/.

UNFCCC (United Nations Framework Convention on Climate Change). 2015. *Adoption of the Paris Agreement.* https://unfccc.int/resource/docs/2015/cop21/eng/l09r01.pdf.

Unsicker, K., and K. Krieglstein, eds. 2008. *Cell Signaling and Growth Factors in Development: From Molecules to Organogenesis.* Weinheim: Wiley-VCH.

USAID (United States Agency for International Development). 2010. *Desired Number of Children: 2000–2008.* https://dhsprogram.com/pubs/pdf/CR25/CR25.pdf.

USBC (United States Bureau of the Census). 1975. *Historical Statistics of the United States: Colonial Times to 1970.* Washington, DC: USBC.

USBR (US Bureau of Reclamation). 2016. Grand Coulee Dam. https://www.usbr.gov/pn/grandcoulee/.

USCB (United States Census Bureau). 2013. Crowding. Housing characteristics in the U.S.—tables. https://www.census.gov/hhes/www/housing/census/histcensushsg.html.

USCB. 2016a. Highlights of annual 2015 characteristics of new housing. https://www.census.gov/construction/chars/highlights.html.

USCB. 2016b. World population: Historical estimates of world population. https://www.census.gov/population/international/data/worldpop/table_history.php.

USCB. 2017. Median and average square feet of floor area in new single-family houses completed by location: Built for sale. https://www.census.gov/construction/chars/pdf/medavgsqft.pdf.

US Congress. 1973. *Energy Reorganization Act of 1973: Hearings, Ninety-Third*

Congress, First Session, on H.R. 11510. Washington, DC: US Government Printing House.

USDA (US Department of Agriculture). 2010. *Wood Handbook.* Madison, WI: USDA.

USDA. 2015. Overview of the United States hog industry. http://usda.mannlib. cornell.edu/usda/current/hogview/hogview-10-29-2015.pdf.

USDA. 2016a. *Kansas Wheat History.* Manhattan, KS: USDA. https://www.nass.usda. gov/Statistics_by_State/Kansas/Publications/Crops/whthist.pdf.

USDA. 2016b. Recent TRENDS in GE adoption. https://www.ers.usda.gov/data-products/adoption-of-genetically-engineered-crops-in-the-us/recent-trends-in-ge-adoption.aspx.

USDA. 2017a. Crop production historical track records. http://usda.mannlib. cornell.edu/MannUsda/viewDocumentInfo.do?documentID=1593.

USDA. 2017b. Grain: World markets and trade. https://apps.fas.usda.gov/psdonline/ circulars/grain.pdf.

USDA. 2017c. *2016 Agricultural Statistics Annual.* https://www.nass.usda.gov/Publica tions/Ag_Statistics/2016/index.php.

USDC (US Department of Commerce). 2012. New York-Newark, NY-NJ-CT-PA Com- bined Statistical Area. https://www2.census.gov/geo/maps/econ/ec2012/csa/ EC2012_330M200US408M.pdf.

USDI (US Department of Interior). 2017. Grand Coulee Dam statistics and facts. https://www.usbr.gov/pn/grandcoulee/pubs/factsheet.pdf.

USDOE. 2017. The history of solar. https://www1.eere.energy.gov/solar/pdfs/solar _ timeline.pdf.

USDOT (US Department of Transportation). 2017a. The Dwight D. Eisenhower System of Interstate and Defense Highways. https://www.fhwa.dot.gov/interstate/ finalmap.cfm.

USDOT. 2017b. Table 1–50: U.S. ton-miles of freight (BTS special tabulation). https:// www.bts.gov/archive/publications/national_transportation_statistics/ table_01_50.

USEIA (US Energy Information Administration). 2000. *The Changing Structure of the Electric Power Industry 2000: An Update.* http://webapp1.dlib.indiana.edu/virtual_ disk _library/index.cgi/4265704/FID1578/pdf/electric/056200.pdf.

USEIA. 2014. Oil tanker sizes range from general purpose to ultra-large crude carriers on AFRA scale. http://www.eia.gov/todayinenergy/detail.cfm?id=17991.

USEIA. 2016. Average operating heat rate for selected energy sources. https://www. eia.gov/electricity/annual/html/epa_08_01.html.

USEIA. 2017a. What is U.S. electricity generation by energy source? https://www. eia.gov/tools/faqs/faq.php?id=427&t=3.

USEIA. 2017b. U.S. product supplied of finished motor gasoline. https://www.eia. gov/dnav/pet/hist/LeafHandler.ashx?n=pet&s=mgfupus2&f=a.

USEIA. 2019. U.S. Field Production of Crude Oil. https://www.eia.gov/dnav/pet/ hist/LeafHandler.ashx?n=PET&s=MCRFPUS1&f=M.

USEPA. 2016a. Air pollution control technology fact sheets. https://www3.epa.gov/ ttncatc1/cica/atech_e.html#111.

USEPA. 2016b. *Light-Duty Vehicle CO2 and Fuel Economy Trends*. Washington, DC: USEPA. https://www.epa.gov/fuel-economy-trends/report-tables-and-appendices-co2-and-fuel-economy-trends.

US Forest Service. 2018. Growing stock trees. https://www.definedterm.com/ growing _stock_trees.

US FPC (US Federal Power Commission). 1965. *Northeast Power Failure, November 9 and 10, 1965: A Report to the President*. Washington, DC: US FPC.

USGS (United States Geological Survey). 2000. National land cover dataset: U.S. Geological Survey fact sheet 108–00. https://pubs.usgs.gov/fs/2000/0108.

USGS. 2017a. High Plains aquifer groundwater levels continue to decline. https:// www.usgs.gov/news/usgs-high-plains-aquifer-groundwater-levels-continue-decline.

USGS. 2017b. National Minerals Information Center. https://minerals.usgs.gov/ minerals/.

Usmanova, R. M. 2013. Aral Sea and sustainable development. *Water Science and Technology* 47(7–8):41–47.

Vaganov, E. A., et al. 2006. *Growth Dynamics of Conifer Tree Rings: Images of Past and Future Environments*. Berlin: Springer.

Van Bavel, J., and D. S. Reher. 2013. The Baby Boom and its causes: What we know and what we need to know. *Population and Development Review* 39:257–288.

van den Bergh, J. C. J. M., and P. Rietveld. 2003. *"Limits to World Population" Revisited: Meta-analysis and Meta-estimation*. Amsterdam: Free University.

Van der Spiegel, J., et al. 2000. The ENIAC: History, operation and reconstruction in VLSI. In R. Rojas and U. Hashagen, eds., *The First Computers: History and Architectures*. Cambridge, MA: MIT Press, pp. 121–178.

van Geenhuizen, M. T., et al. 2009. *Technological Innovation across Nations: Applied Studies of Coevolutionary Development*. Berlin: Springer.

van Hoof, T. B., et al. 2006. Forest re-growth on medieval farmland after the Black Death pandemic: Implications for atmospheric CO2 levels. *Palaeogeography,*

Palaeocli- matology, Palaeoecology 237:396–411.

van Ijselmuijden, K., et al. 2015. Study for a suspension bridge with a main span of 3700 m. In *Structural Engineering: Providing Solutions to Global Challenges*, International Association for Bridge and Structural Engineering, ABSE Symposium Report, pp. 1–8.

Van Valen, L. 1973. A new evolutionary law. *Evolutionary Theory* 1:1–30.

van Zanden, J. L., and B. van Leeuwen. 2012. Persistent but not consistent: The growth of national income in Holland, 1347–1807. *Explorations in Economic History* 49:119–130.

Vasko, T., et al., eds. 1990. *Life Cycles and Long Waves*. Berlin: Springer.

Vasudevan, A. 2010. *Tonnage Measurement of Ships: Historical Evolution, Current Issues and Proposals for the Way Forward*. Malmö: World Maritime University.

Verbelen, J.-P., and K. Vissenberg, eds. 2007. *The Expanding Cell*. Berlin: Springer.

Verhulst, P. F. 1838. Notice sur la loi que la population suit dans son accroissement. *Correspondance Mathématique et Physique* 10:113–121.

Verhulst, P. F. 1845. Recherches mathématiques sur la loi d'accroissement de la population. *Nouveaux Mémoires de l'Académie Royale des Sciences et Belles-Lettres de Bruxelles* 18:1–42.

Verhulst, P. F. 1847. Deuxième mémoire sur la loi d'accroissement de la population. *Mémoires de l'Académie Royale des Sciences, des Lettres et des Beaux-Arts de Belgique* 20:1–32.

Vermeij, G. J. 2016. Gigantism and its implications for the history of life. *PloS ONE* 11:e0146092. doi:10.1371.

Vernadsky, V. I. 1929. *Le biosphere*. Paris: Librairie Felix Alcan.

Vestas. 2017a. Three new turbines rating up to 4.2 MW. https://www.vestas.com/en/products/turbines#!.

Vestas. 2017b. World's most powerful wind turbine once again smashes 24 hour power generation record as 9 MW wind turbine is launched. http://www.mhivestasoffshore.com/new-24-hour-record/.

Vieira, S., and R. Hoffmann. 1977. Comparison of the logistic and Gompertz growth functions considering additive and multiplicative error terms. *Applied Statistics* 26:143–148.

Ville, S. P. 1990. *Transport and the Development of European Economy, 1750–1918*. London: Macmillan.

Villermé, L. R. 1829. Mémoire sur la taille de l'homme en France. *Annales d'Hygiène Publique et de Médecine Légale*, pp. 51–396.

Vincek, D., et al. 2012. Modeling of pig growth by S-function—least absolute deviation. *Archiv für Tierzucht* 55:364–374.

Virgo, N., et al. 2014. Self-organising autocatalysis. In *ALIFE 14: Proceedings of the Fourteenth International Conference on the Synthesis and Simulation of Living Systems*. https://mitpress.mit.edu/sites/default/files/titles/content/alife14/978-0-262-32621-6-ch080.pdf.

Visscher, P. M. 2008. Sizing up human height variation. *Nature Genetics* 40:489–490.

Vogel, E. F. 1979. *Japan as Number One: Lessons for America*. Cambridge, MA: Harvard University Press.

Vogel, O. 1977. Semidwarf wheats increase production capability and problems. https://www.ars.usda.gov/pacific-west-area/pullman-wa/whgq/history/orville-vogel-speech-on-semidwarf-wheats/.

Vogels, M., et al. 1975. P. F. Verhulst "Notice sur la loi que la population suit dans son accroissement" from Correspondance Mathématique et Physique. Ghent, Vol. X, 1838. *Journal of Biological Physics* 3:183–192.

Voith. 2017. Generators. http://www.voith.com/en/products-services/hydro-power/generators-557.html.

Volkswagen. 2010. *The Golf Environmental Commendation Background Report*. Wolfsburg: Volkswagen.

von Bertalanffy, L. 1938. A quantitative theory of organic growth. *Human Biology* 10:181–213.

von Bertalanffy, L. 1957. Quantitative laws in metabolism and growth. *Quarterly Review of Biology* 32:217–231.

von Bertalanffy, L. 1960. Principles and theory of growth. In W. N. Nowinski, ed., *Fun- damental Aspects of Normal and Malignant Growth*. Amsterdam: Elsevier, pp. 137–259.

von Bertalanffy, L. 1968. *General Systems Theory*. New York: George Braziller.

von Foerster, H., et al. 1960. Doomsday: Friday, 13 November, A.D. 2026. *Science* 132:1291–1295.

von Hoerner, S. J. 1975. Population explosion and interstellar expansion. *Journal of the British Interplanetary Society* 28:691–712.

von Thünen, J. H. 1826. *Der isolierte Staat in Beziehung auf Landwirtschaft und Nation- alökonomie*. Hamburg: Perthes. Republished Jena: Gustav Fischer, 1910. https:// archive.org/details/derisoliertestaa00thuoft.

von Tunzelmann, G. N. 1978. *Steam Power and British Industrialization to 1860*. Oxford: Clarendon Press.

Wackernagel, M., and W. Rees. 1996. *Our Ecological Footprint: Reducing Human Impact on the Earth.* Gabriola Island, BC: New Society.

Wackernagel, M., et al. 2002. Tracking the ecological overshoot of the human economy. *Proceedings of the National Academy of Sciences of the USA* 99:9266–9271.

Waliszewski, P., and J. Konarski. 2005. A mystery of the Gompertz function. In G. A. Losa et al., eds., *Fractals in Biology and Medicine.* Basel: Birkhäuser, pp. 278–286.

Wallerstein, I. M. 2004. *World-Systems Analysis: An Introduction.* Durham, NC: Duke University Press.

Wallis, M. 2001. *Route 66.* New York: St. Martin's Griffin.

Walsh, J. J., et al. 2006. Red tides in the Gulf of Mexico: Where, when, and why? *Journal of Geophysical Research* 111(C11003):1–46. doi:10.1029/2004JC002813.

Walsh, T. R., and R. A. Howe. 2002. The prevalence and mechanisms of vancomycin resistance in Staphylococcus aureus. *Annual Review of Microbiology* 56:657–675.

Walton, S. A., ed. 2006. *Wind and Water in the Middle Ages: Fluid Technologies from Antiquity to the Renaissance.* Tempe: Arizona Center for Medieval and Renaissance Studies.

Walz, W., and H. Niemann. 1997. *Daimler-Benz: Wo das Auto Anfing.* Konstanz: Stadler.

Wang, G., et al. 2018. Consensuses and discrepancies of basin-scale ocean heat content changes in different ocean analyses. *Climate Dynamics* 50:2471–2487. https://doi.org/10.1007/s00382-017-3751-5.

Warburton, R. 1981. A history of the development of the steam boiler, with particular reference to its use in the electricity supply industry. (Master's thesis, Loughborough University, Loughborough.) https://dspace.lboro.ac.uk/2134/10498.

Ward, J. D., et al. 2016. Is decoupling GDP growth from environmental impact possible? *PLoS ONE* 11(10):e0164733. doi:10.1371/journal.pone.0164733.

Waring, R. H., et al. 1998. Net primary production of forests: A constant fraction of gross primary production? *Tree Physiology* 18:129–1343.

Wärtsilä. 2006. *Emma Maersk.* https://www.wartsila.com/resources/customer-references/view/emma-maersk.

Wärtsilä. 2009. Wärtsilä RT-flex96C and Wärtsilä RTA96C technology review. http://wartsila.com.

WaterAid. 2015. *Undernutrition and Water, Sanitation and Hygiene.* London: WaterAid.

Watkins, G. 1967. Steam power—an illustrated guide. *Industrial Archaeology* 4:81–110.

Watt, J. 1769. *Steam Engines, &c. 29 April 1769*. Patent reprint by G. E. Eyre and W. Spottiswoode, 1855. https://upload.wikimedia.org/wikipedia/commons/0/0d/James_Watt_Patent_1769_No_913.pdf.

Watts, P. 1905. *The Ships of the Royal Navy as They Existed at the Time of Trafalgar*. London: Institution of Naval Architects.

WBCSD (World Business Council for Sustainable Development). 2004. *Mobility 2030: Meeting the Challenges of Sustainability*. Geneva: WBCSD.

WCED (World Commission on Environment and Development). 1987. *Report of the World Commission on Environment and Development: Our Common Future*. http://www.un-documents.net/our-common-future.pdf.

Webster, D., ed. 2002. *Fall of the Ancient Maya: Solving the Mystery of the Maya Collapse*. London: Thames & Hudson.

Wei, W., et al. 2013. A calibrated human Y-chromosomal phylogeny based on resequencing. *Genome Research* 23:388–395.

Weibull, W. 1951. A statistical distribution function of a wide applicability. *Journal of Applied Mechanics* 18:293–297.

Weiner, J., et al. 2001. The nature of tree growth and the "age-related decline in forest productivity." *Oikos* 94:374–376.

Weishampel. J. F., et al. 2007. Forest canopy recovery from the 1938 hurricane and subsequent salvage damage measured with airborne LiDAR. *Remote Sensing of Environment* 109:142–153.

Weiskittel, A. R., et al. 2011. *Forest Growth and Yield Modeling*. Chichester: Wiley Blackwell.

Wells, P. 2017. Mitsubishi Materials admits to product data falsification. *Financial Times*, November 23. https://www.ft.com/content/a023d962-d03c-11e7-b781-794ce08b24dc.

Welp, L., et al. 2011. Interannual variability in the oxygen isotopes of atmospheric CO2 driven by El Niño. *Nature* 477:579–582.

Wenzel, S., et al. 2016. Projected land photosynthesis constrained by changes in the seasonal cycle of atmospheric CO2. *Nature* 538:499–501.

Werner, J., and E. M. Griebeler. 2014. Allometries of maximum growth rate versus body mass at maximum growth indicate that non-avian dinosaurs had growth rates typical of fast growing ectothermic sauropsids. *PLoS ONE* 9(2):e88834.

Wescott, N. P. 1936. *Origins and Early History of the Tetraethyl Lead Business*. Wilming- ton, DE: Du Pont.

Wesson, R. 2016. *RF Solid State Cooking White Paper*. Nijmegen: Ampleon.

West, G. 2017. *Scale: The Universal Laws of Growth, Innovation, Sustainability, and the Pace of Life in Organisms, Cities, Economies, and Companies*. New York: Penguin.

West, G. B., and J. H. Brown. 2005. The origin of allometric scaling laws in biology from genomes to ecosystems: Towards a quantitative unifying theory of biological structure and organization. *Journal of Experimental Biology* 208:1575–1592.

West, G. B., et al. 1997. A general model for the origin of allometric scaling laws in biology. *Science* 276:122–126.

West, G. B., et al. 1999. A general model for the structure and allometry of plant vascular systems. *Nature* 400:664–667.

West, G. B., et al. 2001. A general model for ontogenetic growth. *Nature* 413: 628–631.

Weyand, P. G., et al. 2000. Faster top running speeds are achieved with greater ground forces not more rapid leg movements. *Journal of Applied Physiology* 89: 1991–1999.

Wharton, D. A. 2002. *Life at the Limits: Organisms in Extreme Environments*. Cambridge: Cambridge University Press.

Whipp, B. J., and S. A. Ward. 1992. Will women soon outrun men? *Nature* 355:25.

White, C. R., and R. S. Seymour. 2003. Mammalian basal metabolic rate is proportional to body mass2/3. *Proceedings of the National Academy of Sciences of the USA* 100:4046–4049.

White, C. R., et al. 2007. Allometric exponents do not support a universal metabolic allometry. *Ecology* 88:315–323.

White, L. 1978. *Medieval Religion and Technology*. Berkeley: University of California Press.

White, O., et al. 1999. Genome sequence of the radioresistant bacterium *Deinococcus radiodurans* R1. *Science* 286:1571–1577.

White, W., and D. Culver. 2012. *Encyclopedia of Caves*. Cambridge, MA: Academic Press.

Whitman, W. B., et al. 1998. Prokaryotes: The unseen majority. *Proceedings of the National Academy of Sciences of the USA* 95:6578–6583.

Whittemore, C. T., and I. Kyriazakis. 2006. *Science and Practice of Pig Production*. Chichester: Wiley-Blackwell.

WHO (World Health Organization). 2000. *Obesity: Preventing and Managing the Global Epidemic. Report of a WHO Consultation*. Geneva: WHO.

WHO. 2006. *Child Growth Standards*. Geneva: WHO.

WHO. 2016. Life expectancy increased by 5 years since 2000, but health inequali- ties persist. http://www.who.int/mediacentre/news/releases/2016/health- inequalities-persist/en/.

WHO. 2017. Obesity. http://www.who.int/topics/obesity/en/.

WHS (World Heritage Site). 2017. Ancient Merv. http://www.worldheritagesite.org/ list/Ancient+Merv.

Wier, S. K. 1996. Insight from geometry and physics into the construction of Egyp- tian Old Kingdom pyramids. *Cambridge Archaeological Journal* 6:150–163.

Williams, M. 2006. *Deforesting the Earth: From Prehistory to Global Crisis*. Chicago: University of Chicago Press.

Williamson, J. A. 1916. *The Foundation and Growth of the British Empire*. London: Macmillan.

Williamson, M., and K. J. Gaston. 2005. The lognormal distribution is not an appro- priate null hypothesis for the species–abundance distribution. *Journal of Animal Ecol- ogy* 74:409–422.

Willis, S. 2003. The capability of sailing warships. Part 1: Windward performance. *Northern Mariner/Le marin du nord* 13(4):29–39.

Wilson, A., and J. Boehland. 2005. Small is beautiful: U.S. house size, resource use, and the environment. *Journal of Industrial Ecology* 9:277–287.

Wilson, A. I. 2008. Machines in Greek and Roman technology. In J. P. Oleson, ed., *The Oxford Handbook of Technology in the Classical World*. New York: Oxford Univer- sity Press, pp. 337–366.

Wilson, A. M. 1999. Windmills, cattle and railroad: The settlement of the Llano Estacado. *Journal of the West* 38(1):62–67.

Wilson, C. 2011. Understanding global demographic convergence since 1950. *Popu- lation and Development Review* 37:375–388.

Winsor, C. P. 1932. The Gompertz curve as a growth curve. *Proceedings of the National Academy of Sciences of the USA* 18:2–8.

Winter, J., and M. Teitelbaum. 2013. *The Global Spread of Fertility Decline: Population, Fear and Uncertainty*. New Haven, CT: Yale University Press.

Winter, T. N. 2007. The *Mechanical Problems* in the corpus of Aristotle. (Classics and Religious Studies Department, University of Nebraska.) https://digitalcommons.unl. edu/cgi/viewcontent.cgi?article=1067&context=classicsfacpub.

Wiser, R., and M. Bollinger. 2016. *2015 Wind Technologies Market Report*. Oak Ridge, TN: USDOE. https://energy.gov/sites/prod/files/2016/08/f33/2015-Wind- Technologies-Market-Report-08162016.pdf.

WNA. 2017. Plans for new reactors worldwide. http://www.world-nuclear.org/informa tion-library/current-and-future-generation/plans-for-new-reactors-worldwide.aspx.

Woese, C. R., and G. E. Fox. 1977. Phylogenetic structure of the prokaryotic domain: The primary kingdoms. *Proceedings of the National Academy of Sciences of the USA* 74:5088–5090.

Woese, C. R., et al. 1990. Towards a natural system of organisms: Proposal for the domains Archaea, Bacteria, and Eucarya. *Proceedings of the National Academy of Sciences of the USA* 87:4576–4579.

Wong, K. V., et al. 2013. Review of world urban heat islands: Many linked to increased mortality. *Journal of Energy Resources Technology* 135:022101–11.

Wood, A. R., et al. 2014. Defining the role of common variation in the genomic and biological architecture of adult human height. *Nature Genetics* 46:1173–86.

Woodall, F. P. 1982. Water wheels for winding. *Industrial Archaeology* 16:333–338.

Woodbridge, R., et al. 2016. *Atlas of Household Energy Consumption and Expenditure in India*. Chennai: Centre for Development Finance.

Woodward, H. N., et al. 2011. Osteohistological evidence for determinate growth in the American alligator. *Herpetology* 45:339–342.

World Bank. 2018. DataBank. http://databank.worldbank.org/data/home.aspx.

World Economic Forum. 2017. *The Inclusive Growth and Development Report*. http://www3.weforum.org/docs/WEF_Forum_IncGrwth_2017.pdf.

Wrangham, R. 2009. *Catching Fire*. New York: Basic Books.

Wright, Q. 1942. *A Study of War*. Chicago: University of Chicago Press.

Wright, S. 1926. *The Biology of Population Growth* by Raymond Pearl; *The Natural Increase of Mankind* by J. Shirley Sweeney (book reviews). *Journal of the American Statistical Association* 21:493–497.

Wrigley, E. A. 2010. *Energy and the English Industrial Revolution*. Cambridge: Cambridge University Press.

Wrigley, E. A. 2011. Opening Pandora's box: A new look at the industrial revolution. http://voxeu.org/article/industrial-revolution-energy-revolution.

Wrigley, E. A., and R. Schofield. 1981. *The Population History of England, 1541–1871: A Reconstruction*. Cambridge: Cambridge University Press.

WSA (World Steel Association). 2017. *Steel Statistical Yearbook 2016*. https://www.worldsteel.org/en/dam/jcr:37ad1117-fefc-4df3-b84f-6295478ae460/Steel+Statistical+Yearbook+2016.pdf.

Wu, J., et al. 2010. Analysis of material and energy consumption of mobile phones in China. *Energy Policy* 38:4135–4141.

WWID (World Wealth and Income Data Base). 2018. World Inequality Database. https://wid.world/.

Xinhua. 2016. China's high-speed rail track exceeds 20,000 km. http://news.xinhua net.com/english/2016-09/10/c_135678132.htm.

Yakovenko, V. M., and J. B. Rosser. 2009. Colloquium: Statistical mechanics of money, wealth, and income. *Review of Modern Physics* 81:1703–1725.

Yang, R. C., et al. 1978. The potential of Weibull-type functions as flexible growth curves. *Canadian Journal of Forestry Research* 8:424–431.

Yang, W., et al. 2014. The 1918 influenza pandemic in New York City: Age-specific timing, mortality, and transmission dynamics. *Influenza and Other Respiratory Viruses* 8:177–188.

Yang, Z., et al. 2015. Comparison of the China growth charts with the WHO growth standards in assessing malnutrition of children. *BMJ Open* 5:e006107. doi:10.1136/bmjopen-2014–006107.

Yaroshenko, T. Y. et al. 2015. Wavelet modeling and prediction of the stability of states: The Roman Empire and the European Union. *Communications in Nonlinear Science and Numerical Simulation* 26(1–3):265–275.

Yayanos, A. A., et al. 1981. Obligately barophilic bacterium from the Mariana Trench. *Proceedings of the National Academy of Sciences of the USA* 78:5212–5215.

Yoda, K. T., et al. 1963. Self-thinning in overcrowded pure stands under cultivated and natural conditions. *Journal of the Institute of Polytechnics* 14:107–129.

Yoneyama, T., and M. S. Krishnamoorthy. 2012. Simulating the spread of influenza pandemic of 2009 considering international traffic. *Simulation: Transactions of the Society for Modeling and Simulation International* 88(4):437–449.

Young, G. K. 2001. *Rome's Eastern Trade: International Commerce and Imperial Policy, 31 BC-AD 305*. London: Routledge.

Yu, X., et al. 2015. A review of China's rural water management. *Sustainability* 7:5773–5792.

Yuan, Y., and J. Wang. 2012. China's stunted children. *China Dialogue*, May 15. https:// www.chinadialogue.net/article/show/single/en/4927-China-s-stunted-children.

Yule, G. U. 1925a. The growth of population and the factors which control it. *Journal of the Royal Statistical Society* 88:1–58.

Yule, G. U. 1925b. A mathematical theory of evolution, based on the conclusions of Dr. J. C. Willis, F.R.S. *Philosophical Transactions of the Royal Society of London. Series B* 213:21–87.

Zagórski, K., et al. 2010. Economic development and happiness: Evidence from 32 nations. *Polish Sociological Review* 1(169):3–20.

Zahid, H. J., et al. 2016. Agriculture, population growth, and statistical analysis of the radiocarbon record. *Proceedings of the National Academy of Sciences of the USA.* 113:931–935.

Zamoyski, A. 2012. *Poland: A History.* New York: Hippocrene Books.

Zeder, M. 2008. Domestication and early agriculture in the Mediterranean Basin: Origins, diffusion, and impact. *Proceedings of the National Academy of Sciences of the USA* 105:11597–11604.

Zeller, T. 2007. *Driving Germany: The Landscape of the German Autobahn, 1930–1970.* New York: Berghahn.

Zhang, D., et al. 2008. Rates of litter decomposition in terrestrial ecosystems: Global patterns and controlling factors. *Journal of Plant Ecology* 1:85–93.

Zhang, Q., and W. A. Dick. 2014. Growth of soil bacteria, on penicillin and neo-mycin, not previously exposed to these antibiotics. *Science of the Total Environment* 493:445–453.

Zhang, W. 2006. *Economic Growth with Income and Wealth Distribution.* London: Palgrave Macmillan.

Zhao, Y., and S. Wang. 2015. The relationship between urbanization, economic growth and energy consumption in China: An econometric perspective analysis. *Sustainability* 7:5609–5627.

Zheng, C. Z. 2015. *Military Moral Hazard and the Fate of Empires.* http://economics. uwo.ca/people/zheng_docs/empire.pdf.

Zheng, H., et al. 2012. MtDNA analysis of global populations support that major pop- ulation expansions began before Neolithic time. *Scientific Reports* 2:745. doi:10.1038/srep00745.

Zhou, Y., et al. 2012. Options of sustainable groundwater development in Beijing Plain, China. *Physics and Chemistry of the Earth, Parts A/B/C* 47–48:99–113.

Zijdeman, R. L., and F. R. de Silva. 2014. Life expectancy since 1820. In J. L. van Zanden et al., eds., *How Was Life? Global Well-Being since 1820.* Paris: OECD, pp. 101–116.

Zipf, G. K. 1935. *The Psycho-Biology of Language.* Boston, MA: Houghton-Mifflin.

Zipf, G. K. 1949. *Human Behavior and the Principle of Least Effort.* Boston: Addison-Wesley Press.

Zohary, D., et al. 2012. *Domestication of Plants in the Old World*. Oxford: Oxford University Press.

Zolotas, X. 1981. *Economic Growth and Declining Social Welfare*. New York: New York University Press.

Zong, X., and H. Li. 2013. Construction of a new growth references for China based on urban Chinese children: Comparison with the WHO growth standards. *PLoS ONE* 8(3):e59569. doi:10.1371/journal.pone.0059569.

Zu, C., and H. Li. 2011. Thermodynamic analysis on energy densities of batteries. *Energy and Environmental Science* 4:2614–2625.

Zucman, G. 2014. Wealth inequality in the United States since 1913: Evidence from capitalized income tax data. *Quarterly Journal of Economics* 131:519–578.

Zuidhof, M. J. et al. 2014. Growth, efficiency, and yield of commercial broilers from 1957, 1978, and 2005. *Poultry Science* 93:2970–2982.

Zullinger, E. M., et al. 1984. Fitting sigmoidal equations to mammalian growth curves. *Journal of Mammalogy* 65:607–636.

Zupan, Z., et al. 2017. Wine glass size in England from 1700 to 2017: A measure of our time. *British Medical Journal* 359:j5623 doi:10.1136/b.

Zwijnenburg, J. 2015. Revisions of quarterly GDP in selected OECD countries. *OECD Statistics Brief* 22. Paris: OECD.

出版后记

"增长"是我们这颗星球上永不过时的话题，它意味着世界的变动不居和生机勃勃。小到微生物群落的生长变化，大到帝国的兴衰起伏，都与增长过程密不可分。另外，自然界的增长特征与人类世界的增长高度相似甚至完全一致，如此，我们便可能通过归纳出某种统一模式，对增长现象进行研究，对未来做出预测。

本书作者斯米尔作为一位跨学科的研究者，在书中援引了多个学科的观点，力图将不同的观点纳入统一的研究轨道中来，以确认种种增长现象的时空极限。如此一来，我们得以从生物学的角度了解为何伊特鲁里亚鼩鼱是最小的哺乳动物，从工程学的角度了解为何今天的人类无法建造像早在一百多年前便已问世的埃菲尔铁塔那么高的风力涡轮发电机。

我们还必须牢记，一切增长都有其物质基础，一旦失去物质基础，增长就可能陷入停滞甚至变成衰退。现代社会的增长完全建立在化石能源等大量资源和消费主义的基础之上。无论从资源存量的角度还是从生态后果的角度，这种增长都是不可持续的。作者认为，我们必须在本世纪末之前对我们的资源使用方式和生活方式做出重大改变，才能保证生物圈未来的宜居性。

由于编者和译者水平有限，书中不免出现疏漏，望广大读者批评指正。

© 民主与建设出版社，2024

图书在版编目（CIP）数据

增长：从细菌到帝国 /（加）瓦茨拉夫·斯米尔
(Vaclav Smil) 著；李竹译. -- 北京：民主与建设出
版社，2024.4
　　书名原文: GTOWTH: From Microorganisms to
Megacities
　　ISBN 978-7-5139-4505-9

　　Ⅰ.①增… Ⅱ.①瓦… ②李… Ⅲ.①生物圈—研究
Ⅳ.①Q148

　　中国国家版本馆CIP数据核字(2024)第041667号

GROWTH: From Microorganisms to Megacities by Vaclav Smil
© 2019 Massachusetts Institute of Technology
Simplified Chinese translation copyright © 2024 Ginkgo (Beijing) Book Co., Ltd.
Published by arrangement with The MIT Press through Bardon Chinese Media Agency.
All rights reserved.

本书中文简体版权归属于银杏树下（北京）图书有限责任公司。

版权登记号：01-2024-0472

增长：从细菌到帝国
ZENGZHANG CONG XIJUN DAO DIGUO

著　　者	［加］瓦茨拉夫·斯米尔		译　者	李　竹
出版统筹	吴兴元		责任编辑	王　颂
特约编辑	汪建人		营销推广	ONEBOOK
封面设计	许晋维 hsujinwei.design@gmail.com			
出版发行	民主与建设出版社有限责任公司			
电　　话	（010）59417747　59419778			
社　　址	北京市海淀区西三环中路 10 号望海楼 E 座 7 层			
邮　　编	100142			
印　　刷	北京盛通印刷股份有限公司			
版　　次	2024 年 4 月第 1 版			
印　　次	2024 年 4 月第 1 次印刷			
开　　本	655 毫米 ×1000 毫米　1/16			
印　　张	43.5			
字　　数	646 千字			
书　　号	ISBN 978-7-5139-4505-9			
定　　价	150.00 元			

注：如有印、装质量问题，请与出版社联系。